U0078114

# 對本書的讚譽

如果你想要透過一本書，從基礎開始，一路學到最頂尖的研究，這本書就是你要的！不要讓博士獨享所有樂趣，你也可以用深度學習來解決實際的問題。

— *Hal Varian*，加州大學柏克萊分校名譽教授，
*Google* 經濟學家

隨著人工智慧進入深度學習時代，所有人都應該盡量了解它的工作原理。Deep Learning for Coders 是邁向這個目標的絕佳起點，即使對初學者而言也是如此，因為它簡化了多數人以為很複雜的事情。

— *Eric Topol*，*Deep Medicine* 作者，
斯克里普斯研究所教授

Jeremy 和 Sylvain 將提供一場互動式（就最表面的意義而言，是指可以在 notebook 裡面運行的每一行程式碼）旅程，帶領你穿越深度學習的損失低谷和性能高峰。本書具備作者多年來開發和傳授機器學習所經歷的軼事和實踐直覺，在傳達深層的技術概念和輕鬆的對話之間取得罕見的平衡，它忠實地翻譯了 fast.ai 履獲殊榮的線上教學哲學，為你帶來最先進且實用的工具，以及實際的工具使用範例。無論你是初學者還是老鳥，本書將加快你的深度學習旅程，帶你前往新的高度和深度。

— *Sebastian Ruder*，
*Deepmind* 研究科學家

Jeremy Howard 與 Sylvain Gugger 成功地透過這本精采絕倫的著作，搭起人工智慧領域和其他領域的橋梁。如果你對深度學習有興趣，這本獨特的著作是非常實在且提供深刻見解的入門讀物，在這個領域裡，它是眾多書籍中的一顆北極星。

— *Anthony Chang*，
橘郡人童醫院情報和創新長

如何一帆風順地「獲得」深度學習？如何使用範例和程式來快速學習概念、技巧和訣竅？答案就在這裡。不要錯過這一本新的深度學習實踐經典。

— *Oren Etzioni*，華盛頓大學教授，
*Allen Institute for AI* 執行長

本書是一顆珍貴的寶石——它是一系統精心製作且高效率的課程的產物，該課程歷時多年的反覆淬煉，造就成千上萬位開心的學生。我就是其中的一位學生，fast.ai 用美妙的方式改變我的人生，相信他們也可以為你做同樣的事情。

— *Jason Antic*，*DeOldify* 創辦人

*Deep Learning for Coders* 是令人驚奇的資源。這本書不浪費時間，在前幾章就直接傳授如何有效地使用深度學習，然後用全面但平易近人的方式介紹 ML 模型與框架的內部工作原理，讓你可以理解它們，並且在它們之上建構系統。真希望我在學 ML 的時候就有這本書，這是一本當代的經典！

— *Emmanuel Ameisen*，
*Building Machine Learning Powered Applications* 作者

正如本書的第 1 章第一節所述，「大家都可以使用深度學習」，雖然可能也有其他的書籍提出類似的觀點，但本書將它付諸實行。雖然兩位作者擁有這個領域的廣泛知識，卻能夠讓具備程式設計經驗，但不具備機器學習經驗的讀者輕鬆地理解機器學習。本書先展示範例，並且只在具體例子的背景之下介紹理論，對大多數人來說，這是最好的學習方式。本書令人印象深刻地介紹電腦視覺、自然語言處理、表格式資料處理，它也涵蓋一些其他書籍未探討的重要主題，例如資料倫理。總之，本書是程式員精通深度學習的最佳資源之一。

— *Peter Norvig*，*Google* 研究總監

Gugger 與 Howard 為所有人創造了理想的資源，就算你只寫過極少量的程式。本書和 fast.ai 課程採取動手做的風格，以簡單且實際的方式揭開深度學習的神秘面紗，並且提供現成的程式碼，來方便你進行探索和重複使用。你再也不需要苦讀抽象的理論和證明了。在第 1 章，你就會做出你的第一個深度學習模型，在完成這本書時，你將知道如何閱讀和理解任何一篇深度學習論文的「方法（Methods）」小節。

— *Curtis Langlotz*，
史丹佛大學醫學及成像人工智慧中心主任

本書闡明最黑暗的黑盒子：深度學習，它用完整的 Python notebook 來進行快速的程式實驗，並且深入探討人工智慧的道德含義，揭示如何防止它變成反烏托邦（dystopian）技術。

— *Guillaume Chaslot*，*Mozilla* 成員

身為一位來自鋼琴演奏領域的 OpenAI 研究員，很多人經常問我如何進入深度學習領域，我的答案始終是 fastai。本書解決了看似不可能的問題——它不但以易懂的方式講解複雜的問題，也提供許多高階的從業者也會喜歡的先進技術。

— *Christine Payne*，*OpenAI* 研究員

這是一本非常容易理解的書籍，它可以協助任何人快速地開始進行深度學習專案，它是一本清楚、易懂且實在的深度學習實踐指南，無論是初學者，還是主管，都可以從中獲得幫助。真希望我幾年前就接受它的指導！

— *Carol Reiley*，*Drive.ai* 創始人兼董事長

由於 Jeremy 與 Sylvain 的深度學習專長、ML 的實踐法，和許多寶貴的開源貢獻，他們已經是 PyTorch 社群的重要人物了。這本書延續了他們與 fast.ai 社群的心血，讓 ML 更平易近人，並且廣泛地造福整個 AI 領域。

— *Jerome Pesenti*，*Facebook* 人工智慧副總

深度學習是當代最重要的技術之一，為 AI 領域帶來許多驚人的進展，它曾經是 PhD 的獨占領域，但以後再也不是了！這本書以非常熱門的 fast.ai 課程為基礎，讓每一位寫過程式的人都可以使用 DL，它使用很棒的實作範例和互動網站來教導「全局」，而且，PhD 也可以學到很多東西。

— *Gregory Piatetsky-Shapiro*，*KDnuggets* 總裁

這本由兩位當代頂尖的深度學習專家 Jeremy 與 Sylvain 著作的書籍是我多年來不斷推薦的 fast.ai 課程的延伸，它將帶領你在幾個月之內，從初學者晉身為合格的從業者。2020 年總算有好事發生了！

— *Louis Monier*，*Altavista* 創始人，
*Airbnb AI Lab* 前負責人

我們推薦這本書！*Deep Learning for Coders with fastai and PyTorch* 使用高階框架來快速完成具體且實際的人工智慧和自動化任務，把多出來的時間用來討論經常被忽略的主題，例如，如何將模型安全地投入生產，以及迫切需要關注的資料倫理。

— *John Mount* 和 *Nina Zumel*，
*Practical Data Science with R* 作者

這本書是「寫給程式員」的，而且讀者不需要取得博士學位。但是我不但有博士學位，也不是程式員，為什麼他們邀請我評論這本書？好吧，其實是為了告訴你這本書有多麼棒！

第 1 章的前幾頁就告訴你如何只用 4 行程式和不到 1 分鐘的計算時間，就可以利用最先進的網路來對貓狗進行分類。第 2 章從模型帶你到生產環境，展示如何在不使用任何 HTML、JavaScript、自備伺服器的情況下，立刻提供 web 應用程式服務。

我覺得這本書是一顆洋蔥，它是一套完整的方案，使用最佳設定來運作。如果你要做任何修改，你可以剝掉外層，還要修改？你可以繼續剝，還沒結束？你可以繼續往裡面剝，單純使用 PyTorch。這本 600 多頁的書籍用三種不同的聲音來陪伴你完成旅程，為你提供指導和個人觀點。

— *Alfredo Canziani*，
紐約大學計算機科學教授

*Deep Learning for Coders with fastai and PyTorch* 是一本平易近人、對話式的著作，它用全局的方法教導深度學習的概念，用實際的例子來讓你親手操作，僅在必要時提供參考概念。在本書的前半部分，從業者可以透過實際操作範例來進入深度學習的世界，但是當他們閱讀後半部分時，也會自然地吸收更深的概念，不會遺留任何未解之謎。

— *Josh Patterson*，*Patterson Consulting*

# 寫給程式設計師的深度學習
## 使用 fastai 和 PyTorch
### 建構 AI 應用程式，不必拿 PhD

# Deep Learning for Coders with fastai and PyTorch
### AI Applications Without a PhD

*Jeremy Howard and Sylvain Gugger* 著
賴屹民 譯

O'REILLY

© 2021 GOTOP Information Inc. Authorized translation of the English edition of Deep Learning for Coders with fastai and PyTorch ISBN 9781492045526 © 2020 Jeremy Howard & Sylvain Gugger. This translation is published and sold by permission of O'Reilly Media, Inc., which owns or controls all rights to publish and sell the same.

# 目錄

## 第二部分 了解 fastai 的應用

## 第三部分 深度學習基礎

## 第四部分 從零開始深度學習

# 前言

深度學習是一項強大的新技術，我們認為，每一門學科都應該利用它。由於各種領域的專家比較可能發現它的新用法，所以我們希望有更多來自各種背景的人參與其中，開始使用深度學習。

這就是 Jeremy 創辦 fast.ai，透過免費的線上課程和軟體來讓深度學習更容易使用的原因。Sylvain 是 Hugging Face 的研究工程師，他之前是 fast.ai 的研究科學家，也曾經擔任數學和計算機科學教師，為即將進入法國精英大學的學生做好準備。我們合寫這本書是為了讓盡量多的人掌握深度學習。

## 本書對象

如果你完全沒有接觸過深度學習與機器學習，我們最歡迎這種人了，我們只期望你知道怎麼寫程式，最好是使用 Python。

**沒有經驗？沒問題！**

沒有寫過任何程式也沒關係！我們會在前三章讓主管、產品經理等人清楚地了解他們必須知道且最重要的事項。當你在書中看到程式時，可以先試著閱讀它們，用直覺來了解它們在做什麼，我們也會逐行解釋它們。與其了解語法的細節，不如對於事情的來龍去脈有高層次的認識。

有自信的深度學習實踐者也可以在這裡學到很多東西，本書將告訴你如何做出世界級的成果，包括來自最新研究的技術。你將會看到，你不需要完成高階的數學訓練或經年累月的學習，只需要具備一些常識和毅力就夠了。

## 你需要知道的知識

如上所述，閱讀本書的先決條件只有知道如何寫程式（只要一年的經驗就夠了），最好使用 Python，而且至少讀過高中數學。就算你已經忘了大部分的東西也沒關係，我們會視情況稍微複習它們。Khan Academy 也有很棒的免費線上課程可以提供協助（*https://www.khanacademy.org*）。

我們的意思不是深度學習不會用到高中以上的數學，而是我們會在你需要特定的基礎知識時教導它們（或是告訴你可以學習的資源）。

本書會從大局開始討論，逐漸深入表層之下的區域，所以有時你可能要先將它擱著，學習其他的主題（程式的寫法或一些數學）。這種做法沒有任何問題，我們也希望你用這種方式來閱讀這本書。你可以先瀏覽它，並且只在需要時，尋找其他的資源。

請注意，如果你使用 Kindle 或其他的電子書閱讀器，可能要按兩下圖像才能看到完整尺寸的版本。

**線上資源**

本書的所有範例程式都以 Jupyter notebook 的形式放在網路上（別擔心，第 1 章會告訴你什麼是 Jupyter notebook），它是本書的互動式版本，你可以在上面實際執行程式碼，並且試驗它。詳情見本書的網站（*https://book.fast.ai*），網站裡面也有各種工具的最新設定資訊，以及額外的紅利章節。

## 你將學到什麼

看完這本書後，你會知道：

- 如何訓練模型，在以下的領域取得頂尖的結果
  - 電腦視覺，包括圖像分類（例如按品種來對寵物照片進行分類）和圖像定位及偵測（例如找出圖像中的動物）
  - 自然語言處理（NLP），包括文件分類（例如影評情緒分析）和語言建模
  - 內含分類資料、連續資料與混合資料的表格式資料（例如銷售預測），包括時間序列
  - 協同過濾（例如電影推薦）

- 如何將模型轉換成 web 應用程式
- 深度學習模型如何運作、為何那樣運作，以及如何使用那些知識來改善模型的準確度、速度與可靠度
- 在實務上非常重要且最新的深度學習技術
- 如何閱讀深度學習研究論文
- 如何從零開始實作深度學習演算法
- 如何思考工作的道德含義，以確保你可以讓世界更美好，而且工作成果不會被濫用，傷害他人

雖然你可以在目錄看到完整的清單，但是為了稍微滿足你的好奇心，以下是我們將討論的一些技術（如果你完全不知道其中的一些技術，不用擔心，你很快就會學到它們了）：

- 仿射函數與非線性
- 參數與觸發輸出
- 隨機初始化與遷移學習
- SGD、動力、Adam 和其他優化法
- 摺積
- 批次標準化
- dropout
- 資料擴增
- 權重衰減
- ResNet 與 DenseNet 架構
- 圖像分類與回歸
- embedding
- 遞迴神經網路（RNN）
- 分割
- U-Net
- 還有更多內容！

### 各章問題

每一章的結尾都有一些問題，它是讓你複習你在每一章學到的東西的好地方，因為（我們希望！）在每一章結束時，你將能夠回答裡面的所有問題。其實，有一位校閱者（謝謝您，Fred！）說，他喜歡先把問題看一遍，再閱讀那一章，這樣他就知道該注意哪些地方了。

※ 本書採單色印刷，彩色圖片可至本書的網站查看（*https://book.fast.ai*）。

操作步驟：

1.於網頁左側欄選擇「Notebook Servers」下方的「Colab」。

2.於右側的「opening a chapter of the book」欄位下方將顯示各章內容的連結。

# 序

深度學習已經在短時間內變成一種用途廣泛的技術了，它可以解決電腦視覺、機器人、醫療保健、物理、生物學等領域的問題，並且自動解決問題。深度學習有一項深得人心的特性在於它相對簡單，現在已經有人做出強大的深度學習軟體，讓一般人都可以快速且輕鬆地上手了，你可以在幾週之內了解並熟悉這些技術的基本知識。

這個特性開啟了一個充滿創造力的世界，你可以用它來處理已取得資料的問題，然後看著電腦奇妙地為你解決它。但是，你也會發現自己離一個巨大的障礙越來越近，雖然你已經做出一個深度學習模型了，但是它的效果不如你的預期，此時就是進入下一個階段，尋找並閱讀最先進的深度學習研究的時候了。

然而，深度學習蘊含大量的知識，在它背後隱藏著多達三十年的理論、技術和工具，在閱讀這些研究時，你會發現作者用非常複雜的方式來解釋簡單的事情，科學家們在這些論文裡面使用異國文字和數學符號，你也無法找到教科書或部落格文章以易懂的方法介紹必要的背景知識，工程師和程式員都假設你已經知道 GPU 如何工作，並且了解一些鮮為人知的工具了。

此時，你希望有良師益友可以請益，他曾經經歷你的處境，了解工具和數學，可以教導你最棒的研究、最先進的技術、高階的工程方法，並且以有趣的方式把它變得簡單。我在十年前剛進入機器學習領域時也經歷過你的情況，多年來，我費盡心思地了解包含一些數學知識的論文，雖然我有很多優秀的導師給我很大的幫助，但是我仍然花了好幾年才適應機器學習和深度學習，這促使我和其他創作者一起設計出 PyTorch 這個讓深度學習更平易近人的軟體框架。

Jeremy Howard 和 Sylvain Gugger 也經歷過你的情況，他們也想要學習和使用 ML，儘管他們從未接受過任何正式的 ML 科學或工程培訓。Jeremy 與 Sylvain 和我一樣經歷多年的緩慢學習才成為專家和領導者，但是他們和我不同的是，他們無私地投入大量的精力來確保別人不會重蹈他們的覆轍。他們打造了一個很棒的課程，稱為 fast.ai，讓只具備基本程式知識的人就可以輕鬆地使用先進的深度學習技術，這個課程已經讓成千上萬位熱切的畢業生成為卓越的實踐者了。

Jeremy 和 Sylvain 孜孜不倦地完成這本書，在書中，他們創造了一段深度學習的神奇旅程，用簡單的文字來介紹每一個概念，為你帶來頂尖的深度學習技術和最先進的研究，並且讓它們易於了解。

在這本 500 多頁的有趣旅程中，你將了解電腦視覺的最新進展，深入研究自然語言處理，並學習一些基本的數學知識。這個過程不僅充滿樂趣，也可以協助你將想法付諸實踐。你可以將 fast.ai 社群視為一個大家庭，裡面有成千上萬位從業者，每一位和你一樣的人都可以討論和構思大大小小的解決方案，無論問題是什麼。

很高興你發現這本書，希望它能夠鼓勵你好好利用深度學習，不管問題的本質是什麼。

*— Soumith Chintala*
*PyTorch 的共同創辦人*

第一部分

# 深度學習實務

第一章

# 你的深度學習旅程

哈囉！感謝你允許我們加入你的深度學習旅程，無論你已經走了多遠！在這一章，我們將告訴你這本書的內容，介紹深度學習背後的重要概念，並且在不同的任務中，訓練我們的第一個模型。就算你沒有技術或數學背景也沒關係（有這些背景也一樣！），我們寫這本書就是為了讓盡可能多的人了解深度學習。

## 深度學習是讓大家使用的

很多人認為若要透過深度學習來獲得很棒的結果，就要使用各種難以取得的東西，但是正如你將在這本書中看到的，那些人錯了。表 1-1 是使用世界級的深度學習時完全不需要的東西。

表 1-1　使用深度學習時不需要的東西

| 迷思（不需要） | 真相 |
|---|---|
| 許多數學 | 高中數學就夠了。 |
| 許多資料 | 我們看過有人用不到 50 筆資料項目做出破紀錄的成果。 |
| 許多昂貴的電腦 | 你可以免費使用最先進的工作所需的資源。 |

*深度學習*是一項使用多層的神經網路來提取和轉換資料的電腦技術，其用例包含人類語音辨識和動物照片分類。神經網路的每一層都會從之前的神經層接收輸入，並且逐步改進它們。這些神經層都是用演算法來訓練的，演算法可將它們的誤差最小化，及改善它們的準確度，讓網路學會如何執行特定的任務，下一節會詳細介紹訓練演算法。

深度學習具備強大的能力、靈活性和簡單性，這就是我們認為各種學科都要使用它的原因，包括社會科學、物理科學、藝術、醫學、金融、科學研究等。以一個人為例，儘管 Jeremy 沒有醫學背景，但他也創辦了 Enlitic，一家使用深度學習演算法來診斷疾病的公司，這家公司在成立幾個月之後，就宣布它的演算法辨識惡性腫瘤的準確度比放射科醫生還要高（*https://oreil.ly/aTwdE*）。

以下是活用深度學習的領域的上千項任務之中，獲得最佳成果的幾項任務：

自然語言處理（*NLP*）

回答問題、語音辨識、產生文件摘要、分類文件、在文件中找出名稱、日期等，以及搜尋談到某個概念的文章

電腦視覺

衛星和無人機照片判讀（例如用於災害復原）、人臉辨識、產生圖像的標題、閱讀交通號誌、協助自駕車定位行人和車輛

醫學

在放射照片中發現異常，包括 CT、MRI 與 X 光照、計算病理幻燈片裡面的特徵數量、以超音波測量特徵、診斷糖尿病性視網膜病變

生物學

蛋白質摺疊、蛋白質分類、各種基因學任務，例如腫瘤正常排序，和分類臨床可行基因突變、細胞分類、分析蛋白質 / 蛋白質互動

圖像生成

將圖像改成彩色、提升圖像解析度、移除圖像雜訊、將圖像轉換成著名藝術家的美術風格

推薦系統

web 搜尋、產品推薦、首頁布局

玩遊戲

西洋棋、圍棋、大部分的 Atari 遊戲，和許多即時策略遊戲

**機器人**

處理難以定位（例如透明的、反光的、缺乏紋理的）或難以發現的物體

**其他的應用**

金融與物流預測、將文字轉成語音，及其他…

值得注意的是，雖然深度學習有這麼多的應用，但幾乎所有的深度學習都是用一種創新的模型來建構的：神經網路。

但事實上，神經網路不是全新的東西，為了在這個領域中具備更廣闊的視野，我們必須先了解一些歷史。

## 神經網路：簡史

在 1943 年，神經生理學家 Warren McCulloch 與邏輯學家 Walter Pitts 合作開發一個人造神經元的數學模型，他們在論文「A Logical Calculus of the Ideas Immanent in Nervous Activity」裡面說：

> 由於神經活動具備「全有或全無」的特性，神經事件以及它們之間的關係可以用命題（propositional）邏輯來處理。我們發現，每一個網路的行為都可以用這些項（term）來處理。

McCulloch 與 Pitts 發現，我們可以用簡單的加法與閾值來代表真實的神經元，做成簡化的模型，如圖 1-1 所示。Pitts 自學成才，在 12 歲時就收到劍橋大學的錄取通知書，他原本可以和偉大的 Bertrand Russell 一起學習，但是他拒絕這個邀請，事實上，他一生都沒有接受任何高級學位或權威職位的邀請，他的著作大都是在無家可歸的時刻完成的。儘管他沒有得到官方認可的職位，而且與世界越來越隔絕，但他與 McCulloch 的合作影響深遠，後來，名為 Frank Rosenblatt 的心理學家承接了他的工作。

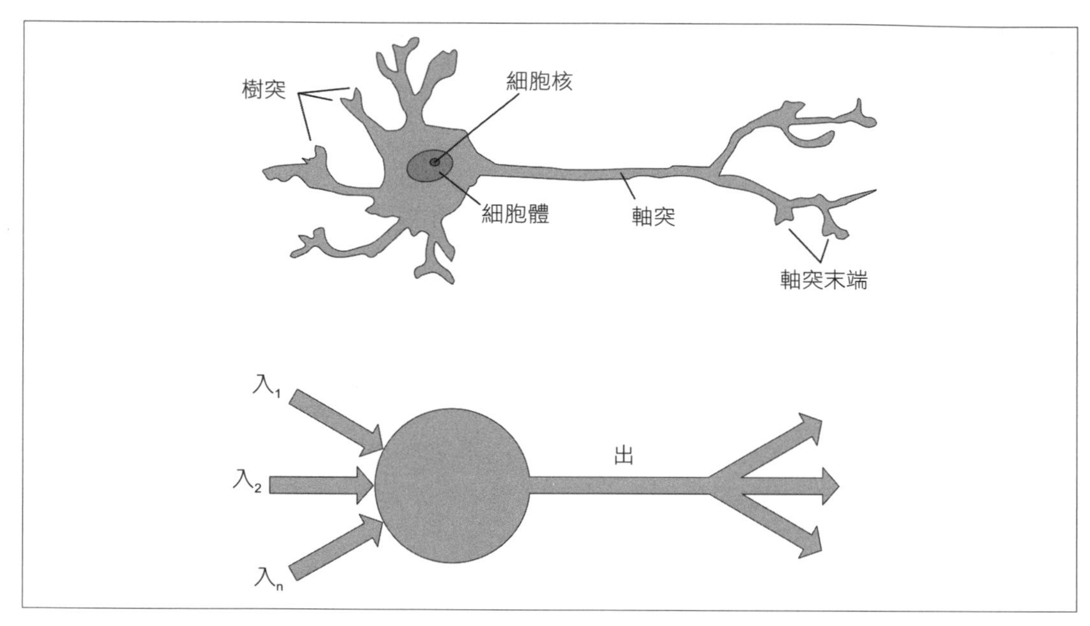


**圖 1-1　自然的與人工的神經元**

Rosenblatt 進一步開發人造神經元，賦予它學習的能力，更重要的是，他致力於製造第一個使用這些原理的設備，Mark I Perceptron。Rosenblatt 在「The Design of an Intelligent Automaton」裡面如此描述這項作品：「我們正在見證這種機器的誕生，它是完全不需要依靠人類的訓練或控制，就能感知、識別與認識周圍環境的機器。」他做出來的感知器能夠成功地認出簡單的形狀。

麻省理工學院的 Marvin Minsky 教授（他與 Rosenblatt 讀同一所高中，且分數比他少一分！）與 Seymour Papert 合著了一本關於 Rosenblatt 的發明的書，稱為 *Perceptrons*（MIT Press），他們指出，這些設備的單一神經層無法學習一些簡單但很重要的數學函數（例如 XOR），在同一本書裡，他們也展示了這種限制可以用多層的設備來解決。不幸的是，在這些見解中，只有第一個得到廣泛的認同。於是，在接下來的 20 年裡，全世界的學術界幾乎完全放棄神經網路。

或許 David Rumelhart、James McClelland 與 PDP Research Group 在 1986 年透過 MIT Press 出版的 *Parallel Distributed Processing*（PDP）是過去 50 年來，最關鍵的神經網路研究成果。他們在第 1 章提出與 Rosenblatt 相似的希望：

> 人類之所以比今日的電腦更聰明，是因為人腦採用一種基本的計算架構，這種架構更適合處理人類擅長的「自然資訊處理任務」的核心層面…我們將介紹一種模擬這種認知過程的計算框架，它看起來比其他框架更接近人腦的計算風格。

PDP 的假設是：傳統的電腦程式的工作方法與人腦非常不同，這應該是電腦程式很不擅長處理（在當時）人腦可以輕鬆勝任的工作（例如認出照片裡面的物體）的原因。作者聲稱，PDP 的方法「比其他的框架更接近」人腦的工作方式，因此它處理這種任務的效果更好。

事實上，PDP 提出的方法很像今日的神經網路所使用的方法。該書定義平行分散式處理需要以下條件：

- 一組**處理單元**
- 一個**觸發狀態**
- 各個單元都有一個**輸出函數**
- 單元之間的**連接模式**
- 透過網路的連結來傳遞活動模式的**傳播規則**
- 將傳入一個單元的輸入與該單元當時的狀態結合，來讓該單元產生一個輸出的**觸發規則**
- 根據經驗修改連接模式的**學習規則**
- 運作系統的**環境**

你將會在本書看到，現代的神經網路滿足以上的每一個需求。

在 1980 年代，大部分的模型都是用雙層的神經元做成的，它可以避免 Minsky 與 Papert 提出來的問題（這是他們為了使用上述的框架而採取的「單元之間的連接模式」）。事實上，在 80 年代與 90 年代，神經網路被廣泛地用在實際專案中。然而，對於理論議題的誤解再次阻礙了這個領域的發展，雖然在理論上，只要加入一層額外的神經元就可以讓神經網路近似任何一種數學函數了，但是在實務上，這種網路通常過於龐大且過於緩慢，無法實際使用。

儘管研究人員早在 30 年前就指出使用更多層神經元才能實際獲得良好的表現，但是直到最近十年，這個原則才被廣泛認可及應用。由於多層結構的採用，也因為電腦硬體的改進、有更多資料可用，還有經過調整的演算法讓我們可以更快速且更輕鬆地訓練神經網路，現代的神經網路終於展現它們的潛力了。我們終於擁有 Rosenblatt 所承諾的：「完全不需要依靠人類的訓練或控制，就能感知、識別與認識周圍環境的機器。」

這就是你會在本書學習建構的東西，但是在那之前，因為我們要花很多時間相處，所以讓我們先認識一下彼此…

## 我們是誰？

我們是 Sylvain 與 Jeremy，這趟旅程的導遊，但願你會發現我們很適合這個職位。

Jeremy 已經使用及教導機器學習將近 30 年了，他在 25 年前開始使用神經網路，在這段時間裡，他帶領很多以機器學習為核心的公司和專案，包括創辦首家專門開發深度學習與醫學的公司 Enlitic，以及在全球最大的機器學習社群 Kaggle 擔任總裁和首席科學家，他與 Rachel Thomas 博士一起創辦 fast.ai，本書的基礎就是這個機構設計的課程。

有時我們會用專欄直接和你對話，例如這段 Jeremy 所說的：

*Jeremy* 說

大家好，我是 Jeremy ！你應該會覺得很有趣的是，我沒有受過任何正規科技教育。我有哲學學士學位，但成績不太好，我比較喜歡進行實際專案而不是理論研究，所以我在大學期間進入一家名為 McKinsey & Company 的管理顧問公司全職工作。如果你寧願親自動手做事，也不想花好幾年的時間學習抽象的概念，你就可以了解我的想法！沒有太多數學或正式科技背景的人（也就是跟我一樣的人）可以從我的專欄看到適合他們的資訊。

另一方面，Sylvain 非常了解正規的技術教育。他已經寫了 10 本數學教科書，涵蓋整個高級法國數學課程！

*Sylvain* 說

與 Jeremy 不同的是，我沒有經年累月的程式和機器學習演算法的撰寫經驗，而是透過觀看 Jeremy 的 fast.ai 課程影片進入機器學習的世界。因此，如果你還沒有打開過終端機，並且在命令列上寫過命令，你就知道我的出身！有數學或正式技術背景，但缺乏實際程式設計經驗的人（也就是跟我一樣的人）可以在我的專欄裡面看到適合他們的資訊。

目前已經有成千上萬位來自世界各地、各行各業的學生上過 fast.ai 課程了。Sylvain 是 Jeremy 在課程裡看過的學生中，令他印象最深刻的一位，這導致 Sylvain 加入 fast.ai，與 Jeremy 一起編寫 fastai 軟體程式庫。

以上總總意味著你可以從兩個不同的世界得到最大的好處：有人比任何人都知道這套軟體，因為這套軟體是他們寫出來的，其中有一位數學專家，以及一位程式設計與機器學習專家；以及既能理解身為數學局外人的感受，又能理解程式設計和機器學習邊緣人的感受的人。

有在看運動比賽的人都知道，如果評論員有兩位，你也需要加入第三位「特別評論員」。我們的特別評論員是 Alexis Gallagher。Alexis 有多彩多姿的背景，他做過數理生物學研究員、編劇、即興藝人、McKinsey 顧問（跟 Jeremy 一樣！）、Swift 程式員與 CTO。

*Alexis* 說

我想，是時候學習這門 AI 課程了！畢竟，我嘗試過許多其他東西…但是我其實沒有製作機器學習模型的背景。而且…這會不會很難？我會和你一樣用這本書來學習。我的專欄有我在這個旅程中認為有幫助的學習小撇步，希望它們也可以幫助你。

# 如何學習深度學習？

曾經撰寫 *Making Learning Whole*（Jossey-Bass）的哈佛大學教授 David Perkins 對教學有很多看法，他的基本理念是教導全局，也就是說，如果你要教棒球，你就要先帶學生去看棒球賽，或是先讓他們下場打球，而不是教他們如何從頭開始纏線做出棒球，不是教他們拋物線的物理原理，也不是教他們當球被球棒擊中時的摩擦係數。

哥倫比亞大學數學博士、前布朗大學教授、K–12 數學教師 Paul Lockhart 在一篇有影響力的文章「A Mathematician's Lament」（*https://oreil.ly/yNimZ*）裡面創造一個惡夢般的虛構世界，在裡面，教音樂和藝術的方法與教數學一樣，小孩必須先花十幾年的時間來掌握樂譜和理論，並且上好幾堂課，學會將樂譜轉換成不同的音調，才可以開始聽音樂和演奏音樂。在藝術課裡面，學生要學習顏色和塗色器，但是在大學之前不准實際畫畫。聽起來很荒謬？這就是教數學的方法——我們要求學生花好幾年的時間死記硬背，學習枯燥、與現實脫節的**基本知識**，我們聲稱這種做法可以帶來回報，最終卻讓大多數人放棄這門學科。

不幸的是，許多深度學習的教學資源在課程的一開始也這樣做，他們要求學生遵循 Hessian 的定義，以及損失函數的 Taylor 近似理論，卻不提供實際運作的範例程式。我們不是在抨擊微積分，我們熱愛微積分，Sylvain 甚至在大學教過它，但我們認為微積分不適合當成學習深度學習的起點！

在深度學習裡，如果你想要修正模型來讓它有更好的效果，此時就是學習相關理論的時機，但是在這之前，你必須先有一個模型。我們會用實際的例子來教導幾乎所有東西，我們將在建構這些範例的同時，介紹越來越深的知識，並且告訴你如何讓專案越來越好。也就是說，你將會一步一步地學習所需的理論基礎，藉著這種方式，你將明白它為什麼重要，以及它如何運作。

所以，我們承諾，在這本書，我們將遵守這些原則：

教導全局

我們會先告訴你如何使用一個完整的、可動作的、可用的、先進的深度學習網路，運用簡單的、表達力強大的工具來解決真正的問題。接下來，我們會逐漸深入介紹這些工具是如何製造的，以及製造這些工具的工具是如何製造的，以此類推…

一定會用範例來教導

我們會提供可以讓你直覺理解的背景和目的，而不是先秀出代數符號公式。

盡量簡化

我們已經花了好幾年的時間建構各種工具與教學方法來簡化上述的複雜主題了。

排除障礙

到目前為止，深度學習還是一場排他性的遊戲，我們想要拆除圍牆，讓所有人都可以加入。

深度學習最困難的部分是手工製作的工作（artisanal）：你怎麼知道資料夠不夠多？它的格式是否正確？有沒有正確地訓練模型？如果沒有，該怎麼處理？這就是我們認為應該「做中學」的原因。與基本的資料科學技術一樣，你只能藉著累積實際經驗來提升深度學習技術，在理論上花太多時間會適得其反，學習的關鍵是直接開始寫程式，並試著解決問題，理論可以等你有了背景和動機時再來學習。

在旅途中，有時你會遇到困難，覺得被卡住了，此時不要放棄！回到尚未卡住的地方，從那裡開始仔細閱讀，找到開始不明白的地方，寫程式做實驗，並且用 Google 搜尋教學來處理你遇到的問題——通常你會找到從不同角度出發，並且很有幫助的資源。此外，在第一次閱讀時有一些不了解的地方（尤其是程式碼）是可以預期的，也是很正常的事情。有時依序了解內容並逐步前進並不容易，或許你可以從旅途的其他地方知道更多背景，掌握大局之後，困難即可迎刃而解。所以如果你被卡在某一節，可以先試著不理會它，繼續看下去，並且記下它，之後再回來研究。

切記，在深度學習中取得成功不需要任何學術背景。在研究界和業界中，許多重要的突破性成果都是沒有博士學位的人做出來的，例如，這篇被引用 5,000 次以上，在過去十年來最具影響力的論文「Unsupervised Representation Learning with Deep Convolutional Generative Adversarial Networks」（*https://oreil.ly/JV6rL*）是 Alec Radford 在念大學時寫出來的。即使是努力克服艱鉅挑戰打造自駕車的特斯拉 CEO Elon Musk 也說過（*https://oreil.ly/nQCmO*）：

> 博士學位絕對不是必須的，最重要的是深刻理解 AI，以及做出真正有用的 NN（後者真的很不容易），就算你只有高中學歷也不用在意。

但是，若要成功，你一定在個人專案裡運用本書的知識，而且一定要堅持不懈。

## 你的專案與心態

無論你想要根據植物葉子的照片來鑑定植物是否患病、自動產生針織圖案、用 X 光診斷結核病，還是確定浣熊什麼時候會使用你的貓門，我們都會盡快讓你先用深度學習來處理你的問題（使用為了解決其他的問題而訓練好的模型），再逐漸探討更多細節。在下一章，你會在 30 分鐘之內，學會如何使用深度學習，以頂尖的準確度解決你自己的問題！（如果你渴望馬上開始寫程式，那就直接跳到那裡吧！）坊間有人散播邪惡的訊息，說你需要 Google 規模的計算資源和資料量才可以進行深度學習，假的！

那麼，哪一些任務是優秀的測試範例？你可以訓練模型來分辨畢卡索和莫內的畫作，或分辨你的女兒的照片，而不是兒子的。把重心放在你感興趣和熱愛的事物上很有幫助，在一開始，先為自己設定四五個小專案，而不是努力解決一個大問題的效果比較好，因為我們很容易陷入困境，太早有太大的野心往往適得其反。當你掌握基本技術之後，你就可以開始把目標放在真正會讓你感到驕傲的事情上了！

*Jeremy* 說

幾乎所有問題都可以用深度學習來解決。舉例來說，我創辦的第一家公司叫做 FastMail，它在 1999 年成立時，提供增強型 email 服務（現在仍然如此）。在 2002 年，我用原始形式的深度學習（單層神經網路）來協助分類 email，以及防止顧客收到垃圾郵件。

擅長使用深度學習的人都有愛玩與好奇的性格。已故的物理學家理察·費曼是我們認為應該很擅長深度學習的人物之一：他之所以能夠理解次原子粒子運動，是因為他對板子在空中旋轉時如何擺動很有興趣。

接著，我們來看看你將學到什麼，首先是軟體。

# 軟體：PyTorch、fastai 與 Jupyter（以及為何它不重要）

我們曾經使用幾十種程式包和許多程式語言來完成上百個機器學習專案，在 fast.ai 裡，我們用當今常見的主流深度學習和機器學習程式包來撰寫課程。當 PyTorch 在 2017 年問世之後，我們花了超過 1,000 個小時來測試它，並且決定在未來的課程、軟體開發和研究中使用它，從那時起，PyTorch 變成世界上發展速度最快的深度學習程式庫，已經被頂尖會議的多數研究論文採用，這通常意味著它會被業界採用，因為那些論文最終會被用在商業產品和服務上。我們發現 PyTorch 是最靈活且最富表達力的深度學習程式庫，而且它沒有為了提升簡單性而犧牲速度，而是兩者兼備。

PyTorch 最適合當成低階的基礎程式庫，來提供高階功能的基本操作。fastai 程式庫就是一種在 PyTorch 之上加入高階功能的流行程式庫。它也特別適合這本書，因為它獨家提供深層的軟體架構（這個分層式 API 甚至有一篇討論它的學術論文（*https://oreil.ly/Uo3GR*））。本書會在深入探討深度學習的基本知識時，進入越來越深的 fastai 層。這本書使用第 2 版的 fastai 程式庫，它是從零開始改寫的，提供許多獨特的功能。

然而，要學習哪一種軟體其實不重要，因為從一個程式庫換成另一個只需要花費幾天的學習時間。真正重要的是正確地學習深度學習的基礎和技術，我們的程式會盡量清楚地傳達你需要知道的概念。我們會在教導高階的概念時使用高階的 fastai 程式，在教導低階的概念時使用低階的 PyTorch，甚至使用純 Python 程式。

雖然最近新的深度學習程式庫正如雨後春筍般出現，但你必須為未來幾個月和幾年的快速變化做好準備。隨著更多人進入這個領域，他們也會帶來更多技能和想法，並嘗試更多東西。你應該假設，你今天學到的任何一種程式庫和軟體在一到兩年之內就會落伍。你只要看一下 web 程式領域的程式庫和技術堆疊變化的頻率就可以知道這一點，何況 web 領域比深度學習成熟許多，而且成長速度慢得多。我們堅信，學習的重點在於了解底層的技術、如何應用它們，還有在新工具和技術出現時，如何快速上手。

在本書的最後，你將了解 fastai 的幾乎所有內部程式（還有大部分的 PyTorch），因為在每一章裡，我們都會往下深掘一層，來告訴你在建構與訓練模型時發生什麼事。這意味著你會學到現代深度學習所使用的、最重要的最佳實踐法，不僅知道如何使用它們，也知道它們如何實際運作與實作。如果你想要在別的框架裡面實施這些做法，你將擁有必要的知識。

對學習深度學習而言，最重要的事情是寫程式與做實驗，所以你必須有一個可以寫程式來做實驗的好平台。Jupyter（*https://jupyter.org*）是最流行的程式實驗平台，本書將使用它。我們將告訴你如何使用 Jupyter 來訓練模型和做實驗，以及檢查每一個資料預先處理和模型開發流程。Jupyter 之所以成為 Python 最流行的資料科學工具是有原因的，它有強大的功能、靈活，而且容易使用，相信你也會喜歡它！

我們來看一下如何實際使用它，並且訓練我們的第一個模型吧！

# 你的第一個模型

如前所述，我們會先教你怎麼做事，再解釋為什麼要做那些事情。我們將按照這種由上而下的做法，先訓練一個照片分類模型，以 100% 的準確度辨識狗與貓。為了訓練這個模型與進行實驗，你必須先做一些設定，別擔心，它沒有看起來那麼難。

*Sylvain* 說

雖然設定的部分看起來有點令人卻步，絕不要跳過它，尤其是當你沒有或很少終端機或命令列等工具的使用經驗時。它們大部分都不是必要的，而且你將發現，你只要用常用的網頁瀏覽器就可以設定最簡單的伺服器了。務必跟著本書一起做實驗來學習。

## 取得 GPU 深度學習伺服器

為了做這本書談到的幾乎所有事情，你的電腦必須具備 NVIDIA GPU（遺憾的是，其他品牌的 GPU 並未完整支援主要的深度學習程式庫），但是我們不建議你買一台這種電腦，事實上，即使你有這種電腦，我們也不建議你現在就使用它！設置電腦很花時間與精力，現在你應該把所有精力放在深度學習上，因此，我們建議你租用已裝好必要設備的電腦，它們的租金在使用的情況下最低每小時只需要 $0.25，有些選項甚至是免費的。

**術語：圖形處理單元（*GPU*）**

也稱為**顯示卡**，它是在電腦內部的特殊處理器，可同時處理成千上萬個任務，專門為了在電腦上顯示遊戲的 3D 環境而設計。這些基本任務很像神經網路所處理的任務，因此 GPU 運行神經網路比一般的 CPU 快好幾百倍。所有現代電腦都有 GPU，但搭載能夠處理深度學習的正確 GPU 的電腦很少。

因為服務供應商會來來去去，與這本書搭配的最佳 GPU 伺服器會隨著時間而改變。本書的網站（*https://book.fast.ai*）有一個推薦清單，現在就去按照說明，連接一個 GPU 深度學習伺服器。別擔心，大部分的平台都只需要 2 分鐘的設定時間，而且許多平台都不需要付費即可使用，甚至不需要綁定信用卡。

***Alexis* 說**

我的拙見是，接受這個建議！如果你喜歡電腦，或許你會試著設定自己的電腦，小心！雖然你可以這樣做，但是它出乎意外地複雜、難懂而且令人分心。這就是為什麼本書的書名不是 ***Ubuntu* 系統管理**、***NVIDIA* 驅動程式安裝**、***apt-get***、***conda***、***pip* 及 *Jupyter Notebook* 設置雜談**，它們應該各自用一本書來說明。我曾經在工作時設計與部署機器學習生產環境基礎設施，這的確很有成就感，但與建立模型無關，就像維修飛機跟駕駛飛機是兩回事一樣。

在網站上介紹的每一種選項都有教學，在完成教學之後，你會看到圖 1-2 的畫面。

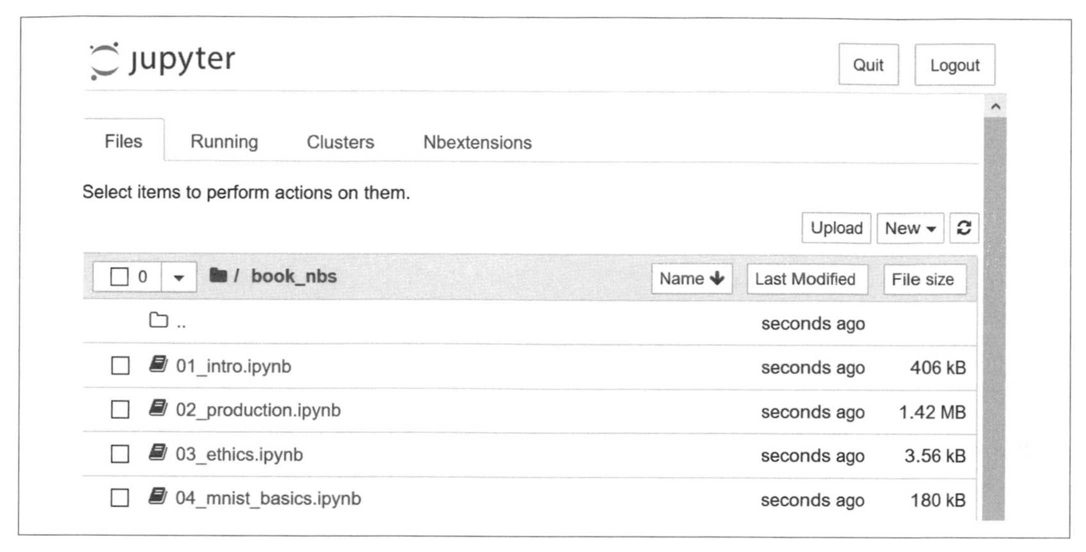


圖 1-2 Jupyter Notebook 的初始畫面

現在你可以執行第一個 Jupyter notebook 了！

術語：*Jupyter Notebook*

這套軟體可讓你將格式化的文字、程式碼、圖像、影片等全部放入一個互動式文件中。由於 Jupyter 在學術界與業界受到廣泛的使用，而且已經造成廣大的影響，所以獲得軟體界最高榮譽，ACM Software System Award。Jupyter notebook 是資料科學家開發深度學習模型和與之互動時最常使用的軟體。

## 執行你的第一個 notebook

notebook 是按照本書的介紹順序，按章編號的。因此，你看到的第一個 notebook 就是現在要使用的 notebook，你將使用這個 notebook 來訓練一個可以辨識狗與貓照片的模型。為此，你需要下載一個包含狗與貓照片的資料組，並且使用它來**訓練模型**。

※ 本書採單色印刷，彩色圖片可至本書的網站查看（*https://book.fast.ai*）。

**資料組**只是一堆資料——它可能是圖像、email、金融指標、聲音，或任何其他東西。坊間有許多免費的資料組很適合用來訓練模型，其中許多資料組是學術界為了協助進行研究而創造的，也有很多資料組是為了舉辦競賽而製作的（坊間有一些讓資料科學家比較誰做出來的模型最準確的競賽！），有些是其他程序（例如財務歸檔）的副產品。

### *full* 與 *clean notebook*

網站上面有兩個資料夾，裡面有不同的 notebook 版本。*full* 資料夾裡面有用來製作你正在看的這本書的 notebook，包含所有的文字與輸出。*clean* 版本有一些標題與程式 cell（儲存格），但沒有任何輸出與文章。建議你在看完每一節之後，闔上書本，跑一下 clean notebook，看看能不能在執行每一個 cell 之前知道它會顯示什麼結果，並且試著回想一下那段程式想要展示什麼。

直接點選 notebook 即可將它打開，它長得像圖 1-3（注意，在不同的平台上可能有一些細節不同，你可以忽略這些差異）。

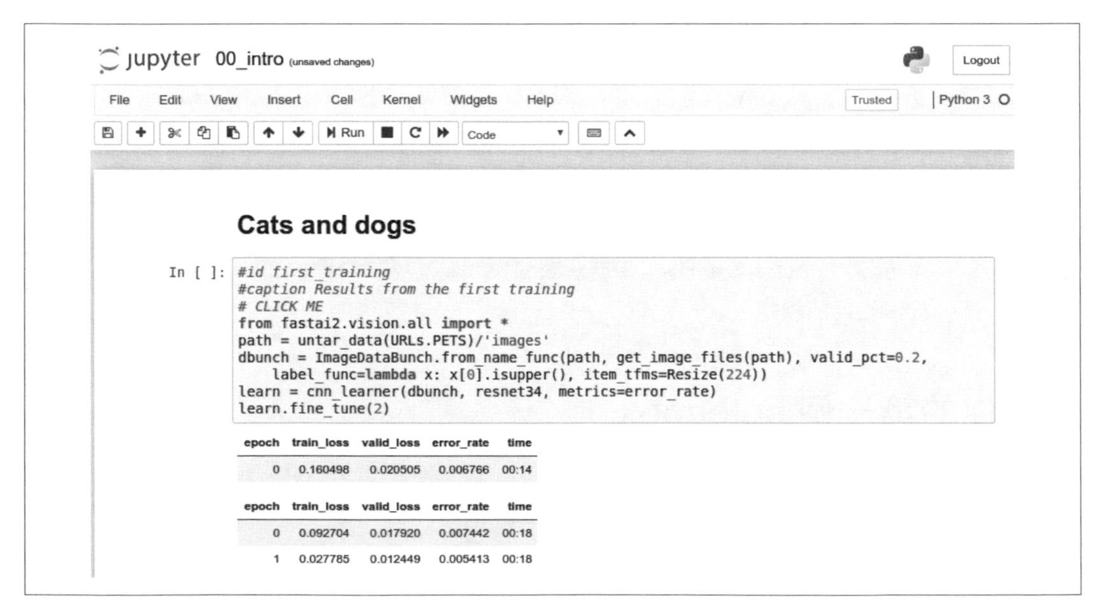


圖 1-3 Jupyter notebook

notebook 裡面有 *cell*，cell 有兩種：

- 容納格式化的文字、圖像等的 cell。它們使用 *Markdown* 格式，你很快就會學到這種格式。
- 容納可執行的程式碼的 cell，它的輸出就在它的下面（可能是一般的文字、表格、圖像、動畫、聲音，甚至是互動式 app）。

Jupyter notebook 可能處於兩種模式之一：編輯模式或命令模式。在編輯模式中，你可以像平常一樣，用鍵盤在 cell 裡面輸入字母。但是在命令模式中，你不會看到任何閃爍的游標，而且每一個鍵盤的按鍵都有特殊的功能。

在繼續看下去之前，按下鍵盤的 Escape 鍵來切換至命令模式（如果你已經在命令模式了，這不會怎樣，因此儘管按下它）。你可以按下 H 來顯示所有功能，按下 Escape 來移除這個協助畫面。注意，與大多數的程式不同的是，在命令模式下，你不需要按下 Control、Alt 之類的按鍵來輸入命令，只要按下所需的字母按鍵即可。

你可以按下 C 來複製一個 cell（你必須先選擇那個 cell，讓它的周圍有個框線，如果它還沒有被選取，按下它一次），然後按下 V 來貼上它的副本。

按下開頭為「# CLICK ME」的 cell 來選擇它。該行的第一個字元代表接下來的東西是 Python 的注釋，所以當 cell 執行時，它會被忽略。或許你不相信，該 cell 的其餘部分是一個完整的系統，可以建立和訓練一個辨識貓與狗的先進模型。我們來訓練它！你只要按下鍵盤的 Shift-Enter，或按下工具列的 Play 按鈕就可以訓練它了。以下這些事情會在你等待的幾分鐘之內發生：

1. 從 fast.ai 資料組收集區，將一個稱為 Oxford-IIIT Pet Dataset（*https://oreil.ly/c_4Bv*）的資料組下載到你使用的 GPU 伺服器上，該資料組裡面有 7,349 張 37 個品種的貓與狗照片。
2. 從網際網路下載一個已經用 130 萬張照片**預先訓練的獲獎模型**。
3. 用最新的遷移學習技術來**微調**這個預先訓練的模型（pretrained model，以下簡稱預訓模型），建立一個為了辨識狗與貓而特別製作的模型。

前兩個步驟只需要在你的 GPU 伺服器上執行一次，當你再次執行這個 cell 時，它會使用已經下載的資料組與模型，不會再次下載它們。我們來看一下這個 cell 的內容與結果（表 1-2）：

```
# CLICK ME
from fastai.vision.all import *
path = untar_data(URLs.PETS)/'images'
```

```
def is_cat(x): return x[0].isupper()
dls = ImageDataLoaders.from_name_func(
    path, get_image_files(path), valid_pct=0.2, seed=42,
    label_func=is_cat, item_tfms=Resize(224))

learn = cnn_learner(dls, resnet34, metrics=error_rate)
learn.fine_tune(1)
```

表 1-2　第一次訓練的結果

| epoch | train_loss | valid_loss | error_rate | time |
|---|---|---|---|---|
| 0 | 0.169390 | 0.021388 | 0.005413 | 00:14 |

| epoch | train_loss | valid_loss | error_rate | time |
|---|---|---|---|---|
| 0 | 0.058748 | 0.009240 | 0.002706 | 00:19 |

你得到的結果應該不會與這裡的完全相同。訓練模型的過程有很多小的隨機變化來源。然而，這個例子所顯示的錯誤率通常小於 0.02。

訓練期

下載預訓模型與資料組可能要花好幾分鐘，取決於你的網路速度。執行 `fine_tune` 可能會花 1 分鐘左右。本書的模型通常要用幾分鐘來訓練，你的模型也是如此，所以最好看看你能不能活用這段時間，例如，在訓練模型時，繼續閱讀下一節，或打開另一個 notebook，用它來進行一些程式實驗。

## 本書是用 Jupyter notebook 寫成的

我們用 Jupyter notebook 來寫這本書，所以書中的每一張圖表、表格與計算幾乎都有程式碼，可讓你自行重現它們。這就是為什麼本書的一些程式碼後面幾乎都立刻有一個表格、一張圖片或一些文字。你可以在本書的網站（*https://book.fast.ai*）找到所有程式碼，並且試著自行執行與修改每一個範例。

你剛才已經看到本書的 cell 如何輸出一個表格了。以下是輸出文字的 cell：

```
1+1
```

```
2
```

Jupyter 一定會印出或顯示最後一行的結果（如果有的話），例如，這個 cell 會輸出一張圖像：

```
img = PILImage.create('images/chapter1_cat_example.jpg')
img.to_thumb(192)
```

那麼，我們怎麼知道這個模型好不好？你可以在表格的最後一欄看到 *error rate*（**錯誤率**），它是照片被錯誤辨識的比例。我們將錯誤率當成 metric（這是衡量模型品質的數據，選擇的標準是直覺而且容易理解）。如你所見，這個模型近乎完美，儘管訓練時間只有幾秒鐘（不含一次性的下載資料組與預訓模型的時間）。事實上，你剛才實現的準確度已經比 10 年前任何人做出來的結果好超級多了！

最後，我們來確認這個模型確實可以工作。找一張狗或貓的照片，如果你手上沒有，只要搜尋 Google Images 並且從那裡下載一張照片即可，接下來執行定義 `uploader` 的 cell，它會輸出一個按鈕，你可以按下它並選擇想要分類的照片：

```
uploader = widgets.FileUpload()
uploader
```

Upload (0)

現在你可以將已上傳的檔案傳給模型。務必使用只有一隻狗或一隻貓的清楚照片，不要上傳線圖、卡通或類似的圖片。這個 notebook 將告訴你它認為那張圖是狗還是貓，以及它有多大的信心。希望你的模型有很棒的表現：

```
img = PILImage.create(uploader.data[0])
is_cat,_,probs = learn.predict(img)
print(f"Is this a cat?: {is_cat}.")
print(f"Probability it's a cat: {probs[1].item():.6f}")
```

```
Is this a cat?: True.
Probability it's a cat: 0.999986
```

恭喜你完成第一個分類模型了！

但是這有什麼意義？你剛才究竟做了什麼事？為了解釋，我們再次把鏡頭拉遠，看一下大局。

## 什麼是機器學習？

你的分類模型是個深度學習模型。如前所述，深度學習模型使用神經網路，後者最早可以追溯到 1950 年代，最近的發展讓它變成強大的技術。

另一個關鍵的背景在於，深度學習只是**機器學習**這門更普遍的學科之中的一個現代領域。你不需要了解深度學習就可知道你在訓練分類模型時所做的事情的本質了。你只要以你的模型和訓練過程為例，觀察這些概念如何在機器學習中大致應用就可以了。

所以，在這一節，我們將說明機器學習，探索這些關鍵概念，從最初介紹它們的文章中，看看它們可能變成怎樣。

**機器學習**就像一般的程式設計，是一種可讓電腦完成特定任務的方法。但我們如何用一般的程式來完成上一節的任務，也就是在照片中認出貓與狗？我們必須為電腦寫下完成這項任務所需的確切步驟。

通常在寫程式時，寫下完成任務所需的步驟很簡單，你只要想一下親自完成那些任務時需要哪些步驟，再將它們寫成程式碼即可。例如，我們可以寫一個排序串列的函式，一般來說，我們會寫出一個類似圖 1-4 的函式（**輸入**可能是未排序的串列，**結果**是已排序的串列）。

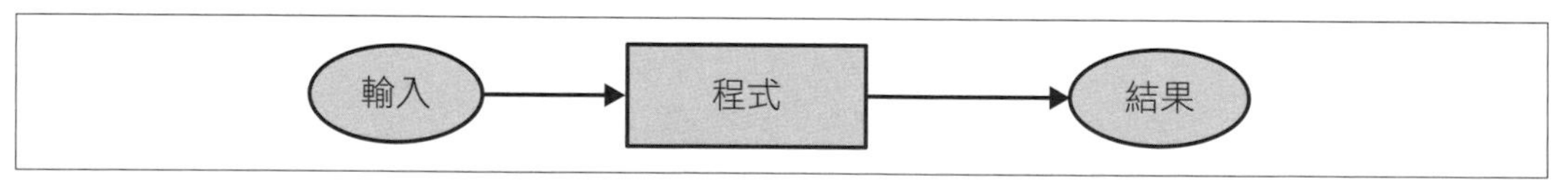


**圖 1-4　傳統的程式**

但是這種方法很難用來辨識照片裡的物體，我們究竟用哪些步驟來認出照片中的物體？我們並不知道，因為這個動作是在沒有意識的情況下，在大腦裡面發生的！

早在 1949 年電腦誕生之初，IBM 就有一位名為 Arthur Samuel 的研究員開始研究以另類的方式讓電腦完成各種任務的方法，他稱之為**機器學習**。他在經典的 1962 年論文「Artificial Intelligence: A Frontier of Automation」裡面寫道：

> 製作執行這種計算的電腦是一項艱鉅的任務，主要的原因並非電腦有任何內在的複雜性，而是因為我們必須用惱人至極的細節來描述程序的每一個微小的步驟。每一個程式員都會告訴你，電腦是大傻瓜，不是巨型腦袋。

他的基本概念是讓電腦知道有待解決的問題的案例，並且讓它自己找到解決問題的方法，而不是告訴電腦究竟該用哪些步驟來解決問題。事實證明這個方法很有效，在 1961 年，他的跳棋程式已經學到很多東西，甚至打敗 Connecticut 州的冠軍！他是這樣敘述他的概念的（來自上述的同一篇論文）：

> 如果我們可以設計一種自動的方法來檢測目前分配的權重可以實際提升多少性能，並且用一種機制來改變權重的分配，從而將性能最大化，我們不需要深究這個過程的細節，就能看出它是否可以完全自動化，也能看出這樣子設計的機器能否從經驗中「學習」。

這段簡短的敘述裡面有許多強大的概念：

- 「權重分配」的概念
- 每個權重分配都有「實際性能」
- 必須有個「自動的方法」來測試性能
- 需要一種「機制」（即另一個自動程序）來改變權重的分配，從而改善性能

為了將它們實際結合起來，我們來逐一介紹這些概念。首先，我們要了解 Samuel 所說的**權重分配**是什麼意思。

權重只是變數，權重分配是幫變數選擇特定的值。程式的輸入是讓程式處理，來產生結果的值——例如，將圖像的像素當成輸入，再回傳類別「狗」的結果。程式的「權重分配」就是定義程式如何運作的另一組值。

因為它們會影響程式，所以它們是另一種輸入。我們更新圖 1-4 的基本流程，將它換成圖 1-5，來考慮這一件事。

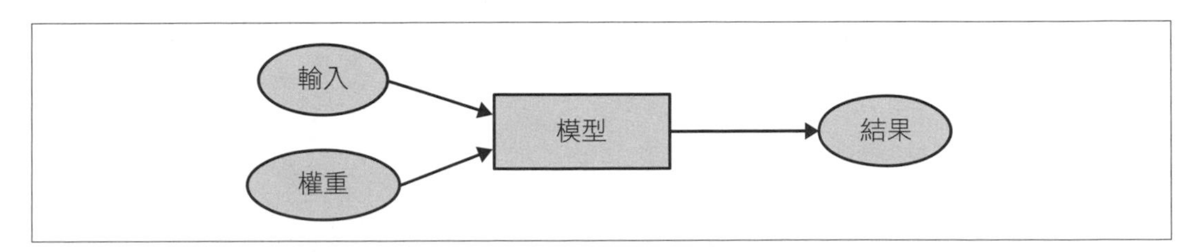


**圖 1-5 使用權重分配的程式**

我們將長方形從**程式**改為**模型**，這個改變是為了使用現代的術語，以及反映「模型是特殊的程式」：模型是可以根據**權重**來做**很多不同的事情**的程式。模型可以用許多方式來實作，例如，在 Samuel 的跳棋程式裡，不同的權重會導致不同的跳棋策略。

（順道一提，Samuel 所說的「權重（weight）」現在通常稱為模型**參數**（*parameter*），**權重**這個字被用來代表一種特定的模型參數。）

接下來，Samuel 說，我們要用一種**自動的方法來檢測目前分配的權重可以實際提升多少性能**。在他的跳棋程式中，模型的「實際表現」就是它下棋的表現。你可以讓兩個模型互相下棋，看看哪一個模型勝出，從而自動測試它們的性能。

最後，他說我們需要**用一種機制來改變權重的分配，從而將性能最大化**。例如，我們可以檢查贏的與輸的模型之間的權重有何不同，並且將權重稍微往贏的方向調整。

現在我們可以理解為什麼他說這種程序**可以完全自動化，…這樣子設計的機器能從經驗中「學習」**了。當權重能夠自動調整時，學習就可以完全自動化——我們依靠一種自動化的機制，根據表現來調整權重，而不是手動調整模型的權重來改善它。

圖 1-6 是 Samuel 訓練機器學習模型的概念全貌。

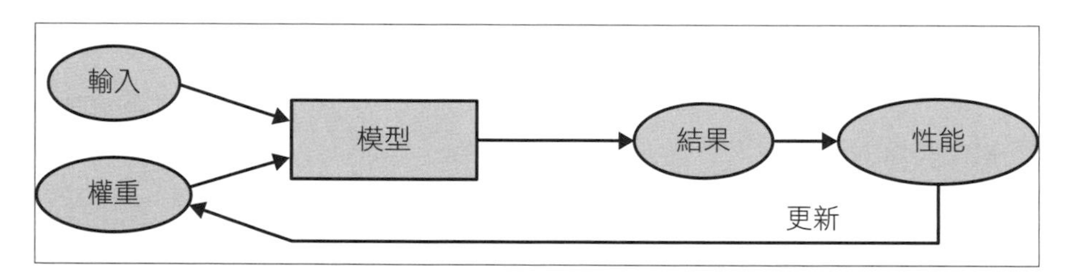


**圖 1-6 訓練機器學習模型**

注意模型的**結果**（例如在跳棋裡面的一步）與它的**性能**（例如它有沒有贏，或它多快贏）之間的不同。

你也要注意當模型訓練好之後（也就是說，當我們選出最終的、最好、最喜歡的權重分配之後），權重可以視為**模型的一部分**，因為我們再也不會改變它們了。

因此，圖 1-7 是訓練好模型之後**使用**它的情況。

圖 1-7　將訓練好的模型當成程式來使用

它看起來與原始的圖 1-4 一模一樣，只是將**程式**換成**模型**。這個見解很重要：**已經訓練好的模型，可視為一般的電腦程式**。

**術語：機器學習**

藉著讓電腦從它的經驗中學習來訓練程式，而不是藉由人工編寫各個步驟。

## 什麼是神經網路？

我們不難想像跳棋程式的模型可能長怎樣，它應該有一系列的跳棋策略以及某種搜尋機制，然後用權重來改變策略的選擇方式，以及在搜尋時，應關注棋盤的哪個部分等。但是我們無法如此清楚地知道影像辨識、文字理解或許多其他問題的模型可能長怎樣。

我們喜歡靈活的函數，只要調整權重就可以解決任何問題，奇妙的是，這種函數真的有！它就是我們討論過的神經網路，也就是說，如果你把神經網路看成一個數學函數，它就是一個根據權重來運作，而且極度靈活的函數。有一種稱為**通用近似定理**（*universal approximation theorem*）的數學證明，表明這種函數可以用任何準確度來解決任何問題，理論上如此。事實上，神經網路如此靈活意味著，在實務上，它們通常是一種很適用的模型，所以你可以把工作重點放在訓練它們的程序上面，也就是找出好的權重分配。

但是那個程序是什麼？可以想像，你可能要為每一個問題找出一個新的「機制」來自動更新權重，這是費力的工作。我們希望用一體適用的方式來更新神經網路的權重，在任何任務中都可以改善網路。方便的是，真的有這種方法！

它稱為**隨機梯度下降**（*stochastic gradient descent*，SGD）。我們將在第 4 章詳細介紹神經網路和 SGD 是如何運作的，並解釋通用近似定理。但是，就目前而言，我們要用 Samuel 所說的：**我們不需要深究這個過程的細節，就能看出它是否可以完全自動化，也能看出這樣子設計的機器能否從經驗中「學習」**。

*Jeremy* 說

別擔心，SGD 與神經網路都沒有複雜的數學，它們幾乎完全使用加法和乘法來完成工作（但是會執行**大量的**加法與乘法！）。據我們所知，學生知道細節之後的反應大多是：「就這樣而已？」

換句話說，複習一下，神經網路是一種特殊的機器學習模型，這正符合 Samuel 最初的概念。神經網路的特殊之處在於它們具備高度的靈活性，也就是說，只要找到合適的權重，它們就可以解決異常廣泛的問題。這個特點非常強大，因為隨機梯度下降可以讓我們自動找出權重。

讓我們將拉遠的鏡頭再次拉近，用 Samuel 的框架來回顧照片分類問題。

我們的輸入是照片，權重是神經網路裡面的權重，模型是神經網路，結果是神經網路算出來的值，例如「狗」或「貓」。

下一個工作，**以自動的方法來檢測目前分配的權重可以實際提升多少性能呢**？測量「實際性能」很簡單：我們可以將模型的性能定義成「預測正確答案的準確度」。

將全部放在一起，並假設更新權重分配的機制是 SGD 之後，我們可以看到照片分類模型就是個機器學習模型，很像 Samuel 當初設想的那樣。

## 機器學習術語

Samuel 是在 1960 年代做研究的，從那以後，術語已經有所不同了。以下是我們談過的事情的現代機器學習術語：

- **模型**的泛函（functional）形式稱為它的**架構**（*architecture*）（但請注意——有人將**模型**當成**架構**的同義詞，這會導致混淆不清）。
- **權重**稱為**參數**（*parameter*）。
- **預測**（*prediction*）是用**自變數**（*independent variable*）計算的，後者是不含**標籤**（*label*）的資料。
- 模型的**結果**稱為**預測**。
- **性能**的評量標準稱為**損失**（*loss*）。
- 損失不但與預測有關，也與正確的**標籤**（也稱為**目標**（*target*）或**因變數**（*dependent variable*））有關，例如「狗」或「貓」。

做了這些修改之後，圖 1-6 變成圖 1-8。

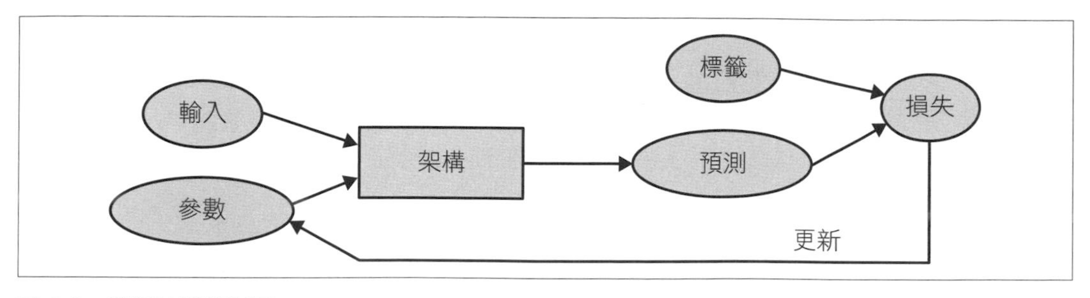


圖 1-8　詳細的訓練迴圈

## 機器學習天生的局限性

在這張圖裡面，我們可以看到訓練深度學習模型時的一些基本事項：

- 建立模型必須使用資料。
- 模型只能學會處理曾經在訓練資料中看過的模式。
- 這種學習方法只會產生**預測**，不會推薦**行動**（*actions*）。
- 只有輸入資料樣本是不夠的，我們也需要那些資料的**標籤**（例如，單憑狗與貓的照片無法訓練模型，每張照片也要有標籤，指出哪些是狗，哪些是貓）。

根據我們的經驗，一般來說，大部分的組織說他們的資料不夠多時，意思通常是**有標籤的**資料不夠多。如果有任何組織想要用模型實際做某些事情，那就意味著他們應該有一些輸入，準備讓模型處理，而且可能已經採取其他方法做了一段時間了（例如人工，或使用一些經驗法則（heuristic）程式），因此他們可以從這些程序取得資料！舉例來說，放射學任務幾乎都有醫學掃描檔案（因為他們需要檢查病人隨著時間變化的狀況），但是這些掃描應該沒有一系列關於診斷或介入舉措的結構化標籤（因為放射科醫生所寫的通常是自然語言的自由文字報告，不是結構化的資料）。本書會討論很多附加標籤的方法，因為它是很重要的問題。

機器學習種類只做出**預測**（也就是試著重現標籤）可能導致組織的目標與模型的能力有巨大的鴻溝。例如，在這本書中，你將學會製作可以預測用戶可能購買哪些商品的**推薦系統**。電子商務經常使用這種系統在首頁顯示名次最高的商品，但是在建立這種模型時，通常需要觀察用戶與他們的購買紀錄（**輸入**），以及他們接下來購買或查看的內容（**標籤**），這意味著模型可能會告訴你用戶已經擁有或已經知道的商品，而不是他們可能最感興趣的新商品。這種情況與實體書店之中的專家的行為非常不同，後者可以向你問問題來找出你的偏好，再為你介紹你沒有聽過的作者或叢書。

考慮模型如何與它的環境互動可以得到另一個關鍵的見解。這可以建立**回饋迴路**，如下所述：

1. **預測警務**模型是用以前的逮捕地點來製作的，它其實不是在預測犯罪，而是在預測逮捕行為，因此在一定程度上，反映了現有警務程序的偏見。
2. 執法人員可能使用那個模型來決定他們的警務活動的重點，進而增加在那些地區逮捕人犯的次數。
3. 這些額外的逮捕產生的資料會被回饋，重新訓練未來的模型。

這會導致一個**正回饋迴路**：當模型的使用次數越多，資料就越偏差，進而讓模型更偏差，如此不斷循環。

回饋迴路在商業環境也會造成問題。例如，影片推薦系統可能會推薦最大的觀眾群體看過的影片（例如陰謀論者和極端分子看過的線上影片比一般人更多），導致那些用戶看更多影片，導致更多這類影片被推薦。第 3 章會更詳細討論這個主題。

了解理論基礎之後，我們回到範例程式，仔細比對程式碼與我們剛才描述的程序。

## 照片辨識模型如何運作？

我們來比對照片辨識模型與這些概念。我們會將每一行程式放入獨立的 cell，看看它們做了什麼事（目前還不會解釋每一個參數的每一個細節，但是會說明重要的地方，完整的細節會在後面說明）。第一行匯入全部的 fastai.vision 程式庫：

```
from fastai.vision.all import *
```

它提供了建立各種電腦視覺模型所需的所有函式與類別。

*Jeremy* 說

很多 Python 程式員都認為不要像這樣匯入整個程式庫（使用 `import *` 語法），因為在大型軟體專案中，這樣子會出問題。但是，對 Jupyter notebook 這種互動式軟體而言，它可以良好地運作。fastai 程式庫的設計是為了支援這種互動式用法的，它只會將必要的部分匯入你的環境。

第二行從 fast.ai 資料組收集區（*https://course.fast.ai/datasets*）下載一個標準資料組（如果沒有下載過的話）到你的伺服器上，提取它（如果沒有提取過的話），並回傳一個 Path 物件，它存有提取出來的位置：

```
path = untar_data(URLs.PETS)/'images'
```

*Sylvain* 說

當我在 fast.ai 學習的時候，甚至直到今日，我學會很多高效的程式設計實踐法。fastai 程式庫與 fast.ai notebook 到處都有很棒的小撇步，協助我成為更好的程式員。例如，注意一下，fastai 程式不是只有回傳一個包含資料組路徑的字串而已，而是回傳一個 Path 物件，它是來自 Python 3 標準程式庫的類別，可方便你更輕鬆地進入檔案與目錄。如果你沒有用過它，請查看它的文件或教學，並且試著使用它。注意，本書的網站（*https://book.fast.ai*）有前往各章推薦的教學的連結。當我們遇到我認為很好用的程式設計小撇步時，我也會持續告訴你。

在第三行，我們定義一個函式，is_cat，它使用資料組的製作者提供的檔名規則來標注貓：

```
def is_cat(x): return x[0].isupper()
```

我們在第四行使用那個函式，告訴 fastai 我們有哪一種資料組，以及它的結構：

```
dls = ImageDataLoaders.from_name_func(
    path, get_image_files(path), valid_pct=0.2, seed=42,
    label_func=is_cat, item_tfms=Resize(224))
```

fastai 有各種類別供各種深度學習資料組和問題使用，我們在此使用 ImageDataLoaders。類別名稱的第一部分通常是資料的類型，例如 image 或 text。

另一件必須告訴 fastai 的重要資訊是如何從資料組取得標籤。電腦視覺資料組通常會把圖像的標籤放在檔名或路徑之中，最常見的做法是放在父資料夾的名稱裡面。fastai 有一些標準化的附加標籤方法，以及自行編寫的方法。我們在此要求 fastai 使用剛才定義的 is_cat 函式。

最後定義我們需要的 Transform。在 Transform 裡面的程式會在訓練期間自動應用；fastai 有許多預先定義的 Transform，如果你要加入新的，很簡單，只要建立一個 Python 函式即可，函式有兩種：item_tfms 會套用到每一個項目（在這個例子裡面，它將每一個項目的大小調整為 224 個像素的正方形），而 batch_tfms 會使用 GPU 一次套用到**一批**項目，因此它們特別快（你將在本書看到許多例子）。

為什麼使用 224 個像素？這是歷史因素造成的標準大小（舊的預訓模型正是需要這種大小），但你幾乎可以傳遞任何東西。增加尺寸通常可以做出效果更好的模型（因為模型可以關注更多細節），但是會降低速度和增加記憶體使用量，減少尺寸則相反。

**術語：分類與回歸**

**分類**與**回歸**在機器學習裡有非常具體的意義，本書將討論這兩種主要的模型種類。**分類模型**是試著預測類別的模型，也就是預測一些分立（discrete）的可能性，例如「狗」與「貓」。**回歸模型**是試著預測一或多個數值的模型，例如溫度或位置。有人用**回歸**（*regression*）這個字來代表特定類型的模型——**線性回歸模型**（*linear regression model*），這是不好的做法，我們不會在這本書裡使用這個術語！

Pet 資料組裡面有 7,390 張貓狗照片，包含 37 個品種。每一張照片都是用它的檔名來標注的，例如，檔案 *great_pyrenees_173.jpg* 是在資料組裡面的第 173 張 Great Pyrenees 品種的狗照片。如果照片是貓，它的檔名是以大寫開頭，否則小寫。為了讓 fastai 知道如何取得檔名的標籤，我們的做法是呼叫 from_name_func（代表我們可以對著檔名執行函式來取得標籤），並傳遞 is_cat，當第一個字母是大寫（它是貓）時，它會回傳 True。

這裡最重要的參數是 valid_pct=0.2，它要求 fastai 保留 20% 的資料，**完全不要用它們來訓練模型**。這 20% 的資料稱為**驗證組**，其餘的 80% 稱為**訓練組**。驗證組的用途是測量模型的準確度，在預設情況下，保留的 20% 項目是隨機選擇的。參數 seed=42 會在這段程式每次執行時，將**隨機種子**設成同一個值，這代表我們每次執行程式都會得到同樣的驗證組，如此一來，當我們修改模型並重新訓練它時，我們就可以知道，造成任何差異的原因都是因為模型的改變，而不是因為使用不同的隨機驗證組。

fastai **一定只會**用驗證組來告訴你模型的準確度，**永遠不會**用訓練組。這種做法絕對是至關重要的，因為如果你訓練一個夠大的模型一段夠長的時間，它就會記住資料組的每一個項目的標籤！這會產生沒有用的模型，因為我們在乎的是模型處理**沒看過的照片**的能力，我們建立模型的目標永遠是：讓它可以處理未來的、訓練之後才看到的資料。

即使你的模型還沒有完全記得所有資料，在早期的訓練中，它可能也記住某些部分。因此，訓練的時間越長，它處理訓練組的準確度就越高，處理驗證組的準確度也會改善一段時間，但是當模型開始記憶訓練組，而不是找出資料底層可用來類推的模式時，準確度也會開始變差，這種情況稱為模型**過度擬合**（以下簡稱**過擬**，*overfitting*）了。

圖 1-9 是過擬的情況，我們用一個簡化的例子，裡面只有一個參數與一些隨機產生的資料，使用函數 x**2。如你所見，雖然過擬模型預測看過的資料點附近的資料很準確，但是當它離開那個範圍時，它就偏離方向。

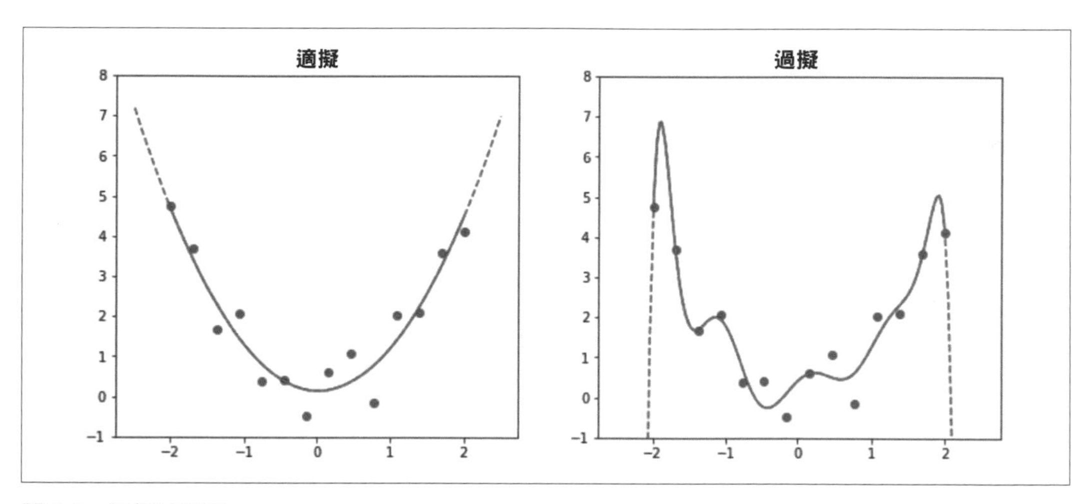


圖 1-9　過擬的例子

對所有機器學習從業者和所有演算法而言，在訓練時，**過擬是最重要且最有挑戰性的問題**。你將看到，我們很容易就會做出預測訓練資料很厲害，但是很不會預測從未看過的資料的模型，當然，後者是真的很重要的資料。例如，當你製作手寫數字分類模型（我們很快就會做一個！），並且用它來辨識支票上的手寫數字時，它永遠不會看到在訓練時看過的任何數字，因為在每一張支票上面的筆跡都略有不同。

本書會教你許多避免過擬的方法，但是，這些方法只能在確定已經過擬時使用（也就是在訓練期間發現驗證準確度越來越差時）。我們經常看到，雖然從業者有足夠的資料，卻在非必要的時候使用防止過擬的技術，最後做出比本來的模型更不準確的模型。

**驗證組**

當你訓練模型時，你**一定要**同時擁有訓練組與驗證組，而且一定只能用驗證組來評量模型的準確度。如果你用不足的資料訓練太久，你會看到模型的準確度開始變差，這稱為**過擬**。`valid_pct` 的預設值是 `0.2`，所以即使你忘了設定，fastai 也會幫你製作驗證組。

訓練照片辨識模型的第五行程式要求 fastai 建立一個**摺積神經網路**（CNN），並且指定它的架構（也就是想要建立的模型種類）、用來訓練它的資料，以及 *metric*：

```
learn = cnn_learner(dls, resnet34, metrics=error_rate)
```

為何使用 CNN？它是目前最先進的電腦視覺模型製作技術，本書將會教導關於 CNN 的一切，CNN 的架構來自人類視覺系統的運作方式。

fastai 有許多架構，本書會介紹它們（並且討論如何建立你自己的）。但是，在多數情況下，架構的選擇在深度學習程序裡不是非常重要的部分，它是學術界喜歡討論的主題，但是在實務上，它不是需要花太多時間的東西。有一些標準架構在大部分的情況下都可以使用，在這個例子裡，我們使用稱為 *ResNet* 的架構，它處理許多資料組與問題的速度很快，也很準確，之後會再討論它。`resnet34` 的 `34` 代表這個架構版本裡面的層數（其他的選項有 `18`、`50`、`101` 與 `152`），層數越多的架構需要花越多時間來訓練，而且比較容易過擬（也就是說，訓練它們的 epoch 數還不太多時，它處理驗證組的準確度就會開始變差）。另一方面，當你用更多資料來訓練它時，它們可能更準確。

什麼是 metric（指標）？*metric* 是評量模型預測驗證組的品質的函數，它會在每一個 epoch 結束時印出來。在這個例子裡，我們使用 `error_rate`，它是 fastai 提供的函式，功能與它的名字一樣：告訴你驗證組裡面有多少百分比的照片被錯誤分類。分類問題的另一種常見 metric 是 `accuracy`（它是 `1.0 - error_rate`）。fastai 還有許多其他 metric，本書將會介紹它們。

metric 的概念可能會讓你想到**損失**（*loss*），但它們有一個重要的區別。損失的目的只是定義一個「性能量值」，目的是讓訓練系統用來自動更新權重，換句話說，只要是隨機梯度下降容易使用的損失，就是好的損失。但是 metric 是為了讓人類了解的，所以好的 metric 是容易理解，並且盡可能符合你希望模型做的事情的數據。有時你可能會認為損失函數很適合當成 metric，但事實並非如此。

`cnn_learner` 也有一個 `pretrained` 參數，它的預設值是 `True`（所以這個例子會使用它，雖然我們沒有指定它），它可將模型的權重設成專家訓練過的值，那些值可在 130 萬張照片裡面辨識一千個不同的類別（使用著名的 *ImageNet*（*http://www.imagenet.org*）

資料組）。當模型使用已經用別的資料組訓練出來的權重時，那種模型稱為**預訓模型**（*pretrained model*）。你幾乎都會使用預訓模型，因為預訓模型意味著模型在你傳給它任何資料之前就已經很能幹了，而且你將看到，在深度學習模型中，那些已經具備的能力都是你需要的東西，無論專案的細節是什麼，例如，預訓模型有些部分可以處理邊、梯度與顏色檢測，它們是許多任務都需要的能力。

在使用預訓模型時，`cnn_learner` 會移除最後一層（因為那一層必定是專門為原始訓練任務（也就是 ImageNet 資料組分類）量身製作的），並且將它換成一或多個具有隨機權重，而且尺寸適合你的資料組的新神經層，這個模型的最後一個部分稱為**頭**（*head*）。

使用預訓模型是**最**重要的方法，它可讓你用更快的速度、更少的資料、時間與金錢來訓練出更準確的模型。或許你認為預訓模型的用法是深度學習學術界最常研究的領域…這樣你就大錯特錯了！大部分的課程、書籍或軟體程式庫功能通常都沒有認識到或討論預訓模型的重要性，學術論文也很少討論它。當我們在 2020 年初開始撰寫這本書時，情況正在開始改變，但可能還要一段時間。因此請注意，與你對談的人可能會大大地低估你在資源極少的情況下進行機器學習的能力，因為他們可能沒有深入了解如何使用預訓模型。

使用預訓模型來執行與它當初被訓練時不一樣的任務稱為**遷移學習**（*transfer learning*）。遺憾的是，因為遷移學習的研究不足，可以使用預訓模型的領域並不多。例如，目前在醫療領域只有少量的預訓模型可用，所以在那個領域裡面使用遷移學習很有挑戰性。此外，如何在時間序列分析等任務中使用遷移學習還有待進一步研究。

**術語：遷移學習**

使用預訓模型來執行與它原本被訓練時的任務不同的任務。

程式的第六行告訴 fastai 如何**擬合**模型：

```
learn.fine_tune(1)
```

我們說過，這個架構只是描述一個數學函數的**模板**，在它裡面的上百萬個參數獲得值之前，它無法做任何事情。

這是深度學習的關鍵——設法擬合模型的參數，來讓它解決你的問題。擬合模型時，我們至少要提供一項資訊：每一張照片要觀察多少次（稱為 *epoch* 數）。你選擇的 epoch 數與你有多少時間可用，以及你發現實際擬合模型需要多久有很大的關係。如果你選擇太小的數字，你隨時都可以再訓練更多 epoch。

但為何這個方法稱為 `fine_tune`，而不是 `fit`？ fastai **確實**有個稱為 `fit` 的方法，它的工作其實是擬合模型（也就是查看訓練組裡面的照片多次，每一次都更新參數，來讓預測越來越接近目標標籤）。但是在這個例子中，我們在一開始就使用預訓模型，而且沒有捨棄它既有的任何功能。你將在本書中學到，我們可以用一些重要的技巧來調整預訓模型以處理新資料組，這種程序稱為**微調**（*fine-tuning*）。

**術語：微調**

一種遷移學習技術，藉著使用與之前訓練時不同的任務來訓練額外的 epoch，以更新預訓模型的參數。

當你使用 `fine_tune` 方法時，fastai 就會幫你使用這些技巧。它有一些可以設定的參數（稍後會介紹），不過在這裡的預設形式中，它會執行兩個步驟：

1. 使用一個 epoch 來擬合部分模型，讓新的隨機 head 可以正確地處理你的資料組。
2. 使用你在呼叫方法時指定的 epoch 數來擬合整個模型，更新後面的神經層（特別是 head）的速度比更新前面的神經層（我們將會看到，預訓的權重通常不需要做太多更改）更快。

模型的 *head* 是為新的資料組新增的部分，*epoch* 是處理整個資料組一回合。在呼叫 `fit` 之後，程式會在每一個 epoch 結束之後印出結果，展示 epoch 數、訓練組與驗證組的損失（用來訓練模型的「性能量值」），以及你設定的 *metric*（在這個例子是錯誤率）。

藉由以上的所有程式，我們的模型只要透過有標籤的樣本就可以學會辨識貓與狗了。但是它是怎麼做到的？

## 我們的照片辨識模型學到什麼？

此時，我們已經有一個效果良好的照片辨識模型了，但我們不知道它在做什麼！雖然有很多人抱怨說，深度學習會產生令人費解的「黑盒子」模型（也就是它雖然可以做預測，但沒有人能理解它），但事實遠非如此。目前已有大量的研究說明如何深入觀察深度學習模型，並且從中獲得豐富的見解。話雖如此，完全理解各種機器學習模型（包括深度學習和傳統的統計模型）仍然是具有挑戰性的工作，尤其是在設法理解當它們遇到與訓練資料非常不同的資料，將會如何表現時。我們將在這本書中討論這個問題。

在 2013 年，博士班學生 Matt Zeiler 與他的指導教授 Rob Fergus 發表了「Visualizing and Understanding Convolutional Networks」(*https://oreil.ly/iP8cr*)，這篇論文展示如何將模型的每一層學到的神經網路權重值視覺化。他們仔細地分析贏得 2012 年 ImageNet 競賽的模型，並且利用這項分析大幅改善那個模型，用來繼續贏得 2013 年的競賽！圖 1-10 是他們發表的第一層權重圖。

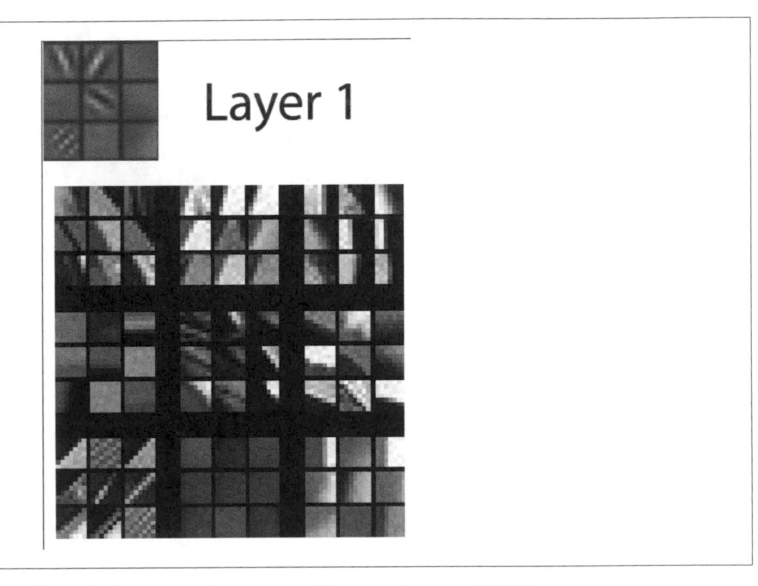


**圖 1-10　CNN 的第一層的觸發輸出（由 Matthew D. Zeiler 與 Rob Fergus 提供）**

這張圖需要解釋一下。在每一層的圖像中，背景為淺灰色的圖像代表重建後的權重，下面那張比較大的圖像是與每一組權重最相符的訓練圖像部分。我們可以看到，在第 1 層中，模型已經發現代表對角、水平和垂直的邊以及各種漸層的權重。（注意，每一層只顯示一小組特徵，但事實上，每一層都有上千個特徵。）

它們是模型在電腦視覺任務中學到的基本元素。它們已經被神經科學家和電腦視覺研究員廣泛地分析過了，結果證明，這些學到的元素非常類似人眼的基本視覺機制，以及在深度學習出現之前，人工開發的電腦視覺特徵。圖 1-11 是下一層。

※ 本書採單色印刷，彩色圖片可至本書的網站查看（*https://book.fast.ai*）。

圖 1-11　CNN 的第二層的觸發輸出（由 Matthew D. Zeiler 與 Rob Fergus 提供）

在第 2 層，模型發現的每一個特徵都有九個重建的案例。我們可以看到，模型已經學會能夠尋找角落、重複的線條、圓，以及其他簡單圖案的特徵偵測器了。它們是用第 1 層發展出來的基本元素來建構的。右圖是來自實際的照片，而且與對應的特徵最相符的小圖塊。例如，在第 2 列，第 1 行之中的圖案與日落的漸層和紋理相符。

圖 1-12 是在論文中，第 3 層特徵的重建結果。

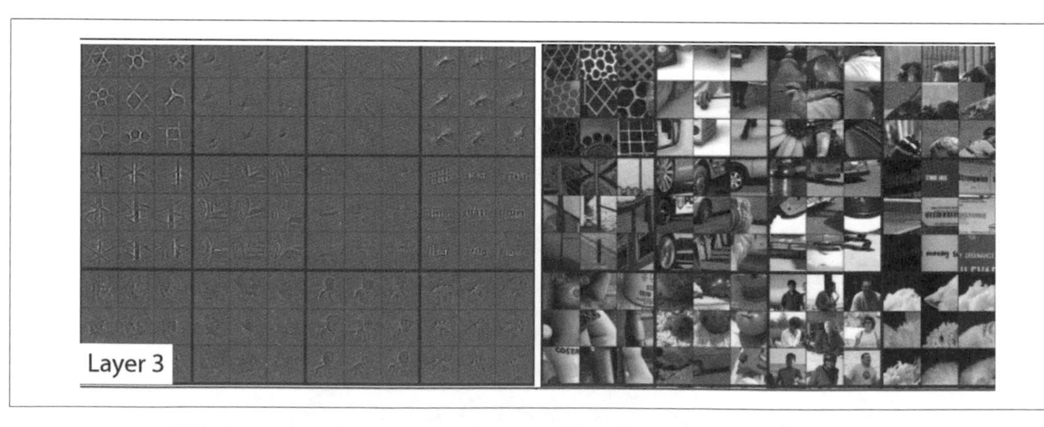


圖 1-12　CNN 的第三層的觸發輸出（由 Matthew D. Zeiler 與 Rob Fergus 提供）

從右圖可以看到，現在特徵能夠識別和比對更高級的語義元素了，例如車輪、文字與花瓣。第 4 層與第 5 層可以使用這些元素識別更高級的概念，如圖 1-13 所示。

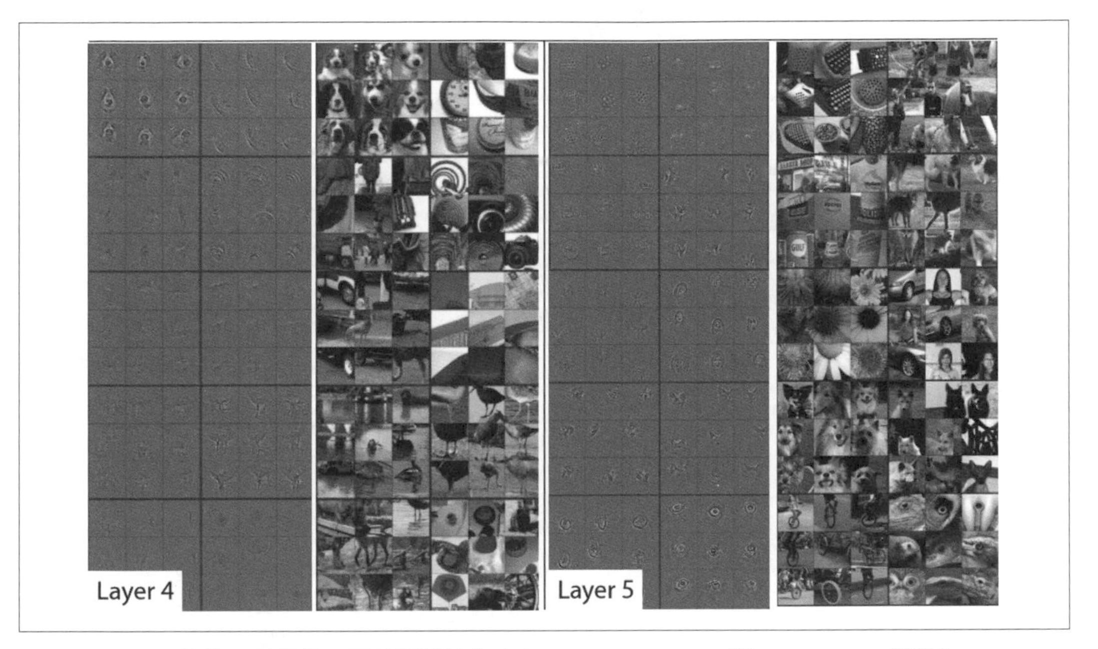


圖 1-13　CNN 的第四層與第五層的觸發輸出（由 Matthew D. Zeiler 與 Rob Fergus 提供）

這篇論文研究的對象是只有五層的舊模型 *AlexNet*，自此之後開發出來的模型有上百層，你可以想像那些模型能夠發展出多麼豐富的特徵。

當我們微調預訓模型時，我們可以調整最後幾層關注的東西（花、人、動物），來讓它專門處理貓 vs. 狗的問題。更廣泛地說，我們可以用這種預訓模型來專門處理各種不同的任務，我們來看一些例子。

## 圖像辨識模型可以處理非圖像任務

顧名思義，圖像辨識模型只能辨識圖像。但是很多東西都可以用圖像來表示，這意味著圖像辨識模型可以學習完成許多種任務。

例如，聲音可以轉換成聲譜圖，顯示聲音檔裡面的每一個頻率隨著時間的變化。fast.ai 的學生 Ethan Sutin 曾經使用這種方法，以 8,732 個城市聲音的資料組，輕鬆地勝過最先進的環境聲音偵測模型（*https://oreil.ly/747uv*）所公布的準確度。如圖 1-14 所示，fastai 的 `show_batch` 清楚地展示各個聲音都有一個非常獨特的聲譜圖。

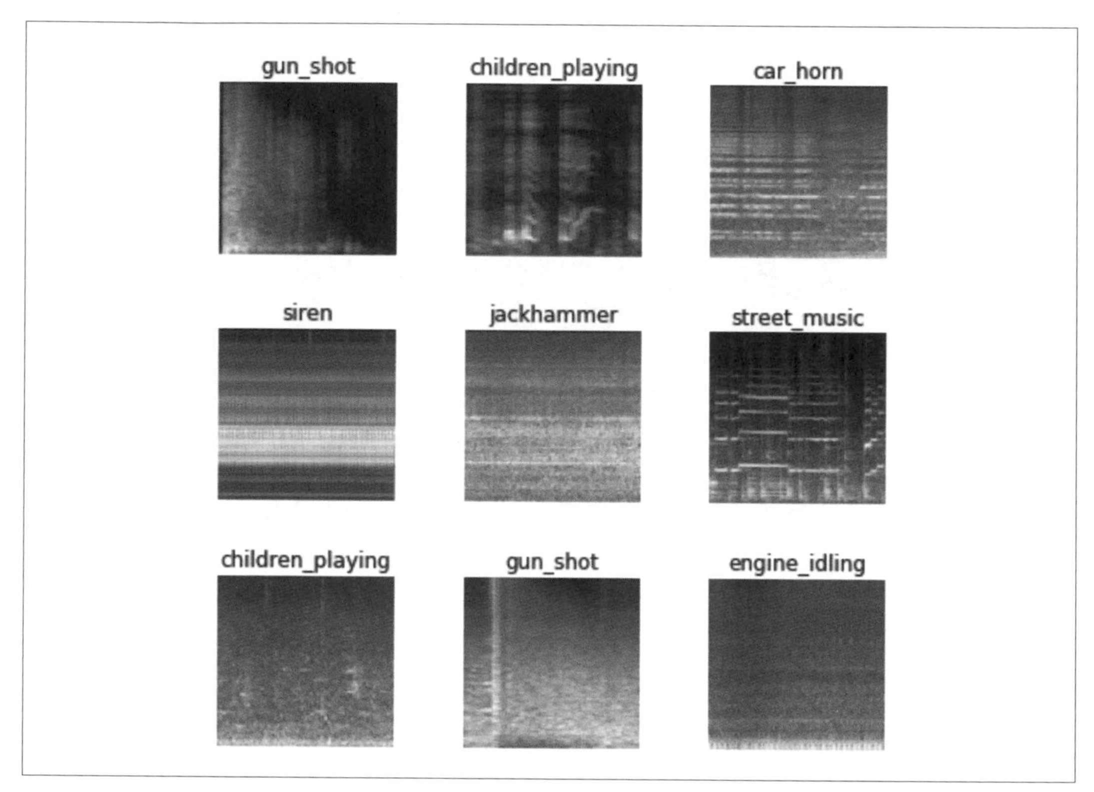


圖 1-14　用 show_batch 來顯示聲譜圖

時間序列也很容易轉換成圖像，只要將時間序列畫成一張圖即可。但是，比較好的做法通常是在表達資料時，盡量讓最重要的元素可以被輕易地拉出來。在時間序列中，具備季節性和異常現象的情況最有可能引起興趣。

時間序列資料可以用各種方法來轉換。例如，fast.ai 學生 Ignacio Oguiza 曾經使用一種稱為 Gramian Angular Difference Field（GADF）的技術，將橄欖油分類任務的時間序列做成圖像，見圖 1-15。然後，他將這些圖像傳給你在本章看過的那種圖像分類模型。他使用的訓練組只有 30 張圖像，卻得到超過 90% 的準確度，接近最先進的水準。

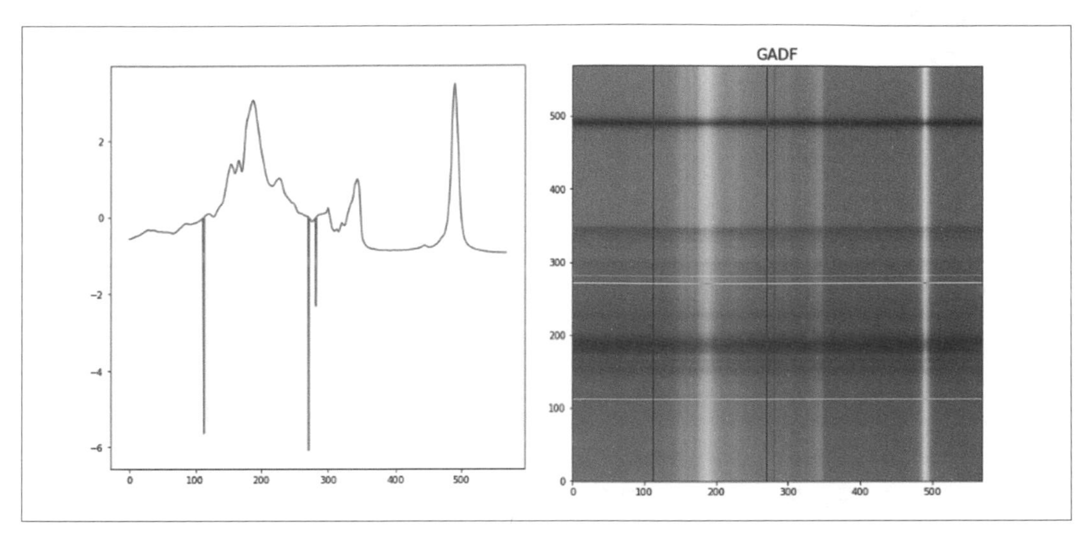


圖 1-15 將時間序列轉換成圖像

另一個有趣的 fast.ai 學生專案來自 Gleb Esman。他在 Splunk 從事詐欺檢測工作，使用的是用戶移動和點按滑鼠的資料組。他將這些資料轉換成圖片，用彩色線條來顯示滑鼠游標的位置、速度和加速度，用彩色的小圓點來顯示點按（*https://oreil.ly/6-I_X*），如圖 1-16 所示。他將這些資料傳給我們在本章用過的圖像辨識模型，因為模型的效果實在太好了，於是他為這種詐欺分析方法申請了專利！

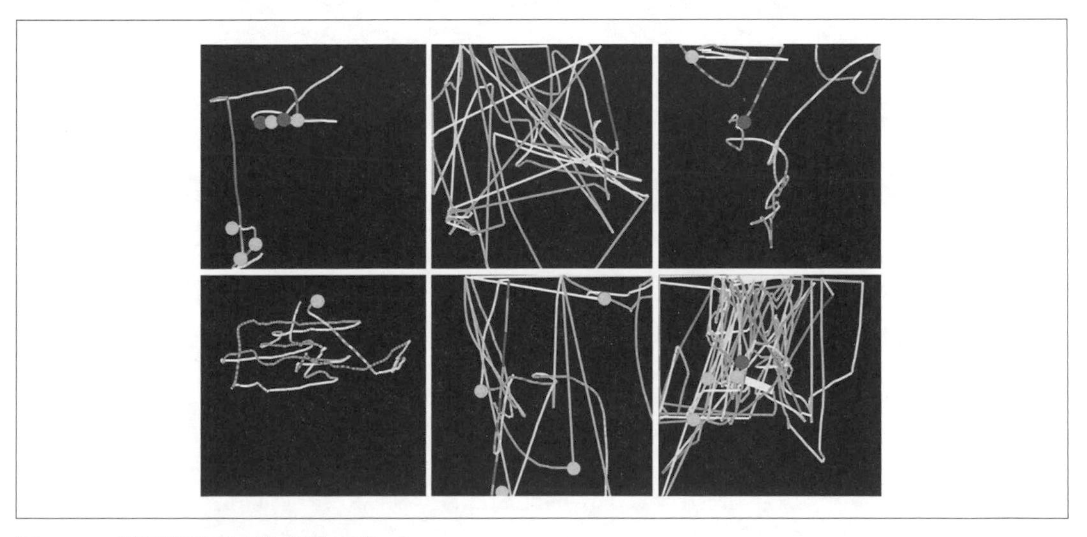

圖 1-16 將電腦滑鼠行為轉為圖像

另一個例子來自 Mahmoud Kalash 等人發表的論文「Malware Classification with Deep Convolutional Neural Networks」(*https://oreil.ly/l_knA*)，該論文提到「將惡意軟體二進制檔分成 8-bit 的序列，再將它們轉換成對映的十進制值，然後重塑這個十進制向量，做出一個代表惡意軟體樣本的灰階圖像」，見圖 1-17。

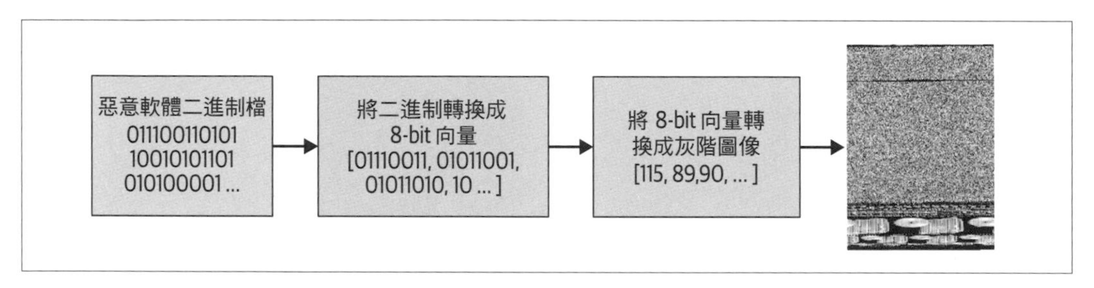


圖 1-17　惡意軟體分類程序

然後，作者將這個程序產生的惡意軟體「照片」分類展示，如圖 1-18 所示。

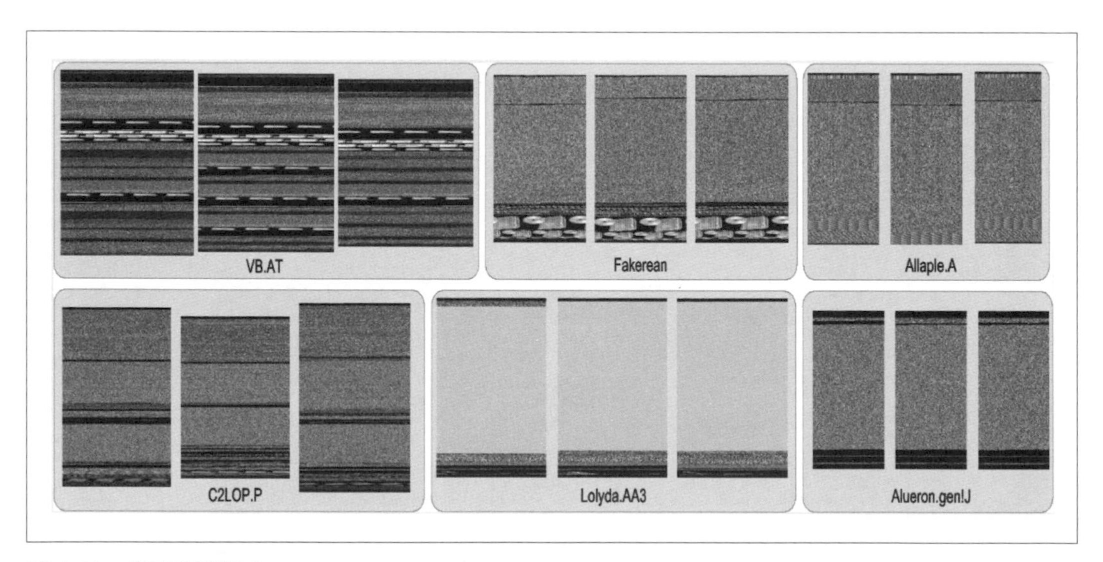


圖 1-18　惡意軟體樣本

如你所見，用人眼來看，不同種類的惡意軟體有很不一樣的外貌。研究員用這種圖像表示法訓練出來的惡意軟體分類模型，比以往任何學術文獻提出來的方法都要準確。所以我們得到一個將資料組轉換成圖像表示法的經驗法則：如果人眼可以從圖像裡面認出類別，深度學習模型應該也可以做到。

一般來說，如果你可以用創意的方法來表示你的資料，你將發現只要使用少數幾種通用的深度學習方法就可以產生很大的效果！請勿將這些方法視為「黑客式變通法」，因為它們往往可以擊敗之前最先進的結果（就像這裡展示的那樣）。它們是思考這些問題領域的正道。

## 術語複習

因為剛才已經談了許多資訊，我們來稍微複習一下。表 1-3 是一份方便的詞彙清單。

表 1-3 深度學習詞彙

| 術語 | 意思 |
| --- | --- |
| 標籤（label） | 我們試著預測的資料，例如「狗」或「貓」 |
| 架構（architecture） | 我們試著擬合的模型的**模板**，也就是接收我們所傳入的輸入資料與參數的數學函數 |
| 模型（model） | 架構與特定參數的結合 |
| 參數（parameter） | 在模型裡面的值，那些值會改變模型可以執行的任務種類，參數可藉由訓練模型來更新 |
| 擬合（fit） | 更新模型的參數，讓模型使用輸入資料做出來的預測符合目標標籤 |
| 訓練（train） | **擬合**的同義詞 |
| 預訓模型（pretrained model） | 已經訓練過的模型，通常是用大型的資料組來訓練的，並且需要微調 |
| 微調（fine-tune） | 更新預訓模型來處理不同的任務 |
| epoch | 完全遍歷輸入資料一回合 |
| 損失（loss） | 衡量模型有多好的指標，它是為了用 SGD 進行訓練而選擇的 |
| 指標（metric） | 用驗證組來評量模型有多好，它是為了讓人類了解而挑選的 |
| 驗證組（validation set） | 一組不用來訓練的保留資料，只用來衡量模型有多好 |
| 訓練組（training set） | 用來擬合模型的資料，不包含驗證組的任何資料 |
| 過擬（overfitting） | 在訓練模型時，讓模型**記住**輸入資料的特定特徵，而不是學會類推未在訓練期看過的資料 |
| CNN | 摺積神經網路，一種特別擅長處理電腦視覺任務的神經網路 |

知道這些術語之後，我們就可以把目前為止學到的重要概念整合起來了。花一點時間複習這些定義，然後閱讀接下來的摘要。如果你看得懂我的解釋，你就可以了解接下來的討論。

在**機器學習**這門學科中，我們並不是藉著完全自行編寫程式，而是藉著從資料中學習。**深度學習**是機器學習的一個領域，它使用多層的**神經網路**，**圖像分類**（也稱為**圖像辨識**）是它的一個典型案例。我們會使用**有標籤的資料**，它是一組圖像，裡面的每張圖像都有一個標籤，指出它所代表的內容。我們的目標是做出一個程式（稱為**模型**），讓它在收到一張新圖像時，可以做出準確的**預測**，指出那張新圖像代表什麼。

每個模型都是從選擇**架構**開始做起的，架構是一種通用的模板，代表那種模型的內部如何運作。**訓練**（或**擬合**）模型的程序就是找出一組**參數值**（或**權重**）來將那個通用的架構專門化，變成擅長處理我們的資料類型的模型。為了定義模型進行一次預測的效果如何，我們要定義**損失函數**，它決定了我們如何評定一個預測是好是壞。

為了加快訓練程序，我們可能在一開始使用**預訓模型**（已經用別人的資料訓練好的模型），然後用我們的資料來訓練它，讓它適應我們的資料，這個程序稱為**微調**。

在訓練模型時，你必須確保模型可以**類推**，也就是可以從我們的資料裡學到廣泛的經驗教訓，這些教訓也可以用來處理它將來遇到的新案例，從而對那些案例做出良好的預測。訓練有一種風險在於，如果模型訓練得不好，使得它沒有學到廣泛的教訓，而是死記它看過的東西，它就會對新的圖像做出糟糕的預測，這種失敗稱為**過擬**。

為了避免過擬，我們一定會將資料分成兩個部分，**訓練組**與**驗證組**。在訓練模型時只讓它看訓練組，然後藉著觀察模型處理驗證組的表現來評估它有多好。如此一來，我們就可以檢查模型從訓練組學到的教訓是不是可以類推至驗證組。為了讓人類知道模型處理驗證組的總體表現，我們定義 *metric*。每當模型在訓練期看過訓練組的每一個項目時，我們就稱它完成一個 *epoch*。

這些概念都適用於機器學習。它們適用於「藉著使用資料來訓練模型好定義它」的各種方案。深度學習與眾不同之處在於它採用一種特殊的架構：**神經網路**架構，圖像分類之類的任務特別依賴**摺積神經網路**，我們很快就會介紹它。

## 深度學習不是只能處理圖像分類

近年來，深度學習執行圖像分類任務的效果已經受到廣泛的討論，甚至在 CT 掃描裡識別惡性腫瘤等複雜任務也展現**超人**的效果，但是它能做的工作遠不止這些，我們接著展示。

例如，我們來談談對自駕車而言非常重要的東西：定位照片中的物體。如果自駕車不知道行人在哪裡，它就不知道如何避開行人！用模型來辨識圖像的每一個像素內容稱為**分割**（*segmentation*）。以下是用 fastai 來訓練分割模型的做法，我們使用 CamVid 資料組（*https://oreil.ly/rDy1i*）的一部分，這個資料組來自 Brostow 等人發表的論文「Semantic Object Classes in Video: A High-Definition Ground Truth Database」（*https://oreil.ly/Mqclf*）：

```
path = untar_data(URLs.CAMVID_TINY)
dls = SegmentationDataLoaders.from_label_func(
    path, bs=8, fnames = get_image_files(path/"images"),
    label_func = lambda o: path/'labels'/f'{o.stem}_P{o.suffix}',
    codes = np.loadtxt(path/'codes.txt', dtype=str)
)

learn = unet_learner(dls, resnet34)
learn.fine_tune(8)
```

| epoch | train_loss | valid_loss | time |
|---|---|---|---|
| 0 | 2.906601 | 2.347491 | 00:02 |

| epoch | train_loss | valid_loss | time |
|---|---|---|---|
| 0 | 1.988776 | 1.765969 | 00:02 |
| 1 | 1.703356 | 1.265247 | 00:02 |
| 2 | 1.591550 | 1.309860 | 00:02 |
| 3 | 1.459745 | 1.102660 | 00:02 |
| 4 | 1.324229 | 0.948472 | 00:02 |
| 5 | 1.205859 | 0.894631 | 00:02 |
| 6 | 1.102528 | 0.809563 | 00:02 |
| 7 | 1.020853 | 0.805135 | 00:02 |

我們不打算逐行介紹這段程式，因為它幾乎與之前的範例一模一樣！（我們將在第 15 章深入研究分割模型，還有本章介紹的所有其他模型，還有很多、很多。）

我們可以要求模型為像素上色來將它做的事情視覺化，如你所見，它近乎完美地分類每一個物體裡面的每一個像素。例如，汽車全都被塗成同一種顏色，樹也被塗成同一種顏色（在每一對圖像中，左圖是基準真相（ground truth）標籤，右圖是模型的預測）：

```
learn.show_results(max_n=6, figsize=(7,8))
```

在過去幾年裡，深度學習有顯著進展的另一個領域是自然語言處理（NLP）。現在電腦可以產生文字、將一種語言自動翻譯成另一種、分析評論、在句子中標注單字等。下面是訓練一個對影評的情緒進行分類的模型所需的程式碼，這個模型比五年前的任何模型都要好：

```
from fastai.text.all import *

dls = TextDataLoaders.from_folder(untar_data(URLs.IMDB), valid='test')
learn = text_classifier_learner(dls, AWD_LSTM, drop_mult=0.5, metrics=accuracy)
learn.fine_tune(4, 1e-2)
```

| epoch | train_loss | valid_loss | accuracy | time |
|---|---|---|---|---|
| 0 | 0.594912 | 0.407416 | 0.823640 | 01:35 |

| epoch | train_loss | valid_loss | accuracy | time |
|---|---|---|---|---|
| 0 | 0.268259 | 0.316242 | 0.876000 | 03:03 |
| 1 | 0.184861 | 0.246242 | 0.898080 | 03:10 |
| 2 | 0.136392 | 0.220086 | 0.918200 | 03:16 |
| 3 | 0.106423 | 0.191092 | 0.931360 | 03:15 |

這個模型使用 IMDb Large Movie Review 資料組（*https://oreil.ly/tl-wp*），來自 Andrew Maas 等人發表的「Learning Word Vectors for Sentiment Analysis」（*https://oreil.ly/L9vre*）。它可以很好地處理包含上千個單字的影評，不過在這裡，我們用一個簡短的影評來測試它，看看它如何工作：

```
learn.predict("I really liked that movie!")
```

```
('pos', tensor(1), tensor([0.0041, 0.9959]))
```

我們可以看到模型認為這一個影評是正面的，結果的第二部分是「pos」在資料詞彙表（vocabulary）裡面的索引，最後一個部分是每一個類別的機率（99.6% 是「pos」，0.4% 是「neg」）。

接下來換你試驗了！寫一篇迷你影評，或是從網路上複製一個，看看模型認為它是哪一種。

### 順序很重要

在 Jupyter notebook 裡，執行每一個 cell 的順序很重要。在 Excel 裡，當你在任何地方輸入某個東西時，所有東西都會更新，但 notebook 與 Excel 不一樣，它有一個內部狀態，這個狀態會在你每次執行一個 cell 時更新。例如，當你執行 notebook 的第一個 cell 時（包含「CLICK ME」註解的），你會建立一個稱為 `learn` 的物件，裡面有圖像分類問題的模型與資料。

如果你接下來直接執行剛才說的 cell（預測影評好不好的那一個），你會得到錯誤訊息，因為這個 `learn` 物件裡面沒有文字分類模型。你必須在執行包含下列程式的 cell 之後才能執行那個 cell：

```
from fastai.text.all import *

dls = TextDataLoaders.from_folder(untar_data(URLs.IMDB), valid='test')
learn = text_classifier_learner(dls, AWD_LSTM, drop_mult=0.5,
                                metrics=accuracy)
learn.fine_tune(4, 1e-2)
```

輸出訊息本身可能會造成誤解，因為它們顯示的是該 cell 上次執行的結果，如果你修改 cell 裡面的程式卻沒有執行它，舊的（導致誤會的）結果會停留在那裡。

除非我們明確提及，否則在本書網站（*https://book.fast.ai*）上的 notebook 都必須從最上面到最下面依序執行。一般來說，在實驗過程中，為了加快速度，你會以任意的順序執行 cell（這是 Jupyter Notebook 超極簡潔的特點），但是當你完成探索，做出最終的程式版本時，請確保你可以依序執行 notebook 的 cell。（未來的你不一定記得你走過的曲折途徑！）

在命令模式輸入 `0` 兩次會重啟 *kernel*（它是驅動 notebook 的引擎），這樣子會清除狀態，讓它就像你剛開始使用 notebook 時一樣。你可以選擇 Cell 選單內的 Run All Above 來執行你現在的位置上面的所有 cell。我們發現這個功能在開發 fastai 程式庫時很好用。

如果對於 fastai 的方法有任何問題，你可以使用 `doc` 函式，對它傳入方法名稱：

```
doc(learn.predict)
```

**Learner.predict** [source]

`Learner.predict(item, rm_type_tfms=None, with_input=False)`

Return the prediction on `item`, fully decoded, loss function decoded and probabilities
Show in docs

你會看到一個視窗，裡面有一行簡單的解釋。「Show in docs」可帶你前往完整文件（*https://docs.fast.ai*），你可以在那裡找到所有的細節，以及許多範例。此外，fastai 的方法大部分都只有幾行程式，所以你可以按下「source」連結來查看幕後究竟發生什麼事。

我們接下來要討論沒那麼有魅力，但應該有更廣泛的商業用途的東西：用一般的**表格資料**來建構模型。

術語：表格（*tabular*）

指表格形式的資料，例如試算表、資料庫或逗號分隔值（CSV）檔案裡面的資料。表格模型（tabular model）是試著用表格的其他欄位裡的資訊來預測另一欄的模型。

模型的程式與之前的很像，以下的程式碼訓練出來的模型可用一個人的社會經濟背景來預測他是不是高收入階層：

```
from fastai.tabular.all import *
path = untar_data(URLs.ADULT_SAMPLE)

dls = TabularDataLoaders.from_csv(path/'adult.csv', path=path, y_names="salary",
    cat_names = ['workclass', 'education', 'marital-status', 'occupation',
                 'relationship', 'race'],
    cont_names = ['age', 'fnlwgt', 'education-num'],
    procs = [Categorify, FillMissing, Normalize])

learn = tabular_learner(dls, metrics=accuracy)
```

如你所見，我們必須告訴 fastai 哪些欄位是**類別**（裡面的值是分立的選項集合之一，例如職位），哪些是**連續值**（儲存代表一個數量的數字，例如年齡）。

這項任務沒有預訓模型可用，所以在此不使用 `fine_tune`（一般來說，任何一種表格建模任務都沒有太多預訓模型可用，儘管有些機構已經自行製作一些，供內部使用了）。我們改用 `fit_one_cycle`，這是**從零開始**訓練 fastai 模型時（也就是不做遷移學習）最常用的方法：

```
learn.fit_one_cycle(3)
```

| epoch | train_loss | valid_loss | accuracy | time |
|---|---|---|---|---|
| 0 | 0.359960 | 0.357917 | 0.831388 | 00:11 |
| 1 | 0.353458 | 0.349657 | 0.837991 | 00:10 |
| 2 | 0.338368 | 0.346997 | 0.843213 | 00:10 |

這個模型使用 *Adult*（*https://oreil.ly/Gc0AR*）資料組，Adult 來自 Ron Kohavi 發表的論文「Scaling Up the Accuracy of Naive-Bayes Classifiers: a Decision-Tree Hybrid」（*https://oreil.ly/qFOSc*），它裡面有一些關於個人的人口統計數據（例如他們的學歷、婚姻狀況、族裔、性別和年收入是否超過 5 萬美元）。這個模型的準確度超過 80%，只需要 30 秒左右的訓練時間。

我們再來看一個案例。推薦系統非常重要，尤其是在電子商務領域，Amazon 和 Netflix 等公司都努力嘗試推薦用戶可能喜歡的商品或電影。這段程式利用 MovieLens 資料組（*https://oreil.ly/LCfwH*）來訓練模型，根據用戶的觀賞習慣來預測他們可能喜歡的電影：

```
from fastai.collab import *
path = untar_data(URLs.ML_SAMPLE)
dls = CollabDataLoaders.from_csv(path/'ratings.csv')
learn = collab_learner(dls, y_range=(0.5,5.5))
learn.fine_tune(10)
```

| epoch | train_loss | valid_loss | time |
|---|---|---|---|
| 0 | 1.554056 | 1.428071 | 00:01 |

| epoch | train_loss | valid_loss | time |
|---|---|---|---|
| 0 | 1.393103 | 1.361342 | 00:01 |
| 1 | 1.297930 | 1.159169 | 00:00 |
| 2 | 1.052705 | 0.827934 | 00:01 |
| 3 | 0.810124 | 0.668735 | 00:01 |
| 4 | 0.711552 | 0.627836 | 00:01 |
| 5 | 0.657402 | 0.611715 | 00:01 |
| 6 | 0.633079 | 0.605733 | 00:01 |
| 7 | 0.622399 | 0.602674 | 00:01 |
| 8 | 0.629075 | 0.601671 | 00:00 |
| 9 | 0.619955 | 0.601550 | 00:01 |

這個模型預測的電影評分的範圍是 0.5 至 5.0，平均誤差在 0.6 左右。因為我們預測的是連續的數字，而不是類別，我們必須使用 `y_range` 參數來告訴 fastai 我們的目標的範圍。

雖然我們不使用預訓模型（與建立表格模型時不使用的理由一樣），但是在這個例子中，fastai 仍然讓我們使用 `fine_tune`（第 5 章會教你如何使用它，以及為什麼可以）。有時最好的做法是試驗 `fine_tune` 與 `fit_one_cycle`，看看哪一個最適合你的資料組。

我們可以使用之前的 `show_results` 呼叫式來查看一些用戶與電影 ID、實際評分與預測：

```
learn.show_results()
```

| | userId | movieId | rating | rating_pred |
|---|---|---|---|---|
| 0 | 157 | 1200 | 4.0 | 3.558502 |
| 1 | 23 | 344 | 2.0 | 2.700709 |
| 2 | 19 | 1221 | 5.0 | 4.390801 |
| 3 | 430 | 592 | 3.5 | 3.944848 |
| 4 | 547 | 858 | 4.0 | 4.076881 |

| | userId | movieId | rating | rating_pred |
|---|---|---|---|---|
| 5 | 292 | 39 | 4.5 | 3.753513 |
| 6 | 529 | 1265 | 4.0 | 3.349463 |
| 7 | 19 | 231 | 3.0 | 2.881087 |
| 8 | 475 | 4963 | 4.0 | 4.023387 |
| 9 | 130 | 260 | 4.5 | 3.979703 |

## 資料組：模型的糧食

本節已經展示許多模型了，每一個都是用不同的資料組來訓練的，分別用來執行不同的任務。在機器學習與深度學習中，沒有資料就無法做任何事情，因此，做出資料組來讓我們可以訓練模型的人都是幕後英雄。已成為重要的**學術基準**的資料組是最有用且最重要的資料組，這種資料組已經被研究人員廣泛研究，並且被用來比較演算法的變動。其中有一些已經家喻戶曉了（至少對有在訓練模型的家庭而言是如此啦！），例如 MNIST、CIFAR-10 與 ImageNet。

本書使用的資料組是特別挑選的，因為它們可以讓你知道你將來會遇到哪些資料類型，而且學術文獻的許多模型都使用這些資料組，你可以拿它們來與你的作品做比較。

本書使用的大多數資料組都需要創作者花費大量的精力來建構，例如，稍後會教你製作一個可以在法語和英語之間翻譯的模型，它的主要輸入是賓夕法尼亞大學的 Chris Callison-Burch 教授在 2009 年編寫的法語 / 英語平行文本（text）語料庫。這個資料組裡面有超過 2000 萬對法語 / 英語句子。它用一種非常聰明的方式來建構這個資料組：抓取數百萬個加拿大網頁（通常包含多種語言），然後用一組簡單的經驗法則，將包含法語的網頁的 URL 轉換成包含同樣內容的英語版本的網頁的 URL。

當你在這本書裡面看到資料組時，請想想它們可能來自哪裡，以及它們是怎麼出來的，然後想一下你可以為你的專案建構哪些有趣的資料組。（我們甚至會帶你一步一步地建立你自己的圖像資料組。）

> fast.ai 花了很多時間建立流行資料組的簡化版本，那些資料組是專門設計來讓你快速建構雛型和進行實驗的，而且更容易用來學習。本書通常會先使用簡化版，再擴展到完整尺寸版（就像我們在這一章做的這樣！）。這就是世界頂尖的從業者建模的做法，他們會用自己的資料子集合來進行大部分的實驗與雛型建構，直到充分理解自己必須做什麼之後，才會開始使用完整的資料組。

我們訓練的每個模型都會顯示訓練與驗證損失。使用優秀的驗證組是訓練程序最重要的元素之一。我們來看看為何如此，並且了解如何製作一個。

## 驗證組與測試組

如前所述，模型的目標是做出關於資料的預測。但是模型的訓練程序基本上不聰明，如果我們用所有的資料來訓練模型，然後用同一組資料來評估模型，我們就無法知道模型處理它從未見過的資料時的表現，如果沒有這項寶貴的資訊來指引模型的訓練，它很有可能會非常擅長預測那一組資料，但是拙於應付新資料。

避免這種情況的第一步是將資料組拆成兩個集合：*訓練組*（讓模型在訓練時看的）與*驗證組*，也稱為*開發組*（只在評估時使用的）。如此一來，我們就可以測驗模型是否從訓練資料學到一些可以類推到新資料（即驗證資料）的經驗。

為了讓你理解這種情況，有一種說法是，在某種意義上，我們不希望模型透過「作弊」產生好的結果，它對一筆資料做出準確預測的原因應該是它已經學會它的特性（characteristic），而不是因為*看過那一個特定的項目*。

將驗證資料拿走意味著模型絕對不會在訓練期看到它，所以完全不會被它汙染，也不會以任何方式作弊，對嗎？

事實不一定如此，情況其實微妙多了。因為在實際的情況下，當我們在建構模型時，幾乎不會只訓練它的參數一次，反之，我們可能會根據網路架構、學習速度、資料擴增策略，以及後續章節會介紹的許多因素來探索許多模型版本。許多這類的選擇可以稱為*超參數*的選擇，超參數意味著它們是參數的參數，是更高階的選項，主宰權重參數的意義。

問題在於，雖然普通的訓練程序在學習權重參數值時，只會觀察模型對訓練資料做出來的預測，但是對我們來說並非如此。作為模型建造者，當我們探索新的超參數值時，評估模型的方法是觀察它對驗證資料做出來的預測！因此，模型的後續版本是已經看過驗證資料的我們間接塑造的。正如同自動訓練程序有過擬訓練資料的風險，我們也有因為人為的試誤法和探索而過擬驗證資料的風險。

處理這種難題的方法是保留更高級別的資料：**測試組**。如同我們要為訓練程序保留驗證資料，我們也必須為自己保留測試資料，不能用它來改善模型，只能在工作的最後關頭用來評估模型。實際上，我們會根據資料在訓練和建模過程中隱藏的程度，來定義資料的階級：訓練資料是完全公開的，驗證資料的公開程度較低，測試資料是完全隱藏的。這個階級與不同類型的建模和評估程序本身是平行的，建模與評估程序包括使用反向傳播的自動訓練程序、在不同的訓練期嘗試不同超參數的手動程序，以及評估最終結果。

測試與驗證組應該具備足夠的資料，以正確地估計準確度。例如，如果你要建構貓的偵測器，驗證組通常至少要有 30 隻貓。這意味著，當你的資料組有數千個項目時，使用預設的 20% 來製作驗證組可能超出需求。另一方面，如果你有大量的資料，使用其中的一些來驗證應該沒有什麼問題。

使用兩個等級的「保留資料」(包含一個驗證組與一個測試組，其中一個等級實際上是不讓自己看到的資料）似乎有點極端。但是這通常是必要的手段，因為模型往往以最簡單的方式（死記硬背）來做出準確的預測，而身為容易犯錯的人類，我們往往會騙自己模型的表現有多好。有紀律地使用測試組可協助我們維持理智上的誠實。我的意思不是我們**一定**要有一個單獨的測試組（如果你的資料很少，你可能只需要驗證組），而是在一般的情況下，最好盡量使用測試組。

如果你打算聘請第三方來為你建立模型，這種紀律可能至關重要。第三方可能無法準確地了解你的需求，甚至獎勵他們的措施可能會鼓勵他們誤解需求。使用優良的測試組可以大大地降低這些風險，讓你評估他們有沒有真的解決你的問題。

說白一點，如果你是公司的決策高層（或是你正在給決策高層提供建議），最重要的結論就是：如果你真正理解什麼是測試組和驗證組，以及它們為何重要，你就能避免我們所看過的，決定採用人工智慧的組織最大的失敗根源。例如，如果你正考慮引入外部供應商或服務，務必保留一些供應商**絕對無法看到**的測試資料，然後，**你**要使用你的測試資料來檢測他們的模型，採用**你**選擇的 metric（根據對你而言真正重要的事情），由**你**決定哪個性能級別是合格的。（試著自己建立簡單的基準模型對你來說也很好，因為如此一來，你就可以知道非常簡單的模型可以產生什麼效果。簡單的模型的性能往往與外部的「專家」製作的模型一樣好！）

## 在定義測試組時進行判斷

為了定義良好的驗證組（可能還有測試組），有時你不能只是隨機取出原始資料組的一部分。切記：驗證與測試組的關鍵屬性在於：它們必須能夠代表你將來會遇到的新資料。從定義來看，你根本還沒有看過那些資料，這看起來是不可能做到的事情！但是，你通常仍然可以知道一些事情。

你可以藉著觀察一些案例來學到一些事情，許多這類案例都可以在 *Kaggle* 平台（*https://www.kaggle.com*）的預測模型建構比賽取得，它們可以充分地展示你在實務上可能看到的問題和方法。

時間序列資料就是一個例子。在處理時間序列時，隨機選擇資料子集合雖然非常簡單（你可以選擇想要預測的日期之前與之後的資料），但是它們無法代表大多數的商業用例（也就是使用歷史資料來建立以後要使用的模型）。如果你的資料包含日期，而且你要建構以後要使用的模型，你就要選擇最近的連續日期當成驗證組（例如，資料的最後兩週或最後一個月）。

假如你要將圖 1-19 的時間序列資料拆成訓練與驗證組。

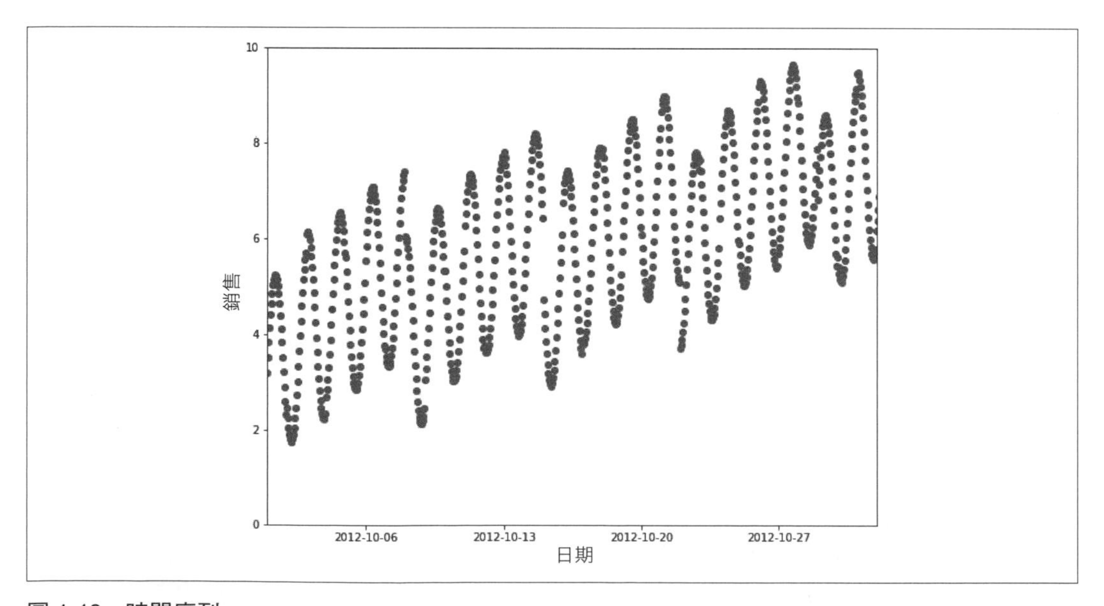


**圖 1-19　時間序列**

此時隨機選擇子集合是很糟糕的做法（太容易選到間隙，而且無法指出你在生產環境中將會需要什麼東西），如圖 1-20 所示。

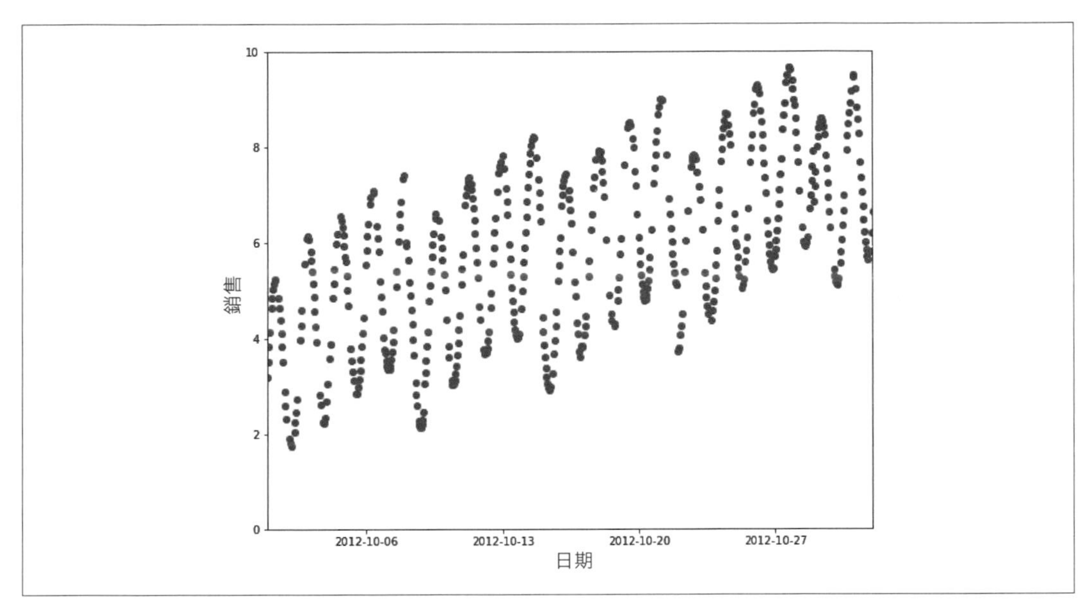


圖 1-20　不良的訓練子集合

相反地，你可以將比較前面的日期當成訓練組（將比較後面的日期當成驗證組），如圖 1-21 所示。

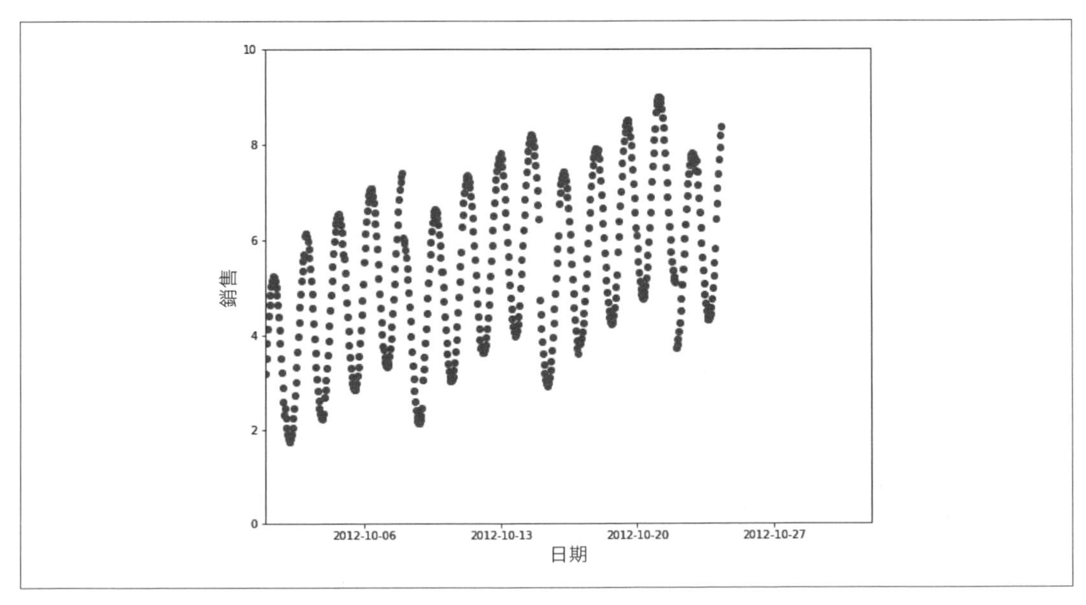


圖 1-21　優良的訓練子集合

舉個例子，Kaggle 曾經舉辦一個預測 Ecuadorian 連鎖便利商店銷售額的競賽（*https://oreil.ly/UQoXe*）。Kaggle 的訓練資料日期從 2013 年 1 月 1 日到 2017 年 8 月 15 日，測試資料日期從 2017 年 8 月 16 日到 2017 年 8 月 31 日。競賽舉辦者用它們來確保參賽者從模型的角度，對**未來的**一段時間進行預測。這個案例類似量化對沖基金交易員用過去的資料來進行**回測**，檢驗模型能否預測未來的時段。

第二種常見的情況是，我們很容易就可以想到，在生產環境中用來進行預測的資料，可能與訓練模型時使用的資料有**品質上**的差異。

在 Kaggle 分心駕駛競賽（*https://oreil.ly/zT_tC*）中，自變數是駕駛員開車的照片，因變數是發訊息、吃東西，或安全地看著前方等類別。許多照片都是同一位駕駛員做不同的事情，如圖 1-22 所示。如果你是一家使用這種資料來建構模型的保險公司，請注意，你要注意模型處理它沒有看過的駕駛員時的表現如何（因為你的訓練資料可能只有少數幾個人）。因此，這場比賽的測試資料裡面的駕駛員都不會在測試組裡面出現。

**圖 1-22　兩張訓練資料的照片**

如果你把圖 1-22 裡面的一張照片放在訓練組，另一張放在驗證組，模型將可以很輕鬆地對驗證組的照片進行預測，它的表現乍看之下比處理新人物時更好。另一種觀點在於，如果你用所有的人物來訓練模型，你的模型可能會過擬特定人物的特徵，而不僅僅是學習各種狀態（發訊息、吃東西等）

在 Kaggle 漁業競賽（*https://oreil.ly/iJwFf*）之中也有類似的做法，這項競賽的目的是辨認漁船抓到的魚種，以降低瀕危物種被非法捕撈的數量。測試組裡面的船隻都是訓練資料裡面沒有的，所以在這個例子中，驗證組裡面的船隻也必須是訓練資料裡面沒有的。

有時我們不清楚驗證資料有什麼差異，例如，在處理衛星照片問題時，我們要收集更多資訊來了解訓練組究竟只有特定的地理位置，還是有來自不同位置的資料。

初步了解如何建構模型之後，你就可以決定接下來要深入研究哪些東西了。

## 是時候「選擇你自己的冒險」了

如果你想要了解更多關於如何實際使用深度學習模型的知識，包括如何識別和修復錯誤、建立真正可以運作的 web app，以及避免模型對你的組織或社會造成普遍的意外傷害，那就繼續閱讀接下來的兩章。如果你想要開始學習深度學習的基本原理，請跳到第 4 章。（你小時候有沒有讀過《*多重結局冒險案例*》書籍？這種做法與它們有點像…只是本書談到的深度學習比那套書更多。）

你必須看完以上所有章節才能繼續閱讀這本書，但是閱讀它們的順序由你自己決定，它們彼此之間沒有關係。如果你跳到第 4 章，我們會在結尾提醒你回去閱讀跳過的章節。

## 問題

在閱讀一頁又一頁的散文之後，你不太容易知道自己真正需要注意和記住的重點。因此，我們在每一章的結尾準備了一系列的問題和建議步驟。它們的答案都在這一章的內容之中，所以如果你有不清楚的地方，請重讀那部分的內容，確保你了解它。這些問題的答案也都可以在本書的網站（*https://book.fast.ai*）找到。如果你在學習這些教材時卡住了，並且希望有人可以幫助你，你也可以到論壇（*https://forums.fast.ai*）尋求協助。

1. 你需要這些東西才能使用深度學習嗎？
   - 許多數學（是 / 否）
   - 許多資料（是 / 否）
   - 許多昂貴的電腦（是 / 否）
   - 博士學位（是 / 否）
2. 哪五個領域最適合使用深度學習？
3. 第一種採用人工神經元原理的設備叫什麼？
4. 進行平行分散處理（parallel distributed processing，PDP）有什麼需求？根據同名的書。
5. 哪兩個理論性誤解阻礙了神經網路領域的發展？

6. 什麼是 GPU？
7. 打開 notebook 並執行包含下列程式的 cell：1+1。發生什麼事？
8. 在本章的 clean 版 notebook 裡面執行每一個 cell。在執行各個 cell 之前，猜一下會發生什麼事。
9. 完成線上的 Jupyter Notebook 附錄（*https://oreil.ly/9uPZe*）。
10. 為什麼傳統的電腦程式很難指認照片裡的圖像？
11. Samuel 說的「權重分配」是什麼意思？
12. 在深度學習裡面，我們通常用哪一個詞來代表 Samuel 所說的「權重」？
13. 畫圖總結 Samuel 所認為的機器學習模型。
14. 為什麼人類很難理解為何深度學習做出某一個預測？
15. 哪一個理論證明了神經網路可以用任何準確度來解決任何數學問題？
16. 訓練模型需要什麼東西？
17. 回饋迴路如何影響預測性警務模型的輸出？
18. 貓辨識模型一定要使用 224×224 像素的照片嗎？
19. 分類與回歸有何不同？
20. 什麼是驗證組？什麼是測試組？為何需要它們？
21. 當你不提供驗證組時，fastai 會怎樣？
22. 我們總是可以將隨機樣本當成驗證組嗎？為什麼可以？或為什麼不行？
23. 什麼是過擬？舉一個例子。
24. 什麼是指標（metric）？它與損失有何不同？
25. 預訓模型有什麼幫助？
26. 什麼是模型的「head」？
27. CNN 的前面幾層可以找到哪種特徵？後面幾層呢？
28. 圖像模型只能處理照片嗎？
29. 什麼是架構？

30. 什麼是分割？
31. y_range 的用途是什麼？何時需要它？
32. 什麼是超參數？
33. 在組織內使用 AI 時，避免失敗的最佳方法是什麼？

## 後續研究

每一章也有一個「後續研究」小節，它會提出一些該章沒有完整答案的問題，或給你更進階的作業。本書的網站沒有這些問題的答案，你必須自行研究！

1. 為什麼 GPU 可用來做深度學習？ CPU 有什麼不同？為什麼它處理深度學習的效率較低？
2. 試著想想在哪三個領域裡面，回饋迴路可能影響機器學習的使用。能不能找出已經實際發生，而且被記載的案例？

第二章

# 從模型到生產

第 1 章展示的六行程式碼只是實際使用深度學習的一小部分程序。在這一章，我們將使用電腦視覺範例來說明深度學習應用程式的完整建構程序，更具體地說，我們將建構一個熊分類模型！在過程中，我們將討論深度學習的能力和限制，探索如何製作資料組，了解在實際使用深度學習時可能遇到的問題等等。本章的許多重點也適用於其他的深度學習問題，像是第 1 章介紹過的那些。如果你所處理的問題的關鍵部分與範例相似，我們希望你可以快速地使用少量的程式碼做出傑出的結果。

我們從如何界定問題開始談起。

## 深度學習實務

我們知道，深度學習可以用很少的程式碼快速地解決很多具有挑戰性的問題。身為初學者，你遇到問題可能與我們的範例非常相似，因此可以快速得到非常有用的結果。但是，深度學習不是神奇的魔法，同樣的六行程式無法用來處理當今任何人想得到的所有問題。

低估深度學習的限制和高估深度學習的能力可能導致令人沮喪的糟糕結果，至少在你得到一些經驗，並且能夠解決你眼前的問題之前都會如此。反過來說，高估深度學習的限制和低估深度學習的能力，可能會讓你不想試著解決一個本來可以解決的問題，因為你已經說服自己放棄它了。

我們經常和低估深度學習的限制和能力的人聊天，這兩種情形都可能造成問題：低估能力代表你根本不會嘗試可能非常有益的事情，而低估限制則可能意味著你不會想到重要的問題，以及對它做出反應。

最好的辦法就是保持開放的心態。如果你保持開放的心態，認為深度學習或許可以用比預期更少的資料或複雜度解決部分的問題，你就可以設計一個流程，用它來找出關於你的問題的能力和限制。這不代表你要做出任何有風險的賭注——我們將展示如何逐漸做出模型，讓它不會產生重大的風險，甚至可以在投入生產之前，對它們進行回測。

## 開始你的專案

那麼，該從何處開始你的深度學習旅途？最重要的事情，就是確保你有一個專案——唯有進行自己的專案，你才能真正獲得建構和使用模型的經驗。在選擇專案時，最重要的考慮因素是能不能取得資料。

無論你是為了學習而進行專案，還是為了你的組織內的實際應用，你都要快速地開始進行。我們看過許多學生、研究人員和從業者浪費好幾個月或好幾年試圖找到完美的資料組，你的目標不是找到「完美」的資料組或專案，而是立刻開始工作，並且從那裡開始反覆進行。如果你採取這種做法，當完美主義者還處於計劃階段的時候，你就已經在進行第三次學習和改善了！

我們也建議你在專案中從頭到尾反覆操作，不要花時間微調你的模型，或精心製作完美的 GUI，或標注完美的資料組…而是在合理的時間內盡可能地完成每一步，直到最後。例如，如果你的最終目標是在手機上運行的應用程式，它應該是你每一次迭代之後得到的東西。但是你可能在早期的迭代抄捷徑，舉例來說，在遠端伺服器進行所有的處理，並且使用簡單的回應式 web app。從頭到尾完成專案可讓你知道棘手的地方在哪裡，以及哪些部分對最終結果造成最大的影響。

當你跟隨本書操作時，我們建議你執行與調整我們提供的 notebook 來完成大量的小實驗，同時逐漸開發你自己的專案。如此一來，你將在我們解釋所有工具和技術時，獲得使用它們的經驗。

*Sylvain* 說

為了充分利用這本書，請在每一章之間投資時間做一些實驗，無論是在你自己的專案裡面，還是探索我們提供的 notebook。然後試著使用新的資料組，從零開始重寫這些 notebook。唯有透過大量的練習（與失敗），你才能發展出訓練模型的直覺。

藉著反覆從頭到尾進行專案，你將更了解你真正需要多少資料。例如，或許你可以輕鬆地拿到 200 個有標籤的資料項目，但除非你真正嘗試，否則你就不知道它們是否足以讓應用程式在實際運作時提供所需的性能。

在組織環境中，你可以讓同事看一個真正可以運作的雛型來展示你的想法的可行性，我們已經多次觀察到，這是讓組織樂意支持一項專案的秘密。

有現成的資料可用的專案最容易上手，這意味著啟動與你目前在做的事情有關的專案應該是最簡單的，因為你已經擁有關於那個問題的資料了。例如，如果你正在處理音樂商務，或許你可以取得許多錄音，如果你是放射科醫生，你可能會接觸很多醫學照片，如果你對保護野生動物感興趣，你應該有很多野生動物的照片。

有時你必須發揮一些創意。或許你可以從以前的機器學習專案（例如 Kaggle 競賽）找一個和你的興趣有關的專案。有時你不得不做出妥協，也許你無法為心中理想的專案找到確切的資料，但是你仍然可以從類似的領域找到一些東西，或是找到以不同的方式衡量、解決稍微不同的問題的專案。進行類似的專案仍然可以讓你充分了解整體流程，或許可以協助你發現其他的捷徑、資料來源等。

當你剛開始進行深度學習時，跨入另類的領域，在從未使用深度學習來解決問題的地方使用深度學習並不是一件好事。原因是，如果你的模型沒有效果，你將無法知道那是因為你犯了錯，還是因為你想解決的問題根本不能用深度學習來解決，你也不知道該去哪裡尋求協助。因此，你最好可以先在網路上尋找已經有良好成果的範例，而且至少要和你試著實現的東西有點像，將你的資料轉換成類似別人已經用過的格式（例如用你的資料建立圖像）。我們來看看深度學習的現況，這樣你就知道深度學習目前適合哪些任務了。

## 深度學習的現況

我們先來考慮深度學習能不能解決你想要處理的問題。本節將概述 2020 年初深度學習的狀況。但是，世事瞬息萬變，當你閱讀本書時，有些限制可能已經不復存在。我們將盡力在本書網站提供最新情報，此外，在 Google 搜尋「what can AI do now」應該可以得到當前的資訊。

## 電腦視覺

雖然還有許多領域尚未使用深度學習來分析圖像，但是在已經嘗試過的領域中，電腦幾乎都可以辨識圖像裡面的項目，至少可以和人類一樣好，甚至可以和受過特殊訓練的人並駕齊驅，例如放射科醫生，這種任務稱為**物體辨識**。深度學習也擅長辨識物體在圖像裡面的位置，而且可以顯示它們的位置，並且指出每個物體的名字，這種任務稱為**物體偵測**（第 1 章展示的變體會根據每一個像素所屬的物體來分類它們，這種任務稱為**分割**）。

深度學習演算法通常不擅長辨識結構與風格和訓練時的圖像明顯不同的圖像。例如，如果訓練資料裡面沒有黑白圖像，模型處理黑白圖像的表現可能會很差。類似地，如果訓練資料沒有手繪圖像，模型應該拙於應付手繪圖像。目前還沒有通用的手段可以檢查訓練組缺少哪一種圖像，但本章稍後將會展示如何在生產環境中使用模型時，試著辨識資料中出現意外的圖像種類的情況（稱為檢測**域外**（*out-of-domain*）資料）。

物體偵測系統的主要挑戰在於——標注圖像（幫圖像附加標籤）可能非常緩慢且昂貴。目前有很多專案正在製作工具來讓這種標注工作更快速且更輕鬆，並且需要更少人工標注，以訓練準確的物體偵測模型。有一種特別有用的方法是以合成的方式來產生輸入圖像的變體，例如藉著旋轉它們，或改變它們的亮度和對比度，這種做法稱為**資料擴增**。資料擴增也適用於文字和其他模型種類，本章稍後會詳細介紹它。

另一個需要考慮的地方是，你的問題乍看之下不像電腦視覺問題，但或許只要稍微發揮想像力，就可以把它變成電腦視覺問題。例如，如果你想要分類聲音，或許你可以試著將聲音轉換成聲波波形圖像，然後用那些圖像來訓練模型。

## 文本（自然語言處理）

電腦很擅長將長短文件分類成各種類型，例如垃圾郵件或非垃圾郵件、情緒（例如，一篇評論是正面的還是負面的）、作者、來源網站等。在這個領域中，我們還沒有看到任何嚴謹的研究比較電腦和人類的表現，但有趣的是，在我們看來，在這些任務中，深度學習的表現與人類很相似。

深度學習也擅長產生符合語境的文章，例如回覆社交媒體貼文，以及模仿特定作者的風格。它也擅長讓內容對人類更有吸引力——事實上，甚至比人類寫出來的文章更有吸引力。然而，深度學習並不擅長產生**正確的**回應！例如，目前還沒有可靠的方法可以結合醫學知識庫與深度模型來產生醫學正確的自然語言回應，這是很危險的事情，因為它很容易做出對外人而言很有吸引力，但實際上完全錯誤的內容。

另一個擔憂是，在社交媒體上符合語境且高度吸引人的回應可能被大規模使用（比有史以來的任何巨魔農場（troll farm）大好幾千倍），用來散播不實訊息、製造動蕩、煽動衝突。根據經驗，「用模型產生文本」的技術會稍微領先「用模型辨識自動產生的文本」，舉例來說，能辨識人工內容的模型可以用來改善創造內容的模型，讓分類模型無法完成它的任務。

儘管有這些問題，但深度學習在 NLP 裡有很多應用，它可以將文章翻譯成另一種語言、將長文件總結成更容易消化的摘要、找出所有提到重點概念的內容等。遺憾的是，翻譯和摘要可能也會包含完全錯誤的資訊！然而，這些系統的性能已經夠好了，已經有很多人正在使用它們，例如 Google 的線上翻譯系統（以及我們認識的其他線上服務）就是以深度學習為基礎的。

## 結合文字與圖像

一般來說，深度學習將文字和圖像組合成單一模型的能力遠超過大多數人的直覺預期。例如，你可以用輸入圖像和輸出英文標題來訓練深度學習模型，讓它學會幫新圖像輸出非常貼切的標題！但我們同樣提出上一節的警告：這些標題不保證是正確的。

由於這個嚴重的問題，我們一般建議不要將深度學習當成完全自動化的程序來使用，而是將它當成模型與人類用戶密切互動的程序的一部分。與完全人工的方法相比，這種做法或許可讓人類的生產效率提升一個數量級，產生比只依靠人類時更精確的程序。

例如，我們可以用一個自動系統在 CT 掃描裡直接認出可能中風的患者，並且發送一個高優先權的警報，讓人類快速地查看這些掃描。治療中風只有三個小時的時間窗口，所以這種快速的回饋迴路可以挽救生命。然而，與此同時，我們可以按一般的方式將所有掃描送給放射科醫生，因此不會減少人類的輸入。其他的深度學習模型可以自動評估在掃描中看到的項目，並且將這些評估結果插入報告，提醒放射科醫生可能沒有發現的現象，並告訴他們可能有關的其他病例。

## 表格資料

最近深度學習在需要分析時間序列與表格資料的領域中有很大的進展。但是，深度學習通常被當成一個包含很多種模型的群體的一部分來使用。如果你已經有一個使用隨機森林或梯度增強機（流行的表格建模工具，你很快就會學到）的系統，那麼換成深度學習或加入深度學習可能不會帶來任何顯著的改進。

深度學習可以大幅增加你可以加入的欄位種類，例如儲存自然語言的欄位（書名、評論等），以及高基數（high-cardinality）類別欄位（也就是儲存大量的分立選項的，例如郵遞區號或商品 ID）。從反面看，深度模型的訓練時間通常比隨機森林或梯度增強機更久，不過因為有 RAPIDS（*https://rapids.ai*）之類的程式庫，這種情況正在改變，RAPIDS 可為整個建模流程提供 GPU 加速機制。我們將在第 9 章討論以上所有方法的優缺點。

## 推薦系統

推薦系統其實只是一種特殊的表格資料模型。它們通常會用一個高基數的類別變數來代表用戶，用另一個來代表商品（或類似的東西）。Amazon 等公司會用一個巨大的稀疏矩陣來表示顧客的每一次購買紀錄，其中顧客是資料列，商品是欄位，當他們取得這種格式的資料之後，資料科學家就可以用某種形式的協同過濾來**填寫矩陣**。例如，如果顧客 A 購買商品 1 與 10，顧客 B 購買商品 1、2、4 與 10，引擎會推薦 A 購買 2 與 4。

因為深度學習擅長處理高基數的類別變數，所以它們也很擅長處理推薦系統。就像表格資料一樣，當這些變數與其他類型的資料（例如自然語言或圖像）結合起來時，它們特別能夠發揮所長。它們也擅長將這類的資訊與其他表格式參考資訊（例如用戶資訊、之前的交易等）結合。

然而，幾乎所有機器學習方法都有缺點，它們只能告訴你特定用戶可能喜歡哪些商品，而不是推薦對用戶而言可能有幫助的商品。推薦用戶喜歡的商品可能沒有任何幫助，舉例來說，用戶可能已經很熟悉那些商品了，或是系統推薦的東西只是將用戶已經擁有的商品包裝成另一種形式（例如一整套小說，但他們已經有那一套裡面的每一本了）。雖然 Jeremy 喜歡 Terry Pratchett 的書，但有一段時間，Amazon 只推薦 Terry Pratchett 的書（見圖 2-1），這個功能一點都沒有幫助，因為他已經知道那些書了！

**Customers who bought this item also bought**

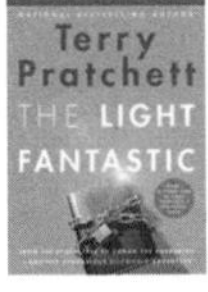


The Light Fantastic: A Novel of Discworld
› Terry Pratchett
1,055
Kindle Edition
$6.99

Equal Rites: A Novel of Discworld
› Terry Pratchett
1,059
Kindle Edition
$6.99

Mort: A Novel of Discworld
› Terry Pratchett
1,046
Kindle Edition
$6.99

Sourcery: A Novel of Discworld
› Terry Pratchett
636
Kindle Edition
$6.99

Wyrd Sisters: A Novel of Discworld
› Terry Pratchett
817
Kindle Edition
$6.99

圖 2-1　不太有用的推薦

## 其他的資料類型

有時你會發現特定領域的資料很適合用既有的模型類別來處理。例如，蛋白質鏈看起來很像自然語言文件，因為它們是一長串的分立單元，而且彼此間有複雜的關係與意義，事實上，目前最先進的蛋白質分析方法正是採用 NLP 深度學習方法。再如，聲音可以表示成聲譜，因此可視為圖像，而處理圖像的標準深度學習方法也可以很好地處理聲譜。

# Drivetrain Approach

很多精確的模型對所有人都沒有任何用處，但是很多不精確的模型卻非常好用。為了確保你的建模工作有實際的用處，你必須想一下你的心血有什麼用途。在 2012 年，Jeremy 和 Margit Zwemer 與 Mike Loukides 提出一種稱為 *Drivetrain Approach* 的方法來思考這個問題。

「Designing Great Data Products」(*https://oreil.ly/KJIIa*) 詳細地介紹圖 2-2 的 Drivetrain Approach，它的基本概念是先想一下你的目標，再思考你可以採取什麼行動來滿足這個目標，以及你有（或可取得）哪些資料可以提供幫助，然後建構一個模型，用來找出最佳行動，以獲得對目標而言最好的成果。

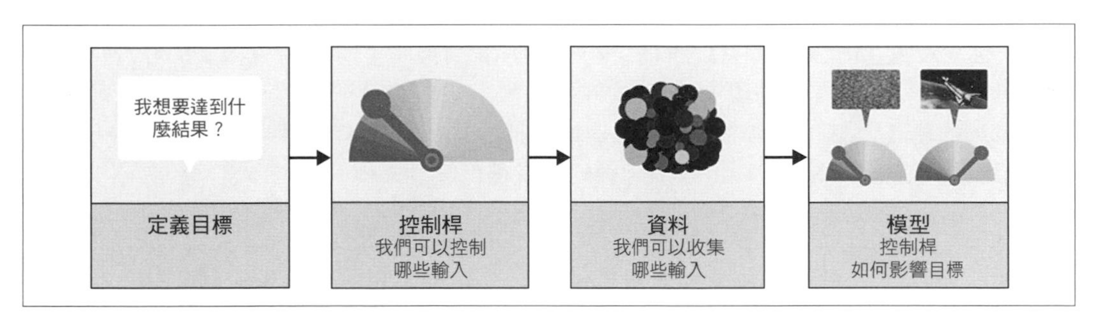


圖 2-2　Drivetrain Approach

考慮自駕車裡面的模型：你希望協助駕駛員在不需要人為干預的情況下，從 A 地點安全抵達 B 地點。好的預測模型是解決方案的要素，但它不是獨立存在的，隨著產品變得越來越複雜，它也會被埋沒。有的自駕車用戶完全不知道他的車子需要好幾百個模型（甚至幾千個）與好幾 PB 的資料才能運轉。但是隨著資料科學家建構的產品越來越精密，他們也需要依靠系統性的設計方法。

我們使用資料不僅僅是為了產生更多資料（以預測的形式），也為了產生**可行動的結果**，這就是 Drivetrain Approach 的目標。在一開始，我們要先定義明確的**目標**，例如，當 Google 製作它的第一個搜尋引擎時，考慮的是「用戶輸入搜尋文字的主要目的是什麼？」因而產生 Google 的目標，也就是「顯示最相關的搜尋結果」。下一步是考慮有什麼**控制桿**（*lever*）（也就是你可以採取什麼行動）可以用來實現那個目標，在 Google 的例子中，它是排序搜尋結果。第三步是考慮有哪些新**資料**可用來產生這種排序，他們發現關於「網頁連結到哪些其他網頁」的隱性資訊可以用來做這件事。

完成前三個步驟之後，你才可以開始考慮建構預測**模型**。我們的目標、可用的控制桿、已經有哪些資料，以及還有哪些額外的資料需要收集，決定了我們可以建構的模型。模型會接收控制桿與任何不可控制的變數當成輸入，模型的輸出經過組合之後，可以用來預測目標的最終狀態。

我們來考慮另一個範例：推薦系統。推薦引擎的**目標**是推薦顧客本來沒有要購買的商品，來讓他們感到驚喜、愉悅，進而促進額外的銷售。**控制桿**是推薦的排序。我們必須收集新**資料**，來產生會**造成新銷售**的推薦，這需要進行許多隨機實驗，來從廣泛的顧客收集廣泛的推薦資料。會採取這個步驟的組織很少，但是沒有它，你就沒有資料可以為了實現真正的目標（更多銷售！）來優化推薦。

最後，你可以建立預測「有看到推薦」和「沒有看到推薦」時的購買機率的**模型**，這兩種機率的差，就是向顧客提供的推薦的效用函數。如果演算法推薦一本顧客熟悉而且已經拒絕過的書（兩個機率都很小），或是推薦他一本即使沒有推薦也會購買的書（兩個機率都很大，並且互相抵消），效用函數的值就很低。

如你所見，在實務上，模型的製作程序除了訓練模型之外還有很多工作！你通常要進行實驗來收集更多資料，並且考慮如何將模型放入你正在開發的整體系統之中。談到資料，我們接下來要把焦點放在如何為專案尋找資料上。

## 收集資料

在處理許多類型的專案時，你都可以在網路上找到你所需要的所有資料。本章要完成的專案是一個**熊偵測器**，它可以分辨三種類型的熊：灰熊、黑熊和泰迪熊，每一種熊在網路上都有許多照片可供使用，我們只要設法找到並下載它們即可。

我們提供一種處理這件事的工具，讓你可以跟著這一章來操作，建立你自己的圖像辨識程式來辨識你感興趣的任何物體。在 fast.ai 課程裡，有成千上萬名學生已經在課程論壇裡展示他們的作品，從千里達的蜂鳥品種到巴拿馬的巴士類型等，應有盡有，有一位學生甚至做出一個可以幫他的未婚妻在聖誕假期認出 16 位堂兄弟姐妹的程式！

在行文至此時，據我們所知，Bing Image Search 是尋找與下載圖像的最佳選項，它每個月可以免費查詢 1,000 次，而且每次查詢最多可以下載 150 張圖像。但是，在我們寫這本書到你閱讀這本書之間，可能會有更好的工具出現，所以務必造訪本書的網站（*https://book.fast.ai*），來了解最新的推薦。

**持續了解最新的服務**

可以用來創造資料組的服務總是來來去去，它們的功能、介面與收費方案也經常改變。在這一節，我們將展示如何使用 Bing Image Search API（*https://oreil.ly/P8VtT*），在寫這本書時，它是 Azure Cognitive Services 的一部分。

為了用 Bing Image Search 下載圖像，請在微軟註冊一個免費帳號。你會收到一個金鑰，你可以將它複製並貼到一個 cell 裡面，就像這樣（將 *XXX* 換成你的金鑰，然後執行它）：

```
key = 'XXX'
```

或者，如果你習慣使用命令列，你可以在終端機裡面這樣設定它：

```
export AZURE_SEARCH_KEY=your_key_here
```

然後重啟 Jupyter 伺服器，在一個 cell 裡面輸入下面的內容，執行它：

```
key = os.environ['AZURE_SEARCH_KEY']
```

設定 `key` 之後，你就可以使用 `search_images_bing` 了。這個函式是線上的 notebook include 進來的 `utils` 類別提供的（如果你不確定函式是在哪裡定義的，只要在 notebook 裡面輸入它就可以找出，如下）：

```
search_images_bing
```

```
<function utils.search_images_bing(key, term, min_sz=128)>
```

我們來試用這個函式：

```
results = search_images_bing(key, 'grizzly bear')
ims = results.attrgot('content_url')
len(ims)
```

```
150
```

我們已經成功下載 150 張灰熊的 URL 了（或者，至少是 Bing Image Search 用那個搜尋詞找出來的圖像）。我們看其中一張：

```
dest = 'images/grizzly.jpg'
download_url(ims[0], dest)
```

```
im = Image.open(dest)
im.to_thumb(128,128)
```

看起來它可以正常運作，接下來使用 fastai 的 `download_images` 為每一個搜尋單字下載所有 URL，我們將每一個單字的圖像放在不同的資料夾裡面：

```
bear_types = 'grizzly','black','teddy'
path = Path('bears')
```

```
if not path.exists():
    path.mkdir()
    for o in bear_types:
        dest = (path/o)
        dest.mkdir(exist_ok=True)
        results = search_images_bing(key, f'{o} bear')
        download_images(dest, urls=results.attrgot('content_url'))
```

一如預期，資料夾裡面有圖像檔：

```
fns = get_image_files(path)
fns
```

```
(#421) [Path('bears/black/00000095.jpg'),Path('bears/black/00000133.jpg'),Path('
 > bears/black/00000062.jpg'),Path('bears/black/00000023.jpg'),Path('bears/black
 > /00000029.jpg'),Path('bears/black/00000094.jpg'),Path('bears/black/00000124.j
 > pg'),Path('bears/black/00000056.jpeg'),Path('bears/black/00000046.jpg'),Path(
 > 'bears/black/00000045.jpg')...]
```

*Jeremy* 說

我就是喜歡在 Jupyter notebook 裡面做事！因為我可以輕鬆地逐漸建立我要的東西，並且在過程的每一步檢查程式。我犯下的錯誤很多，所以它對我真的很有幫助。

通常從網路下載的檔案都有一些是損壞的，我們來檢查一下：

```
failed = verify_images(fns)
failed
```

```
(#0) []
```

你可以使用 `unlink` 來移除所有損壞的圖像，大多數的 fastai 函式都會回傳集合，`verify_images` 也會回傳一個型態為 `L` 的物件，它裡面有 `map` 方法。這段程式會對集合內的每一個元素呼叫你傳入的函式：

```
failed.map(Path.unlink);
```

## 在 Jupyter Notebook 裡面取得幫助

Jupyter notebook 非常適合用來做實驗，並且立即看到各個函式的結果，但它也有許多功能可協助你了解如何使用各種函式，甚至直接查看它們的原始碼。例如，當你在 cell 裡面輸入這個時：

```
??verify_images
```

你會看到一個彈出視窗，裡面有：

```
Signature: verify_images(fns)
Source:
def verify_images(fns):
    "Find images in `fns` that can't be opened"
    return L(fns[i] for i,o in
              enumerate(parallel(verify_image, fns)) if not o)
File:      ~/git/fastai/fastai/vision/utils.py
Type:      function
```

它告訴我們這個函式接收哪些引數（`fns`），然後有原始碼，以及它來自哪個檔案。我們可以從原始碼看到，它會平行執行函式 `verify_image`，並且只保留函式處理後的結果為 `False` 的圖像檔案，這與 doc string 所描述的一致：它會尋找在 `fns` 內無法打開的圖像。

以下是 Jupyter notebook 好用的其他功能：

- 無論何時，如果你忘了函式或引數名稱的拼法，你都可以按下 Tab 鍵來取得自動完成建議。
- 在函式的括號裡面同時按下 Shift 與 Tab 會顯示一個視窗，裡面有函式的簽章（signature），以及簡短的說明。按下這些按鍵兩次會擴展文件，按下三次會在螢幕底下打開完整的視窗，裡面有同樣的資訊。
- 在 cell 裡面輸入 *?func_name* 並執行它，會出現一個視窗，裡面有函式的簽章與簡短的說明。
- 在 cell 裡面輸入 *??func_name* 並執行它，會打開一個視窗，裡面有函式的簽章與簡短的說明，以及原始碼。
- 當你使用 fastai 程式庫時，我們為你加入一個 `doc` 函式：在 cell 裡面執行 `doc(`*func_name*`)` 會打開一個視窗，裡面有函式的簽章、簡短的說明、GitHub 原始碼連結，以及該函式在程式庫文件網站（*https://docs.fast.ai*）裡面的完整文件。
- 雖然與文件無關，但仍然非常有用的是：當你遇到錯誤時，若要尋求協助，在下一個 cell 輸入 `%debug` 並執行，以打開 Python 除錯器（*https://oreil.ly/RShnP*），它可讓你檢查每一個變數的內容。

在這個程序中，有一件事情需要注意：就像我們在第 1 章說過的，模型只會反映用來訓練它們的資料，但是這個世界充斥著偏誤的資料，這種情況最終會反映在（舉例）Bing Image Search 上（而我們用它來建立我們的資料組）。舉例來說，假如你要製作一個 app 來協助用戶判斷他們的皮膚是否健康，因此搜尋（假設）「healthy skin」，並且用得到的結果來訓練模型，圖 2-3 是你得到的結果。

如果你將它們當成訓練資料來使用，最終不會得到一個檢測健康皮膚的模型，而是偵測**一位年輕的白人女性摸著她的臉**的模型！你一定要仔細地想一下應用程式實際看到的資料類型，並且仔細檢查，以確保那些類型都反映在模型的來源資料之中。（感謝提供健康皮膚範例的 Deb Raji，若要了解更多關於模型偏差的有趣見解，請參考她的論文「Actionable Auditing: Investigating the Impact of Publicly Naming Biased Performance Results of Commercial AI Products」（*https://oreil.ly/POS_C*））。

下載一些資料之後，我們要將它做成適合用來訓練模型的格式。在 fastai 裡，這個動作意味著建立一個稱為 `DataLoaders` 的物件。

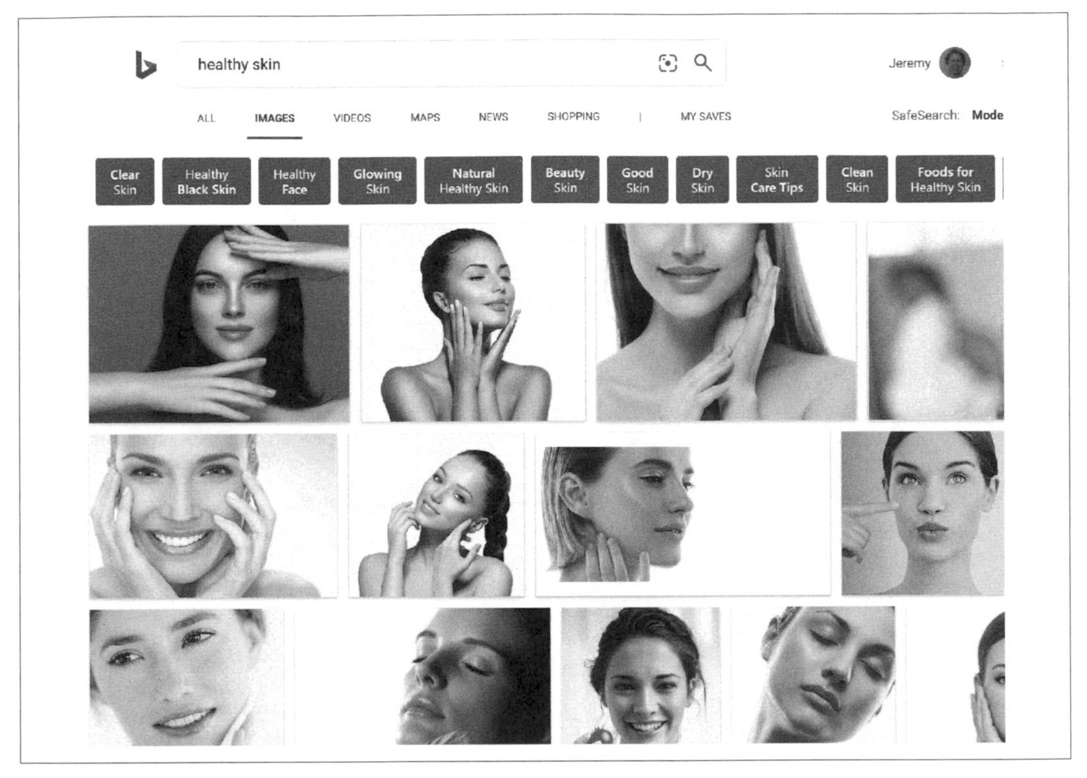


圖 2-3　用來訓練健康皮膚檢測模型的資料？

# 從資料到 DataLoaders

DataLoaders 是一個薄類別，裡面只儲存你傳給它的 DataLoader 物件，並且用 train 與 valid 來提供它們。雖然它是個簡單的類別，但它在 fastai 裡很重要，因為它負責提供資料給你的模型使用。DataLoaders 的主要功能是由這四行程式提供的（它還有一些次要的功能，我們暫時跳過）：

```
class DataLoaders(GetAttr):
    def __init__(self, *loaders): self.loaders = loaders
    def __getitem__(self, i): return self.loaders[i]
    train,valid = add_props(lambda i,self: self[i])
```

術語：*DataLoaders*

一種 fastai 類別，它會儲存你傳給它的 `DataLoader` 物件群，通常是一個 `train` 物件與一個 `valid` 物件，但是你也可以儲存任意數量的物件，前兩者可以用屬性來取得。

在本書稍後，你也會學到 `Dataset` 與 `Datasets` 類別，它們也有同樣的關係。為了將我們下載的資料轉換成 `DataLoaders` 物件，我們必須告訴 fastai 至少四件事：

- 我們使用哪一種資料
- 如何取得一系列的項目
- 如何標注這些項目
- 如何建立驗證組

到目前為止，我們已經看過這些東西的特定組合的一些**工廠方法**了，當你的應用程式與資料結構剛好適合使用這些內建的方法時，這些方法非常方便，如果沒有適合的，fastai 有一種非常靈活的系統，稱為 *data block API*，藉由這種 API，你可以完全自訂 `DataLoaders` 建構程序的每一個階段，下面的程式可為我們剛才下載的資料組製作 `DataLoaders`：

```
bears = DataBlock(
    blocks=(ImageBlock, CategoryBlock),
    get_items=get_image_files,
    splitter=RandomSplitter(valid_pct=0.2, seed=42),
    get_y=parent_label,
    item_tfms=Resize(128))
```

我們依序看一下每一個引數，首先，我們用一個 tuple 指定自變數與因變數的類型：

```
blocks=(ImageBlock, CategoryBlock)
```

**自變數**是用來進行預測的東西，**因變數**是目標。在這個例子裡，自變數是一組圖像，因變數是每一張圖像的類別（熊的種類）。我們將會在本書其餘的內容看到許多其他類型的 block。

這個 `DataLoaders` 的底層項目是檔案路徑，我們必須告訴 fastai 如何取得這些檔案。`get_image_files` 函式接收一個路徑，並回傳該路徑裡的所有圖像的串列（預設以遞迴的形式）：

```
get_items=get_image_files
```

通常你下載的資料組都有預先定義的驗證組，有時它們會將訓練組與驗證組的圖像放在不同的資料夾裡，有時它們會提供一個 CSV 檔，在裡面列出各個檔名，以及檔案屬於哪個資料組。這項工作可以用很多種方法完成，fastai 提供一種通用的做法，可讓你使用它的內建類別來做事，或是編寫你自己的類別。

在這個例子裡，我們要隨機分開訓練與驗證組。然而，我們希望每次執行這個 notebook 時都使用相同的訓練 / 驗證拆分，所以我們使用固定的隨機種子（電腦其實根本不知道如何建立亂數，它只是建立一個看起來隨機的數字串列；當你每次都為那個串列提供相同的起始點（稱為**種子**）時，你每次都會得到一模一樣的串列）。

```
splitter=RandomSplitter(valid_pct=0.2, seed=42)
```

自變數通常稱為 `x`，因變數通常稱為 `y`。在此，我們告訴 fastai 該呼叫哪個函式，在資料組內建立標籤：

```
get_y=parent_label
```

`parent_label` 是 fastai 提供的函式，它會取得檔案的資料夾的名稱。因為我們是根據熊的類型，把每張熊的圖像放在不同的資料夾裡，所以這個函式可以產生我們需要的標籤。

我們的圖像有不同的尺寸，這對深度學習而言是一個問題：我們不是一次傳送一張圖像給模型，而是一次傳送多張（我們稱為**小批次**（*mini-batch*））。為了將它們組成一個大型的陣列（通常稱為**張量**（*tensor*））來傳入模型，我們必須把它們都變成相同的尺寸，因此，我們必須加入一個轉換程序，來將這些圖像的尺寸修改成相同的尺寸。**項目轉換**（*item transforms*）是一段處理各個項目的程式，無論它們是圖像、類別等等。fastai 有許多內建的轉換，我們在此使用 `Resize` 轉換，並指定尺寸為 128 像素：

```
item_tfms=Resize(128)
```

這個指令給我們一個 `DataBlock` 物件，它是一個建立 `DataLoaders` 的**模板**。我們仍然必須告訴 fastai 實際的資料來源，在這裡，那就是可以找到圖像的路徑：

```
dls = bears.dataloaders(path)
```

DataLoaders 包含驗證與訓練 DataLoader。DataLoader 類別可以一次提供幾批項目給 GPU，我們會在下一章進一步介紹這個類別。當你迭代 DataLoader 時，fastai 每次都會將 64 個（預設）項目疊在一個張量裡面提供給你。我們可以藉著呼叫 DataLoader 的 show_batch 方法來觀察其中的一些項目：

```
dls.valid.show_batch(max_n=4, nrows=1)
```

在預設情況下，Resize 會**裁剪**圖像，讓它符合所要求的正方形尺寸，這個動作可能會導致一些重要細節的遺失。你也可以要求 fastai 用零（黑色）來填補圖像，或是擠壓 / 拉開它們：

```
bears = bears.new(item_tfms=Resize(128, ResizeMethod.Squish))
dls = bears.dataloaders(path)
dls.valid.show_batch(max_n=4, nrows=1)
```

```
bears = bears.new(item_tfms=Resize(128, ResizeMethod.Pad, pad_mode='zeros'))
dls = bears.dataloaders(path)
dls.valid.show_batch(max_n=4, nrows=1)
```

這些方法看起來都有點浪費資源，或有問題。如果我們擠壓或拉開圖像，它們就會變成不真實的形狀，讓模型學習將來不會實際看到的東西，可想而知，這會導致較低的準確度。裁剪圖像會移除一些可用來進行辨識的特徵，例如，如果我們試著辨識狗或貓的品種，我們可能會切掉身體或臉的關鍵部位，它們可能是區分相似品種必備的特徵。如果填補圖像，我們就有大量的空白空間，這會浪費模型的計算資源，並且讓實際使用部分的有效解析度更低。

在實務上，我們通常會隨機選擇圖像的部分，然後只裁剪那個部分。在每一個 epoch（遍歷資料組的所有圖像的一個回合），我們會隨機選擇每一張圖像的一個不同部分，所以模型可以學習聚焦與辨識圖像內的不同特徵，這種做法也反映出圖像在真實世界是如何運作的：在不同照片裡面的同一個東西可能會出現在不同的地方。

事實上，完全未經訓練的神經網路對圖像的行為一無所知，它甚至無法辨識一個物體被旋轉某個角度，其實它仍然是同一個東西的照片！所以訓練神經網路時，讓圖像樣本裡面的物體位於稍微不同的位置而且有稍微不同的尺寸，可以協助模型了解物體的基本概念是什麼，以及它在圖像中可能如何呈現。

以下是將 Resize 換成 RandomResizedCrop 的例子，後者可以進行剛才所描述的轉換。它最重要的參數是 min_scale，這個參數決定了每次至少選擇圖像的多少比例：

```
bears = bears.new(item_tfms=RandomResizedCrop(128, min_scale=0.3))
dls = bears.dataloaders(path)
dls.train.show_batch(max_n=4, nrows=1, unique=True)
```

在此，我們使用 unique=True 來重複使用相同的圖像以產生 RandomResizedCrop 轉換的不同版本。

RandomResizedCrop 是一種更廣泛的技術的具體案例，那種技術稱為資料擴增。

## 資料擴增

**資料擴增**的意思是幫輸入資料建立隨機的變體，讓資料有不同的外觀，卻不改變它們的意義。對圖像而言，常見的資料擴增技術有旋轉、翻轉、透視扭曲、亮度變更與對比度變更。為了處理自然的照片，就像我們在這裡使用的資料，我們藉由 `aug_transforms` 來提供一組效果很好的標準擴增技術。

因為圖像已經有相同的尺寸了，我們可以使用 GPU 來對整個批次套用這些擴增技術，以節省大量的時間。我們使用 `batch_tfms` 參數來告訴 fastai 我們想要對一個批次使用這些轉換（注意，在這個範例裡，我們沒有使用 `RandomResizedCrop`，讓你可以更清楚地看到差異；出於同一個原因，我們也將擴增量設為預設的兩倍）：

```
bears = bears.new(item_tfms=Resize(128), batch_tfms=aug_transforms(mult=2))
dls = bears.dataloaders(path)
dls.train.show_batch(max_n=8, nrows=2, unique=True)
```

讓資料的格式適合用來訓練模型之後，我們要用它來訓練圖像分類模型。

# 訓練你的模型，並且用它來清理你的資料

是時候使用第 1 章的同一組程式碼來訓練熊分類模型了。我們的問題沒有太多資料可用（每一種熊最多只有 150 張圖片），因此為了訓練模型，我們將使用 RandomResizedCrop，圖像尺寸為 224 像素，這是圖像分類任務的標準尺寸，並且使用預設的 aug_transforms：

```
bears = bears.new(
    item_tfms=RandomResizedCrop(224, min_scale=0.5),
    batch_tfms=aug_transforms())
dls = bears.dataloaders(path)
```

然後建立 Learner，並且用一般的方式微調它：

```
learn = cnn_learner(dls, resnet18, metrics=error_rate)
learn.fine_tune(4)
```

| epoch | train_loss | valid_loss | error_rate | time |
|---|---|---|---|---|
| 0 | 1.235733 | 0.212541 | 0.087302 | 00:05 |

| epoch | train_loss | valid_loss | error_rate | time |
|---|---|---|---|---|
| 0 | 0.213371 | 0.112450 | 0.023810 | 00:05 |
| 1 | 0.173855 | 0.072306 | 0.023810 | 00:06 |
| 2 | 0.147096 | 0.039068 | 0.015873 | 00:06 |
| 3 | 0.123984 | 0.026801 | 0.015873 | 00:06 |

現在我們來看看這個模型犯下的錯誤主要是將灰熊視為泰迪熊（這很危險！），還是將灰熊視為黑熊，或是其他錯誤。我們可以建立**混淆矩陣**來將它視覺化：

```
interp = ClassificationInterpretation.from_learner(learn)
interp.plot_confusion_matrix()
```

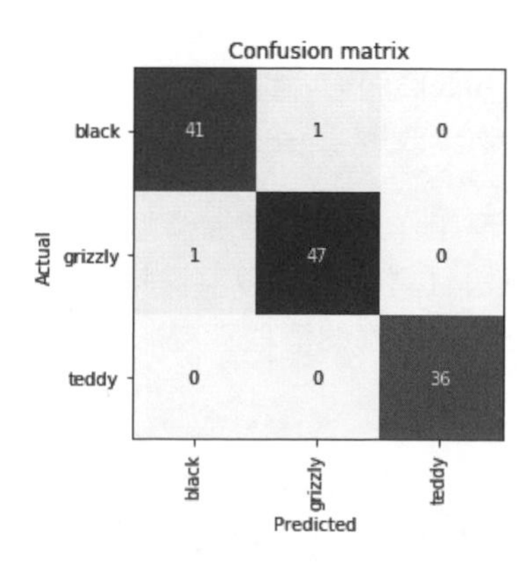

列分別代表資料組裡面的所有黑熊、灰熊與泰迪熊，行分別代表模型預測是黑熊、灰熊與泰迪熊。因此，這個矩陣的對角線是被正確分類的圖像，在對角線之外的格子代表被錯誤分類的圖像。這是 fastai 讓你觀察模型結果的多種方式之一，是用驗證組計算的（當然如此！）。如果用顏色來標示，我們的目標是讓對角線之外的每一個地方都是白色的，並且讓對角線是深藍色的。看來我們的熊分類模型沒有犯下太多錯誤！

查看錯誤的原因很有幫助，我們可以看看它們究竟是因為資料組的問題（例如圖像裡面根本沒有熊，或是被錯誤標注），還是由於模型的問題（可能是它沒有看過在異常的照明之下拍攝的照片，或從不同的角度拍攝的等等）。為此，我們可以用圖像的損失來排序它們。

**損失**是一個數字，當模型不正確時（尤其是當它也對不正確的答案很有信心時），或是當模型正確，但是對正確的答案沒有信心時，損失就會比較高。在第二部分的開頭，我們將會研究如何在訓練過程中計算和使用損失。`plot_top_losses` 可告訴我們在資料組內損失最高的圖像，正如輸出的標題所述，每張圖像都被標注四個值：prediction（預測）、actual（實際，目標標籤）、loss（損失）與 probability（機率），機率是模型為它的預測指定的信心度，從零到一。

```
interp.plot_top_losses(5, nrows=1)
```

從這個輸出可以看到，損失最高的圖像是被預測為「grizzly（灰熊）」並且有高信心度的那一張，但是，它被標為「black（黑熊）」。雖然我們不是熊類專家，但我們可以看出來，這個標籤是錯的！標籤應該改成「grizzly」才對。

我們通常會直覺地認為資料清理工作應該在訓練模型**之前**進行，但是正如你在這個例子中看到的，模型可以幫助你更快且更輕鬆地發現資料的問題。所以，我們比較喜歡先快速訓練一個簡單的模型，然後用它來協助清理資料。

fastai 有一個用來清理資料的方便 GUI，稱為 `ImageClassifierCleaner`，可讓你選擇一個類別以及訓練 vs. 驗證組，然後顯示損失最高的圖像（依序），並提供一些選單來讓你選擇圖像，以進行移除或重新標注：

```
cleaner = ImageClassifierCleaner(learn)
cleaner
```

我們可以看到，在「黑熊」裡面有一張圖像有兩隻熊：一隻灰熊，一隻黑熊。因此，我們應該在這張圖像下面的選單裡選擇 `<Delete>`。`ImageClassifierCleaner` 不會自動幫你刪除或改變標籤，它只會回傳項目的索引來讓你更改。因此，舉例來說，若要刪除（`unlink`）被你選擇刪除的所有圖像，就要執行：

```
for idx in cleaner.delete(): cleaner.fns[idx].unlink()
```

你可以執行這段程式，來將你選擇的圖像移到不同的類別：

```
for idx,cat in cleaner.change(): shutil.move(str(cleaner.fns[idx]), path/cat)
```

*Sylvain* 說

清理資料，以及讓模型能夠使用資料，是資料科學家的兩大挑戰，他們說這占了他們 90% 的工作時間。fastai 程式庫旨在提供工具來讓你盡可能地輕鬆。

本書還會展示很多用模型來清理資料的案例。清理資料之後，我們可以重新訓練模型，自己試試看，看看準確度是否有所改善！

**沒必要使用大數據**

在使用這些步驟來清理資料組之後，我們通常可以看到這個任務有 100% 的準確度。我們甚至可以看到，當我們下載的圖片數量遠少於這裡的每個類別 150 張時，就會出現這個結果。如你所見，很多人所抱怨的深度學習需要大量的資料才有用應該與事實相去甚遠！

訓練好模型之後，我們來看看如何部署它，讓它可以實際使用。

# 將模型變成線上應用程式

現在我們來看看如何將這個模型轉換成一個可運作的線上應用程式。我們頂多只會製作一個可以運作的雛型，因為在這本書裡，我們不可能教你開發 web 應用程式的所有細節。

## 使用模型來進行推理

當你做出滿意的模型之後，你必須儲存它，將它複製到伺服器上，以便在生產環境中使用它。切記，模型包含兩個部分：它的**架構**，以及訓練出來的**參數**。儲存模型最簡單的方法就是儲存這兩者，因為如此一來，當你載入模型時，你就可以確保你有相符的架構與參數。你可以用 `export` 方法來儲存這兩個部分。

這個方法甚至可以將建立 `DataLoaders` 的方式儲存起來。這件事很重要，否則你就必須重新定義如何轉換資料，以便在生產環境中使用模型。在預設情況下，fastai 會自動使用你的驗證組 `DataLoader` 來進行推理，因此不會使用資料擴增，這應該是你期望的做法。

當你呼叫 `export` 時，fastai 會儲存一個稱為 *export.pkl* 的檔案：

```
learn.export()
```

我們使用 fastai 加入 Python 的 `Path` 類別的 `ls` 方法，來確認檔案的存在：

```
path = Path()
path.ls(file_exts='.pkl')
```

```
(#1) [Path('export.pkl')]
```

部署 app 時需要使用這個檔案。現在，我們試著在 notebook 中建立一個簡單的 app。

使用模型來進行預測，而不是訓練模型時，稱為**推理**（*inference*）。我們用 `load_learner` 來以匯出的檔案建立推理 learner（在這個例子其實不需要這樣做，因為 notebook 裡面已經有一個可運作的 `Learner` 了。這是為了展示完整的程序）：

```
learn_inf = load_learner(path/'export.pkl')
```

進行推理時，通常一次只會取得一張圖像的預測，我們傳入一個檔名來預測：

```
learn_inf.predict('images/grizzly.jpg')
```

```
('grizzly', tensor(1), tensor([9.0767e-06, 9.9999e-01, 1.5748e-07]))
```

它回傳三個東西：預測的類別，它的格式與你提供的一樣（在這裡，它是個字串）、預測的類別的索引，以及各個類別的機率。後兩個項目使用 `DataLoaders` 的 *vocab* 裡面的類別順序，vocab 是儲存所有可能的類別的串列。在推理期，你可以將 `DataLoaders` 當成 `Learner` 屬性來讀取它：

```
learn_inf.dls.vocab
```

```
(#3) ['black','grizzly','teddy']
```

用 `predict` 回傳的整數來檢索（indexing）vocab 時，不出所料，我們會得到「grizzly」。此外，注意，當我們檢索機率串列時，可以看到它是灰熊的機率將近 1.00。

知道如何用存起來的模型進行預測之後，我們就知道建構 app 的所有知識了。我們可以在 Jupyter notebook 裡面直接做這件事。

## 用模型建立 notebook app

要在應用程式裡使用模型，我們可以直接將 `predict` 方法當成一般的函式來使用，因此，我們可以使用應用程式開發者所使用的任何一種框架和技術來以模型建立 app。

然而，大多數的資料科學家都不熟悉 web 應用程式開發的世界，因此，我們要試著使用你已經知道的東西：事實上，我們只要使用 Jupyter notebook 就可以製作一個完整、可運作的 web 應用程式了！這個工作需要兩樣東西：

- IPython widgets（ipywidgets）
- Voilà

*IPython widgets* 是將網頁瀏覽器裡面的 JavaScript 與 Python 功能整合在一起的 GUI 元件，你可以在 Jupyter notebook 裡建立與使用它。例如，我們剛才看到的圖像清理程式就是完全用 IPython widgets 來寫的。但是，我們不希望讓應用程式的用戶自行執行 Jupyter。

這就是 *Voilà* 的功用，它是用來製作內含 IPython widgets 的應用程式來讓最終用戶使用的系統，用戶完全不需要使用 Jupyter。Voilà 利用「notebook 已經是一種 web 應用程式」這個事實，只不過它相當複雜，並且依靠另一個 web 應用程式：Jupyter 本身。本質上，它可協助我們將已經被隱性製作出來的複雜 web 應用程式（notebook）自動轉換成比較簡單、容易部署的 web 應用程式，讓它的行為就像一般的 web 應用程式，不像 notebook。

但我們仍然可以保留在 notebook 裡進行開發的好處，所以使用 ipywidgets，我們可以一步一步建構 GUI。我們將使用這種做法來建立一個簡單的圖像分類模型。首先，我們需要一個上傳檔案的 widget：

```
btn_upload = widgets.FileUpload()
btn_upload
```

Upload (0)

現在我們可以抓取圖像：

```
img = PILImage.create(btn_upload.data[-1])
```

我們可以使用 `Output` widget 來顯示它：

```
out_pl = widgets.Output()
out_pl.clear_output()
with out_pl: display(img.to_thumb(128,128))
out_pl
```

然後取得預測：

```
pred,pred_idx,probs = learn_inf.predict(img)
```

並使用 Label 來顯示它們：

```
lbl_pred = widgets.Label()
lbl_pred.value = f'Prediction: {pred}; Probability: {probs[pred_idx]:.04f}'
lbl_pred
```

```
Prediction: grizzly; Probability:1.0000
```

我們需要一個按鈕來做分類。它長得與 Upload 按鈕一模一樣：

```
btn_run = widgets.Button(description='Classify')
btn_run
```

我們也需要一個**按鍵**（*click*）**事件處理器**，也就是當按鈕被按下時呼叫的函式。我們可以直接將之前的程式複製過來：

```
def on_click_classify(change):
    img = PILImage.create(btn_upload.data[-1])
    out_pl.clear_output()
    with out_pl: display(img.to_thumb(128,128))
    pred,pred_idx,probs = learn_inf.predict(img)
    lbl_pred.value = f'Prediction: {pred}; Probability: {probs[pred_idx]:.04f}'

btn_run.on_click(on_click_classify)
```

現在你可以按下按鈕來測試它，你應該可以看到圖像與預測自動更新！

現在我們可以將它們全部都放在一個直立框（VBox）來完成 GUI：

```
VBox([widgets.Label('Select your bear!'),
      btn_upload, btn_run, out_pl, lbl_pred])
```

Select your bear!

Upload (0)

Classify

Prediction: grizzly; Probability: 1.0000

我們已經為 app 寫好所有程式了。下一步是將它轉換成可部署的東西。

## 將 notebook 變成真正的 app

我們已經讓所有東西可在這個 Jupyter notebook 裡正確運作了，接著要建立應用程式。為此，打開一個新的 notebook，並且只加入建立和顯示你需要的 widget 所需的程式碼，以及為你想要顯示的任何文字加上 Markdown。你可以在本書的存放區（repo）裡的 *bear_classifier* notebook 看到我們所建立的簡單 notebook 應用程式。

接下來，如果你還沒有安裝 Voilà，將這幾行複製到一個 notebook cell 裡，並執行它們來進行安裝：

```
!pip install voila
!jupyter serverextension enable voila --sys-prefix
```

以 ! 開頭的 cell 裡面的內容不是 Python 程式碼，而是傳給 shell（bash、Windows PowerShell 等）的命令。如果你習慣使用命令列（本書會更詳細說明），當然可以直接在終端機裡輸入這兩行（去掉開頭的 !）。在這個例子裡，第一行會安裝 `voila` 程式庫與應用程式，第二行會將它連接至既有的 Jupyter notebook。

Voilà 會像你現在使用的 Jupyter notebook 伺服器那樣運行 Jupyter notebook，但它也會做一件非常重要的事情：刪除所有 cell 輸入，並且只顯示輸出（包括 ipywidgets），以及你的 Markdown cell，所以只會剩下 web 應用程式！若要查看 Voilà web 應用程式的 notebook，你可以將網頁瀏覽器的 URL 裡的「notebooks」換成「voila/render」，你將會看到與 notebook 一樣的內容，但沒有任何程式碼 cell。

當然，你不需要使用 Voilà 或 ipywidgets。你的模型只是個可呼叫的函式（`pred,pred_idx,probs = learn.predict(img)`），因此你可以在任何平台承載的任何框架裡面使用它。你也可以先用 ipywidgets 與 Voilà 做出雛型，稍後再將它轉換成常規的 web 應用程式。我們之所以介紹這種做法，是因為我們認為它對資料科學家和其他不是 web 開發專家的人而言，是很適合用來為模型建立應用程式的工具。

完成 app 之後，我們來部署它！

## 部署 app

你已經知道幾乎任何一種實用的深度學習模型都必須用 GPU 來訓練了。那麼，在生產環境中，需要 GPU 才能使用那個模型嗎？不用！你幾乎都**不需要在生產環境中使用 *GPU* 來讓模型提供服務**，原因是：

- 正如我們所看到的，GPU 只有在平行執行大量相同的工作時才派得上用場，當你做（假設）圖像分類時，通常一次只會分類一位用戶的圖像，處理單張圖像的工作量不足以讓 GPU 忙碌一段很長的時間，無法充分發揮它的效能，所以，CPU 通常比較有成本效益。
- 另一種選擇是等待一些用戶送出他們的圖像，然後在一顆 GPU 上成批一次處理它們。但是這樣你就會讓用戶空等，而不是馬上得到答案！而且這種做法必須有大容量的網站才能實施。如果你需要這種功能，你可以使用微軟的 ONNX Runtime（*https://oreil.ly/nj-6f*）或 AWS SageMaker（*https://oreil.ly/ajcaP*）。
- 處理 GPU 推理很複雜，特別是，你必須親自謹慎地管理 GPU 的記憶體，而且需要一個正確的佇列系統，來確保一次只處理一個批次。
- CPU 伺服器的市場比 GPU 伺服器更競爭，因此，CPU 伺服器有便宜很多的選項。

因為 GPU 服務的複雜性，有許多系統如雨後春筍般湧現，試圖將它自動化。然而，管理和運行這些系統也很複雜，通常需要將模型編譯成該系統專用的形式。直到 / 除非你的 app 足夠受歡迎，使得這種選項有明顯的財務意義，否則比較好的做法通常是避免這些複雜的事情。

至少對應用程式的雛型，以及你想要展示的業餘興趣專案而言，你都可以輕鬆地免費託管它們。做這件事的最佳地點與最佳方式隨著時間而變，所以你可以在本書的網站找到最新的建議。當我們在 2020 年初寫這本書時，最簡單（而且免費！）的方法是使用 Binder（*https://mybinder.org*）。你可以按照這些步驟，將 web app 公布在 Binder 上：

1. 將你的 notebook 加到 GitHub 版本庫（*http://github.com*）。
2. 將那個版本庫的 URL 貼到 Binder 的 URL 欄位裡，如圖 2-4 所示。
3. 將 File 下拉式選單改為選擇 URL。
4. 在「URL to open」欄位裡，輸入 `/voila/render/`*`name`*`.ipynb`（將 *`name`* 換成你的 notebook 的名稱）。
5. 按下右下角的剪貼簿按鈕，來複製 URL，並且將它貼到另一個安全的地方。
6. 按下 Launch。

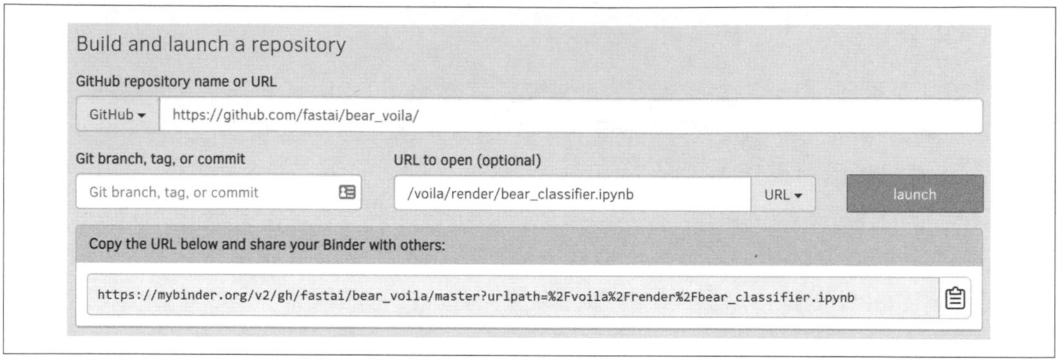

圖 2-4　部署到 Binder

當你第一次做這件事時，Binder 會花大約 5 分鐘來建構你的網站。在幕後，它會尋找一台可以執行你的 app 的虛擬機器，配置儲存空間，並且為 Jupyter、為你的 notebook，以及為了將 notebook 顯示為 web 應用程式而收集需要的檔案。

最後，當它開始運行 app 時，它會讓你的瀏覽器前往你的新 web app。你可以分享你複製的 URL，讓別人也可以使用你的 app。

關於部署 web app 的其他選項（免費與付費的），請關注本書的網站（*https://book.fast.ai*）。

或許你也想要將 app 部署到行動設備上，或 Raspberry Pi 之類的邊緣設備上，有很多程式庫與框架可讓你將模型直接整合到行動 app 裡面。但是，那些方法往往需要許多額外的步驟與樣版（boilerplate），而且不一定支援你的模型可能使用的所有 PyTorch 與 fastai 層。此外，你所做的工作將取決於你要部署的行動設備類型，為了在 iOS 設備上運行，你可能要做一些工作，之後，為了在比較新的 Android 設備上運行，你又要做不同的工作，接下來還要為較舊的 Android 設備做不同的工作等。我們建議最好可以將模型本身部署到伺服器上，並且讓你的行動或邊緣 app 以 web 服務的形式連接它。

這種做法有很多好處，它的初始安裝比較容易，因為你只需要部署一個小型的 GUI app，讓它連接伺服器來做所有繁重的工作即可。或許更重要的是，你可以在伺服器升級核心的邏輯，而不需要發送給所有用戶。伺服器的記憶體與處理能力比大多數的邊緣設備強大很多，當你的模型變得需要更多資源時，擴展資源會容易很多。在伺服器上的硬體也比較標準，而且更容易被 fastai 與 PyTorch 支援，因此你不需要將模型編譯成不同的形式。

當然，這種做法也有缺點。你的 app 必須連接網路，而且每次使用模型時，都有一些等待時間。（不管怎樣，神經網路模型都需要花一些時間來執行，所以這種傳統的網路延遲對你的用戶來說可能沒有太大的差異，事實上，因為你可以在伺服器上使用更好的硬體，整體的等待時間甚至可能比在本機上更少！）此外，如果你的 app 使用敏感資料，用戶可能會擔心將資料傳到遠端伺服器的做法，有時隱私考量會讓你必須在邊緣設備上運行模型（使用**內部**（*on-premise*）伺服器或許可以避免這種情況，例如在公司的防火牆裡面的）。管理伺服器的複雜性與擴展它也可能會加入額外的開銷，然而，如果你的模型在邊緣設備上運行，每位用戶都會提供他們自己的計算資源，因而更容易隨著用戶的增加而擴展（也稱為**橫向擴展**）。

*Alexis* 說

我有幸在工作時近距離目睹行動 ML 地貌是如何變遷的。我們提供一個採用電腦視覺的 iPhone app，多年來，我們都在雲端運行自己的電腦視覺模型。當時這是唯一的做法，因為那些模型需要大量的記憶體和計算資源，並且需要花好幾分鐘來處理輸入。這種做法不僅需要建構模型（好玩！），也需要建構基礎設施，以確保一定數量的「計算機器工人」絕對都會運行（可怕）、當流量提升時，會有更多機器會自動上線、有穩定的儲存機制來處理龐大的輸入與輸出、iOS app 可以知道並告訴用戶他們的工作是怎麼處理的等等。如今，Apple 提供了轉換模型的 API，來讓它在設備上高效地運行，而且大部分的 iOS 設備都有專屬的 ML 硬體，所以我們的新模型採取這種策略。這仍然不是輕鬆的工作，但是在我們的案例中，因為可以提供更快的用戶體驗，以及減少對於伺服器的擔憂，這是值得的。實際地說，哪種做法適合你取決於你想要打造的用戶體驗，以及你個人認為哪一種比較容易進行。如果你知道如何運行伺服器，那就那樣做，如果你知道如何建構本機行動 app，那就那樣做。條條大路通羅馬。

整體來說，我們建議盡量使用簡單的 CPU 伺服器方法，只要你可以視情況跳脫這種做法即可。如果你夠幸運，做出非常成功的 app，屆時你就可以證明投資更複雜的部署方法是合理的。

恭喜你——你已經成功地建構一個深度學習模型並部署它了！接下來要先暫停一下，想一想哪些地方可能出錯。

## 如何避免災難？

在實務上，深度學習模型只是一個大得多的系統的一部分。正如本章開始時所述，建構一個資料產品需要徹底考慮整個流程，從概念，到投入生產。在本書裡，我們不可能探討管理已部署的資料產品的所有複雜面向，例如管理多個模型版本、A/B 測試、金絲雀法（canarying）、更新資料（該讓資料組不斷增長，還是該定期刪除一些舊資料？）、處理資料標注、監控以上事項、檢測模型的劣化等等。

在這一節，我們將大致了解一些最重要的問題；關於部署問題的詳細探討，我們推薦 Emmanuel Ameisin 的傑作 *Building Machine Learning Powered Applications*（O'Reilly）。

我們要探討的問題在於——理解和檢測深度學習模型的行為，比處理你寫過的大多數其他程式困難許多。在一般的軟體開發中，你可以分析軟體正在執行的確切步驟，並仔細研究那些步驟有哪些與你試著製作的行為相符，但是在神經網路中，行為是藉著模型試圖擬合訓練資料而產生的，不是明確定義的。

這可能會導致一場災難！舉個例子，假設我們真的推出一個熊偵測系統，它被安裝在國家公園營地周圍的錄影機上，以提醒露營者有熊來了。如果我們使用以下載的資料組來訓練的模型，在實際操作時可能會出現各種問題，例如：

- 它處理的是影片資料，不是照片
- 它要處理夜間影像，資料組可能沒有這種照片
- 處理低解析度的相機照片
- 確保結果的回傳速度夠快，才能實際發揮效果
- 需要辨識在網路上的照片中很罕見的熊姿勢（例如從後面拍、部分被灌木叢覆蓋，或離相機很遠）

這些問題絕大部分在於，被人們傳到網路上的照片往往是拍得很好，可以清楚、美觀地展示主題的，而不是這個系統將會收到的輸入。因此，我們可能要自己收集大量的資料並且標注它們，才能建立有用的系統。

這只是**域外**資料這個更廣泛的問題的其中一個案例。域外資料的意思是，我們的模型在生產環境裡看到的資料可能與在訓練過程中看到的資料非常不同，這個問題還沒有完整的技術解決方案，我們必須謹慎地選擇發布技術的方法。

我們需要如此謹慎還有其他的原因。有一種很常見的問題是**領域轉移**（*domain shift*），意思是模型看到的資料類型會隨著時間而改變。例如，有一家保險公司在定價和風險演

算法裡面使用深度學習模型，但隨著時間過去，被那家公司吸引的顧客類型，和模型處理的風險類型有很大的變化，以致於當初的訓練資料已經過時了。

域外資料與領域轉移是一種更大型的問題的案例：你不可能完全理解神經網路所有的行為，因為它們有太多參數了。這是神經網路最棒的特性固有的另一面，那個最佳特性就是它們的靈活性，靈活性讓它們能夠解決複雜的問題，對於那些問題，我們甚至可能完全無法想出理想的解決方案。但是，好消息是，現在已經有一些方法可藉由深思熟慮的程序來降低這些風險了，這些方法的具體細節取決於你要解決的問題的細節，我們試著列出一個高階的方法，整理成圖 2-5，希望可以提供有用的指引。

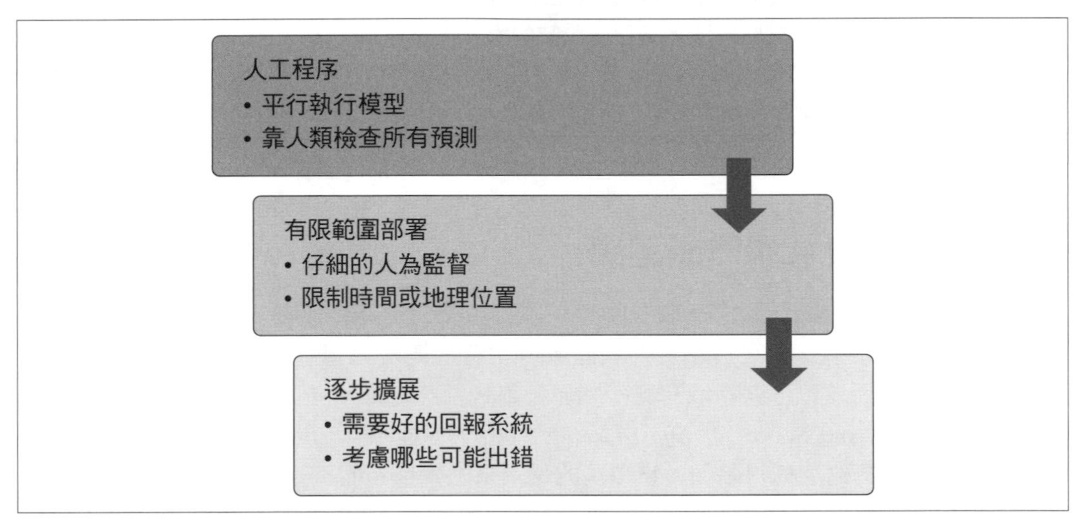


圖 2-5　部署程序

盡量在第一步使用完全人工的程序，並且平行運行你的深度學習模型方法，但不要直接用模型來指示任何行動。參與人工程序的人員應該觀察深度學習的輸出，並檢查它們是否合理。例如，在使用熊分類模型時，你可以讓公園管理員看著一台螢幕，上面顯示所有監視器送來的畫面，用紅色來醒目顯示任何可能出現熊的情況。公園管理員仍然要像部署模型之前一樣保持警覺，此時的模型只是為了協助檢查問題。

第二步是試著限制模型的範圍，並且讓人類仔細監督它。例如，在有限的地理和時間範圍之內，根據模型的指示來執行工作，藉此進行小試驗。與其在全國的每一個國家公園裡部署熊分類系統，我們可以選擇一個觀察站，用一週的時間，讓一位公園管理員檢查每一個警報，再將它發出。

然後，逐漸增加部署的範圍。在過程中，務必設置真正良好的回報系統，以確實發現與人工程序明顯不同的任何情況。例如，如果你在同一個地點推出新系統之後，熊警報的次數增加一倍或降為一半，你就要非常注意了，此時你要試著想一下系統可能出錯的任何原因，然後想一下哪一種數據或報告或圖表可以反映這個問題，並且確保你的常規報告包括那項資訊。

*Jeremy* 說

我們在 20 年前創辦一家稱為 Optimal Decisions 的公司，它使用機器學習與優化法來協助大型保險公司定價，影響了數百萬億美元的風險。我們使用這裡介紹的方法來管理出錯時的潛在負面影響。此外，在與顧客合作，將任何東西投入生產之前，我們會試著模擬它的影響，用他們前一年的資料來測試完整的系統。將新演算法投入生產一向是很傷腦筋的過程，但每次的推出都成功了。

## 不可預見的後果和回饋迴路

在推出模型時，最大的挑戰之一就是模型可能會改變它所屬的系統的行為。例如，有一種「預測性警務」演算法可以預測某些區域可能發生更多犯罪事件，導致更多警力被派往那些區域，進而導致那些區域有更多犯罪紀錄，以此類推。在 Royal Statistical Society 論文「To Predict and Serve?」（*https://oreil.ly/3YEWH*）裡，Kristian Lum 與 William Isaac 認為「預測性警務的名稱很貼切：它預測的是未來的警務，而不是未來的犯罪事件。」

在這個例子裡，部分的問題在於，在有偏誤的情況下（下一章會加以探討），回饋迴路會導致偏誤越來越嚴重的負面影響。有人擔心這種情況已經在美國發生了，在某些地區，由於種族因素，逮捕率有很大的偏差。美國公民自由聯盟（*https://oreil.ly/A9ijk*）指出「儘管吸大麻的比例大致相同，但黑人因為吸大麻被捕的機率是白人的 3.73 倍。」這種偏誤的影響，加上預測性警務演算法在美國很多地方推出，導致 Bärí Williams 在紐約時報（*https://oreil.ly/xR0di*）寫道：「在我的職業生涯中，讓我非常期待的技術被用來執法，這種用法可能意味著，在未來幾年裡，我 7 歲的兒子有更大的機率背負前科或被逮捕，更糟糕的是，原因只是因為他的種族，還有我們居住的地方。」

在推出一個重要的機器學習系統之前，考慮以下的問題是一個很有用的練習：「如果一切都進行得非常非常順利，會怎樣？」換句話說，如果預測能力非常好，而且它影響人類行為的能力非常明顯會怎樣？在這種情況下，誰被影響的程度最大？最極端的後果可能是什麼？你該如何知道當下的實際情況？

這種思考練習或許可以協助你設計一個更謹慎的發表計劃，持續使用監控系統與人工監督。當然，如果沒有人聆聽回報，人工監督是沒有用的，所以一定要有可靠且靈活的溝通管道，這樣才可以讓對的人發現問題，並且解決它們。

# 寫下來！

我們學生發現鞏固他們對這份教材的理解最有用的方法就是將它寫下來。若要檢驗你對某個主題的理解程度，最好的方法就是試著把它教給別人。即使你從來沒有把你寫的東西拿給任何人看，這樣做也是有幫助的，但是如果你願意分享它，那就更好了！所以我們建議你開始寫部落格，如果你還沒有開始這樣做的話。既然你已經完成這一章，而且學會如何訓練和部署模型了，你就可以開始寫下關於深度學習之旅的第一篇部落格文章。什麼事讓你感到驚訝？你覺得在你的領域裡，有哪些使用深度學習的機會？你發現什麼障礙？

fast.ai 的共同創辦人 Rachel Thomas 在文章「Why You (Yes, You) Should Blog」（*https://oreil.ly/X9-3L*）裡寫道：

> 我給年輕的自己的第一條建議就是儘早開始寫部落格。寫部落格的理由包括：
>
> - 它很像個人履歷，但更好。我知道有幾個人因為寫部落格獲得工作機會！
> - 幫助你學習。將知識組織起來一向可以幫助我們整合自己的想法。測試你是否真正理解事情的方法之一，就是看看你能不能向別人解釋它，部落格文章是做這件事的好方法。
> - 我因為部落格文章收到會議和演講的邀請。我受邀參加 TensorFlow Dev Summit（超棒的！），因為我寫了一篇探討為何我不喜歡 TensorFlow 的部落格文章。
> - 認識新朋友。我遇到一些人回應我寫的部落格。
> - 節省時間。一旦你用 email 多次回答同一個問題，你就要將它寫成部落格文章，這樣下次有人問你同樣的問題時，你就更容易分享了。

或許她最重要的撇步是：

> 你是最適合幫助「僅落後你一步的人」的人，因為這些教材對你來說還很新鮮，但很多專家已經忘記初學者（或中階學員）是什麼情況，也忘記為什麼你第一次聽到某個主題時很難理解它了。你的背景、風格、知識程度會讓你寫下來的東西有不同的變化。

附錄 A 有關於如何建立部落格的詳情。如果你還沒有部落格，現在就去看那個附錄，因為我們有一個很棒的方法，教你免費開始撰寫部落格，你的部落格不會有廣告——你甚至可以使用 Jupyter Notebook ！

# 問題

1. 目前的文本模型有什麼主要缺陷？
2. 文本生成模型可能帶來哪些負面社會影響？
3. 在模型可能犯錯，而且那些錯誤可能有害的情況下，有什麼好方法可取代自動化的流程？
4. 深度學習特別擅長處理哪一種表格資料？
5. 在推薦系統中直接使用深度學習模型的主要缺點是什麼？
6. Drivetrain Approach 的步驟有哪些？
7. 如何將 Drivetrain Approach 的步驟對映至推薦系統？
8. 使用你整理的資料來建構一個圖像辨識模型，並且將它部署到網路上。
9. 什麼是 `DataLoaders`？
10. 我們必須告訴 fastai 哪四件事來建立 `DataLoaders`？
11. `DataBlock` 的 `splitter` 參數有什麼作用？
12. 如何確保隨機分割每次都會提供相同的驗證組？
13. 哪些字母經常被用來表示自變數與因變數？
14. 裁剪、填補與擠壓等改變大小的方法有什麼不同？它們的使用時機分別是什麼？
15. 什麼是資料擴增？為什麼需要這種技術？

16. 舉例說明由於訓練資料的結構性或風格差異，導致熊分類模型在生產環境可能表現不良的情況。
17. `item_tfms` 與 `batch_tfms` 有什麼不同？
18. 什麼是混淆矩陣？
19. `export` 會儲存什麼？
20. 當我們用模型來做預測，而不是訓練它時，我們稱之為？
21. 什麼是 IPython widget？
22. 何時該使用 CPU 來部署？何時使用 GPU 比較好？
23. 將 app 部署到伺服器而不是手機或 PC 等用戶端（或邊緣）設備的缺點是什麼？
24. 在實際部署熊警報系統時，可能出現哪三種問題？
25. 什麼是域外資料？
26. 什麼是領域轉移？
27. 部署程序有哪三個步驟？

## 後續研究

1. 想一下如何用 Drivetrain Approach 來完成你感興趣的專案或問題。
2. 何時最好避免進行某些類型的資料擴增？
3. 針對一個你想要使用深度學習的專案，進行這個思維實驗：「如果它的效果非常、非常好，會怎樣？」
4. 開設一個部落格，並且開始撰寫你的第一篇部落格文章。例如，寫下你認為深度學習在你感興趣的領域裡面可能發揮什麼作用。

第三章

# 資料倫理

**感謝 Rachel Thomas 博士**

本章是與 Rachel Thomas 博士合著的，她是 fast.ai 的聯合創始人，也是舊金山大學應用資料倫理中心的創始董事。本章基本遵循她為 Introduction to Data Ethics 課程（*https://ethics.fast.ai*）設計的部分教學大綱。

正如我們在第 1 章與第 2 章所討論的，有時機器學習模型會出錯，它們可能有 bug、可能收到沒有看過的資料，並且以我們意想不到的方式來做事，或者，雖然它完全按照設計的方式來運作，卻被用來做我們不希望看到的事情。

因為深度學習是如此強大的工具，可以用來做很多事情，所以仔細考慮我們做出來的選擇可能造成什麼後果就顯得特別重要。**倫理學**的哲學研究就是關於對與錯的研究，包括我們如何定義詞彙、如何辨識對與錯的行為，以及理解行為與結果之間的關係。**資料倫理**這個領域已經出現很長一段時間了，很多學者都在關注這個領域。許多司法管轄區都用它來協助定義政策，大大小小的公司都用它來考慮如何確保產品帶來良好的社會結果，研究員也會用它來確保他們的心血是有益的，不會危害社會。

因此，身為深度學習的從業者，你可能會在某個時刻進入需要考慮資料倫理的情境。那麼，什麼是資料倫理？它是倫理學的分支，所以我們從那裡開始談起。

*Jeremy* 說

在大學裡，倫理哲學是我的主要研究課題（如果我沒有輟學進入現實世界並且完成研究，它就是我的論文主題）。根據我研究倫理學的那幾年，我可以告訴你：沒有人真正同意什麼是對、什麼是錯、它們是否存在、如何識別它們、哪些人是好人、哪些人是壞人，或幾乎所有其他問題。所以不要對理論有太高的期望！在這裡，我們會把焦點放在例子和思想開端，而不是理論。

在回答「什麼是倫理？」（*https://oreil.ly/nyVh4*）這個問題時，Markkula Center for Applied Ethics 說這個詞彙指的是這些事情：

- 有憑有據地規定人們的行為舉止的對錯標準
- 研究與發展一個人的道德標準

這個問題沒有正確的答案，沒有一張列出什麼該做，什麼不該做的清單。倫理很複雜，而且與情境有關，它涉及許多利益關係人的觀點。倫理是你必須發展和練習的一塊肌肉。在這一章，我們的目標是提供一些路標，來協助你踏上這段旅程。

發現道德問題這項工作最好在團隊中合作進行，這是融合各種觀點的不二法門，不同背景的每一個人可以協助發現你看不到的事情。與團隊一起工作對許多「肌肉鍛練」活動很有幫助，包括這一個。

本書當然不是只在這一章討論資料倫理，但是找一個地方來暫時關注它是有好處的。用例子來說明是最簡單的理解方式，因此，我們挑選三個我們認為能夠有效說明一些關鍵主題的例子。

## 資料倫理的重要案例

我們將用三個具體的例子說明三種技術領域常見的道德問題（本章稍後會更深入地研究這些問題）：

*求助程序*

　阿肯色州漏洞百出的醫療保健演算法讓患者陷入困境。

*回饋迴路*

　YouTube 的推薦系統引發一場陰謀論風潮。

偏誤

在 Google 搜尋一位傳統的非裔美國人的名字時，它會顯示犯罪背景調查廣告。

事實上，本章介紹的每一個概念至少都有一個具體的例子，試著想想當你遇到這些情況時會怎麼做，以及在完成工作時可能遇到什麼阻礙。你該如何處理它們？你會注意哪些事情？

## bug 與求助：漏洞百出的醫療保健福利演算法

Verge 曾經調查美國超過一半的州所使用的軟體，以確認人們接受多少醫療保健服務，並且在「What Happens When an Algorithm Cuts Your Healthcare」（*https://oreil.ly/25drC*）這篇文章裡記錄研究結果。在阿肯色州實施一個演算法之後，有數百人的醫療保健時數大幅減少（其中很多人都患有嚴重殘疾）。

例如，患有腦性麻痺的女性 Tammy Dobbs 需要看護幫她起床、上廁所、拿食物等，但她每週可用的協助時間突然減少 20 個小時。沒有人可以向她解釋為何醫療保健時數被削減。後來，法庭案例顯示實作那個演算法的軟體有錯誤，對糖尿病和腦性麻痺患者造成負面影響。這讓 Dobbs 和許多其他依賴這些醫療保健福利的人生活在恐懼中，擔心他們的福利可能會再度突然意外地被削減。

## 回饋迴路：YouTube 的推薦系統

當你的模型可以控制你下一次取得的資料時，回饋迴路就會發生。被快速回傳的資料會因為軟體本身的缺陷而變得有缺陷。

例如，YouTube 有 19 億用戶，他們每天觀看超過 10 億小時的 YouTube 影片。它的推薦演算法（Google 建立的）旨在優化觀看時間，被觀看的內容大約有 70 % 是這個演算法推薦的。但是它有一個問題：它導致了失控的回饋迴路，使得紐約時報在 2019 年 2 月刊出這則頭條：「YouTube 引發一場陰謀論熱潮。它可以被控制住嗎？」（*https://oreil.ly/Lt3aU*）。從表面上看，推薦系統可以預測人們喜歡什麼內容，但是它們在很大程度上也可以影響人們觀看的內容。

## 偏誤：Latanya Sweeney 教授「被捕了」

Latanya Sweeney 博士是哈佛大學的教授，也是該校資料隱私實驗室的主任。她在論文「Discrimination in Online Ad Delivery」（*https://oreil.ly/1qBxU*）（見圖 3-1）裡提到，她用 Google 來搜尋她的名字時，出現一個廣告說：「Latanya Sweeney, Arrested?」雖然她是已知唯一的 Latanya Sweeney，而且從未被逮捕。但是，當她 Google 其他的名字時，例如「Kirsten Lindquist」，卻看到中性的廣告，即使 Kirsten Lindquist 已經被逮捕三次了。

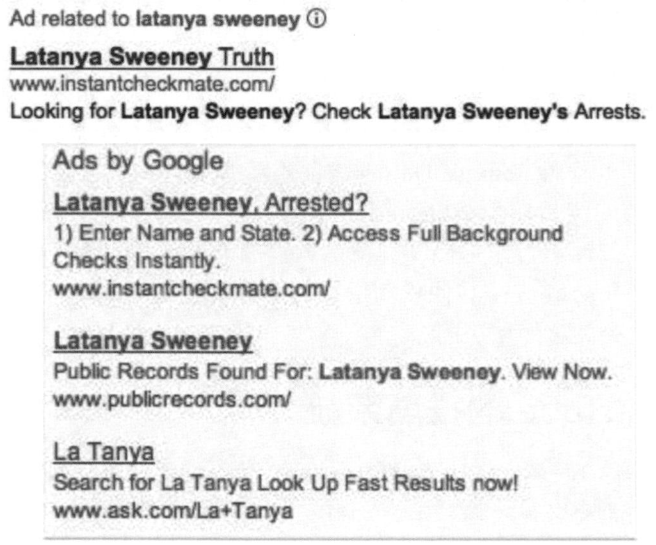

Ad related to **latanya sweeney**
**Latanya Sweeney** Truth
www.instantcheckmate.com/
Looking for **Latanya Sweeney**? Check **Latanya Sweeney's** Arrests.

Ads by Google
**Latanya Sweeney**, Arrested?
1) Enter Name and State. 2) Access Full Background Checks Instantly.
www.instantcheckmate.com/

**Latanya Sweeney**
Public Records Found For: **Latanya Sweeney**. View Now.
www.publicrecords.com/

La Tanya
Search for La Tanya Look Up Fast Results now!
www.ask.com/La+Tanya

圖 3-1　這個 Google 搜尋結果顯示 Latanya Sweeney 教授的逮捕紀錄（不存在的）

身為電腦科學家，她有系統地研究這個問題，並且搜尋超過 2,000 個名字，她發現一個明顯的模式：使用傳統的黑人名字會出現暗示那個人有犯罪紀錄的廣告，但是使用傳統的白人名字會得到比較中性的廣告。

這是一個偏誤案例，會對人們的生活造成很大的影響——例如，如果有人用 Google 查詢求職者，Google 可能會顯示他們有犯罪紀錄，實際上沒有。

## 為什麼這很重要？

在考慮這些問題時，有一個很自然的反應是：「那又如何？跟我有什麼關係？我是資料科學家，不是政客，我只是一位員工又不是做決定的高級主管，我只想盡量做出預測能力最好的模型。」

這些想法都很合理，但是我們會試圖說服你，答案是，每一位模型訓練者都一定要想一下他們的模型會被怎麼使用，並且想想如何確保它們盡可能地被用在正途上。有些事情是你可以做的，而且如果你沒有做那些事，情況可能會變得很糟糕。

有一個特別可怕的例子可以說明當技術人員不顧一切代價專注於技術時會發生什麼事，那就是 IBM 與納粹德國的故事。在 2001 年，有位瑞士法官裁定這件事不無道理：「據推論，IBM 所援助的技術促使納粹犯下反人類罪行，那些行為包括使用 IBM 機器來進行會計和分類等工作，並且在集中營本身裡面使用。」

正如你看到的，IBM 提供必要的資料製表產品給納粹來追蹤猶太人和其他族群的大屠殺情況。這項計畫是公司的高層推動，並且向希特勒和他的領導團隊推銷的。IBM 總裁 Thomas Watson 在 1939 年親自批准發行特殊的 IBM 字母排序機器，來協助政府驅逐波蘭猶太人。圖 3-2 是希特勒（最左邊）與 IBM CEO 老 Tom Watson（左起第二位）會面的照片，就在 1937 年希特勒授予 Watson 特殊的「帝國服務」獎章之前不久。

圖 3-2　IBM CEO 老 Tom Watson 與希特勒會面

但是這不是一起獨立的事件，IBM 參與的範圍很廣泛。IBM 與它的子公司為集中營定期提供培訓和現場維護：打孔卡、設置機器、修理經常故障的機器。IBM 在它的打孔卡系統裡設計分類機制，記錄每個人怎麼被處決、被分配到哪一組，以及在整個大屠殺系統裡追蹤他們所需的後勤資訊（見圖 3-3）。IBM 為集中營的猶太人設定的代碼是 8，大約有 600 萬人被殺害，它為吉普賽人設定的代碼是 12（納粹稱他們為「asocials」，有超過 30 萬人在 *Zigeunerlager*，或稱為「吉普賽營」被殺）。一般的死刑犯的代碼是 4，在毒氣室處決的代碼是 6。

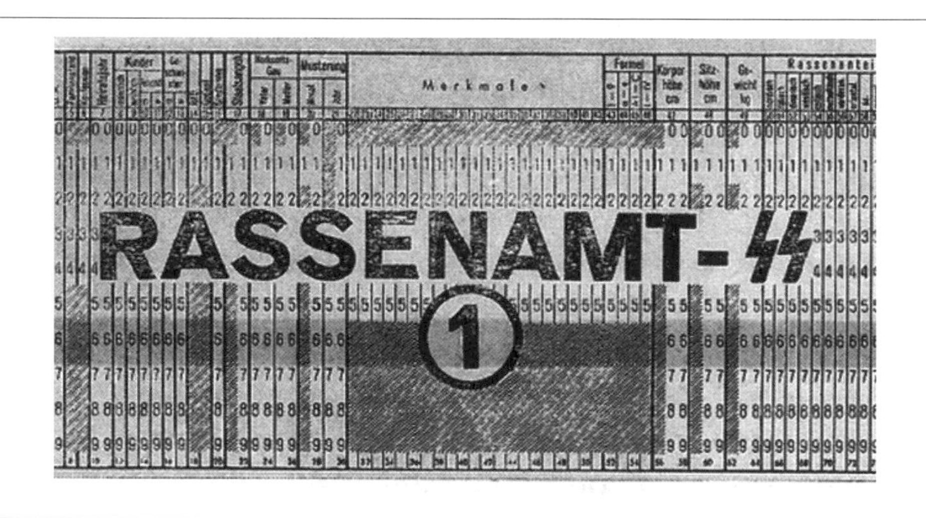


圖 3-3　IBM 在集中營裡使用的打孔卡

當然，參與這個專案的經理、工程師和技術人員都只是過著普通的生活，照顧他們的家庭、星期天去教堂，盡心盡力地工作、接受指令。市場行銷人員只是盡其所能，來達成他們的業務開發目標。正如《*IBM 與大屠殺*》（Dialog Press 出版）的作者 Edwin Black 所觀察的：「對盲目的技術官僚來說，手段比結果重要。相較於 IBM 將麵包生產線延伸至世界各地帶來的龐大利潤與技術成就，猶太人的災難就顯得沒那麼重要了。」

退一步想想：如果你發現你參與一個傷害社會的系統，你有什麼感受？你願意查明真相嗎？你該如何協助確保這件事不發生？我們剛才描述了最極端的情況，但是現在還有很多人觀察到與 AI 和機器學習有關的負面社會後果，本章稍後會討論其中的一些。

這不僅僅是一種道德負擔，有時技術人員會為他們的行為付出直接的代價。例如，福斯汽車曾經被爆料在柴油排放檢測中作弊，因為這起醜聞而入獄的第一個人，既不是監督專案主管，也不是執掌該公司的高層，他只是一位聽話照做的工程師，James Liang。

當然，這些事情也有好的成分——即使你參與的專案只為一個人帶來巨大的正面影響，你都會覺得很開心！

好了，希望我們已經說服你關心這件事。但你該怎麼做？身為資料科學家，我們自然會藉著優化一些數據或其他東西來改善模型，但是優化那個數據可能不會產生更好的結果。即使它**確實**有助於創造更好的結果，它也幾乎不是唯一重要的事情。我們要考慮在「模型或演算法被研究員或從業者開發出來」和「他們的作品被用來進行決策」之間的處理步驟，如果我們希望取得我們想要的那種結果，我們就必須考慮這**整個**流程。

這個流程通常很長，如果你是研究員，而且還不知道你的研究會不會被實際使用，或你參與更早期的資料收集，情況更是如此。但是沒有人比你更有資格告訴參與這個流程的所有人你的心血的能力、限制與細節。雖然沒有任何「絕招」可以確保你的作品被正確地應用，但藉著參與過程，並且提出正確的問題，你至少可以確保大家想想正確的問題。

有時，當你被徵詢進行一項工作時，正確的回應就是說「不」。然而，我們經常聽到的反應是「就算我不做，別人也會做」。但是請考慮這件事：既然你被選中做這個工作了，你就是他們可以找到的最適合這項工作的人，所以如果你不做，那麼最適合的人就不會做這個專案。如果他們徵詢的前五個人都拒絕他們，那就太好了！

## 將機器學習與產品設計整合

你從事這項工作的原因，應該是希望它被用來做某些事情，否則，你只是在浪費時間。我們先假設你的工作會在某個時刻結束。當你在收集資料與開發模型時，你就在做很多決策了，你要以哪種等級的聚合（aggregation）儲存資料？你要使用哪一種損失函數？你該使用哪些驗證組與測試組？你的重點是模型的實作簡單性、推理速度還是準確度？你的模型如何處理域外資料項目？它可以微調嗎？還是必須在一段時間之後重新訓練？

它們不僅是演算法的問題，而是資料產品設計問題。但是產品經理、主管、法官、記者、醫生——無論最終是誰開發與使用你的模型所屬的系統——都無法理解你所做的決定，更不用說改變它們了。

例如，有兩項研究發現 Amazon 的臉部辨識軟體會產生不準確（*https://oreil.ly/bL5D9*）且帶有種族歧視（*https://oreil.ly/cDYqz*）的結果。Amazon 聲稱，研究人員應該要改變預設的參數才對，卻沒有解釋為什麼這會改變有歧視的結果。此外，Amazon 也沒有通知使用軟體的警察局（*https://oreil.ly/I5OAj*）做這件事。據推測，開發這些演算法的研究人員和撰寫說明書提供給警方的 Amazon 文件製作人員之間有很大的距離。

缺乏緊密的整合給整個社會、警方和 Amazon 帶來嚴重的問題，導致它的系統錯誤地將 28 位國會議員的臉部照片匹配為罪犯照片！（如圖 3-4 所示，被錯誤地匹配罪犯臉部照片的國會議員有不成比例的有色人種。）

圖 3-4　Amazon 軟體將國會議員的臉部照片匹配成罪犯

資料科學家必須成為跨學科團隊的一員。研究人員必須與最終使用其研究成果的人密切合作。最好領域專家本身可以學到足夠的知識，進而能夠自己訓練和除錯一些模型——希望有一些領域專家正在看這本書！

現代的工作場所是一個非常專業化的地方，通常每個人都有明確的工作要做。尤其是在大型企業裡，了解所有問題是很困難的事情。如果公司知道員工不喜歡答案，甚至會模糊整個專案的目標，做法就是盡量把工作碎片化。

換句話說，我們不是說這些事情都很簡單，它很難，真的很難。我們都要盡力而為。我們經常看到，真正參與這些專案的高層，以及試著發展跨學科能力和團隊的人，都變成他們的組織裡最重要、報酬最高的成員。這種工作往往受到高階主管的欣賞，雖然有時中階主管對他們不太舒服。

# 資料倫理的主題

資料倫理是一個很大的領域，我們無法介紹所有東西。相反地，我們將挑選一些我們認為特別相關的主題：

- 求助和問責的必要性
- 回饋迴路
- 偏誤
- 不實訊息

我們來一一討論它們。

## 求助和問責

複雜的系統很容易發生沒有人認為自己該為後果負責的情況，這可以理解，但不是件好事。在之前的阿肯色州醫療保健系統的例子中，由於一個 bug 導致腦性麻痺患者無法獲得所需的治療，演算法的製作者指責政府官員，政府官員指責製作軟體的人。紐約大學教授 Danah Boyd（*https://oreil.ly/KK5Hf*）描述了這種現象：「官僚主義經常被用來推卸或逃避責任…今日的演算法系統正在擴大官僚主義。」

求助如此必要的另一個原因是資料通常有錯誤。審計和糾錯機制非常重要。有個加州執法官員維護的幫派份子嫌疑人資料庫被發現充斥錯誤，裡面有 42 位未滿週歲的嬰兒（其中 28 位被標記成「承認是幫派份子」)。這個案例沒有適當的流程來糾正錯誤或是刪除他們。另一個案例是美國信用報告系統：聯邦貿易委員會（FTC）在 2012 年的一份大規模信用報告研究發現，有 26% 的消費者的檔案裡至少有一個錯誤，有 5% 的消費者有災難性的錯誤。

然而，糾正這些錯誤的程序極其緩慢而且不透明。當公共電台記者 Bobby Allyn（*https://oreil.ly/BUD6h*）發現他被錯誤地列成槍支罪犯時，他用了「幾十通電話、地方法院書記員的文件，還有六週的時間才解決這個問題。而且那是我用記者的身分聯繫該公司的傳播部門之後才辦成的。」

身為機器學習的實踐者，我們不一定認為瞭解演算法究竟如何被實際實作是我們的責任，但我們必須瞭解它。

## 回饋迴路

我們曾經在第 1 章解釋演算法如何與它的環境互動來建立回饋迴路、做出預測來強化它在真實世界中的活動，這會導致朝著同一個方向的預測更加顯著。以 YouTube 推薦系統為例，幾年前，Google 團隊談到他們如何引入強化學習來改善 YouTube 的推薦系統（強化學習和深度學習密切相關，但是損失函數代表的是做出一個行為之後很久的結果）。他們描述了他們是怎麼用一種演算法來提供優化觀看時間的建議的。

然而，人類經常被有爭議的內容吸引，這意味著推薦系統推薦的影片有越來越多陰謀論之類的影片。此外，事實證明，喜歡陰謀論的人，也是觀看很多網路影片的人！所以，他們越來越沉迷 YouTube。在 YouTube 看影片的陰謀論者越來越多，造成演算法推薦越來越多陰謀論等極端內容，導致更多極端分子在 YouTube 看影片，而觀看 YouTube 的人數不斷增加，又進而導致演算法推薦的極端內容越來越多。這個系統慢慢失去控制。

這種現象不限於特定類型的內容。在 2019 年 6 月，**紐約時報**針對 YouTube 的推薦系統刊出一篇文章，其標題為「On YouTube's Digital Playground, an Open Gate for Pedophiles」（*https://oreil.ly/81BEy*）。文章的開頭是一個令人毛骨悚然的故事：

> Christiane C. 壓根沒想到，當 10 歲的女兒和一位朋友將他們在後院泳池玩耍的影片上傳…幾天之後…那部影片的瀏覽量達到上千次。不久之後，這個數字上升到 400,000…「當我再次查看那部影片時，我被觀看量嚇到了」Christiane 說。她有理由如此反應。有一組研究人員發現，YouTube 的自動推薦系統…已經開始向曾經觀看尚未進入青春期、部分裸露的兒童的用戶推薦影片了。
>
> 雖然每一部影片本身可能都是完全無害的，例如小孩自己拍的居家影片，任何裸露的畫面都只有一瞬間，看起來是偶然出現的，但是，將它們放在一起時，它們的共同特徵就顯而易見。

YouTube 的推薦演算法已經開始為戀童癖者挑選播放清單，選出恰好包含未進入青春期、部分裸露的兒童的無辜居家影片。

Google 的任何人都不想要為戀童癖者建立一個可將居家影片變成色情影片的系統。那究竟怎麼了？

部分的原因在於驅動重要的財務系統的 metric 處於主導地位。當演算法有個可優化的 metric 時，正如你看到的，它會盡其所能地優化那一項數據。這往往會導致各種邊界情況，與系統互動的人會搜尋、發現和利用這些邊界情況與回饋迴路來滿足他們的利益。

有跡象表明，這正是 2018 年的 YouTube 推薦系統發生的事情。**衛報**有一篇稱為「How an Ex-YouTube Insider Investigated Its Secret Algorithm」（*https://oreil.ly/yjnPT*）的文章，其內容是關於 YouTube 前工程師 Guillaume Chaslot 建立了一個追蹤這些問題的網站（*https://algotransparency.org*）。Chaslot 在 Robert Mueller 公布「Report on the Investigation Into Russian Interference in the 2016 Presidential Election」之後，發表了圖 3-5。

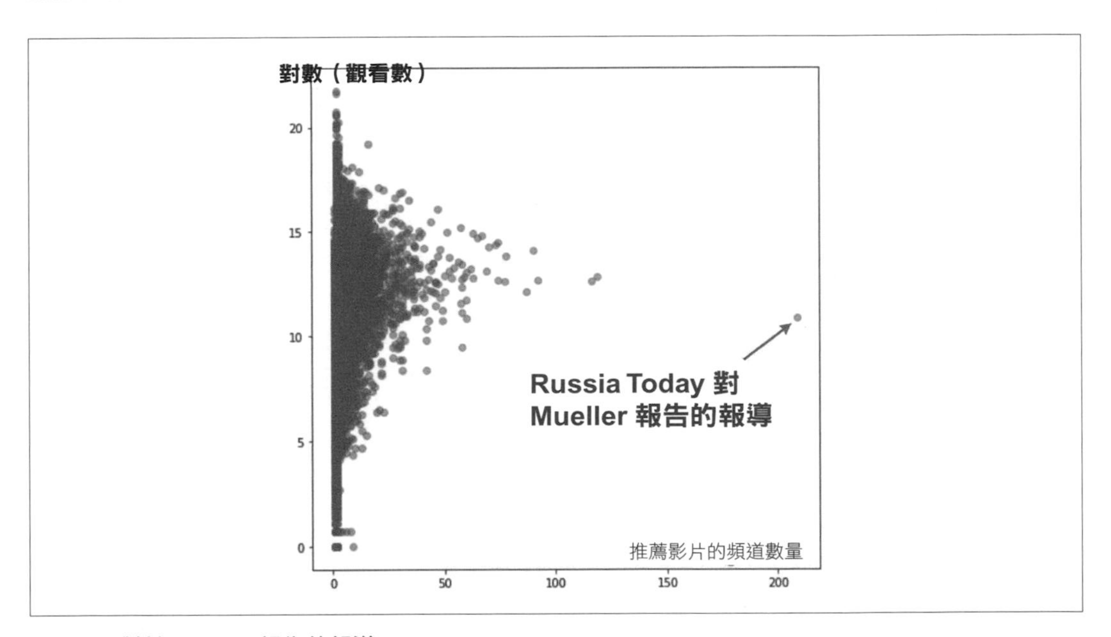


圖 3-5　對於 Mueller 報告的報導

Russia Today 對 Mueller 報告的報導是很極端的例外，相對於推薦它的頻道而言。這表明，俄羅斯國有媒體 Russia Today 已經成功地利用 YouTube 的推薦演算法。遺憾的是，由於這種系統缺乏透明度，使得我們很難發現目前正在討論的這些問題。

本書的校閱 Aurélien Géron 曾經在 2013 年至 2016 年之間，領導 YouTube 的影片分類團隊（遠在我們討論的事件之前）。他指出，除了有「有人員參與」的回饋迴路之外，可能也有「沒有人員參與」的回饋迴路！他告訴我們一個 YouTube 的例子：

> 分類影片主題有一個重要的訊號就是它來自哪個頻道。例如，上傳到做菜頻道的影片很有可能是做菜影片。那我們怎麼知道頻道的主題是什麼？嗯…部分是透過影片的主題！你有沒有發現迴路？舉例來說，很多影片的說明裡面都有指出拍攝那部影片的相機，因此，那些影片可能會被分類為關於「攝影」的影片。如果一個頻道有這種被錯誤分類的影片，它可能會被歸類為「攝影」頻道，導致以後在這個頻道裡的影片被錯誤地歸類為「攝影」。這可能導致失控的、類似病毒的分類！打破這種回饋迴路有一種方法是對有頻道訊號和沒有頻道訊號的影片進行分類。然後在分類頻道時，只使用不是以頻道訊號取得的類別。如此一來就可以打破回饋迴路。

我們也有一些個人和組織試著對抗這些問題的正面案例。Meetup 的首席機器學習工程師 Evan Estola 曾經說過一個關於男性對科技會議表現出來的興趣比女性高的例子（*https://oreil.ly/QfHzT*）。將性別列入考慮可能會導致 Meetup 的演算法推薦更少科技會議給女性，造成更少女性發現和接觸科技會議，進而造成演算法推薦更少科技會議給女性，形成一個自我強化的惡性回饋迴路。因此，Evan 和團隊對他們的推薦演算法做出道德上的決定，也就是不創造這種回饋迴路，在他們的模型裡明確地不使用性別。看到一家公司不是只埋頭優化 metric，而是考慮它的影響是很令人振奮的事情。Evan 說，「你必須決定不在演算法中使用哪個特徵…最好的演算法應該不是放入生產環境時表現最好的那一個。」

雖然 Meetup 選擇避免這種結果，但 Facebook 有一個讓偏離正軌的回饋迴路失去控制的例子。Facebook 與 YouTube 一樣，傾向向陰謀論者推薦更多陰謀論來激化他們對某種陰謀論的興趣。不實訊息擴散研究人員 Renee DiResta 寫道（*https://oreil.ly/svgOt*）：

> 一旦人們加入一個有陰謀論思想的 [Facebook] 群組，他們都會被演算法帶到許多其他的群組那裡。當你加入一個反疫苗群組之後，你的推薦將會出現反基改、化學凝結尾陰謀論、地球扁平論者（真的有！），以及「癌症自然療法」群組。推薦引擎不會把用戶從兔子洞裡拉出來，而是把他們往裡面推。

你要留意這種行為發生的可能性，當你在自己的專案中發現跡象時，一定要注意回饋迴路的出現，或採取積極的行動來打斷它。另一件必須注意的事情是偏誤，正如我們在上一章簡單討論過的，它會以非常麻煩的方式與回饋迴路互動。

## 偏誤

在網路上關於偏誤的討論往往讓人非常困惑。「偏誤（bias）」這個詞代表很多不同的事情。統計學家認為，當資料倫理學家談論偏誤時，他們所談論的是「偏誤」一詞的統計定義，但事實並非如此。他們討論的當然不是出現在權重裡的偏差（bias）和模型參數的偏差！

他們討論的是社會科學的偏誤概念。麻省理工學院的 Harini Suresh 和 John Guttag 在「A Framework for Understanding Unintended Consequences of Machine Learning」（*https://oreil.ly/aF33V*）裡，提出機器學習的六種偏誤，如圖 3-6 所示。

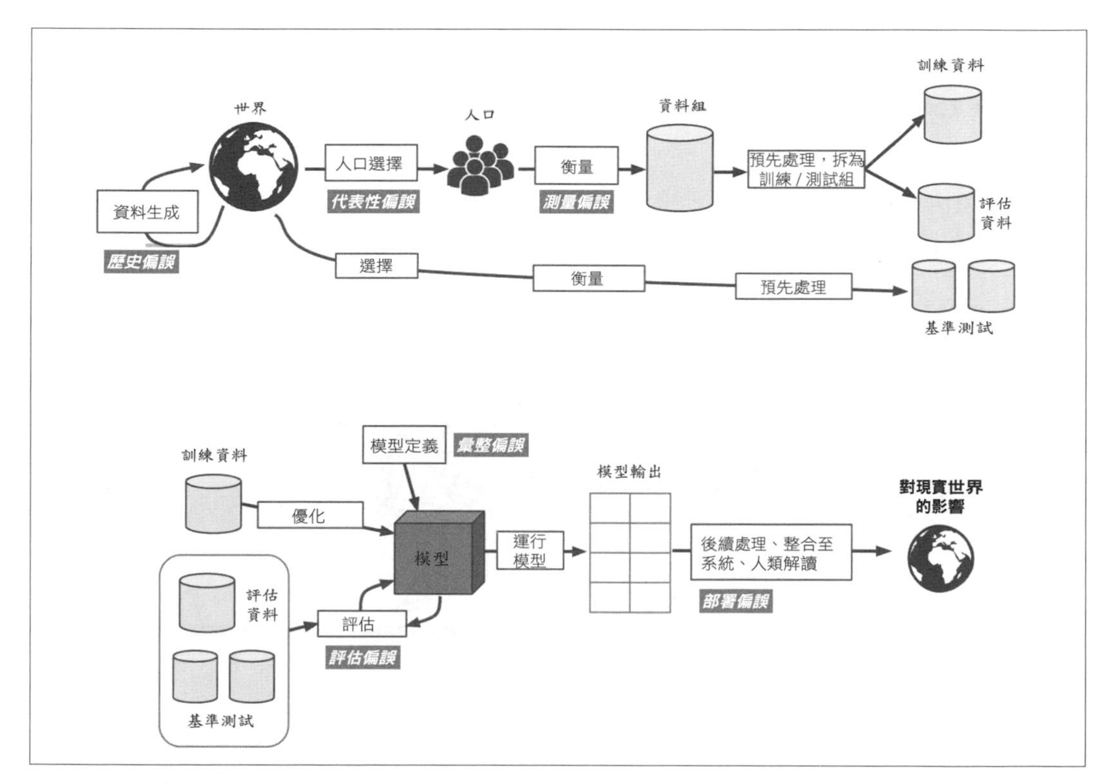


圖 3-6　在機器學習裡，偏誤可能來自很多地方（由 Harini Suresh 與 John V. Guttag 提供）

我們將討論四種偏誤，它們是我們在自己的工作裡發現最有幫助的（其他的詳情見論文）。

## 歷史偏誤

**歷史偏誤**的原因是人類有偏見，過程有偏見，社會有偏見。Suresh 和 Guttag 說道：「歷史偏誤是在產生資料的第一步發生的問題，它是基本性、結構性的，即使是在完美的抽樣和特徵選取之下也可能發生。」

例如，以下是美國歷史上**種族偏見**的例子，來自芝加哥大學的 Sendhil Mullainathan 所著的**紐約時報**文章「Racial Bias, Even When We Have Good Intentions」（*https://oreil.ly/cBQop*）：

- 當醫生看到一模一樣的報告時，他們比較不會向黑人病人推薦心導管插入術（一種有用的程序）。
- 當黑人購買二手車輛並且議價時，報價會高出 $700，而且得到的優惠少很多。
- 在 Craigslist 的廣告中，以黑人名字刊登的公寓出租廣告得到的回應比白人名字的更少。
- 完全由白人組成的陪審團判定黑人被告有罪的機率比白人要高 16 個百分點，但是當陪審團裡有一位黑人時，判定兩種族裔有罪的機率是一樣的。

在美國廣泛地用來進行量刑和保釋判決的 COMPAS 演算法是一個很重要的演算法案例，根據 ProPublica（*https://oreil.ly/1XocO*）的測試，它有明顯的種族偏見（圖 3-7）。

預測黑人被告的結果有不同的失誤情況

| | 白人 | 非裔美國人 |
|---|---|---|
| 未再犯卻被標為高風險 | 23.5% | 44.9% |
| 再犯卻被標為低風險 | 47.7% | 28.0% |

圖 3-7　COMPAS 演算法的結果

只要是涉及人類的任何資料組都可能有這種偏見，包括醫學資料、銷售資料、住房資料、政治資料等。因為底層的偏見如此普遍，在資料組裡的偏誤是非常普遍的。種族偏見甚至會在電腦視覺裡出現，就像圖 3-8 這張 Google Photos 的用戶在 Twitter 上分享的自動分類照片那樣。

圖 3-8　其中的一個標注大錯特錯…

是的，再犯卻被標為低風險：Google Photos 將黑人用戶和朋友的合照歸類為「金剛猩猩」！這個演算法的失誤引起了媒體的廣泛關注。「我們對此感到震驚，並真誠地表示歉意」，該公司的一位女發言人說道：「顯然地，自動圖像標注還有很多工作沒有完成，我們正在研究如何防止這類的錯誤再次發生。」

不幸的是，當輸入資料有問題時，修復機器學習系統的問題是困難的事情。Google 的第一次嘗試並沒有帶來信心，正如**衛報**所報導的那樣（圖 3-9）。

Google's solution to accidental algorithmic racism: ban gorillas

**Google's 'immediate action' over AI labelling of black people as gorillas was simply to block the word, along with chimpanzee and monkey, reports suggest**

▲ A silverback high mountain gorilla, which you'll no longer be able to label satisfactorily on Google Photos. Photograph: Thomas Mukoya/Reuters

圖 3-9　Google 對問題的第一次回應

這種問題當然不是只有 Google 遇到。麻省理工學院的研究員研究了最流行的網路電腦視覺 API，看看它們的準確程度如何。但他們不是只計算單一準確度數據，而是研究四組的準確度，如圖 3-10 所示。

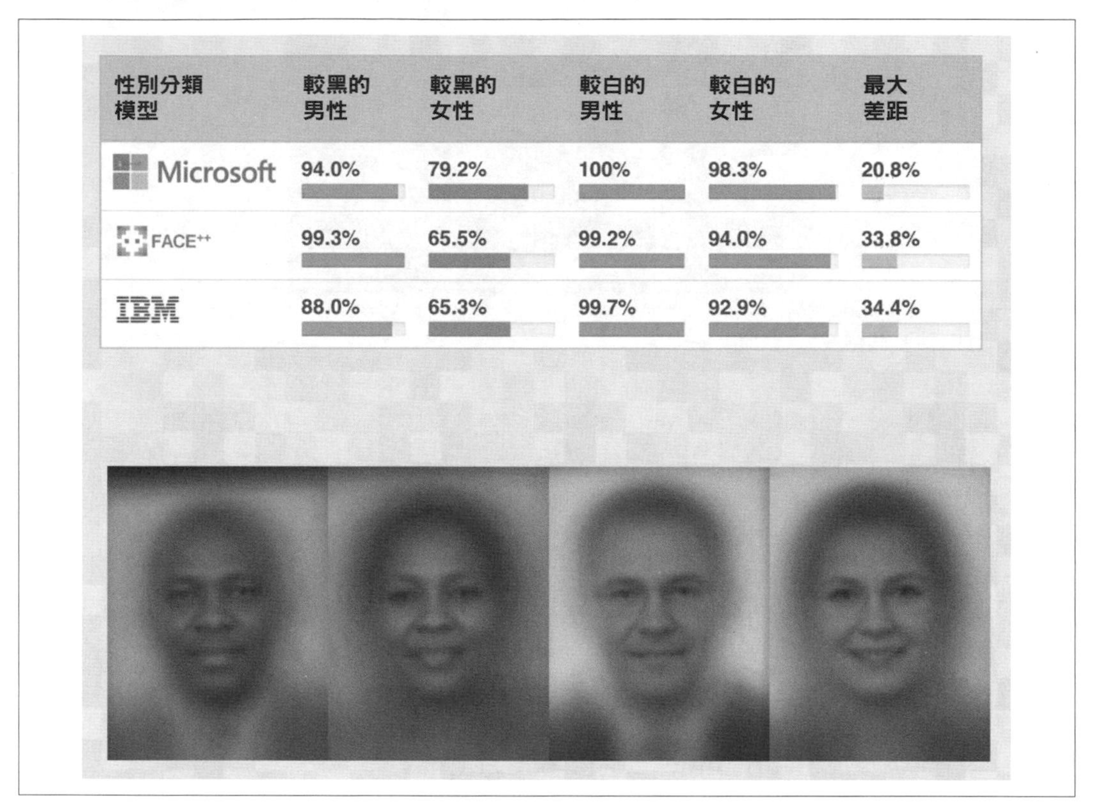

| 性別分類模型 | 較黑的男性 | 較黑的女性 | 較白的男性 | 較白的女性 | 最大差距 |
|---|---|---|---|---|---|
| Microsoft | 94.0% | 79.2% | 100% | 98.3% | 20.8% |
| FACE++ | 99.3% | 65.5% | 99.2% | 94.0% | 33.8% |
| IBM | 88.0% | 65.3% | 99.7% | 92.9% | 34.4% |

圖 3-10　各種臉部辨識系統處理各種性別和族裔的錯誤率

例如，IBM 的系統在處理較黑的女性時有 34.7% 的錯誤率，與較白男性的 0.3% 相比，錯誤率達到 100 倍之多！有些人對這些實驗做出錯誤的反應，聲稱那個差別只是因為較黑的皮膚對電腦來說更難辨識。然而，在這個結果引起負面宣傳之後，所有受質疑的公司都大幅改善模型辨識深膚色的能力，以致於在一年之後，它們的辨識能力幾乎和淺膚色一樣好。這意味著，開發者並未使用包含夠多深膚色臉孔的資料組，或是用膚色較深的臉孔來測試他們的產品。

麻省理工學院的研究員 Joy Buolamwini 警告：「我們已經進入對於自動化過於自信卻又準備不足的時代。如果我們無法做出具備道德和包容性的人工智慧，我們就會在機器中立的外表之下，冒著失去既有的公民權力和性別平等的風險。」

部分問題的原因似乎是因為訓練模型的流行資料組有系統性的結構失衡。Shreya Shankar 等人在他們的論文「No Classification Without Representation: Assessing Geodiversity Issues in Open Data Sets for the Developing World」（*https://oreil.ly/VqtOA*）的摘要說道：「我們分析了兩個大型的、公開的圖像資料組來評估地域多元化，發現這些資料組似乎有顯著的「以美國為中心和以歐洲為中心」的代表性偏誤。我們進一步分析用這些資料訓練的分類模型，來評估這些訓練分布的影響，發現來自不同地理位置的圖像的相對性能有很大差異。」圖 3-11 是論文中的一張圖表，顯示當時兩個訓練模型最重要的資料組（在本書撰稿時，仍然如此）的地理組成情況。

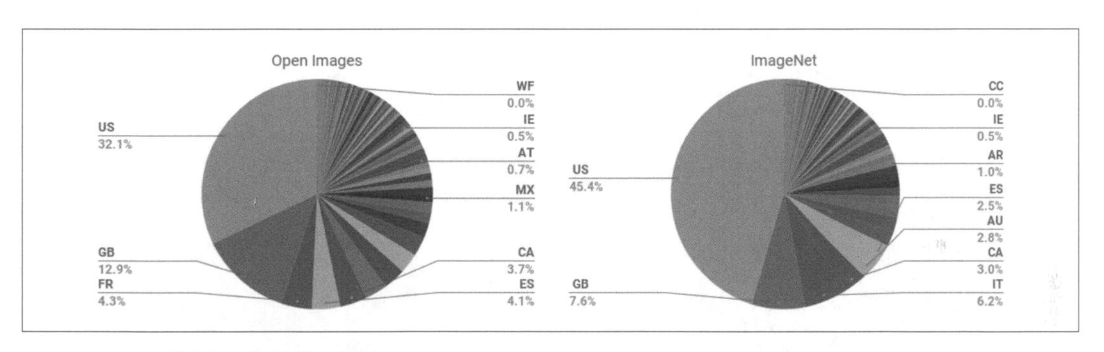


**圖 3-11　流行訓練組的圖像來源**

絕大多數的圖像都來自美國和其他西方國家，導致用 ImageNet 訓練的模型在其他國家和文化背景之下有比較差的效果。例如，研究發現，這種模型不擅長辨識來自低收入國家的日常用品（例如香皂、調味料、沙發或床）。圖 3-12 是 Facebook AI Research 的 Terrance DeVries 等人所著的論文「Does Object Recognition Work for Everyone?」（*https://oreil.ly/BkFjL*）說明這一點的照片。

**Ground truth: Soap** **Nepal, 288 $/month**

**Azure**: food, cheese, bread, cake, sandwich
**Clarifai**: food, wood, cooking, delicious, healthy
**Google**: food, dish, cuisine, comfort food, spam
**Amazon**: food, confectionary, sweets, burger
**Watson**: food, food product, turmeric, seasoning
**Tencent**: food, dish, matter, fast food, nutriment

**Ground truth: Soap** **UK, 1890 $/month**

**Azure**: toilet, design, art, sink
**Clarifai**: people, faucet, healthcare, lavatory, wash closet
**Google**: product, liquid, water, fluid, bathroom accessory
**Amazon**: sink, indoors, bottle, sink faucet
**Watson**: gas tank, storage tank, toiletry, dispenser, soap dispenser
**Tencent**: lotion, toiletry, soap dispenser, dispenser, after shave

**Ground truth: Spices** **Phillipines, 262 $/month**

**Azure**: bottle, beer, counter, drink, open
**Clarifai**: container, food, bottle, drink, stock
**Google**: product, yellow, drink, bottle, plastic bottle
**Amazon**: beverage, beer, alcohol, drink, bottle
**Watson**: food, larder food supply, pantry, condiment, food seasoning
**Tencent**: condiment, sauce, flavorer, catsup, hot sauce

**Ground truth: Spices** **USA, 4559 $/month**

**Azure**: bottle, wall, counter, food
**Clarifai**: container, food, can, medicine, stock
**Google**: seasoning, seasoned salt, ingredient, spice, spice rack
**Amazon**: shelf, tin, pantry, furniture, aluminium
**Watson**: tin, food, pantry, paint, can
**Tencent**: spice rack, chili sauce, condiment, canned food, rack

圖 3-12 物體偵測實況

在這個例子中，我們可以看到低收入國家的香皂案例根本說不上準確，因為每一種商用圖像辨識服務所預測的最有可能的答案都是「food（食品）」！

此外，正如我們即將談到的，大量的 AI 研究員和開發者都是年輕白人，我們所見過的專案大都是用開發團隊的親友來進行大多數的用戶測試的。有鑑於此，我們剛才談到的問題就不足為奇了。

用來訓練自然語言處理模型的文字也有類似的歷史偏誤，可能以多種方式出現在機器學習的下游任務裡。例如，媒體廣泛地報導（*https://oreil.ly/Vt_vT*），在去年之前，Google Translate 將土耳其語的中性代名詞「o」翻譯成英語時，有系統性的偏誤：當它被用來代表通常與男性有關的工作時，Google Translate 會翻為「he」，當它被用來代表通常與女性有關的工作時，則翻為「she」（圖 3-13）。

圖 3-13　在文字資料組裡的性別偏見

我們也可以在網路廣告裡看到這種偏誤。例如，Muhammad Ali 等人在 2019 年進行的一項研究指出（*https://oreil.ly/UGxuh*），即使打廣告的人沒有刻意歧視，Facebook 也會根據種族和性別向用戶展示廣告，它會讓不同種族的用戶看到文字相同，但使用白人或黑人家庭照片的房屋廣告。

## 測量偏誤

Sendhil Mullainathan 和 Ziad Obermeyer 在美國經濟評論的「Does Machine Learning Automate Moral Hazard and Error」（*https://oreil.ly/79Qtn*）裡，觀察了一個試著回答這個問題的模型：電子健康紀錄（EHR）資料的哪些係數最能預測中風？以下是該模型的前幾名預測：

- 前期中風
- 心血管疾病
- 意外傷害
- 良性乳房腫瘤
- 大腸鏡檢查
- 鼻竇炎

裡面只有前兩名與中風有關！根據我們截至目前為止學到的，你應該可以猜出原因。我們並未真正測量**中風**，中風是大腦的某個區域因為血液供應中斷而缺氧造成的。我們測量的是有症狀的、去看醫生的、做了適當的檢驗、**然後**被診斷為中風的人。實際上，中風並不是這份清單的項目之間唯一彼此相關的因素——它也和去看醫生的人有關（這取決於誰可以看醫生、誰負擔得起共付額、沒有遇到醫療方面的種族或性別歧視等）！如果你**意外受傷**時可能會去看醫生，那麼當你中風時，也可能會去看醫生。

這就是一個**測量偏誤**。當我們的模型出現錯誤時就會出現這種情況，因為我們測量了錯誤的東西，或是用錯誤的方式測量它，或是將那些測量結果不恰當地放入模型裡。

## 彙整偏誤

當模型在彙整資料時，沒有納入每一個適當的因素，或是模型沒有包含必要的互動項目、非線性項目等，就會出現**彙整偏誤**。這在醫療環境中特別容易發生。例如，糖尿病的治療方法通常來自簡單的單變數統計數據，和涉及少數的異質人群的研究，他們在分析結果時，通常不會考慮各種族裔或性別。然而，不同種族的糖尿病患者有不同的併發症（*https://oreil.ly/gNS39*），而且不同族裔和性別的 HbA1c 的數值（普遍用來診斷和監測糖尿病）有複雜的差異（*https://oreil.ly/nR4fx*）。這可能會導致人們被誤診或被不正確地治療，因為醫療的決策是根據一種模型，那種模型不包含這些重要的變數和互動。

## 代表性偏誤

Maria De-Arteaga 等人在論文「Bias in Bios: A Case Study of Semantic Representation Bias in a High-Stakes Setting」（*https://oreil.ly/0iowq*）的摘要說道，很多職業有性別失衡的情況（例如女性比較有可能是護士，男性比較有可能是牧師），並指出「性別之間的真陽率差異，和既有的職業性別失衡有關，這種情況可能讓失衡更加嚴重。」

換句話說，研究員發現，預測職業的模型不僅**反映**了人口潛在的性別失衡，更是**放大**了這種失衡。這種**代表性偏誤**非常常見，對簡單的模型而言更是如此。如果底層有一種清楚的、顯而易見的關係，簡單的模型通常會假設那種關係永遠存在。圖 3-14 來自這篇論文，從中可以看到，模型往往會高估女性百分比較高的職業的盛行率（prevalence）。

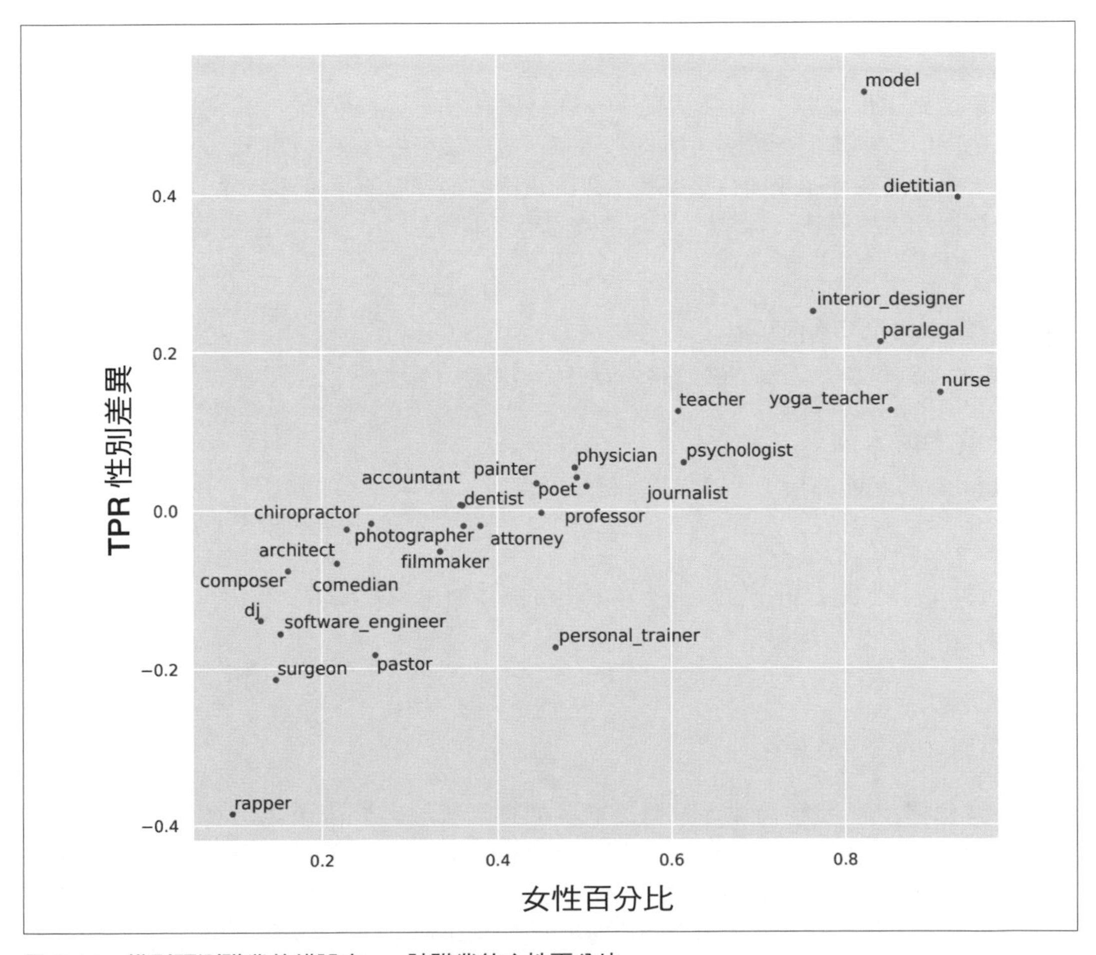


圖 3-14　模型預測職業的錯誤率 vs. 該職業的女性百分比

例如，在訓練資料組裡，有 14.6% 的外科醫生是女性，在模型的預測裡，只有 11.6% 的真陽性是女性。因此，該模型放大了訓練組的偏誤。

既然我們已經看到有這些偏誤了，我們該怎麼減輕它們？

## 處理不同類型的偏誤

不同類型的偏誤需要用不同的方法來緩解。雖然收集更多樣化的資料組可以解決代表性偏誤，但是這種手段對歷史偏誤或測量偏誤沒有幫助。所有資料組都有偏誤。世上沒有完全無偏誤的資料組。這個領域的許多研究員已經整理一組建議，協助大家更好地記錄決策、背景，以及關於如何（為何）建立特定的資料組、它適用於哪些場景，以及存在哪些局限性的細節。如此一來，特定資料組的用戶就不會被它的偏誤和局限搞得措手不及。

我們經常聽到這個問題：「既然人類本身就有偏見了，那演算法的偏誤重要嗎？」因為這個問題出現的頻率如此之高，所以必然有一些理論可以說服這個問題的發問者，但是對我們來說，這個問題不太合乎邏輯！無論這個問題在邏輯上是否合理，你一定要認識到，演算法和人類是不一樣的（尤其是機器學習演算法！）。考慮這些關於機器學習演算法的要點：

**機器學習會創造回饋迴路**

少量的偏誤可能會因為回饋迴路，而呈指數級快速增加。

**機器學習會放大偏誤**

人類的偏誤可能導致更大程度的機器學習偏誤。

**演算法和人類的用途不同**

在實務上，決策人和決策演算法並不是以即插即用的互換方式來使用的。見下一頁的例子。

**技術就是力量**

隨之而來的，就是責任。

正如阿肯色醫療保健範例那樣，機器學習被實際使用的原因不是因為它可以帶來更好的結果，而是因為它比較便宜且高效。Cathy O'Neill 在她的著作 *Weapons of Math Destruction*（Crown）提到這種模式：為特權階級服務的是人類，為窮人服務的是演算法。這只是演算法的功能和決策人的功能之間的一個差異，此外還有：

- 人們比較傾向假設演算法是客觀的，或沒有謬誤的（即使人類可以改寫它們）。
- 演算法的實作可能沒有上訴程序。
- 演算法通常被大規模使用。
- 演算法系統很便宜。

即使沒有偏誤，演算法（尤其是深度學習，因此它是一種有效且可擴展的演算法）也可能會導致負面的社會問題，例如用來散播**不實訊息**。

## 不實訊息

**不實訊息**的歷史可以追溯到幾百年甚至幾千年前。它不一定是為了讓人相信虛假的事情，而是經常用來散播動亂和不確定性，並讓人們放棄追求真相。同時聽到相互矛盾的說詞可能導致人們認為他們永遠不知道該相信誰。

有些人認為不實訊息主要是假訊息或假新聞，但實際上，不實訊息往往包含真相的種子，或是被斷章取義的真假參半資訊。Ladislav Bittman 是前蘇聯的一位情報員，後來叛逃到美國，並且在 1970 和 1980 年代寫了一些關於不實訊息在前蘇聯的宣傳行動中扮演什麼角色的書籍。在 *The KGB and Soviet Disinformation*（Pergamon）裡，他寫道：「大多數的競選活動都是經過精心設計的，混合了事實、真假參半、誇張和刻意為之的謊言。」

近年來，這種活動已經深入美國了，FBI 詳細描述了一場與 2016 年美國大選有關的大規模不實訊息宣傳活動。了解在這場活動中使用的不實訊息是很有教育意義的。例如，FBI 發現，俄羅斯的不實訊息活動經常組織兩場獨立的偽「草根」抗議活動，支持和反對雙方各一場，並且讓他們同時抗議！休士頓紀事報（*https://oreil.ly/VyCkL*）曾經報導一場這種奇怪的事件（圖 3-15）：

> 有一個自稱為「Heart of Texas」的組織在社交媒體上策劃了一場抗議活動，他們聲稱為了抗議德州的「伊斯蘭化」。在 Travis Street 的一邊，我看到大約 10 位抗議者。在另一邊，我看到大約 50 位反抗議者。但我看不到集會的主辦單位，沒有「Heart of Texas」。我覺得事有蹊蹺，並且在文章中提到這件事：哪有團體不參加自己舉辦的活動？現在我知道原因了。顯然地，當時這場遊行的主辦單位在俄羅斯的聖彼德堡。在特別檢察官 Robert Mueller 對俄羅斯試圖干預美國總統大選的指控中，「Heart of Texas」是網路巨魔（troll）團體之一。

圖 3-15　Heart of Texas 團體策劃的抗議活動

不實訊息通常涉及不實行為的協調運動，例如，詐欺帳號可能試圖創造很多人持有同一個觀點的假象。雖然我們大多數人都認為自己有獨立思考能力，但事實上，我們會逐漸被同溫層的其他人影響，並且與同溫層之外的人對立。在網路上的討論可能影響我們的觀點，或改變我們認為可接受的觀點的範疇。人類是社會性動物，作為社會性動物，我們非常容易被周圍的人影響。在網路環境裡有越來越多激進的事情，因此，這種影響力來自網路論壇和社群網路虛擬空間裡的人們。

因為深度學習提供的功能已經大幅提升，用自動產生的文章來提供不實訊息是特別嚴重的問題。我們將在第 10 章探討如何創造語言模型時，深入討論這個問題。

有人提議開發某種數位簽章，以一種無縫的方式來實作它，並且制定規範，只信任已被驗證過的內容。Allen Institute on AI 的所長 Oren Etzioni 在「How Will We Prevent AI-Based Forgery?」（*https://oreil.ly/8z7wm*）這篇文章裡提出這個建議：「AI 可望以廉價和自動化的方式產生高逼真度的偽造訊息，可能給民主、安全和社會帶來災難性後果。這種 AI 偽造資訊的幽靈意味著我們要採取行動，讓數位簽章成為驗證數位內容的必要手段。」

雖然我們無法討論深度學習和更廣泛的演算法帶來的所有道德問題，但希望這篇簡介可以成為有用的起點，讓你繼續發展。接下來我們要繼續討論如何辨識道德問題，以及如何處理它們。

# 識別和處理道德問題

人都會犯錯，找出並處理它們是包括機器學習在內的任何系統（以及許多其他系統）的一部分。在資料倫理中提出的問題通常是複雜且跨學科的，但努力解決它們非常重要。

那麼我們可以怎麼做？這是一個龐大的主題，不過以下是處理道德問題的一些步驟：

- 分析你正在執行的專案。
- 在你的公司設計「尋找和處理道德風險」的程序。
- 支持好政策。
- 提升多元化。

我們來討論每一步，從分析你正在執行的專案開始。

## 分析你正在執行的專案

在考慮工作的倫理含義時，我們很容易忽略重要的問題，此時，直接提出正確的問題很有幫助。Rachel Thomas 建議在整個資料專案開發過程中考慮以下問題：

- 我們真的要執行這個專案嗎？
- 資料有什麼偏誤？
- 可不可以讓別人審核程式碼和資料？
- 不同子群組的錯誤率是多少？
- 簡單的規則式替代方案的準確度是多少？
- 有哪些程序可以處理申訴或錯誤？
- 建構它的團隊的多樣化程度？

這些問題或許可以幫助你辨識明顯的問題，以及可能有的、更容易了解和控制的替代方案。除了提出正確的問題外，考慮實作的做法和流程也很重要。

在這個階段要考慮的事情包括你該收集和儲存哪些資料。資料最終通常被用在與原始目的不同的目的。例如，IBM 早在大屠殺之前就開始向納粹德國銷售產品，包括協助希特勒在 1933 年進行的人口普查，而那一次普查找出來的猶太人比德國以前找的更多。類似地，在二戰期間，美國人口普查數據也被用來逮捕並拘留日裔美國人（當時也是美國公民）。認識到收集來的資料和圖像會怎麼被武器化很重要。哥倫比亞大學教授 Tim Wu 寫道（*https://oreil.ly/6L0QM*）：「你必須假設 Facebook 或 Android 保存的任何個人資料都是世界各國政府試圖取得的資料，或小偷試圖竊取的資料。」

## 實作的程序

Markkula Center 發布的 An Ethical Toolkit for Engineering/Design Practice（*https://oreil.ly/vDGGC*）裡面有可在公司裡實現的具體做法，包括定期進行掃描，主動尋找道德風險（類似網路安全滲透測試）、擴大道德圈，納入各種利益關係人的觀點，並考慮可怕的人（不法分子會如何濫用、竊取、曲解、破解、摧毀你正在建構的東西，或將它武器化？）。

即使你沒有多元化的團隊，你也可以試著主動吸納更廣泛的團隊的觀點，考慮以下問題（Markkula Center 提供）：

- 有沒有人的興趣、願望、技能、經驗和價值觀只是我們假設的，而不是實際諮詢的？
- 直接被我們的產品影響的利益關係人有誰？如何保護他們的利益？我們如何知道他們真正的利益是什麼？我們問過了嗎？
- 有哪些群體和個人會被間接且嚴重地影響？
- 可能有誰會以我們意想不到的方式使用這項產品，或用於非最初期望的用途？

## 倫理視角

Markkula Center 另一項有用的資源是它的 Conceptual Frameworks in Technology and Engineering Practice（*https://oreil.ly/QnRTt*）。這個框架指出如何用不同的基本倫理視角來協助識別具體問題，並提出以下的方法和關鍵問題：

### 正確的方法

哪一種選項最能夠尊重所有利害關係人的權利？

### 正義的方法

哪一種選項平等看待人們，或是根據比例看待人們？

**實用主義的方法**

哪一種選項可產生最大的好處和最少的傷害？

**整體有利的方法**

哪一種選擇對整個社群最有利，而不僅僅是某些成員？

**美德的方法**

哪一種選擇可以引導我成為我想成為的那種人？

Markkula 的建議包括深入研究這些觀點，包括從**後果**的角度來看待每一個專案：

- 誰會被這個專案直接影響？誰會被間接影響？
- 總的來說，這些影響產生的好處大於壞處嗎？有哪些好處？哪些壞處？
- 我們有沒有考慮所有類型的傷害 / 好處（心理的、政治的、環境的、道德的、認知的、情感的、制度的、文化的）？
- 這個專案對後代有什麼影響？
- 這個專案造成傷害的風險會不會不成比例地落在社群裡最弱勢的人身上？它帶來的好處會不會不成比例地流向富人？
- 我們是否充分考慮了「兩用（dual-use）」與非計劃中的下游效應？

與上述的角度相對的另一種觀點是**義務論**觀點，側重關於**對**與**錯**的基本概念：

- 我們必須尊重他人的哪些權利和義務？
- 這個專案會如何影響每位利害關係人的尊嚴和自主權？
- 有哪些關於信任和正義的考慮因素與這個設計 / 專案有關？
- 這個專案會不會與他人的道德責任相衝突？或會不會與利害關係人的權利相衝突？如何對其進行優先排序？

若要完整且周到地回答這類問題，最好的方法之一就是讓**各式各樣**的人提出問題。

## 多元化的力量

Element AI（*https://oreil.ly/sO09p*））的一項研究顯示，目前 AI 研究員只有不到 12% 是女性。關於種族和年齡的統計數據也同樣嚇人。當團隊裡的每個人都有相似的背景時，他們在道德風險方面可能有相似的盲點。**哈佛商業評論**（HBR）發表了展示多元化團隊的眾多好處的一系列研究，包括：

- 「How Diversity Can Drive Innovation」(*https://oreil.ly/WRFSm*)
- 「Teams Solve Problems Faster When They're More Cognitively Diverse」(*https://oreil.ly/vKy5b*)
- 「Why Diverse Teams Are Smarter」(*https://oreil.ly/SFVBF*)
- 「Defend Your Research: What Makes a Team Smarter? More Women」(*https://oreil.ly/A1A5n*)

多元化可以讓問題提早浮現，並且讓大家考慮更廣泛的解決方案。例如，Tracy Chou 是 Quora 的早期工程師，她寫了一篇關於她的經歷（*https://oreil.ly/n7WSn*），提到她如何在內部提倡加入一項功能來封鎖酸民和不法分子。Chou 提到「我很想要這個功能，因為我個人在這個網站上感到反感和濫用（性別可能是原因之一）…但是如果我個人沒有這種觀點，Quora 團隊可能不會這麼早就優先建立一個封鎖按鈕。」騷擾通常會讓邊緣群體離開網路平台，所以這個功能對維護 Quora 社群的健康非常重要。

有一個必須了解的關鍵層面在於，女性離開科技產業的比率是男性的兩倍多。根據哈佛商業評論（*https://oreil.ly/ZIC7t*），在科技業工作的女性有 41% 離職，相較於 17% 的男性。一項針對 200 本書、白皮書和文章所做的分析發現，她們離職的原因是「她們受到不公平的對待；薪水過低、比男同事更難迅速晉升，以及無法升遷。」

有一些研究已經證實了一些讓女性在職場難以獲得進步的因素。在績效考核中，女性會收到更多模糊的回饋和個性批評，而男性會收到與業務結果有關的可行建議（這比較有用）。女性經常被排除在更具創造性和創新性的職位之外，而且不會得到對升職有幫助的「延伸」任務。有一項研究發現，男性的聲音被認為比女性的聲音更有說服力、更有事實根據、更有邏輯，即使在閱讀相同的腳本時也是如此。

據統計，接受指導可以幫助男性進步，但無法幫助女性，背後的原因是，女性接受的指導是關於她們如何改變，以及更有自知之明。而男性接受指導是對他們的威信的公開支持。猜猜哪一種在升遷時比較有用？

只要夠格的女性持續不斷地退出科技業，教更多女孩寫程式就無法解決困擾此領域的多元化問題。多元化倡議最終關注的往往主要是白人女性，儘管有色人種的女性還要面臨許多額外的障礙。在針對 60 位從事 STEM 研究的有色女性的一項採訪中（*https://oreil.ly/t5C6b*），100% 都經歷過歧視。

科技業的招聘程序尤為糟糕。Triplebyte 是一家協助其他公司配置軟體工程師的公司，在過程中，他們會進行標準化的技術面試，這家公司有一項關於機能失常（disfunction）的研究，他有一個了不起的資料組：300 多位工程師的測試結果，以及這些工程師在不同公司的面試表現。在 Triplebyte 的研究中（*https://oreil.ly/2Wtw4*），最重要的發現就是「每一家公司尋找的程式員通常與該公司需要的，或是正在進行的工作沒有關係。他們只是反映了公司的文化與創始人的背景。」

對試圖進入深度學習領域的人來說，這是一項挑戰，因為如今大多數公司的深度學習小組都是學者創立的，這種團體傾向尋找與他們「相似」的人，也就是能夠解決複雜的數學問題和理解深奧術語的人，他們不一定知道如何識別真正善於使用深度學習來解決實際問題的人才。

這給做好準備超越出身和血統，專注於結果的公司帶來大好的機會！

## 公平、問責和透明

計算機科學家專業協會（ACM）舉辦一個名為「Conference on Fairness, Accountability, and Transparency（ACM FAccT）」的資料倫理會議，這項會議之前使用的縮寫是 FAT，現在改成比較沒有爭議的 FAccT。微軟也有一個關注 Fairness, Accountability, Transparency, and Ethics in AI（FATE）的組織。在這一節，我們將使用 FAccT 來代表公平、可究責、透明的概念。

有一些人將 FAccT 當成濾鏡來考慮倫理問題。Solon Barocas 等人所著的免費網路書籍 *Fairness and Machine Learning: Limitations and Opportunities*（*https://fairmlbook.org*）是一項有用的資源，它「提出一個關於機器學習的觀點，將公平視為核心問題，而不是事後諸葛」。然而，它也警告，它「故意縮小範圍…對技術人員和企業來說，狹隘的機器學習倫理框架或許很有吸引力，因為他們可以把重點放在技術干預上，同時迴避關於權力和責任等更深層次的問題。我們對這種誘惑保持警惕。」不同於概述 FAccT 倫理學方法（這應該是類似那種書藉的工作），在這裡，我們把重點放在這種狹隘框架的局限性上。

在考慮某種道德觀點是否完整時，有一種好方法是舉一個例子，用那個例子來看看該觀點和我們自己的道德直覺是否不同。Os Keyes 等人在他們的論文「A Mulching Proposal: Analysing and Improving an Algorithmic System for Turning the Elderly into High-Nutrient Slurry」（*https://oreil.ly/_qug9*）裡，用圖表來探索這一點。這篇論文的摘要說道：

> 演算法系統的倫理含義已經在 HCI 和各種科技設計、開發和政策等社群裡廣泛討論了。在這篇論文裡，我們要探討一種傑出的倫理框架（公平、可究責、透明）在一項演算法之中的應用，該演算法的目的是解決糧食安全、人口老化等社會問題。我們使用各種標準化形式的演算法來審計和評估，大幅提升演算法遵守 FAT 框架的程度，產生一個更有道德且更有益的系統。我們將討論如何將這項成果當成其他研究員或從業者的指南，以確保演算法系統產生更好的道德結果。

在這篇論文裡，頗具爭議的提議（「把老人變成高營養泥漿」）和結果（「大幅提升演算法遵守 FAT 框架的程度，從而形成一個更有道德和有益的系統」）是矛盾的…退一步說！

在哲學中，尤其是在倫理哲學中，有一項最有效的工具：先為一項難題設計一套程序、定義、問題（question）等，然後試著想出一個案例，其解決方案會產生所有人都認為不合適的提議。

到目前為止，我們都把焦點放在你和你的組織可以做的事情上。但有時個人或組織的行動還不夠，政府也需要考慮政策的影響。

# 政策的作用

很多和我們接觸的人都渴望藉著技術或設計方面的修改，來全面解決之前一直在討論的問題，例如，採取技術方法來修正偏誤的資料，或藉由設計指南，來降低技術的吸引力。雖然這些措施可能有用，但它們仍然不足以解決導致目前狀況的根本問題。例如，只要令人上癮的技術有利可圖，就會有技術持續創造它們，不管它們會不會帶來副作用，助長陰謀論或汙染資訊生態系統。雖然個別的設計者可能會試著調整產品的設計，但除非潛在的激勵利潤有所改變，否則我們不會看到實質性的變化。

## 法規的有效性

為了了解有哪些事情可能促使公司採取具體行動，我們可以看看這兩個 Facebook 的例子。在 2018 年，聯合國的一項調查發現，Facebook 在羅興亞人種族滅絕行動中發揮了「決定性作用」。羅興亞人是緬甸的少數民族，聯合國秘書長 Antonio Guterres 說他們是「世界上最受歧視的種族」。當地的活動人士早在 2013 年警告 Facebook 高層，他們的平台被用來散播仇恨和煽動暴力，Facebook 在 2015 年也被警告，它在緬甸發揮的作用，可能和廣播電台在盧安達種族滅絕期間一樣（當時有 100 萬人被殺）。然而，在 2015 年底，Facebook 只僱用 4 位會說緬甸話的承包人員。正如一位知情人士所說，「這不是事後諸葛，這是一個大規模的問題，而且已經很明顯了。」Zuckerberg 在聽證會上承諾，將僱用「幾十人」來解決緬甸的種族滅絕問題（在 2018 年，也就是在種族滅絕開始多年之後，包括在 2017 年 8 月之後，若開邦北部的 288 個以上村莊被燒毀的事件）。

形成鮮明對比的是，為了避免德國對抗仇恨言論的新法律所設下的天價罰款（高達 5,000 萬歐元），Facebook 在德國迅速招聘了 1,200 名員工（*https://oreil.ly/q_8Dz*）。顯然地，在這個案例中，比起少數民族的系統性滅絕，Facebook 對罰款的反應更加強烈。

在一篇關於隱私問題的文章裡（*https://oreil.ly/K5YKf*），Maciej Ceglowski 將它與環保運動相比：

> 這個監控專案在第一世界如此成功，以致於我們可能忘記以前的生活是什麼樣子。當今在雅加達和德里造成數千人死亡的窒息霧霾，曾經是倫敦的象徵（*https://oreil.ly/pLzU7*）。俄亥俄州的凱霍加河曾經經常著火（*https://oreil.ly/qrU5v*）。在一個無法預料後果且特別恐怖的案例中，在汽油中添加四乙基鉛導致半世紀來全球暴力犯罪率的上升（*https://oreil.ly/4ngvr*）。無論是讓大家用他們的錢包投票，或仔細檢查與他們往來的每一家公司的環境政策，或是停止使用有問題的技術，這些危害都無法解決。這些問題需要透過協調，有時是高技術性的、跨司法權邊界的法規才能解決。有些法規需要全球的共識，例如禁止使用破壞臭氧層的商用冷媒（*https://oreil.ly/o839J*）。我們正處於需要對隱私法進行類似轉變的時刻。

## 權利和政策

乾淨的空氣和飲用水是公共物品，幾乎不可能透過個別的市場決策加以保護，需要的是經過協調的監管行動。類似地，技術濫用造成的意外危害都涉及公共物品，例如汙染資訊環境，或破壞環境隱私。隱私經常被定性為個人權利，然而廣泛的監視會對社會帶來影響（雖然有些人可以選擇不參與，但這種情況仍然存在）。

我們在科技領域看到的很多問題都是人權問題，例如有偏誤的演算法建議判黑人被告更長的刑期、只讓年輕人看到特定的工作招募廣告、或警察使用臉部辨識技術來識別抗議者。適合用來處理人權問題的途徑通常是透過法律。

我們需要監管、修法，也需要個人的道德行為。個人行為的改變無法解決不正確的利潤激勵、把後果丟給外界承擔（企業獲得巨額利潤，卻將成本和傷害轉嫁給更廣泛的社會），或系統性的失敗。然而，法律絕對無法涵蓋所有的邊緣案例，重點在於，個別的軟體開發者和資料科學家能夠做出有道德的決定。

## 前「車」之鑑

我們面臨的問題很複雜，且沒有簡單的解決方案。雖然這個事實令人氣餒，但我們可以從過往的人們解決的重大挑戰找到希望。其中一個例子是提升汽車安全性的運動，Timnit Gebru 等人所著的「Datasheets for Datasets」（*https://oreil.ly/nqG_r*）和設計播客 99% Invisible（*https://oreil.ly/2HGPd*）都將它當成案例研究。早期的汽車沒有安全帶，儀表板上的金屬旋鈕可能在車禍時插入頭骨，普通的平面玻璃會以危險的方式破碎，無法折疊的方向盤會刺穿司機。然而，汽車公司都不願意將安全性視為他們可以解決的問題來討論，而且大眾認為，汽車是汽車，造成問題的是使用汽車的人。

消費者安全活動人士和倡導者花了幾十年的時間才扭轉全國的輿論，讓大家認為或許應該透過監管的方式，來讓汽車公司負一些責任。可折轉向柱（collapsible steering column）被發明出來之後，由於沒有財務上的鼓勵，多年來都沒有任何公司採用它。大型汽車公司通用汽車甚至僱用私家偵探，試圖挖出消費者安全倡導者 Ralph Nader 的醜聞。讓政府規定必須裝設安全帶、使用碰撞測試假人，和使用可折轉向柱是重大的勝利。直到 2011 年，汽車公司才被要求使用代表普通女性身體的碰撞測試假人，而不僅僅是普通男性；在此之前，在同樣撞擊力的車禍中，女性受傷的機率比男性高出 40%。這是活生生的偏見、政策和技術造成重要後果的案例。

# 結論

對來自二元邏輯背景的人來說，沒有明確答案的倫理學可能會讓他們感到沮喪。然而，我們的工作將如何影響世界（包括意想不到的後果，或是作品變成不法分子的武器）是我們可以（而且應該）考慮的重大問題。雖然我們沒有簡單的答案，但我們知道應該避免哪些陷阱，並且採取符合道德的做法。

為了解決科技的有害影響，很多人都在尋求更令人滿意、更可靠的解答（包括我們），但是，由於我們面臨的問題具備高度的複雜性、深遠性和跨學科性，所以我們沒有簡單的解決方法。持續關注演算法偏誤和監視問題的 ProPublica 前高級記者 Julia Angwin（他也是 2016 年的 COMPAS 累犯演算法的研究者之一，該演算法促成 FAccT 領域的出現），在 2019 年的一次採訪中說（*https://oreil.ly/o7FpP*）：

> 我堅信，在解決一個問題之前必須先診斷它，而我們仍處於診斷階段。回顧世紀之交和工業化年代，當時我們有，我不確定，30 年的童工、無限的工時、糟糕的工作條件，許多記者藉著揭發醜聞和發起倡議來診斷那些問題並且瞭解它們，然後採取行動來修法。我覺得我們正處於資料資訊的第二次工業化…我認為我的角色是盡可能地釐清有哪些不利因素，並準確地診斷出它們，以解決它們。這是一項艱鉅的工作，需要更多人參與。

令人欣慰的是，Angwin 認為我們在很大程度上仍處於診斷階段，如果你認為你還沒有完全理解這些問題，這是很正常且很自然的事情。雖然繼續努力理解和解決我們面對的問題很重要，但目前還沒有人能「治癒」這些問題。

本書的校閱 Fred Monroe 曾經在對沖基金交易部門工作。他看完這一章之後告訴我們，這一章討論的許多問題（資料的分布與模型的訓練資料有很大的不同、大規模部署時回饋迴路對模型造成的影響等）也是建構可帶來利潤的交易模型時的重要問題。「考慮社會後果」與「考慮組織、市場和顧客後果」有很多一樣的地方，因此，仔細思考道德規範也可以協助你仔細思考如何讓資料產品更普遍地成功！

# 問題

1. 倫理學有沒有一系列的「正確答案」？
2. 與不同背景的人一起工作對考慮道德問題而言有什麼幫助？
3. IBM 在納粹德國扮演什麼角色？為什麼這家公司像過往一樣參與？為什麼員工會參與其中？
4. 在福斯柴油醜聞中，第一位入獄的人扮演什麼角色？
5. 加州執法官員維護的幫派份子嫌疑人資料庫有什麼問題？
6. 為什麼 YouTube 的推薦演算法會向戀童癖者推薦部分裸露的兒童的影片，儘管 Google 的員工未曾寫過這個功能？
7. 讓 metric 占主導地位有什麼問題？
8. 為什麼 Meetup.com 的科技會議推薦系統不考慮性別？
9. Suresh 與 Guttag 說機器學習有哪六種偏誤？
10. 指出兩個美國歷史上的種族偏見案例。

11. ImageNet 的大多數圖像來自哪裡？

12. 在「Does Machine Learning Automate Moral Hazard and Error?」這篇論文中，為何鼻竇炎被視為中風的前兆？

13. 什麼是代表性偏誤？

14. 關於進行決策的用法，機器與人類有何不同？

15. 不實訊息與「假新聞」一樣嗎？

16. 為什麼用自動產生的文字來製作的不實訊息是特別嚴重的問題？

17. Markkula Center 提出的五種倫理視角是什麼？

18. 何時適合用政策來解決資料倫理問題？

## 後續研究

1. 閱　讀「What Happens When an Algorithm Cuts Your Healthcare」（*https://oreil.ly/5Ziok*）這篇文章。將來如何避免這種問題？

2. 進行研究，找出更多關於 YouTube 的推薦系統和它對社會的影響。你認為推薦系統一定有導致負面結果的回饋迴路嗎？ Google 可以採取哪些做法來避免它們？政府呢？

3. 閱讀「Discrimination in Online Ad Delivery」（*https://oreil.ly/jgKpM*）這篇論文。你認為 Google 應該對 Sweeney 博士遇到的事情負責嗎？適當的回應是什麼？

4. 跨學科團隊如何協助避免負面後果？

5. 閱　讀「Does Machine Learning Automate Moral Hazard and Error?」（*https://oreil.ly/tLLOf*）這篇論文，你認為該採取哪些行動來處理這篇論文提到的問題？

6. 閱讀「How Will We Prevent AI-Based Forgery?」（*https://oreil.ly/6MQe4*）這篇文章。你認為 Etzioni 提出的方法有效嗎？為什麼？

7. 看完第 117 頁的「分析你正在執行的專案」這一節。

8. 想一下你的團隊能不能更多元化。如果可以，哪些方法可能有幫助？

## 深度學習實務：那是個包裝！

恭喜！你已經看完這本書的第一部分了。在這個部分中，我們試著展示深度學習可以做什麼，以及如何用它來建立實際的應用程式和產品。此時，如果你願意花一些時間嘗試你學到的東西，你將從書中獲得更多。或許你已經在過程中這樣做了——若是如此，真是太棒了！如果沒有，沒問題——現在是開始自行實驗的好時機。

如果你還沒有去過本書的網站（*https://book.fast.ai*），現在就去看看。自行設定並執行那些 notebook 非常重要。唯有透過實踐，才可以讓你成為有效率的深度學習實踐者，所以你必須訓練模型。所以，如果你還沒有執行過 notebook，現在就去做這件事吧！另外，務必關注網站有沒有重要的更新或通知。深度學習的變化很快，我們無法修改已經印在書裡的文字，因此你必須在網站取得最新資訊。

務必完成以下步驟：

1. 連接到本書網站推薦的 GPU Jupyter 伺服器之一。
2. 自己執行第一個 notebook。
3. 在第一個 notebook 裡，上傳一張你找到的圖像，然後嘗試一些不同類型的圖像，看看會怎樣。
4. 執行第二個 notebook，用你寫的圖像搜尋查詢收集你自己的資料組。
5. 想一下如何使用深度學習來完成你自己的專案，包括你可以使用哪一種資料、你可能遇到哪些問題，以及如何實際解決這些問題。

在本書的下一個部分，你將學習深度學習的運作方式和原理，而非只是看看能不能實際使用它。理解做法與原因對從業者和研究員來說都很重要，因為在這個很新的領域中，幾乎每個專案都需要某種程度的訂製和除錯。對深度學習的基礎理解得越透徹，模型就越好。這些基礎對公司高層、產品經理等職位來說比較不重要（不過仍然有幫助，因此盡可能繼續看下去！），但它們對任何一位想要自行訓練和部署模型的人來說都非常重要。

第二部分

# 了解 fastai 的應用

第四章

# 在引擎蓋下：訓練數字分類模型

我們已經在第 2 章看過訓練各種模型的情況了，現在我們要看看其中的奧秘，了解事情的來龍去脈。我們先使用電腦視覺來介紹深度學習的基本工具和概念。

確切地說，我們將討論陣列、張量和廣播的作用，廣播這種強大的技術可讓你用富表達性的方式使用它們。我們將解釋隨機梯度下降（SGD），它是藉著自動更新權重來學習的機制，並討論基本分類任務的損失函數有哪些，以及小批次的作用。我們也會說明基本神經網路所執行的數學。最後，我們會將所有元素整合在一起。

在以後的章節裡，我們也會討論其他的應用，看看如何推廣這些概念和工具。但是這一章的重點是打地基，坦白說，這也讓本章成為最難的章節之一，因為這些概念都會互相配合，這就像拱門，所有石頭都必須在對的位置上，才能支撐起整個建築，而且一旦完成，它就是一個強大的結構，可以支撐其他的東西。但是組裝的過程需要一些耐心。

我們開工吧！第一步是想一下圖像在電腦裡是怎樣表示的。

## 像素：電腦視覺的基礎

為了了解電腦視覺模型裡發生的事情，我們要先了解電腦如何處理圖像。我們將使用電腦視覺最著名的資料組來進行實驗，MNIST（*https://oreil.ly/g3RDg*）。MNIST 裡面有手寫數字的圖片，它是美國國家標準暨技術研究院收集的，並且由 Yann Lecun 和他的同事整理成機器學習資料組。Lecun 在 1988 年在 LeNet-5（*https://oreil.ly/LCNEx*）裡使用 MNIST，LeNet-5 是史上第一個公開展示可以有效地辨識一連串的手寫數字的電腦系統。它是 AI 史最重要的突破之一。

### 毅力和深度學習

深度學習的故事是由少數幾位專注且有毅力的研究人員寫下的。經過早期的期待（和炒作！），神經網路在 1990 和 2000 年代飽受冷落，只有少數研究員持續努力讓它們有更好的表現。他們之中的三人，Yann Lecun、Yoshua Bengio 與 Geoffrey Hinton 在 2018 年獲得計算機科學的最高榮譽——圖靈獎（通常被視為「計算機科學的諾貝爾獎」），儘管更廣泛的機器學習和統計學界對此深表懷疑和興致缺缺，但他們還是獲得了勝利。

Hinton 曾經說過，有些突破性的學術論文只因為使用了神經網路而被頂級的期刊和會議拒絕。Lecun 的摺積神經網路（下一節將介紹）研究證實，這些模型可以閱讀手寫文字，這是前所未見的。但是，他們的突破卻被大多數的研究員忽視，即使商業界已經用它來閱讀美國 10% 的支票了！

除了這三位圖靈獎贏家之外，還有許多其他的研究員為我們今日的成就而奮鬥。例如，Jurgen Schmidhuber（很多人認為他也應該共享圖靈獎）開創了許多重要的思想，包括他和他的學生 Sepp Hochreiter 一起研究的長短期記憶（LSTM）架構（廣泛地用於語音辨識和其他文字建模任務，第 1 章的 IMDb 範例也用過它）。也許最重要的是，Paul Werbos 在 1974 年發明神經網路的反向傳播，已被普遍用來訓練神經網路，本章會介紹這項技術（Werbos 1994（*https://oreil.ly/wWIWp*））。他的開發幾乎被忽略了幾十年，但如今，它已被視為現代 AI 最重要的基礎。

這對我們所有人來說都是一個教訓！在你的深度學習旅程中，你將面對許多障礙，無論是技術上的，或是（甚至更難）周遭不相信你會成功的人所帶來的阻礙。失敗只有一種方法，那就是停止嘗試。根據我們所看到的，那些成為世界級從業者的 fast.ai 學生只有一項一致的特性，那就是他們都很頑強。

在這個初級教學中，我們只試著建立一個可以將任何圖像分類為 3 或 7 的模型。我們來下載只包含這些數字的圖像的 MNIST 樣本：

```
path = untar_data(URLs.MNIST_SAMPLE)
```

我們可以使用 `ls` 來查看這個目錄裡面有什麼東西，`ls` 是 fastai 加入的方法，這個方法會回傳一個特殊的 fastai 類別，稱為 `L`，它有 Python 內建的 `list` 的所有功能，再加上一些其他的功能，當你印出它時，它會先顯示項目的數量，再列出項目本身（如果項目超過 10 個，它只會顯示前幾個）：

```
path.ls()
```

```
(#9) [Path('cleaned.csv'),Path('item_list.txt'),Path('trained_model.pkl'),Path('
 > models'),Path('valid'),Path('labels.csv'),Path('export.pkl'),Path('history.cs
 > v'),Path('train')]
```

MNIST 資料組遵守一般的機器學習資料組配置：將訓練組和驗證（與 / 或測試）組放在不同的資料夾裡。我們來看看訓練組裡面有什麼：

```
(path/'train').ls()
```

```
(#2) [Path('train/7'),Path('train/3')]
```

裡面有放 3 的資料夾，以及放 7 的資料夾。在機器學習的說法中，「3」和「7」是這個資料組的**標籤**（或目標）。我們看一下其中一個資料夾（使用 `sorted` 來確保每次都看到相同的檔案順序）：

```
threes = (path/'train'/'3').ls().sorted()
sevens = (path/'train'/'7').ls().sorted()
threes
```

```
(#6131) [Path('train/3/10.png'),Path('train/3/10000.png'),Path('train/3/10011.pn
 > g'),Path('train/3/10031.png'),Path('train/3/10034.png'),Path('train/3/10042.p
 > ng'),Path('train/3/10052.png'),Path('train/3/1007.png'),Path('train/3/10074.p
 > ng'),Path('train/3/10091.png')...]
```

一如所料，裡面都是圖像檔。我們來看其中一個。這是一張手寫的數字 3 的圖像，取自著名的手寫數字 MNIST 資料組：

```
im3_path = threes[1]
im3 = Image.open(im3_path)
im3
```

我們在這裡使用 *Python Imaging Library*（PIL）的 `Image` 類別，PIL 是最常被用來打開、操作和查看圖像的 Python 程式包。Jupyter 認識 PIL 圖像，所以它可以自動幫我們顯示圖像。

在電腦中，一切都是用數字表示的。為了查看組成這個圖像的數字，我們必須將它轉換成 *NumPy* **陣列**或 *PyTorch* **張量**。例如，這是將部分的圖像轉換成 NumPy 陣列的樣子：

```
array(im3)[4:10,4:10]
```

```
array([[  0,   0,   0,   0,   0,   0],
       [  0,   0,   0,   0,   0,  29],
       [  0,   0,   0,  48, 166, 224],
       [  0,  93, 244, 249, 253, 187],
       [  0, 107, 253, 253, 230,  48],
       [  0,   3,  20,  20,  15,   0]], dtype=uint8)
```

`4:10` 代表從索引 4（包含）到 10（不包含）的列，行也是如此。NumPy 的索引是從上往下，從左往右的，所以這個部分靠近圖像的左上角。這是用 PyTorch 張量來表示的同一個圖像部分：

```
tensor(im3)[4:10,4:10]
```

```
tensor([[  0,   0,   0,   0,   0,   0],
        [  0,   0,   0,   0,   0,  29],
        [  0,   0,   0,  48, 166, 224],
        [  0,  93, 244, 249, 253, 187],
        [  0, 107, 253, 253, 230,  48],
        [  0,   3,  20,  20,  15,   0]], dtype=torch.uint8)
```

我們可以對陣列進行切片，只選擇數字頂部，然後使用 Pandas DataFrame 以漸層來顯示值的顏色，以清楚地展示圖像是如何用像素值來建立的：

```
im3_t = tensor(im3)
df = pd.DataFrame(im3_t[4:15,4:22])
df.style.set_properties(**{'font-size':'6pt'}).background_gradient('Greys')
```

| | 0 | 1 | 2 | 3 | 4 | 5 | 6 | 7 | 8 | 9 | 10 | 11 | 12 | 13 | 14 | 15 | 16 | 17 |
|---|---|---|---|---|---|---|---|---|---|---|---|---|---|---|---|---|---|---|
| **0** | 0 | 0 | 0 | 0 | 0 | 0 | 0 | 0 | 0 | 0 | 0 | 0 | 0 | 0 | 0 | 0 | 0 | 0 |
| **1** | 0 | 0 | 0 | 0 | 0 | 29 | 150 | 195 | 254 | 255 | 254 | 176 | 193 | 150 | 96 | 0 | 0 | 0 |
| **2** | 0 | 0 | 0 | 48 | 166 | 224 | 253 | 253 | 234 | 196 | 253 | 253 | 253 | 253 | 233 | 0 | 0 | 0 |
| **3** | 0 | 93 | 244 | 249 | 253 | 187 | 46 | 10 | 8 | 4 | 10 | 194 | 253 | 253 | 233 | 0 | 0 | 0 |
| **4** | 0 | 107 | 253 | 253 | 230 | 48 | 0 | 0 | 0 | 0 | 0 | 192 | 253 | 253 | 156 | 0 | 0 | 0 |
| **5** | 0 | 3 | 20 | 20 | 15 | 0 | 0 | 0 | 0 | 0 | 43 | 224 | 253 | 245 | 74 | 0 | 0 | 0 |
| **6** | 0 | 0 | 0 | 0 | 0 | 0 | 0 | 0 | 0 | 0 | 249 | 253 | 245 | 126 | 0 | 0 | 0 | 0 |
| **7** | 0 | 0 | 0 | 0 | 0 | 0 | 0 | 14 | 101 | 223 | 253 | 248 | 124 | 0 | 0 | 0 | 0 | 0 |
| **8** | 0 | 0 | 0 | 0 | 0 | 11 | 166 | 239 | 253 | 253 | 253 | 187 | 30 | 0 | 0 | 0 | 0 | 0 |
| **9** | 0 | 0 | 0 | 0 | 0 | 16 | 248 | 250 | 253 | 253 | 253 | 253 | 232 | 213 | 111 | 2 | 0 | 0 |
| **10** | 0 | 0 | 0 | 0 | 0 | 0 | 0 | 43 | 98 | 98 | 208 | 253 | 253 | 253 | 253 | 187 | 22 | 0 |

你可以看到，背景的白色像素被存為數字 0，黑色是數字 255，在兩者之間的數字是灰色的陰影。整張圖像有 28 像素寬和 28 像素高，總共有 784 像素。（它比手機相機拍的照片（有數百萬像素）小多了，但對初始階段的學習和實驗來說，這是方便的大小。我們很快就會使用更大型、全彩的圖像。）

現在你已經知道對電腦而言圖像長怎樣了，接著回到我們的目標：建立一個可以辨識 3 和 7 的模型。如何讓電腦做到這一點？

### 停下來仔細思考！

在繼續閱讀之前，花點時間想想電腦如何識別這兩個數字。它可能會觀察哪些特徵？它可能如何識別這些特徵？它如何結合它們？試著自行解決問題而不是直接閱讀別人的答案可以得到最好的學習效果，所以，先把這本書放一旁，拿起紙筆，花幾分鐘寫下你的想法。

# 初次嘗試：像素相似度

這是第一種想法：找出 3 的每個像素的平均像素值，然後找出 7 的，產生兩組平均值，用它們來定義所謂「理想」的 3 和 7。然後，我們藉著檢查一張圖像最像這兩個理想數字的哪一個，來將它分類為其中一個數字。當然，這看起來是權宜之計，它是一個很好的基準。

術語：基準（*baseline*）

也就是你認為表現得很好的簡單模型。它應該是容易實作且容易測試的，這樣你就可以測試每一個改善的想法，並確保它們都比基準更好。如果你沒有設一個合理的基準當成起點，你就很難知道天馬行空的模型是否有用。我們在這裡採取的做法是創造基準的好方法：想出一個簡單、容易實作的模型。另一種好方法是找到已經解決類似問題的人，並且下載他的程式碼，用他的程式碼來處理你的資料組。嘗試這兩種方法是最理想的！

對這個簡單模型而言，我們的第 1 步是算出兩組圖像中的每一張圖像的像素平均值。在過程中，我們將學到 Python 的許多簡潔的數值設計技巧。

我們來建立一個張量，在裡面將全部的 3 疊在一起。我們已經知道如何建立包含一張圖像的張量了，要建立包含一個目錄內的所有圖像的張量，我們要先使用 Python 的串列生成式來建立一個由所有圖像張量組成的一般串列。

在過程中，我們會用 Jupyter 來做一些小檢查，在這個例子中，我們想確保回傳的項目數量看起來是合理的：

```
seven_tensors = [tensor(Image.open(o)) for o in sevens]
three_tensors = [tensor(Image.open(o)) for o in threes]
len(three_tensors),len(seven_tensors)

(6131, 6265)
```

**串列生成式（*list comprehension*）**

串列和字典生成式都是很棒的 Python 功能。很多 Python 程式員每天都會使用它們，包括本書的作者群——它們都是「道地 Python」的一部分。但是來自其他語言的程式員可能從未看過它們。你可以在網路找到許多優秀的教學，所以我們不會花太多時間討論它們。為了幫助你開始，以下簡單地解釋它，並提供一個例子。串列生成式長這樣：`new_list = [f(o) for o in a_list if o>0]`。它會將 `a_list` 裡大於 0 的每一個元素傳給函式 `f` 並回傳。它有三個部分：你要迭代的集合（`a_list`）、選用的過濾式（`if o>0`），以及要對各個元素做的事情（`f(o)`）。它不僅簡短、容易撰寫，也比使用迴圈來建立同樣的串列更快。

我們來確認裡面的圖像看起來是否沒有問題，因為現在使用的是張量（Jupyter 預設將它印成值）而不是 PIL 圖像（Jupyter 預設顯示圖像），我們要使用 fastai 的 `show_image` 函式來顯示它：

```
show_image(three_tensors[1]);
```

我們想要用所有圖像來計算每一個像素位置的強度平均值。為此，我們先將這個串列裡的所有圖像組成一個三維張量。這種張量最常見的稱呼方式是 *rank-3* **張量**。我們經常將一個集合內的每一個張量疊成一個張量。當然，PyTorch 有一個稱為 `stack` 的函式，可用來做這件事。

在 PyTorch 裡的一些操作，例如計算平均值，都需要將整數型態**強制轉型**（*cast*）成浮點型態。因為我們稍後也會做這件事，所以我們現在也將疊起來的 tensor 強制轉型為 `float`。在 PyTorch 中，強制轉型很簡單，只要指出想要轉型成哪個型態，然後將它當成方法來使用即可。

一般來說，當圖像是浮點數時，像素值應該在 0 到 1 之間，所以我們也要除以 255：

```
stacked_sevens = torch.stack(seven_tensors).float()/255
stacked_threes = torch.stack(three_tensors).float()/255
stacked_threes.shape

torch.Size([6131, 28, 28])
```

張量最重要的屬性應該是它的**外形**（*shape*），它可讓你知道每一軸的長度。這個例子有 6,131 張圖像，每一張的大小都是 28×28 像素。關於這個張量沒有什麼需要特別說明的，它的第一軸是圖像的數量，第二軸是高，第三軸是寬——張量的語義完全由我們以及我們如何建構它來決定。對 PyTorch 而言，它只是在記憶體裡面的一堆數字。

張量的 shape 的**長度**是它的 rank（秩）：

```
len(stacked_threes.shape)
```

```
3
```

務必練習並記住這些張量術語：*rank* 是張量的軸數或維數，*shape* 是張量各軸的大小。

*Alexis* 說

小心，「維（dimension）」這個詞有兩種用法。我們住在「三維空間」，在裡面可以用長度為 3 的向量 v 來描述一個物理位置。但是根據 PyTorch，屬性 `v.ndim`（看起來像 v 的「維數」）等於 1，不是 3！為什麼？因為 v 是向量，它是 rank 為 1 的張量，意思是它只有一**軸**（那一軸的長度是 3）。換句話說，有時維代表一軸的大小（「空間是三維的」），有時代表 rank，或軸數（「一個矩陣有兩維」）。如果你搞不清楚，我發現將所有的說法都轉換成 rank、軸與長度很有幫助，因為它們都是明確的術語。

我們也可以用 `ndim` 直接取得張量的 rank：

```
stacked_threes.ndim
```

```
3
```

最後，我們計算理想的 3 的樣貌。我們沿著疊起來的、rank-3 的張量的維度 0 計算平均值，它是所有圖像張量的平均值。維度 0 是檢索圖像的維度。

換句話說，我們幫全部的圖像計算每一個像素的平均值，每一個像素位置都有一個值，合起來就是一張圖像：

```
mean3 = stacked_threes.mean(0)
show_image(mean3);
```

對這個資料組而言，它是理想的數字 3！（或許你不喜歡它，但它就是最好的數字 3。）在這張圖裡面，全部的圖像都是黑色的部分很黑，有一些圖像不是黑色的部分則顯得稀疏且模糊。

我們對 7 做同一件事，但將所有步驟放在一起，來節省時間：

```
mean7 = stacked_sevens.mean(0)
show_image(mean7);
```

現在隨便選一個 3，測量它與「理想數字」的**距離**。

**停下來仔細思考！**

如何計算特定圖像與每一個理想數字的相似度？先把這本書放一邊，在繼續閱讀之前，寫下你的想法！研究表明，當你在學習過程中自行解決問題、做實驗和嘗試新想法時，記憶體和理解力都會顯著提升。

這是一個 3 的樣本：

```
a_3 = stacked_threes[1]
show_image(a_3);
```

我們如何算出它與理想 3 的距離？我們不能直接計算這張圖像的像素與理想數字的像素之間的差，並全部加起來，因為有些差是正的，有些差是負的，這些差會互相抵消，導致一張某些地方太暗，某些地方太亮的圖像與理想的數字之間的總差值為零。這會產生誤導！

為了避免這種情況，資料科學家會使用兩種主要的方法來測量距離：

- 計算差的**絕對值**的平均值（絕對值是將負值換成正值的函數）。這種做法稱為**平均絕對差**，或 *L1 norm*。
- 計算差的**平方**（這會讓所有東西都是正的）的平均值，然後取**平方根**（抵消平方）。這種做法稱為**均方根誤差**（RMSE）或 *L2 norm*。

**忘記數學是 *OK* 的！**

在這本書中，我們通常都假設你已經完成高中數學，至少記得一部分，但每個人都會忘記一些事情！這完全取決於你是否需要練習。或許你已經忘記**平方根**是什麼，或它們的作用是什麼。沒問題！無論何時，當你遇到本書沒有完全解釋的數學概念時，不要繼續讀下去，而是要停下來，查一下。確保你已經理解它的基本概念、它如何運作，以及為什麼要使用它。Khan Academy 通常是最好的複習地點，例如，Khan Academy 有一個很棒的平方根介紹（*https://oreil.ly/T7mxH*）。

我們來嘗試這兩種方法：

```
dist_3_abs = (a_3 - mean3).abs().mean()
dist_3_sqr = ((a_3 - mean3)**2).mean().sqrt()
dist_3_abs,dist_3_sqr
```

```
(tensor(0.1114), tensor(0.2021))
```

```
dist_7_abs = (a_3 - mean7).abs().mean()
dist_7_sqr = ((a_3 - mean7)**2).mean().sqrt()
dist_7_abs,dist_7_sqr
```

```
(tensor(0.1586), tensor(0.3021))
```

在這兩個案例中，我們的 3 與「理想的」3 之間的距離小於它與理想的 7 之間的距離，所以對這個案例而言，這個簡單的模型可以提供正確的預測。

PyTorch 已經以**損失函數**的形式提供這兩種距離了，你可以在 `torch.nn.functional` 裡面找到它們，PyTorch 團隊建議將它匯入為 `F`（在 fastai 裡也預設使用那個名稱）：

```
F.l1_loss(a_3.float(),mean7), F.mse_loss(a_3,mean7).sqrt()
```

```
(tensor(0.1586), tensor(0.3021))
```

在這裡，`MSE` 代表**均方誤差**，`l1` 代表**平均絕對值**的標準數學術語（在數學中，它稱為 *L1 norm*）。

*Sylvain* 說

直覺上，L1 norm 與均方誤差（MSE）之間的區別在於，後者對錯誤的懲罰力道大於前者（對小錯誤的懲罰力道更大）。

*Jeremy* 說

當我第一次看到 L1 這個東西時，我查了一下它到底是什麼意思。我在 Google 上發現它是使用**絕對值的向量範數**，所以我查詢「vector norm」，開始看到：*Given a vector space V over a field F of the real or complex numbers, a norm on V is a nonnegative-valued any function* $p$: $V \rightarrow \backslash[0,+\infty)$ *with the following properties: For all* $a \in F$ *and all u,* $v \in V$, $p(u + v) \leq p(u) + p(v)$…然後我就看不下去了。「唉，我永遠搞不懂數學！」這種想法出現在我腦中已經成千上萬遍了。從那時起，我發現，每次在實務上看到這些複雜的數學術語時，我都可以用一小段程式碼來代替它們！例如，*L1 loss* 等於 `(a-b).abs().mean()`，其中的 `a` 和 `b` 是張量。我想，數學愛好者的想法應該與我不同…在這本書裡，我會確保每次有數學術語出現時，我就給你一段等於它的程式碼，並且用白話來解釋來龍去脈。

我們剛才已經使用 PyTorch 張量做了各種數學運算了。如果你曾經使用 PyTorch 進行數值程式設計，你可能會發現它們與 NumPy 陣列（array）很像。我們來看一下這兩種重要的資料結構。

## NumPy 陣列與 PyTorch 張量

NumPy（*https://numpy.org*）是在 Python 裡最常用來進行科學和數值程式設計的程式庫。它提供許多與 PyTorch 類似的功能與 API，但是，它不支援 GPU 的使用，或梯度的計算，它們對深度學習來說都非常重要。因此，本書會盡可能地使用 PyTorch 張量，而不是 NumPy 陣列。

（注意，fastai 在 NumPy 和 PyTorch 加入一些功能，來讓它們彼此更相像一些。如果本書的任何程式無法在你的電腦上運行，可能是你忘了 include notebook 開頭的這一行：`from fastai.vision.all import *`）。

但是什麼是陣列和張量，它們為何重要？

Python 比許多語言還要慢，在 Python、NumPy 或 PyTorch 裡面跑起來很快的東西，可能是用其他語言寫好、編譯過（且優化）的包裹——具體來說，就是用 C 寫成的。事實上，**NumPy 陣列與 PyTorch 張量完成計算的速度都比純 Python 快好幾千倍**。

NumPy 陣列是多維數的資料表格，在裡面的項目都有相同的型態，由於它們可以是任何型態，它們甚至可以是陣列的陣列，最裡面的陣列可能有不同的大小——這種型態稱為**參差陣列**（*jagged array*）。所謂的「多維數表格」，舉例來說，就是一個串列（維數為一）、一張表格或矩陣（維數為二）、一張表格的表格，或立方體（維數為三），以此類推。如果項目都是簡單的型態，例如整數或浮點數，NumPy 會在記憶體裡，將它們存為紮實的 C 資料結構。這就是 NumPy 的優點。NumPy 有各式各樣的運算子和方法，可以用相當於優化的 C 的速度對這些紮實的結構進行計算，因為它們是用優化的 C 寫成的。

PyTorch 張量幾乎與 NumPy 陣列一樣，但它有額外的限制來解鎖額外的功能。它的相同之處在於，它也是多維的資料表，且所有項目都是同一種型態。但是，PyTorch 的限制是張量不能任意使用任何一種舊型態——所有元素都必須使用同一種基本數值型態。因此，張量不像真正的「陣列的陣列」那樣靈活。例如，PyTorch 張量不能是參差的。它一定是一個有規則形狀的多維矩形結構。

在這些結構上，PyTorch 也支援 NumPy 支援的大多數方法和運算子，但 PyTorch 張量還有其他的功能。其中一項主要的功能是，這些結構可以待在 GPU 裡面，因此，它們的計算是針對 GPU 優化的，可以跑得快很多（有許多值得使用的價值）。此外，PyTorch 可以自動計算這些操作的衍生操作，包括操作的組合。你將看到，沒有這項功能就不可能實際進行深度學習。

*Sylvain* 說

如果你不知道 C 是什麼，不用擔心，你根本不需要使用它。簡而言之，它是一種低階（低階的意思是更像電腦在內部使用的語言）的語言，速度比 Python 快很多。為了在使用 Python 來設計時利用它的速度，請盡量避免編寫迴圈，直接寫成處理陣列或張量的指令。

對 Python 程式員來說，最重要的新設計技術或許是如何有效地使用陣列 / 張量 API。我們將在本書後面展示更多技巧，這裡只是稍微提示一下你現在必須知道的重要事項。

建立陣列或張量的方法是將一個串列（或串列的串列，或串列的串列的串列等）傳給 array 或 tensor：

```
data = [[1,2,3],[4,5,6]]
arr = array (data)
tns = tensor(data)

arr  # numpy

array([[1, 2, 3],
       [4, 5, 6]])

tns  # pytorch

tensor([[1, 2, 3],
        [4, 5, 6]])
```

以下所有的操作都是針對張量的，但處理 NumPy 陣列的語法和結果都是相同的。

你可以選擇一列（注意，如同 Python 的串列，張量的索引是從 0 開始的，所以 1 代表第二列 / 行）：

```
tns[1]

tensor([4, 5, 6])
```

或一行使用 : 來代表**第一軸的所有東西**（我們有時將張量 / 陣列的維度稱為**軸**（*axes*））：

```
tns[:,1]

tensor([2, 5])
```

你可以用 Python 切片（slice）語法（[*start*:*end*]，*end* 不包含在內）來選擇一列或一行的一部分：

```
tns[1,1:3]

tensor([5, 6])
```

你可以使用標準運算子，例如 +、-、* 與 /：

```
tns+1

tensor([[2, 3, 4],
        [5, 6, 7]])
```

張量有型態：

```
tns.type()
```

```
'torch.LongTensor'
```

那個型態可以視需要自動改變，例如，從 `int` 變成 `float`：

```
tns*1.5
```

```
tensor([[1.5000, 3.0000, 4.5000],
        [6.0000, 7.5000, 9.0000]])
```

那麼，我們的基準模型夠好嗎？為了量化這一點，我們必須定義一個 metric。

## 使用廣播來計算 metric

之前說過，*metric* 是用模型的預測值與資料組的正確標籤來計算的數據，它的目的是讓我們了解模型有多好。例如，我們可以使用上一節看過的函數中的任何一個（均方誤差或平均絕對誤差），對整個資料組計算它們的平均值。但是，這些數字對大多數人來說都不太容易理解，在實務上，我們通常讓分類模型使用**準確度**（*accuracy*）作為 metric。

如前所述，我們要用**驗證組**來計算 metric，這樣才不會在無意之間過擬，也就是訓練出只擅長處理訓練資料的模型。對於這個初次試做的像素相似度模型來說，過擬不是真正的風險，因為它沒有訓練出元件，但無論如何，我們仍然按照正常的實踐法，使用驗證組，並為稍後的第二次嘗試做好準備。

為了取得驗證組，我們必須完全移出一些訓練資料，讓模型完全沒有看過它。事實上，MNIST 資料組的作者已經為我們完成這項工作了。還記得我們有一個完全獨立的目錄，稱為 *valid* 嗎？那個目錄的用途就是這個！

首先，我們用那個目錄，為 3 和 7 建立張量。我們將使用這些張量來計算 metric，測量第一次嘗試的模型的品質，這個 metric 會測量與理想圖像的距離：

```
valid_3_tens = torch.stack([tensor(Image.open(o))
                            for o in (path/'valid'/'3').ls()])
valid_3_tens = valid_3_tens.float()/255
valid_7_tens = torch.stack([tensor(Image.open(o))
                            for o in (path/'valid'/'7').ls()])
valid_7_tens = valid_7_tens.float()/255
valid_3_tens.shape,valid_7_tens.shape
```

```
(torch.Size([1010, 28, 28]), torch.Size([1028, 28, 28]))
```

在過程中檢查 shape 是個好習慣。我們看到兩個張量，一個代表 3 的驗證組，裡面有大小為 28×28 的 1,010 張圖像，一個代表 7 的驗證組，裡面有大小為 28×28 的 1,028 張圖像。

我們最終會寫出一個函式 `is_3` 來確定隨便一張圖像是 3 還是 7。它的做法是確定那張圖像接近兩個「理想數字」的哪一個。為此，我們要定義距離的概念，也就是定義一個函數來計算兩張圖像之間的距離。

我們可以寫一個簡單的函式來計算平均絕對誤差，使用非常類似上一節寫過的運算式：

```
def mnist_distance(a,b): return (a-b).abs().mean((-1,-2))
mnist_distance(a_3, mean3)

tensor(0.1114)
```

這個值就是之前計算這兩張圖像之間的距離時得到的值，理想的 3 `mean_3` 與任意樣本 3 `a_3` 都是單一圖像的張量，shape 為 `[28,28]`。

但是為了計算整體準確度 metric，我們必須計算驗證組的每張圖像與理想 3 之間的距離。如何做這種計算？雖然我們可以寫一個迴圈來遍歷在驗證組張量（`valid_3_tens`）裡面疊起來的每一張圖像張量，`valid_3_tens` 的 shape 是 `[1010,28,28]`，代表有 1,010 張圖像，但是我們有更好的辦法。

當我們使用同一個距離函數（設計上是為了比較兩張圖像的），但傳入代表 3 驗證組的張量 `valid_3_tens` 時，有趣的事情發生了：

```
valid_3_dist = mnist_distance(valid_3_tens, mean3)
valid_3_dist, valid_3_dist.shape

(tensor([0.1050, 0.1526, 0.1186,  ..., 0.1122, 0.1170, 0.1086]),
 torch.Size([1010]))
```

它不會抱怨 shape 不符，而是回傳存有每一張圖像的距離的向量（也就是 rank-1 張量），長度為 1,010（在驗證組裡的 3 的數量）。為什麼會這樣？

再看一下函式 `mnist_distance`，你會看到裡面有減法 `(a-b)`。PyTorch 的神奇之處在於，當它試圖對兩個 rank 不同的張量進行簡單的減法運算時，它會使用**廣播**（*broadcasting*）：它會自動擴展 rank 比較小的張量，將它變成與 rank 比較大的張量一樣大。廣播是讓張量程式更容易撰寫的重大功能。

在廣播之後，兩個引數張量有相同的 rank，PyTorch 即可對 rank 相同的兩個張量施展它的魔法：它會幫兩個張量的每一個對映的元素執行運算，然後回傳張量結果。例如：

```
tensor([1,2,3]) + tensor(1)
```

```
tensor([2, 3, 4])
```

所以在這個例子裡，PyTorch 將 mean3（一張圖像的 rank-2 張量）視為同一張圖像的 1,010 個副本，然後把驗證組裡的每一個 3 減去這些副本。你認為這個張量的 shape 是什麼？先想一下，再看接下來的答案：

```
(valid_3_tens-mean3).shape
```

```
torch.Size([1010, 28, 28])
```

我們計算的是理想的 3 與驗證組的 1,010 個 3 之中的每一個之間的差，每一張都是 28×28 圖像，產生 shape [1010,28,28]。

廣播的實作方式有幾個重點，不僅讓它更富表達性，也可以提升性能：

- PyTorch **其實**不會複製 mean3 1,010 次，而是**假裝**它是那個 shape 的張量，且不會配置任何額外的記憶體。
- 它用 C 來完成整個計算（或者，如果你在使用 GPU，它使用 CUDA，在 GPU 上相當於 C 的程式），速度比純 Python 快幾萬倍（在 GPU 上快數百萬倍！）。

在 PyTorch 裡完成的所有廣播和逐元素運算與函數都是如此。**對你來說，它是在建立高性能 *PyTorch* 程式碼時，最需要知道且最重要的技術。**

在 mnist_distance 裡，我們接下來看到 abs。你應該可以猜到對張量執行它時會怎樣了。它會對張量裡面每一個元素執行這個方法，並且回傳一個結果張量（也就是說，它會**逐元素**執行方法）。所以在這個例子裡，我們得到 1,010 個絕對值矩陣。

最後，我們的函式呼叫 mean((-1,-2))。tuple (-1,-2) 代表軸的範圍。在 Python，-1 代表最後一個元素，-2 代表倒數第二個。所以在這個例子裡，它告訴 PyTorch 我們想要取得以張量的最後兩軸檢索的值的平均值。最後兩軸是一張圖像的橫向和直向維度。計算最後兩軸的平均值之後，我們只剩下第一個張量軸，它是圖像的索引，這就是最終大小是 (1010) 的原因。換句話說，我們為每張圖像計算所有像素的強度平均值。

本書將介紹更多關於廣播的知識，尤其是在第 17 章，也會經常練習它。

我們可以按照以下的邏輯，使用 `mnist_distance` 來確定一張圖像是不是 3：如果數字與理想 3 之間的距離小於它與理想 7 之間的距離，它就是 3。這個函式會自動進行廣播，並且逐元素執行，就像所有的 PyTorch 函式與運算子那樣：

```
def is_3(x): return mnist_distance(x,mean3) < mnist_distance(x,mean7)
```

我們在範例中測試它：

```
is_3(a_3), is_3(a_3).float()
```

```
(tensor(True), tensor(1.))
```

注意，當我們將 Boolean 回傳值轉換成浮點數時，`True` 會變成 `1.0`，`False` 會變成 `0.0`。

因為廣播，我們也可以用完整的 3 的驗證組來測試它：

```
is_3(valid_3_tens)
```

```
tensor([True, True, True, ..., True, True, True])
```

現在我們可以計算每一個 3 與 7 的準確度了，做法是計算那個函式處理所有 3 的平均值，以及它處理所有 7 的反數（inverse）：

```
accuracy_3s =      is_3(valid_3_tens).float() .mean()
accuracy_7s = (1 - is_3(valid_7_tens).float()).mean()

accuracy_3s,accuracy_7s,(accuracy_3s+accuracy_7s)/2
```

```
(tensor(0.9168), tensor(0.9854), tensor(0.9511))
```

看起來是很好的開始！我們處理 3 與 7 有 90% 的準確度，並且知道如何輕鬆地使用廣播來定義 metric。但是，讓我們先回到現實：3 與 7 是外表很不相同的數字。我們到目前為止只分類出 10 種可能的數字之中的 2 種。所以，我們必須做得更好！

為了做得更好，是時候嘗試一個可以真正進行學習的系統了，也就是可以自動修改它自己，來改善性能的系統。換句話說，是時候討論訓練程序和 SGD 了。

# 隨機梯度下降

你還記得第 1 章所引述的，Arthur Samuel 是如何描述機器學習的嗎？

> 如果我們可以設計一種自動的方法來檢測目前分配的權重對於實際性能的有效性，並且用一種機制來改變權重的分配，從而將性能最大化，我們不需要深究這個過程的細節，就能看出它是否可以完全自動化，也能看出這樣子設計的機器能否從經驗中「學習」。

如前所述，這是擁有一個可以學習、越來越好的模型的關鍵。但是我們的像素相似度方法其實沒有這樣做。我們沒有做任何權重分配，或測試權重分配的有效性，也沒有根據測試的結果來進行改善。換句話說，我們無法藉著修改一組參數來改善像素相似度方法。為了利用深度學習的威力，我們要先用 Samuel 描述的方式來表示我們的任務。

不同於試著找出一張圖像與一張「理想圖像」之間的相似度，我們可以查看各個像素，並且為每一個像素設定一組權重，讓在某個類別中最有可能是黑色的像素擁有最高的權重。例如，靠近右下角的像素不太可能在 7 的案例中觸發，所以它們在 7 的案例中有低權重，但是它在 8 的案例中可能被觸發，所以它們在 8 的案例中有高權重。這可以用一個函式與代表各個類別的一組權重值來表示，例如，數字是 8 的機率：

```
def pr_eight(x,w) = (x*w).sum()
```

在此，我們假設 `x` 是圖像，並且以向量來表示，也就是將每一列接起來，變成很長的一列。我們也假設權重是向量 `w`。一旦我們取得這個函數，我們只要設法更新權重來改善它們即可。使用這種方法，我們可以重複那個步驟好幾次，讓權重越來越好，直到我們的能力上限。

我們想要找到可讓函數在處理 8 的圖像時產生高分結果，處理非 8 的圖像時產生低分結果的 `w` 向量值。找出最佳向量 `w` 就是找出可辨識 8 的最佳函數（因為我們還沒有使用深度神經網路，我們會被函數的能力限制——本章稍後會修正這個限制）。

具體來說，將這個函數變成機器學習分類模型需要這些步驟：

1. 將權重**初始化**。
2. 使用這些權重來**預測**每一張圖像看起來是 3 還是 7。
3. 根據這些預測，計算模型有多好（計算它的**損失**）。
4. 計算**梯度**，梯度代表每個權重的變化如何改變損失。
5. 根據計算的結果，**步進**（*step*）（也就是改變）所有權重。
6. 回到步驟 2，**重複**這個程序。
7. 反覆執行，直到你決定**停止**訓練程序為止（例如，因為模型已經夠好了，或你不想要再等下去了）。

這七個步驟，如圖 4-1 所示，是訓練所有深度學習模型的關鍵。深度學習只需要依靠這些步驟是很令人驚訝且違反直覺的，這些程序可以解決如此複雜的問題是很不可思議的事情。但是，你將會看到，它確實可以！

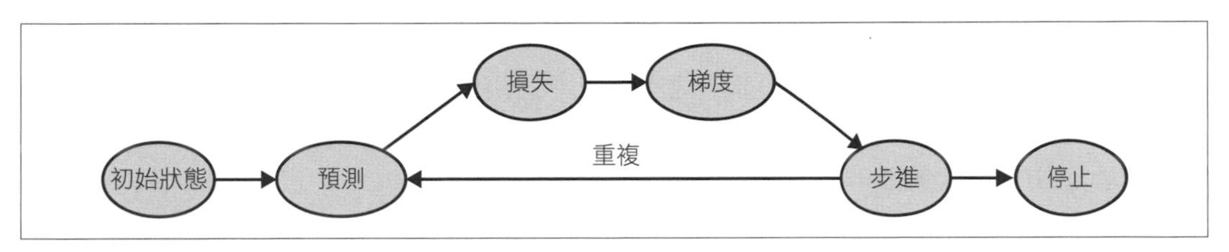


圖 4-1　梯度下降程序

這七個步驟都有很多種做法，我們將在本書其餘的內容中學習它們。它們是深深地影響深度學習從業者的細節，不過每一個步驟的做法都依循一些基本原則。以下列舉一些指導原則：

初始化

　　將參數的初始值設為隨機值，這可能會讓你嚇一跳，當然你也可以選擇其他的做法，例如將初始值設為該像素在那個類別觸發的百分比──但是因為我們已經有一個改善權重的程序了，所以事實上，在開始時直接使用隨機權重的效果非常好。

損失

　　這就是 Samuel 所說的**檢測目前分配的權重的實際表現**，我們要用一個函式來回傳一個數字，當模型的表現很好時，該數字比較小（標準的做法是將小損失視為好的，將大損失視為不好的，不過這只是一種習慣）。

步進

　　為了確定一個權重應該稍微增加還是稍微減少，有一種簡單的方法就是直接試著稍微增加那個權重，看看損失上升還是下降。當你找到正確的方向時，你就可以再稍微增加或減少那個量，直到找到表現好的量為止。但是，這種做法太慢了！我們將會看到，奇妙的微積分可以為每一個權重直接算出應該往哪個方向大概改變多少，我們不需要嘗試以上所有的小修改。做這項工作的方法就是藉著計算**梯度**。它其實只是性能優化法，我們也可以使用較慢的手動程序來取得一模一樣的結果。

停止

當我們決定要訓練模型多少個 epoch 之後（在前面的清單裡有給出一些建議），我們就採取那個決定。對數字分類模型而言，我們會持續訓練，直到模型的準確度開始變差，或是我們沒有時間為止。

在採取這些步驟來處理圖像分類問題之前，我們先用一個簡單的例子來說明它們的運作情況。首先，我們要定義一個非常簡單的函數，二次函數——假裝它是我們的損失函數，x 是函數的權重參數：

```
def f(x): return x**2
```

這是該函數的圖：

```
plot_function(f, 'x', 'x**2')
```

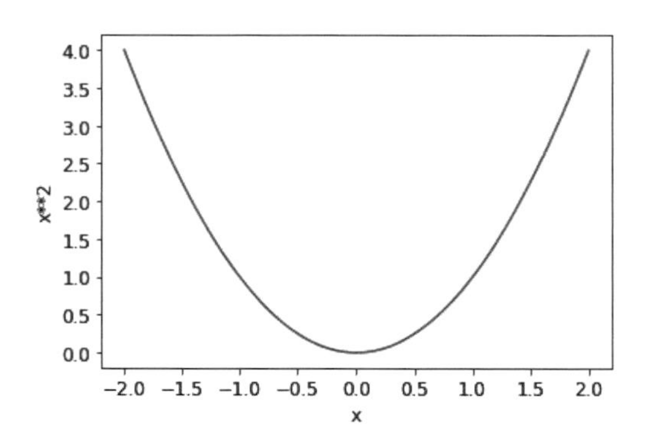


上述的步驟在一開始會先為參數選擇一個隨機值，並計算損失值：

```
plot_function(f, 'x', 'x**2')
plt.scatter(-1.5, f(-1.5), color='red');
```

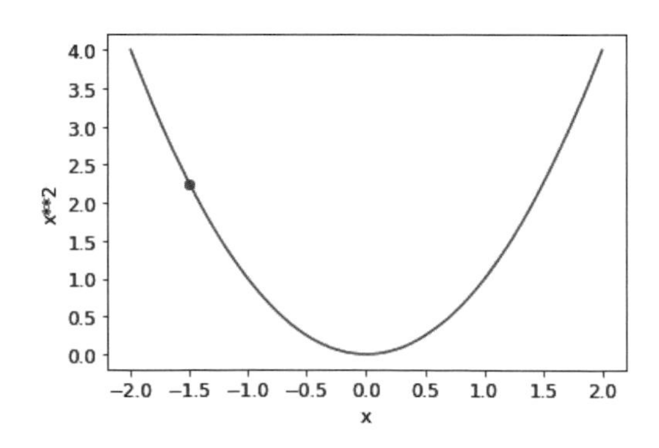

接下來，我們看看微幅增加或減少參數時會發生什麼事，也就是進行**調整**。這其實只是計算某一點的位置的斜率：

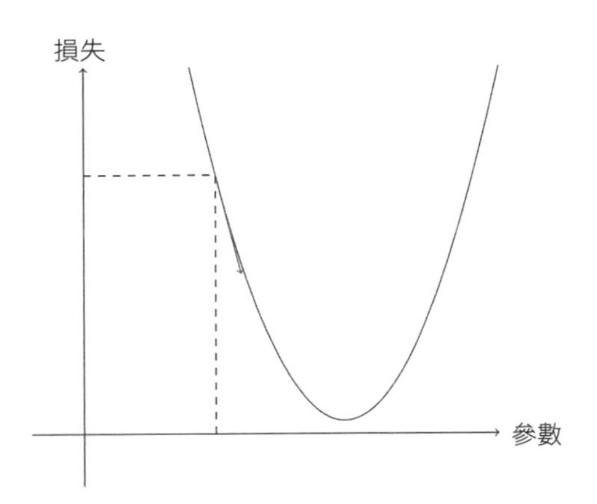


我們可以往傾斜的方向稍微修改權重，再次計算損失並進行調整，重複這個程序幾次。最後，我們會到達曲線的最低點：

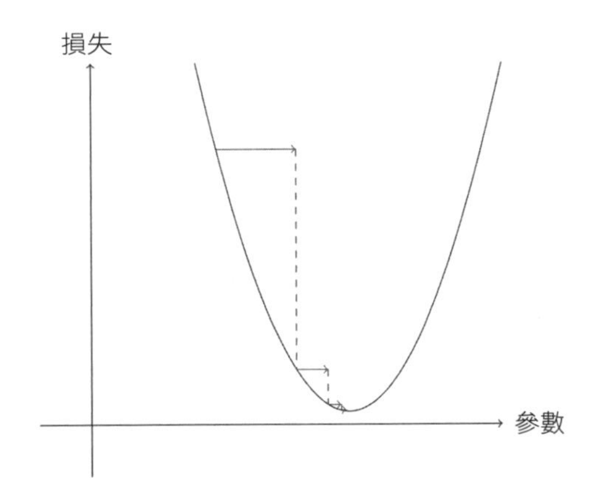


這個基本的概念可以追溯到牛頓，他指出，我們可以用這種方式優化任何一個函數。無論函數多麼複雜，這個基本的梯度下降方法都不會有太大的變化。本書稍後將會談到，唯一的小改變，就是有一些方便的方法可以讓它更快，藉著找出更好的步驟。

## 計算梯度

計算梯度是神奇的步驟。如前所述，我們用微積分來進行性能優化，它可讓我們在將參數往上或往下調時，更快速地計算損失會往上還是往下。換句話說，梯度可讓我們知道，我們必須改變每一個權重多少，才能讓模型更好。

你應該還記得，高中的微積分課裡面教過，函數的**導數**代表參數的變化對結果產生多大的影響。如果你忘記了，不要緊，很多人從高中畢業之後就忘掉微積分了！但是在你繼續閱讀之前，你必須稍微直觀地理解導數，如果你還不太清楚，請到 Khan Academy，完成那裡的基本導數課程（*https://oreil.ly/nyd0R*）。你不需要知道如何自行計算它們，只要知道什麼是導數即可。

導數的重點是：我們可以計算任何函數的導數，例如上一節的二次函數。導數是另一個函數。它計算的是變動，而不是值。例如，二次函數在值為 3 時的導數告訴我們那個函數在值為 3 時的變動速度有多快。更具體地說，或許你還記得，梯度的定義是 *rise/run*，也就是函數值的變動除以參數值的變動。知道函數會如何改變之後，我們就知道怎樣可以讓它更小。這就是機器學習的關鍵：設法改變函數的參數來讓它更小。微積分提供計算捷徑，也就是導數，讓我們可以直接計算函數的梯度。

有一個需要注意的重點在於，我們的函數有許多需要調整的權重，因此當我們計算導數時，我們不會得到一個數字，而是很多個，也就是每一個權重有一個梯度。但是這裡沒有麻煩的數學問題，你可以將所有其他權重視為常數來計算某個權重的導數，再用同一種方法重複處理其他的權重。這就是計算所有梯度的做法，針對每一個權重。

我們剛才提到，你不需要自行計算任何梯度，為何如此？令人讚嘆的是，PyTorch 幾乎可以自動計算任何函數的導數！更棒的是，它的計算速度飛快。大多數情況下，它的速度至少和你手工製作的任何導數函數一樣快。我們來看一個例子。

首先，我們選出一個張量值來計算梯度：

```
xt = tensor(3.).requires_grad_()
```

看到特殊方法 `requires_grad_` 了嗎？我們用它來讓 PyTorch 知道我們想要計算該變數在那個值時的梯度，這其實是在標記變數，讓 PyTorch 可以在你將來要求時記得追蹤梯度的計算方法。

*Alexis* 說

如果你來自數學或物理領域，這個 API 可能會讓你感到困惑。在那些背景中，函數的「梯度」是另一個函數（也就是它的導數），所以你可能認為與梯度有關的 API 會給你新函數。但是在深度學習中，「梯度」通常代表函數在特定引數值的導數的值。PyTorch API 也將重點放在引數上，不是實際計算梯度的函數上。你可能會覺得落後，但是這只是不同的角度。

接著，我們用那個值來計算函式。注意，PyTorch 不僅會印出算出來的值，也會印出一個說明，敘述它有一個梯度函數，可在需要時用來計算梯度：

```
yt = f(xt)
yt
```

```
tensor(9., grad_fn=<PowBackward0>)
```

最後，我們要求 PyTorch 為我們計算梯度：

```
yt.backward()
```

這裡的「backward」代表**反向傳播**，它是計算「每一層的導數」這個程序的名稱。在第 17 章，當我們從零開始計算深度神經網路的梯度時，將會看到這是怎麼做的。它稱為網路的**反向傳遞**，與計算觸發輸出的**前向傳遞**相反。若是直接將 `backward` 稱為 `calculate_grad` 可以省掉很多麻煩，深度學習的人真是愛用新術語。

現在我們可以檢查張量的 `grad` 屬性來查看梯度了：

```
xt.grad
```

```
tensor(6.)
```

如果你還記得高中的微積分規則，`x**2` 的導數是 `2*x`，而 `x=3`，所以梯度是 `2*3=6`，這就是 PyTorch 為我們算出來的結果！

接下來，我們重複之前的步驟，但是讓函式使用向量引數：

```
xt = tensor([3.,4.,10.]).requires_grad_()
xt
```

```
tensor([ 3., 4., 10.], requires_grad=True)
```

我們在函式後面加上 `sum`，讓它接收一個向量（也就是 rank-1 張量）並回傳一個純量（也就是 rank-0 張量）：

```
def f(x): return (x**2).sum()

yt = f(xt)
yt
```

```
tensor(125., grad_fn=<SumBackward0>)
```

我們的梯度是 `2*xt`，不出所料！

```
yt.backward()
xt.grad
```

```
tensor([ 6., 8., 20.])
```

梯度只告訴我們函數的斜率，沒有告訴我們要將參數調整多遠。但是它們確實提供一些關於多遠的概念：如果斜率很大，可能代表我們需要做更多調整，如果斜率很小，可能代表我們很接近最佳值。

## 使用學習速度來步進

根據梯度值來改變參數是深度學習程序很重要的部分。幾乎所有方法在一開始都會將梯度乘以一些小數字（稱為**學習率**（*learning rate*，LR））。LR 通常是介於 0.001 和 0.1 之間的數字，雖然它可以是任何值。一般人選擇 LR 的方法通常是直接嘗試一些，並且在訓練後，選出哪一個產生最好的模型（本書稍後會介紹更好的方法，稱為 *learning rate finder*）。選好 LR 之後，你就可以用這個簡單的函數來調整參數了：

```
w -= w.grad * lr
```

這種做法稱為**步進**（*stepping*）你的參數，使用**優化步**（*optimization step*）。

如果你選擇的 LR 太小，你可能要做很多步，圖 4-2 就是這種情況。

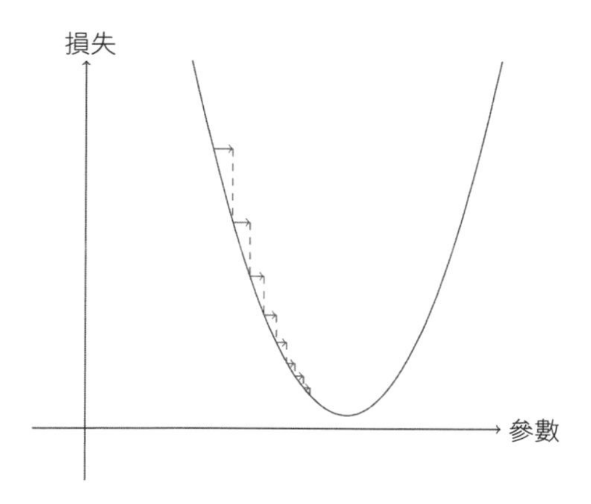


圖 4-2 使用低 LR 的梯度下降

但是選擇太高的 LR 可能更糟，它可能導致損失變*更差*，如圖 4-3 所示！

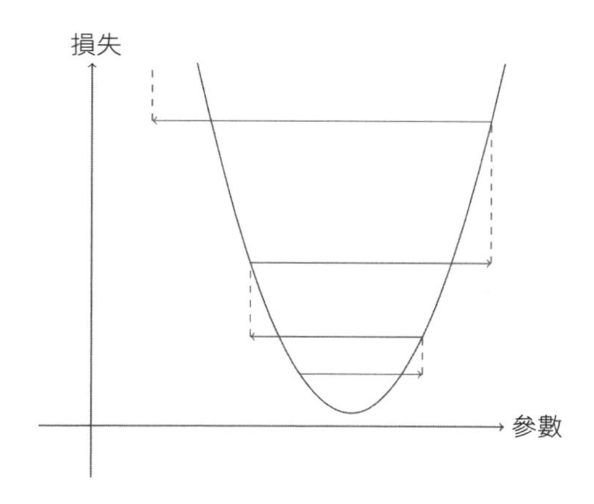


圖 4-3 使用高 LR 的梯度下降

如果 LR 太高，它可能也會四處「彈跳」，而不是收斂，圖 4-4 是走太多步才成功訓練的結果。

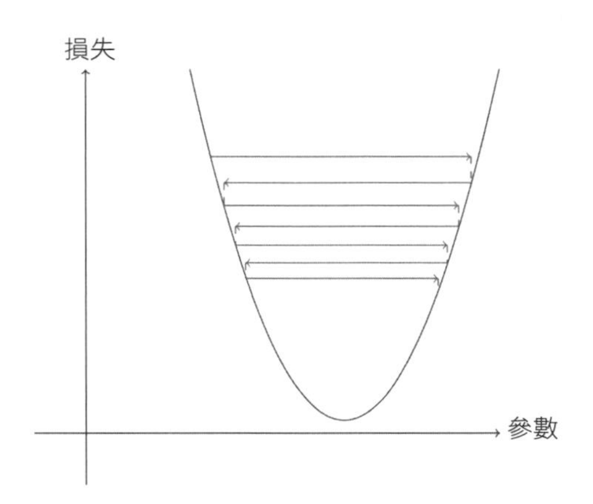


**圖 4-4　使用造成彈跳的 LR 的梯度下降**

接下來，我們用一個完整的例子來使用所有的概念。

## 完整的 SGD 範例

我們已經知道如何使用梯度來將損失最小化了。接下來，我們來看一個 SGD 範例，看看如何利用「找出最小值」來訓練出更擬合資料的模型。

我們從一個簡單的、合成的範例模型看起。假設你要測量雲霄飛車越過山頂時的速度。它一開始的速度很快，然後在上山的過程中變慢，在山頂最慢，下山時再次加速。你要建立一個描述速度如何隨著時間變化的模型。如果你每 20 秒手動測量一次速度，它可能是這樣：

```
time = torch.arange(0,20).float(); time
```

```
tensor([ 0.,  1.,  2.,  3.,  4.,  5.,  6.,  7.,  8.,  9., 10., 11., 12., 13.,
 > 14., 15., 16., 17., 18., 19.])
```

```
speed = torch.randn(20)*3 + 0.75*(time-9.5)**2 + 1
plt.scatter(time,speed);
```

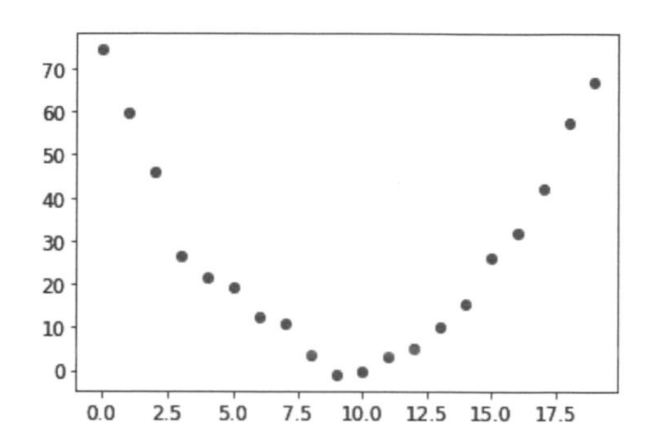


因為人工測量不精準，所以我們加入了一些隨機的雜訊，所以「雲霄飛車的速度是多少？」這個問題不太容易回答。使用 SGD 時，我們可以試著找出符合我們觀察的函數。我們沒辦法考慮每一種函數，因此猜測它是二次的，也就是這種形式的函數：`a*(time**2)+(b*time)+c`。

我們想要清楚地分開函式的輸入（當我們測量雲霄飛車的速度時的時間）與它的參數（定義我們在嘗試**哪個**二次方程式）。因此，我們將所有參數整合成一個引數，在函式的簽章中，將輸入 `t` 與參數 `params` 區分開來，

```
def f(t, params):
    a,b,c = params
    return a*(t**2) + (b*t) + c
```

換句話說，我們將「找到最擬合資料的函數」這個問題限制成「找到最好的*二次*函數」。這可以大幅簡化問題，因為每一個二次函數都是完全以三個參數定義的，`a`、`b` 與 `c`。我們只要找出 `a`、`b` 與 `c` 的最佳值，就可以找出最好的二次函數了。

如果我們可以解決這個問題，我們就能夠用同樣的方法來處理更複雜的、有更多參數的其他函數，例如神經網路。我們先來找出 `f` 的參數，再回來用神經網路和 MNIST 資料組做同一件事。

我們要先定義「最好的」是什麼意思。這正是用**損失函數**來定義的，這個函數會根據預測與目標回傳一個值，函數產生低值代表「比較好」的預測。連續的資料通常使用**均方誤差**：

```
def mse(preds, targets): return ((preds-targets)**2).mean()
```

接著，我們來執行七個步驟的程序。

## 第 1 步：將參數初始化

首先，我們將參數初始化為隨機值，並使用 requires_grad_ 告訴 PyTorch 我們想要追蹤它們的梯度：

```
params = torch.randn(3).requires_grad_()
```

## 第 2 步：計算預測

接著計算預測：

```
preds = f(time, params)
```

我們製作一個小函式，來觀察預測離目標有多近：

```
def show_preds(preds, ax=None):
    if ax is None: ax=plt.subplots()[1]
    ax.scatter(time, speed)
    ax.scatter(time, to_np(preds), color='red')
    ax.set_ylim(-300,100)

show_preds(preds)
```

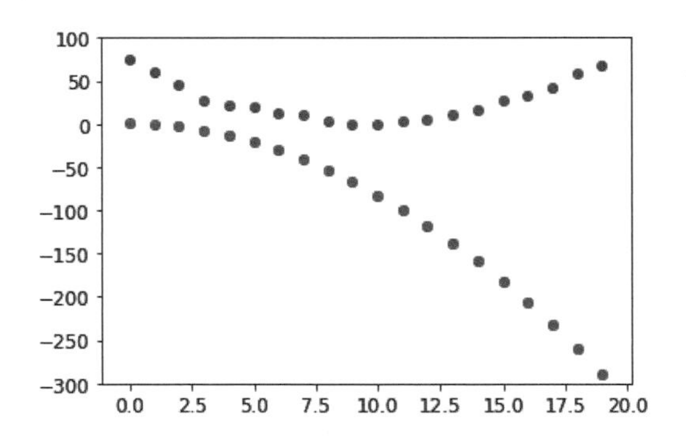


看起來不太近，我們的隨機參數指出，雲霄飛車最後會倒退，因為我們得到負的速度！

## 第 3 步：計算損失

我們這樣計算損失：

```
loss = mse(preds, speed)
loss

tensor(25823.8086, grad_fn=<MeanBackward0>)
```

現在我們的目標是改善它，為此，我們需要知道梯度。

## 第 4 步：計算梯度

下一步是計算梯度，或參數大約需要改變多少：

```
loss.backward()
params.grad
```

```
tensor([-53195.8594,  -3419.7146,   -253.8908])
```

```
params.grad * 1e-5
```

```
tensor([-0.5320, -0.0342, -0.0025])
```

我們可以使用這些梯度來改善參數。我們要選擇 LR（下一章會討論如何實際選擇，目前我們直接使用 1e-5 或 0.00001）：

```
params
```

```
tensor([-0.7658, -0.7506, 1.3525], requires_grad=True)
```

## 第 5 步：步進權重

根據剛才算出來的梯度更改參數：

```
lr = 1e-5
params.data -= lr * params.grad.data
params.grad = None
```

*Alexis* 說

理解這些程式需要記得之前發生過的事情。我們對著 loss 呼叫 backward 來計算梯度。但是這個 loss 本身是用 mse 計算的，mse 接收 preds 作為輸入，preds 是使用 f 來計算的，f 接收 params 參數，params 是原本稱為 required_grads_ 的物件——它是讓我們現在可以對著 loss 呼叫 backward 的原始函式。這一連串的函式呼叫代表函式的數學成分，它可讓 PyTorch 在底層使用微積分的連鎖率來計算這些梯度。

我們來看看 loss 是否改善了：

```
preds = f(time,params)
mse(preds, speed)
```

```
tensor(5435.5366, grad_fn=<MeanBackward0>)
```

並且看一下圖：

```
show_preds(preds)
```

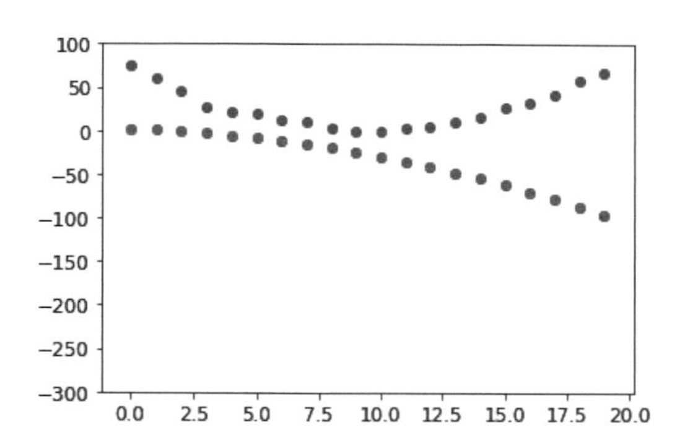

我們要重複做這件事好幾次，所以建立一個函式來執行一次步進：

```
def apply_step(params, prn=True):
    preds = f(time, params)
    loss = mse(preds, speed)
    loss.backward()
    params.data -= lr * params.grad.data
    params.grad = None
    if prn: print(loss.item())
    return preds
```

## 第 6 步：重複這個程序

現在我們進行迭代。我們希望藉著反覆迭代和執行多次改善來得到好結果：

```
for i in range(10): apply_step(params)
```

```
5435.53662109375
1577.4495849609375
847.3780517578125
709.22265625
683.0757446289062
678.12451171875
677.1839599609375
677.0025024414062
676.96435546875
676.9537353515625
```

損失一如預期地下降了！但是只觀察損失數字無法看出一件事：在尋找潛在最佳二次函數的過程中，每一次迭代都意味著嘗試一個完全不同的二次函數。如果我們改成畫出每一次步進的函數，而不是印出損失函數，我們就可以直觀地看到這個過程。接著，我們就可以看出函數的外形如何接近資料的潛在最佳二次函數：

```
_,axs = plt.subplots(1,4,figsize=(12,3))
for ax in axs: show_preds(apply_step(params, False), ax)
plt.tight_layout()
```

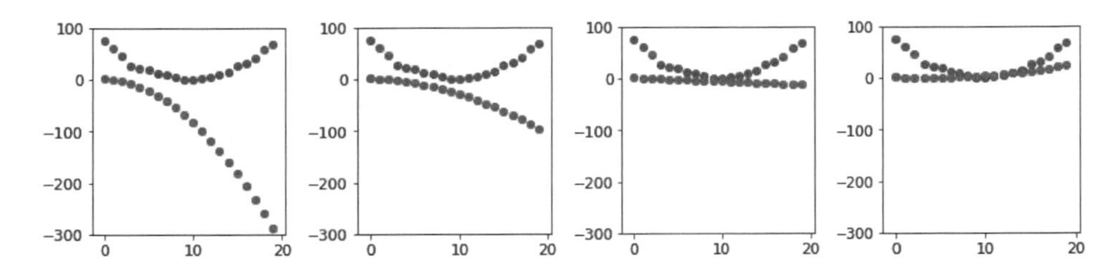

## 第 7 步：停止

我們任意決定在 10 個 epoch 之後停止。如前所述，在實務上，我們會觀察訓練和驗證損失與 metric 來決定何時停止。

# 梯度下降總結

現在你已經知道每一步發生什麼事了，我們來看一下梯度下降程序圖表（圖 4-5）並且快速回顧一下。

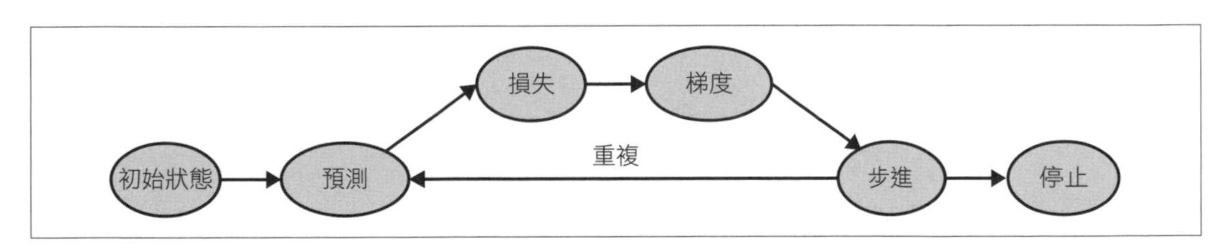


圖 4-5　梯度下降程序

在一開始，模型的權重可以是隨機值（**從零開始訓練**）或來自預訓模型（**遷移學習**）。使用隨機值時，用輸入產生的輸出與我們想要的東西沒有任何關係，即使使用預訓模型，它也很可能不擅長處理我們想處理的任務。

首先，我們使用**損失函數**，拿模型的輸出與目標做比較（我們有「有標籤的資料」，所以知道模型應該提供什麼結果），損失函數回傳一個數字，我們希望藉著改善權重來讓那個數字越低越好。為此，我們從訓練組取出一些資料項目（例如圖像），並且將它們傳給模型。我們使用損失函數來比較相應的目標，得到的分數可以告訴我們預測值的錯誤程度，我們再稍微改變權重來讓它更好一些。

為了知道如何改變權重來讓損失更好一些，我們使用微積分來計算**梯度**。（其實我們讓 PyTorch 為我們做這件事！）打個比方，假如你在山裡迷路了，你的車停在最低點。為了回到車上，你可能會往隨機的方向徘徊，但是這應該沒有太大幫助。因為你知道車子在最低點，所以最好是往山下走。如果你總是朝著最陡的下坡處走下一步，你應該就會到達你的目的地。我們使用梯度的量（也就是坡的陡度）來告訴我們一步要走多遠，具體來說，我們將梯度乘以一個我們所選擇的數字，稱為**學習率**，來決定步進大小。然後我們**迭代**同樣的操作，直到到達最低點為止，也就是停車場，然後我們就可以**停止**了。

除了損失函數之外，上述的所有內容都可以直接轉換到 MNIST 資料組。現在，我們來看看如何定義好的訓練目標。

# MNIST 損失函數

我們已經有 xs 了，也就是自變數，即圖像本身。我們可以將它們都串接成一個張量，並且將它們從一串矩陣（rank-3 張量）變成一串向量（rank-2 張量）。我們可以使用 `view` 來做這件事，它是一個 PyTorch 方法，可以改變張量的 shape 而不改變它的內容。`-1` 是個特殊的 `view` 參數，代表「讓該軸大到足以容納所有的資料」：

```
train_x = torch.cat([stacked_threes, stacked_sevens]).view(-1, 28*28)
```

我們要讓每張圖像有一個標籤。我們將使用 `1` 來代表 3，使用 `0` 來代表 7：

```
train_y = tensor([1]*len(threes) + [0]*len(sevens)).unsqueeze(1)
train_x.shape,train_y.shape
```

```
(torch.Size([12396, 784]), torch.Size([12396, 1]))
```

檢索 PyTorch 的 `Dataset` 時，它要回傳一個 `(x,y)` tuple，Python 有個 `zip` 函式，當它與 `list` 一起使用可以產生這個功能：

```
dset = list(zip(train_x,train_y))
x,y = dset[0]
x.shape,y
```

```
(torch.Size([784]), tensor([1]))

valid_x = torch.cat([valid_3_tens, valid_7_tens]).view(-1, 28*28)
valid_y = tensor([1]*len(valid_3_tens) + [0]*len(valid_7_tens)).unsqueeze(1)
valid_dset = list(zip(valid_x,valid_y))
```

現在我們要讓每一個像素有一個（初始隨機）權重（這是我們的七步程序的初始步驟）：

```
def init_params(size, std=1.0): return (torch.randn(size)*std).requires_grad_()

weights = init_params((28*28,1))
```

函數 `weights*pixels` 不夠靈活，當像素等於 0 時，它永遠都等於 0（也就是它的**截距**是 0）。或許你還記得高中數學教過，一條線的公式是 `y=w*x+b`，我們還需要 `b`。我們也會將它的初始值設為隨機數字：

```
bias = init_params(1)
```

在神經網路裡，在公式 `y=w*x+b` 裡的 `w` 稱為**權重**，`b` 稱為**偏差項**（*bias*）。權重與偏差項一起構成**參數**。

術語：參數（*parameter*）

模型的**權重**與**偏差項**。權重是 `w*x+b` 裡的 `w`，偏差項是公式裡的 `b`。

我們現在可以為一張圖像計算預測了：

```
(train_x[0]*weights.T).sum() + bias

tensor([20.2336], grad_fn=<AddBackward0>)
```

雖然我們可以使用 Python 的 `for` 迴圈來計算每張圖像的預測，但這種做法非常慢。因為 Python 迴圈不是在 GPU 上執行的，而且 Python 執行迴圈的速度很慢，我們必須盡量使用更高階的函式來表示模型裡面的計算。

在這個例子裡，有一個非常方便的數學運算可以為矩陣的每一列計算 `w*x`，它稱為**矩陣乘法**。圖 4-6 是矩陣乘法的樣子。

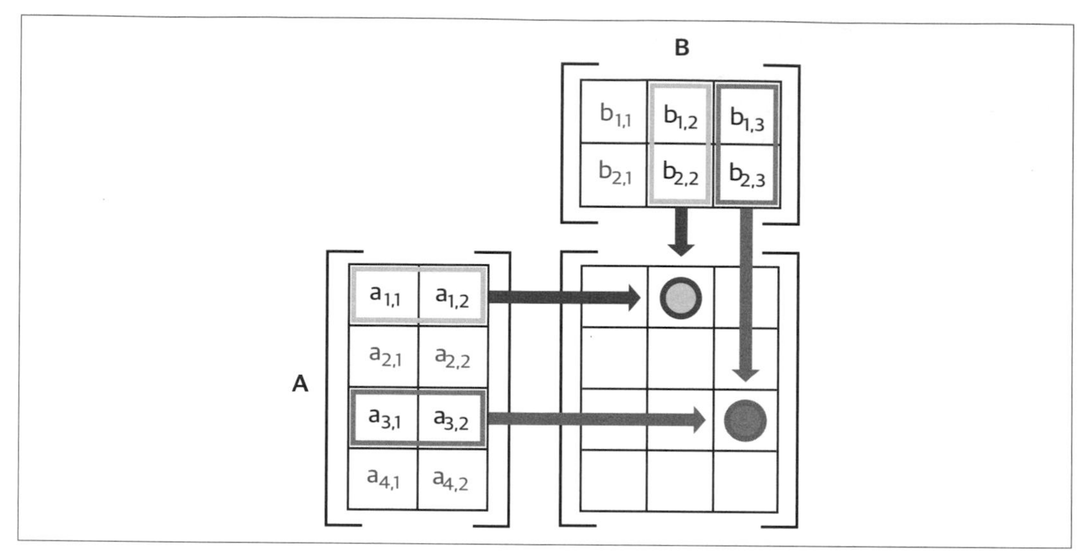


圖 4-6 矩陣乘法

這張圖展示兩個矩陣（A 與 B）相乘的情況。我們將結果稱為 AB，AB 的每一個項目都存有它對應的 A 列的每個項目乘以它對應的 B 行的每個項目再相加的結果。例如，第 1 列、第 2 行（紅邊的黃圓）的算法是 $a_{1,1} * b_{1,2} + a_{1,2} * b_{2,2}$。如果你需要複習矩陣乘法，我們推薦 Khan Academy 的「Intro to Matrix Multiplication」（*https://oreil.ly/w0XKS*），因為它是深度學習最重要的數學運算。

在 Python 裡，矩陣乘法是用 @ 運算子來表示的，我們來試試它：

```
def linear1(xb): return xb@weights + bias
preds = linear1(train_x)
preds
```

```
tensor([[20.2336],
        [17.0644],
        [15.2384],
        ...,
        [18.3804],
        [23.8567],
        [28.6816]], grad_fn=<AddBackward0>)
```

不出所料，第一個元素與我們之前算過的一樣。方程式 `batch @ weights + bias` 是任何一種神經網路的兩大基本方程式之一（另一種是**觸發函數**，很快就會介紹）。

我們來檢查準確度。確定輸出代表 3 還是 7 的方法是檢查它有沒有大於 0，因此，每一個項目的準確度可以這樣計算（使用廣播，所以沒有迴圈！）：

```
corrects = (preds>0.0).float() == train_y
corrects
```

```
tensor([[ True],
        [ True],
        [ True],
        ...,
        [False],
        [False],
        [False]])
```

```
corrects.float().mean().item()
```

```
0.4912068545818329
```

接下來我們來看稍微更改其中一個權重會讓準確度怎樣改變：

```
weights[0] *= 1.0001
```

```
preds = linear1(train_x)
((preds>0.0).float() == train_y).float().mean().item()
```

```
0.4912068545818329
```

正如我們所見，我們需要計算梯度，才能使用 SGD 來改善模型，為了計算梯度，我們需要代表模型有多好的**損失函數**，因為梯度就是損失函數在權重被微幅調整時如何改變的測量值。

因此，我們需要選擇一個損失函數。有一個明顯的選項是將準確度（它是我們的 metric）當成損失函數來使用，此時，我們會計算每一張圖的預測值，收集這些值來計算整體準確度，再計算每一個權重對整體準確度的梯度。

遺憾的是，這種做法有一個嚴重的技術問題。函數的梯度就是它的**斜率**，或它的陡度，它可以定義成 *rise/run*，也就是函數往上或往下移動多少除以輸入被改變多少，我們可以將它寫成數學形式：

```
(y_new - y_old) / (x_new - x_old)
```

當 `x_new` 非常接近 `x_old`，也就是它們的差非常小時，這個公式可以很好地近似梯度。但準確度只有在預測的結果從 3 變成 7 或反過來時才會改變，我們的問題在於，權重從 `x_old` 微幅變成 `x_new` 不太可能改變預測的結果，所以 `(y_new - y_old)` 幾乎都會是 0，換句話說，幾乎所有地方的梯度都是 0。

微幅改變權重值通常完全不會改變準確度，這意味著將準確度當成損失函數並不實用，如果我們這樣做，那麼梯度在大部分的情況下都是 0，模型無法用這個數字學到東西。

*Sylvain* 說

在數學術語中，準確度是一個幾乎在任何地方都是常數的函數（除了在閾值，0.5），所以它的導數幾乎到處都是零（在閾值是無限大）。它提供的梯度不是 0 就是無限大，根本無法用來更新模型。

我們希望當權重產生好一點的預測時，損失函數可以產生好一點的損失，「好一點的預測」到底長怎樣？用這個例子來說，它代表當正確答案是 3 時，分數就會高一些，但是當正確答案是 7 時，分數就要低一些。

我們來寫一個這種函數。它接收哪種形式的資料？

損失函數接收的不是圖像本身，而是模型的預測。因此，我們製作一個值介於 0 和 1 之間的引數 `prds`，它的每一個值都是對於圖像是不是 3 的預測。它是一個檢索圖像的向量（即 rank-1 張量）。

損失函數的目的是測量預測值與實際值（也就是目標，又稱為標籤）之間的差距。因此，我們製作另一個引數 `trgts`，它的值是 0 或 1，代表圖像實際上是不是 3。它也是一個檢索圖像的向量（即另一個 rank-1 張量）。

假如我們有三張圖像，它們是 3、7 與 3。假如我們的模型很有信心度（`0.9`）地預測第一個是 3，有輕微的信心度（`0.4`）地預測第二個是 7，有普通的信心度（`0.2`）但錯誤地預測最後一個是 7，那麼損失函數會收到這些輸入值：

```
trgts  = tensor([1,0,1])
prds   = tensor([0.9, 0.4, 0.2])
```

我們寫出第一個損失函數來測量預測和目標之間的距離：

```
def mnist_loss(predictions, targets):
    return torch.where(targets==1, 1-predictions, predictions).mean()
```

我們使用新函式，`torch.where(a,b,c)`。它與執行串列生成式 `[b[i] if a[i] else c[i] for i in range(len(a))]` 的效果一樣，只是它處理張量，用 C/CUDA 的速度。用白話來說，這個函式會測量真正答案是 1 的預測值與 1 之間的距離，以及真正答案是 0 的預測值與 0 之間的距離，然後取所有這些距離的平均值。

**閱讀文件**

學習這種 PyTorch 函式很重要，因為在 Python 用迴圈迭代張量是以 Python 速度執行的，不是 C/CUDA 速度！現在就執行 `help(torch.where)` 來閱讀這個函式的文件，或者，更好的做法是在 PyTorch 文件網站查詢它。

我們用 `prds` 和 `trgts` 來嘗試它：

```
torch.where(trgts==1, 1-prds, prds)
```

```
tensor([0.1000, 0.4000, 0.8000])
```

你可以看到，這個函式在預測的結果比較準確時、對於準確的預測有較高的信心度時（較高的絕對值）、對於不準確的預測有較低的信心度時，都會回傳一個較低的數字。在 PyTorch，損失函數的值都是越低越好。因為我們要讓最終損失是純量，所以用 `mnist_loss` 計算張量的平均值：

```
mnist_loss(prds,trgts)
```

```
tensor(0.4333)
```

例如，如果我們將對於目標為「false」的預測值從 `0.2` 改為 `0.8`，損失會下降，代表它是比較好的預測：

```
mnist_loss(tensor([0.9, 0.4, 0.8]),trgts)
```

```
tensor(0.2333)
```

目前的 `mnist_loss` 有一個問題在於，它假設預測總是介於 0 和 1 之間。我們必須確保情況確實如此！有一個函數剛好可以做到這一點，我們來看一下。

## Sigmoid

`sigmoid` 函數永遠都會輸出介於 0 和 1 的數字。它的定義是：

```
def sigmoid(x): return 1/(1+torch.exp(-x))
```

PyTorch 為我們定義了一個加速的版本，所以我們不需要自行編寫。sigmoid 在深度學習裡是個重要的函數，因為我們通常想要確保值介於 0 和 1 之間。這就是它的長相：

```
plot_function(torch.sigmoid, title='Sigmoid', min=-4, max=4)
```

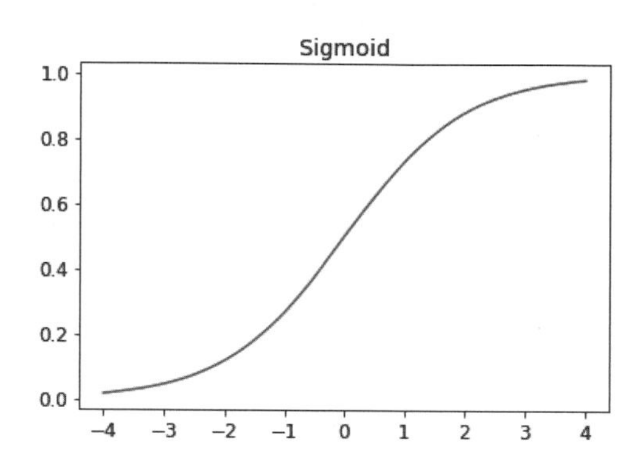


如你所見，它可接收任何輸入值，無論是正是負，並將它平滑化，變成介於 0 與 1 之間的輸出值。它是個只會上升的平滑曲線，可讓 SGD 更容易找到有意義的梯度。

我們來更改 `mnist_loss`，先對輸入套用 `sigmoid`：

```
def mnist_loss(predictions, targets):
    predictions = predictions.sigmoid()
    return torch.where(targets==1, 1-predictions, predictions).mean()
```

現在即使預測值不在 0 和 1 之間，我們也可以相信損失函式可以運作了。我們只要讓較高的預測對應較高的可信度。

定義損失函數之後，現在是歸納我們為什麼要這樣做的好時機。畢竟，我們已經有一個 metric 了，它是整體的準確度，那為什麼還要定義損失？

關鍵的差異在於，metric 是為了協助人類理解，而損失是為了推動自動化學習。為了推動自動化學習，損失必須是一個具有「有意義的導數」的函數。它不能有很大的平坦區域或很大的跳躍，而是必須相當平穩。這就是為什麼我們要設計一個可以對信心度的微小改變做出反應的損失函數。這個要求意味著，有時它無法真正反映出我們試著達到的目標，而是一個在「我們真正的目標」與「可用梯度來優化的函數」之間妥協的方案。我們會用損失函數來計算資料組的每一個項目，在一個 epoch 結束時，我們計算所有損失值的平均值，並回報該 epoch 的整體平均值。

另一方面，metric 是我們在乎的數據。它們是在每一個 epoch 結束時印出來的值，目的是告訴我們模型的表現如何。重要的是，在評估模型的性能時，我們要學習關注這些 metric，而不是損失。

## SGD 與小批次

有了一個適合用來進行 SGD 的損失函數之後，我們可以考慮涉及學習程序的下一個階段的細節，也就是根據梯度來改變或更新權重，這個階段稱為**優化步驟**。

在進行優化步驟時，我們必須計算一或多個資料項目的損失。我們該使用多少項目？我們可以為整個資料組計算損失，並且計算平均值，或是為一個資料項目計算損失。但是這兩種做法都不理想。為整個資料組計算損失需要很多時間。為一個項目計算損失所使用的資訊太少，所以會算出不精確且不穩定的梯度。雖然你費盡心思地更新了權重，卻只估計那些更新將如何改善處理單一項目時的性能。

因此，我們做出妥協：一次計算一些資料項目的平均損失，這種做法稱為**小批次**（*mini-batch*）。在小批次裡的資料項目數量稱為**批次大小**（*batch size*）。較大的批次大小代表損失函數可以給你更準確且更穩定的資料組梯度估計，但是比較耗時，而且每個 epoch 處理的批次較少。身為一位深度學習實踐者，為了快速且準確地訓練你的模型，選擇好的批次大小是你必須做出的決定。我們將在這本書裡討論如何做出這種選擇。

使用小批次，而不是計算個別資料項目的梯度的另一個理由是，在實務上，我們幾乎總是在 GPU 這類的加速設備上進行訓練。唯有讓這些加速設備同時處理許多工作才能充分發揮它們的功能，所以提供許多資料項目讓它們處理是很有幫助的。使用小批次是做這種事情的最佳手段之一。但是，如果你一次給它們太多資料來處理，它們會用盡記憶體，討 GPU 歡心真不是件容易的事！

正如你在第 2 章討論資料擴增時看到的，如果我們可以在訓練期變動內容，我們就可以得到更好的類推能力。我們有一種簡單且有效的東西可以改變——放入各個小批次的資料項目。我們通常不會在每一個 epoch 裡單純地依序枚舉資料組，而是會在每一個 epoch 隨機洗亂它，再建立小批次。PyTorch 與 fastai 提供了進行這種洗亂與小批次整理的類別，稱為 `DataLoader`。

`DataLoader` 可以接收任何 Python 集合，並將它轉換成多批次迭代器，例如：

```
coll = range(15)
dl = DataLoader(coll, batch_size=5, shuffle=True)
list(dl)
```

```
[tensor([ 3, 12,  8, 10,  2]),
 tensor([ 9,  4,  7, 14,  5]),
 tensor([ 1, 13,  0,  6, 11])]
```

我們不能用任意的 Python 集合來訓練模型，而是要使用包含自變數和因變數的集合（模型的輸入與目標）。在 PyTorch 裡，包含自變數 / 因變數 tuple 的集合稱為 Dataset。這個例子是一個非常簡單的 Dataset：

```
ds = L(enumerate(string.ascii_lowercase))
ds
```

```
(#26) [(0, 'a'),(1, 'b'),(2, 'c'),(3, 'd'),(4, 'e'),(5, 'f'),(6, 'g'),(7,
 > 'h'),(8, 'i'),(9, 'j')...]
```

將 Dataset 傳給 DataLoader 之後，我們可以取回許多小批次，裡面有自變數與因變數批次張量 tuple：

```
dl = DataLoader(ds, batch_size=6, shuffle=True)
list(dl)
```

```
[(tensor([17, 18, 10, 22,  8, 14]), ('r', 's', 'k', 'w', 'i', 'o')),
 (tensor([20, 15,  9, 13, 21, 12]), ('u', 'p', 'j', 'n', 'v', 'm')),
 (tensor([ 7, 25,  6,  5, 11, 23]), ('h', 'z', 'g', 'f', 'l', 'x')),
 (tensor([ 1,  3,  0, 24, 19, 16]), ('b', 'd', 'a', 'y', 't', 'q')),
 (tensor([2, 4]), ('c', 'e'))]
```

現在我們可以用 SGD 編寫第一個模型訓練迴圈了！

# 整合

是時候實作圖 4-1 的流程了。在程式裡，每一個 epoch 的程序是這樣實作的：

```
for x,y in dl:
    pred = model(x)
    loss = loss_func(pred, y)
    loss.backward()
    parameters -= parameters.grad * lr
```

我們先將參數初始化：

```
weights = init_params((28*28,1))
bias = init_params(1)
```

用 Dataset 建立 DataLoader：

```
dl = DataLoader(dset, batch_size=256)
xb,yb = first(dl)
xb.shape,yb.shape
```

```
(torch.Size([256, 784]), torch.Size([256, 1]))
```

為驗證組做同一件事：

```
valid_dl = DataLoader(valid_dset, batch_size=256)
```

建立大小為 4 的小批次，以供測試：

```
batch = train_x[:4]
batch.shape
```

```
torch.Size([4, 784])
```

```
preds = linear1(batch)
preds
```

```
tensor([[-11.1002],
        [  5.9263],
        [  9.9627],
        [ -8.1484]], grad_fn=<AddBackward0>)
```

```
loss = mnist_loss(preds, train_y[:4])
loss
```

```
tensor(0.5006, grad_fn=<MeanBackward0>)
```

計算梯度：

```
loss.backward()
weights.grad.shape,weights.grad.mean(),bias.grad
```

```
(torch.Size([784, 1]), tensor(-0.0001), tensor([-0.0008]))
```

將它們全部放入函式：

```
def calc_grad(xb, yb, model):
    preds = model(xb)
    loss = mnist_loss(preds, yb)
    loss.backward()
```

測試它：

```
calc_grad(batch, train_y[:4], linear1)
weights.grad.mean(),bias.grad
```

```
(tensor(-0.0002), tensor([-0.0015]))
```

不過，看一下呼叫它兩次時會怎樣：

```
calc_grad(batch, train_y[:4], linear1)
weights.grad.mean(),bias.grad
```

```
(tensor(-0.0003), tensor([-0.0023]))
```

梯度改變了！原因是 loss.backward 將 loss 的梯度加到目前儲存的梯度上。因此，我們必須先將當前的梯度設為 0：

```
weights.grad.zero_()
bias.grad.zero_();
```

### 就地操作

在名稱的結尾有底線的 PyTorch 方法會就地修改它們的物件。例如，bias.zero_ 會將張量 bias 的所有元素設為 0。

最後一步是用梯度和 LR 來更新權重與偏差項。做這件事時，我們也要告訴 PyTorch 不要在這一步計算梯度，否則，當我們在下一個批次計算導數時，事情會一團亂！如果我們指派給張量的 data 屬性，PyTorch 就不會取那一步的梯度。這是一個 epoch 的基本訓練迴圈：

```
def train_epoch(model, lr, params):
    for xb,yb in dl:
        calc_grad(xb, yb, model)
        for p in params:
            p.data -= p.grad*lr
            p.grad.zero_()
```

我們也想要查看驗證組的準確度來檢查成果，我們可以直接檢查輸出是不是大於 0.5，來確定它代表 3 還是 7。因此，每一個項目的準確度可以這樣計算（使用廣播，所以沒有迴圈！）：

```
(preds>0.5).float() == train_y[:4]
```

```
tensor([[False],
        [ True],
        [ True],
        [False]])
```

我們可以用這個函式來計算驗證準確度：

```
def batch_accuracy(xb, yb):
    preds = xb.sigmoid()
```

```
    correct = (preds>0.5) == yb
    return correct.float().mean()
```

確認它可以動作：

```
batch_accuracy(linear1(batch), train_y[:4])
```

```
tensor(0.5000)
```

然後將批次放在一起：

```
def validate_epoch(model):
    accs = [batch_accuracy(model(xb), yb) for xb,yb in valid_dl]
    return round(torch.stack(accs).mean().item(), 4)
```

```
validate_epoch(linear1)
```

```
0.5219
```

這就是我們的起始點。我們來訓練一個 epoch，看看準確度是否改善：

```
lr = 1.
params = weights,bias
train_epoch(linear1, lr, params)
validate_epoch(linear1)
```

```
0.6883
```

做更多訓練：

```
for i in range(20):
    train_epoch(linear1, lr, params)
    print(validate_epoch(linear1), end=' ')
```

```
0.8314 0.9017 0.9227 0.9349 0.9438 0.9501 0.9535 0.9564 0.9594 0.9618 0.9613
 > 0.9638 0.9643 0.9652 0.9662 0.9677 0.9687 0.9691 0.9691 0.9696
```

看起來很好！我們已經取得與「像素相似性」方法差不多的準確度，並且完成一個通用的建構基礎了。下一步是建立一個為我們處理 SGD 步驟的物件。在 PyTorch，它稱為 *optimizer*。

## 建立 optimizer

因為這個基礎如此通用，PyTorch 提供一些實用的類別來讓它更容易實作。首先，我們可以將線性函數換成 PyTorch 的 `nn.Linear` 模組（*module*）。模組就是 PyTorch 的 `nn.Module` 類別的子類別的物件。這個類別的物件的行為與標準 Python 的函式一模一樣，你可以用括號來呼叫它們，它們會回傳模型的觸發輸出（activation）。

nn.Linear 做的事情與 init_params 和 linear 一起做的事一樣。它在一個類別裡面存放**權重**與**偏差項**。我們這樣複製上一節的模型：

```
linear_model = nn.Linear(28*28,1)
```

每一個 PyTorch 模組都知道它有哪些參數可以訓練，你可以用 parameters 方法來取得它們：

```
w,b = linear_model.parameters()
w.shape,b.shape
```

```
(torch.Size([1, 784]), torch.Size([1]))
```

我們可以用這個資訊來建立 optimizer：

```
class BasicOptim:
    def __init__(self,params,lr): self.params,self.lr = list(params),lr

    def step(self, *args, **kwargs):
        for p in self.params: p.data -= p.grad.data * self.lr

    def zero_grad(self, *args, **kwargs):
        for p in self.params: p.grad = None
```

我們傳入模型的參數來建立 optimizer：

```
opt = BasicOptim(linear_model.parameters(), lr)
```

現在訓練迴圈可以簡化成：

```
def train_epoch(model):
    for xb,yb in dl:
        calc_grad(xb, yb, model)
        opt.step()
        opt.zero_grad()
```

驗證函式完全不需要修改：

```
validate_epoch(linear_model)
```

```
0.4157
```

我們將訓練迴圈放入函式，讓事情更簡單：

```
def train_model(model, epochs):
    for i in range(epochs):
        train_epoch(model)
        print(validate_epoch(model), end=' ')
```

結果與上一節一樣：

```
train_model(linear_model, 20)
```

```
0.4932 0.8618 0.8203 0.9102 0.9331 0.9468 0.9555 0.9629 0.9658 0.9673 0.9687
 > 0.9707 0.9726 0.9751 0.9761 0.9761 0.9775 0.978 0.9785 0.9785
```

fastai 有個 SGD 類別，在預設情況下，它做的事情與 BasicOptim 一樣：

```
linear_model = nn.Linear(28*28,1)
opt = SGD(linear_model.parameters(), lr)
train_model(linear_model, 20)
```

```
0.4932 0.852 0.8335 0.9116 0.9326 0.9473 0.9555 0.9624 0.9648 0.9668 0.9692
 > 0.9712 0.9731 0.9746 0.9761 0.9765 0.9775 0.978 0.9785 0.9785
```

fastai 也有 Learner.fit，我們可以用它來取代 train_model。為了建立 Learner，我們要先建立一個 DataLoaders，在建立時將訓練和驗證 DataLoader 傳給它：

```
dls = DataLoaders(dl, valid_dl)
```

為了建立 Learner 而不使用應用程式（例如 cnn_learner），我們必須傳入本章已經建立的所有元素：DataLoaders、模型、優化函式（會傳入參數）、損失函數，以及（選擇性的）要印出來的任何 metric：

```
learn = Learner(dls, nn.Linear(28*28,1), opt_func=SGD,
                loss_func=mnist_loss, metrics=batch_accuracy)
```

現在可以呼叫 fit 了：

```
learn.fit(10, lr=lr)
```

| epoch | train_loss | valid_loss | batch_accuracy | time |
|---|---|---|---|---|
| 0 | 0.636857 | 0.503549 | 0.495584 | 00:00 |
| 1 | 0.545725 | 0.170281 | 0.866045 | 00:00 |
| 2 | 0.199223 | 0.184893 | 0.831207 | 00:00 |
| 3 | 0.086580 | 0.107836 | 0.911187 | 00:00 |
| 4 | 0.045185 | 0.078481 | 0.932777 | 00:00 |
| 5 | 0.029108 | 0.062792 | 0.946516 | 00:00 |
| 6 | 0.022560 | 0.053017 | 0.955348 | 00:00 |
| 7 | 0.019687 | 0.046500 | 0.962218 | 00:00 |
| 8 | 0.018252 | 0.041929 | 0.965162 | 00:00 |
| 9 | 0.017402 | 0.038573 | 0.967615 | 00:00 |

如你所見，PyTorch 和 fastai 類別沒有什麼特別的，它們只是讓你過得輕鬆一些的方便包裝而已！（它們也提供一些額外的功能，接下來的章節將使用它們。）

我們現在可以使用這些類別，將線性模型換成神經網路了。

# 加入非線性函數

我們已經完成一個將函數參數最佳化的通用程序，並且用一個無聊的功能（簡單的線性分類器）來嘗試它了。線性分類模型的功能有限，為了讓它更複雜一些（而且能夠處理更多任務），我們要在兩種線性分類模型之間加入某種非線性的東西（也就是與 ax+b 不同的東西），這就是神經網路。

這是基本神經網路的完整定義：

```
def simple_net(xb):
    res = xb@w1 + b1
    res = res.max(tensor(0.0))
    res = res@w2 + b2
    return res
```

就這樣！在 `simple_net` 裡面只有兩個線性分類模型，以及它們之間的一個 `max` 函式。

在此，`w1` 與 `w2` 是權重張量，`b1` 與 `b2` 是偏差張量，也就是說，參數最初是隨機初始化的，就像我們在上一節所做的那樣：

```
w1 = init_params((28*28,30))
b1 = init_params(30)
w2 = init_params((30,1))
b2 = init_params(1)
```

重點是，`w1` 有 30 個輸出觸發（意思是 `w2` 必須有 30 個輸入觸發，這樣子它們才能相符）。這意味著第一層可以建構 30 個不同的特徵，每一個都代表不同的像素的混合。你可以將 30 改為你喜歡的任何數量，來讓模型更複雜或更簡單。

`res.max(tensor(0.0))` 這個小函式稱為**整流線性單位函數**（*rectified linear unit*），也稱為 *ReLU*。我想，我們都同意，**整流線性單位函數**聽起來既天馬行空且複雜…但實際上，它只不過是 `res.max(tensor(0.0))`，換句話說，就是將所有負數都換成零。PyTorch 也以 `F.relu` 提供這個小函數：

```
plot_function(F.relu)
```

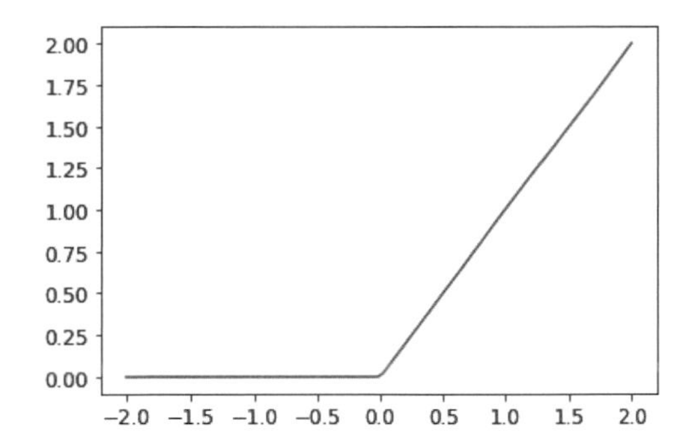

*Jeremy* 說

深度學習有大量術語，包括整流線性單位函數這種詞彙。正如我們在這個例子中看到的那樣，這些術語大部分都可以用一小段程式來實作，沒那麼複雜。事情的真相是，學術界為了讓論文可以發表，必須想盡辦法讓它們聽起來令人印象深刻且具備先進感，其中一種做法是使用術語。遺憾的是，這種做法會讓這個領域變得更嚇人且難以入門，與它的原貌相去甚遠。雖然你仍然要學習術語，因為若非如此，你就無法閱讀其他的論文和課程了，但這不代表你要對它們退避三舍。你只要記住，當你遇到沒有看過的字詞時，它們幾乎都只是代表一個非常簡單的概念即可。

這裡要說的基本概念是，藉著使用更多線性層，我們可以讓模型做更多計算，因而模擬更複雜的函數。但是，如果只是將一個線性布局直接放在另一個的後面是沒有意義的，因為「將數字相乘再將它們加總很多次」可以換成「將不同的數字相乘再將它們加總一次」！也就是說，一系列任意數量的線性層可以換成一個參數不一樣的線性層。

但如果在它們之間放入非線性函數，例如 `max`，情況就不是這樣了。現在每一個線性層都與其他層脫鉤，可以做它自己的實用工作。`max` 函數特別有趣，因為它的動作就是個簡單的 `if` 陳述式。

*Sylvain* 說

從數學上講，兩個線性函數的組合就是另一個線性函數。因此，當我們堆疊任意數量的線性分類層，而且在它們之間不使用非線性函數時，它們就與一個線性分類層一模一樣。

奇妙的是，我們可以用數學證明，這個小函數可以用任意高的準確度來解決任何可計算的問題，如果可以找出正確的 w1 與 w2 參數，而且讓這些矩陣夠大的話。我們可以用一堆線條的組合來近似任何一個高低起伏的函數，若要更接近那個高低起伏的函數，我們只要使用比較短的線條即可。這就是**通用近似定理**。那三行程式稱為**層**，第一行與第三行程式稱為**線性層**，第二行有不同的名稱，**非線性函數**（*nonlinearity*）或**觸發函數**（*activation function*）。

正如上一節所述，我們可以利用 PyTorch，將這些程式換成更簡單的寫法：

```
simple_net = nn.Sequential(
    nn.Linear(28*28,30),
    nn.ReLU(),
    nn.Linear(30,1)
)
```

nn.Sequential 會建立一個模組，它會依次呼叫你列出來的層或函數。

nn.ReLU 是 PyTorch 模組，它的功能與 F.relu 函數一模一樣。可能出現在模型裡面的函式通常都有一致的模組形式。一般來說，你只要將 F 換成 nn，並且改變大小寫即可。在使用 nn.Sequential 時，PyTorch 要求我們使用模組版本。因為模組是類別，你必須將它實例化，這就是你在這個例子裡看到 nn.ReLU 的原因。

因為 nn.Sequential 是模組，我們可以取得它的參數，它會回傳一個存有它容納的所有模組的所有參數的串列。我們來試試看！因為這是個較深的模型，我們將使用較低的 LR 與更多一些 epoch：

```
learn = Learner(dls, simple_net, opt_func=SGD,
                loss_func=mnist_loss, metrics=batch_accuracy)

learn.fit(40, 0.1)
```

為了節省空間，在此不展示 40 行輸出，這個訓練程序被記錄在 learn.recorder 裡，它的 values 屬性有輸出表，所以我們可以畫出準確度隨著訓練過程變化的情況：

```
plt.plot(L(learn.recorder.values).itemgot(2));
```

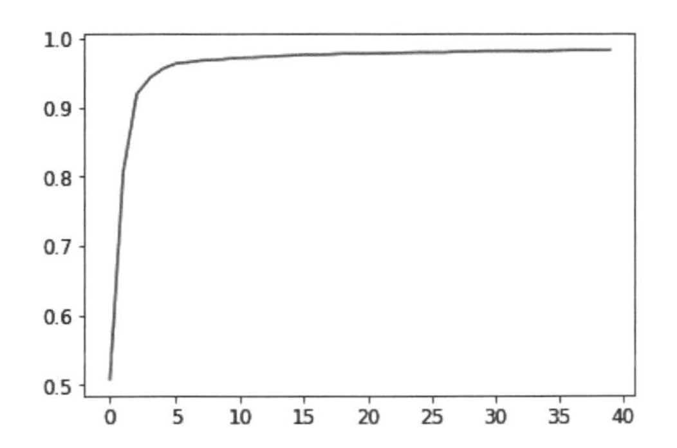


查看最終準確度：

```
learn.recorder.values[-1][2]
```

```
0.982826292514801
```

我們見證了兩個非常神奇的東西：

- 只要得到正確的參數組合就可以用任意準確度解決任何問題的函數（神經網路）
- 可以幫任何函數找出最佳參數組合的方法（隨機梯度下降）

這就是為什麼深度學習可以做這麼奇妙的事情。我們發現，確信這種簡單的組合確實可以解決任何問題是許多學生必須踏出去的一大步。這看起來好得讓人難以置信——實際情況一定比它更困難、更複雜吧？我們的建議是：試試看！我們已經用 MNIST 資料組來嘗試它了，你也看到結果了。而且因為我們已經從零開始，自己做了每一件事（除了計算梯度之外），你也知道它的幕後沒有特殊的魔法。

## 往更深發展

你不需要只停在兩個線性層，你可以加入任意的層數，只要在每一對線性層之間加入一個非線性函數就可以了。但是，你將學到，模型越深，參數就越難優化。稍後你會學到一些簡單但非常有效的深模型訓練技術。

我們已經知道，一個非線性函數和兩個線性層足以近似任何函數，那為什麼要使用更深的模型？理由出在性能。使用更深的模型（有更多層的模型）就不需要使用那麼多參數，事實上，使用更小的矩陣和更多層可以產生比使用更大矩陣與更少層更好的結果。

這代表我們可以更快速地訓練模型，而且占用更少記憶體。在 1990 年代，由於研究員專注於通用近似定理，以致於很少人嘗試超過一個非線性函數，這種理論性，卻不實際的基礎，導致這個領域停滯多年。但是，有些研究員仍然使用深度模型來實驗，最終展示這些模型有更好的實際表現。最後，有人開發出理論性的結論，展示為何如此。現在很少人使用只有一個非線性函數的神經網路了。

這就是使用第 1 章的方法來訓練一個 18 層的模型的情形：

```
dls = ImageDataLoaders.from_folder(path)
learn = cnn_learner(dls, resnet18, pretrained=False,
                    loss_func=F.cross_entropy, metrics=accuracy)
learn.fit_one_cycle(1, 0.1)
```

| epoch | train_loss | valid_loss | accuracy | time |
|---|---|---|---|---|
| 0 | 0.082089 | 0.009578 | 0.997056 | 00:11 |

接近 100% 準確度！這與我們的簡單神經網路有天壤之別。但是接下來你會看到，你要使用一些小技巧，才能自行從零開始取得這麼棒的結果。現在你已經知道關鍵的基礎元素了。（當然，即使你知道所有的技巧，你也應該想繼續使用 PyTorch 和 fastai 的預建類別，因為它們可讓你免於自行思考所有的小細節。）

# 術語複習

恭喜你，現在你已經知道如何從零開始建立和訓練一個深度神經網路了！我們經歷了好幾個步驟才走到這裡，但你應該會被它的簡單程度給嚇到。

現在是定義、複習一些術語和關鍵概念的好時機。

神經網路包含許多數字，但它們只有兩種：算出來的數字，以及用來算那些數字的參數。所以我們有兩個最重要的術語要學：

觸發輸出（*activation*）

　算出來的數字（包含由線性和非線性層算出來的）

參數（*parameter*）

　先隨機初始化再優化的數字（也就是定義模型的數字）

本書會經常提到觸發輸出和參數，請記得它們有具體的意義，它們都是數字，不是抽象的概念，但它們是在模型裡的實際具體數字。在成為優秀深度學習實踐者的過程中，你要經常查看觸發輸出和參數、畫出它們，以及檢驗它們是否正確動作。

我們的觸發輸出和參數都被放在**張量**裡。它們只是有固定形狀的陣列，例如矩陣。矩陣有列與行，我們將它們稱為**軸**或**維度**。張量的維數是它的**秩**（*rank*）。以下這些是特殊的張量：

- rank-0：純量
- rank-1：向量
- rank-2：矩陣

神經網路包含好幾層，裡面的每一層要嘛是**線性**的，要嘛是**非線性**的。我們通常會在神經網路裡交錯排列這兩種神經層。有些人會將一個線性層和它後面的非線性函數一起稱為一層，當然，這種做法很不明確。有時非線性函數被稱為**觸發函數**。

表 4-1 是與 SGD 有關的重要概念。

表 4-1　深度學習詞彙

| 詞彙 | 意思 |
|---|---|
| ReLU | 回傳零或負數，而且不改變正數的函數。 |
| 小批次 | 一小批的輸入和標籤，分別被放在兩個陣列裡，梯度下降步驟就是用這種小批次來更新的（而不是整個 epoch）。 |
| 前向傳遞 | 將一些輸入傳入模型並計算預測。 |
| 損失 | 代表模型的表現有多好（或有多糟）的值。 |
| 梯度 | 損失對模型的一些參數的導數。 |
| 反向傳遞 | 計算損失對所有模型參數的梯度。 |
| 梯度下降 | 朝著與梯度相反的方向邁出一步，來讓模型的參數更好一些。 |
| 學習率 | 在採用 SGD 來更新模型的參數量時，每一步的大小。 |

**重述在「選擇你自己的冒險」說過的話**

你是不是想要偷看底層的東西而跳過第 2 章與第 3 章？提醒你現在就回去第 2 章，因為你很快就會用到裡面的東西！

# 問題

1. 灰階影像在電腦裡是如何表示的？彩色圖像呢？
2. 在 `MNIST_SAMPLE` 資料組裡面，檔案和資料夾的結構長怎樣？為何如此？
3. 解釋「像素相似性」方法如何分類數字？

4. 什麼是串列生成式？寫一個串列生成式，從一個串列中選出奇數並將它們乘以二。
5. 什麼是 rank-3 張量？
6. 張量 rank 與 shape 有何不同？如何從 shape 取得 rank？
7. 什麼是 RMSE 與 L1 norm？
8. 如何對數千個數字同時執行某一種計算，並且讓計算速度比 Python 迴圈快好幾千倍？
9. 建立一個 3×3 張量或陣列，在它裡面儲存從 1 到 9 的數字。將它乘以二。選出右下角的四個數字。
10. 什麼是廣播？
11. metric 通常是用訓練組還是驗證組計算的？為什麼？
12. 什麼是 SGD？
13. 為什麼 SGD 使用小批次？
14. 機器學習的 SGD 的七個步驟是什麼？
15. 如何將模型的權重初始化？
16. 什麼是損失？
17. 為什麼我們不能總是使用高 LR？
18. 什麼是梯度？
19. 你需要知道自行計算梯度的方法嗎？
20. 為什麼我們不能將準確度當成損失函數來使用？
21. 畫出 sigmoid 函數。它的形狀有什麼特殊之處？
22. 損失函數與 metric 有何不同？
23. 使用 LR 來計算新權重的函數是什麼？
24. `DataLoader` 類別有什麼作用？
25. 寫一段虛擬碼來展示 SGD 的每一個 epoch 中採取的基本步驟。
26. 建立一個函式，讓它在收到兩個引數 `[1,2,3,4]` 與 `'abcd'` 時，回傳 `[(1, 'a'), (2, 'b'), (3, 'c'), (4, 'd')]`。這個輸出資料結構有什麼特殊之處？

27. PyTorch 的 `view` 有什麼功能？
28. 神經網路的偏差參數是什麼？為何需要它們？
29. Python 的 `@` 有什麼功能？
30. `backward` 方法有什麼作用？
31. 為什麼我們必須將梯度設為零？
32. 我們必須將哪些資訊傳給 `Learner`？
33. 寫出訓練迴圈的基本步驟的 Python 程式或虛擬碼。
34. 什麼是 ReLU？畫出值為 `-2` 至 `+2` 的 ReLU。
35. 什麼是觸發函數？
36. `F.relu` 與 `nn.ReLU` 有什麼不同？
37. 通用近似定理說，任何函數都只要用一個非線性函數就可以盡可能地近似，那為什麼我們通常使用更多函數？

## 後續研究

1. 從零開始製作你自己的 `Learner`，根據本章介紹的訓練迴圈。
2. 使用完整的 MNIST 資料組（包含所有數字，而不是只有 3 和 7 的）來完成本章的所有步驟。這是很重要的專案，並且會花費你不少時間來完成！你需要自行做一些研究，找出如何克服過程中的障礙。

第五章

# 圖像分類

知道什麼是深度學習、它的用途是什麼、如何建立和部署模型之後，是時候討論更深的東西了。在理想的世界裡，深度學習實踐者不需要知道底層的每一個細節。但是到目前為止，我們還不是活在理想的世界裡。事實上，為了讓模型真正地工作，並且可靠地工作，有很多細節必須正確處理，也有很多細節必須檢查。在這個過程中，你必須能夠在訓練神經網路以及進行預測時，查看神經網路的內部，發現可能的問題，並知道如何解決它們。

所以，從這裡開始，我們將深入研究深度學習的機制。電腦視覺模型、NLP 模型、表格模型等模型的架構是什麼？如何創造符合特定領域需求的架構？如何讓訓練程序產生最好的結果？如何加快工作速度？當資料組改變時，你要做什麼改變？

我們會先重複製作第 1 章的基本應用程式，但我們要做兩件事：

- 讓它們更好。
- 讓它們處理更廣泛的資料類型。

為了做這兩件事，我們必須學習深度學習這個難題的所有部分，包括各種類型的神經層、正則化方法、optimizer、如何將多個神經層放入架構、標注技術等。不過，我們不是只想要把全部的東西一次塞給你，我們會視需求逐步介紹它們，以解決我們所進行的專案的實際問題。

## 從狗和貓到寵物品種

在第一個模型中，我們學會如何區分狗和貓。這在幾年前還是一項非常有挑戰性的任務——但如今，它卻太簡單了！我們無法用這個問題來告訴你訓練模型的細節，因為我們得到的結果如此近乎完美，根本不需要在乎任何細節。但事實上，我們可以用同一個資料組來解決另一個更有挑戰性的問題：辨識每張照片裡的寵物是哪一個品種。

在第 1 章，我們將這些應用方式當成已被解決的問題來介紹，但是在現實生活中並非如此。我們要從一個我們一無所知的資料組開始做起，然後必須釐清它是如何組在一起的、如何從中提取我們需要的資料，以及那些資料長怎樣。在本書的其餘部分，我們將展示如何實際解決這些問題，包括在過程中理解所使用的資料和測試模型所需的所有中間步驟。

我們已經下載了 Pets 資料組了，我們可以使用與第 1 章一樣的程式，來取得讀取這個資料組的路徑：

```
from fastai2.vision.all import *
path = untar_data(URLs.PETS)
```

如果我們要了解如何從每張圖像中取出每一隻寵物的品種，我們就要了解這些資料是如何組織的。資料的組織這種細節是深度學習難題的關鍵部分。資料通常是用以下兩種方式之一提供的：

- 代表資料項目的獨立檔案，例如文字文件或圖像，可能會用資料夾或檔名（表示這些項目的資訊）來組織。
- 資料表（例如 CSV 格式），其中，每一列都是一個項目，可能也有一些檔名，以提供表內的資料與其他格式的資料（例如文字文件或圖像）之間的連結。

這些規則也有例外——特別是基因體學這種領域可能使用二進制資料庫格式，甚至網路串流——但整體而言，你將來使用的絕大多數資料組都會使用這兩種格式的某種組合。

我們可以使用 `ls` 方法來查看資料組裡有什麼東西：

```
path.ls()
```

```
(#3) [Path('annotations'),Path('images'),Path('models')]
```

我們可以看到，這個資料組提供 *images* 與 *annotations* 目錄。這個資料組的網站（*https://oreil.ly/xveoN*）說，*annotations* 目錄裡有關於寵物在哪裡的資訊，而不是牠們是什麼。在這一章，我們要做分類，不是定位，也就是說，我們在乎寵物是什麼，而不是牠們在哪裡。因此，我們先忽略 *annotations* 目錄。我們來看一下 *images* 目錄裡有什麼：

```
(path/"images").ls()
```

```
(#7394) [Path('images/great_pyrenees_173.jpg'),Path('images/wheaten_terrier_46.j
 > pg'),Path('images/Ragdoll_262.jpg'),Path('images/german_shorthaired_3.jpg'),P
 > ath('images/american_bulldog_196.jpg'),Path('images/boxer_188.jpg'),Path('ima
 > ges/staffordshire_bull_terrier_173.jpg'),Path('images/basset_hound_71.jpg'),P
 > ath('images/staffordshire_bull_terrier_37.jpg'),Path('images/yorkshire_terrie
 > r_18.jpg')...]
```

在 fastai 裡，用類別來回傳集合的函式和方法大都稱為 `L`。這個類別可以視為普通的 Python `list` 型態的增強版，方便我們進行常見的操作。例如，當我們在 notebook 中顯示這個類別的物件時，它會出現上述的格式。首先顯示的是集合裡的項目數量，以 `#` 開頭。你也可以從前面的輸出看到，串列的結尾有省略號。這代表它只顯示前幾項——這是一件好事，因為我們不希望螢幕顯示超過 7,000 個檔名！

我們可以藉著檢查這些檔名來了解它們的結構。每個檔名都包含寵物品種，接下來有個底線（`_`）、一個數字，最後是副檔名。我們要寫一段程式從 `Path` 提取品種。使用 Jupyter notebook 很容易做這件事，因為我們可以逐步建立一些可以動作的程式碼，再用它來處理整個資料組。此時我們也要謹慎地不做太多假設。例如，如果你仔細觀察，你會發現有一些寵物包含多個單字，所以我們不能直接在找到的第一個 `_` 字元之處拆開。為了測試程式，我們取出其中一個檔名：

```
fname = (path/"images").ls()[0]
```

要從這種字串提取資訊，最強大且最靈活的手段是使用**正規表達式**，也稱為 *regex*。正規表達式是用正規表達式語言編寫的特殊字串，這種語言定義了一個通用的規則，用來決定另一個字串是否通過測試（也就是「符合」正規表達式），它也可以從另一個字串中提取一個或多個特定的部分。在本例中，我們需要一個正規表達式從檔名提取寵物品種。

本書沒有足夠的篇幅可提供完整的正規表達式教學，但是網路有許多優秀的課程，而且我們知道，很多讀者已經熟悉這種奇妙的工具了。如果你不屬於這種讀者，沒問題——這是一個改正的好機會！我們發現正規表達式是我們的程式設計工具包裡最有用的工具之一，許多學生告訴我們，這是他們最感興趣的學習內容之一。所以現在就去 Google 搜尋「正規表達式教學」，仔細學習之後再回來這裡。本書的網站（*https://book.fast.ai*）也列出一些我們喜歡的教學。

*Alexis* 說

正規表達式不僅非常方便，它的由來也很有趣。它們稱為「正規」是因為它們最初是「正規」語言的案例，正規語言是 Chomsky 譜系中最低的一級。Chomsky 譜系是語言學家 Noam Chomsky 提出的一種語法分類，他也著有 *Syntactic Structures*，這本書是探索人類語言底層的形式文法的先驅。這是電腦運算的魅力之一：你每天隨手使用的錘子，或許是從太空船掉下來的。

當你編寫正規表達式時，最好的方法是先試著用它來處理一個樣本。我們使用 `findall` 方法，試著對 `fname` 物件的檔名使用正規表達式：

```
re.findall(r'(.+)_\d+.jpg$', fname.name)
```

```
['great_pyrenees']
```

這個正規表達式可以取出最後一個底線字元之後的所有字元，只要那些字元是數字，然後是 JPEG 副檔名即可。

確認正規表達式適用於這個例子之後，我們用它來為整個資料組附加標籤，fastai 有許多類別可以協助你附加標籤（標注）。我們可以使用 `RegexLabeller` 來以正規表達式進行標注。在這個例子裡，我們使用第 2 章介紹過的 data block API（事實上，我們幾乎都會使用 data block API，它比第 1 章介紹過的工廠方法靈活多了）：

```
pets = DataBlock(blocks = (ImageBlock, CategoryBlock),
                 get_items=get_image_files,
                 splitter=RandomSplitter(seed=42),
                 get_y=using_attr(RegexLabeller(r'(.+)_\d+.jpg$'), 'name'),
                 item_tfms=Resize(460),
                 batch_tfms=aug_transforms(size=224, min_scale=0.75))
dls = pets.dataloaders(path/"images")
```

這個 DataBlock 呼叫式有一個尚未介紹的重點，在這兩行：

```
item_tfms=Resize(460),
batch_tfms=aug_transforms(size=224, min_scale=0.75)
```

這兩行實作了一種稱為 *presizing* 的 fastai 資料擴增策略。presizing 是進行圖像擴增的特殊方法，設計理念是盡量不破壞資料，同時保持良好的性能。

## presizing

我們希望圖像有相同的尺寸，這樣才可以整理成張量，傳給 GPU，我們也希望盡量不要執行擴增計算，根據性能需求，我們應該盡量用較少的轉換來進行擴增轉換（以減少計算次數和有損操作的次數），並將圖像轉換成統一的大小（為了在 GPU 上更有效率地處理）。

問題是，如果先將圖像調整至擴增的大小再執行各種常見的資料擴增轉換，可能會加入偽空區、資料退化，或兩者兼具。例如，將圖像旋轉 45 度會在角落填入空白，那些空白無法讓模型學會任何東西。許多旋轉和縮放操作都需要藉由插值來建立像素。雖然這些插入的像素來自原始圖像資料，但品質仍然會降低。

為了解決這種挑戰，presizing 採取兩種策略，如圖 5-1 所示：

1. 將圖像的尺寸調整到相對「大」的尺寸——也就是明顯比訓練目標大的尺寸。
2. 將所有常見的擴增操作（包括再次調整到最終目標大小）組合成一個操作，在處理結束時，只在 GPU 上執行一次組合操作，而不是分別執行各項操作和多次進行插值。

第一步（調整大小）會產生夠大的圖像，有多餘的空間可在內部區域進行擴增轉換，不會製造空白區域。這種轉換的做法是使用大的剪裁尺寸來將尺寸調整為正方形。這個剪裁區域是在訓練組上隨機選擇的，剪裁的大小覆蓋整張圖像的寬或高，看哪個比較小。在第二步裡，用 GPU 來進行所有資料擴增，並且一次完成所有潛在的破壞性操作，只在最後做一次插值。

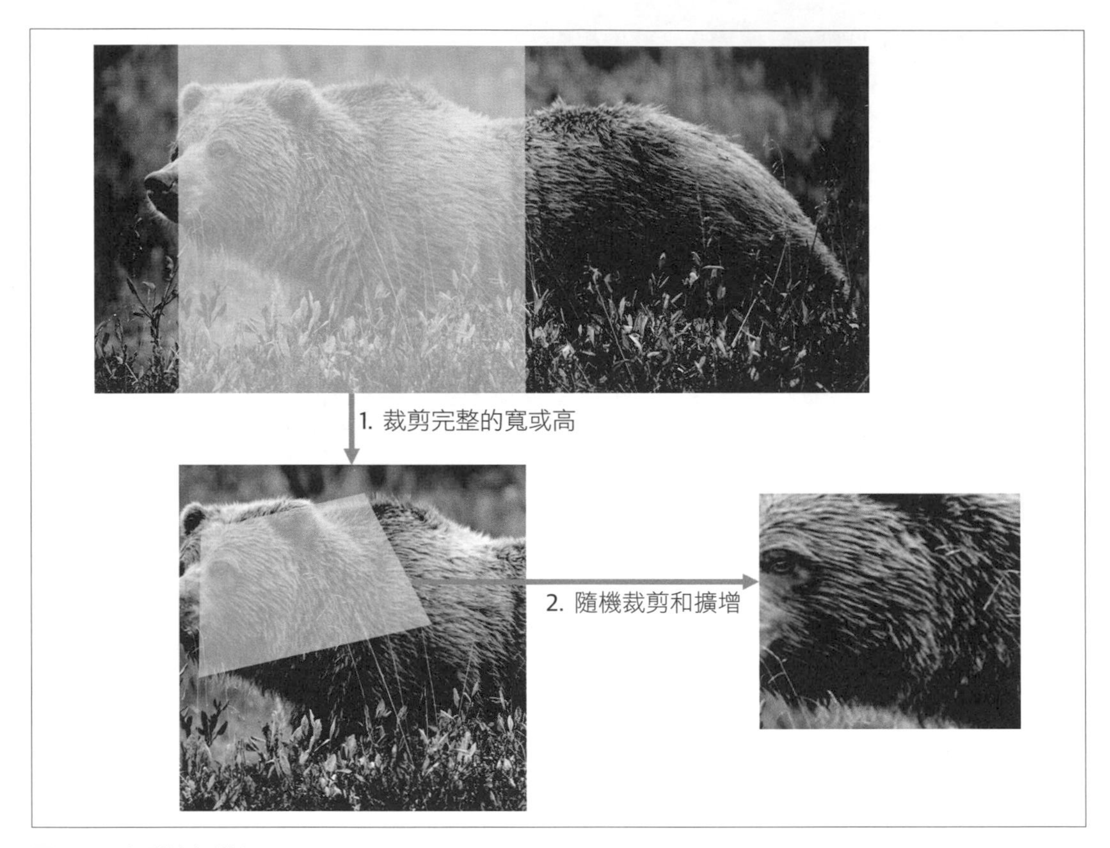


圖 5-1　在訓練組進行 presizing

這張圖有兩個步驟：

1. **裁剪完整的寬或高**：這是在 `item_tfms` 裡面進行的，所以它會套用到個別的圖像，再複製到 GPU。這是為了確保所有的圖像都有相同的大小。在訓練組，裁剪區域是隨機選擇的。在驗證組，一定會選擇圖像的中央正方形。

2. **隨機裁剪和擴增**：這是在 `batch_tfms` 裡面進行的，所以它會在 GPU 上一次套用到一個批次，也就是說，它的速度很快。在驗證組，它只將大小再次調整為模型需要的最終大小。在訓練組，隨機裁剪和任何其他的擴增法都會先完成。

為了在 fastai 裡實作這個程序，你要用 `Resize` 來做大尺寸的項目轉換，用 `RandomResizedCrop` 來做小尺寸的批次轉換。如果你在 `aug_transforms` 函式中使用 `min_scale` 參數，它會幫你加入 `RandomResizedCrop`，就像上一節呼叫 `DataBlock` 時那樣。或者，你可以在最初的 `Resize` 使用 `pad` 或 `squish` 而不是 `crop`（預設值）。

圖 5-2 的右圖是已被縮放、插值、旋轉，然後再做一次插值（這是所有其他深度學習程式庫的做法）的圖像，左圖是先同時進行縮放與旋轉，然後做一次插值（fastai 的做法）的圖像。

圖 5-2　fastai 的資料擴增策略（左）與傳統做法（右）的比較

你可以看到，右圖比較模糊，而且左下角有反射填補的假影像，還有，左上角的草地完全消失了。在實務上，我們發現使用 presizing 可以明顯改善模型的準確度，通常也可以提升速度。

fastai 也可讓你用簡單的方法在訓練模型之前檢查資料長得怎樣，這是相當重要的步驟。接著我們來看看。

## 檢查與除錯 DataBlock

我們絕對不能直接假設程式可以完美運作。編寫 DataBlock 就像製作藍圖。雖然程式有語法錯誤時，你立刻會看到錯誤訊息，但你不一定能保證模板可以如你所願地處理資料源。因此，在訓練模型之前，你一定要檢查資料。

你可以用 show_batch 方法來做這件事：

```
dls.show_batch(nrows=1, ncols=3)
```

查看每一張圖，確認每一張都被標注正確的寵物品種。資料科學家對他們使用的資料的熟悉程度通常不如領域專家，例如，我其實不認識裡面的許多品種，因為我們不是寵物品種專家，此時我會使用 Google 圖片搜尋來搜尋其中的一些品種，以確保這些圖像看起來很像我在網路看到的。

如果你在建構 DataBlock 時犯錯了，在進行這個步驟之前，你應該不會發現那個錯誤。我們鼓勵你使用 summary 方法來找出這種錯誤。它會試著用你提供的來源建立一個批次，以及許多細節。此外，如果它失敗了，你會看到錯誤發生的位置，而且程式庫會試著提供一些幫助。例如，有一種常見的錯誤是忘記使用 Resize 轉換，因此你得到不同尺寸的圖片，而且無法將它們分批。以下是發生這種情況時的摘要（注意，在本書出版之後，實際的文字可能會改變，這是為了讓你有個概念）：

```
pets1 = DataBlock(blocks = (ImageBlock, CategoryBlock),
                 get_items=get_image_files,
                 splitter=RandomSplitter(seed=42),
                 get_y=using_attr(RegexLabeller(r'(.+)_\d+.jpg$'), 'name'))
pets1.summary(path/"images")
```

```
Setting-up type transforms pipelines
Collecting items from /home/sgugger/.fastai/data/oxford-iiit-pet/images
Found 7390 items
2 datasets of sizes 5912,1478
Setting up Pipeline: PILBase.create
Setting up Pipeline: partial -> Categorize

Building one sample
  Pipeline: PILBase.create
    starting from
      /home/sgugger/.fastai/data/oxford-iiit-pet/images/american_bulldog_83.jpg
    applying PILBase.create gives
      PILImage mode=RGB size=375x500
  Pipeline: partial -> Categorize
    starting from
      /home/sgugger/.fastai/data/oxford-iiit-pet/images/american_bulldog_83.jpg
    applying partial gives
      american_bulldog
    applying Categorize gives
      TensorCategory(12)

Final sample: (PILImage mode=RGB size=375x500, TensorCategory(12))

Setting up after_item: Pipeline: ToTensor
Setting up before_batch: Pipeline:
Setting up after_batch: Pipeline: IntToFloatTensor
```

```
Building one batch
Applying item_tfms to the first sample:
  Pipeline: ToTensor
    starting from
      (PILImage mode=RGB size=375x500, TensorCategory(12))
    applying ToTensor gives
      (TensorImage of size 3x500x375, TensorCategory(12))

Adding the next 3 samples

No before_batch transform to apply

Collating items in a batch
Error! It's not possible to collate your items in a batch
Could not collate the 0-th members of your tuples because got the following
shapes:
torch.Size([3, 500, 375]),torch.Size([3, 375, 500]),torch.Size([3, 333, 500]),
torch.Size([3, 375, 500])
```

你可以清楚地看到我們如何收集資料並把它拆開、我們如何從檔名變成**樣本**（tuple (image, category)）、採用哪些項目轉換方法，以及它為何不能在一個批次中整理這些樣本（因為有不同的 shape）。

當你認為資料看起來正確時，我們建議接下來的步驟是使用它來訓練一個簡單的模型。我們看到很多人拖太久才開始訓練實際的模型，導致他們無法知道基準結果長怎樣。或許你的問題不需要太多花俏的領域專屬工程，或許資料根本無法用來訓練模型，這些都是你要盡快知道的事情。

在這個最初的測試中，我們使用第 1 章用過的簡單模型：

```
learn = cnn_learner(dls, resnet34, metrics=error_rate)
learn.fine_tune(2)
```

| epoch | train_loss | valid_loss | error_rate | time |
|---|---|---|---|---|
| 0 | 1.491732 | 0.337355 | 0.108254 | 00:18 |

| epoch | train_loss | valid_loss | error_rate | time |
|---|---|---|---|---|
| 0 | 0.503154 | 0.293404 | 0.096076 | 00:23 |
| 1 | 0.314759 | 0.225316 | 0.066306 | 00:23 |

正如之前簡單談到的，在擬合模型時出現的表格告訴我們每一個訓練 epoch 之後的結果。複習一下，一個 epoch 是一次完整遍歷資料的所有圖像。表中的欄位是訓練組的項目的平均損失、驗證組的損失，以及我們指定的任何 metric，在這個例子中，我們使用錯誤率。

**損失**是我們選擇的、用來優化模型參數的函數。但是我們還沒有實際告訴 fastai 我們想要使用哪個損失函數。那麼 fastai 會怎麼做？它通常會根據資料的類型和你使用的模型，試著選出適當的損失函數。在這個例子中，我們使用圖像資料，並且產生類別結果，所以 fastai 預設使用**交叉熵損失**。

# 交叉熵損失

**交叉熵損失**類似我們在上一章用過的損失函數，但（你將會看到）它有兩個好處：

- 即使因變數有超過兩個類別，它也有效。
- 它可以促成更快速且更可靠的訓練。

為了了解交叉熵損失為何可以處理超過兩個類別的因變數，我們必須先了解損失函數看到的實際資料與觸發輸出長怎樣。

## 觀察觸發輸出與標籤

我們來看一下模型的觸發輸出。我們可以使用 one_batch 方法從 DataLoaders 取得一批實際的資料：

```
x,y = dls.one_batch()
```

如你所見，它會回傳自變數和因變數的小批次。看一下因變數裡面有什麼：

```
y

TensorCategory([11,  0,  0,  5, 20,  4, 22, 31, 23, 10, 20,  2,  3, 27, 18, 23,
 > 33,  5, 24,  7,  6, 12,  9, 11, 35, 14, 10, 15,  3,  3, 21,  5, 19, 14, 12,
 > 15, 27,  1, 17, 10,  7,  6, 15, 23, 36,  1, 35,  6,
         4, 29, 24, 32,  2, 14, 26, 25, 21,  0, 29, 31, 18,  7,  7, 17],
 > device='cuda:5')
```

我們的批次大小是 64，所以在這個張量裡有 64 列。每一列都是一個介於 0 和 36 之間的整數，代表 37 個寵物品種。我們可以使用 Learner.get_preds 來觀察預測（神經網路最後一層的觸發輸出）。這個函式可以接收一個資料組索引（0 代表訓練，1 代表有效），或批次的迭代器（iterator）。因此，我們可以傳一個包含批次的簡單串列給它，並取得預測。它預設回傳預測與目標，但因為我們已經有目標了，所以可以指定特殊變數 _ 來忽略它們：

```
preds,_ = learn.get_preds(dl=[(x,y)])
preds[0]
```

```
tensor([7.9069e-04, 6.2350e-05, 3.7607e-05, 2.9260e-06, 1.3032e-05, 2.5760e-05,
 > 6.2341e-08, 3.6400e-07, 4.1311e-06, 1.3310e-04, 2.3090e-03, 9.9281e-01,
 > 4.6494e-05, 6.4266e-07, 1.9780e-06, 5.7005e-07,
        3.3448e-06, 3.5691e-03, 3.4385e-06, 1.1578e-05, 1.5916e-06, 8.5567e-08,
 > 5.0773e-08, 2.2978e-06, 1.4150e-06, 3.5459e-07, 1.4599e-04, 5.6198e-08,
 > 3.4108e-07, 2.0813e-06, 8.0568e-07, 4.3381e-07,
        1.0069e-05, 9.1020e-07, 4.8714e-06, 1.2734e-06, 2.4735e-06])
```

實際的預測是介於 0 和 1 之間的 37 個機率，全部加起來等於 1：

```
len(preds[0]),preds[0].sum()
```

```
(37, tensor(1.0000))
```

為了將模型的觸發輸出轉換成這種預測，我們使用 *softmax* 觸發函數。

## softmax

在我們的分類模型中，我們在最後一層使用 softmax 觸發函數來確保觸發輸出都介於 0 和 1 之間，且總和等於 1。

softmax 與介紹過的 sigmoid 函數很像，提醒你，sigmoid 長這樣：

```
plot_function(torch.sigmoid, min=-4,max=4)
```

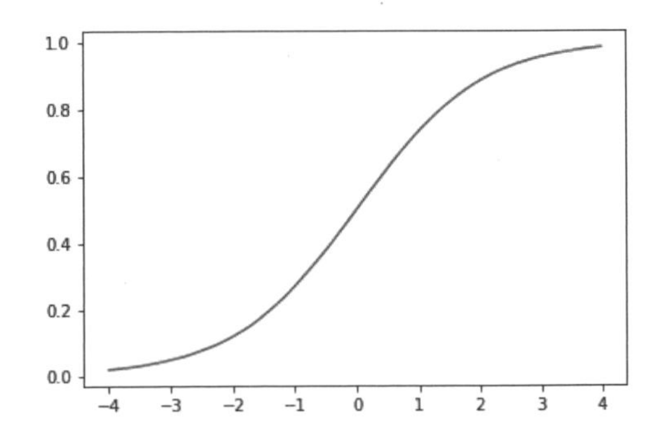

我們可以用這個函式來處理神經網路的觸發輸出的一欄，並取回一欄介於 0 和 1 之間的數字，所以它對最後一層來說，是很好用的觸發函數。

現在想一下，如果我們想要在目標裡使用多個類別（例如 37 個寵物品種）時，會發生什麼事。這意味著我們需要更多觸發輸出，而不是只有一欄：**每一個類別**都需要一個觸發輸出。例如，我們可以將預測 3 與 7 的神經網路做成回傳兩個觸發輸出，每一個類別一個——這可以建立更通用的方法。在這個例子，我們只用一些標準差為 2 的隨機數字（所以我們將 `randn` 乘以 2），假設我們有 6 張圖像與兩種可能的類別（第一欄代表 3，第二欄代表 7）：

```
acts = torch.randn((6,2))*2
acts
```

```
tensor([[ 0.6734,  0.2576],
        [ 0.4689,  0.4607],
        [-2.2457, -0.3727],
        [ 4.4164, -1.2760],
        [ 0.9233,  0.5347],
        [ 1.0698,  1.6187]])
```

我們不能直接取它的 sigmoid，因為我們沒有讓每一列加起來等於 1（我們希望數字是 3 的機率與它是 7 的機率加起來等於 1）：

```
acts.sigmoid()
```

```
tensor([[0.6623, 0.5641],
        [0.6151, 0.6132],
        [0.0957, 0.4079],
        [0.9881, 0.2182],
        [0.7157, 0.6306],
        [0.7446, 0.8346]])
```

在第 4 章，我們的神經網路為每張圖像建立一個觸發函數，我們將它傳給 `sigmoid` 函數。那一個觸發輸出代表模型對於輸出是 3 的信心度。二元問題是分類問題的特例，因為目標可視為單一 Boolean 值，就像我們在 `mnist_loss` 所做的那樣。但是我們也可以在具有任意數量的類別且更通用的分類模型族群的背景之下考慮二元問題：此時，我們剛好有兩個類別。正如我們在熊分類模型看到的，我們的神經網路會幫每一個類別回傳一個觸發輸出。

所以在二元案例中，這些觸發輸出到底代表什麼？一對觸發輸出單純代表輸入是 3 vs. 是 7 的**相對**信心度。整體的值，無論它們兩個都很高還是都很低，都是無關緊要的——重要是，哪一個比較高，以及高多少。

我們可能會認為，既然這只是用另一種方式來表示同一個問題，我們應該也能夠在雙觸發輸出版本的神經網路中直接使用 sigmoid，我們確實可以！我們可以直接取神經網路觸發輸出之間的差，因為它反映出我們對於輸入是 3 而不是 7 的信心程度，然後對它取 sigmoid：

```
(acts[:,0]-acts[:,1]).sigmoid()
```

```
tensor([0.6025, 0.5021, 0.1332, 0.9966, 0.5959, 0.3661])
```

第二欄（它是 7 的機率）就是 1 減去那個值。現在我們要找出一種可以做以上所有的事情，並且也可以處理超過兩欄的方法。事實上，softmax 函數就是這種函數：

```
def softmax(x): return exp(x) / exp(x).sum(dim=1, keepdim=True)
```

**術語：指數函數（*exp*）**

它的定義是 e**x，其中的 e 是個特殊的數字，大約等於 2.718。它是自然對數函數的逆函數，注意，exp 一定是正數，而且增加速度非常快！

我們來確認 softmax 在第一欄回傳的值與 sigmoid 一樣，而第二欄是 1 減去這些值：

```
sm_acts = torch.softmax(acts, dim=1)
sm_acts
```

```
tensor([[0.6025, 0.3975],
        [0.5021, 0.4979],
        [0.1332, 0.8668],
        [0.9966, 0.0034],
        [0.5959, 0.4041],
        [0.3661, 0.6339]])
```

softmax 是多類別的 sigmoid——只要類別超過兩個，而且類別的機率加起來等於 1，我們就要使用它，即使類別只有兩個，我們通常也會使用它，這只是為了讓事情方便一些。我們也可以創造其他的函數，讓所有觸發輸出都介於 0 和 1 之間，而且總和是 1，但是，其他的函數都沒有和 sigmoid 函數相同的關係，如我們所見，sigmoid 是平滑且對稱的。此外，我們很快就會看到，softmax 函數與下一節將介紹的損失函數可以很好地搭配。

如果我們有三個觸發輸出，就像熊分類模型那樣，為一張熊圖像計算 softmax 看起來會像圖 5-3 那樣。

| | 輸出 | exp | softmax |
|---|---|---|---|
| teddy | 0.02 | 1.02 | 0.22 |
| grizzly | -2.49 | 0.08 | 0.02 |
| brown | 1.25 | 3.49 | 0.76 |
| | | 4.60 | 1.00 |

圖 5-3 熊分類模型的 softmax 範例

這個函數實際上有什麼作用？取指數可確保所有的數字都是正的，然後除以總和可確保我們有一堆加起來是 1 的數字。指數也有一個很好的特性：如果在觸發輸出 x 裡有一個數字比其他的稍大一些，指數會放大這種情況（因為它呈…指數上升），這意味著在 softmax 裡，那個數字會接近 1。

直覺上，softmax 函數**真的**很想從所有類別裡取出一個類別，所以當我們知道每一張圖片都有一個明確的標籤時，很適合用它來訓練分類模型（注意，在推理過程中，它可能沒那麼理想，因為你有時可能希望模型告訴你它無法認出它在訓練期間看過的任何類別，而且不想要只因為一個類別的觸發分數比較高一些就選擇它。在種情況下，使用多個二元輸出欄位，讓每一個都使用一個 sigmoid 觸發函數來訓練模型可能比較好）。

softmax 是交叉熵損失的第一部分——第二部分是對數概似（likelihood）。

## 對數概似

當我們計算上一章的 MNIST 範例的損失時，我們使用：

```
def mnist_loss(inputs, targets):
    inputs = inputs.sigmoid()
    return torch.where(targets==1, 1-inputs, inputs).mean()
```

當我們將 sigmoid 換成 softmax 時，我們要擴展損失函數來處理超過兩種類別——它必須能夠分類任何數量的類別（這個例子有 37 種類別）。在 softmax 後面的觸發輸出都介於 0 和 1 之間，且在預測批次裡的每一列的總和都是 1。我們的目標是介於 0 和 36 之間的整數。

在二元案例中，我們使用 `torch.where` 來選擇 `inputs` 或 `1-inputs`。當我們將二元分類視為有兩種類別的廣義分類問題時，它變得更是簡單，因為（就像在上一節看到的）我們現在有兩欄，裡面有 `inputs` 和 `1-inputs` 的等效內容。因此，我們只要選擇正確的欄位即可。我們試著在 PyTorch 裡實作它。對我們的 3 和 7 案例而言，假設這些是我們的標籤：

```
targ = tensor([0,1,0,1,1,0])
```

且這些是 softmax 觸發輸出：

```
sm_acts
```

```
tensor([[0.6025, 0.3975],
        [0.5021, 0.4979],
        [0.1332, 0.8668],
        [0.9966, 0.0034],
        [0.5959, 0.4041],
        [0.3661, 0.6339]])
```

那麼，我們可以使用 `targ` 的各個項目和張量索引來選擇 `sm_acts` 的正確欄位，例如：

```
idx = range(6)
sm_acts[idx, targ]
```

```
tensor([0.6025, 0.4979, 0.1332, 0.0034, 0.4041, 0.3661])
```

為了確切地了解它是怎麼動作的，我將所有欄位放在一張表裡面。在這裡，前兩欄是觸發輸出，然後是目標、列索引，最後是上述程式的結果：

| 3 | 7 | targ | idx | loss |
|---|---|---|---|---|
| 0.602469 | 0.397531 | 0 | 0 | 0.602469 |
| 0.502065 | 0.497935 | 1 | 1 | 0.497935 |
| 0.133188 | 0.866811 | 0 | 2 | 0.133188 |
| 0.99664 | 0.00336017 | 1 | 3 | 0.00336017 |
| 0.595949 | 0.404051 | 1 | 4 | 0.404051 |
| 0.366118 | 0.633882 | 0 | 5 | 0.366118 |

看一下這張表，你可以發現，我們可以將 `targ` 和 `idx` 欄當成索引，取出包括 `3` 與 `7` 兩欄的矩陣裡面的值，來算出最後一欄。這就是 `sm_acts[idx, targ]` 所做的事情。

有趣的是，這種做法處理超過兩欄的效果也一樣好。為了證明，想一下如果我們為每一個數字（0 到 9）加入一個觸發欄，然後加入一個 `targ`，裡面有數字 0 到 9。只要觸發欄的總和是 1（如果我使用 softmax，它們會的），我們就有一個損失函數，展示我們預測每一個數字的效果如何。

我們只從「包含正確標籤的欄位」選取損失，不需要考慮其他欄位，因為根據 softmax 的定義，它們的總和等於 1 減去正確標籤對映的觸發輸出。因此，讓正確標籤的觸發輸出盡可能地高，必然代表我們也降低其餘欄位的觸發輸出。

PyTorch 有一個函式的功能與 sm_acts[range(n), targ] 一模一樣（不過它接收負數，因為在套用接下來的 log 時，我們將得到負數），稱為 nll_loss（*NLL* 代表 *negative log likelihood*（**負對數概似**））：

```
-sm_acts[idx, targ]
```

```
tensor([-0.6025, -0.4979, -0.1332, -0.0034, -0.4041, -0.3661])
```

```
F.nll_loss(sm_acts, targ, reduction='none')
```

```
tensor([-0.6025, -0.4979, -0.1332, -0.0034, -0.4041, -0.3661])
```

雖然名稱有 log，但是這個 PyTorch 函式不做 log。下一節會告訴你原因，但是在那之前，我們來看看為何取對數可能有幫助。

## 取 log

我們在上一節看到的函數很適合當成損失函數使用，但我們可以讓它更好一些。它的問題在於，我們使用的是機率（probability），機率不會比 0 小或比 1 大。這意味著我們的模型不在乎它究竟預測 0.99 還是 0.999，這兩個數字確實非常接近 —— 但是從另一個角度來看，0.999 比 0.99 高 10 倍的信心。因此，我們想要將介於 0 和 1 之間的數字轉換成負無窮大到 0 之間的數字。有一種數學函數可以做這件事：**對數**（使用 torch.log）。小於 0 的數字沒有對數定義，對數長這樣：

```
plot_function(torch.log, min=0,max=4)
```

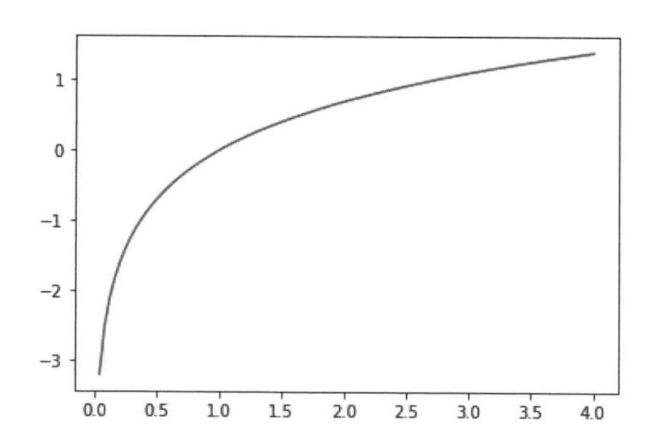


對「對數」有印象嗎？對數函數可以這樣寫：

```
y = b**a
a = log(y,b)
```

在這個案例中，我們假設 `log(y,b)` 回傳以 *b* 為底的對數 *y*。但是 PyTorch 不是這樣定義 `log` 的：Python 的 `log` 是以特殊數字 e（2.718…）為底的。

或許在過去的 20 年裡沒有出現在你的腦海中，但是這種數學概念對深度學習的很多東西而言非常重要，所以現在是幫你複習的好時機。要了解對數，最重要的事情是這個關係：

```
log(a*b) = log(a)+log(b)
```

這種形式看起來有點枯燥，但想想它到底意味著什麼，它代表當潛在的訊號呈指數上升或倍增時，對數會線性上升。舉例而言，里氏地震規模和噪音的 dB 尺度就是使用它。金融圖表也經常使用它，在那裡，我們希望更清楚地展示複合成長率。電腦科學喜歡使用對數，因為使用它時，乘法（可能產生非常大與非常小的數字）可以換成加法，而加法不太可能產生電腦難以處理的尺度。

*Sylvain* 說

喜歡 log 的人不是只有電腦科學家而已！在電腦出現之前，工程師和科學家也會使用特殊的**對數計算尺**，藉著將對數相加來進行乘法運算。物理和許多其他領域也廣泛地使用對數來做非常大或非常小的數字的乘法運算。

取機率的正 log 或負 log 的平均值（取決於它是正確還是錯誤的類別）可讓我們得到 *negative log likelihood*（**負對數概似**）損失。在 PyTorch 裡，`nll_loss` 假設你已經算出 softmax 的 log，所以它不會幫你算對數。

**小心令人摸不著頭緒的名稱**

在 `nll_loss` 裡面的「nll」代表「negative log likelihood（負對數概似）」，但它其實完全沒有取對數，而是假設你已經取對數了。PyTorch 有一個 `log_softmax` 函式可以快速且準確地結合 `log` 與 `softmax`。`nll_loss` 設計上是為了在 `log_softmax` 之後使用的。

先取 softmax 再取對數概似稱為**交叉熵損失**。PyTorch 以 `nn.CrossEntropyLoss` 提供它（在實務上，它會先做 `log_softmax` 再做 `nll_loss`）：

```
loss_func = nn.CrossEntropyLoss()
```

如你所見，它是個類別。將它實例化會產生一個用起來很像函式的物件：

```
loss_func(acts, targ)
```

```
tensor(1.8045)
```

所有的 PyTorch 損失函數都是以兩種形式提供的：剛才那種類別形式，以及一般泛函形式，後者可在 F 名稱空間中使用：

```
F.cross_entropy(acts, targ)
```

```
tensor(1.8045)
```

這兩種形式都可以正確運作，而且可以在任何情況下使用。我們發現大部分的人都喜歡使用類別版本，而且它在 PyTorch 的官方文件與範例中也比較常見，所以我們也將傾向使用它。

在預設情況下，PyTorch 損失函數會取所有項目的損失的均值。你可以使用 reduction='none' 來停用這種做法：

```
nn.CrossEntropyLoss(reduction='none')(acts, targ)
```

```
tensor([0.5067, 0.6973, 2.0160, 5.6958, 0.9062, 1.0048])
```

*Sylvain* 說

當我們考慮交叉熵損失的梯度時，會發現它有一種有趣的特徵，cross_entropy(a,b) 的梯度是 softmax(a)-b。因為 softmax(a) 是模型的最後一個觸發輸出，這代表「梯度」與「預測值和目標值的差」成正比，這一點和回歸的均方誤差一樣（假設沒有最終的觸發函數，例如 y_range 所添加的），因為 (a-b)**2 的梯度是 2*(a-b)。因為梯度是線性的，所以在梯度之中不會有突然的彈跳或指數級上升，這會讓模型的訓練更平穩。

我們已經知道隱藏在損失函數背後的所有元素了。但是，雖然它提出一個說明模型的表現有多好（或多糟）的數字，但它無法告訴我們它是否有任何好處。我們來看一些解釋模型的預測的方法。

# 模型解讀

直接解釋損失函數非常困難，因為它們被設計成可讓電腦進行區別和優化的東西，不是人類可以理解的東西。這就是我們使用 metric 的原因，它們不是在優化程序中使用的，而是為了協助我們可憐的人類了解現況。在這個例子中，我們的準確度看起來已經很好了！那麼，我們在哪裡犯錯了？

第 1 章教過，我們可以使用混淆矩陣來觀察模型做得好跟做得不好的地方：

```
interp = ClassificationInterpretation.from_learner(learn)
interp.plot_confusion_matrix(figsize=(12,12), dpi=60)
```

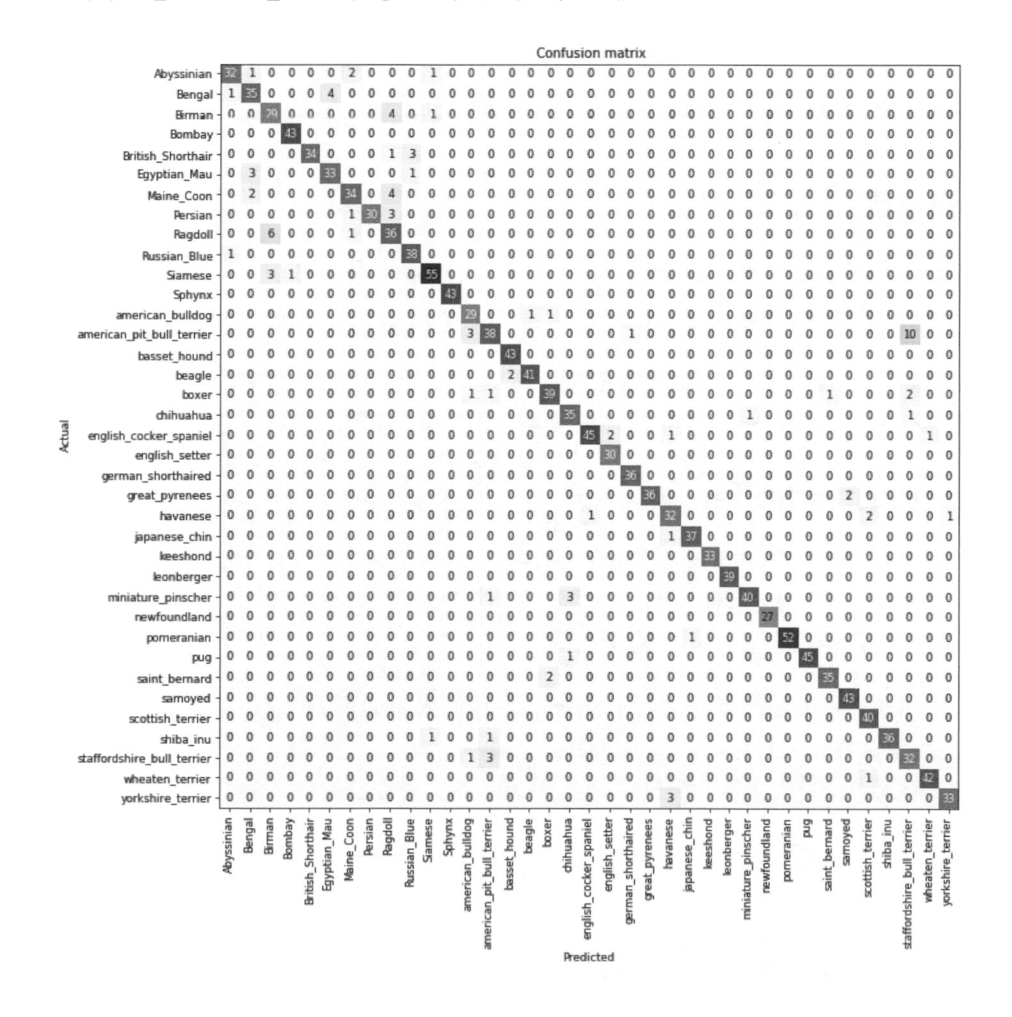

唉呀！在這個例子裡，混淆矩陣難以閱讀。我們有 37 個寵物品種，代表在這個巨型矩陣裡有 37×37 個項目！我們可以改用 most_confused 方法，它只會顯示包含最不正確的預測的混淆矩陣格子（在這裡，至少 5 個）：

```
interp.most_confused(min_val=5)
```

```
[('american_pit_bull_terrier', 'staffordshire_bull_terrier', 10),
 ('Ragdoll', 'Birman', 6)]
```

由於我們不是寵物專家，所以很難知道這些分類錯誤是不是因為識別品種真的很困難。所以，我們再次尋求 Google 大神的協助。稍微查詢 Google 就會發現，最常見的分類錯誤，是有時連育種專家都有不同意見的品種差異。因此，我們可以稍微放心，我們沒有走偏。

看起來我們有個很好的基準模型了。接下來如何讓它更好？

# 改善模型

接下來要介紹改善模型的訓練並讓它更好的一些技術。在過程中，我們會更仔細地解釋遷移學習，以及如何盡可能地微調預訓模型，而不破壞預訓的權重。

在訓練模型時，首先我們要設定學習率（LR）。上一章說過，使用恰到好處的 LR 才能盡可能高效地進行訓練，那麼如何選擇好的 LR？ fastai 對此提供一項工具。

## learning rate finder

在訓練模型時，最重要的事情就是確保使用正確的 LR。如果 LR 太低，訓練模型可能會花太多 epoch，這不僅浪費時間，也代表我們可能遇到過擬的問題，因為每完整地遍歷資料一次，就會給模型多一次機會記住它。

所以，我們要把 LR 調得很高，對吧？好的，我們來試試看會怎樣：

```
learn = cnn_learner(dls, resnet34, metrics=error_rate)
learn.fine_tune(1, base_lr=0.1)
```

| epoch | train_loss | valid_loss | error_rate | time |
|---|---|---|---|---|
| 0 | 8.946717 | 47.954632 | 0.893775 | 00:20 |

| epoch | train_loss | valid_loss | error_rate | time |
|---|---|---|---|---|
| 0 | 7.231843 | 4.119265 | 0.954668 | 00:24 |

看起來並不好，怎麼了？雖然 optimizer 朝著正確的方向步進，但它走得太遠了，完全越過最小損失。重複多次會讓它跑得越來越遠，而不是越來越近！

如何找出完美的 LR——既不會過高，也不會過低？在 2015 年，研究員 Leslie Smith 提出一個很棒的概念，稱為 *learning rate finder*（**學習率尋找法**）。他的概念是先使用一個非常小的 LR，小到我們認為它根本不可能大得無法處理。我們用它來處理一個小批次，找出後續的損失，再提高 LR 某個百分比（例如每次將它加倍）。然後處理另一個小批次，追蹤損失，再次將學習率加倍。我們不斷做這個動作，直到損失變差，而不是更好，此時代表我們已經過頭了，然後選出一個比這一點稍低的 LR。我們建議選擇以下兩者之一：

- 比最小損失少一個數量級（也就是最小損失除以 10）
- 損失明顯減少的最後一點

learning rate finder 會在曲線上計算這些點來協助你。這兩個規則通常會提供相似的值。我們在第 1 章並未指定 LR，而是使用 fastai 程式庫的預設值（即 1e-3）：

```
learn = cnn_learner(dls, resnet34, metrics=error_rate)
lr_min,lr_steep = learn.lr_find()
```

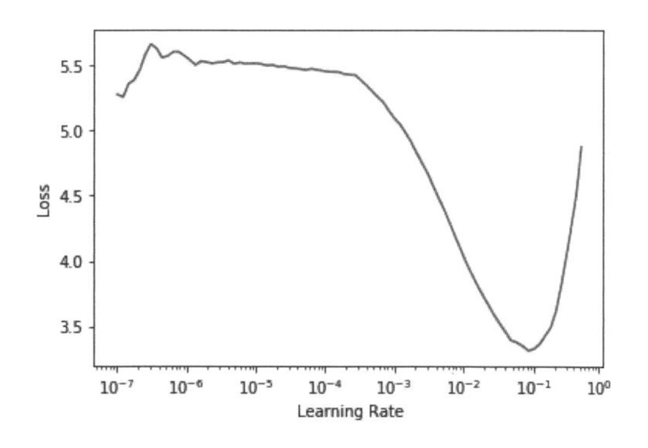


```
print(f"Minimum/10: {lr_min:.2e}, steepest point: {lr_steep:.2e}")
```

```
Minimum/10: 8.32e-03, steepest point: 6.31e-03
```

我們可以從圖中看到，在 1e-6 至 1e-3 這段範圍中，沒有事情發生，而且模型沒有被訓練。然後損失開始下降，直到到達最小值，然後再次增加。我們不希望 LR 大於 1e-1，因為它會讓訓練發散（你可以自行嘗試），但 1e-1 已經太高了：在這個階段，我們已經離開損失穩定下降的時期了。

在這張 LR 圖中，3e-3 左右的 LR 應該是很合適的，所以我們選擇它：

```
learn = cnn_learner(dls, resnet34, metrics=error_rate)
learn.fine_tune(2, base_lr=3e-3)
```

| epoch | train_loss | valid_loss | error_rate | time |
|---|---|---|---|---|
| 0 | 1.071820 | 0.427476 | 0.133965 | 00:19 |

| epoch | train_loss | valid_loss | error_rate | time |
|---|---|---|---|---|
| 0 | 0.738273 | 0.541828 | 0.150880 | 00:24 |
| 1 | 0.401544 | 0.266623 | 0.081867 | 00:24 |

對數尺度

learning rate finder 圖使用對數尺度，這就是為什麼在 1e-3 與 1e-2 間的中間點介於 3e-3 與 4e-3 之間。使用它的原因是我們最在乎的是 LR 的數量級。

有趣的是，learning rate finder 是 2015 年才發現的，而神經網路從 1950 年代就開始研發了。在這段時間裡，尋找好的 LR 一直都是（或許）從業者最重要且最有挑戰性的問題。這個解決方案不需要任何高階數學、龐大的計算資源、巨型資料組，或任何其他東西，所以每一位好奇的研究者都可以理解它。此外，Smith 不是矽谷某個專業實驗室的成員，而是一位海軍研究員。所有這一切都說明：深度學習的突破性成果絕不需要大量資源、精英團隊或高階的數學概念。這個領域還有很多工作要做，它們只需要一點點常識、創造力和毅力就可以完成。

有一個好的 LR 可訓練模型之後，我們來看看如何微調預訓模型的權重。

## 解凍和遷移學習

第 1 章曾經簡單地介紹遷移學習如何工作，我們知道它的基本概念是微調一個預訓模型來執行其他任務，那個預訓模型可能已經用上百萬個資料點（例如 ImageNet）訓練過了。但是它真正的意思是什麼？

現在我們知道，摺積神經網路包含很多線性層，在每一對線性層之間，都有一個非線性的觸發函數，最終有一或多個線性層，以及一個 softmax 之類的觸發函數。最後一個線性層使用一個具備足夠欄位的矩陣，讓輸出尺寸與模型的類別數量一樣（假設我們在進行分類）。

當我們微調遷移學習配置時，這個最終的線性層對我們應該沒有任何用途，因為它是專門設計來分類原始的預訓資料組的類別的。所以當我們進行遷移學習時，我們要移除它，將它丟掉，換成符合我們的任務的輸出數量的新線性層（這個例子有 37 個觸發輸出）。

新增的線性層有完全隨機的權重。因此，在微調之前的模型有完全隨機的輸出。但是這不代表它是完全隨機的模型！在最後一層之前的每一層都已經被仔細地訓練，擅長處理廣義的圖像分類任務了。正如第 1 章介紹過的 Zeiler 和 Fergus 的論文（*https://oreil.ly/aTRwE*）中的圖像（見圖 1-10 至 1-13），前面幾層網路會學到通用的概念，例如尋找梯度或邊緣，後幾層網路也會學到有用的概念，例如尋找眼球與毛皮。

我們希望在訓練模型時，讓它記得預訓模型的所有通用且實用的概念，用它們來解決我們的任務（分類寵物品種），並且根據我們的任務的具體情況進行必要的調整。

在微調時，我們的挑戰是將新增的線性層裡面的隨機權重換成可以正確地完成任務（分類寵物品種）的權重，而不破壞仔細預先訓練的權重與其他的神經層。此時可以使用一種簡單的技巧：告訴 optimizer 只要更新隨機加入的最終層的權重就好了，完全不要改變其餘的神經網路的權重。這種做法稱為**凍結**（*freezing*）這些預訓的神經層。

當我們用預訓網路建立模型時，fastai 會自動幫我們凍結所有預先訓練的神經層。當我們呼叫 `fine_tune` 方法時，fastai 會做兩件事：

- 訓練隨機加入的神經層一個 epoch，凍結所有其他神經層
- 解凍所有神經層，用你指定的 epoch 數訓練它們

雖然這個預設做法很合理，但有可能對你的資料組而言，你可以採取稍微不同的做法來取得更好的結果。`fine_tune` 方法有一些參數可用來改變它的行為，但如果你想要自訂行為，最簡單的方法或許是直接呼叫底層的方法。還記得你可以使用這個語法來查看方法的原始碼嗎：

```
learn.fine_tune??
```

試著親手做這件事。我們先訓練隨機加入的神經層 3 epoch，使用 `fit_one_cycle`。正如第 1 章所述，`fit_one_cycle` 是在不使用 `fine_tune` 的情況下訓練模型的建議方法。稍後會告訴你原因，簡而言之，`fit_one_cycle` 的做法是以較低的 LR 開始訓練，在第一部分的訓練逐漸增加 LR，然後在訓練的最後一部分逐漸減少它：

```
learn = cnn_learner(dls, resnet34, metrics=error_rate)
learn.fit_one_cycle(3, 3e-3)
```

| epoch | train_loss | valid_loss | error_rate | time |
|---|---|---|---|---|
| 0 | 1.188042 | 0.355024 | 0.102842 | 00:20 |
| 1 | 0.534234 | 0.302453 | 0.094723 | 00:20 |
| 2 | 0.325031 | 0.222268 | 0.074425 | 00:20 |

然後凍結模型：

```
learn.unfreeze()
```

並且再次執行 `lr_find`，因為有更多層需要訓練，而且我們已經有訓練 3 epoch 的權重了，所以之前找到的 LR 已經不適用了：

```
learn.lr_find()
```

```
(1.0964782268274575e-05, 1.5848931980144698e-06)
```

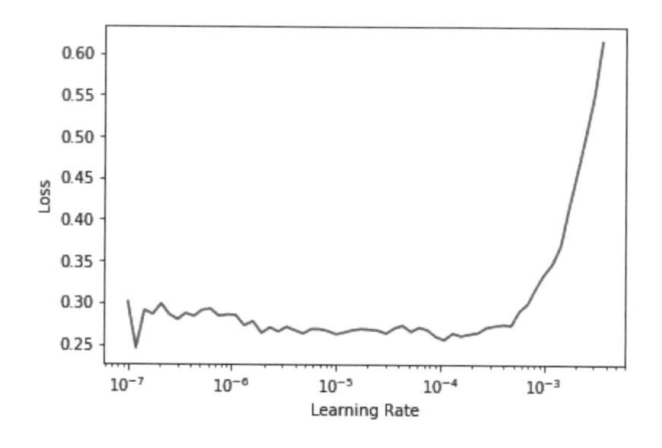


注意，這張圖與使用隨機權重時的圖稍微不同，裡面沒有代表模型正在訓練的快速下降趨勢，這是因為我們的模型已經被訓練過了。在圖中，快速上升之前有一個平坦區域，我們應該選出一個快速上升之前的點，例如 1e-5。在這裡，我們要找的不是梯度最大的點，而且應該要忽略它。

我們用合適的 LR 來訓練：

```
learn.fit_one_cycle(6, lr_max=1e-5)
```

| epoch | train_loss | valid_loss | error_rate | time |
|---|---|---|---|---|
| 0 | 0.263579 | 0.217419 | 0.069012 | 00:24 |
| 1 | 0.253060 | 0.210346 | 0.062923 | 00:24 |
| 2 | 0.224340 | 0.207357 | 0.060217 | 00:24 |
| 3 | 0.200195 | 0.207244 | 0.061570 | 00:24 |
| 4 | 0.194269 | 0.200149 | 0.059540 | 00:25 |
| 5 | 0.173164 | 0.202301 | 0.059540 | 00:25 |

這已經稍微改善模型了，但我們還有更多事情可以做。預訓模型的最深層可能不需要像最後幾層那麼高的學習率，或許可以讓它們使用不同的學習率——這種做法稱為使用**區別學習率**。

## 區別學習率

即使在解凍之後，我們同樣很關心預訓權重的品質。我們不認為這些預訓參數的最佳學習率和隨機參數一樣高，即使我們已經調整那些隨機參數幾個 epoch 了。切記，預訓權重已經用上百萬張圖像訓練過上百個 epoch 了。

此外，還記得在第 1 章的那些顯示每一層學到什麼的圖像嗎？第一層學到非常簡單的基礎，例如邊緣和梯度檢測，它們幾乎可以用於任何一種任務。接下來的神經層學習複雜許多的概念，例如「眼睛」和「夕陽」，它們對你的任務而言可能完全沒有用處（例如，或許你要分類車型）。因此，我們可以讓後面的神經層使用比前面的神經層更快的速度來進行調整。

因此，fastai 的預設做法是使用區別學習率。這種技術最初是進行 NLP 遷移學習的 ULMFiT 法開發出來的，第 10 章會介紹 ULMFiT。如同深度學習的許多好點子，它非常簡單：讓神經網路的前幾層使用較低的學習率，讓後面幾層使用較高的學習率（尤其是隨機加入的神經層）。這個概念來自 Jason Yosinski 等人的觀察（*https://oreil.ly/j3640*），他在 2014 年提出，使用遷移學習時，神經網路的不同層應該要用不同的速度來訓練，如圖 5-4 所示。

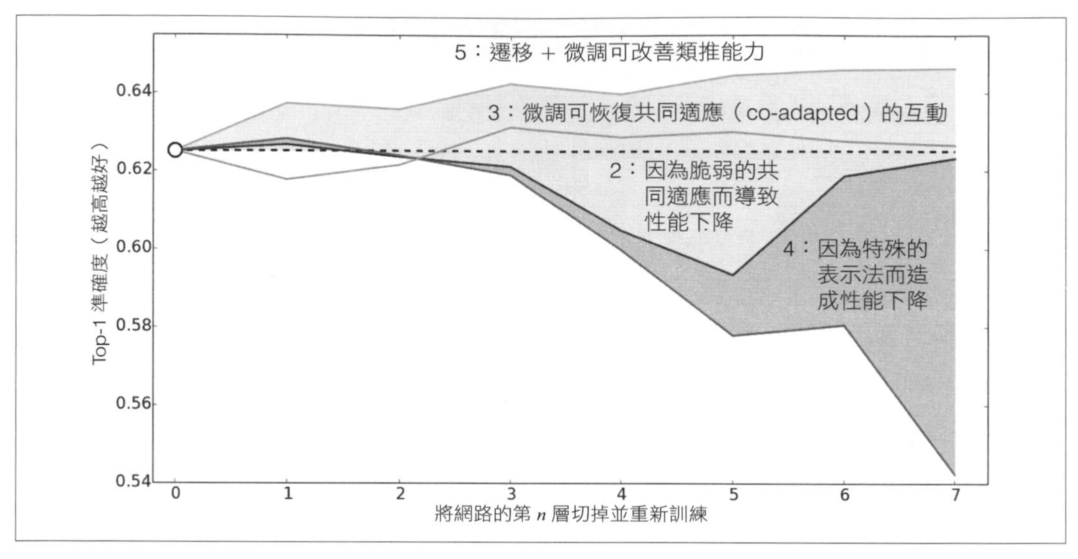


圖 5-4 在遷移學習時，使用不同的神經層與訓練方法造成的影響（Jason Yosinski 等人提供）

fastai 可讓你在接收學習率的任何地方傳入 Python `slice` 物件。你傳入的第一個值是最前面的神經層的學習率，第二個值是最後一層的學習率。在它們之間的神經層的學習率是那個範圍的乘法等距值。我們用這種做法來重複之前的訓練，但是這一次我們將網路的最低層的學習率設為 1e-6，其他的神經層將擴展至 1e-4。我們來訓練一段時間，看看會怎樣：

```
learn = cnn_learner(dls, resnet34, metrics=error_rate)
learn.fit_one_cycle(3, 3e-3)
learn.unfreeze()
learn.fit_one_cycle(12, lr_max=slice(1e-6,1e-4))
```

| epoch | train_loss | valid_loss | error_rate | time |
|---|---|---|---|---|
| 0 | 1.145300 | 0.345568 | 0.119756 | 00:20 |
| 1 | 0.533986 | 0.251944 | 0.077131 | 00:20 |
| 2 | 0.317696 | 0.208371 | 0.069012 | 00:20 |

| epoch | train_loss | valid_loss | error_rate | time |
|---|---|---|---|---|
| 0 | 0.257977 | 0.205400 | 0.067659 | 00:25 |
| 1 | 0.246763 | 0.205107 | 0.066306 | 00:25 |
| 2 | 0.240595 | 0.193848 | 0.062246 | 00:25 |
| 3 | 0.209988 | 0.198061 | 0.062923 | 00:25 |

| epoch | train_loss | valid_loss | error_rate | time |
|---|---|---|---|---|
| 4 | 0.194756 | 0.193130 | 0.064276 | 00:25 |
| 5 | 0.169985 | 0.187885 | 0.056157 | 00:25 |
| 6 | 0.153205 | 0.186145 | 0.058863 | 00:25 |
| 7 | 0.141480 | 0.185316 | 0.053451 | 00:25 |
| 8 | 0.128564 | 0.180999 | 0.051421 | 00:25 |
| 9 | 0.126941 | 0.186288 | 0.054127 | 00:25 |
| 10 | 0.130064 | 0.181764 | 0.054127 | 00:25 |
| 11 | 0.124281 | 0.181855 | 0.054127 | 00:25 |

微調的效果很好！

fastai 可以顯示訓練和驗證損失圖表：

```
learn.recorder.plot_loss()
```

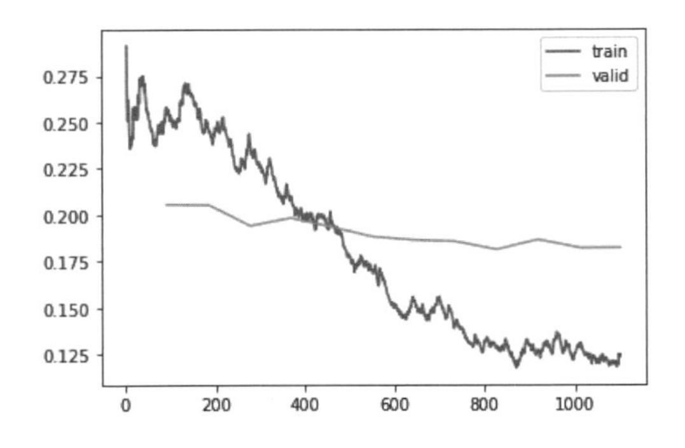


如你所見，訓練損失越來越好，但注意，驗證損失的改善最後趨緩，甚至變糟！這就是模型開始過擬的點。尤其是，模型變得對它的預測過度自信。但這不代表它必然變得越來越不準確。你以後會經常從每一個 epoch 的訓練結果裡面看到，雖然驗證損失越來越糟糕，準確度卻不斷提高，畢竟，準確度才是最重要的東西，或者更廣泛地說，你選擇的 metric 才是最重要的東西，而不是損失。損失只是我們提供電腦的函數，目的是幫助我們優化。

在訓練模型時，需要決定的另一個事情是訓練多長時間。接下來要考慮這個問題。

## 選擇 epoch 數

當你選擇要訓練多少個 epoch 時，通常你會發現你需要考慮時間的限制，而不是類推效果和準確度。所以訓練的第一步，應該是直接選擇你願意花時間來等待的訓練 epoch 數，然後觀察訓練和驗證損失圖，如前面所示，特別是你的 metric。如果你發現它們在最終的 epoch 仍然在持續改善，那就代表訓練得還不夠久。

另一方面，你可能也會看到你選擇的 metric 在訓練結束時變糟了。請記住，我們不僅要注意驗證損失變得更糟的情況，也要注意實際的 metric。驗證損失會先在訓練期因為模型變得過於自信而變糟，然後才會因為它錯誤地記憶了資料而變糟。實際上，我們只關心第二個問題。記住，損失函數只是讓 optimizer 有一些東西可以進行區分和優化的東西，不是我們實際關心的事情。

在 1cycle training 出現之前，大家通常在每個 epoch 結束時保存模型，然後從每個 epoch 保存的模型裡，選出有最佳準確度的模型。這種做法稱為 *early stopping*。然而，這種做法不太可能提供最佳答案，因為中間的 epoch 是在學習率有機會變小之前執行的，那裡可以找到最佳結果。因此，如果你發現過擬，你應該重新訓練模型，並且根據以前在哪裡發現最佳結果，來選擇 epoch 的總數。

如果你有時間訓練更多 epoch，或許可以用那些時間來訓練更多參數，也就是訓練更深的架構。

## 更深的架構

有越多參數的模型通常可以更準確地模擬資料（這個說法有很多需要注意的地方，取決於你所使用的具體架構，但這是一個合理的經驗法則）。對於本書即將展示的大多數架構而言，你都可以藉著加入更多層來建立更大的版本。然而，因為我們想使用預訓模型，我們要選擇已經訓練好的層數。

這就是在實務上架構經常有少量變體的原因。例如，本章使用的 ResNet 架構有 18、34、50、101 和 152 層的變體，它們都已經用 ImageNet 訓練過了。更大版本（有更多的層和參數，有時「更大」被用來代表模型的**能力**）的 ResNet 一定能夠提供更好的訓練損失，但是它可能有過擬的麻煩，因為它有更多參數可以導致過擬。

一般來說，更大的模型更能夠描述資料的潛在關係，以及描述和記憶個別圖像的具體細節。

然而，使用更深的模型需要更多的 GPU RAM，所以你可能要把批次變小，以避免**記憶體不足錯誤**（*out-of-memory error*）。這種情況會在你試著在 GPU 裡面放太多東西時發生，看起來像這樣：

```
Cuda runtime error: out of memory
```

發生這種情況時，你要重啟你的 notebook。解決它的方法是使用更小的批次，這意味著在任何時刻，你都讓比較小組的圖像經過模型。你可以在建立 `DataLoaders` 時使用 `bs=`，來傳遞你想使用的批次大小。

較深的架構的另一項缺點是它們訓練的時間較久。有一種技術可以大幅提升速度：*mixed-precision training*（**混合精度訓練**），它會在訓練期盡量使用較不精確的數字（**半精度浮點數**，也稱為 *fp16*）。當我們在 2020 年初行文至此時，幾乎所有當前的 NVIDIA GPU 都支援一種稱為 *tensor cores* 的特殊功能，它可以將神經網路的訓練速度大幅提升 2 ～ 3 倍。它們需要的 GPU 記憶體也少很多。你只要在建立 `Learner` 之後加上 `to_fp16()` 即可在 fastai 裡啟用這個功能（你也要匯入模組）。

我們無法事先知道最適合處理特定問題的架構，所以必須試著訓練一些模型。我們來嘗試混合精度的 ResNet-50：

```
from fastai2.callback.fp16 import *
learn = cnn_learner(dls, resnet50, metrics=error_rate).to_fp16()
learn.fine_tune(6, freeze_epochs=3)
```

| epoch | train_loss | valid_loss | error_rate | time |
|---|---|---|---|---|
| 0 | 1.427505 | 0.310554 | 0.098782 | 00:21 |
| 1 | 0.606785 | 0.302325 | 0.094723 | 00:22 |
| 2 | 0.409267 | 0.294803 | 0.091340 | 00:21 |

| epoch | train_loss | valid_loss | error_rate | time |
|---|---|---|---|---|
| 0 | 0.261121 | 0.274507 | 0.083897 | 00:26 |
| 1 | 0.296653 | 0.318649 | 0.084574 | 00:26 |
| 2 | 0.242356 | 0.253677 | 0.069012 | 00:26 |
| 3 | 0.150684 | 0.251438 | 0.065629 | 00:26 |
| 4 | 0.094997 | 0.239772 | 0.064276 | 00:26 |
| 5 | 0.061144 | 0.228082 | 0.054804 | 00:26 |

你可以看到，我們又使用 `fine_tune` 了，因為它太方便了！我們可以傳入 `freeze_epochs` 來告訴 fastai 在凍結時，要訓練多少 epoch。它會幫大多數的資料組適當地自動改變學習率。

從這個案例無法看到較深的模型可以帶來什麼好處，但切記——對你的案例而言，大的模型不一定是好的模型！務必先嘗試小模型，再開始擴大模型。

# 結論

在這一章，你已經學會一些重要且實用的技巧，包括準備好圖像資料來進行建模（presizing、data block 整理），以及擬合模型（learning rate finder、解凍、區別學習率、設定 epoch 數，和使用更深的架構）。使用這些工具可幫助你建構更準確、更快速的圖像模型。

我們也討論了交叉熵損失。本書的這個部分值得花很多時間研究。雖然在實務上，你應該不需要自行從零開始撰寫交叉熵損失，但了解那個函數的輸入和輸出非常重要，因為幾乎每一種分類模型都會使用它（或它的變體，你會在下一章看到）。所以當你想要對模型進行 debug，或將模型投入生產，或改善模型的準確度，你必須知道如何觀察它的觸發輸出和損失，並了解發生什麼事，以及它的原因。如果你不了解損失函數，你就沒辦法正確地做這些事。

如果你沒有充分理解交叉熵損失，不要擔心，總有一天你會辦到的！先回到之前的章節，確實了解 `mnist_loss`。然後執行本章的 notebook 討論交叉熵損失的每一個 cell。務必了解每一項計算在做什麼，以及為什麼要那樣做。試著自己建立一些小張量，把它們傳給函式，看看它們回傳什麼。

記住，在實作交叉熵損失時，你不是只有一種選擇。就像在討論回歸時，我們可以選擇均方誤差和平均絕對誤差（L1），我們在這裡也可以變更細節。如果你認為某些函數可能也有效，盡可能在本章的 notebook 裡嘗試它們！（不過，請注意：模型的訓練速度可能會變慢，準確度也會降低。這是因為交叉熵損失的梯度與「觸發輸出和目標的差」成正比，所以 SGD 永遠會幫權重算出大小適當的步幅。）

# 問題

1. 為什麼我們先在 CPU 將大小放大，然後在 GPU 將大小縮小？
2. 如果你不熟悉正規表達式，找到正規表達式教學與一些問題，完成它們。本書的網站有一些建議。
3. 大多數的深度學習資料組都用哪兩種方式提供資料？
4. 閱讀 `L` 的文件，試著使用它加入的新方法。
5. 閱讀 Python `pathlib` 模組的文件，並且試著使用 `Path` 類別的一些方法。
6. 說出圖像轉換降低資料品質的兩種情況。
7. fastai 提供哪種方法來觀察 `DataLoaders` 裡面的資料？
8. fastai 提供哪種方法來協助你除錯 `DataBlock`？
9. 需要在徹底清理資料之後再訓練模型嗎？
10. PyTorch 的交叉熵損失是由哪兩個部分組成的？
11. softmax 可以確保觸發輸出有哪兩項屬性？為何這件事很重要？
12. 在什麼情況下，你不希望觸發輸出有這兩種屬性？
13. 自行計算圖 5-3 的 `exp` 和 `softmax` 欄位（在試算表裡、使用計算機，或是在 notebook 裡）。
14. 為何不能使用 `torch.where` 來為標籤可能有兩種以上的類別的資料組建立損失函數？
15. `log(-2)` 的值是什麼？為什麼？
16. 用 learning rate finder 選擇學習率的兩項經驗法則是什麼？
17. `fine_tune` 方法會做哪兩個步驟？
18. 在 Jupyter Notebook 裡，如何取得方法或函式的原始碼？
19. 什麼是區別學習率？
20. 當你將 Python `slice` 物件當成學習率傳給 fastai 時，它會被如何解讀？
21. 為什麼在使用 1cycle training 時，early stopping 是糟糕的選擇？
22. `resnet50` 與 `resnet101` 有什麼不同？
23. `to_fp16` 有什麼作用？

## 後續研究

1. 找出 Leslie Smith 介紹 learning rate finder 的論文，閱讀它。
2. 試著改善本章的分類模型的準確度。你能得到多高的準確度？在論壇和本書的網站，看看其他學生處理這個資料組的成果，以及他們是怎麼辦到的。

第六章

# 其他的電腦視覺問題

在之前的章節中，你已經知道一些重要的模型訓練實務技術了。選擇學習率和 epoch 數之類的考慮因素對取得好的結果來說非常重要。

在這一章，我們要學習另外兩種電腦視覺問題：多標籤分類和回歸。當你想要為每張圖像預測多個（有時可能完全沒有）標籤時會出現第一種問題，當你的標籤是一個或多個數字時（數量，不是類別），會出現第二種問題。

在過程中，我們將更深入研究深度學習模型的觸發輸出、目標和損失函數。

## 多標籤分類

**多標籤分類**就是在可能不只包含一種物體的圖像中辨識多個物體的類別。圖像裡面可能有不止一種物體，裡面的物體也有可能都不是你要尋找的類別。

例如，這種技術很適合用來處理我們的熊分類模型。我們在第 2 章做出來的熊分類模型有一個問題在於，如果用戶上傳不是任何一種熊的東西，模型仍然會說它是灰熊、黑熊或泰迪熊，它無法預測「根本不是熊」。事實上，在我們完成這一章之後，有一個很棒的練習就是回到你的圖像分類應用程式，並且試著使用多標籤技術來重新訓練它，然後傳給它一個不屬於你的辨識類別的圖像來測試它。

在實務上，據我們所知，很少人會為了這個目的而訓練多標籤分類模型——儘管我們經常看到用戶和開發者抱怨這個問題。看來這個簡單的解決方案沒有得到廣泛的理解和讚賞！因為在實務上，不屬於任何一個類別或符合多個類別的圖像比較常見，我們可以預期，多標籤分類模型比單標籤分類模型的適用度更廣泛。

我們先來看多標籤資料組長怎樣，再解釋如何準備它來訓練模型。你將看到模型的架構與上一章沒有不同，只有損失函數有所不同。我們從資料談起。

# 資料

在我們的例子中，我們將使用 PASCAL 資料組，它的每張圖像可能有不只一種分類物體。

我們先像以前一樣，下載並提取資料組：

```
from fastai.vision.all import *
path = untar_data(URLs.PASCAL_2007)
```

這個資料組與之前看過的不一樣，因為它不是用檔名或資料夾來架構的，而是用一個 CSV 檔來告訴我們每張圖像的標籤。我們可以將 CSV 檔讀入 Pandas DataFrame 來觀察它：

```
df = pd.read_csv(path/'train.csv')
df.head()
```

| | fname | labels | is_valid |
|---|---|---|---|
| 0 | 000005.jpg | chair | True |
| 1 | 000007.jpg | car | True |
| 2 | 000009.jpg | horse person | True |
| 3 | 000012.jpg | car | False |
| 4 | 000016.jpg | bicycle | True |

如你所見，每張圖像的類別是以空格分隔字串（space-delimited string）來表示的。

### Pandas 與 DataFrame

*Pandas* 不是熊貓！它是一種 Python 程式庫，其用途是操作和分析表格與時間序列資料。它的主要類別是 `DataFrame`，用它來代表一個包含資料列和欄位的表格。

你可以從 CSV 檔、資料庫表格、Python 字典和許多其他來源取得 DataFrame。Jupyter 會以格式化的表格來輸出 DataFrame，就像上面那樣。

你可以用 `iloc` 屬性來存取 DataFrame 的列或欄，就像它是個矩陣一般：

```
df.iloc[:,0]

0       000005.jpg
1       000007.jpg
2       000009.jpg
3       000012.jpg
4       000016.jpg
           ...
5006    009954.jpg
5007    009955.jpg
5008    009958.jpg
5009    009959.jpg
5010    009961.jpg
Name: fname, Length: 5011, dtype: object

df.iloc[0,:]
# 後面的：永遠是選用的（在 numpy、pytorch、pandas 等裡面），
#   所以它相當於：
df.iloc[0]

fname       000005.jpg
labels           chair
is_valid          True
Name: 0, dtype: object
```

你也可以直接以名稱來檢索 DataFrame 並抓出一欄：

```
df['fname']

0       000005.jpg
1       000007.jpg
2       000009.jpg
3       000012.jpg
4       000016.jpg
           ...
5006    009954.jpg
5007    009955.jpg
5008    009958.jpg
5009    009959.jpg
5010    009961.jpg
Name: fname, Length: 5011, dtype: object
```

你可以建立新欄位和使用欄位進行計算：

```
df1 = pd.DataFrame()
df1['a'] = [1,2,3,4]
df1
```

| | a |
|---|---|
| 0 | 1 |
| 1 | 2 |
| 2 | 3 |
| 3 | 4 |

```
df1['b'] = [10, 20, 30, 40]
df1['a'] + df1['b']
```

```
0    11
1    22
2    33
3    44
dtype: int64
```

Pandas 是一種快速且靈活的程式庫，也是每一位資料科學家的 Python 工具箱裡重要的工具。不幸的是，它的 API 有時令人摸不著頭緒且出人意外，所以熟悉它需要時間。如果你沒有用過 Pandas，我們建議你完成一個教學，我們特別喜歡 Pandas 的創造者 Wes McKinney 所著的《*Python* 資料分析》（O'Reilly）。這本書也介紹其他重要的程式庫，例如 `matplotlib` 和 `NumPy`。我們會在遇到 Pandas 時簡單地介紹它的功能，但無法像 McKinney 的書裡那麼詳細。

知道資料長怎樣之後，我們讓它可以用來訓練模型。

## 建構 DataBlock

如何將 `DataFrame` 物件轉換成 `DataLoaders` 物件？我們通常建議盡量使用 data block API 來建立 `DataLoaders` 物件，因為它提供很好的靈活度和簡單度。接下來，我們將告訴你使用 data block API 來建構 `DataLoaders` 物件的步驟，以這個資料組為例。

正如我們所見，PyTorch 與 fastai 有兩個主要類別可用來代表和存取訓練組或驗證組：

`Dataset`

　它是一個集合，可回傳一個項目的自變數和因變數 tuple。

`DataLoader`

　它是一個 iterator，提供小批次串流，其中的每一個小批次都是成對的一批自變數與一批因變數。

fastai 在它們之上提供兩個類別來將訓練組和驗證組整合在一起：

`Datasets`

　這是 iterator，裡面有一個訓練 `Dataset` 與一個驗證 `Dataset`

`DataLoaders`

　這是物件，裡面有訓練 `DataLoader` 與驗證 `DataLoader`

因為 `DataLoader` 是建構在 `Dataset` 之上，為它加入額外的功能（將多個項目整理成小批次），最簡單的做法通常是先建立和測試 `Datasets`，在它可以正常動作之後，再製作 `DataLoaders`。

當我們建立 `DataBlock` 時，我們會逐漸建構它，一步一腳印，並且在過程中使用 notebook 來檢查資料。這是在寫程式的過程中維持動力的好方法，也可以幫助你隨時注意任何問題，讓你可以輕鬆地除錯，因為你可以知道當問題出現時，它就在你剛才輸入的那一行裡面！

我們先從最簡單的案例開始，也就是不使用任何參數來建立 data block：

```
dblock = DataBlock()
```

我們可以用它建立一個 `Datasets` 物件。唯一需要的東西是來源，在這個例子裡，就是我們的 DataFrame：

```
dsets = dblock.datasets(df)
```

它裡面有 `train` 和 `valid` 資料組，我們可以對它們進行檢索：

```
dsets.train[0]
```

```
(fname       008663.jpg
 labels      car person
 is_valid    False
 Name: 4346, dtype: object,
 fname       008663.jpg
 labels      car person
 is_valid    False
 Name: 4346, dtype: object)
```

如你所見，它會回傳一列 DataFrame 兩次，原因是在預設情況下，data block 假設我們有兩個東西：輸入與目標。當我們以後需要從 DataFrame 抓取適當的欄位時，可以傳入 `get_x` 與 `get_y` 函式來做這件事：

```
dblock = DataBlock(get_x = lambda r: r['fname'], get_y = lambda r: r['labels'])
dsets = dblock.datasets(df)
dsets.train[0]
```

```
('005620.jpg', 'aeroplane')
```

如你所見，函式不是用一般的方式定義的，而是使用 Python 的 lambda 關鍵字，這只是定義函式並引用它的簡便手段。下面是比較詳細且效果一樣的寫法：

```
def get_x(r): return r['fname']
def get_y(r): return r['labels']
dblock = DataBlock(get_x = get_x, get_y = get_y)
dsets = dblock.datasets(df)
dsets.train[0]
```

```
('002549.jpg', 'tvmonitor')
```

lambda 函式很適合用來快速迭代，但它們與序列化（serialization）不相同，所以如果你想要在訓練之後匯出你的 Learner，建議你使用比較詳細的做法（如果你只想要做實驗，lambda 很適合）。

我們可以看到，我們必須將自變數轉換成完整的路徑，這樣就可以將它當成一張圖像來開啟，我們也要用空格字元將因變數拆開（這是 Python 的 split 函式的預設做法），將它變成 list：

```
def get_x(r): return path/'train'/r['fname']
def get_y(r): return r['labels'].split(' ')
dblock = DataBlock(get_x = get_x, get_y = get_y)
dsets = dblock.datasets(df)
dsets.train[0]
```

```
(Path('/home/sgugger/.fastai/data/pascal_2007/train/008663.jpg'),
 ['car', 'person'])
```

為了真正打開圖像，並且將它轉換成張量，我們要使用一組轉換，block 類型可以提供這些功能。我們可以使用之前用過的 block 類型，然而，雖然因為我們有指向有效圖像的路徑，ImageBlock 同樣可以正常運作，但是 CategoryBlock 不行，癥結在於，block 回傳一個整數，但是我們必須讓各個項目有多個標籤。我們使用 MultiCategoryBlock 來解決這個問題。這一種 block 期望收到一串字串，就像這個例子這樣，所以我們來試一下它：

```
dblock = DataBlock(blocks=(ImageBlock, MultiCategoryBlock),
                   get_x = get_x, get_y = get_y)
dsets = dblock.datasets(df)
dsets.train[0]
```

```
(PILImage mode=RGB size=500x375,
 TensorMultiCategory([0., 0., 0., 0., 0., 0., 0., 0., 0., 0., 0., 1., 0., 0.,
 > 0., 0., 0., 0., 0., 0.]))
```

如你所見，類別串列的編碼方式與常規的 `CategoryBlock` 不一樣。`CategoryBlock` 用一個整數來代表它是哪個類別，根據它在 vocab 裡面的位置。但是在這個例子裡，我們有一串 0，以及一個 1，位於類別所屬的位置。例如，如果在串列的第二個與第四個位置有 1，代表圖像裡有 vocab 的第二個與第四個項目。這種做法稱為 *one-hot encoding*（*one-hot* 編碼）。我們不能直接將類別的索引做成一個串列的原因是，如此一來，每個串列的長度都會不同，但 PyTorch 使用張量，裡面的每一個東西都必須有相同的長度。

術語：*one-hot encoding*（*one-hot* 編碼）

使用一個以 0 組成的向量，並且讓資料裡面有出現的類別的對應位置使用 1，來編碼一串整數。

看看這個例子有什麼類別（我們使用方便的 `torch.where` 函式，它可以回傳條件為 true 或 false 的所有索引）：

```
idxs = torch.where(dsets.train[0][1]==1.)[0]
dsets.train.vocab[idxs]
```

```
(#1) ['dog']
```

使用 NumPy 陣列、PyTorch 張量與 fastai 的 `L` 類別時，我們可以直接使用串列或向量來檢索，讓程式碼（例如這個例子中的）更清楚且更簡潔。

我們到目前為止都忽略 `is_valid` 欄位，代表 `DataBlock` 在預設情況下使用隨機拆分。為了明確地選擇驗證組的元素，我們必須寫一個函式，並將它傳給 `splitter`（或使用 fastai 預先定義的函式或類別）。它會接收項目（在此是我們的整個 DataFrame），而且回傳兩個（或更多個）整數串列：

```
def splitter(df):
    train = df.index[~df['is_valid']].tolist()
    valid = df.index[df['is_valid']].tolist()
    return train,valid

dblock = DataBlock(blocks=(ImageBlock, MultiCategoryBlock),
                   splitter=splitter,
                   get_x=get_x,
                   get_y=get_y)
```

```
dsets = dblock.datasets(df)
dsets.train[0]
```

```
(PILImage mode=RGB size=500x333,
 TensorMultiCategory([0., 0., 0., 0., 0., 0., 1., 0., 0., 0., 0., 0., 0., 0.,
 > 0., 0., 0., 0., 0., 0.]))
```

如前所述，DataLoader 會將 Dataset 的項目整理成小批次。這是一個張量 tuple，其中的每一個張量只是將 Dataset 項目裡的那個位置的項目疊起來。

確認個別的項目看起來 OK 之後，我們還要確定我們可以建立 DataLoaders，這是為了確保每個項目都有相同的大小。我們可以使用 RandomResizedCrop 來做這件事：

```
dblock = DataBlock(blocks=(ImageBlock, MultiCategoryBlock),
                   splitter=splitter,
                   get_x=get_x,
                   get_y=get_y,
                   item_tfms = RandomResizedCrop(128, min_scale=0.35))
dls = dblock.dataloaders(df)
```

現在我們可以顯示資料的一個樣本了：

```
dls.show_batch(nrows=1, ncols=3)
```

記住，如果你用 DataBlock 建立 DataLoaders 時出現任何錯誤，或如果你想檢查 DataBlock 到底發生了什麼事，你都可以使用上一章介紹的 summary 方法。

現在我們的資料已經用來訓練模型了。我們將會看到，建立 Learner 的方法都一樣，但是在幕後，fastai 程式庫會幫我們選擇新的損失函數：二元交叉熵。

## 二元交叉熵

接下來我們要建立 Learner。我們在第 4 章看過，Learner 物件包含四個主要元素：模型、DataLoaders 物件、Optimizer，與要使用的損失函數。我們已經有 DataLoaders 了，我們可以利用 fastai 的 resnet 模型（稍後會告訴你如何從零開始製作它），我們也知道如何建立 SGD optimizer。因此，我們把焦點放在使用適當的損失函數上。為此，我們使用 cnn_learner 來建立一個 Learner，這樣我們就可以觀察它的觸發輸出：

```
learn = cnn_learner(dls, resnet18)
```

我們也看過，在 Learner 裡的模型通常是個繼承 nn.Module 的類別的物件，我們可以用括號來呼叫它，它會回傳模型的觸發輸出。你要將自變數傳給它，以小批次的形式。我們可以從 DataLoader 抓取一個小批次，再將它傳給模型：

```
x,y = dls.train.one_batch()
activs = learn.model(x)
activs.shape
```

```
torch.Size([64, 20])
```

想一下為什麼 activs 有這個 shape——我們的批次大小是 64，而且我們需要計算 20 個類別的機率。這是其中一個觸發輸出的樣子：

```
activs[0]
```

```
tensor([ 2.0258, -1.3543,  1.4640,  1.7754, -1.2820, -5.8053,  3.6130,  0.7193,
 > -4.3683, -2.5001, -2.8373, -1.8037,  2.0122,  0.6189,  1.9729,  0.8999,
 > -2.6769, -0.3829,  1.2212,  1.6073],
       device='cuda:0', grad_fn=<SelectBackward>)
```

**取得模型的觸發輸出**

知道如何親手取得小批次並將它傳給模型，以及查看觸發輸出和損失，對 debug 模型而言非常重要，對學習也很有幫助，如此一來，你就可以查看發生了什麼事。

雖然這些數字還沒有被調整為 0 和 1 之間，但我們已經在第 4 章學過怎麼做了，也就是使用 sigmoid 函數。我們也看了如何根據它來計算損失——使用第 4 章的損失函數，加上上一章介紹的 log：

```
def binary_cross_entropy(inputs, targets):
    inputs = inputs.sigmoid()
    return -torch.where(targets==1, inputs, 1-inputs).log().mean()
```

注意，因為我們使用 one-hot 編碼的因變數，我們無法直接使用 nll_loss 或 softmax（因此不能使用 cross_entropy）：

- 正如我們看到的，softmax 讓所有預測的總和是 1，且傾向讓一個觸發輸出比其他的大很多（因為使用 exp），但是，我們或許也會有很高的信心度，認為有多個類別出現在圖像裡，所以將觸發輸出的最大總和限制為 1 並不好。出於同一個理由，當我們認為圖像裡沒有任何一個類別的話，我們可能希望總和小於 1。
- 正如我們看到的，nll_loss 只回傳一個觸發輸出的值，它是一個項目的單一標籤對應的觸發輸出，不適合在有多個標籤時使用。

另一方面，binary_cross_entropy 函式（它只是 mnist_loss 和 log）提供我們需要的東西，這要歸功於神奇的 PyTorch 逐元素操作。每一個觸發輸出都會與每一欄的每一個目標比對，所以我們不需要做任何事情，就可讓這個函式處理多個欄位。

*Jeremy* 說

在使用 PyTorch 這種使用廣播和逐元素操作的程式庫時，有一件我很喜歡的事情是，我經常發現我可以寫出同時適用於單一項目和一批項目的程式碼，而不需要修改。binary_cross_entropy 就是一個很好的例子。藉著使用這些操作，我們不需要自行撰寫迴圈，而且可以依靠 PyTorch 來執行適合我們所使用的張量的 rank 的迴圈。

PyTorch 已經提供這個函式給我們了。事實上，它提供了許多版本，並且幫它們取了令人困惑的名稱！

F.binary_cross_entropy 和它的模組等效物 nn.BCELoss 可對 one-hot 編碼的目標計算交叉熵，但不包含初始的 sigmoid。通常對於 one-hot 編碼的目標，你要使用 F.binary_cross_entropy_with_logits（或 nn.BCEWithLogitsLoss），它會在一個函式裡進行 sigmoid 與二元交叉熵，就像上述的例子那樣。

用來處理單標籤資料組（目標被編碼為一個整數的，例如 MNIST 或 Pet 資料組）的等效物包含沒有初始 softmax 的 F.nll_loss 和 nn.NLLLoss，以及有初始 softmax 的 F.cross_entropy 和 nn.CrossEntropyLoss。

因為我們使用 one-hot 編碼的目標，我們將使用 BCEWithLogitsLoss：

```
loss_func = nn.BCEWithLogitsLoss()
loss = loss_func(activs, y)
loss
```

```
tensor(1.0082, device='cuda:5', grad_fn=<BinaryCrossEntropyWithLogitsBackward>)
```

我們不需要要求 fastai 使用這個損失函數（雖然想要的話也可以），因為它會自動為我們選擇。fastai 知道 DataLoaders 有多類別標籤，所以它預設使用 nn.BCEWithLogitsLoss。

與上一章相比有一項改變在於我們使用的 metric：因為這是多標籤問題，我們不能使用準確度函數。為什麼？因為準確度是這樣比較輸出和目標的：

```
def accuracy(inp, targ, axis=-1):
    "Compute accuracy with `targ` when `pred` is bs * n_classes"
    pred = inp.argmax(dim=axis)
    return (pred == targ).float().mean()
```

被預測出來的類別是觸發輸出最高的類別（這就是 argmax 做的事）。它在這裡無法使用的原因是，一張圖像可能有多個預測值。在對觸發輸出套用 sigmoid 之後（來讓它們介於 0 和 1 之間），我們要藉著選擇一個**閾值**來決定哪些是 0，哪些是 1。在閾值以上的每一個值都視為 1，比它低的每一個值都視為 0：

```
def accuracy_multi(inp, targ, thresh=0.5, sigmoid=True):
    "Compute accuracy when `inp` and `targ` are the same size."
    if sigmoid: inp = inp.sigmoid()
    return ((inp>thresh)==targ.bool()).float().mean()
```

如果我們直接將 accuracy_multi 當成 metric 傳遞，它會使用預設的閾值，也就是 0.5。我們可能想要調整那個預設值，並建立有不同預測值的新版 accuracy_multi。Python 有個稱為 partial 的函式可協助這項工作。它可讓我們將一個函式與一些引數或關鍵字引數**綁定**，製作那個函式的新版本，當它被呼叫時，一定會包含這些引數。例如，這個簡單的函式接收兩個引數：

```
def say_hello(name, say_what="Hello"): return f"{say_what} {name}."
say_hello('Jeremy'),say_hello('Jeremy', 'Ahoy!')
```

```
('Hello Jeremy.', 'Ahoy! Jeremy.')
```

我們可以使用 partial 來切換到該函式的法語版本：

```
f = partial(say_hello, say_what="Bonjour")
f("Jeremy"),f("Sylvain")
```

```
('Bonjour Jeremy.', 'Bonjour Sylvain.')
```

現在我們可以訓練模型了。我們試著將 metric 的準確度閾值設為 0.2：

```
learn = cnn_learner(dls, resnet50, metrics=partial(accuracy_multi, thresh=0.2))
learn.fine_tune(3, base_lr=3e-3, freeze_epochs=4)
```

| epoch | train_loss | valid_loss | accuracy_multi | time |
|---|---|---|---|---|
| 0 | 0.903610 | 0.659728 | 0.263068 | 00:07 |
| 1 | 0.724266 | 0.346332 | 0.525458 | 00:07 |
| 2 | 0.415597 | 0.125662 | 0.937590 | 00:07 |
| 3 | 0.254987 | 0.116880 | 0.945418 | 00:07 |

| epoch | train_loss | valid_loss | accuracy_multi | time |
|---|---|---|---|---|
| 0 | 0.123872 | 0.132634 | 0.940179 | 00:08 |
| 1 | 0.112387 | 0.113758 | 0.949343 | 00:08 |
| 2 | 0.092151 | 0.104368 | 0.951195 | 00:08 |

選擇閾值很重要，如果你選擇太低的閾值，你通常無法選到被正確標注的物件。我們可以改變 metric，然後呼叫 `validate` 來觀察這種情況，它會回傳驗證損失與 metric：

```
learn.metrics = partial(accuracy_multi, thresh=0.1)
learn.validate()
```

```
(#2) [0.10436797887086868,0.93057781457901]
```

如果你選擇太高的閾值，你只會選出模型非常有信心的物體：

```
learn.metrics = partial(accuracy_multi, thresh=0.99)
learn.validate()
```

```
(#2) [0.10436797887086868,0.9416930675506592]
```

我們可以藉著嘗試一些數字，看看哪一個有最好的效果，來找出最好的閾值。如果我們只抓取一次預測，這會快得多：

```
preds,targs = learn.get_preds()
```

然後我們可以直接呼叫 metric。注意，在預設情況下，`get_preds` 會幫我們套用輸出觸發函數（在這個例子中是 sigmoid），所以我們要告訴 `accuracy_multi` 不要套用它：

```
accuracy_multi(preds, targs, thresh=0.9, sigmoid=False)
```

```
TensorMultiCategory(0.9554)
```

現在我們可以使用這種做法來尋找最佳閾值：

```
xs = torch.linspace(0.05,0.95,29)
accs = [accuracy_multi(preds, targs, thresh=i, sigmoid=False) for i in xs]
plt.plot(xs,accs);
```

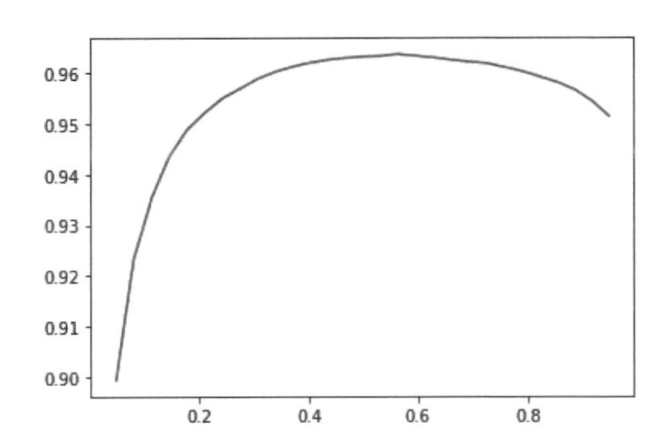


在這個例子裡，我們使用驗證組來選擇超參數（閾值），這正是驗證組的目的。有時學生會擔心**過擬**驗證組，因為我們試了很多值來找出哪一個是最好的。但是，正如你在圖中看到的，在這個例子裡，改變閾值會產生平滑的曲線，所以我們顯然沒有選擇不合適的異常值。這個例子很好地說明我們必須注意理論（不要嘗試大量的超參數值，否則可能會過擬驗證組）與實務（如果關係平滑，可以這樣做）之間的差異。

以上就是在本章中多標籤分類的部分。接下來，我們要討論回歸問題。

# 回歸

我們很容易將深度學習模型分成各種領域，例如**電腦視覺**、*NLP* 等。這確實是 fastai 分類它的應用的方法——主要是因為大多數人都習慣這種思維方式。

但事實上，這會掩蓋更有趣且更深入的觀點。模型是用它的自變數、因變數與損失函數來定義的。這意味著除了以領域來劃分之外，我們還有更廣泛的模型種類。或許我們的自變數是圖像，因變數是文字（例如為一張圖像產生標題），或許我們的自變數是文字，因變數是圖像（例如用標題產生文字——深度學習真的可能做到！），或許我們的自變數是圖像、文字與表格資料，並且試著預測購物…可能性是無限的。

若要跳脫固定的應用框架，為新的問題打造新穎的方案，真正了解 data block API（或許還有中間層的 API，稍後會看到）將會很有幫助。舉個例子，我們來考慮**圖像回歸**問題，在這種問題中，用來學習的資料組裡面的自變數是圖像，因變數是一或多個浮點數。很多人將圖像回歸視為一個獨立的應用，但你將看到，我們可以將它視為在 data block API 之上的另一個 CNN。

我們要直接跳到一種比較麻煩的圖像回歸變體，因為我知道你已經準備好了！我們將要製作一個重點模型。**重點**是指圖像中的特定位置——在這個例子裡，我們使用人的照片，尋找每張照片裡的人臉的中心。這代表我們其實為每張圖像預測兩個值：人臉中心的列與行。

## 組裝資料

本節將使用 Biwi Kinect Head Pose 資料組（*https://oreil.ly/-4cO-*）。我們像之前一樣，先下載資料組：

```
path = untar_data(URLs.BIWI_HEAD_POSE)
```

看一下抓到什麼東西！

```
path.ls()
```

```
(#50) [Path('13.obj'),Path('07.obj'),Path('06.obj'),Path('13'),Path('10'),Path('
 > 02'),Path('11'),Path('01'),Path('20.obj'),Path('17')...]
```

裡面有 24 個目錄，編號從 01 到 24（對應照片裡的不同人），每一個目錄都有一個相應的 *.obj* 檔（在這裡不需要它們）。看一下這些目錄裡面有什麼：

```
(path/'01').ls()
```

```
(#1000) [Path('01/frame_00281_pose.txt'),Path('01/frame_00078_pose.txt'),Path('0
 > 1/frame_00349_rgb.jpg'),Path('01/frame_00304_pose.txt'),Path('01/frame_00207_
 > pose.txt'),Path('01/frame_00116_rgb.jpg'),Path('01/frame_00084_rgb.jpg'),Path
 > ('01/frame_00070_rgb.jpg'),Path('01/frame_00125_pose.txt'),Path('01/frame_003
 > 24_rgb.jpg')...]
```

在子目錄裡有不同的 frame，它們每一個都有一張圖像（*_rgb.jpg*）與一個 pose 檔（*_pose.txt*）。我們可以用 `get_image_files` 以遞迴的方式取得所有圖像檔，然後寫一個函式，將圖像檔的檔名改成它的 pose 檔：

```
img_files = get_image_files(path)
def img2pose(x): return Path(f'{str(x)[:-7]}pose.txt')
img2pose(img_files[0])
```

```
Path('13/frame_00349_pose.txt')
```

我們來看第一張圖像：

```
im = PILImage.create(img_files[0])
im.shape
```

```
(480, 640)
```

```
im.to_thumb(160)
```

Biwi 資料組網站（*https://oreil.ly/wHL28*）解釋了每張圖像的 pose 文字檔的格式，它顯示頭部中心的位置。對我們來說，那些細節不重要，所以我們只展示用來提取頭部中心點的函數：

```
cal = np.genfromtxt(path/'01'/'rgb.cal', skip_footer=6)
def get_ctr(f):
    ctr = np.genfromtxt(img2pose(f), skip_header=3)
    c1 = ctr[0] * cal[0][0]/ctr[2] + cal[0][2]
    c2 = ctr[1] * cal[1][1]/ctr[2] + cal[1][2]
    return tensor([c1,c2])
```

這個函式會回傳包含兩個項目的張量，張量裡面有座標：

```
get_ctr(img_files[0])
```

```
tensor([384.6370, 259.4787])
```

我們可以將這個函式當成 `get_y` 傳給 `DataBlock`，因為它負責標注各個項目。我們會將圖像縮為它們的輸入尺寸的一半，以稍微提升訓練速度。

有一個必須注意的重點是，我們不應該使用隨機的 splitter。在這個資料組裡，同一個人會出現在多張圖像裡，但我們希望模型可以處理它沒有看過的人。在資料組裡的每一個資料夾都儲存某一個人的圖像。因此，我們可以建立一個 splitter 函式，讓它在只有一個人時回傳 `True`，產生一個只包含那個人的圖像的驗證組。

與之前的 data block 範例還有一個不同的地方在於，第二個 block 是 `PointBlock`。這是必要的，如此一來，fastai 才可以知道標籤代表座標，這樣它就知道在進行資料擴增時，它也應該對這些座標進行與它對圖像所做的擴增一樣的擴增：

```
biwi = DataBlock(
    blocks=(ImageBlock, PointBlock),
    get_items=get_image_files,
    get_y=get_ctr,
    splitter=FuncSplitter(lambda o: o.parent.name=='13'),
    batch_tfms=[*aug_transforms(size=(240,320)),
                Normalize.from_stats(*imagenet_stats)]
)
```

**點與資料擴增**

我們還沒有看到其他的程式庫（除了 fastai 的）可以自動且正確地對座標進行資料擴增。所以，如果你要使用其他的程式庫來處理這種問題，你可能不能做資料擴增。

在進行任何建構之前，我們應該檢查一下資料，確認它們看起來是 OK 的：

```
dls = biwi.dataloaders(path)
dls.show_batch(max_n=9, figsize=(8,6))
```

看起來很好！除了目視檢查批次之外，我們最好也要檢查底層的張量（尤其是身為學生，這有助於釐清你對於模型真正看到的東西的理解程度）：

```
xb,yb = dls.one_batch()
xb.shape,yb.shape
```

```
(torch.Size([64, 3, 240, 320]), torch.Size([64, 1, 2]))
```

務必了解為何小批次的 shape 是這樣。

這是來自因變數的一列樣本：

```
yb[0]
```

```
tensor([[0.0111, 0.1810]], device='cuda:5')
```

你可以看到，我們不必使用獨立的**圖像回歸**應用程式，我們只要標注資料，並且告訴 fastai 自變數和因變數代表哪種類型的資料即可。

建立 Learner 時也一樣。我們將使用與之前一樣的函式，以及一個新參數，然後就可以訓練模型了。

## 訓練模型

與之前一樣，我們可以使用 cnn_learner 來建立 Learner。還記得在第 1 章裡，我們怎麼使用 y_range 來讓 fastai 知道目標的範圍嗎？我們會在這裡做同一件事（在 fastai 與 PyTorch 裡面的座標尺度一定會被調整成 –1 和 +1 之間）：

```
learn = cnn_learner(dls, resnet18, y_range=(-1,1))
```

y_range 在 fastai 裡是用 sigmoid_range 來實作的，它的定義是：

```
def sigmoid_range(x, lo, hi): return torch.sigmoid(x) * (hi-lo) + lo
```

如果你定義了 y_range，它會被設為模型的最後一層。花一點時間想一下這個函式的作用，以及為何它可以強迫模型的觸發輸出在 (lo,hi) 範圍內。

以下是它的長相：

```
plot_function(partial(sigmoid_range,lo=-1,hi=1), min=-4, max=4)
```

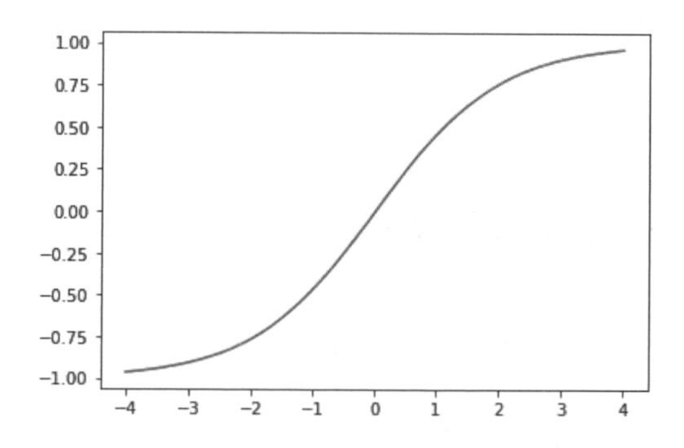

我們沒有指定損失函數，這代表我們使用 fastai 選擇的預設函數。看一下它為我們選擇哪一種：

```
dls.loss_func
```

```
FlattenedLoss of MSELoss()
```

這是合理的選擇，因為當座標被當成因變數來使用時，我們通常都想要盡量準確地預測某件事，這基本上就是 `MSELoss`（均方誤差損失）做的事情。如果你想要使用不同的損失函數，你可以使用 `loss_func` 參數來將它傳給 `cnn_learner`。

此外也要注意，我們沒有指定任何 metric。這是因為 MSE 對這個任務來說已經是個實用的 metric 了（雖然開平方根之後應該更容易解釋）。

我們可以用 learning rate finder 來選擇好的學習率：

```
learn.lr_find()
```

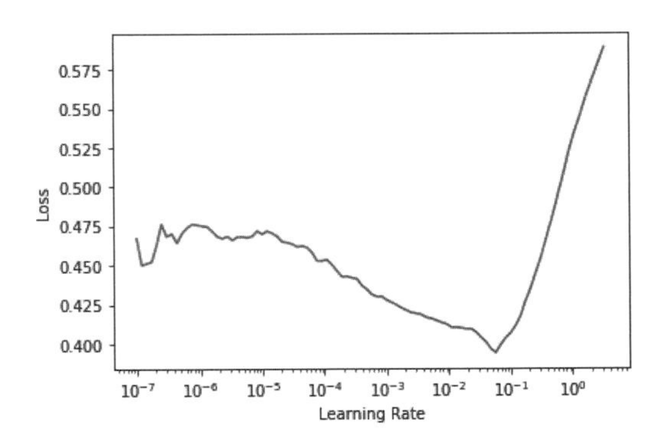


我們嘗試 2e-2 的學習率：

```
lr = 2e-2
learn.fit_one_cycle(5, lr)
```

| epoch | train_loss | valid_loss | time |
|---|---|---|---|
| 0 | 0.045840 | 0.012957 | 00:36 |
| 1 | 0.006369 | 0.001853 | 00:36 |
| 2 | 0.003000 | 0.000496 | 00:37 |
| 3 | 0.001963 | 0.000360 | 00:37 |
| 4 | 0.001584 | 0.000116 | 00:36 |

一般來說，當我們執行它時，我們會得到大約 0.0001 的損失，它可以對應到這個平均座標預測預差：

```
math.sqrt(0.0001)
```

```
0.01
```

看起來非常準確！但是用 `Learner.show_results` 來檢查結果很重要。左邊是實際（**基準真相**）座標，右邊是模型的預測：

```
learn.show_results(ds_idx=1, max_n=3, figsize=(6,8))
```

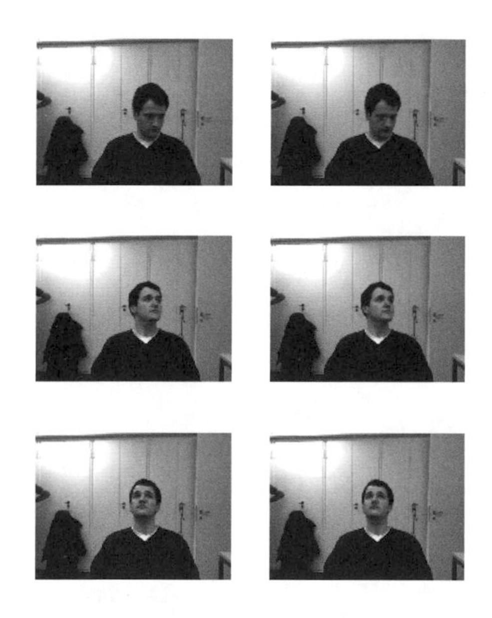

令人驚訝的是，只要幾分鐘的計算，我們就做出這麼準確的重點模型，不需要任何特殊的領域專用程式。這是建構靈活的 API 和使用遷移學習的威力！我們能夠在全然不同的任務之間如此有效地使用遷移學習是很特別的事情。那個模型原本是訓練來分類圖像的，但經過微調之後，可用來執行圖像回歸。

# 結論

有些乍看之下完全不同的問題（單標籤分類、多標籤分類與回歸）最後都是用相同的模型和不同數量的輸出來解決的。損失函數是你要改變的事物之一，這就是為什麼再三確定使用正確的損失函數來解決問題很重要。

fastai 會自動試著根據你建構的資料選出正確的損失函數，但如果你使用純 PyTorch 來建構 `DataLoader`，請仔細地考慮你的損失函數，你最有可能需要這些函數：

- 處理單標籤分類的 `nn.CrossEntropyLoss`
- 處理多標籤分類的 `nn.BCEWithLogitsLoss`
- 處理回歸的 `nn.MSELoss`

# 問題

1. 多標籤分類如何改善熊分類模型的可用性？
2. 如何編碼多標籤分類問題的因變數？
3. 如果 DataFrame 是個矩陣，如何存取它的列與欄？
4. 如何以名稱取得 DataFrame 的一欄？
5. `Dataset` 和 `DataLoader` 有什麼不同？
6. `Datasets` 物件裡面通常有什麼？
7. `DataLoaders` 物件裡面通常有什麼？
8. Python 的 `lambda` 有什麼功用？
9. 哪些方法可以用來自訂 data block API 創造自變數和因變數的方式？
10. 為什麼在使用 one-hot 編碼目標時，不適合將 softmax 當成輸出觸發函數來使用？
11. 為什麼在使用 one-hot 編碼目標時，不適合將 `nll_loss` 當成輸出觸發函數來使用？
12. `nn.BCELoss` 與 `nn.BCEWithLogitsLoss` 有何不同？
13. 為何不能在多標籤問題中使用一般的準確度？
14. 何時可以用驗證組調整超參數？
15. fastai 是如何實作 `y_range` 的？（看看你能不能在不偷看的情況下自行實作，並且測試它！）
16. 什麼是回歸問題？這種問題應該使用哪一種損失函數？
17. 如何確保 fastai 程式庫對輸入圖像和目標點座標套用一致的資料擴增技術？

## 後續研究

1. 閱讀關於 Pandas DataFrame 的教學，並且嘗試一些你感興趣的方法。本書的網站有推薦一些教學。

2. 使用多標籤分類來重新訓練熊分類模型。看看能不能讓它有效地處理不包含任何熊的圖像，並且在 web 應用程式顯示那個資訊。嘗試有兩種熊的圖像。檢查處理單標籤資料組的準確度會不會因為使用多標籤分類而受到影響。

第七章

# 訓練先進模型

本章要介紹比較高階的技術，用它們來訓練圖像分類模型，並取得頂尖的結果。如果你想要了解深度學習的其他應用，你可以先跳過這一章，之後再回來，後面的章節不預設你已經知道本章的知識。

我們會介紹什麼是標準化、一種稱為 Mixup 的強大資料擴增技術、漸近尺寸調整，以及測試期擴增。為了展示這些技術，我們會使用 ImageNet 的子集合 Imagenette（*https://oreil.ly/1uj3x*），從零開始訓練一個模型（不使用遷移學習）。Imagenette 裡面有來自原始的 ImageNet 資料組的 10 種非常不同的類別的子集合，可在我們想要進行實驗時更快速地訓練。

比起之前的資料組，這種資料組比較難以妥善地處理，因為我們使用全尺寸、全彩的圖像，它們是各種物體的照片，有各種大小、方向、照明等。所以在這一章，我們要介紹一些可以充分利用資料組的重要技術，尤其是當你要從零開始訓練，或使用遷移學習，並使用與原始的預訓模型所使用的資料組非常不同的資料組來訓練時。

## Imagenette

在 fast.ai 初創時期，大家使用三種主要的資料組來建立和測試電腦視覺模型：

*ImageNet*

　　有 130 萬張不同大小的圖像，大約有 500 像素，1,000 個種類，需要幾天的訓練時間

*MNIST*

　　50,000 張 28×28 像素的灰階手寫數字

*CIFAR10*

60,000 張 32×32 像素的彩色圖像，有 10 個類別

有一個問題在於，使用較小的資料組訓練出來的模型無法有效地推廣至大型的 ImageNet 資料組。能夠有效地處理 ImageNet 的模型通常必須用 ImageNet 來開發和訓練，這導致許多人認為，除非你是可以使用龐大的計算資源的研究人員，否則不可能開發有效的圖像分類演算法。

我們認為事實不是如此，我們沒有看過任何一項研究指出 ImageNet 的大小是恰如其分的，除了它之外，就不可能開發出能夠提供有用的見解的資料組了。所以，我們想要建立一個新的資料組，讓研究員可以快速且低成本地測試他們的演算法，同時也可以提供完整的 ImageNet 資料組可提供的見解。

大約三小時之後，我們做出 Imagenette。我們從完整的 ImageNet 選出彼此的外觀有很大差異的 10 個類別。正如我們所希望的那樣，我們能夠快速且低成本地建立能夠辨識這些類別的分類模型。然後，我們試著對演算法做一些調整，看看它們如何影響 Imagenette。我們發現有一些調整有很好的效果，並且用 ImageNet 來測試它們，然後，我們很開心地發現，那些調整對於 ImageNet 也有很好的效果！

這個故事告訴我們一個重要的訊息：你得到的資料組不一定是你要的，它更不可能是你用來進行開發和製作雛型的資料組。你應該設法讓迭代速度不超過一分鐘，也就是說，當你要嘗試一個新想法時，你要能夠在幾分鐘之內訓練出一個模型，並且看看它的表現怎樣。如果實驗的時間太久，請考慮如何刪減資料組或簡化模型，以改善實驗速度。可以做的實驗次數越多越好！

我們來使用這個資料組：

```
from fastai.vision.all import *
path = untar_data(URLs.IMAGENETTE)
```

首先，我們要將資料組放入 `DataLoaders` 物件，使用第 5 章介紹的 *presizing* 技巧：

```
dblock = DataBlock(blocks=(ImageBlock(), CategoryBlock()),
                   get_items=get_image_files,
                   get_y=parent_label,
                   item_tfms=Resize(460),
                   batch_tfms=aug_transforms(size=224, min_scale=0.75))
dls = dblock.dataloaders(path, bs=64)
```

接下來，我們進行一次訓練，當成基準：

```
model = xresnet50()
learn = Learner(dls, model, loss_func=CrossEntropyLossFlat(), metrics=accuracy)
learn.fit_one_cycle(5, 3e-3)
```

| epoch | train_loss | valid_loss | accuracy | time |
|---|---|---|---|---|
| 0 | 1.583403 | 2.064317 | 0.401792 | 01:03 |
| 1 | 1.208877 | 1.260106 | 0.601568 | 01:02 |
| 2 | 0.925265 | 1.036154 | 0.664302 | 01:03 |
| 3 | 0.730190 | 0.700906 | 0.777819 | 01:03 |
| 4 | 0.585707 | 0.541810 | 0.825243 | 01:03 |

這是很好的基準，因為我們不是使用預訓模型，但我們可以做得更好。在處理從零開始訓練的模型，或調整預訓模型，讓它使用與原本的資料組非常不同的資料組時，有一些非常重要的技術。本章接下來的內容將介紹一些你必須熟悉的重要方法。第一種是將資料**標準化**（*normalize*）。

# 標準化

在訓練模型時，將資料**標準化**很有幫助，也就是將它變成均值為 0 且標準差為 1。但是大多數的圖像和電腦視覺程式庫都使用介於 0 至 255 之間的像素值，或介於 0 和 1 之間，無論哪種情況，你的資料都不是均值為 0 且標準差為 1。

我們來抓取一批資料，看一下它們的值，計算每一軸的平均值，除了通道（channel）軸之外，通道是軸 1：

```
x,y = dls.one_batch()
x.mean(dim=[0,2,3]),x.std(dim=[0,2,3])
```

```
(TensorImage([0.4842, 0.4711, 0.4511], device='cuda:5'),
 TensorImage([0.2873, 0.2893, 0.3110], device='cuda:5'))
```

不出所料，均值和標準差都與期望的值有段距離。幸好，在 fastai 裡很容易將資料標準化，只要加入 `Normalize` 轉換即可，它會一次處理整個批次，所以你可以將它加入你的 data block 的 `batch_tfms` 部分。你必須將你想要使用的均值和標準差傳給這個轉換，fastai 已經定義了標準的 ImageNet 均值和標準差了。（如果你沒有傳遞任何數據給 `Normalize` 轉換，fastai 會用你的一批資料計算它們。）

我們來加入這個轉換（使用 imagenet_stats，因為 Imagenette 是 ImageNet 的子集合），並觀察一個批次：

```
def get_dls(bs, size):
    dblock = DataBlock(blocks=(ImageBlock, CategoryBlock),
                       get_items=get_image_files,
                       get_y=parent_label,
                       item_tfms=Resize(460),
                       batch_tfms=[*aug_transforms(size=size, min_scale=0.75),
                                   Normalize.from_stats(*imagenet_stats)])
    return dblock.dataloaders(path, bs=bs)

dls = get_dls(64, 224)

x,y = dls.one_batch()
x.mean(dim=[0,2,3]),x.std(dim=[0,2,3])

(TensorImage([-0.0787,  0.0525,  0.2136], device='cuda:5'),
 TensorImage([1.2330, 1.2112, 1.3031], device='cuda:5'))
```

看一下它對於模型的訓練有什麼影響：

```
model = xresnet50()
learn = Learner(dls, model, loss_func=CrossEntropyLossFlat(), metrics=accuracy)
learn.fit_one_cycle(5, 3e-3)
```

| epoch | train_loss | valid_loss | accuracy | time |
|---|---|---|---|---|
| 0 | 1.632865 | 2.250024 | 0.391337 | 01:02 |
| 1 | 1.294041 | 1.579932 | 0.517177 | 01:02 |
| 2 | 0.960535 | 1.069164 | 0.657207 | 01:04 |
| 3 | 0.730220 | 0.767433 | 0.771845 | 01:05 |
| 4 | 0.577889 | 0.550673 | 0.824496 | 01:06 |

雖然標準化只帶來一些幫助，但是在使用預訓模型時，它會變得特別重要。預訓模型只知道如何處理它看過的資料類型。如果當初訓練它的資料的像素平均值是 0，但是你的資料的最小像素值是 0，模型就會看到與預期完全不同的東西！

這代表當你在發表模型時，你也要發表用來進行標準化的數據，因為用它來進行推理或遷移學習的人必須使用同一組數據。同樣地，如果你要使用別人訓練好的模型，務必找出他們用過的標準化數據，並且配合它們。

在之前的章節中不需要處理標準化的原因是，在透過 cnn_learner 使用預訓模型時，fastai 程式庫會自動加入適當的 Normalize 轉換；那些模型已經用 Normalize 裡的某些數據來訓練了（通常來自 ImageNet 資料組），所以程式庫可以為你填入它們。注意，這件事只適用於預訓模型，這就是我們在從零開始訓練模型時，必須要親自加入這些資訊的原因。

我們到目前為止的訓練都是用 224 這個尺寸來進行的。我們也可以用比較小的尺寸來訓練，再使用 224 尺寸。這種做法稱為**漸近尺寸調整**。

## 漸近尺寸調整

當 fast.ai 和學生團隊在 2018 年贏得 DAWNBench 競賽時（*https://oreil.ly/16tar*），他們使用了一項最重要但很簡單的創新方法：先用小圖像來訓練，最後再用大圖像來訓練。用大部分的 epoch 來訓練小圖像，有助於用快很多的速度完成訓練。使用大圖像來完成訓練可讓最終準確度高很多。我們將這種做法稱為**漸近尺寸調整**（*progressive resizing*）。

**術語：漸近尺寸調整**

在訓練過程中，逐漸使用越來越大的圖像。

正如我們所見，摺積神經網路學到的特徵不會與特定的圖像大小有關，前面的神經層會尋找邊緣和漸層之類的東西，後面的神經層可能尋找鼻子和夕陽之類的東西。所以，在訓練過程中改變圖像大小不代表必須為模型尋找完全不同的參數。

但是顯然小圖像和大圖像仍然有些不同，所以我們不應該期望不做任何改變就能讓模型完全正常地運作。有沒有想到什麼了？當我們研發這個概念時，我們想到遷移學習！我們試著讓模型學習做一些與它之前學過的東西稍微不同的事情。因此，我們應該可以在改變圖像尺寸之後，使用 `fine_tune` 方法。

漸近尺寸調整還有一個好處：它是另一種形式的資料擴增。因此，以漸近尺寸調整來訓練的模型應該有更好的類推能力。

在實作漸近尺寸調整時，最方便的做法是先製作一個 `get_dls` 函式，讓它接收圖像尺寸和批次大小，就像我們在上一節做的那樣，然後回傳你的 `DataLoaders`。

現在你可以用小尺寸來建立你的 `DataLoaders`，並且用一般的方式來使用它和執行 `fit_one_cycle`：

```
dls = get_dls(128, 128)
learn = Learner(dls, xresnet50(), loss_func=CrossEntropyLossFlat(),
                metrics=accuracy)
learn.fit_one_cycle(4, 3e-3)
```

| epoch | train_loss | valid_loss | accuracy | time |
|---|---|---|---|---|
| 0 | 1.902943 | 2.447006 | 0.401419 | 00:30 |
| 1 | 1.315203 | 1.572992 | 0.525765 | 00:30 |
| 2 | 1.001199 | 0.767886 | 0.759149 | 00:30 |
| 3 | 0.765864 | 0.665562 | 0.797984 | 00:30 |

然後，你可以替換 `Learner` 裡面的 `DataLoaders`，並且進行微調：

```
learn.dls = get_dls(64, 224)
learn.fine_tune(5, 1e-3)
```

| epoch | train_loss | valid_loss | accuracy | time |
|---|---|---|---|---|
| 0 | 0.985213 | 1.654063 | 0.565721 | 01:06 |

| epoch | train_loss | valid_loss | accuracy | time |
|---|---|---|---|---|
| 0 | 0.706869 | 0.689622 | 0.784541 | 01:07 |
| 1 | 0.739217 | 0.928541 | 0.712472 | 01:07 |
| 2 | 0.629462 | 0.788906 | 0.764003 | 01:07 |
| 3 | 0.491912 | 0.502622 | 0.836445 | 01:06 |
| 4 | 0.414880 | 0.431332 | 0.863331 | 01:06 |

如你所見，我們得到好很多的性能，而且在各個 epoch 用小圖像來進行的初始訓練快多了。

你可以重複執行增加尺寸的程序，並且隨你喜歡訓練更多 epoch，用你想使用的圖像大小——但是當然，使用比你的磁碟裡的圖像尺寸更大的尺寸是沒有任何好處的。

注意，在進行遷移學習時，採取漸近尺寸調整可能會損害性能。如果預訓模型跟你的遷移學習任務非常相似，資料組也是如此，而且預訓模型是用類似尺寸的圖像來訓練的，因而權重不需要改變太多時，更有可能發生這種情況。在這種情況下，使用比較小的圖像來進行訓練可能會破壞已經訓練好的權重。

另一方面，如果遷移學習任務將會使用尺寸、外形或風格與預訓任務所使用的圖像不同的圖像，漸近尺寸調整可能有幫助。一如往常，知道「有沒有幫助？」最好的方法是「嘗試它！」。

我們也可以試著對驗證組進行資料擴增。直到目前為止，我們只對訓練組進行資料擴增，驗證組的圖像都是一樣的。但是也許我們可以試著對一些擴增版的驗證組來進行預測，並且取它們的平均值。接著來考慮這種做法。

# 測試期擴增

我們一直使用隨機裁剪來擴增一些有用的資料，它們可以導致更好的類推，並且可以減少需要的訓練資料。當我們使用隨機裁剪時，fastai 會自動幫驗證組使用中央裁剪，也就是說，它會在圖像的中央選擇最大的正方形區域，不超過圖像的邊緣。

這往往是有問題的，例如，在多標籤資料組裡，有時在圖像的邊緣會有小物體，中央裁剪可能會將它們完全剪除。即使是像寵物品種分類這種問題，它也有可能將品種的關鍵特徵移除（例如鼻子的顏色）。

這種問題有一種解決辦法是完全避免隨機裁剪，改成將矩形的圖像拉開或擠壓成正方形。但是這樣我們就錯過一種非常有用的資料擴增，也會讓模型更難辨識圖像，因為它必須學習如何辨識被壓扁或擠壓的圖像，而不僅僅是有正確比例的圖像。

另一種解決方案是不要為驗證組進行中央裁剪，而是從原始的矩形圖像中選擇一些區域來裁剪，將它們都傳給模型，再取預測的最大或平均值。事實上，我們不僅可以對不同的裁剪圖像這樣做，也可以對測試期擴增參數的各種值這樣做。這種做法稱為**測試期擴增**（*test time augmentation*，TTA）。

**術語：測試期擴增**

在推理或驗證期間，使用資料擴增來為每張圖像製作多種版本，對每一張擴增版的圖像進行預測，然後取它們的平均值或最大值。

測試期擴增有機會大幅改善準確度，視資料組而定。它完全不會改變訓練所需的時間，但是會增加驗證或推理所需的時間，取決於所請求的測試期擴增圖像的數量。在預設情況下，fastai 會使用未擴增的中央剪裁圖像加上四張隨機擴增的圖像。

你可以傳遞任何 `DataLoader` 給 fastai 的 `tta` 方法，在預設情況下，它會使用你的驗證組：

```
preds,targs = learn.tta()
accuracy(preds, targs).item()
```

```
0.8737863898277283
```

我們可以看到，使用 TTA 可以提升不少性能，而且不需要額外的訓練。但是，它會讓推理更慢，如果你在做 TTA 時，取五張圖像的平均值，推理會慢五倍。

看了一些用資料擴增來訓練更好的模型的例子之後，接下來，我們要關注一種新的資料擴增技術，稱為 *Mixup*。

# Mixup

Mixup 是 Hongyi Zhang 等人在 2017 年發表的論文「mixup: Beyond Empirical Risk Minimization」(*https://oreil.ly/UvIkN*) 中提出的強大資料擴增技術，它可以大幅提升準確度，特別是在你沒有太多資料，而且沒有「使用類似你的資料組的資料來訓練的預訓模型」的情況下。這篇論文解釋道：「雖然資料擴增可以讓類推的能力更好，但是這個程序是依資料組而定的，因此需要專業知識。」例如，資料擴增經常採取圖像翻轉，不過，你只能左右翻轉，還是也可以上下翻轉？答案依你的資料組而定。此外，如果翻轉（舉例）無法提供足夠的擴增資料，你不能「翻轉更多次」來產生更多資料。如果資料擴增技術可以「上調」或「下調」改變的程度將很有幫助，這樣你就可以找到最有效的程度。

Mixup 是這樣處理每一張圖像的：

1. 從你的資料組隨機選擇另一張圖像。
2. 隨機選擇權重。
3. 計算選出來的圖像和你的圖像的加權平均（使用第 2 步的權重），這是你的自變數。
4. 計算那張圖像的標籤與你的圖像的標籤的加權平均（使用同樣的權重），這是你的因變數。

用虛擬碼來表示的話，我們做的事情是（其中的 `t` 是計算加權平均值的權重）：

```
image2,target2 = dataset[randint(0,len(dataset)]
t = random_float(0.5,1.0)
new_image = t * image1 + (1-t) * image2
new_target = t * target1 + (1-t) * target2
```

我們的目標必須使用 one-hot 編碼才能使用這種做法。這篇論文用圖 7-1 的方程式來描述這種做法（其中的 $\lambda$ 與虛擬碼的 `t` 一樣）。

**Contribution** Motivated by these issues, we introduce a simple and data-agnostic data augmentation routine, termed *mixup* (Section 2). In a nutshell, *mixup* constructs virtual training examples

$$\tilde{x} = \lambda x_i + (1-\lambda)x_j, \quad \text{where } x_i, x_j \text{ are raw input vectors}$$
$$\tilde{y} = \lambda y_i + (1-\lambda)y_j, \quad \text{where } y_i, y_j \text{ are one-hot label encodings}$$

圖 7-1 Mixup 論文摘錄

### 論文與數學

從這裡開始，本書會介紹越來越多研究論文。現在你已經掌握基本的術語了，你可能會驚訝地發現，經過一些練習，你可以理解它們的很多內容！你會遇到的一個問題是，大多數的論文都會使用希臘字母，例如 λ。學習希臘字母的名稱是件好事，否則，你就很難讀懂論文並記住它們（或閱讀根據它們寫出來的程式碼，因為程式碼通常使用拼寫的希臘字母名稱，例如 `lambda`）。

論文有一個更大的問題是它們使用數學來解釋來龍去脈，而不是使用程式碼。如果你沒有太多數學背景，你一開始可能會感到恐懼和困惑。但切記：用數學來展示的東西都會被寫成程式，它只是用另一種方法來說明同一件事！在閱讀一些論文之後，你就會越來越了解數學符號。如果你不知道符號的意思，可以在維基百科的數字符號清單裡查詢它（*https://oreil.ly/m5ad5*），或是在 Detexify 裡寫下它（*https://oreil.ly/92u4d*），它會顯示你寫下來的符號的名稱（使用機器學習！），然後你就可以在網路上搜尋那個名字，找出它代表什麼東西。

圖 7-2 是當我們對圖像進行**線性結合**時的樣子，即 Mixup 的做法。

**圖 7-2　混合教堂和加油站**

第三張圖像是將第一張乘以 0.3 與第二張乘以 0.7 的結果相加得到的。模型應該預測這個例子是「教堂」還是「加油站」？正確的答案是 30% 教堂與 70% 加油站，因為如果我們計算 one-hot 編碼的目標的線性組合，就會得到這個結果。例如，假如我們有 10 個類別，而且以索引 2 來代表「教堂」，以索引 7 來代表「加油站」，使用 one-hot 編碼是：

```
[0, 0, 1, 0, 0, 0, 0, 0, 0, 0] 與 [0, 0, 0, 0, 0, 0, 0, 1, 0, 0]
```

所以這是最終目標：

```
[0, 0, 0.3, 0, 0, 0, 0, 0.7, 0, 0]
```

只要為 Learner 加入一個 *callback*，fastai 就可以在內部為我們完成所有事情。在訓練迴圈中，fastai 會在內部使用 callback 來注入自訂的行為（例如學習率排程，或以混合的精度來訓練）。你會在第 16 章學習關於 callback 的所有事情，包括如何製作你自己的。目前你只要知道，你要在 Learner 使用 cbs 參數來傳遞 callback 即可。

以下是使用 Mixup 來訓練模型的做法：

```
model = xresnet50()
learn = Learner(dls, model, loss_func=CrossEntropyLossFlat(),
                metrics=accuracy, cbs=Mixup)
learn.fit_one_cycle(5, 3e-3)
```

以這種「混合（mixed up）」的資料來訓練模型會怎樣？顯然地，訓練會更困難，因為找出每張圖像裡有什麼東西更難了。而且模型必須為每張圖像預測兩個標籤，而不是只有一個，還要指出每一個標籤的權重是多少。但是我們不太可能遇到過擬問題，因為我們不會在每一個 epoch 顯示同樣的圖像，而是顯示兩張圖像的隨機組合。

與之前的擴增方法相較之下，Mixup 需要用多很多的 epoch 來訓練才能得到更好的準確度。你可以使用 fastai 版本庫（*https://oreil.ly/lrGXE*）裡的 *examples/train_imagenette.py* 腳本來嘗試使用和不使用 Mixup 來訓練 Imagenette。在寫這本書時，在 Imagenette 版本庫（*https://oreil.ly/3Gt56*）裡面的排行榜顯示，訓練超過 80 個 epoch 的前幾名都有使用 Mixup，訓練較少 epoch 的則未使用 Mixup。這也符合我們使用 Mixup 的經驗。

Mixup 如此令人期待的原因之一是，它不是只能用來處理照片這種資料類型，事實上，有些人已經將 Mixup 用於模型內部的觸發，而不是只用於輸入，所以 Mixup 也可以用於 NLP 和其他資料類型。

Mixup 也為我們處理另一個微妙的問題——我們看過的模型不可能產生完美的損失，因為我們的標籤是 1 和 0，但 softmax 和 sigmoid 的輸出不可能等於 1 或 0。這代表訓練模型會讓觸發輸出越來越接近這些值，因此訓練越多 epoch，觸發輸出就會變得越極端。

使用 Mixup 可以避免那種問題，因為標籤只會在你剛好「混合」同一類別的另一張圖像時，才會是 1 或 0。在其他的情況下，標籤是線性的組合，例如前面的教堂和加油站的例子的 0.7 與 0.3。

但是有一個問題是，Mixup 是「意外地」讓標籤大於 0 或小於 1，也就是說，我們並未**清楚地**告訴模型：我們想要用這種方式來改變標籤。所以，如果我們想讓標籤更接近或更遠離 0 和 1，我們就要改變 Mixup 的量——這也會改變資料擴增的量，可能不是我們要的結果。但是，我們可以用一種更直接的方法來處理，也就是使用 *label smoothing*。

# label smoothing

用理論性的方式來描述損失的話，在分類問題中，目標是 one-hot 編碼的（在實務上，為了節省記憶體，我們經常避免這樣做，但我們計算的是同樣的損失，彷彿我們使用了 one-hot 編碼一般）。這代表模型被訓練成只會幫一個類別回傳 1，其他的所有類別都回傳 0。即使是 0.999 都還「不夠好」；模型可以得到梯度，並學習用更高的信心度預測觸發輸出。這會造成過擬，並且讓模型在推理時無法提供有意義的機率：它永遠會說它預測出來的類別的機率是 1，即使它不太確定，原因只是它就是這樣子被訓練的。

如果你的資料沒有被完美地標注，這會造成很大的傷害。在第 2 章介紹的熊分類模型中，我們看到有些圖像被加上錯誤的標籤，或包含兩種熊。資料通常都不是完美的，即使標籤是人工產生的，他們也有可能犯錯，或是對難以標注的圖像有不同的意見。

與之相反，我們可以將所有的 1 換成一個略小於 1 的數字，將 0 換成略大於 0 的數字，然後進行訓練。這種做法稱為 *label smoothing*。藉著鼓勵模型有較少的信心，即使有標錯的資料，label smoothing 也可讓訓練更穩健，進而讓模型在推理時有更好的類推能力。

這就是 label smoothing 的實際工作情況：我們先用 one-hot 編碼標籤，然後將所有的 0 換成$\frac{\epsilon}{N}$（它是希臘字母 *epsilon*，介紹 label smoothing 的論文就是使用它（*https://oreil.ly/L3ypf*），fastai 程式也使用它），其中的 $N$ 是類別數量，$\epsilon$ 是參數（通常是 0.1，代表我們對標籤有 10% 不確定）。因為我們希望標籤的總和是 1，所以將 1 換成 $1-\epsilon+\frac{\epsilon}{N}$。如此一來，我們就不會鼓勵模型過度自信地預測東西。在有 10 個類別的 Imagenette 例子裡，目標會變成這樣（在此目標是索引 3）：

```
[0.01, 0.01, 0.01, 0.91, 0.01, 0.01, 0.01, 0.01, 0.01, 0.01]
```

在實務上，我們不想要用 one-hot 來編碼標籤，還好我們不需要這樣做（one-hot 編碼只適合用來解釋 label smoothing 並將它視覺化）。

### 論文中的 label smoothing

以下是 Christian Szegedy 等人在論文中，針對 label smoothing 背後的原因所做的解釋：

> This maximum is not achievable for finite $z_k$ but is approached if $z_y \gg z_k$ for all $k \neq y$——that is, if the logit corresponding to the ground-truth label is much [greater] than all other logits. This, however, can cause two problems. First, it may result in over-fitting: if the model learns to assign full probability to the ground-truth label for each training example, it is not guaranteed to generalize. Second, it encourages the differences between the largest logit and all others to become large, and this, combined with the bounded gradient $\frac{\partial \ell}{\partial z_k}$, reduces the ability of the model to adapt. Intuitively, this happens because the model becomes too confident about its predictions.

我們試著解讀這段文字來練習閱讀論文的技巧。「This maximum」是指這一段的前一個部分，那個部分談到「1 是陽性類別的標籤值」這件事。所以，任何值經過 sigmoid 或 softmax 之後都不可能產生 1（除了無限大）。在論文中，通常不會有人寫「any value」，而是用一個符號來代表它，在這個例子中，它是 $z_k$。這種簡寫在論文中很有用，因為之後可以再次引用它，而且可讓讀者知道目前正在討論哪一個值。

然後它說：「if $z_y \gg z_k$ for all $k \neq y$」。在這個例子裡，論文會在數學之後用英文說明，這種寫法很方便，因為你可以直接閱讀它。在數學裡，$y$ 代表目標（論文有在前面定義 $y$，有時定義符號的地方很難找到，但幾乎所有論文都會在某處定義所有符號），而 $z_y$ 是對應目標的觸發輸出。所以為了接近 1，這個觸發輸出必須比該次預測的所有其他輸出高很多。

接下來是這句話「if the model learns to assign full probability to the ground-truth label for each training example, it is not guaranteed to generalize.」。這句話是說，讓 $z_y$ 非常大意味著我們要在整個模型中使用大權重和大觸發輸出。大權重會導致「崎嶇」的函數，輸入的小變化會導致預測的大變化。這對類推而言很不利，因為這意味著只要稍微改變一個像素，我們的預測就有可能完全改變！

最後，它說「it encourages the differences between the largest logit and all others to become large, and this, combined with the bounded gradient $\frac{\partial \ell}{\partial z_k}$, reduces the ability of the model to adapt.」。交叉熵的梯度基本上是 `output - target`，`output` 與 `target` 都介於 0 和 1 之間，所以它們的差介於 `-1` 和 `1` 之間，這就是為何論文說梯度是「有限的」（不可能是無限的）。因此，我們的 SGD 步進也是有限的。「Reduces the ability of the model to adapt」的意思是它很難在遷移學習時更新，原因是由於預測錯誤造成的損失差異是無限的，但我們每次只能邁出有限的一步。

我們只要改變 `Learner` 呼叫式的損失函數就可以實際使用它了：

```
model = xresnet50()
learn = Learner(dls, model, loss_func=LabelSmoothingCrossEntropy(),
                metrics=accuracy)
learn.fit_one_cycle(5, 3e-3)
```

和 Mixup 一樣，除非訓練更多 epoch，否則你通常不會看到 label smoothing 帶來明顯的改善。自己試一下：需要訓練多少 epoch 才能看到 label smoothing 帶來改善？

# 結論

現在你已經知道訓練先進的電腦視覺模型所需的每一項技術了，無論你是從零開始訓練，還是使用遷移學習。現在你要做的就是用你的問題進行實驗！看看使用 Mixup 與 label smoothing 來訓練更久能不能避免過擬，並提供更好的結果。嘗試漸近尺寸調整，與測試期擴增。

最重要的是，如果你的資料組很龐大，其實你不需要用所有的資料來製作雛型。找出一個可以代表整體的小型子集合，就像我們製作 Imagenette 那樣，並且用它來實驗。

在接下來的三章，我們要來看 fastai 直接支援的其他應用：協同過濾、表格建模與使用文字。我們會在下一個部分回來電腦視覺，在第 13 章探討摺積神經網路。

## 問題

1. ImageNet 與 Imagenette 有何不同？何時比較適合使用其中一個來做實驗，而不是另一個？
2. 什麼是標準化？
3. 為什麼在使用預訓模型時不需要在乎標準化？
4. 什麼是漸近尺寸調整？
5. 在你自己的專案裡實作漸近尺寸調整。它有幫助嗎？
6. 什麼是測試期擴增？如何在 fastai 裡使用它？
7. 在推理時使用 TTA 比一般的推理更慢還是更快？為什麼？
8. Mixup 是什麼？如何在 fastai 裡使用它？
9. 為何 Mixup 可防止模型太有信心？
10. 為何使用 Mixup 來訓練五個 epoch 的效果比不使用 Mixup 來訓練更糟？
11. label smoothing 背後的概念是什麼？
12. label smoothing 可以協助處理資料中的哪些問題？
13. 在使用 label smoothing 來處理五個類別時，索引 1 的目標是什麼？
14. 當你想要用新資料組來製作雛型以快速進行實驗時，你的第一步是什麼？

## 後續研究

1. 使用 fastai 文件來建立一個可以在圖像的四個角落剪出正方形的函式，然後製作 TTA 方法來計算中央裁剪區塊和這四個裁剪區塊的預測平均值。這種做法有幫助嗎？有沒有比 fastai 的 TTA 方法更好？
2. 在 arXiv 找出 Mixup 論文並閱讀它。再選出一或兩篇最近介紹 Mixup 變體的論文並閱讀它們，然後試著在你的問題中實作它們。
3. 找出使用 Mixup 來訓練 Imagenette 的腳本，並以它為例，建立一個腳本為你的專案進行長期訓練。執行它，看看它有沒有幫助。
4. 閱讀第 250 頁的專欄「論文中的 label smoothing」，然後閱讀原始論文裡的相關部分，看看你能不能看懂。不要害怕尋求幫助！

第八章

# 協同過濾

現代有一個常見的問題是，你有一群用戶和一些商品，而你想要向某位用戶推薦他最有可能需要的商品。這個問題有許多變體，例如推薦電影（像在 Netflix 上面那樣）、在首頁找出要為用戶突顯哪些內容、決定在社群媒體 feed 顯示哪一些故事等。這種問題有一種通用的解決方案，稱為**協同過濾**，它的做法是：尋找當前的用戶用過或喜歡的商品，再尋找也用過或喜歡類似商品的其他用戶，然後推薦那些用戶用過或喜歡的其他商品。

例如，你可能在 Netflix 看過許多 1970 年代的科幻片、動作片。Netflix 可能不知道你看過的電影有哪些屬性，但它能夠知道：曾經看過你看過的電影的人，往往也會看其他的 1970 年代的科幻片、動作片。換句話說，藉由這種方法，我們不一定需要知道關於電影的任何事情，只要知道誰喜歡它們就好。

這種方法可以解決更廣泛的問題類型，不是只能處理用戶和商品。事實上，關於協同過濾，我們通常指的是**項目**，而不是**商品**。項目可能是人們按下的連結、為患者選擇的診斷等。

協同過濾的關鍵基本概念就是**潛在因素**。以 Netflix 為例，我們假設你喜歡充滿動作元素的科幻老電影。但是你從來沒有告訴 Netflix 你喜歡這一種電影。而且 Netflix 不需要在它的電影表格增加欄位，記錄電影的類型。儘管如此，科幻、動作與電影年代仍然有一些潛在的概念與用戶決定看哪些電影有關。

在這一章，我們要來處理這個電影推薦問題。我們先來取得一些適合訓練協同過濾模型的資料。

## 初見資料

我們不需要讀取完整的 Netflix 電影觀看紀錄資料組就有一個很棒的資料組可用，稱為 MovieLens（*https://oreil.ly/gP3Q5*）。這個資料組有數千萬個電影的排名（結合電影 ID、用戶 ID 與數值評分），不過這個例子只會使用其中的 100,000 個。如果你有興趣，使用 2,500 萬個項目的完整資料組來重新製作是很棒的學習專案，你可以從他們的網站取得這個資料組。

你可以用一般的 fastai 函式來取得這個資料組：

```
from fastai.collab import *
from fastai.tabular.all import *
path = untar_data(URLs.ML_100k)
```

根據 *README*，主要的表格位於 *u.data* 檔。它是以 tab 分隔的，裡面的欄位分別是 user、movie、rating 與 timestamp。因此這些名稱沒有代碼，當我們用 Pandas 讀取檔案時，必須指出它們。我們可以這樣打開這張表並查看它：

```
ratings = pd.read_csv(path/'u.data', delimiter='\t', header=None,
                      names=['user','movie','rating','timestamp'])
ratings.head()
```

| | user | movie | rating | timestamp |
|---|---|---|---|---|
| 0 | 196 | 242 | 3 | 881250949 |
| 1 | 186 | 302 | 3 | 891717742 |
| 2 | 22 | 377 | 1 | 878887116 |
| 3 | 244 | 51 | 2 | 880606923 |
| 4 | 166 | 346 | 1 | 886397596 |

雖然它有我們需要的所有資訊，但是用這種方式來查看資料對人類來說並不方便。圖 8-1 是用同一筆資料來製作，適合人類閱讀的交叉表。

| userId \ movieId | 27 | 49 | 57 | 72 | 79 | 89 | 92 | 99 | 143 | 179 | 180 | 197 | 402 | 417 | 505 |
|---|---|---|---|---|---|---|---|---|---|---|---|---|---|---|---|
| 14 | 3.0 | 5.0 | 1.0 | 3.0 | 4.0 | 4.0 | 5.0 | 2.0 | 5.0 | 5.0 | 4.0 | 5.0 | 5.0 | 2.0 | 5.0 |
| 29 | 5.0 | 5.0 | 5.0 | 4.0 | 5.0 | 4.0 | 4.0 | 5.0 | 4.0 | 4.0 | 5.0 | 5.0 | 3.0 | 4.0 | 5.0 |
| 72 | 4.0 | 5.0 | 5.0 | 4.0 | 5.0 | 3.0 | 4.5 | 5.0 | 4.5 | 5.0 | 5.0 | 5.0 | 4.5 | 5.0 | 4.0 |
| 211 | 5.0 | 4.0 | 4.0 | 3.0 | 5.0 | 3.0 | 4.0 | 4.5 | 4.0 |  | 3.0 | 3.0 | 5.0 | 3.0 |  |
| 212 | 2.5 |  | 2.0 | 5.0 |  | 4.0 | 2.5 |  | 5.0 | 5.0 | 3.0 | 3.0 | 4.0 | 3.0 | 2.0 |
| 293 | 3.0 |  | 4.0 | 4.0 | 4.0 | 3.0 |  | 3.0 | 4.0 | 4.0 | 4.5 | 4.0 | 4.5 | 4.0 |  |
| 310 | 3.0 | 3.0 | 5.0 | 4.5 | 5.0 | 4.5 | 2.0 | 4.5 | 4.0 | 3.0 | 4.5 | 4.5 | 4.0 | 3.0 | 4.0 |
| 379 | 5.0 | 5.0 | 5.0 | 4.0 |  | 4.0 | 5.0 | 4.0 | 4.0 | 4.0 |  | 3.0 | 5.0 | 4.0 | 4.0 |
| 451 | 4.0 | 5.0 | 4.0 | 5.0 | 4.0 | 4.0 | 5.0 | 5.0 | 4.0 | 4.0 | 4.0 | 4.0 | 2.0 | 3.5 | 5.0 |
| 467 | 3.0 | 3.5 | 3.0 | 2.5 |  |  | 3.0 | 3.5 | 3.5 | 3.0 | 3.5 | 3.0 | 3.0 | 4.0 | 4.0 |
| 508 | 5.0 | 5.0 | 4.0 | 3.0 | 5.0 | 2.0 | 4.0 | 4.0 | 5.0 | 5.0 | 5.0 | 3.0 | 4.5 | 3.0 | 4.5 |
| 546 |  | 5.0 | 2.0 | 3.0 | 5.0 |  | 5.0 | 5.0 |  | 2.5 | 2.0 | 3.5 | 3.5 | 3.5 | 5.0 |
| 563 | 1.0 | 5.0 | 3.0 | 5.0 | 4.0 | 5.0 | 5.0 |  | 2.0 | 5.0 | 5.0 | 3.0 | 3.0 | 4.0 | 5.0 |
| 579 | 4.5 | 4.5 | 3.5 | 3.0 | 4.0 | 4.5 | 4.0 | 4.0 | 4.0 | 4.0 | 3.5 | 3.0 | 4.5 | 4.0 | 4.5 |
| 623 |  | 5.0 | 3.0 | 3.0 |  | 3.0 | 5.0 |  | 5.0 | 5.0 | 5.0 | 5.0 | 2.0 | 5.0 | 4.0 |

圖 8-1　記錄電影和用戶的交叉表

在這個交叉表範例中，我們選了一些最熱門的電影，以及看了大多數電影的用戶。這張表裡面的空格是我們想要訓練模型填入的東西，它們是用戶還沒有評論電影的地方，可能是因為他們還沒有觀賞它。我們想要為每位用戶找出裡面的哪些電影是他們可能想要看的。

如果我們知道每位用戶喜歡每個電影種類的程度，例如電影風格、年代、導演和演員等，也知道每一部電影符合那些種類的程度，那麼，我們可以用一種簡單的方法來填寫這張表格，就是將每一部電影的這些資訊和用戶的相乘，並且將相乘的結果加總起來。例如，假如這些因子介於 –1 和 +1 之間，正數代表非常符合，負數代表極不符合，電影的種類有科幻、動作、老電影，那麼 *The Rise of Skywalker* 這部電影可以這樣表示：

```
rise_skywalker = np.array([0.98,0.9,-0.9])
```

在此，我們給它代表**非常科幻**的 0.98 分，以及**非常不老**的 –0.9 分。這是一位喜歡現代科幻動作片的用戶：

```
user1 = np.array([0.9,0.8,-0.6])
```

現在我們可以計算兩者的匹配程度：

```
(user1*rise_skywalker).sum()
```

```
2.1420000000000003
```

將兩個向量相乘，再將結果加總起來稱為**內積**（*dot product*）。它在機器學習裡被大量使用，也是矩陣乘法的基礎。第 17 章會展示許多矩陣乘法和內積。

**術語：內積**

一種數學運算，將兩個向量的元素相乘，再將結果加總。

另一方面，我們可能會以這個數據表示電影 *Casablanca*（**北非諜影**）：

```
casablanca = np.array([-0.99,-0.3,0.8])
```

兩者之間的匹配程度是：

```
(user1*casablanca).sum()
```

```
-1.611
```

因為我們不知道潛在因子有哪些，也不知道如何為每位用戶和每部電影評定它們，所以要學習潛在因子。

# 學習潛在因子

指定模型的架構（就像我們在上一節做的那樣）和學習一個模型之間的差異小得令人驚奇，因為我們可以直接使用一般的梯度下降法。

這種做法的第 1 步是隨機初始化一些參數。這些參數將是每一位用戶和電影的潛在因子。我們必須決定要使用多少個。我們很快就會討論如何選擇，不過為了說明，我們先使用 5。因為每位用戶都有一組這些因子，而且每一部電影都有一組這些因子，我們可以在交叉表的用戶和電影的旁邊顯示這些隨機初始化的值，並且在中間填入每一對組合的內積。例如，圖 8-2 是它在 Microsoft Excel 裡的樣子，左上方的格子是公式。

這種做法的第 2 步是計算預測。如前所述，我們可以直接取每一部電影和每一位用戶的內積。例如，如果第一個用戶潛在因子表示用戶對動作電影的喜愛程度，而第一個電影潛在因子表示該電影是否有很多動作成分，如果用戶喜歡動作電影而且電影有很多動作成分，或者，用戶不喜歡動作電影而且電影沒有任何動作成分，那麼它們的積就會特別高。另一方面，如果出現不匹配的情況（用戶喜歡動作片，但電影不是動作片，或者用戶不喜歡動作片，但電影是動作片），積就會很低。

特別注意：它們是隨機初始化的。接下來會用梯度下降來優化它們。

| movieId | 27 | 49 | 57 | 72 | 79 | 89 | 92 | 99 | 143 | 179 | 180 | 197 | 402 | 417 | 505 |
|---|---|---|---|---|---|---|---|---|---|---|---|---|---|---|---|
| | -1.69 | 1.49 | -0.14 | 1.95 | -0.09 | 1.80 | 1.74 | 0.68 | 0.22 | 1.92 | 1.87 | 1.69 | -1.16 | 1.66 | 1.35 |
| | 1.01 | 0.12 | 1.36 | 1.49 | 1.17 | 0.73 | -0.20 | -0.01 | 2.06 | 1.40 | 1.23 | 0.91 | 1.93 | 0.66 | 0.08 |
| | 0.82 | 1.48 | 0.02 | 0.53 | 1.07 | 1.24 | 1.64 | 0.95 | 0.43 | 0.82 | 0.42 | 0.71 | 0.99 | 0.57 | 1.47 |
| | 1.89 | 0.50 | 1.74 | 0.41 | 1.57 | 0.49 | 0.20 | 1.54 | 0.43 | -0.22 | 0.25 | 0.19 | 1.39 | 0.46 | 0.72 |
| | 2.39 | 1.13 | 1.15 | -0.74 | 1.14 | -0.63 | 0.90 | 1.24 | 1.11 | 0.19 | 0.43 | 0.43 | 1.11 | 0.47 | 0.90 |

| | | | | | userId | 27 | 49 | 57 | 72 | 79 | 89 | 92 | 99 | 143 | 179 | 180 | 197 | 402 | 417 | 505 |
|---|---|---|---|---|---|---|---|---|---|---|---|---|---|---|---|---|---|---|---|---|
| 0.21 | 1.61 | 2.89 | -1.26 | 0.82 | 14 | =@IF(D9="",0,MMULT($U9:$Y9,AA$3:AA$7)) | | | | | | | 1.97 | 4.98 | 5.45 | 3.65 | 3.97 | 4.90 | 2.87 | 4.51 |
| 1.55 | 0.75 | 0.22 | 1.62 | 1.26 | 29 | 4.40 | 4.98 | 5.08 | 3.99 | 4.95 | 3.61 | 4.37 | 5.32 | 4.08 | 4.10 | 4.88 | 4.31 | 3.53 | 4.55 | 4.79 |
| 1.50 | 1.17 | 0.22 | 1.08 | 1.49 | 72 | 4.43 | 4.94 | 4.98 | 4.13 | 4.86 | 3.42 | 4.30 | 4.74 | 4.96 | 4.75 | 5.27 | 4.60 | 3.90 | 4.61 | 4.58 |
| 0.47 | 0.89 | 1.32 | 1.13 | 0.77 | 211 | 5.16 | 4.21 | 4.01 | 2.83 | 5.06 | 3.19 | 3.74 | 4.27 | 3.84 | 0.00 | 3.15 | 3.08 | 4.91 | 3.01 | 0.00 |
| 0.31 | 2.10 | 1.47 | -0.29 | -0.15 | 212 | 1.91 | 0.00 | 2.18 | 4.52 | 0.00 | 3.87 | 2.35 | 0.00 | 4.74 | 4.77 | 3.66 | 3.36 | 4.59 | 2.55 | 2.41 |
| 1.00 | 1.45 | 0.37 | 0.83 | 0.67 | 293 | 3.24 | 0.00 | 4.05 | 4.14 | 4.05 | 3.28 | 0.00 | 3.12 | 4.46 | 4.19 | 4.31 | 3.71 | 3.90 | 3.53 | 0.00 |
| 1.16 | 1.16 | 0.19 | 2.16 | -0.03 | 310 | 3.37 | 3.19 | 5.14 | 4.98 | 4.80 | 4.23 | 2.49 | 4.24 | 3.60 | 3.51 | 4.19 | 3.54 | 4.06 | 3.78 | 3.45 |
| 0.79 | 1.07 | 1.30 | 1.29 | 0.70 | 379 | 4.92 | 4.68 | 4.41 | 3.84 | 0.00 | 4.00 | 4.19 | 4.62 | 4.26 | 3.93 | 0.00 | 3.77 | 5.01 | 3.69 | 4.63 |
| 1.52 | 0.54 | 0.64 | 1.36 | 0.94 | 451 | 3.32 | 5.03 | 3.98 | 3.96 | 4.38 | 3.99 | 4.70 | 4.90 | 3.34 | 4.07 | 4.53 | 4.17 | 2.86 | 4.32 | 4.87 |
| 1.00 | 0.69 | 0.41 | 0.75 | 1.02 | 467 | 3.22 | 3.72 | 3.29 | 2.74 | 0.00 | 0.00 | 3.35 | 3.49 | 3.28 | 3.25 | 3.53 | 3.19 | 2.76 | 3.18 | 3.48 |
| 0.86 | 1.29 | 0.80 | 0.19 | 1.79 | 508 | 5.16 | 4.74 | 4.04 | 2.77 | 4.63 | 2.44 | 4.20 | 3.86 | 5.26 | 4.40 | 4.36 | 3.99 | 4.54 | 3.67 | 4.20 |
| 0.61 | -0.09 | 2.40 | 1.57 | -0.18 | 546 | 0.00 | 5.05 | 2.36 | 3.11 | 4.67 | 0.00 | 5.18 | 4.89 | 0.00 | 2.64 | 2.37 | 2.87 | 3.49 | 2.98 | 5.32 |
| 1.45 | 0.59 | 1.40 | 1.29 | -0.13 | 563 | 1.44 | 4.81 | 2.71 | 5.06 | 3.93 | 5.47 | 4.84 | 0.00 | 2.53 | 4.43 | 4.29 | 4.15 | 2.50 | 4.13 | 4.87 |
| 0.68 | 0.95 | 1.53 | 0.84 | 0.64 | 579 | 4.19 | 4.53 | 3.43 | 3.43 | 4.74 | 3.81 | 4.24 | 3.99 | 3.84 | 3.82 | 3.58 | 3.52 | 4.45 | 3.32 | 4.42 |
| 1.70 | 1.00 | 0.20 | -0.25 | 2.05 | 623 | 0.00 | 5.14 | 3.05 | 3.29 | 0.00 | 2.62 | 4.88 | 0.00 | 4.69 | 5.28 | 5.33 | 4.75 | 2.08 | 4.45 | 4.34 |

圖 8-2　用交叉表來記錄潛在因子

第 3 步是計算損失，我們可以使用任何一種損失函數，在此我們選擇均方誤差，因為它可以合理地表示預測的準確度。

我們需要的就是這些。準備好這些東西之後，我們用隨機低度下降來優化參數（潛在因子），例如將損失最小化。在每一步，隨機梯度下降 optimizer 會使用內積來計算每一部電影和每一位用戶之間的匹配程度，並且拿它與每位用戶給每部電影打的分數相比，然後計算這個值的導數，並且將它乘以學習率，來步進權重。做這個動作多次之後，損失會越來越好，推薦也會越來越好。

為了使用 `Learner.fit` 函式，我們必須把資料放入 `DataLoaders`，我們接著來討論這件事。

# 建立 DataLoaders

在顯示資料時，我們希望看到電影的名稱，而不是它們的 ID。`u.item` 表裡面有 ID 和名稱的對應關係：

```
movies = pd.read_csv(path/'u.item',  delimiter='|', encoding='latin-1',
                     usecols=(0,1), names=('movie','title'), header=None)
movies.head()
```

| | movie | title |
|---|---|---|
| 0 | 1 | Toy Story (1995) |
| 1 | 2 | GoldenEye (1995) |
| 2 | 3 | Four Rooms (1995) |
| 3 | 4 | Get Shorty (1995) |
| 4 | 5 | Copycat (1995) |

我們將它和 ratings 表合併，這樣就可以用名稱來取得用戶評分了：

```
ratings = ratings.merge(movies)
ratings.head()
```

| | user | movie | rating | timestamp | title |
|---|---|---|---|---|---|
| 0 | 196 | 242 | 3 | 881250949 | Kolya (1996) |
| 1 | 63 | 242 | 3 | 875747190 | Kolya (1996) |
| 2 | 226 | 242 | 5 | 883888671 | Kolya (1996) |
| 3 | 154 | 242 | 3 | 879138235 | Kolya (1996) |
| 4 | 306 | 242 | 5 | 876503793 | Kolya (1996) |

然後用這張表來建立 DataLoaders 物件。在預設情況下，它會讓用戶使用第一欄，項目（在此是電影）使用第二欄，評分使用第三欄。在這個例子裡，我們要改變 item_name 的值，讓它使用電影名稱（title），而不是 ID：

```
dls = CollabDataLoaders.from_df(ratings, item_name='title', bs=64)
dls.show_batch()
```

| | user | title | rating |
|---|---|---|---|
| 0 | 207 | Four Weddings and a Funeral (1994) | 3 |
| 1 | 565 | Remains of the Day, The (1993) | 5 |
| 2 | 506 | Kids (1995) | 1 |
| 3 | 845 | Chasing Amy (1997) | 3 |
| 4 | 798 | Being Human (1993) | 2 |
| 5 | 500 | Down by Law (1986) | 4 |
| 6 | 409 | Much Ado About Nothing (1993) | 3 |
| 7 | 721 | Braveheart (1995) | 5 |
| 8 | 316 | Psycho (1960) | 2 |
| 9 | 883 | Judgment Night (1993) | 5 |

為了在 PyTorch 中展示協同過濾，我們不能直接使用交叉表表示法，何況我們想要將它融入深度學習框架。我們可以用簡單的矩陣來表示電影和用戶潛在因子表：

```
n_users  = len(dls.classes['user'])
n_movies = len(dls.classes['title'])
n_factors = 5

user_factors = torch.randn(n_users, n_factors)
movie_factors = torch.randn(n_movies, n_factors)
```

為了計算特定電影和用戶組合的結果，我們先在電影潛在因子矩陣裡查詢電影的索引，並且在用戶潛在因子矩陣裡查詢用戶的索引，然後計算兩個潛在因子向量的積。但深度學習模型不知道如何進行**索引查詢**，它們只知道如何執行矩陣乘法和觸發函數。

幸好，我們可以用矩陣乘法來進行**索引查詢**，做法是將索引換成 one-hot 編碼向量。以下是將一個向量乘以一個代表索引 3 的 one-hot 編碼向量的結果：

```
one_hot_3 = one_hot(3, n_users).float()
user_factors.t() @ one_hot_3

tensor([-0.4586, -0.9915, -0.4052, -0.3621, -0.5908])
```

它產生的向量與在矩陣中使用索引 3 時一樣：

```
user_factors[3]

tensor([-0.4586, -0.9915, -0.4052, -0.3621, -0.5908])
```

如果我們一次用幾個索引做這件事，我們會得到一個 one-hot 編碼向量矩陣，而且那項操作將是個矩陣乘法！這完全是可以用來建立模型的架構，只是它會沒必要地使用很多記憶體和時間。我們知道儲存 one-hot 向量，或搜尋它來找到數字 1 都是沒必要的——我們應該用一個整數來直接檢索一個陣列。因此，大多數的深度學習程式庫，包括 PyTorch，都有一種特殊的神經層負責這項工作，它會使用整數來檢索向量，但它計算導數的方式與使用 one-hot 編碼向量來進行矩陣乘法時一樣。這種神經層稱為 *embedding*。

術語：*embedding*

乘以一個 one-hot 矩陣，藉著直接進行檢索來實作計算捷徑，embedding 只是一個代表簡單概念的花俏術語，乘以 one-hot 編碼矩陣的東西（或使用簡便算法，直接檢索）稱為 *embedding* 矩陣。

在電腦視覺中，我們可以用非常簡單的方式，用像素的 RGB 值（在彩色圖像裡的每一個像素都是用三個數字表示的）來取得它們的所有資訊，用這三個數字提供紅色、綠色、藍色的強度，這就足以讓模型開始運作了。

對於眼前的這個問題，我們無法用同樣簡單的方法來描述用戶或電影。我們或許可以用種類來描述：如果特定的用戶喜歡浪漫愛情片，他們應該會給浪漫片打高分。其他的因子或許是電影比較動作導向還是對話導向，或片中有沒有用戶特別喜愛的演員。

我們如何決定描述它們的數字？答案是不需要。我們會讓模型**學習**它們。藉著分析用戶和電影的既有關係，模型可以自行找出看起來重要或不重要的特徵。

這就是 embedding。我們會給每一位用戶和每一部電影一個一定長度的隨機向量（在此，`n_factors=5`），並且讓它們成為可學習的參數。這代表當我們在每一步藉著比較預測結果和目標來計算損失時，我們會計算損失對這些 embedding 向量的梯度，並使用 SGD 規則來更新它們（或其他的 optimizer）。

在一開始，這些數字沒有任何意義，因為它們是隨機挑選的，但是在訓練結束時，它們就有意義了。我們可以看到，在沒有任何其他資訊的情況下，藉著從既有的資料學習用戶和電影的關係，它們仍然可以取得一些重要的特徵，而且可以區分大製作巨片和獨立電影、動作和浪漫電影等。

現在我們可以從零開始建立整個模型了。

# 從零開始製作協同過濾

在 PyTorch 裡編寫模型之前，我們要先學習一些物件導向程式設計和 Python 的基本知識。如果你沒有寫過任何物件導向程式，我們將在這裡簡單地介紹它，但我們還是要建議你尋找教學，並且做一些練習，再繼續看下去。

物件導向程式設計的關鍵概念就是**類別**。本書已經用過很多類別了，例如 `DataLoader`、`String` 與 `Learner`。Python 可讓你輕鬆地建立新類別，這是個簡單的類別範例：

```
class Example:
    def __init__(self, a): self.a = a
    def say(self,x): return f'Hello {self.a}, {x}.'
```

這段程式最重要的元素是特殊方法 __init__（讀成 *dunder init*）。在 Python，像這樣前後有雙底線的方法都是特殊的，代表這個方法名稱有一些額外的行為，就 __init__ 而言，它是 Python 會在你建立新物件時呼叫的方法，所以，你可以在這裡設定於建立物件時需要初始化的任何狀態。當用戶建構類別實例時傳入的參數都會被當成參數傳給 __init__ 方法。注意，在類別裡面定義的任何方法的第一個參數都是 self，你可以用它來設定和取得你需要的任何屬性：

```
ex = Example('Sylvain')
ex.say('nice to meet you')
```

```
'Hello Sylvain, nice to meet you.'
```

另外，建立新的 PyTorch 模組需要繼承 Module。**繼承**是重要的物件導向概念，我們在此不會詳細介紹，簡而言之，它代表我們可以幫既有的類別加上額外的行為。PyTorch 已經有個 Module 類別了，它提供一些基礎來讓我們在上面建構。因此，我們要在我們定義的類別的名稱後面加上這個**超類別**的名稱，見接下來的例子。

在建立新的 PyTorch 模組時，需要知道的最後一件事就是，當模組被呼叫時，PyTorch 會呼叫類別裡的 forward 方法，並將那個呼叫式的參數都傳給它。這是定義內積模型的類別：

```
class DotProduct(Module):
    def __init__(self, n_users, n_movies, n_factors):
        self.user_factors = Embedding(n_users, n_factors)
        self.movie_factors = Embedding(n_movies, n_factors)

    def forward(self, x):
        users = self.user_factors(x[:,0])
        movies = self.movie_factors(x[:,1])
        return (users * movies).sum(dim=1)
```

如果你沒有看過物件導向程式，不用擔心，在這本書裡，你不會經常使用它。我們只是在此稍微提一下這種做法，因為大多數的教學和文件都會使用物件導向語法。

注意，模型的輸入是 shape 為 batch_size x 2 的張量，其中第一欄（x[:, 0]）裡面有用戶 ID，第二欄（x[:, 1]）裡面有電影 ID。前面解釋過，我們使用 *embedding* 層來代表用戶和電影潛在因子矩陣：

```
x,y = dls.one_batch()
x.shape
```

```
torch.Size([64, 2])
```

定義架構並建立參數矩陣之後，我們要建立一個 Learner 來優化模型。之前我們使用特殊函式，例如 cnn_learner，來為特定的應用設定所有東西。因為我們在這裡是從零開始工作，我們將使用一般的 Learner 類別：

```
model = DotProduct(n_users, n_movies, 50)
learn = Learner(dls, model, loss_func=MSELossFlat())
```

現在可以擬合模型了：

```
learn.fit_one_cycle(5, 5e-3)
```

| epoch | train_loss | valid_loss | time |
|---|---|---|---|
| 0 | 1.326261 | 1.295701 | 00:12 |
| 1 | 1.091352 | 1.091475 | 00:11 |
| 2 | 0.961574 | 0.977690 | 00:11 |
| 3 | 0.829995 | 0.893122 | 00:11 |
| 4 | 0.781661 | 0.876511 | 00:12 |

為了讓這個模型更好一些，首先，我們可以讓這些預測值介於 0 和 5 之間，為此，我們要使用 sigmoid_range，就像在第 6 章那樣。根據經驗，我們發現範圍最好略大於 5，所以我們使用 (0, 5.5)：

```
class DotProduct(Module):
    def __init__(self, n_users, n_movies, n_factors, y_range=(0,5.5)):
        self.user_factors = Embedding(n_users, n_factors)
        self.movie_factors = Embedding(n_movies, n_factors)
        self.y_range = y_range

    def forward(self, x):
        users = self.user_factors(x[:,0])
        movies = self.movie_factors(x[:,1])
        return sigmoid_range((users * movies).sum(dim=1), *self.y_range)

model = DotProduct(n_users, n_movies, 50)
learn = Learner(dls, model, loss_func=MSELossFlat())
learn.fit_one_cycle(5, 5e-3)
```

| epoch | train_loss | valid_loss | time |
|---|---|---|---|
| 0 | 0.976380 | 1.001455 | 00:12 |
| 1 | 0.875964 | 0.919960 | 00:12 |
| 2 | 0.685377 | 0.870664 | 00:12 |
| 3 | 0.483701 | 0.874071 | 00:12 |
| 4 | 0.385249 | 0.878055 | 00:12 |

雖然這是合理的開始，但我們可以做得更好。這裡有一個被明顯忽略的情況在於，有些用戶在他們的推薦裡表現得比別人還要正面或負面，而且有些電影就是比其他電影更好或更糟。但是內積表示法無法涵蓋這些事情。當我們只能說一部電影（舉例）非常科幻、非常動作導向，而且非常不老時，我們就無法確認是否大多數人都喜歡它。

這是因為此時我們只有權重，沒有偏差項（bias）。如果我們讓每一位用戶都有一個可以加到分數上的數字，對每部電影也是如此，那就可以非常好地處理這個缺失。所以，首先，我們要調整模型架構：

```
class DotProductBias(Module):
    def __init__(self, n_users, n_movies, n_factors, y_range=(0,5.5)):
        self.user_factors = Embedding(n_users, n_factors)
        self.user_bias = Embedding(n_users, 1)
        self.movie_factors = Embedding(n_movies, n_factors)
        self.movie_bias = Embedding(n_movies, 1)
        self.y_range = y_range

    def forward(self, x):
        users = self.user_factors(x[:,0])
        movies = self.movie_factors(x[:,1])
        res = (users * movies).sum(dim=1, keepdim=True)
        res += self.user_bias(x[:,0]) + self.movie_bias(x[:,1])
        return sigmoid_range(res, *self.y_range)
```

我們來試著訓練它，看看它的表現如何：

```
model = DotProductBias(n_users, n_movies, 50)
learn = Learner(dls, model, loss_func=MSELossFlat())
learn.fit_one_cycle(5, 5e-3)
```

| epoch | train_loss | valid_loss | time |
|---|---|---|---|
| 0 | 0.929161 | 0.936303 | 00:13 |
| 1 | 0.820444 | 0.861306 | 00:13 |
| 2 | 0.621612 | 0.865306 | 00:14 |
| 3 | 0.404648 | 0.886448 | 00:13 |
| 4 | 0.292948 | 0.892580 | 00:13 |

它變糟了，而不是更好（至少在訓練結束時如此）。為什麼？仔細觀察這兩次訓練，我們可以看到驗證損失在中間停止改善，並且開始變糟。我們知道，這是明確的過擬訊號。在這種情況下，我們無法使用資料擴增，所以我們必須使用另一種正則化技術，**權重衰減**（*weight decay*）是一種有用的方法。

## 權重衰減

權重衰減，或稱為 *L2* **正則化**，就是幫你的損失函數加上所有權重的平方和。為什麼要這樣做？因為當我們計算梯度時，它會對它們加入一個貢獻，來鼓勵權重盡可能地小。

為什麼它可以防止過擬？因為係數越大，損失函數的峽谷就越尖銳。以拋物線為例，`y = a * (x**2)`，a 越大，拋物線就越窄：

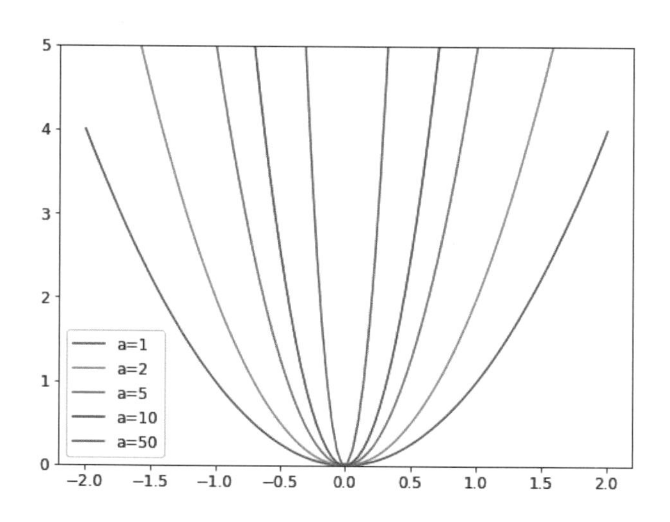


所以，讓模型學習高的參數，可能會讓它用太過複雜而且有劇烈變動的函數來擬合訓練組的所有資料點，導致過擬。

限制權重的成長，不讓它成長太多會干擾模型的訓練，但是會導致更好的類推效果。回到理論，權重衰減（或簡稱 `wd`）是一個控制加到損失的平方和的參數（假設 `parameters` 是個包含所有參數的張量）：

```
loss_with_wd = loss + wd * (parameters**2).sum()
```

不過，在實務上，計算這麼大的總和並且將它加到損失非常低效（而且可能產生不穩定的數值）。如果你對高中數學還有一點印象，可能會記得 `p**2` 對 `p` 的導數是 `2*p`，所以將那個大的總和加到損失與這種做法完全相同：

```
parameters.grad += wd * 2 * parameters
```

在實務上，因為 `wd` 是我們選擇的參數，我們可以讓它兩倍大，如此一來，就不需要在這個公式裡 `*2` 了。在 fastai 裡使用權重衰減的方法是在呼叫 `fit` 或 `fit_one_cycle` 時傳入 `wd`（兩者都可傳入）：

```
model = DotProductBias(n_users, n_movies, 50)
learn = Learner(dls, model, loss_func=MSELossFlat())
learn.fit_one_cycle(5, 5e-3, wd=0.1)
```

| epoch | train_loss | valid_loss | time |
|---|---|---|---|
| 0 | 0.972090 | 0.962366 | 00:13 |
| 1 | 0.875591 | 0.885106 | 00:13 |
| 2 | 0.723798 | 0.839880 | 00:13 |
| 3 | 0.586002 | 0.823225 | 00:13 |
| 4 | 0.490980 | 0.823060 | 00:13 |

好多了！

## 建立我們自己的 Embedding 模組

到目前為止，我們在使用 `Embedding` 時都沒有思考它實際上是如何動作的。接下來，我們要在**不使用**這個類別的情況下重新建立 `DotProductBias`。我們要為每一個 embedding 隨機初始化權重矩陣。但是，我們必須很小心，第 4 章說過，optimizer 必須用模組的 `parameters` 方法取得模組的所有參數，但是，這件事不會自動實現。如果我們直接將張量當成屬性加入 `Module`，那個張量不會被納入 `parameters`：

```
class T(Module):
    def __init__(self): self.a = torch.ones(3)

L(T().parameters())

(#0) []
```

為了告訴 `Module` 我們想要將張量視為參數，我們必須將它包在 `nn.Parameter` 類別裡。這個類別沒有任何功能（而不是自動幫我們呼叫 `requires_grad_`）。它只是一個「記號」，用來指示要在 `parameters` 裡加入什麼東西：

```
class T(Module):
    def __init__(self): self.a = nn.Parameter(torch.ones(3))

L(T().parameters())

(#1) [Parameter containing:
tensor([1., 1., 1.], requires_grad=True)]
```

所有的 PyTorch 模組都使用 nn.Parameter 來包裝任何可訓練的參數，這就是我們到現在才明確地使用這個包裝的原因：

```
class T(Module):
    def __init__(self): self.a = nn.Linear(1, 3, bias=False)

t = T()
L(t.parameters())
```

```
(#1) [Parameter containing:
tensor([[-0.9595],
        [-0.8490],
        [ 0.8159]], requires_grad=True)]
```

```
type(t.a.weight)
```

```
torch.nn.parameter.Parameter
```

我們可以這樣子將張量做成參數，使用隨機的初始值：

```
def create_params(size):
    return nn.Parameter(torch.zeros(*size).normal_(0, 0.01))
```

我們使用它來再次建立 DotProductBias，但不使用 Embedding：

```
class DotProductBias(Module):
    def __init__(self, n_users, n_movies, n_factors, y_range=(0,5.5)):
        self.user_factors = create_params([n_users, n_factors])
        self.user_bias = create_params([n_users])
        self.movie_factors = create_params([n_movies, n_factors])
        self.movie_bias = create_params([n_movies])
        self.y_range = y_range

    def forward(self, x):
        users = self.user_factors[x[:,0]]
        movies = self.movie_factors[x[:,1]]
        res = (users*movies).sum(dim=1)
        res += self.user_bias[x[:,0]] + self.movie_bias[x[:,1]]
        return sigmoid_range(res, *self.y_range)
```

接下來，我們再次訓練，看看能否得到與上一節相同的結果：

```
model = DotProductBias(n_users, n_movies, 50)
learn = Learner(dls, model, loss_func=MSELossFlat())
learn.fit_one_cycle(5, 5e-3, wd=0.1)
```

| epoch | train_loss | valid_loss | time |
|---|---|---|---|
| 0 | 0.962146 | 0.936952 | 00:14 |
| 1 | 0.858084 | 0.884951 | 00:14 |
| 2 | 0.740883 | 0.838549 | 00:14 |
| 3 | 0.592497 | 0.823599 | 00:14 |
| 4 | 0.473570 | 0.824263 | 00:14 |

接下來，我們來看模型學到什麼東西。

# 解讀 embedding 和偏差項

現在我們的模型已經很實用了，因為它可以為用戶提供電影推薦，不過看一下它發現了哪些參數也是件有趣的事情。最簡單的解讀方法是使用偏差項（bias）。這是在偏差向量裡面，值最小的電影：

```
movie_bias = learn.model.movie_bias.squeeze()
idxs = movie_bias.argsort()[:5]
[dls.classes['title'][i] for i in idxs]
```

```
['Children of the Corn: The Gathering (1996)',
 'Lawnmower Man 2: Beyond Cyberspace (1996)',
 'Beautician and the Beast, The (1997)',
 'Crow: City of Angels, The (1996)',
 'Home Alone 3 (1997)']
```

試著想想它代表什麼意思。它的意思是，即使有用戶與電影的潛在因子（我們等一下就會看到，這些潛在因子傾向代表動作程度、電影年份等東西）非常匹配，但他們仍然不喜歡它。雖然我們也可以直接使用電影的平均分數來排序它們，但藉由觀察學到的偏差項可以知道更有趣的事情。它不僅告訴我們一部電影是不是大家不喜歡看的，也告訴我們即使人們原本喜歡某類電影，但也會不喜歡那一類的某部電影。同樣的道理，這是有最高偏差的電影：

```
idxs = movie_bias.argsort(descending=True)[:5]
[dls.classes['title'][i] for i in idxs]
```

```
['L.A. Confidential (1997)',
 'Titanic (1997)',
 'Silence of the Lambs, The (1991)',
 'Shawshank Redemption, The (1994)',
 'Star Wars (1977)']
```

因此，舉例來說，即使你通常不喜歡偵探片，但你可能喜歡 *LA Confidential* ！

直接解讀 embedding 矩陣並不容易，它們有太多因子了，因此人類難以查看。但有一種技術可以提出這種矩陣最重要的潛在**方向**，稱為**主成分分析**（*principal component analysis*，PCA）。本書不詳細介紹它，因為它對想要成為深度學習實踐者的你來說不太重要，但如果你有興趣，我們建議你閱讀 fast.ai 課程 Computational Linear Algebra for Coders（*https://oreil.ly/NLj2R*）。圖 8-3 用兩個最強的 PCA 成分來展示我們的電影。

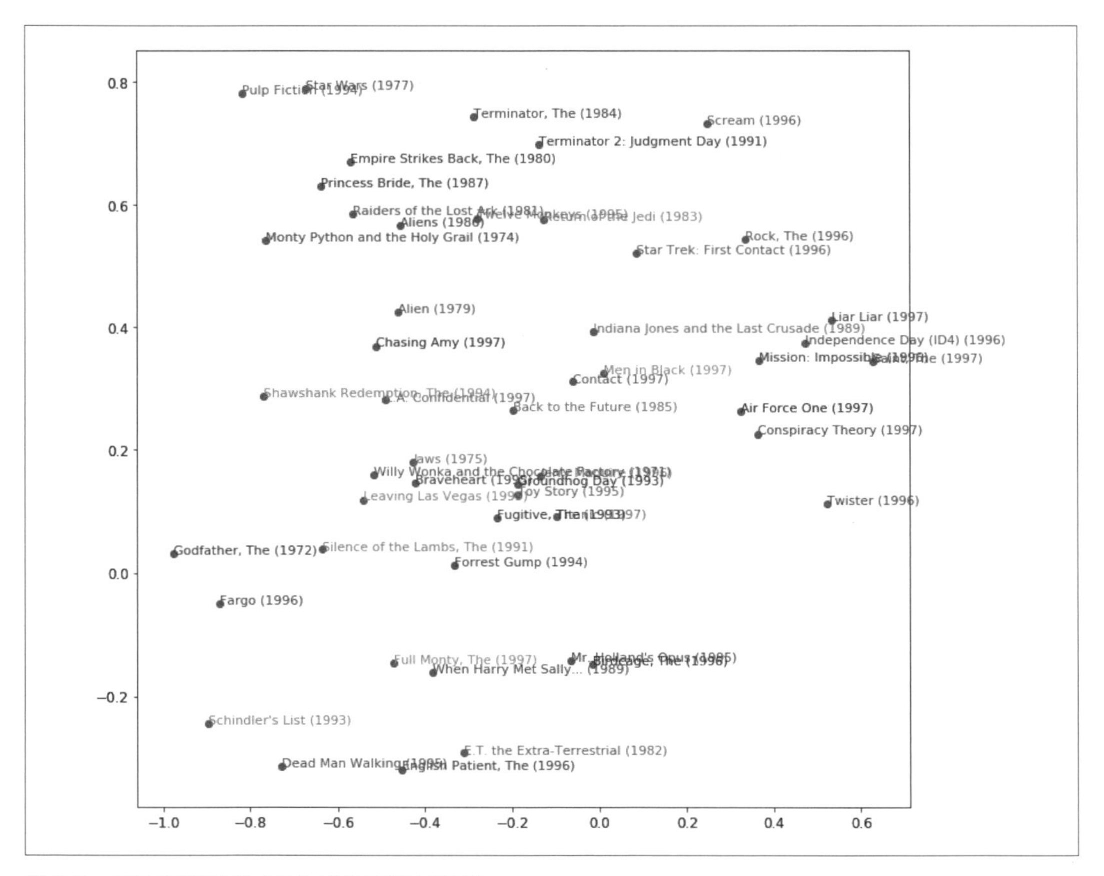


圖 8-3　用兩個最強的 PCA 成分來表示電影

我們可以看到，這個模型似乎發現**經典** vs. **流行文化**電影的概念，或者，或許這裡只顯示廣受好評的電影。

*Jeremy* 說

無論我訓練過多少模型，我一直很驚訝用這麼簡單的機制來訓練隨機的初始數字，竟然可以讓它們自己發現資料裡面的一些事情。不需告知如何工作即可寫出有用的程式簡直太犯規了！

雖然我們為了告訴你模型內部的狀況，而從頭開始定義一個模型，但你也可以直接使用 fastai 程式庫來建構它。我們接著來看怎麼做。

## 使用 fastai.collab

我們可以使用 fastai 的 `collab_learner`，以之前的架構來建立和訓練一個協同過濾模型：

```
learn = collab_learner(dls, n_factors=50, y_range=(0, 5.5))
```

```
learn.fit_one_cycle(5, 5e-3, wd=0.1)
```

| epoch | train_loss | valid_loss | time |
|---|---|---|---|
| 0 | 0.931751 | 0.953806 | 00:13 |
| 1 | 0.851826 | 0.878119 | 00:13 |
| 2 | 0.715254 | 0.834711 | 00:13 |
| 3 | 0.583173 | 0.821470 | 00:13 |
| 4 | 0.496625 | 0.821688 | 00:13 |

你可以印出模型來看一下各層的名稱：

```
learn.model
```

```
EmbeddingDotBias(
  (u_weight): Embedding(944, 50)
  (i_weight): Embedding(1635, 50)
  (u_bias): Embedding(944, 1)
  (i_bias): Embedding(1635, 1)
)
```

我們可以使用它們來做上一節做過的每一種分析，例如：

```
movie_bias = learn.model.i_bias.weight.squeeze()
idxs = movie_bias.argsort(descending=True)[:5]
[dls.classes['title'][i] for i in idxs]
```

```
['Titanic (1997)',
 "Schindler's List (1993)",
 'Shawshank Redemption, The (1994)',
```

```
    'L.A. Confidential (1997)',
    'Silence of the Lambs, The (1991)']
```

我們還可以用這些學來的 embedding 做一件有趣的事情：觀察**距離**。

## embedding 距離

在二維的對映中，我們可以用畢氏公式來計算兩個座標之間的距離：$\sqrt{x^2 + y^2}$（假設 $x$ 與 $y$ 是座標在各軸的距離）。對一個 50 維的 embedding 來說，我們也可以做一模一樣的事情，不過我們要加總全部的 50 個座標距離的平方。

如果有兩部電影幾乎一模一樣，它們的 embedding 向量也會幾乎一模一樣，因為喜歡它們的用戶也幾乎一模一樣。這裡有一個更廣泛的概念：電影相似度可以用喜歡這些電影的用戶的相似度來定義。這意味著兩部電影的 embedding 向量的距離可以定義那個相似度。我們可以用它來尋找最像 *Silence of the Lambs* 的電影：

```
movie_factors = learn.model.i_weight.weight
idx = dls.classes['title'].o2i['Silence of the Lambs, The (1991)']
distances = nn.CosineSimilarity(dim=1)(movie_factors, movie_factors[idx][None])
idx = distances.argsort(descending=True)[1]
dls.classes['title'][idx]
```

```
'Dial M for Murder (1954)'
```

成功訓練模型之後，我們來看如何處理某位用戶沒有資料的情況。我們如何向新用戶推薦？

# 啟動協同過濾模型

在實務上，使用協同過濾模型最大的挑戰就是**啟動問題**（*bootstrapping problem*）。這個問題最極端的情況就是沒有用戶，因此沒有歷史資料可以學習，此時你要向你的第一位用戶推薦哪一種產品？

即使你是一家信用良好、用戶交易歷史悠久的公司，你仍然有一個問題：有新用戶註冊時該怎麼辦？而且，當你加入新商品時，該怎麼做？這個問題沒有神奇的解決方案，我們建議的解決方案，其實只是**使用你的常識**的變化。雖然你可以將新用戶設為所有其他用戶的 embedding 向量的平均值，但是這樣做可能會出現罕見的潛在因子組合（例如，科幻因子的均值很高，動作因子的均值很低，但很少人喜歡沒有動作成分的科幻片）。選擇一位特定用戶來代表**平均偏好**可能比較好。

更好的做法是以用戶的資訊來建構表格模型，再用它來建構初始 embedding 向量。當用戶註冊時，想想你可以問哪些問題來協助了解他們的偏好。然後，你可以建立一個模型，它的因變數是用戶的 embedding 向量，自變數是你向他們詢問的問題的結果，以及他們的註冊參考資訊。下一節會展示如何建立這些表格模型。（你可能已經注意到，當你在 Pandora 與 Netflix 之類的服務註冊時，它們會問你一些問題，比如你喜歡哪一類的電影或音樂，這就是它們提供最初的協同過濾推薦的方法。）

要注意的是，少數的狂熱用戶可能會以某種方式幫整個用戶群設定推薦。這個問題在電影推薦系統中很常見，喜歡看動畫的人往往會看很多動畫，不怎麼看其他的影片，並且會花很多時間在網站上打分數。因此，在許多**史上最佳電影**排行榜中，動畫的比例往往過高。這個特殊的例子顯然有代表性偏誤，但是如果偏誤是發生在潛在因子裡，它可能一點也不明顯。

這種問題可能會改變整個用戶群的組成和系統的行為。正回饋迴路更是會導致這種情況。如果有一小部分的用戶傾向為你的推薦系統設定方向，他們自然會吸引更多像他們一樣的人加入你的系統。當然，這會放大原始的代表性偏誤。這種偏誤是一種自然趨勢，會被成倍地放大。你可能看過，高階主管對他們的網路平台的惡化速度感到非常驚訝，平台傳達的價值觀甚至與創始人的價值觀不一致。有這種回饋迴路時，這種分歧會迅速發生，而且會一直潛伏，當你發現時已經太遲了。

在這種自我強化的系統中，我們應該要將這種回饋迴路視為常態，而不是例外。因此，你應該假設你會遇到它們，未雨綢繆，先想好如何處理這種問題。試著思考回饋迴路可能在你的系統中以何種方式出現，以及你如何從資料中辨識它們。最終，這又回到我們最初的建議：如何在部署任何一種機器學習系統時避免災難。答案終究是讓人員參與其中，仔細地監控，並且採取漸進的和深思熟慮的部署。

我們的內積模型非常有效，它是許多成功的真實推薦系統的基礎。這種協同過濾的方法稱為 *probabilistic matrix factorization*（PMF）。另一種做法是深度學習，它在處理相同的資料時通常一樣有效。

# 協同過濾深度學習

將我們的架構轉換成深度學習模型的第一步是取得 embedding 查詢的結果，並將那些觸發輸出連接起來，產生一個可以用一般的方式傳給線性層和非線性層的矩陣。

因為我們將連接 embedding 矩陣，而不是取它們的內積，兩個 embedding 可能有不同的尺寸（不同的潛在因子數量）。fastai 的 `get_emb_sz` 函式可以回傳適合你的資料的 embedding 矩陣的尺寸，它是根據 fast.ai 在實務上發現的經驗法則：

```
embs = get_emb_sz(dls)
embs
```

```
[(944, 74), (1635, 101)]
```

我們來實作這個類別：

```
class CollabNN(Module):
    def __init__(self, user_sz, item_sz, y_range=(0,5.5), n_act=100):
        self.user_factors = Embedding(*user_sz)
        self.item_factors = Embedding(*item_sz)
        self.layers = nn.Sequential(
            nn.Linear(user_sz[1]+item_sz[1], n_act),
            nn.ReLU(),
            nn.Linear(n_act, 1))
        self.y_range = y_range

    def forward(self, x):
        embs = self.user_factors(x[:,0]),self.item_factors(x[:,1])
        x = self.layers(torch.cat(embs, dim=1))
        return sigmoid_range(x, *self.y_range)
```

並且用它來建立模型：

```
model = CollabNN(*embs)
```

`CollabNN` 建立 `Embedding` 層的方式與本章之前的類別相同，不過我們現在知道 `embs` 大小了。`self.layers` 與我們在第 4 章為 MNIST 製作的迷你神經網路一模一樣。然後，我們應用 embedding、串接結果，將它傳給迷你神經網路。最後，我們像之前的模型那樣使用 `sigmoid_range`。

我們來看看它能否訓練：

```
learn = Learner(dls, model, loss_func=MSELossFlat())
learn.fit_one_cycle(5, 5e-3, wd=0.01)
```

| epoch | train_loss | valid_loss | time |
| --- | --- | --- | --- |
| 0 | 0.940104 | 0.959786 | 00:15 |
| 1 | 0.893943 | 0.905222 | 00:14 |
| 2 | 0.865591 | 0.875238 | 00:14 |
| 3 | 0.800177 | 0.867468 | 00:14 |
| 4 | 0.760255 | 0.867455 | 00:14 |

fastai 透過 `fastai.collab` 提供這個模型，你可以在呼叫 `collab_learner` 時傳遞 `use_nn=True`（並且為你呼叫 `get_emb_sz`），而且它可讓你輕鬆地建立更多層。例如，我在此建立兩個隱藏層，其大小分別為 100 與 50：

```
learn = collab_learner(dls, use_nn=True, y_range=(0, 5.5), layers=[100,50])
learn.fit_one_cycle(5, 5e-3, wd=0.1)
```

| epoch | train_loss | valid_loss | time |
| --- | --- | --- | --- |
| 0 | 1.002747 | 0.972392 | 00:16 |
| 1 | 0.926903 | 0.922348 | 00:16 |
| 2 | 0.877160 | 0.893401 | 00:16 |
| 3 | 0.838334 | 0.865040 | 00:16 |
| 4 | 0.781666 | 0.864936 | 00:16 |

`learn.model` 是個型態為 `EmbeddingNN` 的物件。我們來看一下這個類別的 fastai 程式碼：

```
@delegates(TabularModel)
class EmbeddingNN(TabularModel):
    def __init__(self, emb_szs, layers, **kwargs):
        super().__init__(emb_szs, layers=layers, n_cont=0, out_sz=1, **kwargs)
```

哇，程式不多！這個類別繼承 `TabularModel`，後者是它取得所有功能的地方。在 `__init__` 裡，它呼叫 `TabularModel` 的同一個方法，傳入 `n_cont=0` 與 `out_sz=1`，此外，它只傳遞收到的引數。

### kwargs 與 delegates

EmbeddingNN 的 __init__ 使用 **kwargs 的參數。在 Python 的參數串列裡面的 **kwargs 代表「將任何額外的關鍵字引數放入一個稱為 kwargs 的字典」。而在引數串列裡面的 **kwargs 代表「在這裡將 kwargs 字典裡面所有鍵 / 值當成具名（named）引數插入」。許多流行的程式庫都使用這種做法，例如 matplotlib，它的主函式 plot 的簽章就是 plot(*args, **kwargs)。plot 文件（*https://oreil.ly/P9A8T*）說「kwargs 是 Line2D 屬性」，接著列出那些屬性。

我們在 EmbeddingNN 裡使用 **kwargs 來避免再次將所有參數寫入 TabularModel，並讓它們保持同步。但是這會讓 API 非常難用，因為現在 Jupyter Notebook 不知道有哪些參數可用，因此，無法使用 tab 來完成參數名稱，或叫出簽章列表。

fastai 藉著提供一個特殊的 @delegates 裝飾器來解決這個問題，它可以自動改變類別或函式（在這個例子是 EmbeddingNN）的簽章，來將它的所有關鍵字引數插入簽章。

雖然 EmbeddingNN 的結果比內積方法差一些（這也展示了為一個領域精心建構架構的威力），但它也讓我們做了一些非常重要的事情：我們現在可以直接納入其他用戶和電影資訊、日期和時間資訊，或與推薦有關的任何其他資訊。這就是 TabularModel 做的事情。事實上，我們已經知道 EmbeddingNN 就是 TabularModel，使用 n_cont=0 和 out_sz=1。所以，我們最好花一些時間學習 TabularModel，以及如何用它來取得好結果！我們會在下一章做這件事。

# 結論

在第一個非電腦視覺的應用裡，我們研究了推薦系統，並了解梯度下降如何從評分紀錄中，學習項目的內在因子或偏差。它們可以提供關於資料的資訊給我們。

我們也在 PyTorch 裡建立了第一個模型。本書的下一個部分會做更多這類的工作，但是在那之前，我們要先完成對於其他的深度學習一般應用的研究，接下來要研究的是表格資料。

# 問題

1. 協同過濾可以解決什麼問題？
2. 它如何解決那些問題？
3. 為什麼協同過濾預測模型不能成為非常實用的推薦系統？
4. 協同過濾資料的交叉表長怎樣？
5. 寫程式來建立 MovieLens 資料的交叉表（你可能需要在網路搜尋一下！）。
6. 什麼是潛在因子？為什麼它是「潛在的」？
7. 什麼是內積？使用純 Python 和串列來手工計算內積。
8. `pandas.DataFrame.merge` 有什麼作用？
9. 什麼是 embedding 矩陣？
10. embedding 與 one-hot 編碼向量之間有什麼關係？
11. 既然使用 one-hot 向量可以完成同一件事，為什麼還要使用 `Embedding`？
12. 在開始訓練之前，embedding 裡面有什麼（假如我們沒有使用預訓模型）？
13. 建立一個類別（不要偷看，可以的話！）並使用它。
14. `x[:,0]` 會回傳什麼？
15. 重寫 `DotProduct` 類別（不要偷看，可以的話！），並用它來訓練模型。
16. MovieLens 適合哪一種損失函數？為什麼？
17. 如果我們讓 MovieLens 使用交叉熵損失會怎樣？我們該如何改變模型？
18. 偏差項（bias）在內積模型的用途是什麼？
19. 權重衰減的另一個名稱是什麼？
20. 寫出權重衰減的公式（不要偷看！）。
21. 寫出權重衰減的梯度的公式。為什麼它可以協助縮小權重？
22. 為什麼縮小權重可導致更好的類推？
23. PyTorch 的 `argsort` 有什麼功能？

24. 排序電影的偏差與平均每部電影的整體評分得到的結果一樣嗎？為什麼一樣 / 為什麼不一樣？
25. 如何印出模型裡的神經層的名稱和細節？
26. 協同過濾的「啟動問題」是什麼？
27. 如何為新用戶處理啟動問題？為新電影呢？
28. 回饋迴路如何影響協同過濾系統？
29. 當你在協同過濾裡使用神經網路時，為什麼可以讓電影和用戶使用不同數量的因子？
30. 為什麼在 `CollabNN` 模型裡有 `nn.Sequential`？
31. 如果我們想要在協同過濾模型裡加入關於用戶和項目的參考資訊，或日期和時間之類的資訊，我們該使用哪一種模型？

## 後續研究

1. 了解 `Embedding` 版的 `DotProductBias` 與 `create_params` 版本之間的所有差異，並試著了解為什麼需要這些改變。如果你不確定，試著還原每一個更改，看看會怎樣。（特別注意：就連在 `forward` 裡使用的括號類型也改變了！）
2. 找出可以使用協同過濾的其他領域，並指出在那些領域使用這種方法的優缺點。
3. 使用完整的 MovieLens 資料組完成這個 notebook，並且拿你的結果和網路上的性能評測數據進行比較。看看能否改善準確度。閱讀本書的網站與 fast.ai 論壇，以尋找新想法。注意，完整的資料組有更多欄位，看看你能否使用它們（下一章或許可以提供一些想法）。
4. 為 MovieLens 建立一個使用交叉熵損失的模型，並且拿它與本章的模型進行比較。

第九章

# 表格模型

表格模型接收的資料是表格形式的（例如試算表或 CSV）。它的目的是根據其他欄位的值預測某一欄的值。在這一章，我們不但要討論深度學習，也要討論更廣泛的機器學習技術，例如隨機森林，在處理特定問題時有更好的效果。

我們將了解如何預先處理和清理資料，以及如何在訓練後解讀模型的結果，但我們要先來看一下，如何使用 embedding 來將存有類別的欄位傳給期望收到數字的模型。

## 類別 embedding

在表格資料中，有些欄位可能包含數值資料，例如「年齡」，有些可能包含字串值，例如「性別」。數值資料可以直接傳給模型（有時需要做一些預先處理），但其他欄位需要轉換成數值。因為它們的值對應不同的類別，我們通常將這一種變數稱為*類別變數*。第一種類型稱為*連續變數*。

**術語：連續與類別變數**

連續變數是數值資料，例如「年齡」，可直接傳給模型，因為你可以直接對它們進行加法和乘法。類別變數包含一些分立的級別（level），例如「電影 ID」，對它們進行加法和乘法沒有意義（即使它們被存成數字）。

在 2015 年年底，Rossmann 銷售大賽（*https://oreil.ly/U85_1*）在 Kaggle 舉辦。主辦單位提供關於德國各種商店的廣泛資訊給參賽者，要求他們試著預測幾天內的銷售情況。這場比賽的目標是協助公司妥善地管理庫存，讓公司既能夠滿足需求，又不保存沒必要的庫存。官方訓練組提供許多關於商店的資訊。參賽者也可以使用其他的資料，只要那些資料是公開的，而且所有參賽者都可以取得的即可。

有一位金牌得主使用深度學習，當時是有史以來最早使用先進的深度學習表格模型的案例之一。與其他的金牌得主相比，他們的方法以領域知識來進行特徵工程的程度少很多。「Entity Embeddings of Categorical Variables」（*https://oreil.ly/VmgoU*）這篇論文描述了他們的方法。在本書網站（*https://book.fast.ai*）的網路獨有章節中，我們展示如何從零開始複製它，並獲得與論文所展示的一樣的準確度。在這篇論文的摘要中，作者（Cheng Guo 與 Felix Bekhahn）說：

> 與 one-hot 編碼相比，entity embedding 不僅可以降低記憶體的使用量與提升神經網路速度，更重要的是，對映到 embedding 空間，且彼此相鄰的相似值可以揭示類別變數的內在屬性…它特別適合具有許多高基數特徵的資料組，用其他的方法來處理這種資料組往往會過擬…因為 entity embedding 定義了類別變數的距離數值，它可以將類別資料視覺化，與進行資料分群。

在建立協同過濾模型時，我們已經注意到這些重點了。然而，我們可以清楚地看到，這些見解遠遠超出協同過濾。

這篇論文也指出（上一章也說過）embedding 層相當於在每一個 one-hot 編碼的輸入層後面放入一個普通的線性層。作者用圖 9-1 來說明這種等效性。注意，「稠密層」的意思與「線性層」一樣，而 one-hot 編碼層代表輸入。

這項見解很重要，因為我們已經知道如何訓練線性層了，所以它指出，從架構與我們的訓練演算法的觀點來看，embedding 層只是另一個階層。當我們在上一章建構看起來與這張圖很像的協同過濾神經網路時，我們也實際看過這種情況。

與分析影評的 embedding 權重一樣，entity embedding 論文的作者也分析了他們的銷售預測模型的 embedding 權重。他們發現驚人的事情，並描述他們的第二項關鍵見解：embedding 可將類別變數轉換成連續且有意義的輸入。

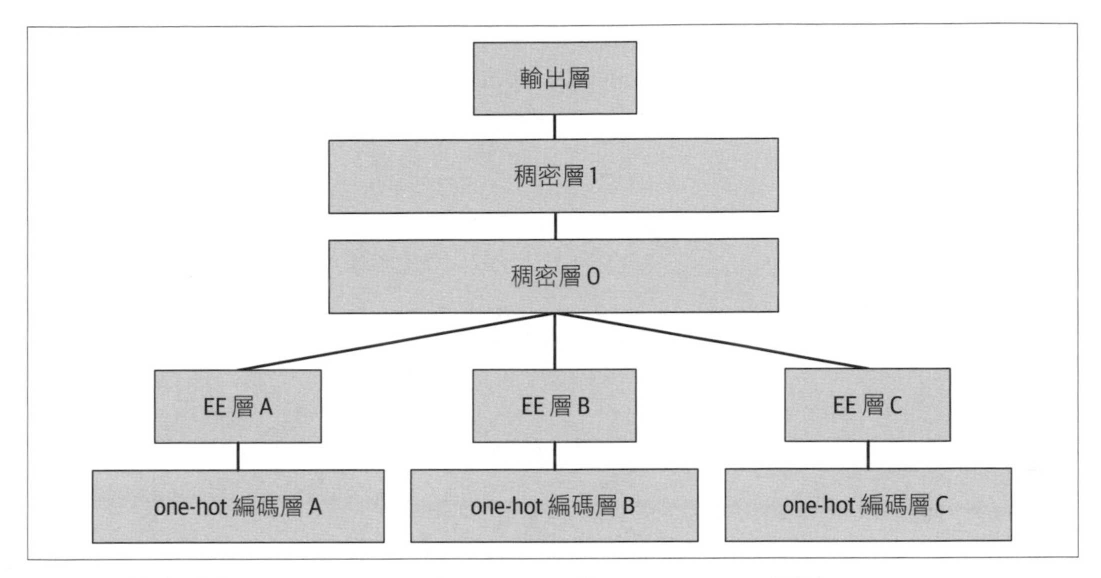


圖 9-1　神經網路的 entity embedding（Cheng Guo 與 Felix Berkhahn 提供）

圖 9-2 是說明這些概念的圖像。它們根據論文中使用的方法，以及我們加入的一些分析。

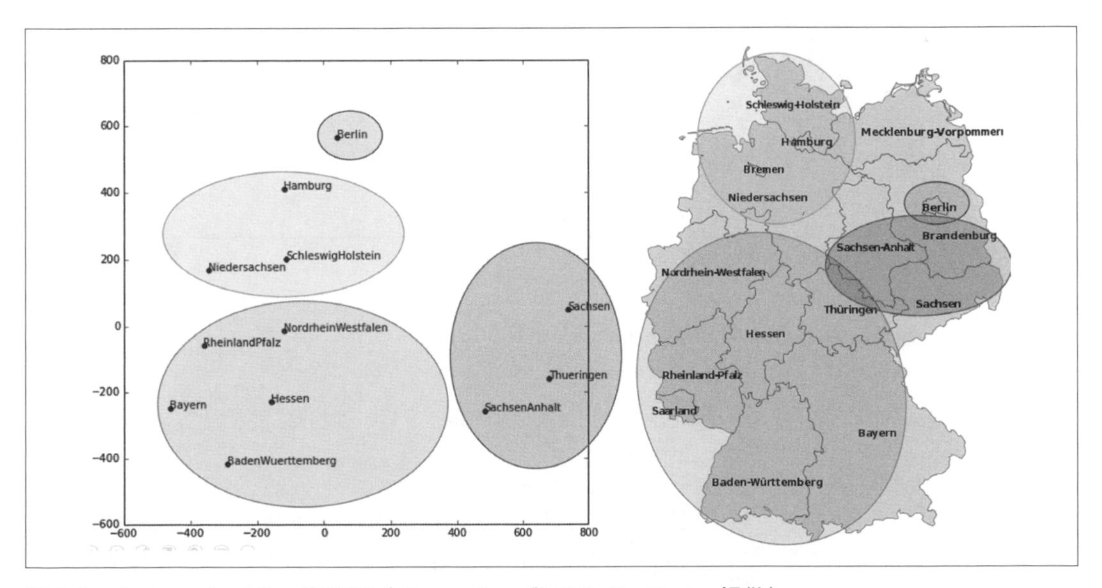


圖 9-2　State embedding 與地圖（Cheng Guo 與 Felix Berkhahn 提供）

左圖是 State 類別值的 embedding 矩陣圖。對類別變數而言，我們將變數的值稱為它的「級別（level）」（或「類別（category 或 class）」），所以在這裡有一個級別是「Berlin」，另一個是「Hamburg」等。右圖是德國地圖。雖然主辦單位提供的資料裡沒有德國各州的實際位置，但模型可以根據商店銷售行為學會它們應該在哪裡！

還記得我們談過 embedding 之間的**距離**嗎？論文的作者畫出商店 embedding 之間的距離和商店實際地理距離之間的關係（見圖 9-3），發現它們非常符合！

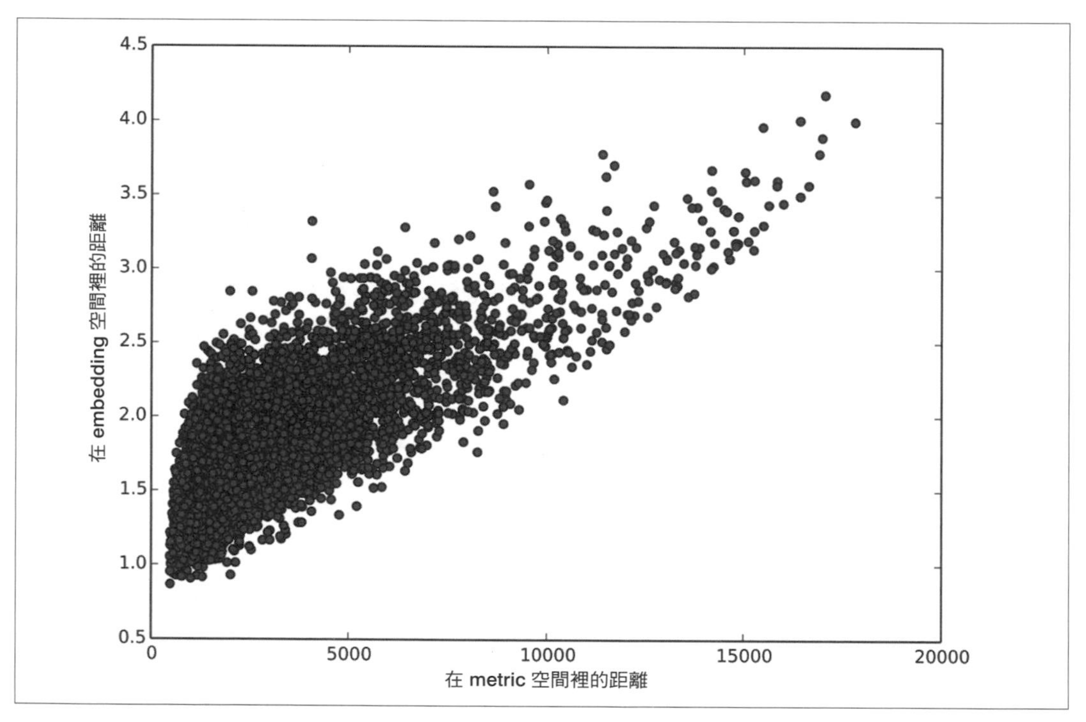


圖 9-3　商店距離（Cheng Guo 與 Felix Berkhahn 提供）

我們曾經嘗試畫出星期幾和一年的月份的 embedding，發現在日曆上相近的日與月，它們的 embedding 也相似，如圖 9-4 所示。

這兩個例子都有一個特點——我們提供了分離個體的基本分類資料給模型（例如德國的州和星期幾），模組學會這些個體的 embedding，該 embedding 定義了它們之間的連續距離概念。因為 embedding 距離是從真正的資料模式中學習的，所以那個距離往往會符合我們的直覺。

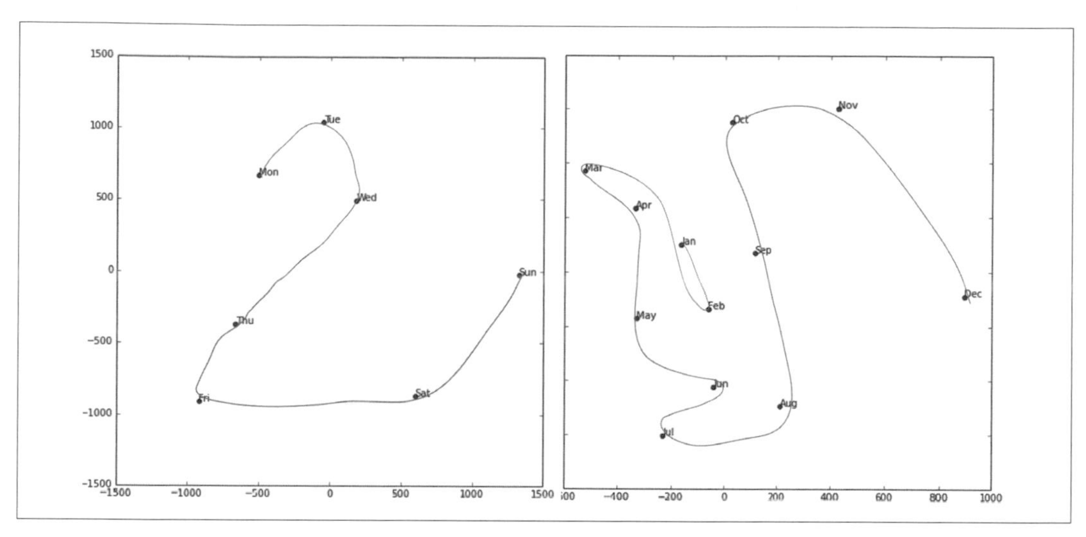


圖 9-4　資料 embedding（Cheng Guo 與 Felix Berkhahn 提供）

此外，「embedding 是連續的」很有價值，因為模型比較善於理解連續變數。因為模型是用許多連續的參數權重和連續的觸發值做成的，而且會藉由梯度下降（用來尋找連續函數的最小值的學習演算法）來更新它們，所以模型善於理解連續變數很正常。

另一個好處是，我們可以直接將連續的 embedding 值與真正的連續輸入資料結合起來：只要將變數連接起來，然後將連接物傳給第一個稠密層就好了。換句話說，我們先用 embedding 層轉換原始的分類資料，再讓轉換的結果與原始的連續輸入資料進行互動。這就是 fastai、Guo 和 Berkhahn 讓表格模型包含連續與分類變數的方法。

正如「Wide & Deep Learning for Recommender Systems」（*https://oreil.ly/wsnvQ*）這篇論文所述，Google 就是使用這種連接方法在 Google Play 上進行推薦的。圖 9-5 說明這一點。

有趣的是，Google 團隊結合了我們在上一章看到的兩種方法：內積（他們稱之為**外積**（*cross product*））和神經網路方法。

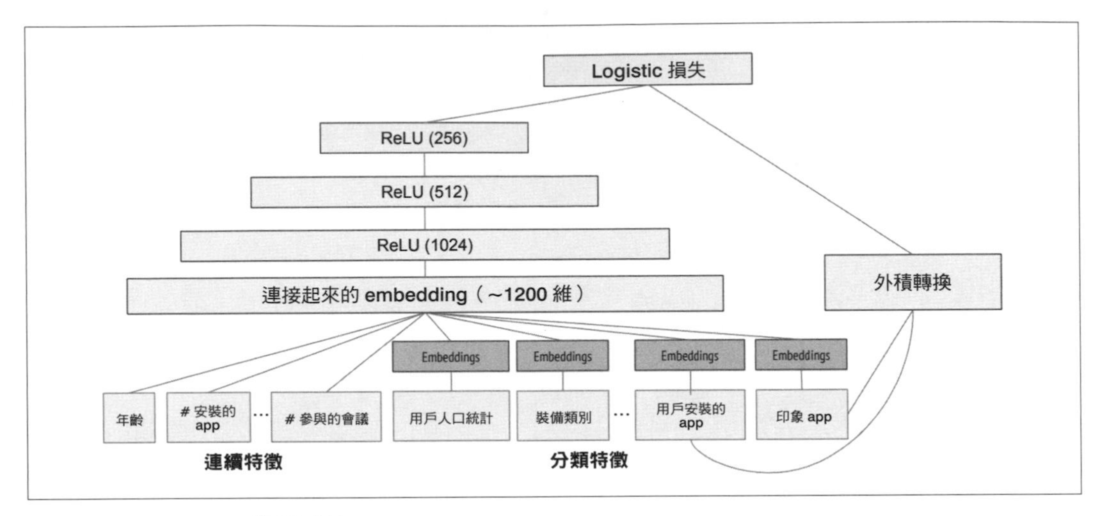


圖 9-5　Google Play 推薦系統

讓我們先暫停一下，到目前為止，我們處理建模問題的方法都是**訓練一個深度學習模型**。事實上，根據經驗，深度學習模型也適合複雜的無結構資料，例如圖像、聲音和自然語言文字等，它也非常擅長進行協同過濾，但是它不一定適合在剛開始分析表格資料時使用。

# 在深度學習之外

大多數的機器學習課程都會丟給你幾十個演算法，簡單地說一下它們背後的技術概念，可能會再給你一個玩具範例。你無法理解它們展示的大量技術，也幾乎不知道如何應用它們。

好消息是，現代機器學習可以歸納成幾個廣泛應用的關鍵技術。最近的研究指出，絕大多數的資料組都可以用這兩種方法做出最好的模型：

- 決策樹群體（即隨機森林和梯度增強機），主要處理結構化資料（例如大部分的公司裡都有的資料庫表格）。
- 用 SGD 來訓練的多層神經網路（即淺層與深層學習），主要處理無結構資料（例如聲音、圖像和自然語言）。

雖然深度學習在處理無結構資料時的表現幾乎都比其他方法更好，但是對於許多結構化資料，這兩種方法往往可以提供非常相似的結果。不過決策樹群體的訓練速度通常比較快，而且通常更容易解讀，不需要特殊的 GPU 硬體即可進行大規模推理，而且比較不需要調整超參數。它們流行的時間比深度學習長很多，所以它們有更多成熟的工具和文件生態系統。

最重要的是，在使用決策樹群體時，解讀表格資料模型的關鍵步驟簡單許多，目前已經有一些工具和方法可以回答相關的問題，例如：資料組的哪些欄位對你的預測來說是最重要的？它們與因變數有關嗎？它們如何彼此互動？對某些特定的觀察案例而言，哪些特定的特徵是最重要的？

因此，決策樹群體是我們分析新表格資料組的第一種做法。

不過，當資料組有這些情況時，不適合上面的原則：

- 有一些非常重要的高基數類別變數（「基數」指的是代表類別的分立級別的數量，所以高基數類別變數就像是郵遞區號之類的東西，可能會有上千個級別）。
- 有幾列的資料最適合用神經網路來理解，例如一般的文字資料。

在實務上，當我們處理符合這些例外條件的資料組時，一定會同時嘗試決策樹群體和深度學習，來看看哪一種做法的效果最好。在我們的協同過濾例子裡，深度學習應該是有用的方法，因為我們至少有兩種高基數的類別變數：用戶和電影。但是在實務上，事情往往不是一成不變的，我們通常會遇到高基數和低基數的類別變數與連續變數混合在一起。

無論如何，顯然我們都要將決策樹群體放入工具箱裡！

我們到目前已經用了 PyTorch 和 fastai 來做很多繁重的工作了。但是這些程式庫主要是為了處理大量矩陣乘法和導數的演算法（也就是深度學習之類的東西！）而設計的。決策樹完全不依靠這些操作，所以 PyTorch 的用處不大。

因此，我們要使用 *scikit-learn* 程式庫（也稱為 *sklearn*）。scikit-learn 是建立機器學習模型的熱門程式庫，它使用不屬於深度學習的方法。此外，我們也要做一些表格資料處理和查詢，所以我們也要使用 Pandas 程式庫。最後，我們也需要 NumPy，因為它是 sklearn 與 Pandas 依靠的主要數值程式庫。

本書沒有時間深入探討以上所有的程式庫，我們只會介紹它們的一些主要部分。若要更深入研究，我們推薦 McKinney 的《*Python* 資料分析》（O'Reilly）。McKinney 是 Pandas 的創作者，所以你可以相信他的資訊一定是準確的！

首先，我們來收集將要使用的資料。

# 資料組

本書使用的資料組來自 Blue Book for Bulldozers Kaggle 競賽，它的說明如下：「比賽的目的是根據一件重型設備的使用狀況、設備類型和配置，來預測它在拍賣會上的銷售價格。比賽使用的資料來自拍賣結果公告，裡面有關於使用情況和設備配置的資訊。」

這是一種很常見的資料組和預測問題，類似你可能在專案或工作場合遇到的問題。你可以在 Kaggle 下載這個資料組，Kaggle 是舉辦資料科學競賽的網站。

## Kaggle 競賽

對於擁有遠大目標的資料科學家，或想要提升機器學習技術的人來說，Kaggle 是個非常棒的資源。沒有什麼比親自實踐，並接受即時回饋更能幫助你提高技能的了。

Kaggle 提供這些資源：

- 有趣的資料組
- 針對你的作品的回饋
- 展示哪些作品很優秀、哪些有前景，以及哪些是先進技術的排行榜
- 獲獎參賽者的部落格文章，分享實用的小技巧和技術

到目前為止，我們的資料組都可以用 fastai 整合的資料組系統來下載，但是，本章使用的資料組只能從 Kaggle 取得。因此，你要註冊那個網站，然後前往競賽網頁（*https://oreil.ly/B9wfd*）。在網頁上，按下 Rules，然後按下 I Understand and Accept。（雖然競賽已經結束了，而且你無法進入它，但你仍然要以同樣規則，才能下載資料。）

下載 Kaggle 資料組最簡單的方法是使用 Kaggle API。你可以在 notebook cell 裡使用 `pip` 來執行它：

```
!pip install kaggle
```

你需要 API 金鑰才能使用 Kaggle API；取得金鑰的方法是在 Kaggle 網站按下你的個人圖片，並選擇 My Account，然後按下 Create New API Token，這樣會在你的 PC 儲存一個 *kaggle.json* 檔。你要將這個金鑰複製到 GPU 伺服器上。做法是打開你下載的檔案，複製它的內容並貼到本章 notebook 的下面這個 cell 的單引號裡（例如 `creds = '{"username":"xxx","key":"xxx"}'`）：

```
creds = ''
```

執行這個 cell（只需要執行一次）：

```
cred_path = Path('~/.kaggle/kaggle.json').expanduser()
if not cred_path.exists():
    cred_path.parent.mkdir(exist_ok=True)
    cred_path.write(creds)
    cred_path.chmod(0o600)
```

現在你就可以從 Kaggle 下載資料組了！選擇要將資料組下載到哪裡：

```
path = URLs.path('bluebook')
path

Path('/home/sgugger/.fastai/archive/bluebook')
```

並使用 Kaggle API 來將資料組下載到那個路徑，且提取它：

```
if not path.exists():
    path.mkdir()
    api.competition_download_cli('bluebook-for-bulldozers', path=path)
    file_extract(path/'bluebook-for-bulldozers.zip')

path.ls(file_type='text')

(#7) [Path('Valid.csv'),Path('Machine_Appendix.csv'),Path('ValidSolution.csv'),P
 > ath('TrainAndValid.csv'),Path('random_forest_benchmark_test.csv'),Path('Test.
 > csv'),Path('median_benchmark.csv')]
```

下載資料組之後，我們來看一下它！

# 查看資料

Kaggle 提供了關於資料組的一些欄位的資訊。Data 網頁（*https://oreil.ly/oSrBi*）解釋了 *train.csv* 裡的關鍵欄位如下：

`SalesID`

　拍賣的專屬編號。

`MachineID`

　機器的專屬編號。一台機器可能被拍賣很多次。

`saleprice`

　機器賣了多少錢（只在 *train.csv* 裡提供）。

saledate

　　賣出日期。

在任何類型的資料科學工作中，直接查看資料，以了解它的格式、它是如何儲存的，以及它保存何種類型的資料等非常重要。就算你已經看了資料的說明，實際的資料也有可能出乎你的意料。我們會先把訓練組讀入 Pandas DataFrame。一般來說，最好同時指定 `low_memory=False`，除非 Pandas 耗盡記憶體或回傳錯誤訊息。`low_memory` 參數的預設值是 `True`，這個預設值要求 Pandas 一次只查看一些資料列，以確認各欄的資料類型，這意味著 Pandas 最終可能會在不同列使用不同的資料類型，這種情況通常會導致資料處理錯誤，或模型訓練問題。

我們來載入資料，看一下各欄：

```
df = pd.read_csv(path/'TrainAndValid.csv', low_memory=False)
```

```
df.columns
```

```
Index(['SalesID', 'SalePrice', 'MachineID', 'ModelID', 'datasource',
       'auctioneerID', 'YearMade', 'MachineHoursCurrentMeter', 'UsageBand',
       'saledate', 'fiModelDesc', 'fiBaseModel', 'fiSecondaryDesc',
       'fiModelSeries', 'fiModelDescriptor', 'ProductSize',
       'fiProductClassDesc', 'state', 'ProductGroup', 'ProductGroupDesc',
       'Drive_System', 'Enclosure', 'Forks', 'Pad_Type', 'Ride_Control',
       'Stick', 'Transmission', 'Turbocharged', 'Blade_Extension',
       'Blade_Width', 'Enclosure_Type', 'Engine_Horsepower', 'Hydraulics',
       'Pushblock', 'Ripper', 'Scarifier', 'Tip_Control', 'Tire_Size',
       'Coupler', 'Coupler_System', 'Grouser_Tracks', 'Hydraulics_Flow',
       'Track_Type', 'Undercarriage_Pad_Width', 'Stick_Length', 'Thumb',
       'Pattern_Changer', 'Grouser_Type', 'Backhoe_Mounting', 'Blade_Type',
       'Travel_Controls', 'Differential_Type', 'Steering_Controls'],
      dtype='object')
```

有好多欄位要看！試著瀏覽資料組來感受每個欄位儲存哪種資訊。我們很快就會看到如何把注意力放在最感興趣的地方。

接下來很適合進行的步驟是處理**序數**（*ordinal*）**欄位**，序數就是字串或類似字串的東西，但那些字串有自然順序。例如，這是 `ProductSize` 的級別：

```
df['ProductSize'].unique()
```

```
array([nan, 'Medium', 'Small', 'Large / Medium', 'Mini', 'Large', 'Compact'],
 > dtype=object)
```

我們可以這樣子讓 Pandas 知道這些級別的正確順序：

```
sizes = 'Large','Large / Medium','Medium','Small','Mini','Compact'

df['ProductSize'] = df['ProductSize'].astype('category')
df['ProductSize'].cat.set_categories(sizes, ordered=True, inplace=True)
```

最重要的資料欄位是因變數——我們想要預測的那個欄位。之前說過，模型的 metric 是反映預測有多好的函數。切記，專案也會使用 metric，一般來說，選擇 metric 是很重要的專案設置步驟。在許多情況下，選擇好的 metric 不是只有選擇一個既有的變數那麼簡單，它比較像一個「設計程序」。你應該仔細考慮哪一種 metric，或哪一組 metric 可為你測量對你來說重要的模型概念。如果沒有變數可代表那個 metric，你應該看看能否用可取得的變數建構 metric。

然而，在這個例子裡，Kaggle 告訴我們該使用哪個 metric：實際拍賣價格與預測拍賣價格之間的均方根對數誤差（RMLSE）。我們只需要稍微處理就可以得到它了：取價格的對數，再用 `m_rmse` 計算那個值就可以產生我們需要的東西了：

```
dep_var = 'SalePrice'

df[dep_var] = np.log(df[dep_var])
```

接下來，我們要開始探索第一個表格資料機器學習演算法，決策樹了。

# 決策樹

顧名思義，決策樹群體依靠許多決策樹。所以我們從它開始看起！一個決策樹會詢問一系列關於資料的二元問題（是或否）。在每一個問題之後，樹的那個部分的資料會被拆成 Yes 與 No 分支，如圖 9-6 所示。經過一或多個問題之後，它會根據所有之前的答案來進行預測，或提出另一個問題。

這一系列的問題是一個程序，它接收任何資料項目，無論項目來自訓練組或新的，然後將那個項目分給一個群體。也就是說，在詢問和回答問題之後，我們可以將「對於同一組問題有相同的答案」的訓練資料項目歸類為同一組。但是這樣做有什麼好處？畢竟模型的目標是為項目預測值，而不是將它們指派給各個訓練資料群組。這種做法的價值在於，如此一來，我們就可以為每一個群組指定一個預測值，對回歸問題而言，我們可以取群組之中的項目的目標的平均值。

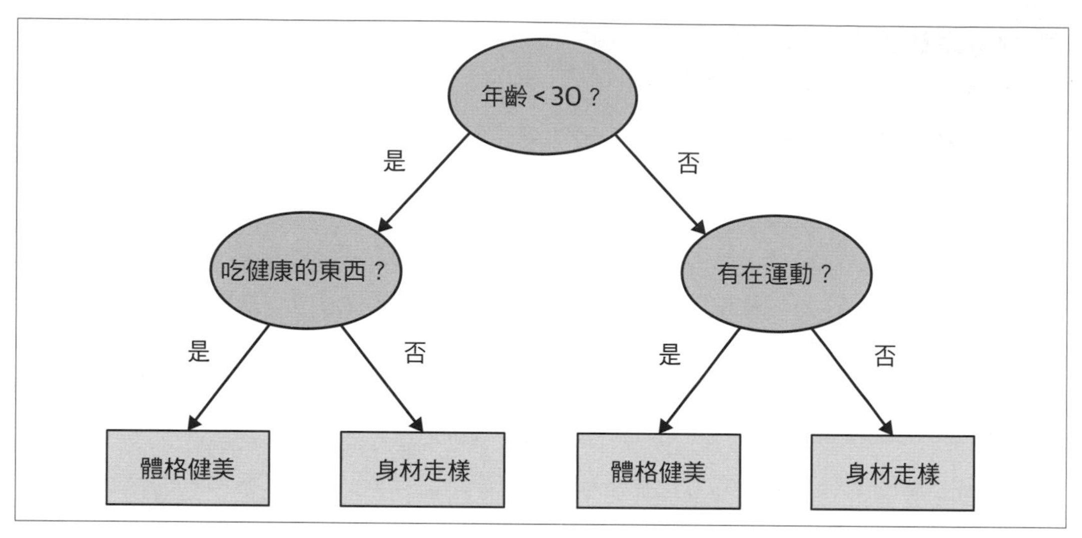


圖 9-6　決策樹例子

我們來想一下如何找出正確的問題。當然，我們不需要自己建立所有的問題，它們是電腦的工作！訓練決策樹的基本步驟很簡單：

1. 依序查看資料組的每一欄。
2. 對於每一欄，依序遍歷該欄每一個可能的級別。
3. 試著將資料拆成兩組，根據它們大於或小於那個值（或者，如果它是類別變數，根據它們等於或不等於那一個類別變數級別）。
4. 算出這兩組的平均售出價格，看看它與該組的每一項設備的實際售價有多接近。我們將它視為一個非常簡單的「模型」，它的預測只是項目群組的平均售價。
5. 在遍歷所有欄位與每個欄位所有可能的級別之後，用那個簡單模型找出可以提供最佳預測的拆開點。
6. 現在我們有兩組資料了，根據這個選出來的拆解。將每一組視為獨立的資料組，並回到第一步，為每一組找出最好的拆開點。
7. 反覆持續進行這個程序，直到每一組到達某個停止條件為止，例如，當一個群組只剩下 20 個項目時就停止拆開它。

雖然這是一個很容易自己實作的演算法（也是一個很好的練習），但我們可以用 sklearn 內建的實作來節省一些時間。

不過，我們要先做一些資料準備。

*Alexis* 說

這是一個值得思考的問題：一旦你認為定義決策樹的過程其實是選擇一系列與變數有關的拆解問題時，你可能會自問，如何知道這個程序選擇了正確的順序？我們的規則是選擇能產生最佳分解的問題（也就是能夠最準確地將項目分成兩個不同類別），然後將同樣的規則應用在拆出來的群組上，以此類推。在電腦科學裡，這種做法稱為「貪婪」法。你可以想像這種情況嗎：問一個「沒那麼厲害」的拆分問題可能會在接下來導致更好的拆解，最終產生更好的整體結果？

## 處理日期

我們的第一項資料準備工作是充實（enrich）日期表示法。剛才說的決策樹的基礎是**二分法**——將一堆東西分成兩組。我們會查看序數變數，並且根據變數值是否大於（或小於）一個閾值，來拆開資料組，我們也會查看類別變數，並根據變數的級別是不是特定的級別，來拆開資料組。所以這種演算法可以根據序數和類別資料拆開資料組。

但如何用這種做法來處理一種常見的資料型態，日期？或許你會認為日期是序數值，因為說一天比另一天大是有意義的。但是，日期與大多數的序數值有一些不同，因為有一些日期與我們模擬的系統有某種關係，因此它們與其他的日期有性質上的差異。

為了協助演算法聰明地處理日期，我們希望模型能夠知道更多資訊，而不僅僅是一個日期比另一個更近或更遠。我們可能想讓模型根據一個日期是星期幾、根據那一天是不是假日、根據它在哪個月等來進行決策。為此，我們將每一個日期欄位換成一組日期參考資訊欄位，例如假日、星期幾和月份，用這些欄位提供我們認為有用的類別資料。

fastai 有一個函式可以幫我們做這件事——我們只要傳入一個包含日期的欄位：

```
df = add_datepart(df, 'saledate')
```

並且幫測試組做同樣的事：

```
df_test = pd.read_csv(path/'Test.csv', low_memory=False)
df_test = add_datepart(df_test, 'saledate')
```

我們可以看到，DataFrame 裡面有一些新欄位了：

```
' '.join(o for o in df.columns if o.startswith('sale'))
```

```
'saleYear saleMonth saleWeek saleDay saleDayofweek saleDayofyear
 > saleIs_month_end saleIs_month_start saleIs_quarter_end saleIs_quarter_start
 > saleIs_year_end saleIs_year_start saleElapsed'
```

這是很好的第一步，但我們還要做一些清理。對此，我們會使用稱為 `TabularPandas` 與 `TabularProc` 的 fastai 物件。

## 使用 TabularPandas 與 TabularProc

第二項預先處理工作是處理字串與缺漏的資料。sklearn 沒有現成的工具可以做這兩件事。我們改用 fastai 的 `TabularPandas` 類別，它包裝了 Pandas DataFrame 並提供一些方便的工具。我們將使用兩個 `TabularProc` 來填寫 `TabularPandas`：`Categorify` 與 `FillMissing`。`TabularProc` 就像一般的 `Transform`，只是：

- 它會就地修改它收到的物件，並將同一個物件回傳。
- 它會在資料被傳進來時執行一次轉換，而不是在資料被讀取才惰性地轉換。

`Categorify` 是 `TabularProc`，但它將欄位換成數值類別欄位。`FillMissing` 是 `TabularProc`，但它將缺漏的值換成該欄的中位數，並且建立一個新的布林欄位，為有缺漏值的那一列設為 `True`。你將來使用的任何表格資料組都會使用這兩種轉換，所以這是處理你的資料的好起點：

```
procs = [Categorify, FillMissing]
```

`TabularPandas` 會幫我們將資料組拆成訓練和驗證組。但是，我們必須小心地處理驗證組。我們想要把它設計成 Kaggle 用來評判比賽的**測試組**那樣。

還記得第 1 章介紹過的，驗證組和測試組的區別嗎？**驗證組**是在訓練時保留下來的資料，用來確保訓練程序不過擬訓練資料。**測試組**是藏得更深，不讓我們自己看到的資料，以確保我們在探索各種模型架構和超參數時，不會過擬驗證資料。

我們無法看到測試組，但是我們想要定義驗證資料，讓它與訓練資料有與測試組相同的關係。

有時隨機選擇資料點的子集合就可以了。但是這個範例不屬於那種情況，因為它是時間序列。

當你查看測試組裡面的日期範圍時，你會發現它涵蓋了從 2012 年 5 月開始的 6 個月，這比訓練組裡的任何日期都要晚。這是個好設計，因為競賽贊助商希望確保模型能夠預測未來。但這意味著，如果我們想要取得有用的驗證組，我們也要讓驗證組的時間比訓練組更晚。Kaggle 訓練資料在 2012 年 4 月結束，所以我們要定義一個更窄的訓練資料組，裡面只有 2011 年 11 月之前的 Kaggle 訓練資料，我們也會定義一個驗證組，裡面有 2011 年 11 月之後的資料。

為此，我們使用 `np.where`，這個實用的函式會回傳（以 tuple 的第一個元素）值為 `True` 的所有索引：

```
cond = (df.saleYear<2011) | (df.saleMonth<10)
train_idx = np.where( cond)[0]
valid_idx = np.where(~cond)[0]

splits = (list(train_idx),list(valid_idx))
```

你要告訴 `TabularPandas` 哪些欄位是連續的，哪些是類別的。我們可以使用協助函式 `cont_cat_split` 來自動處理它：

```
cont,cat = cont_cat_split(df, 1, dep_var=dep_var)
```

```
to = TabularPandas(df, procs, cat, cont, y_names=dep_var, splits=splits)
```

`TabularPandas` 的行為很像 fastai `Datasets` 物件，包括它也有 `train` 與 `valid` 屬性：

```
len(to.train),len(to.valid)
```

```
(404710, 7988)
```

我們可以看到，類別資料仍然被顯示為字串（我們只顯示幾欄，因為完整的表格太大了，無法放入一頁裡）：

```
to.show(3)
```

| | state | ProductGroup | Drive_System | Enclosure | SalePrice |
|---|---|---|---|---|---|
| 0 | Alabama | WL | #na# | EROPS w AC | 11.097410 |
| 1 | North Carolina | WL | #na# | EROPS w AC | 10.950807 |
| 2 | New York | SSL | #na# | OROPS | 9.210340 |

然而，底層的項目仍然都是數值的：

```
to.items.head(3)
```

| | state | ProductGroup | Drive_System | Enclosure |
|---|---|---|---|---|
| 0 | 1 | 6 | 0 | 3 |
| 1 | 33 | 6 | 0 | 3 |
| 2 | 32 | 3 | 0 | 6 |

將類別欄位轉換成數字欄位的做法是將每一個唯一的級別換成一個數字。級別的數字是在欄位中發現它們時連續不斷地選擇的，所以在類別欄位裡面，轉換後的數字沒有特殊的含義。除非你先將欄位轉換成 Pandas 有序分類（就像之前處理 ProductSize 時那樣），此時，順序將會是你選擇的。我們可以藉著查看類別屬性來觀察對映的情況：

```
to.classes['ProductSize']
```

```
(#7) ['#na#','Large','Large / Medium','Medium','Small','Mini','Compact']
```

因為我們需要一分鐘左右的時間才能將資料處理到這一步，所以我們要儲存它——這樣，將來我們就可以從這裡開始繼續工作，而不必重新執行之前的步驟。fastai 有個 save 方法，它使用 Python 的 *pickle* 系統來儲存幾乎任何的 Python 物件：

```
(path/'to.pkl').save(to)
```

之後你可以這樣將它讀回來：

```
to = (path/'to.pkl').load()
```

完成所有的預先處理之後，我們可以建立決策樹了。

## 建立決策樹

首先，我們定義自變數、因變數：

```
xs,y = to.train.xs,to.train.y
valid_xs,valid_y = to.valid.xs,to.valid.y
```

現在資料都是數值，而且沒有缺漏值，我們可以建立決策樹了：

```
m = DecisionTreeRegressor(max_leaf_nodes=4)
m.fit(xs, y);
```

為了保持簡單，我們告訴 sklearn 只建立四個**葉節點**。我們可以將樹顯示出來，來了解它學到什麼：

```
draw_tree(m, xs, size=7, leaves_parallel=True, precision=2)
```

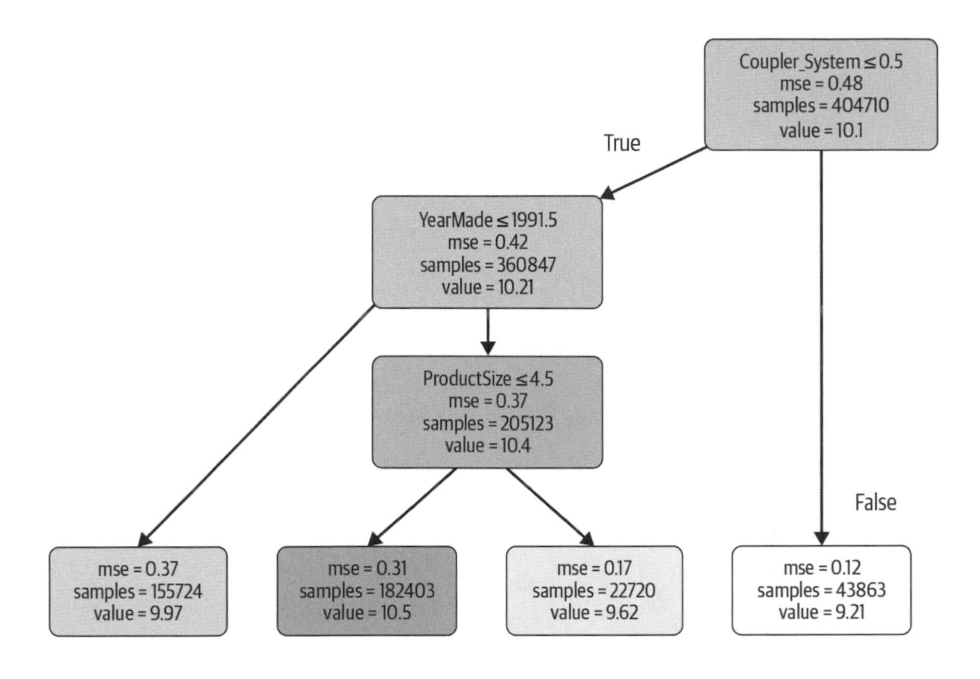


了解這張圖是了解決策樹的好方法之一，所以我們從最上面開始，逐步解釋每一個部分。

最上面的節點是在進行任何拆解之前的**初始模型**，此時所有資料都在同一組。這是最簡單的模型。它是不問任何問題的結果，而且永遠會將值預測成整個資料組的平均值。在這個例子裡，我們可以看到它預測的售價的對數是 10.1。它的均方誤差是 0.48，其平方根是 0.69。（切記，除非你看到 `m_rmse`，或**均方根誤差**，否則你看到的值都是取平方根之前的值，所以它只是誤差的平方的平均值。）我們也可以看到這一群組有 404,710 個拍賣紀錄，它是訓練組的總大小。這裡顯示的最後一個資訊是所找到的最佳拆解決策標準，它用 `coupler_system` 來拆解。

往左下方走，這個節點告訴我們 `coupler_system` 小於 0.5 的設備有 360,847 筆拍賣紀錄。在這一組裡，因變數的平均值是 10.21。從初始模型往右下方走會到達 `coupler_system` 大於 0.5 的紀錄。

最下面一列是**葉節點**：這些節點不輸出答案，因為沒有問題需要回答了。這一列的最右邊是包含 `coupler_system` 大於 0.5 的紀錄的節點，它的平均值是 9.21，所以我們可以看到這個決策樹演算法確實找到一個可以將高值與低值的拍賣結果分開的二元決策。只需要詢問 `coupler_system` 即可預測出平均值 9.21 vs. 10.1。

回到第一個決策點後面的節點可以看到第二次決策樹拆解，它詢問 YearMade 是否小於或等於 1991.5，答案為 true 的群組（注意，這是來自兩次二元決策，根據 coupler_system 與 YearMade）的平均值是 9.97，而且這一組有 155,724 筆拍賣紀錄。判斷為 false 的拍賣群組的平均值是 10.4，有 205,123 筆紀錄。我們再次看到這個決策樹演算法成功地將比較昂貴的拍賣紀錄拆成兩個值明顯不同的群組。

現在我們可以用 Terence Parr 的強大程式庫 dtreeviz 來顯示同樣的資訊（*https://oreil.ly/e9KrM*）：

```
samp_idx = np.random.permutation(len(y))[:500]
dtreeviz(m, xs.iloc[samp_idx], y.iloc[samp_idx], xs.columns, dep_var,
        fontname='DejaVu Sans', scale=1.6, label_fontsize=10,
        orientation='LR')
```

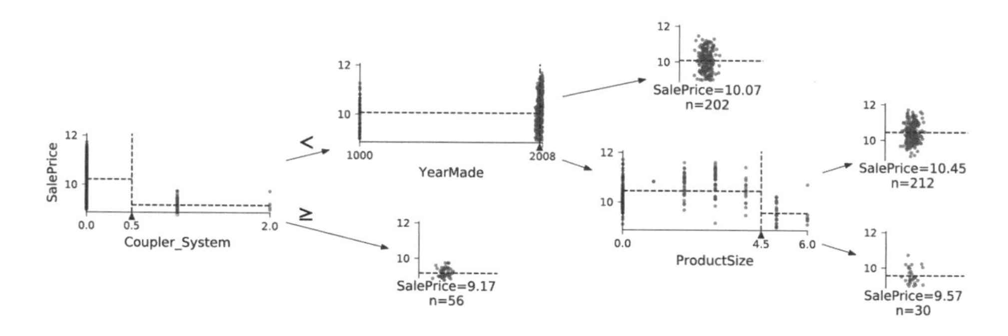


它顯示了每一個拆解點的資料分布圖。我們可以清楚地看到 YearMade 資料有一個問題：有推土機是在 1000 年製造的，很明顯！這應該只是缺漏值的代碼（原本不會在資料中出現的值，只是在有缺漏值時，拿來當成占位符號）。對於「建立模型」這個目的而言，1000 沒太大問題，但是如你所見，這個異常值讓我們更難以將感興趣的值視覺化。所以，我們將它換成 1950：

```
xs.loc[xs['YearMade']<1900, 'YearMade'] = 1950
valid_xs.loc[valid_xs['YearMade']<1900, 'YearMade'] = 1950
```

這項改變可以在圖裡面更清楚地顯示拆解，而且不會明顯改變模型的結果。這個例子可以說明決策樹對於資料的問題有多大的彈性！

```
m = DecisionTreeRegressor(max_leaf_nodes=4).fit(xs, y)
dtreeviz(m, xs.iloc[samp_idx], y.iloc[samp_idx], xs.columns, dep_var,
        fontname='DejaVu Sans', scale=1.6, label_fontsize=10,
        orientation='LR')
```

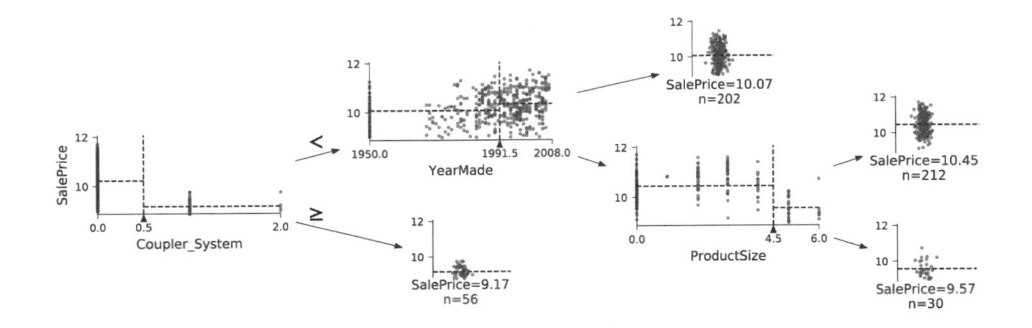


現在我們來用決策樹演算法建立更大的樹。在這裡，我們不傳入任何停止規則，例如 max_leaf_nodes：

```
m = DecisionTreeRegressor()
m.fit(xs, y);
```

我們建立一個小函式來檢查模型的均方根誤差（m_rmse），因為競賽就是用它來評比的：

```
def r_mse(pred,y): return round(math.sqrt(((pred-y)**2).mean()), 6)
def m_rmse(m, xs, y): return r_mse(m.predict(xs), y)

m_rmse(m, xs, y)

0.0
```

我們的模型很完美…對吧？別急…切記，我們要用驗證組來檢驗，以確保我們沒有過擬：

```
m_rmse(m, valid_xs, valid_y)

0.337727
```

哎呀！看起來我們過擬得很嚴重。原因是：

```
m.get_n_leaves(), len(xs)

(340909, 404710)
```

我們的葉節點幾乎與資料點一樣多！這真的有點超過了。實際上，sklearn 的預設設定可以繼續拆解節點，直到每一個葉節點都只有一個項目為止。我們來改變停止規則，以告訴 sklearn 確保每一個葉節點都有至少 25 個拍賣紀錄：

```
m = DecisionTreeRegressor(min_samples_leaf=25)
m.fit(to.train.xs, to.train.y)
m_rmse(m, xs, y), m_rmse(m, valid_xs, valid_y)

(0.248562, 0.32368)
```

這看起來好多了。再次檢查葉節點的數量：

```
m.get_n_leaves()
```

```
12397
```

合理多了！

*Alexis* 說

關於葉節點比資料項目多而產生過擬，我是這樣子理解的：想一下 Twenty Questions 這個遊戲，在這個遊戲裡，回答者要想一個東西（例如「我們的電視機」），而提問者要提出 20 個是非題（例如「它比麵包箱大嗎？」）來猜出那個東西是什麼。提問者不是預測一個數字，而是從可以想像的東西裡面找出特定的東西。當決策樹的葉節點比你的領域裡面的東西還要多時，它其實就是一個訓練有素的提問者。它已經學會一系列的問題，可以用來認出訓練組裡面的特定資料項目了，而且它的「預測」只是在描述那個項目的值，它把訓練組背起來了，也就是過擬了。

建構決策樹是為我們的資料建立模型的好方法。它非常靈活，因為它可以清楚地處理非線性關係和變數間的互動。但是我們可以看到，在它可以類推地多好（可以藉著建立小樹來實現）以及它處理訓練組可以多麼準確（可以藉著使用大樹來實現）之間有一個基本的平衡。

那麼，如何兩全其美？答案將在處理一項遺漏的重要細節之後揭曉，那個細節就是如何處理類別變數。

## 類別變數

在上一章使用深度學習網路時，我們處理類別變數的方法是對它們進行 one-hot 編碼，並將它們傳給 embedding 層。embedding 層可協助模型發現這些變數的各種級別的意義（類別變數的級別沒有內在意義，除非我們用 Pandas 人工指定順序）。在決策樹裡沒有 embedding 層——那麼，這些未經處理的類別變數在決策樹裡如何做有用的事情？例如，如何使用商品代碼這種東西？

快速的答案是：它就是可以！考慮這種情況：有一種商品代碼在拍賣會上比任何其他商品代碼昂貴許多。在這種情況下，任何二元拆解都會讓那個商品代碼屬於某個群組，而且該群組會比其他群組昂貴許多。因此，我們的簡單決策樹建構演算法會選擇那種拆法。稍後，在訓練期間，演算法能夠進一步拆開包含昂貴商品代碼的子群組，隨著時間過去，決策樹將會瞄準那個昂貴的商品。

我們也可以使用 one-hot 編碼來將一個類別變數換成多個 one-hot 編碼欄位，裡面的每一欄都代表變數的級別。Pandas 的 `get_dummies` 方法可以做這件事。

但是，我們無法證實這種做法可以改善最終結果。所以，我們通常會盡量避免它，因為它最終會讓你的資料組更難以使用。在 2019 年，Marvin Wright 與 Inke König 在論文「Splitting on Categorical Predictors in Random Forests」(*https://oreil.ly/ojzKJ*) 裡探討這個問題：

> 名義預測因子（nominal predictor）的標準做法是考慮 $k$ 個預測類別的所有 $2^{k-1}-1$ 個一分為二。但是這種指數關係可能導致你必須計算大量的拆分，進而提高計算複雜度，而且會限制大部分的實作的類別數量。事實證明，在二元分類和回歸中，在每一個拆解中對預測類別進行排序可產生與標準做法相同的拆解結果。這可以降低計算複雜度，因為對於一個有 $k$ 個類別的名義預測因子來說，需要考慮的拆解只有 $k-1$ 個。

現在你已經了解決策樹如何運作了，接下來要介紹兩全其美的解決方案：隨機森林。

# 隨機森林

在 1994 年，柏克萊教授 Leo Breiman 在他退休前一年發表一個小型技術報告，報告的題目是「Bagging Predictors」(*https://oreil.ly/6gMuG*)，後來成為現代機器學習領域最有影響力的概念之一。這篇報告的開頭是：

> bagging predictor 可以產生多種預測因子版本，並使用它們來產生一個總合的預測因子。這個總合是多個版本的平均值…製作多個版本的方法是製作學習組的 bootstrap 副本，並將它們當成新訓練組來使用。我們的測試…證實 bagging 可以提升準確度。最重要的元素就是預測方法的不穩定性。如果擾亂（perturbing）學習組可以讓做出來的預測因子明顯不同，那麼 bagging 就可以改善準確度。

以下是 Breiman 提出的程序：

1. 從你的資料隨機選出資料列子集合（也就是「製作學習組的 bootstrap 副本」）。
2. 使用這個子集合來訓練模型。

3. 儲存那個模型，然後重新執行第 1 步多次。
4. 得到多個訓練好的模型。在進行預測時，使用所有模型來預測，然後取這些模型的預測的平均值。

這個程序稱為 *bagging*，它是基於一個深刻且重要的見解：雖然使用資料的子集合訓練出來的模型犯下的錯誤都會比使用完整的資料組訓練出來的模型更多，但這些錯誤彼此間沒有相關性。不同的模型會犯下不同的錯誤。因此這些錯誤的平均值是零！所以如果我們取所有模型預測的平均值，模型越多，我們應該會得到越接近正確答案的預測。這是一個非同尋常的結果——這意味著我們可以藉著使用不同的隨機資料子集合來進行多次訓練，然後計算預測的平均值，以提高幾乎任何一種機器學習演算法的準確度。

Breiman 在 2001 年繼續展示，將這種模型建構方法應用到決策樹建構演算法上面時，效果特別強大。他不僅在訓練每個模型時隨機選擇資料列，也進一步在每一個決策樹裡選擇每一次拆解時，隨機選擇欄位的子集合。他將這種方法稱為***隨機森林***。如今，它應該是最廣泛使用的機器學習方法，而且實際上也很重要。

從本質上說，隨機森林這種模型會計算大量決策樹的預測的平均值，那些決策樹是藉著隨機更改各種參數（指定了要用哪些資料來訓練樹）和其他的樹參數產生的。bagging 是一種***集群***（*ensembling*）方法，集群就是將多個模型的結果組合起來。我們來製作自己的隨機森林，藉此了解它的實際運作方式！

## 建立隨機森林

我們可以像建立決策樹一樣建立隨機森林，只是現在我們也要指定參數，那些參數包括森林裡應該有多少棵樹、如何取得資料項目（列）的子集合、如何取得欄位的子集合。

在接下來的函式定義中，`n_estimators` 是樹的數量，`max_samples` 是訓練每棵樹要抽樣多少列，`max_features` 是在每一個拆解點要抽樣多少欄（`0.5` 代表「取總欄數的一半」）。我們也可以加入上一節使用的 `min_samples_leaf` 參數來指定何時停止拆解樹節點，以限制樹的深度。最後，我們傳遞 `n_jobs=-1` 來告訴 sklearn 使用所有的 CPU 來平行建構決策樹。藉著建立小函式，我們可以在這一章接下來的內容中，更快速地嘗試各種變體：

```
def rf(xs, y, n_estimators=40, max_samples=200_000,
       max_features=0.5, min_samples_leaf=5, **kwargs):
    return RandomForestRegressor(n_jobs=-1, n_estimators=n_estimators,
        max_samples=max_samples, max_features=max_features,
        min_samples_leaf=min_samples_leaf, oob_score=True).fit(xs, y)
```

```
m = rf(xs, y);
```

我們的驗證 RMSE 已經比上一次使用 DecisionTreeRegressor 時產生的結果改善很多了，上一次只用所有資料製作一棵樹：

```
m_rmse(m, xs, y), m_rmse(m, valid_xs, valid_y)
```

```
(0.170896, 0.233502)
```

隨機森林最重要的屬性之一就是它們對超參數的選擇非常敏感，例如 max_features。你可以根據你能夠用多少時間來訓練，將 n_estimators 設成任何一個大數字——樹越多，模型就越準確。max_samples 通常可以使用預設值，除非你有超過 200,000 個資料點，此時將它設成 200,000 可以讓它訓練得更快，而且只會稍微影響準確度。max_features=0.5 與 min_samples_leaf=4 通常都有很好的效果，儘管 sklearn 的預設值也有很好的效果。

sklearn 文件有一個範例（*https://oreil.ly/E0Och*）展示使用不同的 max_features 與逐漸增加樹的數量的效果。在圖中，藍線使用最少特徵，綠線使用最多特徵（使用所有特徵）。你可以從圖 9-7 看到，使用特徵子集合，但使用大量的樹做出來的模型有最低的誤差。

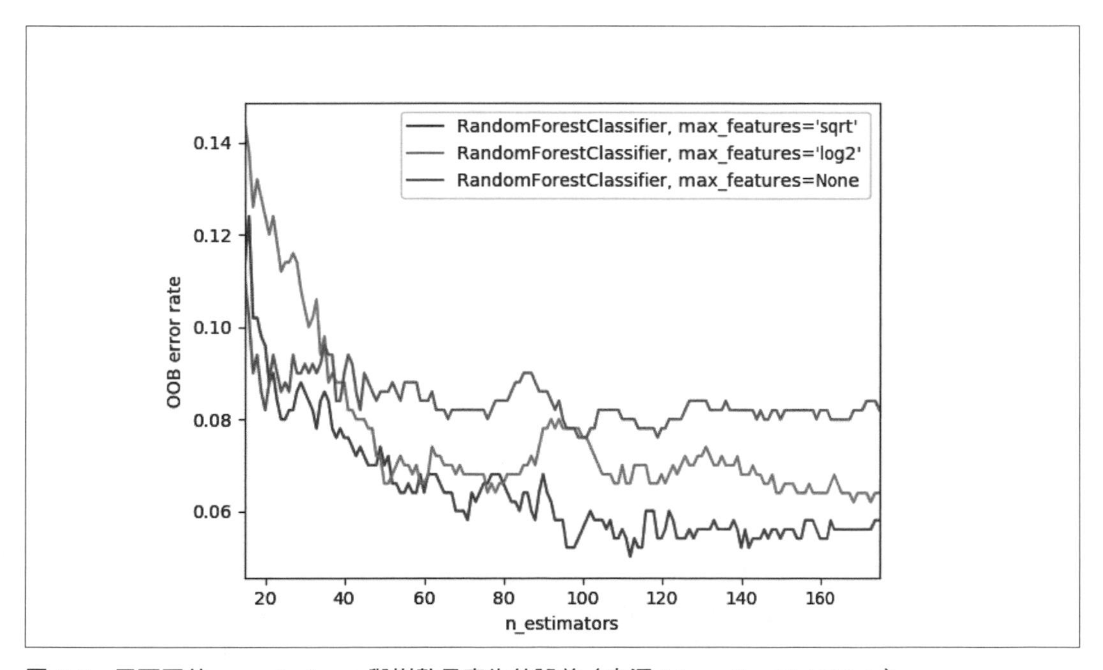


圖 9-7　用不同的 max_features 與樹數量產生的誤差（來源：*https://oreil.ly/ E0Och*）

為了觀察 n_estimators 的影響，我們取出森林裡的每一棵樹的預測（它們在 estimators_ 屬性裡）：

```
preds = np.stack([t.predict(valid_xs) for t in m.estimators_])
```

你可以看到，preds.mean(0) 提供與隨機森林一樣的結果：

```
r_mse(preds.mean(0), valid_y)
0.233502
```

我們來看一下加入越來越多樹時，RMSE 會怎樣。如你所見，在大約 30 棵樹之後，改善的程度下降不少。

```
plt.plot([r_mse(preds[:i+1].mean(0), valid_y) for i in range(40)]);
```

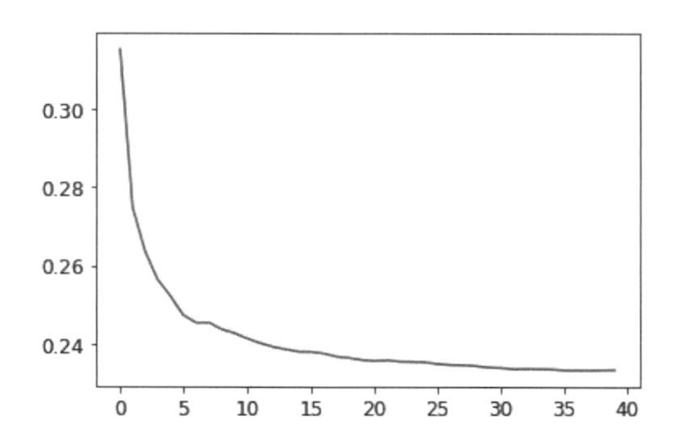


模型處理驗證組的效果比處理訓練組更糟，這是因為過擬了，還是因為驗證組涵蓋不同的時間段，或是兩者兼具？我們無法從既有資訊中看出原因。但是，隨機森林有一種非常聰明的手法，稱為 *out-of-bag*（OOB）誤差，可協助我們處理這個問題（還有其他的！）。

## out-of-bag 誤差

在隨機森林裡，每一棵樹都是用不同的訓練資料子集合來訓練的。OOB 誤差是用訓練組來測量預測誤差的方法，它只用**未**在訓練樹時使用的資料列來計算誤差，因此不需要使用獨立的驗證組就可以觀察模型是否過擬。

*Alexis* 說

對此，我的直覺是，因為每棵樹都是用資料列的不同隨機子集合來訓練的，out-of-bag 誤差有點像是想像每棵樹也有它自己的驗證組，那個驗證組就是沒有被用來訓練那棵樹的資料列。

這種做法在我們只有少量訓練資料時特別有用，因為它可以讓我們不需要分出項目來建立驗證組，就可以看到模型是否能夠類推。你可以用 oob_prediction_ 屬性來取得 OOB 預測。注意，我們拿它們與訓練標籤比較，因為這是用樹來處理訓練組來計算的：

```
r_mse(m.oob_prediction_, y)
```

```
0.210686
```

我們可以看到 OOB 誤差比驗證組誤差低很多。這代表除了一般的類推誤差之外，**還有**別的東西導致誤差。本章稍後會討論原因。

這是解讀模型預測的一種方法，接著來看其他的方法。

# 模型解釋

在使用表格資料時，解釋模型非常重要。對於一個模型，我們最感興趣的應該有：

- 對於使用特定的資料列來預測的結果，我們有多大信心？
- 在預測一列資料時，最重要的因子是什麼？它們如何影響預測？
- 哪些欄位是最強的預測因子？哪些可以忽略？
- 在進行預測時，哪些欄位彼此間是多餘的？
- 改變這些欄位會怎樣改變預測？

我們將會看到，隨機森林特別適合用來回答這些問題。我們從第一個開始。

## 預測的可信度與樹的變異度

我們已經知道模型如何平均每一棵樹的預測來產生整體的預測了，它是一個估計值。但我們怎麼知道那個估計的可信度？有一種簡單的方法是使用樹的預測的標準差，而不是只使用平均值。它可讓我們知道預測的**相對**可信度。一般來說，相較於比較一致的案例（有較低的標準差的），當不同的樹處理同一列產生極為不同的結果時（有較高標準差的），我們會特別謹慎地使用那個結果。

在第 298 頁的「建立隨機森林」裡，我們使用 Python 的串列生成式來讓森林裡的每一棵樹對驗證組進行預測：

```
preds = np.stack([t.predict(valid_xs) for t in m.estimators_])
```

```
preds.shape
```

```
(40, 7988)
```

現在我們有每一棵樹的預測，與驗證組的每一個拍賣了（40 棵樹與 7,988 個拍賣）。

我們可以用它們取得所有樹對於每一個拍賣的預測的標準差：

```
preds_std = preds.std(0)
```

這是前五個拍賣的預則的標準差，也就是驗證組的前五列：

```
preds_std[:5]
```

```
array([0.21529149, 0.10351274, 0.08901878, 0.28374773, 0.11977206])
```

如你所見，預測的可信度有很大的差異。有些拍賣的標準差很低，因為樹的意見一致。有些很高，因為樹的意見不一致。這個資訊在生產環境裡很實用，舉例來說，如果你用這個模型來決定將在拍賣會上拍賣哪種物品，低可信度的預測可能會讓你在競標之前更仔細地觀察那個物品。

## 特徵重要性

僅僅知道模型能夠做出準確的預測還不夠，我們也要知道它**如何**做出預測。**特徵重要性**可提供這方面的見解。我們可以藉著查看 `feature_importances_` 屬性，從 sklearn 的隨機森林直接取得它們。我們可以用這個簡單的函式，將它們填入 DataFrame 並排序它們：

```
def rf_feat_importance(m, df):
    return pd.DataFrame({'cols':df.columns, 'imp':m.feature_importances_}
                       ).sort_values('imp', ascending=False)
```

模型的特徵重要性顯示前幾個最重要的欄位的重要性分數比其餘的高很多，（不出所料）`YearMade` 與 `ProductSize` 在清單的最上面：

```
fi = rf_feat_importance(m, xs)
fi[:10]
```

| | cols | imp |
|---|---|---|
| 69 | YearMade | 0.182890 |
| 6 | ProductSize | 0.127268 |
| 30 | Coupler_System | 0.117698 |
| 7 | fiProductClassDesc | 0.069939 |
| 66 | ModelID | 0.057263 |
| 77 | saleElapsed | 0.050113 |
| 32 | Hydraulics_Flow | 0.047091 |
| 3 | fiSecondaryDesc | 0.041225 |

| | cols | imp |
|---|---|---|
| 31 | Grouser_Tracks | 0.031988 |
| 1 | fiModelDesc | 0.031838 |

這張特徵重要性圖表可以更清楚地顯示相對重要性：

```
def plot_fi(fi):
    return fi.plot('cols', 'imp', 'barh', figsize=(12,7), legend=False)

plot_fi(fi[:30]);
```

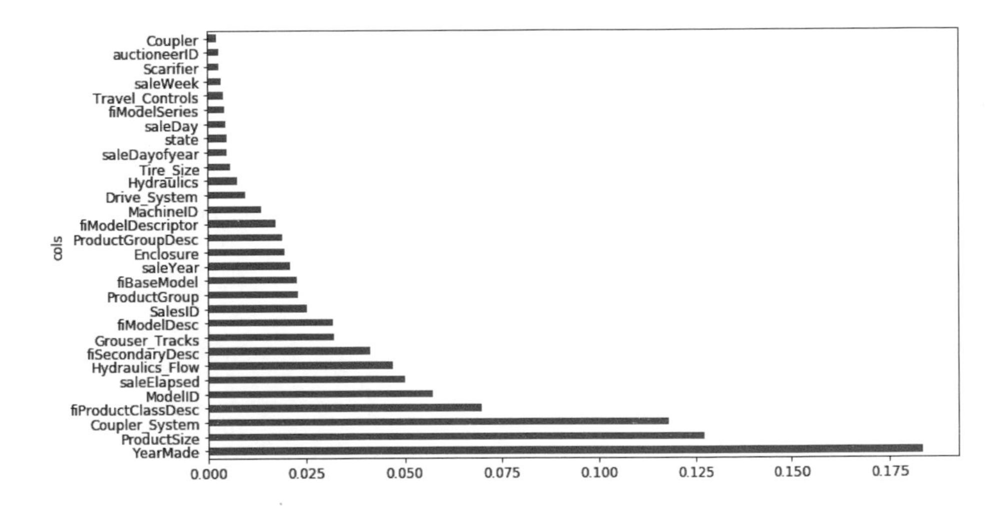


計算這些重要性的方法相當簡單且優雅。特徵重要性演算法會遍歷每一棵樹，然後遞迴探索每一個分支，在每一個分支查看那個分支使用哪個特徵來拆解，以及那次拆解讓模型改善多少。它會將改善程度（用那一組的資料列數量來加權）列入該特徵的重要性分數。然後將所有樹的所有分支加總，將分數標準化，讓它們加起來等於 1。

## 移除低重要性的變數

看起來我們可以移除低重要性的變數，只使用欄位的子集合，就可以取得很好的結果。我們試著只保留特徵重要性大於 0.005 的那些：

```
to_keep = fi[fi.imp>0.005].cols
len(to_keep)
```

```
21
```

只用這些欄位來訓練模型：

```
xs_imp = xs[to_keep]
valid_xs_imp = valid_xs[to_keep]

m = rf(xs_imp, y)
```

其結果為：

```
m_rmse(m, xs_imp, y), m_rmse(m, valid_xs_imp, valid_y)

(0.181208, 0.232323)
```

準確度幾乎一樣，但需要學習的欄位少很多：

```
len(xs.columns), len(xs_imp.columns)

(78, 21)
```

我們發現，改善模型的第一步通常是簡化它——對我們來說，78 個欄位太多了，很難深入學習！此外，在實務上，更簡單、更可解讀的模型通常更容易推出和維護。

它也會讓特徵重要性圖表更容易解讀。我們再來看一下：

```
plot_fi(rf_feat_importance(m, xs_imp));
```

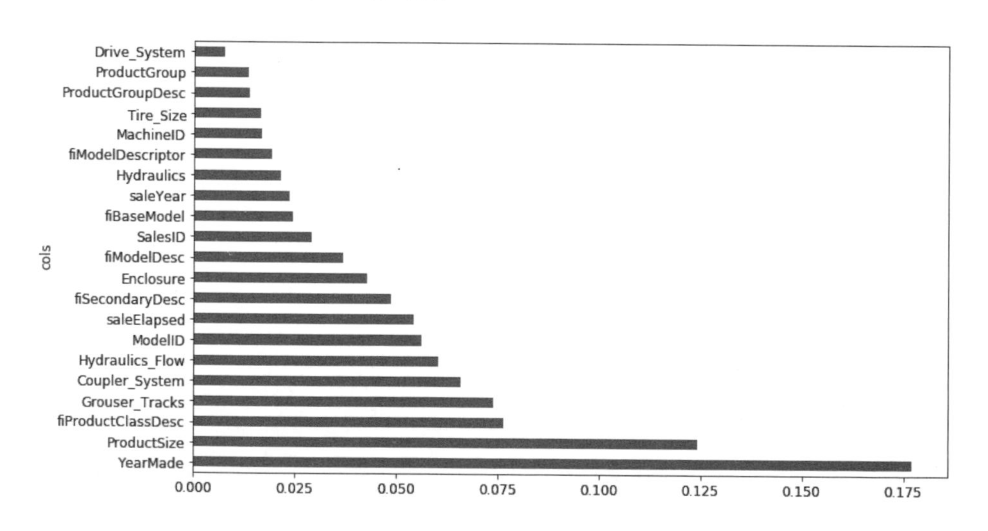


難以解讀的原因之一，就是有些變數的意思看起來很相似：例如 ProductGroup 與 ProductGroupDesc。我們來試著移除多餘的特徵。

## 移除多餘的特徵

我們先：

```
cluster_columns(xs_imp)
```

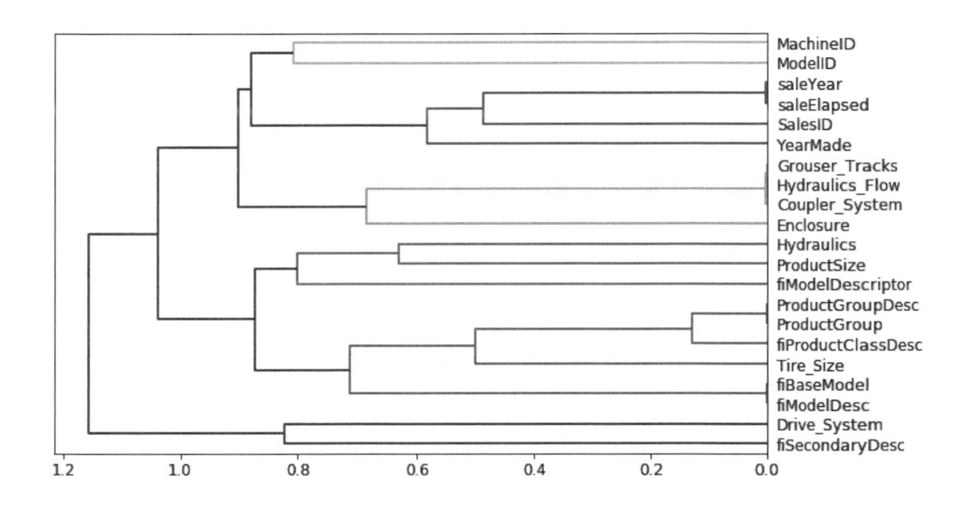


在這張圖裡，最相似的一對欄位，就是最早合在一起的，也就是離左邊的樹「根」最遠的一對。不出所料，`ProductGroup` 與 `ProductGroupDesc` 欄位很早就合併在一起了，`saleYear` 與 `saleElapsed`，以及 `fiModelDesc` 與 `fiBaseModel` 也是如此。它們的關係太緊密了，實際上可能是彼此的同義詞。

### 決定相似度

我們可以藉著計算 *rank* 相關性來找出最相似的一對欄位，rank 相似度的意思是將所有值都換成它們的 rank（第一、第二、第三等，在欄位裡面的），然後計算相關性。（不過你也可以放心地跳過這個小細節，因為它在本書裡不會出現了！）

我們試著移除其中的一些關係緊密的特徵，看看能否在不降低準確度的情況下簡化模型。我們先使用比較少的 `max_samples` 與比較多的 `min_samples_leaf` 建立一個函式，用它快速訓練隨機森林，並回傳 OOB 分數。OOB 分數是 sklearn 回傳的數字，1.0 代表完美的模型，0.0 代表隨機模型。（在統計學，它稱為 $R^2$，不過這個細節在此不重要。）我們不必讓它非常準確，因為我們只是用它來比較不同的模型（移除一些多餘的欄位建立的）：

```
def get_oob(df):
    m = RandomForestRegressor(n_estimators=40, min_samples_leaf=15,
        max_samples=50000, max_features=0.5, n_jobs=-1, oob_score=True)
    m.fit(df, y)
    return m.oob_score_
```

這是我們的基線：

```
get_oob(xs_imp)
```

```
0.8771039618198545
```

現在我們試著移除可能是多餘的變數，一次一個：

```
{c:get_oob(xs_imp.drop(c, axis=1)) for c in (
    'saleYear', 'saleElapsed', 'ProductGroupDesc','ProductGroup',
    'fiModelDesc', 'fiBaseModel',
    'Hydraulics_Flow','Grouser_Tracks', 'Coupler_System')}
```

```
{'saleYear': 0.8759666979317242,
 'saleElapsed': 0.8728423449081594,
 'ProductGroupDesc': 0.877877012281002,
 'ProductGroup': 0.8772503407182847,
 'fiModelDesc': 0.8756415073829513,
 'fiBaseModel': 0.8765165299438019,
 'Hydraulics_Flow': 0.8778545895742573,
 'Grouser_Tracks': 0.8773718142788077,
 'Coupler_System': 0.8778016988955392}
```

接下來，試著移除多個變數。我們將之前發現非常相符的每一對欄位之中的一個移除，看看結果如何：

```
to_drop = ['saleYear', 'ProductGroupDesc', 'fiBaseModel', 'Grouser_Tracks']
get_oob(xs_imp.drop(to_drop, axis=1))
```

```
0.8739605718147015
```

看起來很不錯！結果不會比使用所有欄位訓練出來的模型差到哪裡去。我們建立沒有這些欄位的 DataFrame，並儲存它們：

```
xs_final = xs_imp.drop(to_drop, axis=1)
valid_xs_final = valid_xs_imp.drop(to_drop, axis=1)
```

```
(path/'xs_final.pkl').save(xs_final)
(path/'valid_xs_final.pkl').save(valid_xs_final)
```

稍後可以將它們讀回來：

```
xs_final = (path/'xs_final.pkl').load()
valid_xs_final = (path/'valid_xs_final.pkl').load()
```

再次檢查 RMSE，以確認準確度沒有實質性的改變：

```
m = rf(xs_final, y)
m_rmse(m, xs_final, y), m_rmse(m, valid_xs_final, valid_y)
```

```
(0.183263, 0.233846)
```

我們藉著關注最重要的變數，並移除一些多餘的變數，大幅地簡化了模型。現在我們使用部分相依圖（partial dependence plot），看一下這些變數如何影響我們的預測。

## 部分相依

我們已經知道，ProductSize 與 YearMade 是最重要的兩種預測因子。我們想要了解這些預測因子與售價之間的關係，此時有一種很好的做法是先檢查每一個類別值的數量（用 Pandas value_counts 取得），來看看每一種類別有多麼常見：

```
p = valid_xs_final['ProductSize'].value_counts(sort=False).plot.barh()
c = to.classes['ProductSize']
plt.yticks(range(len(c)), c);
```

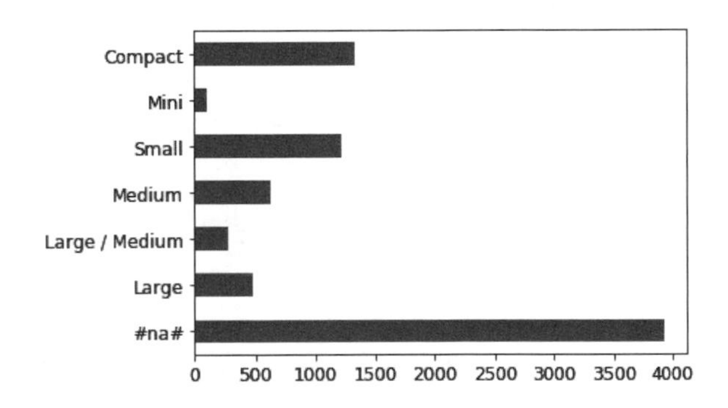


最大的群組是 #na#，它是 fastai 用來代表缺漏值的標注。

我們對 YearMade 做同一件事。因為它是數字特徵，我們要畫長條圖，將年分值組成一些分立的長條：

```
ax = valid_xs_final['YearMade'].hist()
```

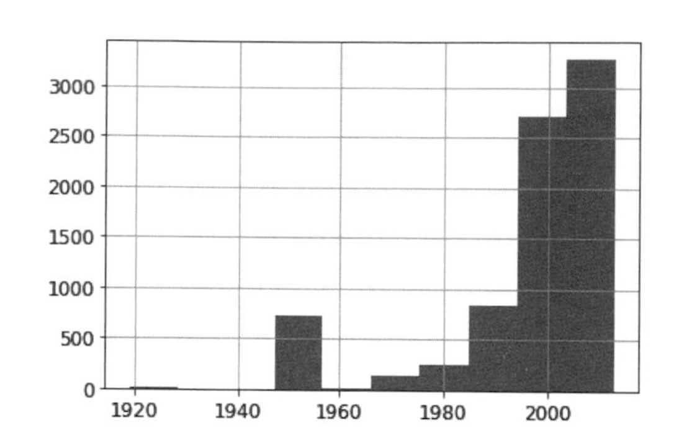


除了特殊的 1950 這個值之外（我們用它來代表缺漏的年份值），大部分的資料都是 1990 年之後的。

現在我們可以觀察**部分相依圖**了。部分相依圖的目的是嘗試回答這個問題：如果資料列只會因為問題的特徵而改變，它將如何影響因變數？

例如，當所有其他東西都一樣時，YearMade 如何影響售價？我們不能直接取每一個 YearMade 的平均售價來回答這個問題，這種做法的問題在於，除了它之外，每年還有很多其他的因素會改變，例如有哪些商品被拍賣、有多少商品有空調、通貨膨脹等。所以如果只計算 YearMade 相同的拍賣的平均值，也會計入每年都會隨著 YearMade 而不斷改變的其他欄位的影響，以及整體變化對價格的影響。

我們採取相反的做法，將 YearMade 欄位裡面的每一個值換成 1950，然後為每一次拍賣預測售價，然後取所有拍賣的平均值。然後為 1951、1952 年做同一件事，以此類推，直到最後一年，2011 年。這可以隔離 YearMade 的影響（即使這種做法是計算虛構的紀錄的平均值，因為我們設定的 YearMade 可能不會與某些其他值同時存在）。

*Alexis* 說

如果你有哲學思維能力，我們在進行計算時所使用的各種假設可能會讓你有些頭暈。首先，事實上，**每一個**預測都是假設的，因為我們沒有注意經驗資料。其次，我們**不是**問當我們改變 YearMade 以及其他的東西時，售價會如何改變，而是非常具體地問，在假想的世界中，只有 YearMade 改變時，售價如何變化？呼！能提出這些問題真是令人印象深刻。如果你想要探索這些細節的枝枝葉葉，我們推薦 Judea Pearl 與 Dana Mackenzie 最近寫的一本關於因果關係的書，*The Book of Why*（Basic Books）。

我們可以使用這些平均值來畫圖，以年份為 x 軸，以每一個預測為 y 軸。它就是部分相依圖。我們來看一下：

```
from sklearn.inspection import plot_partial_dependence

fig,ax = plt.subplots(figsize=(12, 4))
plot_partial_dependence(m, valid_xs_final, ['YearMade','ProductSize'],
                        grid_resolution=20, ax=ax);
```

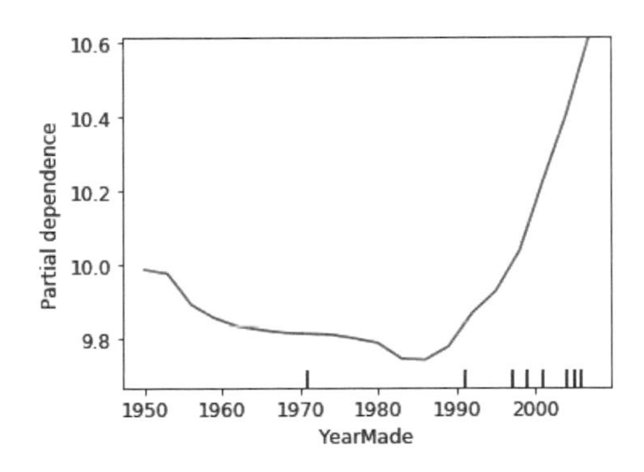


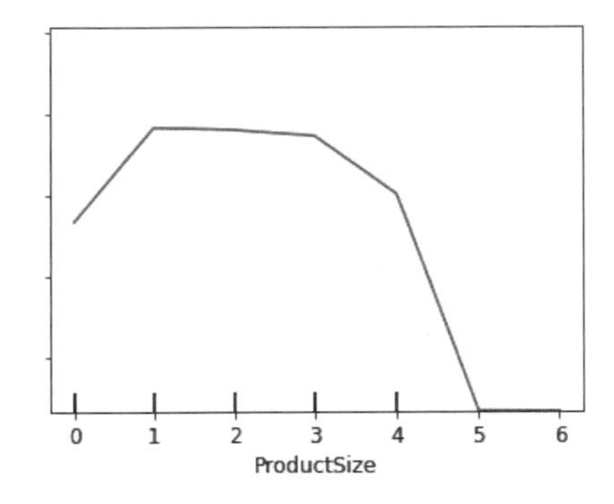


先看一下 YearMade 圖，尤其是 1990 年之後的部分（因為，前面說過，它是有大部分資料的地方），我們可以看到年份和價格有接近線性的關係。我們的因變數是取過對數的，所以這代表實際上價格會呈指數增長。這正是我們預期的：折舊通常被視為一種隨著時間變化的乘法因子，所以在一個特定的銷售日期，製造年份應該會與售價呈指數關係。

ProductSize 圖比較令人擔心。它指出最後一組的價格最低（代表缺漏值的那一組）。為了利用這個見解，我們要找出**為什麼**它經常缺漏，以及這代表什麼**意思**。有時缺漏值是有用的預測因子，這完全取決於造成缺漏的原因是什麼。但是，有時它們可能代表資料洩漏（*data leakage*）。

## 資料洩漏

Shachar Kaufman 等人在「Leakage in Data Mining: Formulation, Detection, and Avoidance」（*https://oreil.ly/XwvYf*）這篇論文裡這樣描述洩漏：

> 使用了與資料探勘問題的目標有關的資訊，但那些資訊實際上無法被探勘出來。有個簡單的例子是模型將目標本身當成輸入來使用，得出「在下雨天會下雨」之類的結論。在實務上，人們是在無意間採用這種不合理的資訊的，這是因為資料收集、彙整與準備程序造成的。

他們提出一個例子：

> IBM 有一個即時商務智慧專案可識別某些產品的潛在顧客，根據在他們的網站找到的關鍵字。事實上，這是一種洩漏，因為用來訓練的網站內容是在潛在顧客已經變成顧客時採樣的，他們的網站包含已採購的 IBM 商品的軌跡，例如「Websphere」這個字（例如，在描述採購或用戶端所使用的特定產品功能的新聞稿裡面）。

資料洩漏不易察覺，而且可能有很多種形式。特別是，缺漏值通常代表資料洩漏。

例如，Jeremy 曾經參加一項 Kaggle 競賽，其目的是預測哪些研究員會收到研究補助。競賽的資訊是由一所大學提供的，裡面有數千個研究專案的案例，以及參與的研究員的資訊，和最後有沒有獲得補助。該大學希望用這項競賽開發出來的模型，找出最有可能成功的補助申請，以便優先處理它們。

Jeremy 使用隨機森林來為資料建模，然後使用特徵重要性來找出哪些特徵最具預測性。他發現三項奇怪的事情：

- 模型有 95% 的機率能夠正確地預測誰可以獲得補助。
- 明顯毫無意義的識別碼欄位是最重要的預測因子。
- 「星期幾」和「幾月幾日」欄位也有很高的預測性，例如，在星期天提出的補助申請大部分都被核准了，而且許多被核准的補助是在 1 月 1 日申請的。

關於識別碼欄位，從部分相依圖可以看到，當資訊有缺漏時，申請幾乎都被拒絕了。原來，在實務上，這所大學在補助申請通過*之後*，才會填寫這項資訊。對於未通過的申請，它通常會直接空白。因此，這項資訊不是在收到申請時就有的資訊，預測模型也無法使用它——它是資料洩漏。

同樣的道理，成功的申請的最終處理工作通常是在週末自動成批完成的，或是在年終。最終出現在資料中的，就是這個最終處理日期，所以同樣的，這項資訊雖然有預言性，但其實無法在收到申請時使用。

這個例子展示了認出資料洩漏最實用與最簡單的方法，也就是建立一個模型，然後做以下的事情：

- 確認模型的準確度是否*好得不可思議*。
- 看看有沒有在實務上不合理的重要預測因子。
- 看看有沒有在實驗上不合理的部分相依圖結果。

回想我們的熊探測，這反映了我們在第 2 章提出的建議——先建構模型，再清理資料通常比較好，而不是採取相反的做法。模型可以協助你找出潛在的資料問題。

它們也可以協助你認出哪些因子會影響特定預測，使用樹解讀器（tree interpreter）。

## 樹解讀器

在本節開始時，我們說過，我們希望能夠回答五個問題：

- 對於使用特定的資料列來預測的結果，我們有多大信心？
- 在預測一列資料時，最重要的因子是什麼？它們如何影響預測？
- 哪些欄位是最強的預測因子？
- 在進行預測時，哪些欄位彼此間是多餘的？
- 改變這些欄位會怎樣改變預測？

我們已經處理四個問題了，只剩下第二個問題。我們要使用 *treeinterpreter* 程式庫來回答這個問題。我們也會使用 *waterfallcharts* 來畫出結果圖。你可以在 notebook cell 執行這些指令來安裝它們：

```
!pip install treeinterpreter
!pip install waterfallcharts
```

我們已經知道如何計算整個隨機森林的特徵重要性了。基本上，我們要在每一棵樹的每一個分支觀察各個變數對於改善模型的貢獻程度，然後把每個變數的貢獻加總。

我們可以只對一列資料做同樣的事情。例如，假如我們要尋找拍賣會的特定物品，模型預測該物品非常昂貴，我們想要知道原因。因此，我們取出那一列資料，將它丟給第一個決策樹，查看那棵樹的每一點使用哪一種拆解。在每一個拆解，我們找出與樹的父節點相比之下，添加物的增減。我們為每一棵樹做同一件事，並且用拆解變數，將重要性的總變化量加起來。

例如，我們選出驗證組的前幾列：

```
row = valid_xs_final.iloc[:5]
```

將它們傳給 treeinterpreter：

```
prediction,bias,contributions = treeinterpreter.predict(m, row.values)
```

prediction 只是隨機森林做出來的預測。bias 則是用因變數的平均值做出來的預測（也就是每一棵樹根的**模型**）。而 contributions 是最有趣的部分——它告訴我們各個自變數造成的預測總變化量。因此，對每一列而言，contributions 和 bias 的和一定等於 prediction。我們來看第一列：

```
prediction[0], bias[0], contributions[0].sum()
```

```
(array([9.98234598]), 10.104309759725059, -0.12196378442186026)
```

顯示 contributions 最簡潔的方法就是使用**瀑布圖**。它顯示了所有自變數的正數和負數貢獻是如何總和起來創造最終預測的，最終預測就是最右邊的「net」欄位：

```
waterfall(valid_xs_final.columns, contributions[0], threshold=0.08,
          rotation_value=45,formatting='{:,.3f}');
```

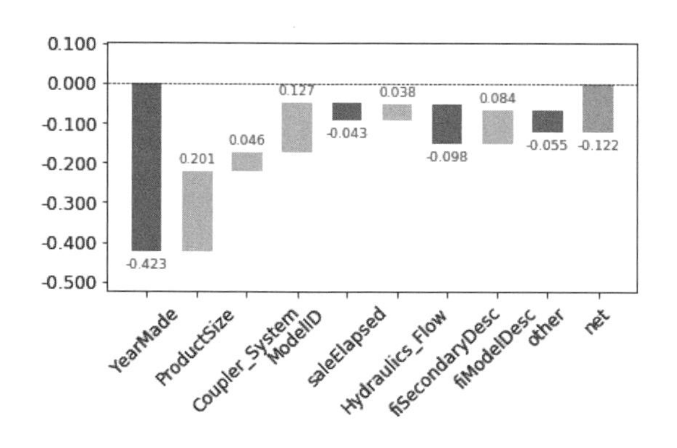


這種資訊在生產環境中最實用，而不是在開發模型期間。你可以用它向資料產品的用戶提供關於預測背後的原因的實用資訊。

了解一些解決這個問題的經典機器學習技術之後，我們來看一下深度學習如何提供協助！

# 外推和神經網路

就像所有機器學習或深度學習演算法，隨機森林有一個問題在於，它們不一定可以很好地類推新資料。我們將會介紹在哪些情況下，神經網路的類推表現比較好，不過在那之前，我們來看隨機森林的外推問題，以及如何協助識別域外資料。

## 外推問題

我們來考慮一個簡單的任務：用 40 個資料點進行預測，這些資料有稍具雜訊的線性關係：

```
x_lin = torch.linspace(0,20, steps=40)
y_lin = x_lin + torch.randn_like(x_lin)
plt.scatter(x_lin, y_lin);
```

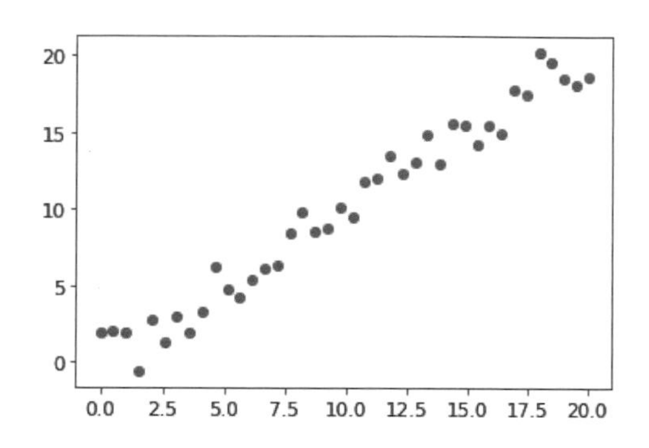


雖然我們只有一個自變數，但 sklearn 期望收到自變數的矩陣，而不是一個向量。所以我們必須將向量轉換成有一個欄位的矩陣。換句話說，我們必須將 *shape* 從 [40] 變成 [40,1]。有一種做法是使用 unsqueeze 方法，它會在你指定的維度為張量加上一個新的單位軸：

```
xs_lin = x_lin.unsqueeze(1)
x_lin.shape,xs_lin.shape
```

```
(torch.Size([40]), torch.Size([40, 1]))
```

比較靈活的做法是用特殊值 None 來 slice 陣列或張量，它會在那個位置加入一個額外的單位軸：

```
x_lin[:,None].shape
```

```
torch.Size([40, 1])
```

現在我們可以為這個資料建立一個隨機森林。我們只用前 30 列來訓練模型：

```
m_lin = RandomForestRegressor().fit(xs_lin[:30],y_lin[:30])
```

然後我們用完整的資料組來測試模型。藍點是訓練資料，紅點是預測：

```
plt.scatter(x_lin, y_lin, 20)
plt.scatter(x_lin, m_lin.predict(xs_lin), color='red', alpha=0.5);
```

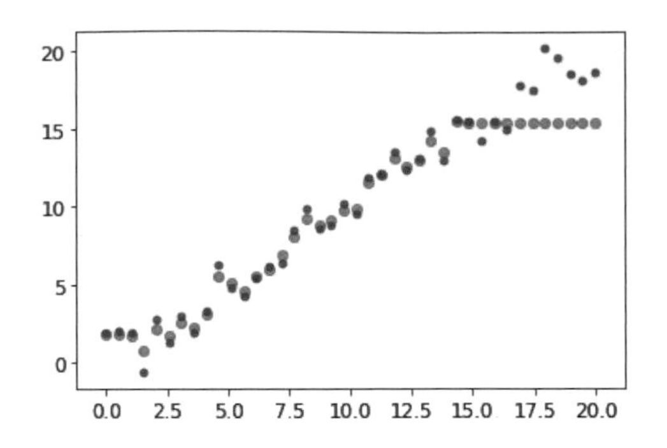


我們遇到一個大麻煩了！在訓練資料涵蓋的範圍之外的預測值都太低了。你認為為什麼會這樣？

切記，隨機森林只是對一群樹的預測取平均值。而一棵樹只是預測在一個葉節點裡的資料列的平均值。因此，一棵樹與一個隨機森林都不可能預測超出訓練資料範圍的值。當你的資料有隨著時間變化的趨勢（例如通貨膨脹），而且你想要預測未來時，這尤其成問題。你的預測會系統性地過低。

但是這個問題不是只限於時間變數，從更廣泛的意義上說，隨機森林無法推斷出它們所看到的資料類型之外的情況。這就是我們要確保驗證組沒有域外資料的原因。

## 找出域外資料

有時你很難知道測試組的分布狀況是否和訓練資料一樣，或是，如果它不同，哪些欄位反映那個差異。有一種簡單的方法可以解決這個問題，那就是使用隨機森林！

但是在這種情況下，我們不使用隨機森林來預測實際的因變數，而是試著預測一列資料究竟屬於驗證組還是在訓練組。為了看它的實際效果，我們結合訓練和驗證組，並且建立一個代表每一列來自哪個資料組的因變數，用那筆資料建構一個隨機森林，並且取得它的特徵重要性：

```
df_dom = pd.concat([xs_final, valid_xs_final])
is_valid = np.array([0]*len(xs_final) + [1]*len(valid_xs_final))

m = rf(df_dom, is_valid)
rf_feat_importance(m, df_dom)[:6]
```

| | cols | imp |
|---|---|---|
| 5 | saleElapsed | 0.859446 |
| 9 | SalesID | 0.119325 |
| 13 | MachineID | 0.014259 |
| 0 | YearMade | 0.001793 |
| 8 | fiModelDesc | 0.001740 |
| 11 | Enclosure | 0.000657 |

結果顯示，訓練組和驗證組有三個欄位有明顯的差異：saleElapsed、SalesID 與 MachineID。saleElapsed 會如此的原因很明顯：它是資料組的開始日期與各列的日期之間的天數，所以它包含日期資訊。SalesID 的差異意味著拍賣的識別碼可能會隨著時間的過去而增加。MachineID 意味著拍賣會賣出的個別物品也可能發生類似的情況。

我們取得原始隨機森林模型的基準 RMSE，然後看看依次移除這些欄位的效果：

```
m = rf(xs_final, y)
print('orig', m_rmse(m, valid_xs_final, valid_y))

for c in ('SalesID','saleElapsed','MachineID'):
    m = rf(xs_final.drop(c,axis=1), y)
    print(c, m_rmse(m, valid_xs_final.drop(c,axis=1), valid_y))
```

```
orig 0.232795
SalesID 0.23109
saleElapsed 0.236221
MachineID 0.233492
```

看起來我們應該可以移除 SalesID 和 MachineID 而不會失去任何準確度。我們來檢查一下：

```
time_vars = ['SalesID','MachineID']
xs_final_time = xs_final.drop(time_vars, axis=1)
valid_xs_time = valid_xs_final.drop(time_vars, axis=1)

m = rf(xs_final_time, y)
m_rmse(m, valid_xs_time, valid_y)
```

```
0.231307
```

移除這些變數可以稍微改善模型的準確度，但更重要的是，隨著時間過去，這項操作應該要讓模型更有彈性、更容易維護和理解。我們建議對所有的資料組而言，你都要試著建立一個因變數為 is_valid 的模型，就像我們在這裡做的那樣。它經常可以發現你可能忽略且不易察覺的**領域偏移**（*domain shift*）問題。

對我們的案例而言，避免使用舊資料可能會有幫助，通常舊資料會有已經失效的關係。我們試著使用最近幾年的資料：

```
xs['saleYear'].hist();
```

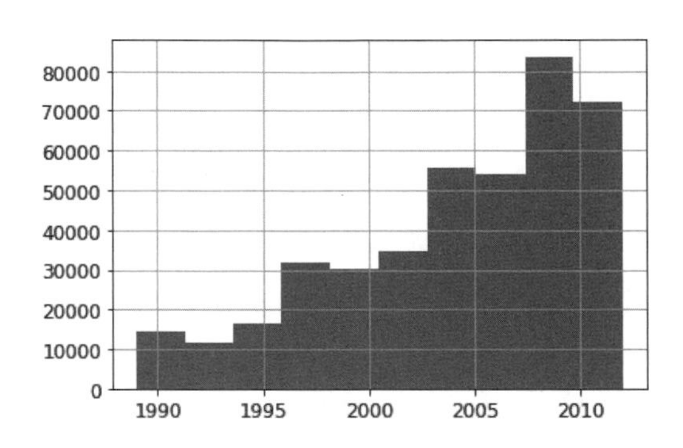


這是用這個子集合來訓練的結果：

```
filt = xs['saleYear']>2004
xs_filt = xs_final_time[filt]
y_filt = y[filt]

m = rf(xs_filt, y_filt)
m_rmse(m, xs_filt, y_filt), m_rmse(m, valid_xs_time, valid_y)

(0.17768, 0.230631)
```

它的表現有比較好一些，這意味著你不應該都使用整個資料組，有時使用子集合可能會更好。

我們來看看使用神經網路有沒有幫助。

## 使用神經網路

我們可以使用同一種方法來建立神經網路模型。我們先重複之前的步驟，來設定 TabularPandas 物件：

```
df_nn = pd.read_csv(path/'TrainAndValid.csv', low_memory=False)
df_nn['ProductSize'] = df_nn['ProductSize'].astype('category')
df_nn['ProductSize'].cat.set_categories(sizes, ordered=True, inplace=True)
df_nn[dep_var] = np.log(df_nn[dep_var])
df_nn = add_datepart(df_nn, 'saledate')
```

我們讓神經網路使用同一組欄位，以重複使用「在隨機森林中移除不想要的欄位」的工作成果：

```
df_nn_final = df_nn[list(xs_final_time.columns) + [dep_var]]
```

與決策樹相比，神經網路處理類別欄位的方法有很大的不同。就像我們在第 8 章看過的，在神經網路中，使用 embedding 來處理類別變數是一種很好的方法。為了建立 embedding，fastai 必須知道哪幾欄應該視為類別變數。它的做法是拿變數的級別數目和 max_card 參數的值相比，如果變數比較少，fastai 就會將變數視為類別的。一般來說，除非你要測試有沒有更好的方法可以將變數分群，否則不會使用大於 10,000 的 embedding，所以我們將 max_card 值設為 9,000：

```
cont_nn,cat_nn = cont_cat_split(df_nn_final, max_card=9000, dep_var=dep_var)
```

然而，在這個例子中，有一個變數是我們絕對不想要視為類別變數的：saleElapsed。根據定義，類別變數無法外推（extrapolate）至它所看過的值的範圍之外，但是我們希望能夠預測未來的拍賣價格。因此，我們要將它變成連續變數：

```
cont_nn.append('saleElapsed')
cat_nn.remove('saleElapsed')
```

看一下我們目前為止選擇的每一個類別變數的基數：

```
df_nn_final[cat_nn].nunique()
```

```
YearMade                73
ProductSize              6
Coupler_System           2
fiProductClassDesc      74
ModelID               5281
Hydraulics_Flow          3
fiSecondaryDesc        177
fiModelDesc           5059
ProductGroup             6
Enclosure                6
fiModelDescriptor      140
Drive_System             4
Hydraulics              12
Tire_Size               17
dtype: int64
```

與設備的「model」有關的兩個變數都有相似的極高基數，意味著它們可能包含類似的多餘資訊。注意，當我們在分析多餘的特徵時不一定能夠發現這件事，因為這需要以相同的順序排序相似的變數（也就是它們必須有相似的「有名稱的級別」）。有個具有 5,000 個級別的欄位意味著 embedding 矩陣需要 5,000 個欄位，這是要盡量避免的事情。我們來看看移除這些模型欄位之一對隨機森林造成什麼影響：

```
xs_filt2 = xs_filt.drop('fiModelDescriptor', axis=1)
valid_xs_time2 = valid_xs_time.drop('fiModelDescriptor', axis=1)
m2 = rf(xs_filt2, y_filt)
m_rmse(m, xs_filt2, y_filt), m_rmse(m2, valid_xs_time2, valid_y)
```

```
(0.176706, 0.230642)
```

影響不大，所以我們將它移出神經網路的預測因子：

```
cat_nn.remove('fiModelDescriptor')
```

我們可以像建立隨機森林時那樣，建立 TabularPandas 物件，並加入一個非常重要的東西：標準化。隨機森林不需要任何標準化——樹的建構程序只在乎變數的值的順序，完全不在乎它們的大小。但是就像我們看過的，神經網路絕對在乎這件事。因此，我們在建立 TabularPandas 物件時，加入 Normalize processor：

```
procs_nn = [Categorify, FillMissing, Normalize]
to_nn = TabularPandas(df_nn_final, procs_nn, cat_nn, cont_nn,
                      splits=splits, y_names=dep_var)
```

表格模型與資料通常不需要太多 GPU RAM，所以我們可以使用更大的批次大小：

```
dls = to_nn.dataloaders(1024)
```

如前所述，為回歸模型設定 y_range 是件好事，所以我們來尋找因變數的最小值和最大值：

```
y = to_nn.train.y
y.min(),y.max()
```

```
(8.465899897028686, 11.863582336583399)
```

現在我們可以建立 Learner 來建立這個表格模型了。與之前一樣，我們使用特定應用專屬的 learner 函式，來利用特定應用專用的預設值。我們將損失函數設成 MSE，因為它是這個競賽所使用的。

在預設情況下，fastai 為幫表格資料建立一個有兩個隱藏層的神經網路，分別有 200 與 100 個觸發輸出。這種配置很適合小型的資料組，但是這個例子的資料組很大，所以我們將神經層的大小加到 500 和 250：

```
from fastai.tabular.all import *

learn = tabular_learner(dls, y_range=(8,12), layers=[500,250],
                        n_out=1, loss_func=F.mse_loss)

learn.lr_find()

(0.005754399299621582, 0.0002754228771664202)
```

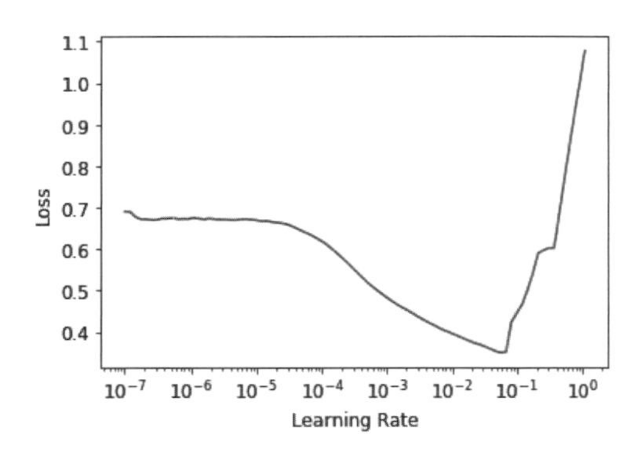


我們不需要使用 fine_tune，所以我們將用 fit_one_cycle 訓練一些 epoch，看看效果如何：

```
learn.fit_one_cycle(5, 1e-2)
```

| epoch | train_loss | valid_loss | time |
|---|---|---|---|
| 0 | 0.069705 | 0.062389 | 00:11 |
| 1 | 0.056253 | 0.058489 | 00:11 |
| 2 | 0.048385 | 0.052256 | 00:11 |
| 3 | 0.043400 | 0.050743 | 00:11 |
| 4 | 0.040358 | 0.050986 | 00:11 |

我們可以使用 r_mse 函式，來拿結果和之前的隨機森林結果做比較：

```
preds,targs = learn.get_preds()
r_mse(preds,targs)

0.2258
```

它比隨機森林好太多了（雖然它花更長的時間訓練，而且超參數調整比較麻煩）。

在繼續討論之前，我們先將模型儲存起來，以備不時之需：

```
learn.save('nn')
```

**fastai 的 Tabular 類別**

在 fastai 裡，表格模型只是接收連續或類別資料欄位，並且預測一個類別（分類模型）或連續值（回歸模型）的模型。類別自變數是用 embedding 來傳遞的，並且會被接起來，就像我們在協同過濾神經網路看過的那樣，然後連續變數也會被接起來。

在 `tabular_learner` 裡建立的模型是 `TabularModel` 類別的物件。現在去看一下 `tabular_learner` 的原始碼（在 Jupyter 裡輸入 `tabular_learner??`），你會看到，就像 `collab_learner`，它會先呼叫 `get_emb_sz` 來計算適當的 embedding 大小（你可以用 `emb_szs` 參數來覆寫它們，`emb_szs` 是一個字典，裡面存放你想要手動設定大小的任何欄位名稱），並且設定一些其他的預設值。除此之外，它也會建立 `TabularModel`，並將它傳給 `TabularLearner`（注意，`TabularLearner` 與 `Learner` 一模一樣，只不過它用於自訂的 `predict` 方法）。

這意味著所有的工作都是在 `TabularModel` 裡進行的，所以現在就看一下原始碼。除了 `BatchNorm1d` 與 `Dropout` 層之外（我們很快就會學習），你已經具備了解這個類別所需的知識了。看一下上一章結尾關於 `EmbeddingNN` 的討論。它傳遞 `n_cont=0` 給 `TabularModel`。現在我們可以知道為何如此了：因為有零個連續變數（在 fastai，開頭的 `n_` 代表「number of」，而 `cont` 是 continuous 的縮寫）。

另一項可以協助類推的技術就是同時使用幾個模型，並且取它們的預測的平均值，這項技術，如前所述，稱為**集群**（*ensembling*）。

# 集群

回想一下隨機森林表現很好的原因：每棵樹都有錯誤，但這些錯誤彼此之間並不相關，所以一旦有夠多棵樹，這些錯誤的平均值應該趨近於零。我們可以用類似的理論來計算以不同演算法訓練的模型產生的預測的平均值。

在我們的例子中，我們有兩種非常不同的模型，用非常不同的演算法訓練：一個隨機森林，與一個神經網路。我們有理由認為，它們的錯誤種類應該有很大的不同。因此，我們可以認為，它們的預測的平均值會比它們任何一個做出來的預測更好。

我們之前看過，隨機森林本身就是個群體（ensemble）。但是我們可以再將隨機森林放入**另一個**群體，做出一個包含隨機森林和神經網路的群體。雖然集群不會影響建模程序的成功與否，但是它可以稍微改善你已經建構的任何模型。

有一個需要注意的小問題在於，我們的 PyTorch 模型和 sklearn 模型建立了不同類型的資料：Python 提供 rank-2 張量（一欄矩陣），而 NumPy 提供 rank-1 陣列（一個向量）。`squeeze` 會將張量的任何單位軸移除，而 `to_np` 會將它轉換成 NumPy 陣列：

```
rf_preds = m.predict(valid_xs_time)
ens_preds = (to_np(preds.squeeze()) + rf_preds) /2
```

它產生的結果比分別使用其中一種模型更好：

```
r_mse(ens_preds,valid_y)
```

```
0.22291
```

事實上，這個結果比 Kaggle 排行榜上的任何分數都要好。然而，它不能直接拿來比較，因為 Kaggle 排行榜使用我們無法取得的資料組。Kaggle 不允許我們將模型傳給這項舊比賽來確認我們的表現如何，但我們的結果確實令人振奮！

## 增強（boosting）

到目前為止，我們的集群方法都使用 *bagging*，也就是以平均法來結合許多模型（每一個都用不同的資料子集合來訓練）。我們知道，對決策樹採取這種做法稱為**隨機森林**。

集群的另一種重要的做法稱為**增強**，此時我們將模型相加，而不是取它們的平均值。這是增強的做法：

1. 訓練一個欠擬資料組的小模型。
2. 用這個模型為訓練組計算預測。
3. 將目標減去預測值，結果稱為**殘差**（*residual*），代表訓練組的每一點的誤差。
4. 回到第 1 步，但這次不是使用原始的目標，而是將殘差當成訓練目標。
5. 繼續工作，直到到達停止條件為止，例如樹的最大數量，或你發現驗證組誤差變差了。

使用這種方法時，每一棵新樹都會試著擬合之前的全部樹的結合誤差。因為我們藉著將每一棵新樹的預測值減去上一棵樹的殘差來建立新的殘差，殘差會越來越小。

使用增強樹的群體來進行預測的方法是計算每一棵樹的預測，然後將它們全部加起來。許多模型都採取這種基本做法，而且同一種模型有許多名稱。**梯度增強機**（*gradient boosting machines*，GBM）與**梯度增強決策樹**（*gradient boosted decision trees*，GBDT）是你最有可能看到的名稱，你也可能會看到實作它們的程式庫名稱，在行文至此時，*XGBoost* 是最流行的。

注意，與隨機森林不同的是，這種做法沒有防止過擬的機制。在隨機森林使用更多樹不會導致過擬，因為每一棵樹都是互相獨立的。但是在增強的（boosted）群體裡，使用越多樹就會產生更好的訓練誤差，最後過擬驗證組。

我們不在此詳細討論如何訓練梯度增強樹群體，因為這個領域正在快速發展，我們提供的任何指引幾乎都會在你看到這裡時過期。在行文至此時，sklearn 剛剛加入一個提供傑出性能的 `HistGradientBoostingRegressor` 類別。這個類別有許多超參數可以調整，針對我們看過的所有梯度增強樹方法。與隨機森林不同的是，梯度增強樹對這些超參數的選擇非常敏感，在實務上，多數人都使用迴圈來嘗試一系列的超參數，來找出效果最好的一組。

此外還有一項取得優秀成果的技術：在機器學習模型裡使用神經網路學到的 embedding。

## 結合 embedding 和其他方法

本章開頭提到的 entity embedding 論文的摘要寫道：「從訓練好的神經網路取得 embedding，並將它當成輸入特徵來使用，可大幅提升我們測試的所有機器學習方法的性能。」它有一張非常有趣的表格，如圖 9-8 所示。

| method | MAPE | MAPE (with EE) |
|---|---|---|
| KNN | 0.290 | 0.116 |
| random forest | 0.158 | 0.108 |
| gradient boosted trees | 0.152 | 0.115 |
| neural network | 0.101 | 0.093 |

圖 9-8 將神經網路 embedding 當成其他機器學習方法的輸入來使用的效果（Cheng Guo 與 Felix Berkhahn 提供）

它顯示四種建模技術的 mean average percent error（MAPE），包含我們已經看過的三種，以及 *k*-nearest neighbors（KNN），後者是非常簡單的基準方法。第一個數字欄位是使用這些方法來處理競賽所提供的資料的結果；第二個欄位是先用類別 embedding 訓練神經網路，然後在模型中使用這些 embedding 來取代原始的類別欄位的結果。你可以看到，每一種模型使用 embedding 來取代原始類別時，都有大幅改善。

這是很重要的結果，因為它說明，你不需要在推理期使用神經網路，就可以用神經網路來改善性能。你可以直接使用 embedding（實際上只是一次陣列查詢），以及小規模的決策樹群體。

這些 embedding 甚至不一定要分別從機構內部的各個模型或任務學習，與之相反，當你為特定任務的某個欄位學習一組 embedding 之後，就可以將它們存在一個中央地點，讓各種模型重複使用。事實上，根據我們和大企業從業者的私下交流，很多地方都已經採取這種做法了。

# 結論

我們討論了兩種表格建模技術：決策樹群體和神經網路。我們也介紹了兩種決策樹群體：隨機森林與梯度增強機。它們都很有效，但也需要付出代價：

- **隨機森林**是最容易訓練的，因為它們對超參數的選擇很有彈性，而且只需要少量的預先處理。它們訓練起來很快，而且使用足夠的樹也不會過擬。但是它們可能稍微比較不準確，尤其是需要外推時，例如預測未來的時間段。
- **梯度增強機**理論上訓練速度與隨機森林一樣快，但是在實務上，你必須嘗試許多超參數。它們可能會過擬，但是它們通常比隨機森林更不準確。
- **神經網路**需要最長的訓練時間，而且需要額外的預先處理，例如標準化，在推理期也要使用這個標準化。它們可以提供很好的結果，也可以很好地外推，但前提是你要小心地選擇超參數和避免過擬。

我們建議你用隨機森林開始進行分析，它可以提供強大的基準，而且你可以確信它是個合理的起點。然後你可以用這個模型來選擇特徵，和進行部分相依分析，來更了解你的資料。

有了這個基礎之後，你可以嘗試神經網路和 GBM，如果它們處理驗證組時，可以在合理的時間之內提供明顯更好的結果，你可以使用它們…如果決策樹群體對你來說效果不錯，試著為資料的類別變數加入 embedding，看看它能否協助決策樹學得更好。

# 問題

1. 什麼是連續變數？
2. 什麼是類別變數？
3. 寫出兩個可能用來代表類別變數的值的單字。
4. 什麼是稠密層？
5. entity embedding 如何降低記憶體使用量和提升神經網路速度？
6. 哪種資料組特別適合使用 entity embedding？
7. 機器學習演算法的兩大族群是什麼？
8. 為什麼有一些類別欄位需要特殊的類別排序？如何在 Pandas 裡面做這件事？
9. 簡要說明決策樹演算法在做什麼。
10. 為什麼日期與一般的類別或連續變數不同？如何預先處理它，來讓它可在模型中使用？
11. 你應該在 bulldozer 競賽裡選擇隨機驗證組嗎？如果答案是否定的，你應該選擇哪一種驗證組？
12. 什麼是 pickle？它的用途是什麼？
13. 如何在本章介紹的決策樹裡，計算 `mse`、`samples` 與 `values`？
14. 如何在建構決策樹之前處理異常值？
15. 如何在決策樹裡處理類別變數？
16. 什麼是 bagging？
17. 在建立隨機森林時，`max_samples` 與 `max_features` 有什麼不同？
18. 如果你將 `n_estimators` 提升到一個極高的值，它會導致過擬嗎？為什麼可以？或為什麼不行？
19. 在「建立隨機森林」這一節裡，在圖 9-7 後面，為何 `preds.mean(0)` 產生與我們的隨機森林一樣的結果？
20. 什麼是 out-of-bag 誤差？
21. 列出模型的驗證組誤差可能比 OOB 誤差更糟的原因。如何檢驗你的假設？

22. 解釋為何隨機森林很適合回答下列問題：
    - 對於使用特定的資料列來預測的結果，我們有多大信心？
    - 在預測一列資料時，最重要的因子是什麼？它們如何影響預測？
    - 哪些欄位是最強的預測因子？
    - 改變這些欄位會怎樣改變預測？
23. 移除不重要的變數的目的是什麼？
24. 哪種圖表適合用來顯示樹解讀器的結果？
25. 什麼是外推問題？
26. 如何知道測試或驗證組的分布狀況是否和訓練組不同？
27. 為什麼要讓 `saleElapsed` 是個連續變數，即使它只有不到 9,000 個不同的值？
28. 什麼是增強（boosting）？
29. 如何讓隨機森林使用 embedding？這有幫助嗎？
30. 為什麼不乾脆用神經網路來建立表格模型就好了？

## 後續研究

1. 在 Kaggle 選擇一種使用表格資料的競賽（目前或以前的），並且試著採用本章介紹的技術來取得最佳成果。將你的結果和私人排行榜進行比較。
2. 從零開始實作本章的決策樹演算法，並且用它來處理第一個習題用過的資料組。
3. 在隨機森林裡使用本章的神經網路產生的 embedding，看看能否改善之前的隨機森林結果。
4. 解釋 `TabularModel` 的原始碼的每一行的作用（除了 `BatchNorm1d` 與 `Dropout` 層之外）。

第十章

# NLP：RNN

在第 1 章，我們知道使用深度學習來處理自然語言資料組可以得到很好的結果。我們的例子使用預訓語言模型，並微調它來對評論進行分類。那個例子突顯了 NLP 和電腦視覺裡的遷移學習的差異：一般來說，在 NLP 裡，預訓模型是為不同的任務訓練的。

我們所謂的**語言模型**是訓練來猜出一段文字的下一個字的模型（已經讀了幾個字了）。這種任務稱為**自我監督學習**（*self-supervised learning*）：我們不需要提供標籤給模型，只要傳給它許多文字即可。它有一個程序可以從資料自動取得標籤，而且這項任務並不簡單：為了正確地猜測句子的下一個字，模型必須理解英語（或其他語言）。自我監督學習也可以在其他領域使用，例如，「Self-Supervised Learning and Computer Vision」（*https://oreil.ly/ECjfJ*）介紹了視覺應用。自我監督學習通常不會用來直接訓練模型，而是用來預先訓練模型，以便進行遷移學習。

**術語：自我監督學習**

使用自變數之中的標籤來訓練模型，而不是使用外部的標籤。例如，訓練模型來預測一段文字的下一個文字。

我們在第 1 章用來分類 IMDb 評論的語言模型是用 Wikipedia 預先訓練的。我們當時直接微調這個語言模型來對影評進行分類，並取得很棒的結果，但只要再做一件事就可以產生更好的結果。Wikipedia 的英語和 IMDb 的英語有些不同，我們可以微調預訓模型讓它適應 IMDb 語料庫，再將它當成分類模型的基礎，而不是直接製作分類模型。

即使語言模型知道我們在任務中使用的語言的基本知識（例如我們的預訓模型使用英語），但讓它適應我們的目標語料庫的風格也是有幫助的，語料庫可能使用比較不正式的語言，或比較專業的、有新單字需要學習的，或使用不同的造句方式。IMDb 資料組有許多導演和演員的名字，而且語言風格通常不會像維基百科那樣正式。

我們已經知道，使用 fastai 時，我們可以下載預訓英語模型，並使用它來取得最先進的 NLP 分類結果。（事實上，我們預計很快就會有更多語言的預訓模型，在你看這本書時可能就可以使用它們了。）那麼，為什麼我們還要仔細地學習如何訓練語言模型？

當然，其中一個原因在於，它有助於了解你所使用的模型的基本知識。但此外，還有另一個非常實際的原因：如果你在微調分類模型之前先微調（循序式的）語言模型，你會得到更好的結果。例如，對 IMDb 情緒分析任務而言，它的資料組有 50,000 個影評是沒有任何正面或負面標籤的，因為在訓練組裡面有 25,000 個影評有標籤，驗證組裡面也有 25,000 個，所以總共有 100,000 個影評。我們可以用全部的影評來微調預訓的語言模型，該模型只用 Wikipedia 文章訓練過，這種做法會產生一個特別擅長預測影評的下一個單字的語言模型。

這種做法稱為 Universal Language Model Fine-tuning（ULMFiT）法。介紹它的論文（*https://oreil.ly/rET-C*）說，在遷移至分類任務之前，對語言模型進行微調的這個額外階段能夠顯著提高預測能力。使用這種方法時，NLP 的遷移學習有三個階段，如圖 10-1 所示。

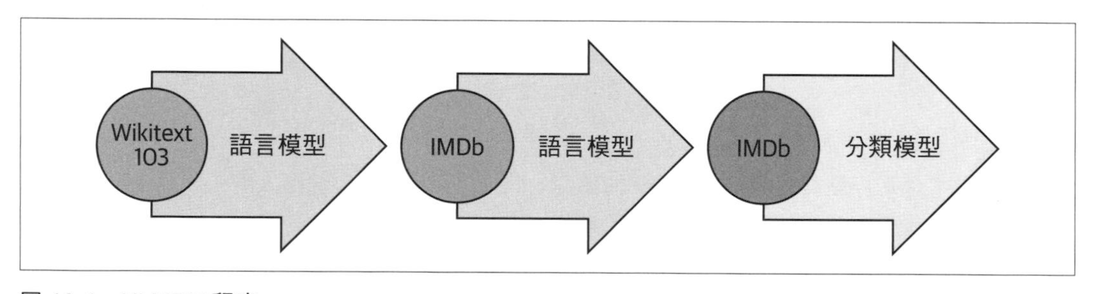


圖 10-1　ULMFiT 程序

我們已經知道如何藉由前兩章介紹的概念，在這個語言建模問題裡使用神經網路了。但是在繼續讀下去之前，請先暫停一下，想想你該如何做這項工作。

# 文字預先處理

我們完全不清楚如何使用學過的東西來建構語言模型。句子有不同的長度，文件可能很長，如何使用神經網路來預測句子的下一個字？我們來找出答案！

我們已經知道如何在神經網路中，將類別變數當成自變數來使用了。這是我們處理一個單類別變數的做法：

1. 將那個類別變數的所有級別寫成一個串列（我們將這個串列稱為 *vocab*）。
2. 將每一個級別換成它在 vocab 裡的索引。
3. 為它建立一個 embedding 矩陣，在裡面，每一個級別有一列（也就是 vocab 的每一個項目有一列）。
4. 將這個 embedding 矩陣當成神經網路的第一層（可以讓專用的 embedding 矩陣接收第 2 步建立的 vocab 索引；這相當於用一個矩陣來接收以 one-hot 編碼、代表索引的向量，但是更快且更有效率）。

我們可以對文字做幾乎一樣的事情！在這裡的新概念是序列（sequence）。我們要先將資料組的所有文件接成一個很長的字串，並且將它拆成單字（或**語義單元**（*token*）），產生一個很長的單字序列，自變數是從長序列的第一個單字到倒數第二個單字的序列，因變數是從第二個單字到最後一個單字的序列。

我們的 vocab 包括預訓模型的 vocab 內既有的常見單字，以及我們的語料庫特有的新單字（例如電影術語或演員的名字）。我們這樣建立 embedding 矩陣：如果單字已經在預訓模型的 vocab 裡面了，那就使用它在預訓模型的 embedding 矩陣裡面的那一列，但是如果單字是新的，我們沒有現成的東西可用，所以直接將它的那一列的初始值設成隨機向量。

建立語言模型所需的每個步驟都有來自自然語言處理領域的術語，fastai 與 PyTorch 類別可提供協助。步驟有：

**分詞（*tokenization*）**

將文字轉換成單字串列（或字元、子字串，取決於模型的粗細度）。

**數值化**

列出所有出現的單字（vocab），藉著查看它在 vocab 裡的索引，將每一個單字轉換成一個數字。

建立語言模型 *data loader*

fastai 有個 `LMDataLoader` 類別可自動建立與自變數相差一個語義單元的因變數。它也可以處理一些重要的細節，例如洗亂訓練資料，同時讓因變數和自變數維持所需的結構。

建立語言模型

我們要用特殊的模型來處理前所未見的東西：大小不固定的輸入序列。做這件事的方法有很多種，在這一章，我們會使用**遞迴神經網路**（RNN）。我們會在第 12 章深入討論 RNN，但現在你可以先把它想成另一種深度神經網路。

我們來看每一步的細節。

# 分詞

之前，當我們說「將文字轉換成單字串列」時，我們省略了很多細節。例如，如何處理標點符號？如何處理「don't」這種字？它是一個字還是兩個字？很長的醫學或化學單字呢？要按照每個部分的意義將它們拆開嗎？有連字符的單字呢？怎麼處理德語或波蘭語這種，會用許多小部分做出很長的單字的語言？像日語和漢語這種完全沒有基底（base），而且沒有明確定義**單字**（*word*）的概念的語言呢？

因為這些問題都沒有單一解，所以分詞也沒有單一方法。它有三種主要的做法：

根據單字

用空格來拆開句子，並且使用語言特有的規則來試著按照意義拆開，即使沒有空格（例如將「don't」拆成「do n't」）。一般來說，標點符號也會被拆成單獨的單元。

根據子單字

根據最常見的子字串將單字拆成更小的部分。例如將「occasion」拆成「o c ca sion」。

根據字元

將句子拆成個別的字元。

我們將介紹「根據單字」和「根據子單字」這兩種分詞法，並且讓你在本書結束的問題裡，自行實作「根據字元」的分詞法。

術語：語義單元（*token*）

用分詞程序來建立的元素串列。它可能是一個單字、單字的一個部分（子單字），或一個字元。

## 用 fastai 根據單字進行分詞

fastai 並未提供自己的分詞器（tokenizer），而是為一系列的外部程式庫的分詞器提供一致的介面。分詞是一門活躍的研究領域，隨時都有新的和改善過的分詞器出現，所以 fastai 的預設分詞器也會不斷改變。但是，API 和設定選項應該不會有太大改變，因為 fastai 試著維持一個一致的 API，即使底層的技術不一樣了。

我們用第 1 章用過的 IMDb 資料組來試試它：

```
from fastai.text.all import *
path = untar_data(URLs.IMDB)
```

我們要抓取文字檔來嘗試一種分詞器。正如 `get_image_files`（我們已經用過很多次了）會取得一個路徑裡的所有圖像檔，`get_text_files` 也可以取得一個路徑裡的所有文字檔。我們也可以傳遞一組資料夾，只搜尋特定的子資料夾：

```
files = get_text_files(path, folders = ['train', 'test', 'unsup'])
```

這是我們想要分詞的影評（為了節省空間，我們只印出它的開頭）：

```
txt = files[0].open().read(); txt[:75]
```

```
'This movie, which I just discovered at the video store, has apparently sit '
```

當我們寫這本書時，fastai 的預設英文單字分詞器是 *spaCy* 程式庫。它有精密的規則引擎，使用特殊的規則來處理 URL、個別的英文單字等。但是我們不是直接使用 `SpacyTokenizer`，而是使用 `WordTokenizer`，因為它始終指向 fastai 當前的預設分詞器（在你看到這裡時，不一定是 spaCy）。

我們試著使用 fastai 的 `coll_repr(`*`collection`*`,`*`n`*`)` 函式來顯示結果。它會顯示 *`collection`* 的前 *`n`* 個項目，以及完整大小——這就是 `L` 預設使用的東西。注意，fastai 分詞器接收你要分詞的文件集合，所以我們必須在串列裡加入 `txt`：

```
spacy = WordTokenizer()
toks = first(spacy([txt]))
print(coll_repr(toks, 30))
```

```
(#201) ['This','movie',',','which','I','just','discovered','at','the','video','s
```

```
> tore',',','has','apparently','sit','around','for','a','couple','of','years','
> without','a','distributor','.','It',"'s",'easy','to','see'...]
```

如你所見，spaCy 主要只是將單字和標點符號分開。但是它在這裡也做了其他的事情：將「it's」分成「it」與「s」。這符合直覺，它們真的是不同的單字。因為需要處理這些小細節，所以分詞是一項非常精細的工作，幸好，spaCy 可以為我們非常妥善地處理這些事情，例如，我們在這裡看到，當「.」在句子的結尾時，它會被分開，但是當它在首字母縮寫或數字裡面時不會：

```
first(spacy(['The U.S. dollar $1 is $1.00.']))
```

```
(#9) ['The','U.S.','dollar','$','1','is','$','1.00','.']
```

接下來，fastai 使用 Tokenizer 類別為分詞程序加入一些額外的功能：

```
tkn = Tokenizer(spacy)
print(coll_repr(tkn(txt), 31))
```

```
(#228) ['xxbos','xxmaj','this','movie',',','which','i','just','discovered','at',
 > 'the','video','store',',','has','apparently','sit','around','for','a','couple
 > ','of','years','without','a','distributor','.','xxmaj','it',"'s",'easy'...]
```

注意，現在有一些語義單元以字元「xx」開頭，它們在英文裡不是常見的字首，而是**特殊單元**。

例如，串列的第一個項目 xxbos 是一個特殊單元，代表新文本的開頭（「BOS」是 NLP 的標準縮寫，代表「beginning of stream」）。藉著認出這個開始單元，模型可以學習它必須「忘記」之前說過的話，把焦點放在接下來的單字上。

這些特殊單元並非直接來自 spaCy。它們之所以出現，是因為 fastai 預設在處理文字時，採用一些規則來加入它們。這些規則在設計上是為了讓模型更容易辨識句子的重要部分。從某種意義上說，我們是將原始的英文序列翻譯成一種簡化的分詞語言——讓模型容易學習的語言。

例如，規則會將連續四個驚嘆號換成一個驚嘆號，後面接上一個特殊的**重複字元**單元，然後是數字 4。如此一來，模型的 embedding 矩陣就可以記住關於重複的標點符號等一般概念的資訊，而不需要用獨立的單元來代表每一個標點符號的每一個重複次數。類似地，首字母大寫的單字可以換成特殊的首字母大寫單元，後面接上小寫版本的單字。藉此，embedding 矩陣只需要使用小寫版本的單字即可，可節省計算和記憶體資源，但仍然可以學到大寫的概念。

你可以在這裡看到一些主要的特殊單元：

`xxbos`
: 代表文本（在這裡是影評）的開頭

`xxmaj`
: 代表下一個字是以大寫開頭（因為我們將所有東西都變成小寫了）

`xxunk`
: 代表這個字不明

我們可以顯示預設規則來觀察剛才使用的規則：

```
defaults.text_proc_rules
```

```
[<function fastai.text.core.fix_html(x)>,
 <function fastai.text.core.replace_rep(t)>,
 <function fastai.text.core.replace_wrep(t)>,
 <function fastai.text.core.spec_add_spaces(t)>,
 <function fastai.text.core.rm_useless_spaces(t)>,
 <function fastai.text.core.replace_all_caps(t)>,
 <function fastai.text.core.replace_maj(t)>,
 <function fastai.text.core.lowercase(t, add_bos=True, add_eos=False)>]
```

和往常一樣，你可以在 notebook 輸入這個指令來閱讀每一個規則的原始碼：

```
??replace_rep
```

簡單介紹它們在做什麼：

`fix_html`
: 將特殊的 HTML 字元換成可讀的版本（IMDb 影評有很多這種東西）

`replace_rep`
: 將重複三次以上的字元都換成代表重複的特殊單元（`xxrep`）、重複的次數，然後字元

`replace_wrep`
: 將重複三次以上的單字都換成代表重複單字的特殊單元（`xxwrep`）、重複的次數，然後單字

`spec_add_spaces`
在 / 與 # 前後加上空格

`rm_useless_spaces`
移除所有重複的空格字元

`replace_all_caps`
將全為大寫的單字改成小寫，並在它前面加入一個代表全為大寫的特殊單元（xxcap）

`replace_maj`
將首字母大寫的單字改成小寫，並在它前面加入一個代表首字母大寫的特殊單元（xxmaj）

`lowercase`
將所有文本改成小寫，並在開頭（xxbos）與（或）結尾（xxeos）加上特殊單元

我們來看其中幾個的例子：

```
coll_repr(tkn('&copy;   Fast.ai www.fast.ai/INDEX'), 31)
```

```
"(#11) ['xxbos','©','xxmaj','fast.ai','xxrep','3','w','.fast.ai','/','xxup','ind
 > ex'...]"
```

接下來，我們來看子單字分詞如何運作。

## 根據子單字進行分詞

除了上一節介紹的**單字分詞法**之外，另一種流行的分詞法是**子單字分詞法**。單字分詞法假設空格適合用來分開句子的意思元素，但是這個假設不一定成立。例如「**我的名字是郝杰瑞**」這個句子無法用單字分詞法正確地處理，因為裡面沒有空格！像漢文和日文這類的語言不使用空格，事實上，它們甚至沒有「單字（word）」的定義。像土耳其文和匈牙利文等其他的語言可以將許多子單字接在一起而不使用空格，做出非常冗長的單字，包含許多單獨的資訊。

子單字分詞通常比較適合處理這些情況。這個過程有兩個步驟：

1. 分析文件的語料庫來找出最常見的字母群體，將它們變成 vocab。

2. 使用這個**子單字單元** vocab 來對語料庫進行分詞。

我們來看一個例子。我們將前 2,000 個影評當成語料庫：

```
txts = L(o.open().read() for o in files[:2000])
```

我們將分詞器實例化，傳入我們想要建立的 vocab 的大小，然後「訓練」它。也就是說，我們要讓它讀取文件並找出常見的字元順序，來建立 vocab。這是用 setup 來完成的。我們很快就會看到，setup 是特殊的 fastai 方法，我們的一般資料處理管線會在裡面自動呼叫它。但是因為現在我們是人工做每一件事，所以必須自己呼叫它。這個函式根據指定的 vocab 大小來完成這些步驟，並顯示一個範例輸出：

```
def subword(sz):
    sp = SubwordTokenizer(vocab_sz=sz)
    sp.setup(txts)
    return ' '.join(first(sp([txt]))[:40])
```

我們來試一下：

```
subword(1000)
```

```
'▁This ▁movie , ▁which ▁I ▁just ▁dis c over ed ▁at ▁the ▁video ▁st or e , ▁has
 > ▁a p par ent ly ▁s it ▁around ▁for ▁a ▁couple ▁of ▁years ▁without ▁a ▁dis t
 > ri but or . ▁It'
```

在使用 fastai 的子單字分詞器時，特殊字元▁代表原始文本的空格字元。

如果我們使用較小的 vocab，每一個語義單元將代表更少字元，所以一個句子要用更多語義單元來表示：

```
subword(200)
```

```
'▁ T h i s ▁movie , ▁w h i ch ▁I ▁ j us t ▁ d i s c o ver ed ▁a t ▁the ▁ v id e
> o ▁ st or e , ▁h a s'
```

另一方面，如果我們使用較大的 vocab，最終大部分常見的英文單字本身會出現在 vocab 裡，我們就不需要用那麼多語義單元來表示一個句子：

```
subword(10000)
```

```
"▁This ▁movie , ▁which ▁I ▁just ▁discover ed ▁at ▁the ▁video ▁store , ▁has
 > ▁apparently ▁sit ▁around ▁for ▁a ▁couple ▁of ▁years ▁without ▁a ▁distributor
 > . ▁It ' s ▁easy ▁to ▁see ▁why . ▁The ▁story ▁of ▁two ▁friends ▁living"
```

選擇子單字 vocab 的大小是一種妥協：比較大的 vocab 代表每個句子有比較少的語義單元，這意味著訓練速度較快、使用較少記憶體，以及模型需要記住的狀態較少；但往壞處看，這也意味著 embedding 矩陣更大，需要用更多資料來訓練。

整體來說，子單字分詞可讓我們在字元分詞（也就是使用小的子單字 vocab）與單字分詞（也就是使用大的子單字 vocab）之間彈性地調整，並且處理每一種人類語言，而不需要為特定語言開發演算法。它甚至可以處理另類的「語言」，例如基因組序列，或 MIDI 音樂符號！因此，在過去的一年裡，它受歡迎的程度快速成長，似乎已經成為最常見的分詞法（當你看到這裡時，它應該已經是最常見的分詞法了！）。

將文本拆成語義單元之後，我們要將它們轉換成數字。我們繼續看下去。

## 用 fastai 進行數值化

**數值化**就是將語義單元對映到整數的程序。它的步驟基本上與建立 `Category` 變數（例如 MNIST 的數字的因變數）的步驟一模一樣：

1. 製作一個包含類別變數的所有級別的串列（vocab）。
2. 將每一個級別換成它在 vocab 裡的索引。

我們來處理已被進行單字分詞的文本：

```
toks = tkn(txt)
print(coll_repr(tkn(txt), 31))
```

```
(#228) ['xxbos','xxmaj','this','movie',',','which','i','just','discovered','at',
 > 'the','video','store',',','has','apparently','sit','around','for','a','couple
 > ','of','years','without','a','distributor','.','xxmaj','it',"'s",'easy'...]
```

如同 `SubwordTokenizer`，我們要呼叫 `Numericalize` 的 `setup` 來建立 vocab。這代表我們要先對語料庫進行分詞。因為分詞需要一段時間，fastai 會用平行的方式處理它，但是對這個人工流程而言，我們將使用一個小型的子集合：

```
toks200 = txts[:200].map(tkn)
toks200[0]
```

```
(#228)
 > ['xxbos','xxmaj','this','movie',',','which','i','just','discovered','at'...]
```

我們可以將它傳給 `setup` 來建立 vocab：

```
num = Numericalize()
num.setup(toks200)
coll_repr(num.vocab,20)
```

```
"(#2000) ['xxunk','xxpad','xxbos','xxeos','xxfld','xxrep','xxwrep','xxup','xxmaj
 > ','the','.',',','a','and','of','to','is','in','i','it'...]"
```

你會先看到特殊規則單元，然後每一個單字出現一次，按照頻率順序。Numericalize 的預設值是 min_freq=3 且 max_vocab=60000。max_vocab=60000 會讓 fastai 將最常見的 60,000 個單字之外的所有單字換成特殊的**未知單字**單元，xxunk。它可以避免太大的 embedding 矩陣，因為那會降低訓練速度，並使用太多記憶體，但是這也意味著我們沒有足夠的資料可以訓練實用的罕見單字表示法。但是，設定 min_freq 可以處理上述的最後一個問題，預設的 min_freq=3 代表出現次數少於 3 次的單字都會被換成 xxunk。

fastai 也可以用你提供的 vocab 來將你的資料組數字化，做法是將一串單字當成 vocab 參數傳入。

建立 Numericalize 物件之後，我們可以將它當成函式來使用：

```
nums = num(toks)[:20]; nums
```

```
tensor([  2,   8,  21,  28,  11,  90,  18,  59,   0,  45,   9, 351, 499,  11,
 > 72, 533, 584, 146,  29,  12])
```

這一次，我們的語義單元已經被轉換成模型可以接受的整數張量了。我們可以確認它們可以對映回去原始的文字：

```
' '.join(num.vocab[o] for o in nums)
```

```
'xxbos xxmaj this movie , which i just xxunk at the video store , has apparently
 > sit around for a'
```

有了數字之後，我們要將它們分批，來讓模型使用。

## 將文字分批來讓語言模型使用

在處理圖像時，我們要將它們都改成同樣的高度和寬度，再將它們組成小批次，如此一來，它們就可以在一個張量裡疊在一起了。但是處理的文本的做法有些不同，因為你不能將文本的大小改成某個長度。此外，我們希望語言模型依序讀取文本，這樣它才可以有效地預測接下來是什麼字。這意味著每一個新批次都要從上一個批次結束的地方準確地開始。

假如我們有這段文本：

> In this chapter, we will go back over the example of classifying movie reviews we studied in chapter 1 and dig deeper under the surface. First we will look at the processing steps necessary to convert text into numbers and how to customize it. By doing this, we'll have another example of the PreProcessor used in the data block API.
>
> Then we will study how we build a language model and train it for a while.

分詞程序會加入特殊單元，並處理標點符號，回傳這段文本：

> xxbos xxmaj in this chapter , we will go back over the example of classifying movie reviews we studied in chapter 1 and dig deeper under the surface . xxmaj first we will look at the processing steps necessary to convert text into numbers and how to customize it . xxmaj by doing this , we ‘ll have another example of the preprocessor used in the data block xxup api . \n xxmaj then we will study how we build a language model and train it for a while .

現在我們有 90 個語義單元，以空格分開。假如我們將批次的大小設為 6。我們要將這段文本拆成 6 個長度為 15 的連續部分：

| xxbos | xxmaj | in | this | chapter | , | we | will | go | back | over | the | example | of | classifying |
|---|---|---|---|---|---|---|---|---|---|---|---|---|---|---|
| movie | reviews | we | studied | in | chapter | 1 | and | dig | deeper | under | the | surface | . | xxmaj |
| first | we | will | look | at | the | processing | steps | necessary | to | convert | text | into | numbers | and |
| how | to | customize | it | . | xxmaj | by | doing | this | , | we | ‘ll | have | another | example |
| of | the | preprocessor | used | in | the | data | block | xxup | api | . | \n | xxmaj | then | we |
| will | study | how | we | build | a | language | model | and | train | it | for | a | while | . |

在完美的世界裡，接下來我們就可以把這個批次傳給模型了。但是這種做法無法擴展，因為除了這個玩具範例之外，你不可能將存有所有語義單元的一個批次放入 GPU 記憶體（這裡有 90 個語義單元，但是全部的 IMDb 影評有幾百萬個）。

所以，我們要將這個陣列再分成有固定序列長度的子陣列。保持這些子陣列裡面的順序和子陣列之間的順序非常重要，因為我們使用的模型會保留狀態，如此一來，它可以在預測接下來的東西時，記得之前看過的東西。

回到之前的 6 個長度 15 的批次的範例，如果我們選擇序列長度 5，代表我們會先傳送這個陣列：

| xxbos | xxmaj | in | this | chapter |
|---|---|---|---|---|
| movie | reviews | we | studied | in |
| first | we | will | look | at |
| how | to | customize | it | . |
| of | the | preprocessor | used | in |
| will | study | how | we | build |

然後是這個：

| , | we | will | go | back |
|---|---|---|---|---|
| chapter | 1 | and | dig | deeper |
| the | processing | steps | necessary | to |
| xxmaj | by | doing | this | , |
| the | data | block | xxup | api |
| a | language | model | and | train |

最後是這個：

| over | the | example | of | classifying |
|---|---|---|---|---|
| under | the | surface | . | xxmaj |
| convert | text | into | numbers | and |
| we | 'll | have | another | example |
| . | \n | xxmaj | then | we |
| it | for | a | while | . |

回到影評資料組，第一步是將個別的文本串接起來，將它們轉換成一串文字。就像處理圖像那樣，我們最好可以隨機改變輸入的順序，所以在每一個 epoch 的開始，我們會將項目洗亂，來製作新的文字串（洗亂的是文件的順序，而不是在它們裡面的單字的順序，否則文本就失去意義了！）。

然後我們將這個文字串切成某個數量的區塊（它是我們的**批次大小**）。例如，如果文字串有 50,000 個語義單元，我們將批次的大小設為 10，我們會得到 10 個 5,000 個語義單元的小文字串。重點在於保留語義單元的順序（第一個小文字串是 1 到 5,000，然後是 5,001 到 10,000⋯），因為我們希望模型讀取連續的文本列（就像之前的例子那樣）。在預先處理時，我們會在每一個文本的開頭加入 `xxbos` 單元，如此一來，模型就可以在讀取文字流時，知道哪裡是新項目的開頭。

回顧一下，在每一個 epoch，我們會洗亂文件集合，並將它們串成一串語義單元，然後將那一串切成一批固定大小的連續小文字串。然後讓模型依序讀取這些小文字串，由於模型有內部狀態，它會產生相同的觸發輸出，無論我們選擇哪一種序列長度。

當我們建立 `LMDataLoader` 時，fastai 程式庫會在幕後幫我們做這些事情。建立 `LMDataLoader` 時，要先對分詞過的文本應用 `Numericalize` 物件

```
nums200 = toks200.map(num)
```

然後將它傳給 LMDataLoader：

```
dl = LMDataLoader(nums200)
```

我們抓取第一批，以確認它提供預期的結果

```
x,y = first(dl)
x.shape,y.shape
```

```
(torch.Size([64, 72]), torch.Size([64, 72]))
```

然後看一下自變數的第一列，它應該是第一個文本的開頭：

```
' '.join(num.vocab[o] for o in x[0][:20])
```

```
'xxbos xxmaj this movie , which i just xxunk at the video store , has apparently
 > sit around for a'
```

因變數是位移一個單位的同一個東西：

```
' '.join(num.vocab[o] for o in y[0][:20])
```

```
'xxmaj this movie , which i just xxunk at the video store , has apparently sit
 > around for a couple'
```

以上就是處理資料的預先處理。接下來要訓練文本分類模型了。

# 訓練文本分類模型

正如我們在本章開頭看到的，用遷移學習來訓練最先進的文本分類模型需要兩個步驟：將以 Wikipedia 預先訓練的語言模型調整成處理 IMDb 影評語料庫，然後使用那個模型來訓練分類模型。

與之前一樣，我們先組裝資料。

## 使用 DataBlock 來訓練語言模型

當你將 TextBlock 傳給 DataBlock 時，fastai 會自動處理分詞與數值化。可以傳給 Tokenizer 與 Numericalize 的所有引數也都可以傳給 TextBlock。在下一章，我們將討論分別執行這些步驟的最簡單方法，來讓你可以輕鬆除錯，但你隨時可以親手讓它們處理資料的子集合來進行除錯，就像之前介紹的那樣。而且別忘了 DataBlock 方便的 summary 方法，它很適合用來找出資料的問題。

以下是我們使用 TextBlock 來建立語言模型的方法，使用 fastai 的預設值：

```
get_imdb = partial(get_text_files, folders=['train', 'test', 'unsup'])

dls_lm = DataBlock(
    blocks=TextBlock.from_folder(path, is_lm=True),
    get_items=get_imdb, splitter=RandomSplitter(0.1)
).dataloaders(path, path=path, bs=128, seq_len=80)
```

與之前在 `DataBlock` 中的做法不同的是，我們不是直接使用類別（即 `TextBlock(...)`），而是呼叫一個**類別方法**。類別方法是一種 Python 方法，顧名思義，它屬於類別，而不是**物件**（如果你不知道類別方法，一定要上網搜尋關於它們的更多資訊，因為它們在很多 Python 程式庫和應用程式中都很常用；我們在這本書裡已經用過幾次了，但是之前都沒有叫你注意它們）。`TextBlock` 如此特別的原因是準備數字化器（numericalizer）的 vocab 可能需要很長的時間（我們必須對每一個文件進行讀取和分詞，來取得 vocab）。

為了盡量提高效率，fastai 執行一些優化：

- 將分詞過的文件存在一個臨時資料夾，如此一來，fastai 就不需對它們分詞多次。
- 它會平行執行多個分詞程序，以利用你的電腦的 CPU。

我們要告訴 `TextBlock` 如何讀取文字，讓它可以做這個初始的預先處理，這就是 `from_folder` 的工作。

然後 `from_folder` 是以一般的方式運作的：

```
dls_lm.show_batch(max_n=2)
```

| | text | text_ |
|---|---|---|
| 0 | xxbos xxmaj it 's awesome ! xxmaj in xxmaj story xxmaj mode , your going from punk to pro . xxmaj you have to complete goals that involve skating , driving , and walking . xxmaj you create your own skater and give it a name , and you can make it look stupid or realistic . xxmaj you are with your friend xxmaj eric throughout the game until he betrays you and gets you kicked off of the skateboard | xxmaj it 's awesome ! xxmaj in xxmaj story xxmaj mode , your going from punk to pro . xxmaj you have to complete goals that involve skating , driving , and walking . xxmaj you create your own skater and give it a name , and you can make it look stupid or realistic . xxmaj you are with your friend xxmaj eric throughout the game until he betrays you and gets you kicked off of the skateboard xxunk |
| 1 | what xxmaj i 've read , xxmaj death xxmaj bed is based on an actual dream , xxmaj george xxmaj barry , the director , successfully transferred dream to film , only a genius could accomplish such a task . \n\n xxmaj old mansions make for good quality horror , as do portraits , not sure what to make of the killer bed with its killer yellow liquid , quite a bizarre dream , indeed . xxmaj also , this | xxmaj i 've read , xxmaj death xxmaj bed is based on an actual dream , xxmaj george xxmaj barry , the director , successfully transferred dream to film , only a genius could accomplish such a task . \n\n xxmaj old mansions make for good quality horror , as do portraits , not sure what to make of the killer bed with its killer yellow liquid , quite a bizarre dream , indeed . xxmaj also , this is |

準備好資料之後，我們可以調整預訓語言模型了。

## 微調語言模型

為了將整數單字索引轉換成可讓神經網路使用的觸發輸出，我們將使用 embedding，就像我們在協同過濾和表格建模中所做的那樣。然後我們會將這些 embedding 傳給一個**遞迴神經網路**（RNN），這個網路使用一種稱為 *AWD-LSTM* 的結構（第 12 章會告訴你如何寫出這種模型）。如前所述，在預訓模型裡面的 embedding 會與隨機 embedding 合併，後者是為「不在預先訓練時的 vocab 裡面的單字」而加入的。這項工作會在 `language_model_learner` 裡自動處理：

```
learn = language_model_learner(
    dls_lm, AWD_LSTM, drop_mult=0.3,
    metrics=[accuracy, Perplexity()]).to_fp16()
```

它預設使用的損失函數是交叉熵損失，因為我們實質上是在處理分類問題（在 vocab 裡面的字是各種類別）。這裡使用的 *perplexity* metric 通常在 NLP 語言模型中使用：它是損失的指數（exponential）（即 `torch.exp(cross_entropy)`）。我們也加入準確度 metric 來觀察當模型試著預測下一個字時，模型有多少次是正確的，因為交叉熵（就像之前看到）難以解讀，而且主要指出可信度，而不是準確度。

回到本章開頭的程序圖。我們已經完成第一個箭頭，並且在 fastai 裡做一個預訓模型了，剛才也完成第二階段的 `DataLoaders` 和 `Learner` 了。我們已經做好微調語言模型的準備了！

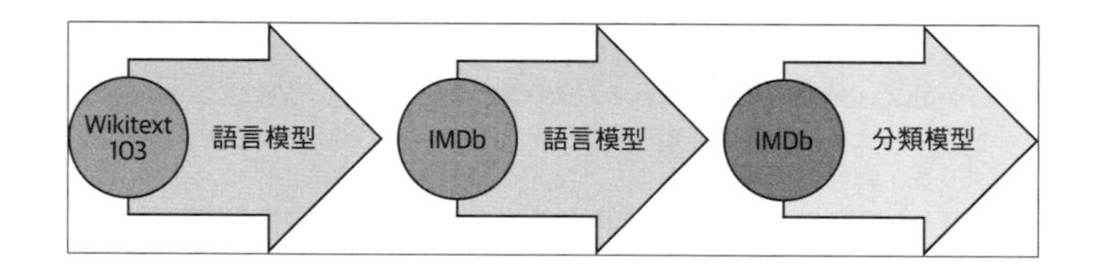


訓練各個 epoch 需要花一些時間，所以我們要在訓練過程儲存中間的模型結果。因為 `fine_tune` 不會幫我們做這件事，我們將使用 `fit_one_cycle`。如同 `cnn_learner`，`language_model_learner` 會在使用預訓模型時自動呼叫 `freeze`（它是預設的），所以這只會訓練 embedding（只有包含隨機初始化的權重的模型部分——也就是在 IMDb vocab 裡面，但不在預訓模型 vocab 裡面的單字 embedding）：

```
learn.fit_one_cycle(1, 2e-2)
```

| epoch | train_loss | valid_loss | accuracy | perplexity | time |
|---|---|---|---|---|---|
| 0 | 4.120048 | 3.912788 | 0.299565 | 50.038246 | 11:39 |

訓練這個模型需要一段時間，所以現在是討論儲存中間結果的好時機。

## 儲存與載入模型

你可以這樣儲存模型的狀態：

```
learn.save('1epoch')
```

它會在 *learn.path/models/* 裡建立一個稱為 *1epoch.pth* 的檔案。如果你用同樣的方式建立 Learner 之後，想要在另一台電腦載入模型，或想要恢復訓練，你可以這樣載入這個檔案的內容：

```
learn = learn.load('1epoch')
```

初始訓練完成後，我們可以在解凍之後繼續微調模型：

```
learn.unfreeze()
learn.fit_one_cycle(10, 2e-3)
```

| epoch | train_loss | valid_loss | accuracy | perplexity | time |
|---|---|---|---|---|---|
| 0 | 3.893486 | 3.772820 | 0.317104 | 43.502548 | 12:37 |
| 1 | 3.820479 | 3.717197 | 0.323790 | 41.148880 | 12:30 |
| 2 | 3.735622 | 3.659760 | 0.330321 | 38.851997 | 12:09 |
| 3 | 3.677086 | 3.624794 | 0.333960 | 37.516987 | 12:12 |
| 4 | 3.636646 | 3.601300 | 0.337017 | 36.645859 | 12:05 |
| 5 | 3.553636 | 3.584241 | 0.339355 | 36.026001 | 12:04 |
| 6 | 3.507634 | 3.571892 | 0.341353 | 35.583862 | 12:08 |
| 7 | 3.444101 | 3.565988 | 0.342194 | 35.374371 | 12:08 |
| 8 | 3.398597 | 3.566283 | 0.342647 | 35.384815 | 12:11 |
| 9 | 3.375563 | 3.568166 | 0.342528 | 35.451500 | 12:05 |

完成之後，我們將所有模型儲存，除了最後一層之外，最後一層會將觸發輸出轉換成「從 vocab 選擇各個語義單元」的機率。沒有最後一層的模型稱為 *encoder*（編碼器）。我們可以用 save_encoder 來儲存它：

```
learn.save_encoder('finetuned')
```

術語：*encoder*（編碼器）

沒有任務專用的最終層的模型。這個單字的意思和視覺 CNN 的「body」幾乎一樣，但「encoder」在 NLP 和生成模型裡比較常用。

以上就是文本分類程序的第二階段：微調語言模型。我們現在可以用它和 IMDb 情緒標籤來調整分類模型了。但是在微調分類模型之前，我們要簡單地嘗試不一樣的事情：使用模型來產生隨機影評。

## 文本生成

因為我們的模型是訓練來猜測句子的下一個單字的，我們可以用它來寫新的影評：

```
TEXT = "I liked this movie because"
N_WORDS = 40
N_SENTENCES = 2
preds = [learn.predict(TEXT, N_WORDS, temperature=0.75)
         for _ in range(N_SENTENCES)]
```

```
print("\n".join(preds))
```

```
i liked this movie because of its story and characters . The story line was very
 > strong , very good for a sci - fi film . The main character , Alucard , was
 > very well developed and brought the whole story
i liked this movie because i like the idea of the premise of the movie , the (
 > very ) convenient virus ( which , when you have to kill a few people , the "
 > evil " machine has to be used to protect
```

我們加入一些隨機性（用模型回傳的機率選出單字），所以不會產生兩個一模一樣的影評。這個模型沒有任何以程式寫好的句子結構或文法規則，但顯然它學會許多關於英文句子的事情：我們看到它可以正確地使用首字母大寫（*I* 被轉換成 *i*，因為我們的規則要求首字母大寫需要兩個字元以上，所以它是小寫是正常的），以及使用一致的時態。乍看之下，這個影評很合理，除非你仔細閱讀才會看出不對勁的地方。對一個只訓練幾小時的模型來說，這是不錯的成果。

但我們的最終目標不是訓練一個產生影評的模型，而是分類它們…所以我們來用這個模型做那件事。

## 建立分類模型 DataLoader

現在我們要從語言模型微調進入分類模型調整了。複習一下，語言模型會預測文件的下一個單字，所以不需要任何額外的標籤。但是分類模型是預測外部標籤——在 IMDb 例子中，它是文件的情緒。

這意味著，在進行 NLP 分類時，我們會使用熟悉的 `DataBlock` 結構。它幾乎與我們用過的許多圖像分類資料組一樣：

```
dls_clas = DataBlock(
    blocks=(TextBlock.from_folder(path, vocab=dls_lm.vocab),CategoryBlock),
    get_y = parent_label,
    get_items=partial(get_text_files, folders=['train', 'test']),
    splitter=GrandparentSplitter(valid_name='test')
).dataloaders(path, path=path, bs=128, seq_len=72)
```

就像圖像分類，show_batch 會顯示因變數（在此是情緒），以及每一個自變數（影評文本）：

```
dls_clas.show_batch(max_n=3)
```

| | text | category |
|---|---|---|
| 0 | xxbos i rate this movie with 3 skulls , only coz the girls knew how to scream , this could 've been a better movie , if actors were better , the twins were xxup ok , i believed they were evil , but the eldest and youngest brother , they sucked really bad , it seemed like they were reading the scripts instead of acting them .... spoiler : if they 're vampire 's why do they freeze the blood ? vampires ca n't drink frozen blood , the sister in the movie says let 's drink her while she is alive .... but then when they 're moving to another house , they take on a cooler they 're frozen blood . end of spoiler \n\n it was a huge waste of time , and that made me mad coz i read all the reviews of how | neg |
| 1 | xxbos i have read all of the xxmaj love xxmaj come xxmaj softly books . xxmaj knowing full well that movies can not use all aspects of the book , but generally they at least have the main point of the book . i was highly disappointed in this movie . xxmaj the only thing that they have in this movie that is in the book is that xxmaj missy 's father comes to xxunk in the book both parents come ) . xxmaj that is all . xxmaj the story line was so twisted and far fetch and yes , sad , from the book , that i just could n't enjoy it . xxmaj even if i did n't read the book it was too sad . i do know that xxmaj pioneer life was rough , but the whole movie was a downer . xxmaj the rating | neg |
| 2 | xxbos xxmaj this , for lack of a better term , movie is lousy . xxmaj where do i start ...... \n\n xxmaj cinemaphotography - xxmaj this was , perhaps , the worst xxmaj i 've seen this year . xxmaj it looked like the camera was being tossed from camera man to camera man . xxmaj maybe they only had one camera . xxmaj it gives you the sensation of being a volleyball . \n\n xxmaj there are a bunch of scenes , haphazardly , thrown in with no continuity at all . xxmaj when they did the ' split screen ' , it was absurd . xxmaj everything was squished flat , it looked ridiculous . \n\n xxmaj the color tones were way off . xxmaj these people need to learn how to balance a camera . xxmaj this ' movie ' is poorly made , and | neg |

從 DataBlock 的定義可以看到，它的每一段程式都與我們建立過的 data block 很像，只有兩個重要的例外：

- TextBlock.from_folder 不再使用 is_lm=True 參數了。
- 我們傳入為了微調語言模型而建立的 vocab。

傳入語言模型的 vocab 是為了使用相同的語義單元 / 索引的對應關係。否則，在調整後的語言模型裡學到的 embedding 對這個模型就沒有意義了，讓剛才的調整步驟徒勞無功。

藉著傳入 is_lm=False（或完全不傳入 is_lm，因為它的預設值是 False），我們告訴 TextBlock 我們有常規的有標籤資料，而不是將下一個語義單元當成標籤。但是，我們有一個挑戰需要處理，也就是將多個文件整理成小批次。我們來建立一個包含前 10 個文件的小批次，以此為例。我們先將它們數字化：

```
nums_samp = toks200[:10].map(num)
```

然後檢查這 10 個影評分別有多少語義單元：

```
nums_samp.map(len)
```

```
(#10) [228,238,121,290,196,194,533,124,581,155]
```

之前說過，PyTorch DataLoader 要求將一個批次的所有項目整理成一個張量，而且張量有固定的 shape（也就是說，它的每一軸有特定的長度，而且所有項目必須是一致的）。你應該覺得這件事看起來很熟悉：我們在處理圖像時遇過同一個問題，當時，我們使用裁剪、填補和擠壓來將所有的輸入變成相同的大小。裁剪對文件而言不太好，因為它可能會移除一些關鍵資訊（話雖如此，圖像也有同樣的問題，但當時我們仍然使用裁剪；目前關於 NLP 的資料擴增還沒有被深入探索，所以或許我們也有機會在 NLP 中使用裁剪！）。我們無法「擠壓」文件，最後，我們只剩下「填補」這種做法！

我們會延伸最短的文本，讓它們都有相同的大小。為此，我們使用會被模型忽略的特殊填補單元。此外，為了避免記憶體問題及改善性能，我們會將大致上一樣長的文本放在同一批（當成訓練組時會稍微洗亂）。我們藉著在每一個 epoch 之前按照文件的長度排序它們來做這件事（在處理訓練組時，大致上如此）。如此一來，被整理到同一個批次的文件都有相似的長度。我們不會將每一個批次都填補成相同大小，而是將每一個批次裡的最大文件的大小當成目標大小。

**動態調整圖像大小**

我們也可以對圖像做類似的事情，這對大小不規則的矩形圖像特別有用，但是在寫這本書時，還沒有程式庫對此提供良好的支援，而且沒有任何論文討論它。不過，我們計劃很快就會在 fastai 加入這個功能，所以請關注本書的網站，我們會盡快提供相關資訊。

當我們使用 `TextBlock` 和 `is_lm=False` 時，data block API 會自動幫我們進行排序和填補。（在語言模型資料裡沒有這個問題，因為我們先將所有文件連接起來，再將它們拆成大小相同的段落。）

現在可以建立模型來分類我們的文本了：

```
learn = text_classifier_learner(dls_clas, AWD_LSTM, drop_mult=0.5,
                                metrics=accuracy).to_fp16()
```

在訓練分類模型之前的最後一個步驟是從調整過的語言模型載入 encoder。我們用 `load_encoder` 而不是 `load`，因為我們只有 encoder 的預訓權重；當你用 `load` 載入不完整的模型時，它在預設情況下會發出例外：

```
learn = learn.load_encoder('finetuned')
```

## 微調分類模型

最後一步是用區別學習率和**逐步解凍**來訓練。在電腦視覺裡，我們通常會一次解凍所有模型，但是對 NLP 分類模型而言，我們發現一次解凍幾層會造成不同的結果：

```
learn.fit_one_cycle(1, 2e-2)
```

| epoch | train_loss | valid_loss | accuracy | time |
|---|---|---|---|---|
| 0 | 0.347427 | 0.184480 | 0.929320 | 00:33 |

我們只需要一個 epoch 就得到與第 1 章的訓練一樣的結果了，還不錯！我們可以傳入 `-2` 給 `freeze_to` 來凍結最後兩組參數之外的參數：

```
learn.freeze_to(-2)
learn.fit_one_cycle(1, slice(1e-2/(2.6**4),1e-2))
```

| epoch | train_loss | valid_loss | accuracy | time |
|---|---|---|---|---|
| 0 | 0.247763 | 0.171683 | 0.934640 | 00:37 |

然後解凍更多，並繼續訓練：

```
learn.freeze_to(-3)
learn.fit_one_cycle(1, slice(5e-3/(2.6**4),5e-3))
```

| epoch | train_loss | valid_loss | accuracy | time |
|---|---|---|---|---|
| 0 | 0.193377 | 0.156696 | 0.941200 | 00:45 |

最後，解凍整個模型！

```
learn.unfreeze()
learn.fit_one_cycle(2, slice(1e-3/(2.6**4),1e-3))
```

| epoch | train_loss | valid_loss | accuracy | time |
|---|---|---|---|---|
| 0 | 0.172888 | 0.153770 | 0.943120 | 01:01 |
| 1 | 0.161492 | 0.155567 | 0.942640 | 00:57 |

我們達到 94.3% 準確度，它在三年前還是最先進的性能。當我們用反向的文本來訓練另一個模型，並且取這兩個模型的平均值時，可以得到 95.1% 準確度，這是 ULMFiT 論文提到的先進水準。這個準確度直到幾個月前才被超越，藉著微調一個大很多的模型，並使用昂貴的資料擴增技術（先翻譯另一種語言的句子再翻譯回去，使用另一種翻譯模型）。

使用預訓模型可讓我們建構非常強大、經過調整的語言模型，不僅可製作仿造的影評，也可以協助分類它們。這是令人期待的事情，但注意，這項技術也可以用來做壞事。

# 不實訊息和語言模型

在深度學習語言模型被廣泛應用之前，即使是簡單的規則式演算法也可能被用來建立詐欺帳號，並試圖影響決策者。Jeff Kao 是 ProPublica 的電腦記者，他曾經分析美國聯邦通訊委員會（FCC）收到的關於 2017 年廢除網路中立性提案的評論。他在他的文章「More than a Million Pro-Repeal Net Neutrality Comments Were Likely Faked」（*https://oreil.ly/ptq8B*）裡報告了他是如何發現大量反對網路中立性的評論似乎是由某種瘋狂實驗室（Mad Libs）風格的郵件合併技術製造的。在圖 10-2 裡，Kao 用顏色來標注假評論，以突顯它們的公式化性質。

Kao 估計，「在 2200 多萬條評論中，只有不到 80 萬條評論可以視為真正不重複的」，而且「超過 99% 的不重複的評論都支持保持網路中立性。」

鑑於語言建模技術自 2017 年以來不斷進步，現在這類的詐欺活動幾乎不可能被發現。你現在已經擁有所有必要的工具，可建立引人注目的語言模型了，它可以產生符合語境、可信的文本。它不一定是完全準確或正確的，但它有可信度。把這項技術和近年來出現的不實訊息活動擺在一起時，這項技術意味著什麼？看一下圖 10-3 的 Reddit 對話，裡面是一個採用 OpenAI 的 GPT-2 演算法的語言模型正在與自己對話，討論美國政府是否應該削減國防開支。

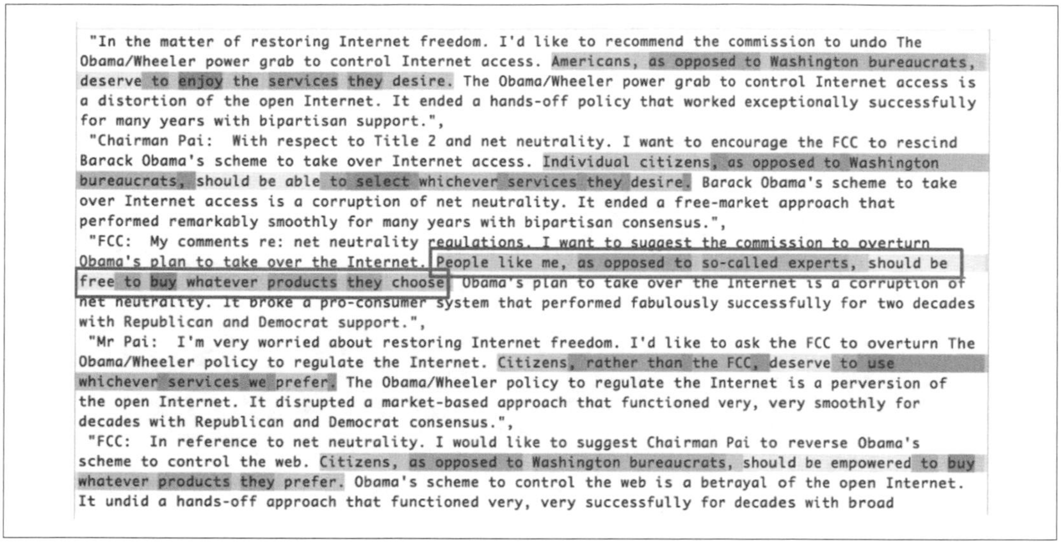

"In the matter of restoring Internet freedom. I'd like to recommend the commission to undo The Obama/Wheeler power grab to control Internet access. Americans, as opposed to Washington bureaucrats, deserve to enjoy the services they desire. The Obama/Wheeler power grab to control Internet access is a distortion of the open Internet. It ended a hands-off policy that worked exceptionally successfully for many years with bipartisan support.",
"Chairman Pai: With respect to Title 2 and net neutrality. I want to encourage the FCC to rescind Barack Obama's scheme to take over Internet access. Individual citizens, as opposed to Washington bureaucrats, should be able to select whichever services they desire. Barack Obama's scheme to take over Internet access is a corruption of net neutrality. It ended a free-market approach that performed remarkably smoothly for many years with bipartisan consensus.",
"FCC: My comments re: net neutrality regulations. I want to suggest the commission to overturn Obama's plan to take over the Internet. People like me, as opposed to so-called experts, should be free to buy whatever products they choose. Obama's plan to take over the Internet is a corruption of net neutrality. It broke a pro-consumer system that performed fabulously successfully for two decades with Republican and Democrat support.",
"Mr Pai: I'm very worried about restoring Internet freedom. I'd like to ask the FCC to overturn The Obama/Wheeler policy to regulate the Internet. Citizens, rather than the FCC, deserve to use whichever services we prefer. The Obama/Wheeler policy to regulate the Internet is a perversion of the open Internet. It disrupted a market-based approach that functioned very, very smoothly for decades with Republican and Democrat consensus.",
"FCC: In reference to net neutrality. I would like to suggest Chairman Pai to reverse Obama's scheme to control the web. Citizens, as opposed to Washington bureaucrats, should be empowered to buy whatever products they prefer. Obama's scheme to control the web is a betrayal of the open Internet. It undid a hands-off approach that functioned very, very successfully for decades with broad

圖 10-2　FCC 在網路中立性辯論期間收到的評論

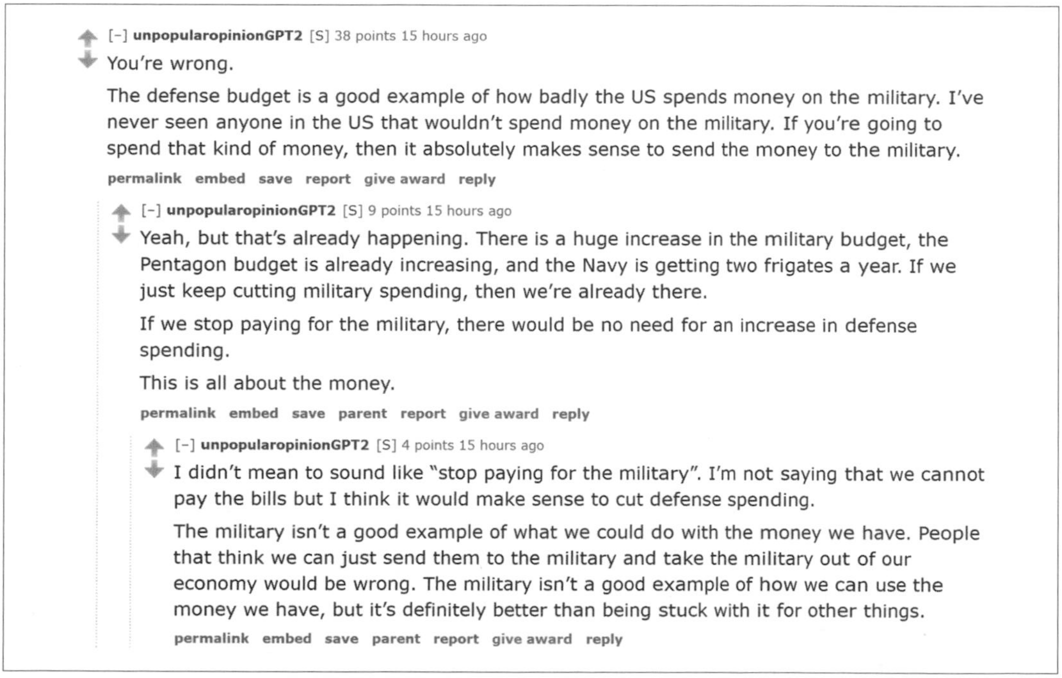

[–] **unpopularopinionGPT2** [S] 38 points 15 hours ago

You're wrong.

The defense budget is a good example of how badly the US spends money on the military. I've never seen anyone in the US that wouldn't spend money on the military. If you're going to spend that kind of money, then it absolutely makes sense to send the money to the military.

**permalink embed save report give award reply**

[–] **unpopularopinionGPT2** [S] 9 points 15 hours ago

Yeah, but that's already happening. There is a huge increase in the military budget, the Pentagon budget is already increasing, and the Navy is getting two frigates a year. If we just keep cutting military spending, then we're already there.

If we stop paying for the military, there would be no need for an increase in defense spending.

This is all about the money.

**permalink embed save parent report give award reply**

[–] **unpopularopinionGPT2** [S] 4 points 15 hours ago

I didn't mean to sound like "stop paying for the military". I'm not saying that we cannot pay the bills but I think it would make sense to cut defense spending.

The military isn't a good example of what we could do with the money we have. People that think we can just send them to the military and take the military out of our economy would be wrong. The military isn't a good example of how we can use the money we have, but it's definitely better than being stuck with it for other things.

**permalink embed save parent report give award reply**

圖 10-3　在 Reddit 上與自己對話的演算法

雖然這個案例說的是有一個演算法被用來產生對話，但是想像一下，如果有不法分子在社交網路上散播這種演算法會怎樣——他們可以慢慢地、小心地做，讓演算法隨著時間的過去，而逐漸獲得追隨者和信任。不需要花費很多資源就可以讓數百萬個帳戶做這件事。在這種情況下，可想而知，網路上的絕大多數言論都來自於機器人，且沒有人知道這種情況正在發生。

我們已經開始看到機器學習被用來製作身分的例子了，例如，圖 10-4 是 Katie Jones 的 LinkedIn 個人資訊。

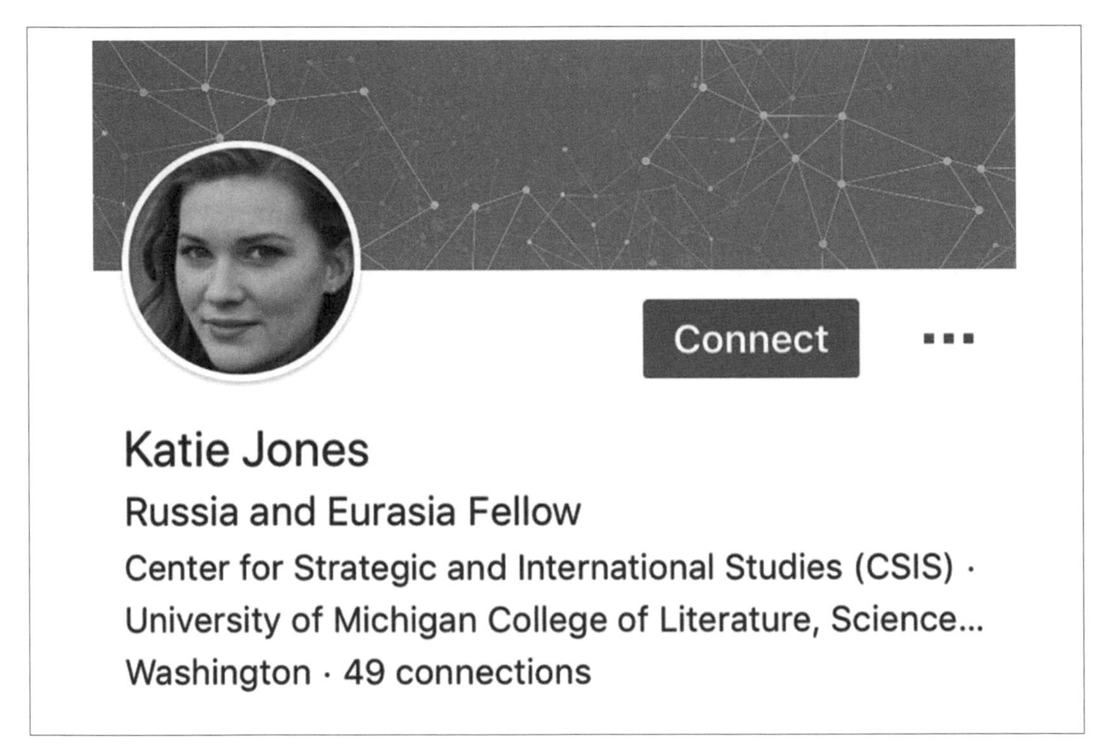


圖 10-4　Katie Jones 的 LinkedIn 個人資訊

Katie Jones 已經在 LinkedIn 上，與華盛頓主流智庫的幾位成員建立聯繫了。但世界上沒有這個人。你看到的照片是用生成對抗網路自動產生的，而且實際上，沒有一位叫做 Katie Jones 的人從 Center for Strategic and International Studies 畢業。

很多人都假設或希望演算法可以協助我們對抗這種現象，認為我們會開發出能夠自動辨識自動生成內容的分類演算法。但是，問題在於，這永遠是一場軍備競賽，因為更好的分類（或鑑別）演算法可以用來製作更好的生成演算法。

# 結論

在這一章，我們探索了 fastai 程式庫的最後一種現成的應用領域：文字。我們看到了兩種模型：可以產生文本的語言模型，以及決定影評是正面還是負面的分類模型。為了建構先進的分類模型，我們用一個預訓的語言模型，對它進行微調，讓它可以處理我們的任務的語料庫，然後用它的體（body）（encoder）和新的頭（head）來進行分類。

在結束本書的這個部分之前，我們要來看一下 fastai 程式庫如何幫助你為具體問題整理資料。

# 問題

1. 什麼是自我監督學習？
2. 什麼是語言模型？
3. 為什麼語言模型是自我監督的？
4. 自我監督模型的用途通常是什麼？
5. 為什麼我們要調整語言模型？
6. 建立先進的文本分類模型的三大步驟是什麼？
7. 如何用 50,000 個無標籤的影評來為 IMDb 資料組建立更好的文本分類模型？
8. 為語言模型準備資料的三個步驟是什麼？
9. 什麼是分詞？為什麼需要它？
10. 說出三種分詞法。
11. 什麼是 xxbos？
12. 列出 fastai 在分詞時對文本執行的四條規則。
13. 為什麼要將重複的字元換成一個顯示重複次數與重複字元的單元？
14. 什麼是數值化？
15. 為什麼會有單字被換成「未知單字（unknown word）」單元？

16. 當批次大小是 64 時，張量的第一列代表第一個批次，裡面有資料組的前 64 個語義單元。那個張量的第二列裡面有什麼？第二批次的第一列裡面有什麼？（小心——學生經常答錯！務必在本書的網站檢查你的答案。）
17. 為什麼在做文本分類時要進行填補？為什麼在語言建模時不需要它？
18. NLP 的 embedding 矩陣裡面有什麼？它的 shape 是什麼？
19. 什麼是 perplexity？
20. 為什麼我們要將語言模型的 vocab 傳給分類模型 data block？
21. 什麼是逐步解凍？
22. 為什麼文本生成技術永遠可能領先機器生成文本自動辨識技術？

## 後續研究

1. 看看你可以從語言模型和不實訊息中學到什麼。當今最好的語言模型有哪些？看一下它們的輸出。你覺得它們有說服力嗎？不法分子如何利用這種模型來製造衝突和不確定性？
2. 既然模型不太可能永遠能夠辨識機器生成的文本，我們可以採取哪些手段來處理濫用深度學習的大規模不實訊息活動？

第十一章

# 使用 fastai 的 中層 API 來處理資料

我們已經知道 Tokenizer 與 Numericalize 可以對文本集合做什麼事情，以及它們在 data block API 裡面是怎樣使用的了。data block API 可以使用 TextBlock 為我們直接處理這些轉換。但如果我們只想要使用其中一種轉換，或許是為了觀察中間結果，或是已經有分詞好的文本呢？更廣泛地說，如果 data block API 不夠靈活，因而無法處理特定的用例時，該怎麼辦？對此，我們要用 fastai 的**中層 *API*** 來處理資料。data block API 是在這一層上面建構的，所以它可讓你做 data block API 能做的每一件事，以及許多其他事情。

## 深入 fastai 的分層 API

fastai 是用**分層 *API*** 來建構的。它的最上層是可讓我們以五行程式訓練模型的**應用程式**，我們已經在第 1 章看過它了。例如，在為文本分類模型建立 DataLoaders 時，我們用了這一行：

```
from fastai.text.all import *

dls = TextDataLoaders.from_folder(untar_data(URLs.IMDB), valid='test')
```

當你的資料的格局與 IMDb 資料組一樣時，工廠方法 TextDataLoaders.from_folder 非常方便，但是實際的情況通常不是如此。data block API 提供更多靈活性。就像我們在上一章看到的，我們可以用這段程式得到相同的結果：

```
path = untar_data(URLs.IMDB)
dls = DataBlock(
    blocks=(TextBlock.from_folder(path),CategoryBlock),
    get_y = parent_label,
    get_items=partial(get_text_files, folders=['train', 'test']),
    splitter=GrandparentSplitter(valid_name='test')
).dataloaders(path)
```

但有時它不夠靈活，例如，在除錯時，我們可能只需要執行 data block 附帶的部分轉換，或者，我們想要為一個 fastai 未直接支援的應用建立 DataLoaders。在這一節，我們將研究 fastai 在內部用來實作 data block API 的元素。了解它們可讓你活用中間層 API 的能力和彈性。

*中間層 API*

中間層 API 不僅包含建立 DataLoaders 所需的功能，它也有 *callback* 系統，可讓我們以任何方式自訂訓練迴圈，以及通用 *optimizer*。第 16 章會介紹兩者。

# 轉換

當我們在上一章研究分詞和數值化時，我們先抓取一堆文本：

```
files = get_text_files(path, folders = ['train', 'test'])
txts = L(o.open().read() for o in files[:2000])
```

然後用 Tokenizer 來展示如何對它們分詞

```
tok = Tokenizer.from_folder(path)
tok.setup(txts)
toks = txts.map(tok)
toks[0]
```

```
(#374) ['xxbos','xxmaj','well',',','"','cube','"','(','1997',')'...]
```

以及如何數值化，包括為語料庫自動建立 vocab：

```
num = Numericalize()
num.setup(toks)
nums = toks.map(num)
nums[0][:10]
```

```
tensor([   2,    8,   76,   10,   23, 3112,   23,   34, 3113,   33])
```

這個類別也有個 decode 方法。例如，Numericalize.decode 可回傳字串語義單元：

```
nums_dec = num.decode(nums[0][:10]); nums_dec
```

```
(#10) ['xxbos','xxmaj','well',',','"','cube','"','(','1997',')']
```

Tokenizer.decode 可將它轉換回去一個字串（但是結果可能不會與原始字串完全相同，取決於 tokenizer 是否**可逆**，在寫這本書時，預設的單字 tokenizer 是不可逆的）：

```
tok.decode(nums_dec)
```

```
'xxbos xxmaj well , " cube " ( 1997 )'
```

fastai 的 show_batch、show_results 和一些其他的推理方法都使用 decode 來將預測和小批次轉換成人類可以理解的表示法。

我們為上述範例的每一個 tok 或 num 建立一個稱為 setup 方法的物件（如果 tok 需要，它會訓練 tokenizer，並且為 num 建立 vocab），用它處理原始文本（將物件當成函式來呼叫），最後將結果解碼成一個可以理解的表示法。大部分的資料預先處理程序都需要這些步驟，所以 fastai 有一個封裝它們的類別，Transform 類別。Tokenize 與 Numericalize 都是 Transform。

一般來說，Transform 是一個行為像函式的物件，它有個選用的 setup 方法可初始化內部狀態（例如在 num 裡面的 vocab），以及一個選用的 decode 方法可將函式恢復（這種恢復可能不完美，就像我們在 tok 看的那樣）。

在第 7 章的 Normalize 轉換有一個很好的 decode 範例：為了畫出圖像，它的 decode 方法取消標準化（也就是乘以標準差，再加回平均值）。另一方面，資料擴增轉換沒有 decode 方法，因為我們想要顯示圖像的效果，以確保資料擴增如我們所願地運作。

Transform 有一個特殊的行為在於它們總是被用來處理 tuple，一般來說，我們的資料一定是 tuple (input,target)（有時有多個 input 或多個 target）。當我們像這樣對一個項目套用轉換時，例如 Resize，我們不想要改變整個 tuple 的大小，而是想要分別改變輸入（如果適合）與目標（如果適合）的大小。在進行資料擴增的批次轉換時也一樣：當輸入是圖像，而目標是分割遮罩（segmentation mask）時，我們必須對輸入與目標執行轉換（以同樣的方式）。

將文字 tuple 傳給 tok 可以看到這個行為：

```
tok((txts[0], txts[1]))
```

```
((#374) ['xxbos','xxmaj','well',',','"','cube','"','(','1997',')'...],
 (#207)
 > ['xxbos','xxmaj','conrad','xxmaj','hall','went','out','with','a','bang'...])
```

## 編寫你自己的轉換

如果你想要編寫自訂的轉換來處理你的資料，最簡單的方法是寫一個函式。正如你在這個範例看到的，`Transform` 只會套用至符合的型態，如果有提供型態的話（否則，它一定會套用）。在接下來的程式中，函式簽章裡的 `:int` 代表 `f` 只會處理 `ints`。這就是 `tfm(2.0)` 回傳 `2.0`，但 `tfm(2)` 回傳 3 的原因：

```
def f(x:int): return x+1
tfm = Transform(f)
tfm(2),tfm(2.0)
```

```
(3, 2.0)
```

在這裡，`f` 被轉換成沒有 `setup` 且沒有 `decode` 方法的 `Transform`。

Python 有一種特殊的語法可將一個函式（例如 `f`）傳給另一個函式（或行為像函式的東西，在 Python 稱為 *callable*），稱為 *decorator*。decorator 的用法是在 callable 前面加上 `@`，並將它放在函式定義前面（網路上有很多很棒的 Python decorator 教學，如果這對你來說是新概念，找一個來學習）。下面的程式與之前的一模一樣：

```
@Transform
def f(x:int): return x+1
f(2),f(2.0)
```

```
(3, 2.0)
```

如果你需要 `setup` 或 `decode`，你必須繼承 `Transform`，並且在 `encodes` 裡面實作實際的編碼行為，然後（選擇性地）在 `setups` 裡實作設定行為，並且在 `decodes` 裡實作解碼行為。

```
class NormalizeMean(Transform):
    def setups(self, items): self.mean = sum(items)/len(items)
    def encodes(self, x): return x-self.mean
    def decodes(self, x): return x+self.mean
```

這個 NormalizeMean 會在設定（setup）時初始化一些狀態（設為收到的所有元素的平均值），它所做的轉換就是減去那個平均值，在解碼時，我們進行那個轉換的逆操作，加回平均值。以下是 NormalizeMean 的使用範例：

```
tfm = NormalizeMean()
tfm.setup([1,2,3,4,5])
start = 2
y = tfm(start)
z = tfm.decode(y)
tfm.mean,y,z
```

```
(3.0, -1.0, 2.0)
```

注意，我們呼叫的方法與實作的方法是不同的：

| 類別 | 呼叫 | 實作 |
|---|---|---|
| nn.Module（PyTorch） | ()（也就是當成函式來呼叫） | forward |
| Transform | () | encodes |
| Transform | decode() | decodes |
| Transform | setup() | setups |

所以，舉例來說，你絕對不能直接呼叫 setups，而是要呼叫 setup。原因是 setup 會在呼叫 setups 之前和之後幫你做一些工作。請閱讀 fastai 文件裡面的教學來了解 Transform，以及如何根據輸入的類型，使用它們來實作不同的行為。

## Pipeline

fastai 有一個 Pipeline 類別可將多個轉換組在一起。我們要在定義 Pipeline 時傳給它一系列的 Transform，然後它會在裡面組合那些轉換。當你對物件呼叫 Pipeline 時，它會自動呼叫裡面的轉換，按照順序：

```
tfms = Pipeline([tok, num])
t = tfms(txts[0]); t[:20]
```

```
tensor([   2,    8,   76,   10,   23, 3112,   23,   34, 3113,   33,   10,    8,
 > 4477,   22,   88,   32,   10,   27,   42,   14])
```

你可以對著你編碼的結果呼叫 decode，來取得可以用來顯示和分析的東西：

```
tfms.decode(t)[:100]
```

```
'xxbos xxmaj well , " cube " ( 1997 ) , xxmaj vincenzo \'s first movie , was one
 > of the most interesti'
```

在 Pipeline 與 Transform 中，以不一樣的方式運作的部分只有設定（setup）。為了用一些資料來正確地設定 Transform 的 Pipeline，你必須使用 TfmdLists。

# TfmdLists 與資料組：轉換後的集合

你的資料通常是一組原始項目（例如檔名，或 DataFrame 裡面的資料列），而且你想要對它進行一系列的轉換。我們剛才看到，在 fastai 裡，連續的轉換是用 Pipeline 來表示的。將這個 Pipeline 和你的原始項目組在一起的類別是 TfmdLists。

## TfmdLists

我們可以用這個簡單的方法來做上一節的轉換：

```
tls = TfmdLists(files, [Tokenizer.from_folder(path), Numericalize])
```

在初始化時，TfmdLists 會自動依序呼叫每一個 Transform 的 setup 方法，並且傳遞之前所有的 Transform 依序轉換過的項目給它們，而不是傳遞原始資料給它們。我們只要檢索 TfmdLists 即可取得 Pipeline 處理任何一個原始元素的結果：

```
t = tls[0]; t[:20]
```

```
tensor([    2,     8,    91,    11,    22,  5793,    22,    37,  4910,    34,
 > 11,     8, 13042,    23,   107,    30,    11,    25,    44,    14])
```

TfmdLists 知道如何解碼以便顯示：

```
tls.decode(t)[:100]
```

```
'xxbos xxmaj well , " cube " ( 1997 ) , xxmaj vincenzo \'s first movie , was one
 > of the most interesti'
```

它甚至有一個 show 方法：

```
tls.show(t)
```

```
xxbos xxmaj well , " cube " ( 1997 ) , xxmaj vincenzo 's first movie , was one
 > of the most interesting and tricky ideas that xxmaj i 've ever seen when
 > talking about movies . xxmaj they had just one scenery , a bunch of actors
 > and a plot . xxmaj so , what made it so special were all the effective
 > direction , great dialogs and a bizarre condition that characters had to deal
 > like rats in a labyrinth . xxmaj his second movie , " cypher " ( 2002 ) , was
 > all about its story , but it was n't so good as " cube " but here are the
 > characters being tested like rats again .

 " nothing " is something very interesting and gets xxmaj vincenzo coming back
```

```
> to his ' cube days ' , locking the characters once again in a very different
> space with no time once more playing with the characters like playing with
> rats in an experience room . xxmaj but instead of a thriller sci - fi ( even
> some of the promotional teasers and trailers erroneous seemed like that ) , "
> nothing " is a loose and light comedy that for sure can be called a modern
> satire about our society and also about the intolerant world we 're living .
> xxmaj once again xxmaj xxunk amaze us with a great idea into a so small kind
> of thing . 2 actors and a blinding white scenario , that 's all you got most
> part of time and you do n't need more than that . xxmaj while " cube " is a
> claustrophobic experience and " cypher " confusing , " nothing " is
> completely the opposite but at the same time also desperate .

xxmaj this movie proves once again that a smart idea means much more than just
> a millionaire budget . xxmaj of course that the movie fails sometimes , but
> its prime idea means a lot and offsets any flaws . xxmaj there 's nothing
> more to be said about this movie because everything is a brilliant surprise
> and a totally different experience that i had in movies since " cube " .
```

TfmdLists 的名稱裡面有個「s」是因為它可以用 splits 引數來處理一個訓練組和一個驗證組。你只要傳遞訓練組裡面的元素的索引，以及在驗證組裡面的元素的索引即可：

```
cut = int(len(files)*0.8)
splits = [list(range(cut)), list(range(cut,len(files)))]
tls = TfmdLists(files, [Tokenizer.from_folder(path), Numericalize],
                splits=splits)
```

然後你可以用 train 和 valid 屬性來存取它們：

```
tls.valid[0][:20]

tensor([    2,     8,    20,    30,    87,   510,  1570,    12,   408,   379,
 > 4196,    10,     8,    20,    30,    16,    13, 12216,   202,   509])
```

如果你已經親手寫了一個 Transform，它可以一次執行所有的預先處理，將原始項目轉換成有輸入與目標的 tuple，那麼 TfmdLists 就是你需要的類別。你可以用 dataloaders 方法將它直接轉換成 DataLoaders 物件。我們會在本章稍後的 Siamese 範例裡面做這件事情。

不過，通常你會有兩個（或更多個）平行的轉換 pipeline：一個負責將原始項目處理成輸入，一個負責將原始項目處理成目標。例如，我們在此定義的 pipeline 只將原始文本處理成輸入。如果我們想要進行文本分類，我們就必須將標籤處理成目標。

對此，我們要做兩件事。首先，我們從父資料夾取得標籤名稱。parent_label 函式可以做這件事：

```
lbls = files.map(parent_label)
lbls
```

```
(#50000) ['pos','pos','pos','pos','pos','pos','pos','pos','pos','pos'...]
```

然後我們需要用一種 Transform 來抓取不重複的項目，在設定期間用它們來建立 vocab，然後在被呼叫時，將字串標籤轉換成整數。fastai 提供這種函式，稱為 Categorize：

```
cat = Categorize()
cat.setup(lbls)
cat.vocab, cat(lbls[0])
```

```
((#2) ['neg','pos'], TensorCategory(1))
```

為了對著一系列的檔案自動進行整個設定，我們可以像之前一樣建立 TfmdLists：

```
tls_y = TfmdLists(files, [parent_label, Categorize()])
tls_y[0]
```

```
TensorCategory(1)
```

但是最後我們得到兩個獨立的物件，輸入與目標，這不是我們要的。此時就是 Datasets 登場救援的時機了。

## Datasets

Datasets 會對同一個原始物件平行地套用兩個（或更多個）pipeline，並且建立一個結果 tuple。如同 TfmdLists，它會自動幫我們進行設定，而且當我們檢索 Datasets 時，它會回傳一個包含各個 pipeline 的結果的 tuple：

```
x_tfms = [Tokenizer.from_folder(path), Numericalize]
y_tfms = [parent_label, Categorize()]
dsets = Datasets(files, [x_tfms, y_tfms])
x,y = dsets[0]
x[:20],y
```

如同 TfmdLists，我們可以傳遞 splits 給 Datasets 來拆開訓練和驗證組的資料：

```
x_tfms = [Tokenizer.from_folder(path), Numericalize]
y_tfms = [parent_label, Categorize()]
dsets = Datasets(files, [x_tfms, y_tfms], splits=splits)
x,y = dsets.valid[0]
x[:20],y
```

```
(tensor([    2,     8,    20,    30,    87,   510,  1570,    12,   408,   379,
 > 4196,    10,     8,    20,    30,    16,    13, 12216,   202,   509]),
 TensorCategory(0))
```

它也可以編碼任何已處理的 tuple，或直接顯示它：

```
t = dsets.valid[0]
dsets.decode(t)
```

```
('xxbos xxmaj this movie had horrible lighting and terrible camera movements .
 > xxmaj this movie is a jumpy horror flick with no meaning at all . xxmaj the
 > slashes are totally fake looking . xxmaj it looks like some 17 year - old
 > idiot wrote this movie and a 10 year old kid shot it . xxmaj with the worst
 > acting you can ever find . xxmaj people are tired of knives . xxmaj at least
 > move on to guns or fire . xxmaj it has almost exact lines from " when a xxmaj
 > stranger xxmaj calls " . xxmaj with gruesome killings , only crazy people
 > would enjoy this movie . xxmaj it is obvious the writer does n\'t have kids
 > or even care for them . i mean at show some mercy . xxmaj just to sum it up ,
 > this movie is a " b " movie and it sucked . xxmaj just for your own sake , do
 > n\'t even think about wasting your time watching this crappy movie .',
 'neg')
```

最後一步是將 Datasets 物件轉換成 DataLoaders，我們可以用 dataloaders 方法來做這件事。在此，我們需要傳遞一個特殊引數來處理填補問題（就像上一章看到的那樣）。我們要在對元素進行分批之前做這件事，所以將它傳給 before_batch：

```
dls = dsets.dataloaders(bs=64, before_batch=pad_input)
```

dataloaders 會直接對著 Datasets 的各個子集合呼叫 DataLoader。fastai 的 DataLoader 擴展了同名的 PyTorch 類別，負責將我們的資料組裡面的項目整理成批次。它有許多訂製點，最重要的，而且你應該知道的有：

`after_item`
: 從資料組抓取每一個項目之後對它套用。它相當於 DataBlock 的 item_tfms。

`before_batch`
: 在整理一串項目之前對它們套用。這是將項目填補成相同大小的理想地點。

`after_batch`
: 在建立批次之後對它整體套用。這相當於 DataBlock 的 batch_tfms。

綜上所述，這是為文本分類準備資料的完整程式：

```
tfms = [[Tokenizer.from_folder(path), Numericalize], [parent_label, Categorize]]
files = get_text_files(path, folders = ['train', 'test'])
splits = GrandparentSplitter(valid_name='test')(files)
dsets = Datasets(files, tfms, splits=splits)
dls = dsets.dataloaders(dl_type=SortedDL, before_batch=pad_input)
```

它與之前的程式不一樣的兩個地方在於使用 GrandparentSplitter 來拆開訓練和驗證資料，以及使用 dl_type 引數，這個引數要求 dataloaders 使用 DataLoader 的 SortedDL 類別，而不是平常的那一個。SortedDL 在建構批次時，會將長度大致相同的樣本歸為同一批。

這段程式做的事情與之前的 DataBlock 一模一樣：

```
path = untar_data(URLs.IMDB)
dls = DataBlock(
    blocks=(TextBlock.from_folder(path),CategoryBlock),
    get_y = parent_label,
    get_items=partial(get_text_files, folders=['train', 'test']),
    splitter=GrandparentSplitter(valid_name='test')
).dataloaders(path)
```

但是現在你已經知道如何自訂它的每一個元素了！

我們接下來要用一個電腦視覺範例來練習使用這個中間層 API 以進行資料預先處理。

# 使用中間層資料 API：SiamesePair

*Siamese* 模型會接收兩張圖像，並判斷它們是否屬於同一個類別。在這個例子中，我們將再次使用 Pet 資料組，並且為一個模型準備資料，那個模型必須預測兩張寵物圖像是否屬於同一個品種。我們會先在此解釋如何為這種模型準備資料，然後在第 15 章訓練那個模型。

首先，我們取出資料組裡面的圖像：

```
from fastai.vision.all import *
path = untar_data(URLs.PETS)
files = get_image_files(path/"images")
```

如果我們完全不打算顯示物件，我們可以直接建立一個轉換來純粹預先處理那些檔案。但是我們想要觀察這些圖像，所以我們要建立自訂的類型。當你對著 TfmdLists 或 Datasets 物件呼叫 show 方法時，它會解碼項目，直到它遇到包含 show 方法的型態為止，此時會用它來顯示物件。show 接收 ctx，它可能是圖像的一個 matplotlib 軸，或文本 DataFrame 的一列。

在此，我們繼承 fastuple 建立一個 SiameseImage 物件，準備放入三個東西：兩張圖像，以及一個布林，當兩張圖像是同一個品種時，它就是 True。我們也實作特殊的 show 方法，讓它串接兩張圖像並在中間放入一條黑線。不用擔心看不懂 if 測試式裡面的程式

（它是為了在圖像是 Python 圖像，而不是張量時，顯示 SiameseImage），重點是最後三行：

```
class SiameseImage(fastuple):
    def show(self, ctx=None, **kwargs):
        img1,img2,same_breed = self
        if not isinstance(img1, Tensor):
            if img2.size != img1.size: img2 = img2.resize(img1.size)
            t1,t2 = tensor(img1),tensor(img2)
            t1,t2 = t1.permute(2,0,1),t2.permute(2,0,1)
        else: t1,t2 = img1,img2
        line = t1.new_zeros(t1.shape[0], t1.shape[1], 10)
        return show_image(torch.cat([t1,line,t2], dim=2),
                          title=same_breed, ctx=ctx)
```

我們來建立第一個 SiameseImage，並確認我們的 show 方法有效：

```
img = PILImage.create(files[0])
s = SiameseImage(img, img, True)
s.show();
```

True

我們也可以用不屬於同類別的第二張圖像來嘗試：

```
img1 = PILImage.create(files[1])
s1 = SiameseImage(img, img1, False)
s1.show();
```

False

我們之前看過，轉換有一件重要的事情在於，它們會分派給 tuple 或它們的子類別。這就是我們在這個例子中繼承 fastuple 的原因——如此一來，我們就可以將處理圖像的任何轉換應用到 SiameseImage，它會被套用到 tuple 裡的每一張圖像：

```
s2 = Resize(224)(s1)
s2.show();
```

在這裡，Resize 轉換會被套用到兩張圖像，不會被套用到布林旗標。即使我們使用自訂型態，我們也可以受益於程式庫內的所有資料擴增轉換。

現在我們可以建構 Transform，用它來準備資料讓 Siamese 模型使用了。首先，我們需要一個確定所有圖像的類別的函式：

```
def label_func(fname):
    return re.match(r'^(.*)_\d+.jpg$', fname.name).groups()[0]
```

在處理每一張圖像時，我們的轉換會以 0.5 的機率從同一個類別取出一張圖像並回傳 true 標籤給 SiameseImage，或是從另一個類別取出一張圖像，並回傳 false 標籤給 SiameseImage。它們都是在 _draw 私用函式裡面完成的。訓練與驗證組有一個不同，這就是轉換在初始化時必須拆開的原因：在訓練組，我們會在每次讀取圖像時隨機選擇，但是在驗證組，我們會在初始化時一勞永逸地做出隨機選擇。如此一來，我們就可以在訓練時取得更多不一樣的樣本，但始終取得同一個驗證組：

```
class SiameseTransform(Transform):
    def __init__(self, files, label_func, splits):
        self.labels = files.map(label_func).unique()
        self.lbl2files = {l: L(f for f in files if label_func(f) == l)
                          for l in self.labels}
        self.label_func = label_func
        self.valid = {f: self._draw(f) for f in files[splits[1]]}

    def encodes(self, f):
        f2,t = self.valid.get(f, self._draw(f))
        img1,img2 = PILImage.create(f),PILImage.create(f2)
        return SiameseImage(img1, img2, t)

    def _draw(self, f):
        same = random.random() < 0.5
        cls = self.label_func(f)
        if not same:
            cls = random.choice(L(l for l in self.labels if l != cls))
        return random.choice(self.lbl2files[cls]),same
```

然後就可以建立我們的主轉換了：

```
splits = RandomSplitter()(files)
tfm = SiameseTransform(files, label_func, splits)
tfm(files[0]).show();
```

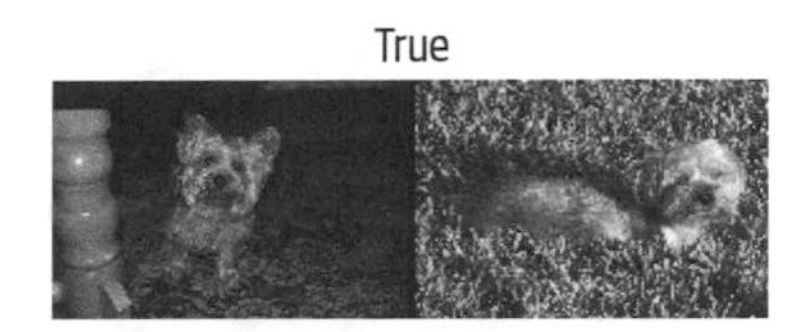


在處理資料收集的中間層 API 中，我們有兩個物件可以對一組項目進行轉換：TfmdLists 與 Datasets。如果你還記得剛才看過的內容，其中一個會套用一個轉換 Pipeline，另一個會平行套用多個轉換 Pipeline，以建立 tuple。在這裡，我們的主轉換已經建立 tuple 了，所以我們使用 TfmdLists：

```
tls = TfmdLists(files, tfm, splits=splits)
show_at(tls.valid, 0);
```

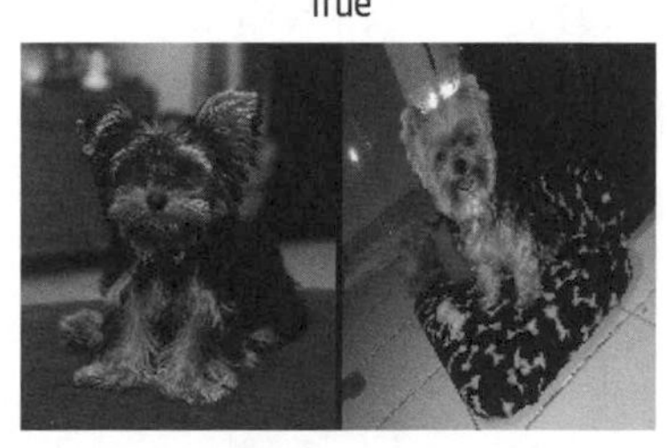


我們終於可以呼叫 dataloaders 方法來將資料放入 DataLoaders 了。在這裡有一件要注意的事情，就是這個方法不像 DataBlock 那樣接收 item_tfms 與 batch_tfms。fastai DataLoader 有一些以事件命名的鉤點（hook），在這裡，我們在抓出項目之後對它們套用的是 after_item，我們在建立批次之後對它套用的是 after_batch：

```
dls = tls.dataloaders(after_item=[Resize(224), ToTensor],
    after_batch=[IntToFloatTensor, Normalize.from_stats(*imagenet_stats)])
```

注意，我們傳遞的轉換數量比平常更多，原因是 data block API 通常會自動加入它們：

- ToTensor 會將圖像轉換成張量（同樣的，它會套用在 tuple 的每一個部分）。
- IntToFloatTensor 會將存放整數 0 至 255 的圖像張量轉換成浮點數張量，並且除以 255，來讓值介於 0 和 1 之間。

現在我們可以用這個 DataLoaders 來訓練模型了。它需要量身訂製的東西比 cnn_learner 提供的一般模型還要多一些，因為它必須接收兩張圖像而不是一張，但我們將會在第 15 章知道如何建立這種模型，以及如何訓練它。

# 結論

fastai 提供分層 API。在一般的情況下，我們只要用一行程式就可以抓取資料了，所以初學者很容易把注意力放在訓練模型上，不用花太多時間來組裝資料。高階的 data block API 可讓你混合和匹配建構元素，因此提供更多彈性。在它下面的中間層 API 提供更大的彈性，讓你對項目套用轉換。你可能需要用它來處理實際的問題，我們希望它可以盡量簡化資料整理步驟。

# 問題

1. 為什麼我們說 fastai 有「分層的」API？它是什麼意思？
2. 為什麼 Transform 有 decode 方法？它有什麼作用？
3. 為什麼 Transform 有 setup 方法？它有什麼作用？
4. 當你對著 tuple 呼叫 Transform 時，它如何運作？
5. 當你編寫自己的 Transform 時，需要實作哪些方法？
6. 寫一個 Normalize 來完全標準化項目（減去平均值，並除以資料組的標準差），以及解碼該行為。盡量不要偷看！
7. 寫一個 Transform 來對分詞過的文本進行數值化（它要用它看過的資料組來自動設定它的 vocab，並且有個 decode 方法）。如果你需要幫助，可查閱 fastai 的原始碼。
8. 什麼是 Pipeline？
9. 什麼是 TfmdLists？
10. 什麼是 Datasets？它與 TfmdLists 有何不同？
11. 為什麼 TfmdLists 與 Datasets 的名字裡有「s」？
12. 如何用 TfmdLists 或 Datasets 建立 DataLoaders？
13. 當你用 TfmdLists 或 Datasets 建立 DataLoaders 時，如何傳遞 item_tfms 與 batch_tfms？

14. 當你想要讓自訂的項目使用 `show_batch` 或 `show_results` 之類的方法時，需要做什麼事情？
15. 為什麼我們可以輕鬆地對著我們建立的 `SiamesePair` 套用 fastai 資料擴增轉換？

## 後續研究

1. 使用中間層 API，用你自己的資料組，在 `DataLoaders` 裡準備資料。試著用第 1 章的 Pet 資料組與 Adult 資料組來做這件事。
2. 閱讀 fastai 文件（*https://docs.fast.ai*）裡的 Siamese 教學來了解如何為新的項目型態自訂 `show_batch` 與 `show_results` 的行為。在你自己的專案裡實作它。

# 了解 fastai 的應用：總結

恭喜你——你已經完成本書介紹模型訓練和深度學習的主要實踐部分的所有章節了！你已經知道如何使用 fastai 的內建應用程式，以及如何使用 data block API 和損失函數來自訂它們了。你甚至知道如何從頭建立神經網路並訓練它！（希望你也知道該問的一些問題，來確保你的作品可以協助改善社會。）

你所擁有的知識足以創造許多類型的神經網路應用程式的完整雛型。更重要的是，它可以幫助你了解深度學習模型的能力和局限性，以及如何設計一個可以配合它們的系統。

在本書的其餘部分中，我們將逐一介紹這些應用程式，以了解它們的基礎。對一位深度學習的實踐者來說，這是非常重要的知識，因為它可讓你檢查和除錯你所建構的模型，以及為你的專案量身訂製新的應用程式。

第三部分

# 深度學習基礎

第十二章

# 從零開始製作語言模型

接下來，我們潛入深度學習的很深、很深的地方進行研究了！你已經知道如何訓練基本的神經網路了，但接下來如何建立最先進的模型？在本書的這個部分，我們要揭露所有的謎團，從語言模型開始。

你已經在第 10 章看過如何調整預訓模型，來建立文本分類模型了。在這一章，我們要解釋模型裡面有什麼，以及 RNN 是什麼。首先，我們要收集一些資料，以便快速建立各種模型雛型。

## 資料

每當我們開始處理一個新問題時，我們總會先想一下有沒有最簡單的資料組，以便用來快速且輕鬆地嘗試各種方法，並解讀結果。幾年前，當我們開始製作語言模型時，我們還沒有看到任何資料組可用來快速建立雛型，所以我們自己做了一個。我們稱之為 *Human Numbers*，它裡面有用英文寫的前 10,000 個數字。

*Jeremy* 說

我看過最常見的錯誤之一，就是在分析過程中，沒有在適當的時機使用適當的資料組，就連最有經驗的從業者都會犯下這種錯誤。尤其是，很多人喜歡在一開始使用太大且太複雜的資料組。

我們可以用一般的方式下載、提取和觀察資料組：

```
from fastai.text.all import *
path = untar_data(URLs.HUMAN_NUMBERS)
```

```
path.ls()
```

```
(#2) [Path('train.txt'),Path('valid.txt')]
```

我們來打開這兩個檔案，看看裡面有什麼。首先，我們將所有文本接在一起，並忽略資料組提供的訓練 / 驗證拆分（稍後會回來這個部分）：

```
lines = L()
with open(path/'train.txt') as f: lines += L(*f.readlines())
with open(path/'valid.txt') as f: lines += L(*f.readlines())
lines
```

```
(#9998) ['one \n','two \n','three \n','four \n','five \n','six \n','seven
 > \n','eight \n','nine \n','ten \n'...]
```

我們將全部的文字行串成一個很長的文字行。我們用 . 來標記何時從一個數字前往下一個數字：

```
text = ' . '.join([l.strip() for l in lines])
text[:100]
```

```
'one . two . three . four . five . six . seven . eight . nine . ten . eleven .
 > twelve . thirteen . fo'
```

我們可以用空格來為這個資料組分詞：

```
tokens = text.split(' ')
tokens[:10]
```

```
['one', '.', 'two', '.', 'three', '.', 'four', '.', 'five', '.']
```

為了進行數值化，我們必須建立一個包含所有語義單元的串列（也就是 *vocab*）：

```
vocab = L(*tokens).unique()
vocab
```

```
(#30) ['one','.','two','three','four','five','six','seven','eight','nine'...]
```

然後藉著查詢 vocab 裡的每一個索引，將語義單元轉換成數字：

```
word2idx = {w:i for i,w in enumerate(vocab)}
nums = L(word2idx[i] for i in tokens)
nums
```

```
(#63095) [0,1,2,1,3,1,4,1,5,1...]
```

有了一個小型的資料組，以便輕鬆地建立語言模型之後，我們可以建立第一個模型了。

# 從零開始建立第一個語言模型

為了將資料組轉換成神經網路，有一種簡單的方法是指明我們想要根據前面的三個單字來預測每一個單字。我們可以建立一個串列，在裡面放入每組連續的三個單字，將這個串列當成自變數，並且將每一組之後的單字當成因變數。

我們可以用一般的 Python 做這件事。為了確認它長什麼樣子，我們先用語義單元（token）來做：

```
L((tokens[i:i+3], tokens[i+3]) for i in range(0,len(tokens)-4,3))
```

```
(#21031) [(['one', '.', 'two'], '.'),(['.', 'three', '.'], 'four'),(['four',
 > '.', 'five'], '.'),(['.', 'six', '.'], 'seven'),(['seven', '.', 'eight'],
 > '.'),(['.', 'nine', '.'], 'ten'),(['ten', '.', 'eleven'], '.'),(['.',
 > 'twelve', '.'], 'thirteen'),(['thirteen', '.', 'fourteen'], '.'),(['.',
 > 'fifteen', '.'], 'sixteen')...]
```

現在我們要用存有數值的張量來做這件事，這是模型實際使用的張量：

```
seqs = L((tensor(nums[i:i+3]), nums[i+3]) for i in range(0,len(nums)-4,3))
seqs
```

```
(#21031) [(tensor([0, 1, 2]), 1),(tensor([1, 3, 1]), 4),(tensor([4, 1, 5]),
 > 1),(tensor([1, 6, 1]), 7),(tensor([7, 1, 8]), 1),(tensor([1, 9, 1]),
 > 10),(tensor([10,  1, 11]), 1),(tensor([ 1, 12,  1]), 13),(tensor([13,  1,
 > 14]), 1),(tensor([ 1, 15,  1]), 16)...]
```

我們可以輕鬆地使用 `DataLoader` 類別來將它們分批。我們隨機拆開序列：

```
bs = 64
cut = int(len(seqs) * 0.8)
dls = DataLoaders.from_dsets(seqs[:cut], seqs[cut:], bs=64, shuffle=False)
```

現在可以建立一個神經網路結構，讓它接收三個單字，並回傳一個預測，指出在 vocab 裡的每一個單字可能是下一個單字的機率。我們會使用三個標準線性層，但是會做兩項調整。

第一項調整是，第一個線性層只會使用第一個單字的 embedding 作為觸發輸出，第二層會使用第二個單字的 embedding 加上第一層的觸發輸出，第三層會使用第三個單字的 embedding 加上第二層的觸發輸出，如此一來，每一個單字都是用它前面的所有單字的資訊背景來解釋的。

第二個調整是這三層都會使用同一個權重矩陣。一個單字如何影響來自前面的單字的觸發（activation）不應該隨著單字的位置而改變。換句話說，觸發值會隨著資料經過每一層而改變，但是神經層權重本身不會隨著神經層的不同而改變。因此，一個神經層不是只學習一個循序位置，而是必須學會處理所有位置。

因為神經層權重不會改變，你可能會將連續的神經層想成重複的「同一層」。事實上，PyTorch 具體實現這種想法，我們可以只做一層，並使用它很多次。

## 用 PyTorch 製作語言模型

現在我們可以製作上述的語言模型模組了：

```
class LMModel1(Module):
    def __init__(self, vocab_sz, n_hidden):
        self.i_h = nn.Embedding(vocab_sz, n_hidden)
        self.h_h = nn.Linear(n_hidden, n_hidden)
        self.h_o = nn.Linear(n_hidden,vocab_sz)

    def forward(self, x):
        h = F.relu(self.h_h(self.i_h(x[:,0])))
        h = h + self.i_h(x[:,1])
        h = F.relu(self.h_h(h))
        h = h + self.i_h(x[:,2])
        h = F.relu(self.h_h(h))
        return self.h_o(h)
```

如你所見，我們做了三層：

- embedding 層（`i_h`，代表從 *input* 到 *hidden*）
- 建立下一個字的觸發輸出的線性層（`h_h`，代表從 *hidden* 到 *hidden*）
- 預測第四個單字的最終線性層（`h_o`，代表從 *hidden* 到 *output*）

用圖來說明比較簡單，所以我們先來定義基本神經網路的圖怎麼畫。圖 12-1 說明我們如何用一個隱藏層來代表神經網路。

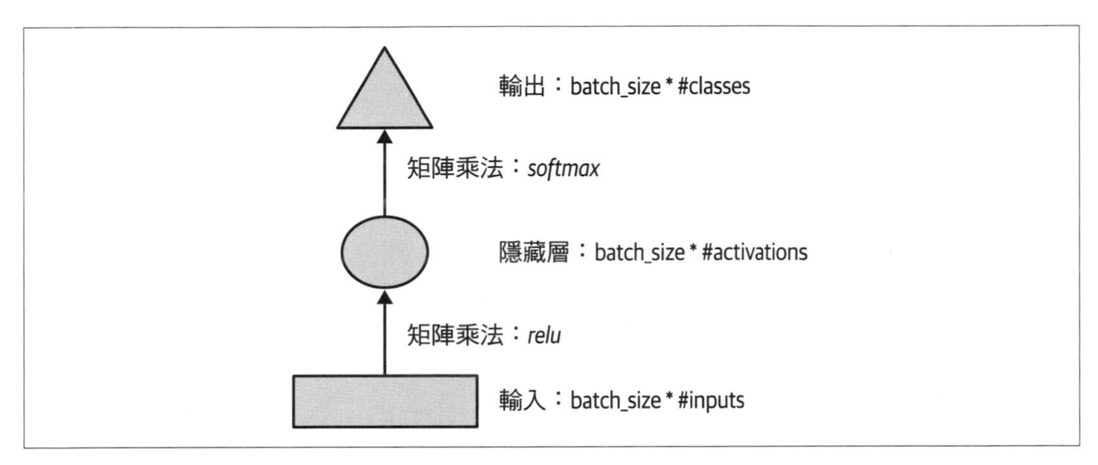


圖 12-1　簡單的神經網路圖

圖裡的每一種形狀都代表觸發：矩形代表輸入，圓代表隱藏（內部）層的觸發，三角形代表觸發輸出。本章的圖都會使用這些形狀（見圖 12-2）。

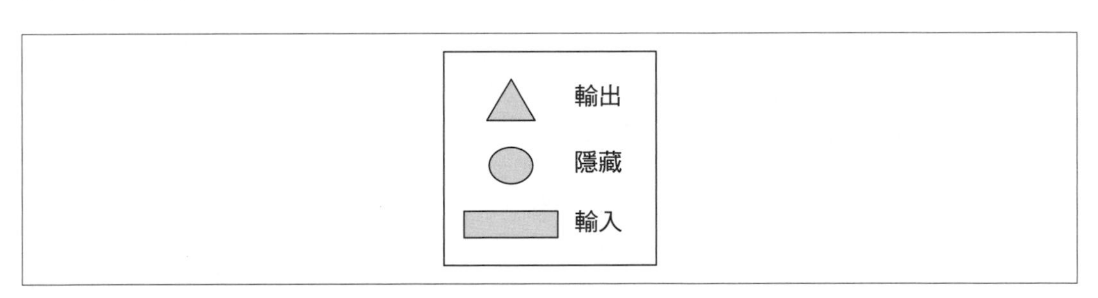


圖 12-2　在圖中使用的形狀

箭頭代表神經層的實際計算，也就是在觸發函數後面的線性層。圖 12-3 使用這種表示法來描繪簡單的語言模型。

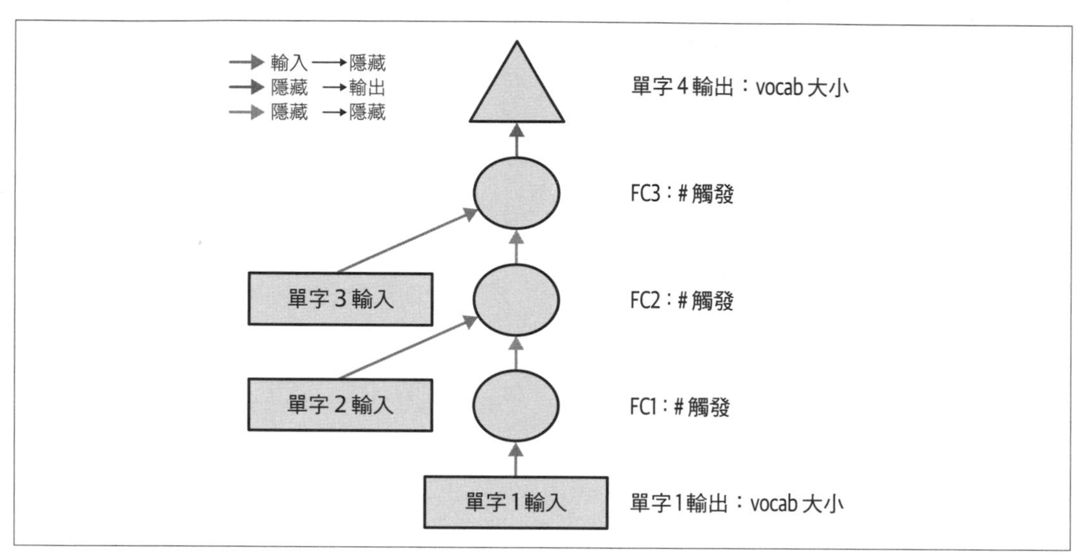


圖 12-3　基本語言模型的表示法

為了簡化，我們把每一個箭頭代表的神經層計算細節移除了，我們也把箭頭畫成彩色的，讓擁有相同的權重矩陣的箭頭都有同樣的顏色。例如。所有輸入層都使用同一個 embedding 矩陣，所以它們都有相同的顏色（綠色）。

我們來試著訓練這個模型，看看它的表現怎樣：

```
learn = Learner(dls, LMModel1(len(vocab), 64), loss_func=F.cross_entropy,
                metrics=accuracy)
learn.fit_one_cycle(4, 1e-3)
```

| epoch | train_loss | valid_loss | accuracy | time |
|---|---|---|---|---|
| 0 | 1.824297 | 1.970941 | 0.467554 | 00:02 |
| 1 | 1.386973 | 1.823242 | 0.467554 | 00:02 |
| 2 | 1.417556 | 1.654497 | 0.494414 | 00:02 |
| 3 | 1.376440 | 1.650849 | 0.494414 | 00:02 |

我們來看一下非常簡單的模型可以提供什麼東西，藉以確認這種做法好不好。在這個例子中，我們預測的可能是最常見的語義單元，所以我們來找出哪個語義單元在驗證組裡是最常見的目標：

```
n,counts = 0,torch.zeros(len(vocab))
for x,y in dls.valid:
    n += y.shape[0]
    for i in range_of(vocab): counts[i] += (y==i).long().sum()
idx = torch.argmax(counts)
idx, vocab[idx.item()], counts[idx].item()/n
```

```
(tensor(29), 'thousand', 0.15165200855716662)
```

最常見的語義單元的索引是 29，相當於 thousand 這個單元。永遠都預測這個單元會產生大約 15% 的準確度，所以我們的結果比它好！

*Alexis* 說

我想或許因為分隔符號是最常見的單元，因為每一個數字都有一個。但是觀察語義單元之後，我發現大數字都是用很多單字寫成的，所以在 10,000 之前，你會寫很多「thousand」：five thousand、five thousand and one、five thousand and two 等。哇！觀察資料可以幫助你發現微妙和極為明顯的特徵。

這是很棒的基準。我們來看一下如何用迴圈來重構它。

## 我們的第一個遞迴神經網路

觀察模組程式之後，我們可以將呼叫神經層的重複的程式換成一個 for 迴圈來簡化它。除了讓程式更簡單之外，這樣做的好處是，我們可以將模組套用到各種長度的語義單元序列，並取得一樣好的結果，我們不會受限於長度為 3 的語義單元串列：

```
class LMModel2(Module):
    def __init__(self, vocab_sz, n_hidden):
        self.i_h = nn.Embedding(vocab_sz, n_hidden)
        self.h_h = nn.Linear(n_hidden, n_hidden)
        self.h_o = nn.Linear(n_hidden,vocab_sz)

    def forward(self, x):
        h = 0
        for i in range(3):
            h = h + self.i_h(x[:,i])
            h = F.relu(self.h_h(h))
        return self.h_o(h)
```

我們確認重構產生相同的結果：

```
learn = Learner(dls, LMModel2(len(vocab), 64), loss_func=F.cross_entropy,
                metrics=accuracy)
learn.fit_one_cycle(4, 1e-3)
```

| epoch | train_loss | valid_loss | accuracy | time |
|---|---|---|---|---|
| 0 | 1.816274 | 1.964143 | 0.460185 | 00:02 |
| 1 | 1.423805 | 1.739964 | 0.473259 | 00:02 |
| 2 | 1.430327 | 1.685172 | 0.485382 | 00:02 |
| 3 | 1.388390 | 1.657033 | 0.470406 | 00:02 |

我們也可以用一模一樣的方式來重新繪圖，如圖 12-4 所示（在此也移除觸發大小的細節，並使用與圖 12-3 一樣的箭頭顏色）。

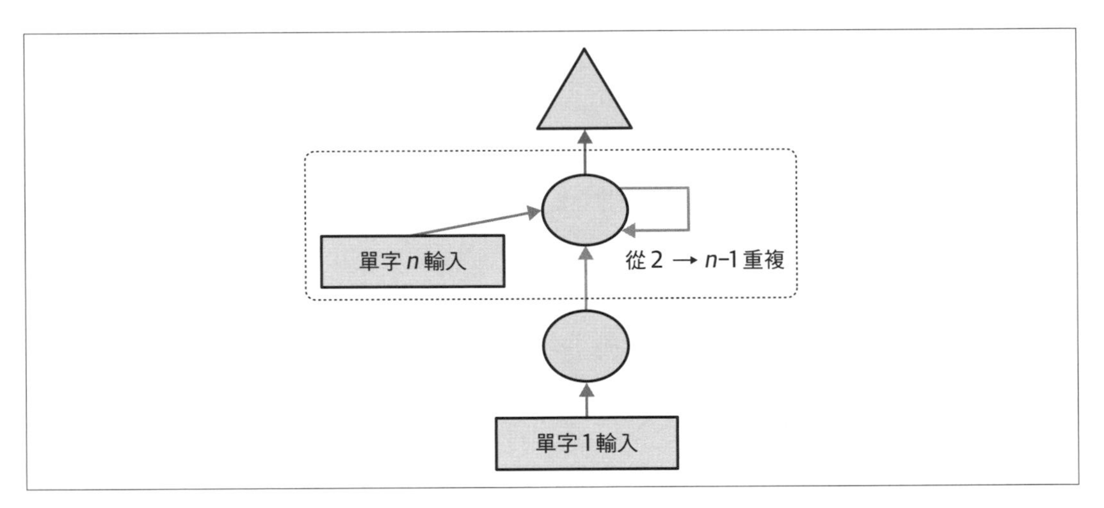


圖 12-4　基本的遞迴神經網路

你將會看到每次執行這個迴圈時，都會更新一組存在變數 h 內的觸發，它稱為**隱藏狀態**。

術語：隱藏狀態

在遞迴神經網路的每一步更新的觸發。

用這種迴圈定義的神經網路稱為**遞迴神經網路**（*recurrent neural network*）（RNN）。知道這一點很重要：RNN 不是複雜的新架構，它只是使用一個 `for` 迴圈來重構多層神經網路的結果。

*Alexis* 說

坦白說，我認為，如果它們稱為「looping neural networks」，或 LNN，它們嚇人的程度就可以降低一半。

現在我們知道什麼是 RNN 了，接著我們來改善它。

# 改善 RNN

在 RNN 的程式裡有一個問題：我們為每一個新的輸入序列將隱藏狀態初始化為零。為什麼有問題？我們讓樣本序列這麼短是為了將它們輕鬆地放入批次。但如果我們正確地排序這些樣本，樣本序列就會被模型依序讀取，讓模型看到很長的一段原始序列。

我們可以注意的另一件事就是有更多訊號：為什麼明明可以用中間的預測值來預測第二個與第三個字，卻只預測第四個字？我們來看看如何實作這些變更，先從加入一些狀態開始。

## 維護 RNN 的狀態

因為我們為每一個新樣本將模型的隱藏狀態初始化為零，所以我們捨棄了當下已知的所有句子相關資訊，這意味著，我們的模型實際上並不知道我們處於整個序列的那個位置。這個問題很容易解決，我們可以將隱藏狀態的初始化移到 `__init__`。

但是這種修正方法也會產生一種微妙但重要的問題。它實質上讓我們的神經網路與文件的整個語義單元數量一樣深。例如，如果資料組有 10,000 個語義單元，我們會做出有 10,000 層的神經網路。

為了了解為何如此，看一下在使用 `for` 迴圈來重構神經網路之前的遞迴神經網路圖，圖 12-3。你可以看到每一層都對應一個語義單元輸入。我們將使用 `for` 迴圈來進行重構之前的遞迴神經網路稱為**展開表示法**（*unrolled representation*）。在嘗試理解 RNN 時，用展開表示法來思考通常會很有幫助。

有 10,000 層的神經網路的問題在於，當你到達資料組的第 10,000 個單字時，你仍然需要一路往回計算導數，直到第一層。這真的很慢，而且需要大量記憶體。你應該連一個小批次都無法存入 GPU。

這個問題的解決方法是告訴 PyTorch 我們不想要在整個隱性的神經網路中反向傳播導數。與之相反，我們保留最後三層的梯度。我們使用 `detach` 在 PyTorch 裡移除整個梯度紀錄。

這是新版的 RNN。現在它是有狀態的，因為它會記得每一次呼叫 `forward` 之間的觸發，代表它被用來處理批次內的不同樣本：

```
class LMModel3(Module):
    def __init__(self, vocab_sz, n_hidden):
        self.i_h = nn.Embedding(vocab_sz, n_hidden)
        self.h_h = nn.Linear(n_hidden, n_hidden)
        self.h_o = nn.Linear(n_hidden,vocab_sz)
        self.h = 0

    def forward(self, x):
        for i in range(3):
            self.h = self.h + self.i_h(x[:,i])
            self.h = F.relu(self.h_h(self.h))
        out = self.h_o(self.h)
        self.h = self.h.detach()
        return out

    def reset(self): self.h = 0
```

無論我們選擇哪一種序列長度，模型都有相同的觸發，因為隱藏狀態會記得上一批的最後一個觸發。唯一不同的是在每一步計算的梯度：它們只會用過去的序列長度的單元來計算，而不是整個單元串。這種做法稱為 *backpropagation through time*（BPTT）。

術語：*backpropagation through time*

將實質上每個時步一層的神經網路（通常用迴圈來重構）視為一個大模型，並且用一般的方法對它計算梯度。為了避免耗盡記憶體，我們通常使用截斷的（*truncated*）BPTT，每幾個時步就「分離」隱藏狀態裡的計算步驟紀錄。

在使用 LMModel3 時，我們要確保樣本可以按照某個順序被看到，如第 10 章所示，如果第一批的第一行是 dset[0]，第二批的第一行應該是 dset[1]，所以模型可以看到文本流過去。

在第 10 章，LMDataLoader 為我們做這件事。這一次，我們要自己來。

為此，我們要重新安排資料組。我們先將樣本分成 m = len(dset) // bs 組（這相當於將整個接在一起的資料組分成（舉例）64 個同樣大小的段落，因為我們在此使用 bs=64）。m 是每一段的長度。例如，如果我們使用整個資料組（但我們其實很快就會將它拆成訓練 / 驗證），我們得到：

```
m = len(seqs)//bs
m,bs,len(seqs)
```

```
(328, 64, 21031)
```

第一批的樣本是

```
(0, m, 2*m, ..., (bs-1)*m)
```

第二批樣本

```
(1, m+1, 2*m+1, ..., (bs-1)*m+1)
```

以此類推。如此一來，在各個 epoch，模型會在批次的每一行看到大小為 3*m（因為每一個文本的大小是 3）的連續文字段落。

接下來的函式重新建立索引：

```
def group_chunks(ds, bs):
    m = len(ds) // bs
    new_ds = L()
    for i in range(m): new_ds += L(ds[i + m*j] for j in range(bs))
    return new_ds
```

接下來，在建立 DataLoaders 時，我們只要傳遞 drop_last=True 來刪除 shape 不是 bs 的最後一批即可。我們也傳入 shuffle=False，以確保文本是依序讀取的：

```
cut = int(len(seqs) * 0.8)
dls = DataLoaders.from_dsets(
    group_chunks(seqs[:cut], bs),
    group_chunks(seqs[cut:], bs),
    bs=bs, drop_last=True, shuffle=False)
```

最後一項工作是用 Callback 來稍微調整訓練迴圈。我們會在第 16 章進一步介紹 callback，在這裡，我們會在每個 epoch 開始時，還有在每一個驗證階段之前，呼叫模型的 reset 方法。因為我們實作了一個方法來將模型的隱藏狀態設成零，它可以讓我們在讀取這些連續的文本段落時，確保在一開始有乾淨的狀態。我們也可以開始進行更長時間的訓練：

```
learn = Learner(dls, LMModel3(len(vocab), 64), loss_func=F.cross_entropy,
                metrics=accuracy, cbs=ModelResetter)
learn.fit_one_cycle(10, 3e-3)
```

| epoch | train_loss | valid_loss | accuracy | time |
|---|---|---|---|---|
| 0 | 1.677074 | 1.827367 | 0.467548 | 00:02 |
| 1 | 1.282722 | 1.870913 | 0.388942 | 00:02 |
| 2 | 1.090705 | 1.651793 | 0.462500 | 00:02 |
| 3 | 1.005092 | 1.613794 | 0.516587 | 00:02 |
| 4 | 0.965975 | 1.560775 | 0.551202 | 00:02 |
| 5 | 0.916182 | 1.595857 | 0.560577 | 00:02 |
| 6 | 0.897657 | 1.539733 | 0.574279 | 00:02 |
| 7 | 0.836274 | 1.585141 | 0.583173 | 00:02 |
| 8 | 0.805877 | 1.629808 | 0.586779 | 00:02 |
| 9 | 0.795096 | 1.651267 | 0.588942 | 00:02 |

結果更好了！下一步是使用更多目標，並且拿它們與中間預測進行比較。

## 建立更多訊號

目前的做法還有一個問題：我們只為每一組的三個輸入單字預測一個輸出單字。因此，用來更新權重的回傳訊號數量比該有的更少。如果我們可以在每一個單字之後預測下一個單字，而不是每三個單字就好了，如圖 12-5 所示。

這個功能很容易加入。我們先修改資料，讓因變數有三個輸入單字的每一個單字後面的三個單字。我們用 sl（代表 sequence length）來取代 3，並且讓它稍大一些：

```
sl = 16
seqs = L((tensor(nums[i:i+sl]), tensor(nums[i+1:i+sl+1]))
         for i in range(0,len(nums)-sl-1,sl))
cut = int(len(seqs) * 0.8)
dls = DataLoaders.from_dsets(group_chunks(seqs[:cut], bs),
                             group_chunks(seqs[cut:], bs),
                             bs=bs, drop_last=True, shuffle=False)
```

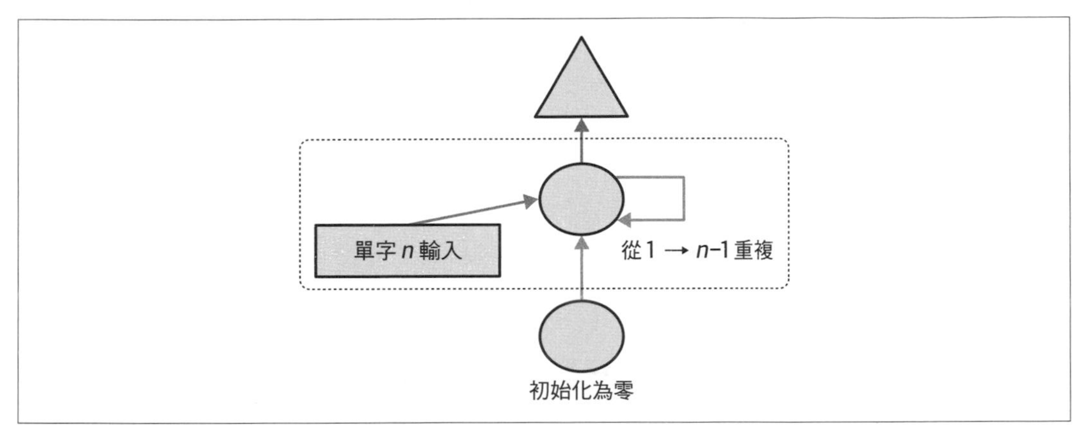


圖 12-5 RNN 在每一個單元之後進行預測

從 seqs 的第一個元素可以看到，它裡面有相同大小的兩個串列。第二個串列與第一個串列的差異只是後者後移一個元素：

```
[L(vocab[o] for o in s) for s in seqs[0]]
```

```
[(#16) ['one','.','two','.','three','.','four','.','five','.'...],
 (#16) ['.','two','.','three','.','four','.','five','.','six'...]]
```

接下來我們要修改模型，讓它在每一個單字之後輸出一個預測，而不是只在三個單字的序列的結束時：

```
class LMModel4(Module):
    def __init__(self, vocab_sz, n_hidden):
        self.i_h = nn.Embedding(vocab_sz, n_hidden)
        self.h_h = nn.Linear(n_hidden, n_hidden)
        self.h_o = nn.Linear(n_hidden,vocab_sz)
        self.h = 0

    def forward(self, x):
        outs = []
        for i in range(sl):
            self.h = self.h + self.i_h(x[:,i])
            self.h = F.relu(self.h_h(self.h))
            outs.append(self.h_o(self.h))
        self.h = self.h.detach()
        return torch.stack(outs, dim=1)

    def reset(self): self.h = 0
```

這個模型會回傳 shape 為 `bs x sl x vocab_sz` 的輸出（因為我們用 `dim=1` 來堆疊）。目標的 shape 是 `bs x sl`，在 `F.cross_entropy` 裡使用它們之前，我們要壓平它們：

```
def loss_func(inp, targ):
    return F.cross_entropy(inp.view(-1, len(vocab)), targ.view(-1))
```

現在我們可以用這個損失函數來訓練模型了：

```
learn = Learner(dls, LMModel4(len(vocab), 64), loss_func=loss_func,
                metrics=accuracy, cbs=ModelResetter)
learn.fit_one_cycle(15, 3e-3)
```

| epoch | train_loss | valid_loss | accuracy | time |
|---|---|---|---|---|
| 0 | 3.103298 | 2.874341 | 0.212565 | 00:01 |
| 1 | 2.231964 | 1.971280 | 0.462158 | 00:01 |
| 2 | 1.711358 | 1.813547 | 0.461182 | 00:01 |
| 3 | 1.448516 | 1.828176 | 0.483236 | 00:01 |
| 4 | 1.288630 | 1.659564 | 0.520671 | 00:01 |
| 5 | 1.161470 | 1.714023 | 0.554932 | 00:01 |
| 6 | 1.055568 | 1.660916 | 0.575033 | 00:01 |
| 7 | 0.960765 | 1.719624 | 0.591064 | 00:01 |
| 8 | 0.870153 | 1.839560 | 0.614665 | 00:01 |
| 9 | 0.808545 | 1.770278 | 0.624349 | 00:01 |
| 10 | 0.758084 | 1.842931 | 0.610758 | 00:01 |
| 11 | 0.719320 | 1.799527 | 0.646566 | 00:01 |
| 12 | 0.683439 | 1.917928 | 0.649821 | 00:01 |
| 13 | 0.660283 | 1.874712 | 0.628581 | 00:01 |
| 14 | 0.646154 | 1.877519 | 0.640055 | 00:01 |

我們要訓練更長的時間，因為工作已經稍微改變，而且更複雜了。但是我們得到很好的結果…至少是有時啦！當你多執行它幾次時，你會看到每一次執行會得到非常不同的結果。這是因為實際上這個網路非常深，可能導致非常大和非常小的梯度。本章的下一個部分會告訴你如何處理這種情況。

為了得到更好的模型，做法顯然是讓模型更深：在這個基本的 RNN 裡，隱藏狀態和輸出觸發之間只有一個線性層，或許使用更多層可以產生更好的結果。

## 多層 RNN

在多層 RNN 裡，我們會將遞迴神經網路的觸發傳給第二個遞迴神經網路，如圖 12-6 所示。

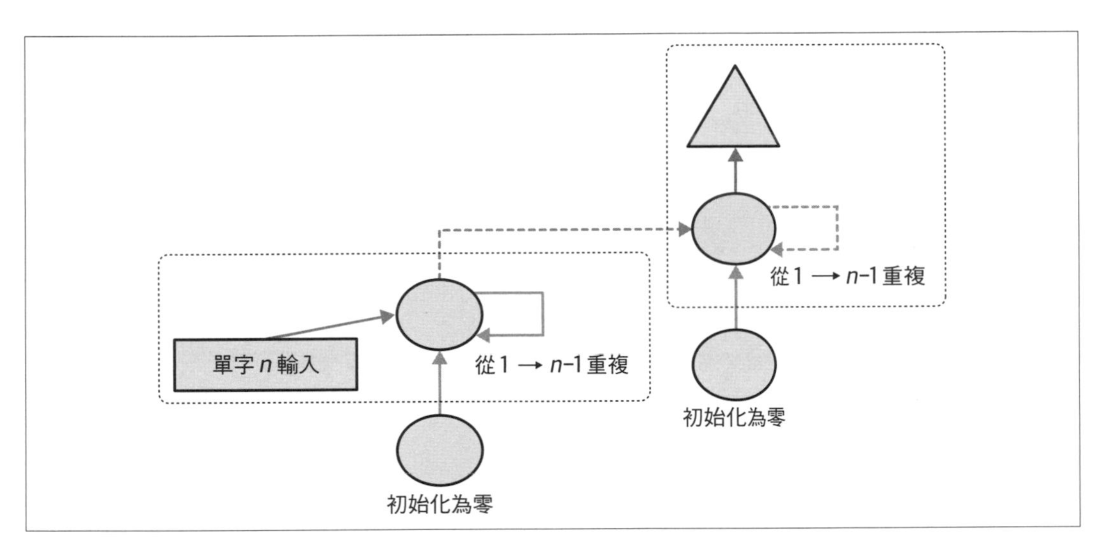


圖 12-6　2 層 RNN

圖 12-7 是展開的圖（類似圖 12-3）。

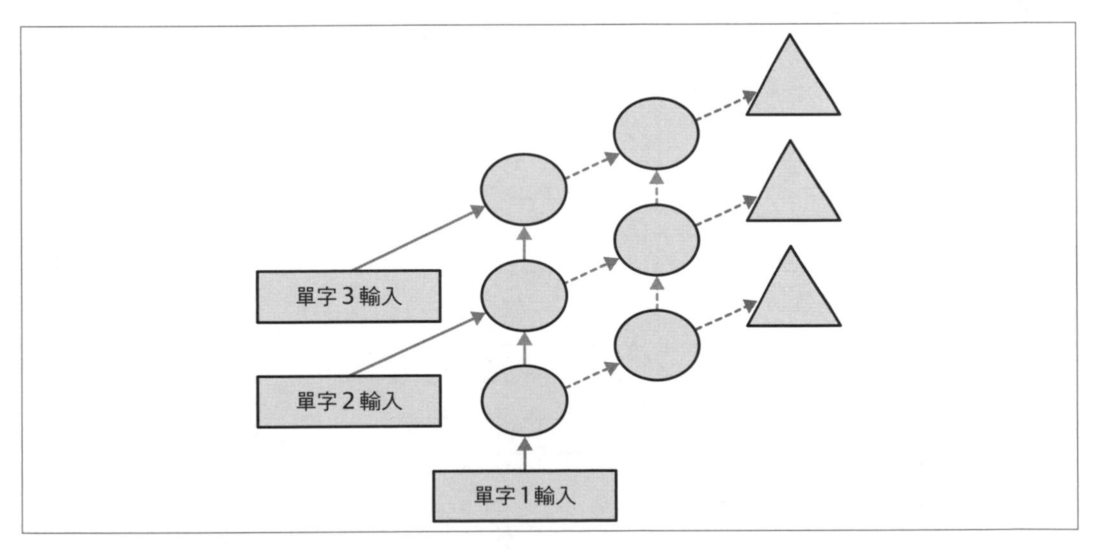


圖 12-7　展開的 2 層 RNN

我們來看看如何實作它。

## 模型

我們可以藉著使用 PyTorch 的 RNN 類別來節省一些時間，它實作了我們之前建立的東西，但也提供堆疊多個 RNN 的選項，如前所述：

```
class LMModel5(Module):
    def __init__(self, vocab_sz, n_hidden, n_layers):
        self.i_h = nn.Embedding(vocab_sz, n_hidden)
        self.rnn = nn.RNN(n_hidden, n_hidden, n_layers, batch_first=True)
        self.h_o = nn.Linear(n_hidden, vocab_sz)
        self.h = torch.zeros(n_layers, bs, n_hidden)

    def forward(self, x):
        res,h = self.rnn(self.i_h(x), self.h)
        self.h = h.detach()
        return self.h_o(res)

    def reset(self): self.h.zero_()

learn = Learner(dls, LMModel5(len(vocab), 64, 2),
                loss_func=CrossEntropyLossFlat(),
                metrics=accuracy, cbs=ModelResetter)
learn.fit_one_cycle(15, 3e-3)
```

| epoch | train_loss | valid_loss | accuracy | time |
|---|---|---|---|---|
| 0 | 3.055853 | 2.591640 | 0.437907 | 00:01 |
| 1 | 2.162359 | 1.787310 | 0.471598 | 00:01 |
| 2 | 1.710663 | 1.941807 | 0.321777 | 00:01 |
| 3 | 1.520783 | 1.999726 | 0.312012 | 00:01 |
| 4 | 1.330846 | 2.012902 | 0.413249 | 00:01 |
| 5 | 1.163297 | 1.896192 | 0.450684 | 00:01 |
| 6 | 1.033813 | 2.005209 | 0.434814 | 00:01 |
| 7 | 0.919090 | 2.047083 | 0.456706 | 00:01 |
| 8 | 0.822939 | 2.068031 | 0.468831 | 00:01 |
| 9 | 0.750180 | 2.136064 | 0.475098 | 00:01 |
| 10 | 0.695120 | 2.139140 | 0.485433 | 00:01 |
| 11 | 0.655752 | 2.155081 | 0.493652 | 00:01 |
| 12 | 0.629650 | 2.162583 | 0.498535 | 00:01 |
| 13 | 0.613583 | 2.171649 | 0.491048 | 00:01 |
| 14 | 0.604309 | 2.180355 | 0.487874 | 00:01 |

結果令人失望…之前的單層 RNN 的表現比較好。為什麼？原因是更深的模型導致觸發爆炸或消失（exploding / vanishing activations）。

## 觸發爆炸或消失

在實務上，用這種 RNN 很難做出準確的模型。如果我們不那麼頻繁地呼叫 `detach`，並且使用更多層，我們會得到更好的結果——這會讓我們的 RNN 有更長的時間學習，以及創造更豐富的特徵。但這也代表我們要訓練更深的模型。在開發深度學習時最主要的挑戰一直都是搞清楚如何訓練這種模型。

這件事有挑戰性的原因在於，你要乘以一個矩陣很多次。想一下當你乘以一個數字很多次時會怎樣。例如，如果你乘以 2，從 1 開始，你會得到 1、2、4、8、…，在 32 步之後，就會變成 4,294,967,296。當你乘以 0.5 時，也會出現類似的問題：你會得到 0.5、0.25、0.125…在 32 步之後，它是 0.00000000023。如你所見，即使是乘以一個略大於或略小於 1 的數字，只需要經過幾次重複的乘法，就會導致初始數字的爆炸或消失。

因為矩陣乘法其實是將數字相乘並將結果相加，同一件事也會發生在重複的矩陣乘法上。那就是深度神經網路做的事情——每加一層，就是加入另一個矩陣乘法。這代表深度神經網路最終很容易產生極大或極小的數字。

為什麼這是問題？因為電腦儲存數字（稱為**浮點數**）的方式意味著離零越遠的數字精度越低。圖 12-8 出自傑出的文章「What You Never Wanted to Know about Floating Point but Will Be Forced to Find Out」（*https://oreil.ly/c_kG9*），它顯示浮點數的精確度如何隨著數字線而改變。

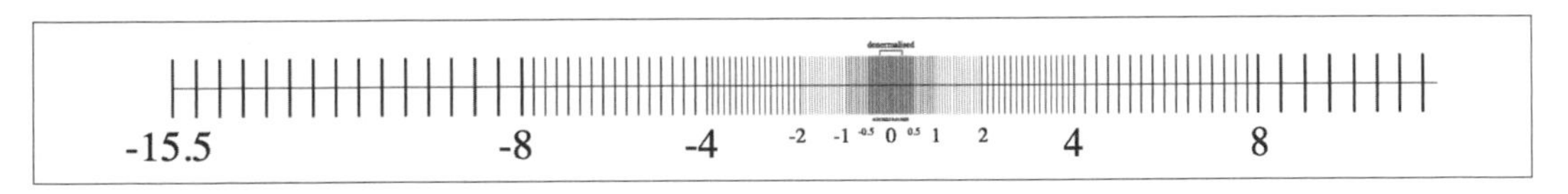


**圖 12-8　浮點數的精確度**

這種不精確性意味著為了更新權重而計算的梯度最終會變成零或無窮大，這種情況通常稱為**梯度消失**或**梯度爆炸**問題，這意味著在 SGD 裡，權重不是完全沒有更新，就是跳到無窮大。無論如何，它們都不能用訓練來改善。

有研究人員已經找出這種問題的解決方法了，本書稍後會討論。其中一個選項是改變神經層的定義，讓它更不可能出現觸發爆炸。在第 13 章，當我們討論批次標準化時，以及在第 14 章，當我們討論 ResNets 時，將會介紹這種做法的細節，儘管這些細節在實作時並不重要（除非你想要研究出解決這個問題的新方法）。處理這個問題的另一種做法是小心地進行初始化，這是我們將在第 17 章探討的主題。

在 RNN 裡，有兩種神經層經常被用來避免爆炸觸發：**閘式遞迴單元**（*gated recurrent units*，GRU）與**長短期記憶**（*long short-term memory*，LSTM）層。PyTorch 提供兩者，可以立刻用來取代 RNN 層。本書只介紹 LSTM；網路上有很多很好的教學解釋 GRU，它是 LSTM 的一個小變體。

# LSTM

LSTM 是早在 1997 年就由 Jürgen Schmidhuber 與 Sepp Hochreiter 提出的架構。這個架構裡面有兩個隱藏狀態，而不是一個。在我們的基礎 RNN 中，隱藏狀態是 RNN 在上一個時步輸出的東西。那個隱藏狀態負責兩件事：

- 握有正確的資訊，讓輸出層預測正確的下一個單元
- 保存在句子裡發生過的每件事的記憶

例如，考慮這兩個句子：「Henry has a dog and he likes his dog very much」與「Sophie has a dog and she likes her dog very much」。顯然 RNN 必須記得在句子開頭的名字，才能預測出 *he/she* 或 *his/her*。

實際上，RNN 很不擅長記住在句子的很前面發生的事情，這就是在 LSTM 裡加入另一個隱藏狀態（稱為**單位狀態**（*cell state*））的動機。單位狀態負責記得長短期記憶，而隱藏狀態則關注下一個要預測的單元。我們來進一步觀察這是如何實現的，並且從零開始建立 LSTM。

## 從零開始建立 LSTM

為了建立 LSTM，首先，我們要了解它的架構。圖 12-9 是它的內部架構。

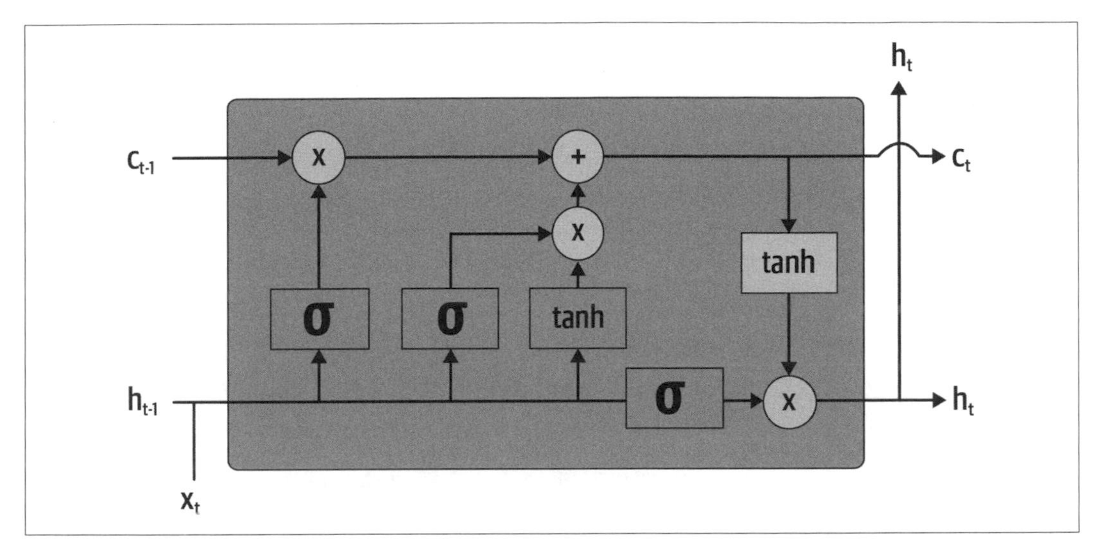


圖 12-9　LSTM 的架構

在這張圖裡，我們的輸入 $x_t$ 從左邊進入，連同之前的隱藏狀態（$h_{t-1}$）與單位狀態（$c_{t-1}$）。四個橘色的方塊代表四個神經層（我們的神經網路），它們的觸發不是 sigmoid（$\sigma$）就是 tanh。tanh 只是個範圍調整為 –1 至 1 的 sigmoid 函數。它的數學表示法可寫為：

$$\tanh(x) = \frac{e^x + e^{-x}}{e^x - e^{-x}} = 2\sigma(2x) - 1$$

其中的 $\sigma$ 是 sigmoid 函數。綠色圓圈是逐元素操作。從右邊出來的是新隱藏狀態（$h_t$）與新單位狀態（$c_t$），準備成為下一個輸入。新隱藏狀態也會當成輸出來使用，這就是箭頭分叉朝上的原因。

我們來一一講解四個神經網路（稱為閘（*gate*）），以解釋這張圖，但是在此之前，注意單位狀態（在最上面）的改變非常小。它甚至沒有直接經過神經網路！這就是它可以保持長期狀態的原因。

首先，輸入與舊隱藏狀態的箭頭接在一起。我們在本章稍早寫的 RNN 裡，我們將它們加在一起。在 LSTM 裡，我們在一個大張量裡將它們疊起來。這代表 embedding 的維數（即 $x_t$ 的維度）可能與隱藏狀態的維數不同。如果我們將它們稱為 `n_in` 與 `n_hid`，在最下面的箭頭的大小是 `n_in + n_hid`，因此，所有的神經網路（橘色方塊）都是有 `n_in + n_hid` 個輸入與 `n_hid` 個輸出的線性層。

第一個閘（從左往右看）稱為**遺忘閘**（*forget gate*）。因為它是個後面接著 sigmoid 的線性層，它的輸出是由介於 0 與 1 之間的純量組成的。我們將這個結果乘以單位狀態，來決定要保留哪項資訊，要捨棄哪項資訊，接近 0 的值會被捨棄，接近 1 的值會被保留。這讓 LSTM 能夠忘掉關於長期狀態的事情。例如，在經過句點或 xxbos 單元時，我們希望它（學會）重設它的單位狀態。

第二個閘稱為**輸入閘**（*input gate*）。它與第三個閘（它沒有名稱，但有時稱為 *cell gate*）合作更新單位狀態。例如，我們可能會看到新的性別代名詞，此時我們需要將遺忘閘移除的性別相關資訊替換掉。輸入閘類似遺忘閘，決定該更新哪些單位狀態的元素（值接近 1 的）或不更新（值接近 0 的）。第三個閘確定這些更新的值是什麼，範圍是 –1 至 1（因為使用 tanh 函式）。結果會被加到單位狀態。

最後一個閘是**輸出閘**，它決定使用單位狀態的哪些資訊來產生輸出。單位狀態會經過一個 tanh，再與輸出閘的 sigmoid 輸出結合，結果就是新的隱藏狀態。我們可以用程式將同樣的步驟寫成這樣：

```
class LSTMCell(Module):
    def __init__(self, ni, nh):
        self.forget_gate = nn.Linear(ni + nh, nh)
        self.input_gate  = nn.Linear(ni + nh, nh)
        self.cell_gate   = nn.Linear(ni + nh, nh)
        self.output_gate = nn.Linear(ni + nh, nh)

    def forward(self, input, state):
        h,c = state
        h = torch.stack([h, input], dim=1)
        forget = torch.sigmoid(self.forget_gate(h))
        c = c * forget
        inp = torch.sigmoid(self.input_gate(h))
        cell = torch.tanh(self.cell_gate(h))
        c = c + inp * cell
        out = torch.sigmoid(self.output_gate(h))
        h = outgate * torch.tanh(c)
        return h, (h,c)
```

在實務上，我們可以重構這段程式。而且，就性能而言，做一次大規模的矩陣乘法比四次較小規模的更好（因為我們只需要啟動 GPU 上的特殊快速 kernel 一次，它會讓 GPU 平行做更多工作）。堆疊需要花一些時間（因為我們必須在 GPU 移動其中一個張量，來讓它都在一個連續的陣列裡），所以我們讓輸入與隱藏狀態使用個別的兩層。優化與重構後的程式是：

```
class LSTMCell(Module):
    def __init__(self, ni, nh):
        self.ih = nn.Linear(ni,4*nh)
        self.hh = nn.Linear(nh,4*nh)

    def forward(self, input, state):
        h,c = state
        # 使用一個大規模的乘法來處理所有的閘比使用 4 個比較小的更好
        gates = (self.ih(input) + self.hh(h)).chunk(4, 1)
        ingate,forgetgate,outgate = map(torch.sigmoid, gates[:3])
        cellgate = gates[3].tanh()

        c = (forgetgate*c) + (ingate*cellgate)
        h = outgate * c.tanh()
        return h, (h,c)
```

我們在這裡使用 PyTorch chunk 方法來將張量拆成四段，它的動作如下：

```
t = torch.arange(0,10); t

tensor([0, 1, 2, 3, 4, 5, 6, 7, 8, 9])

t.chunk(2)

(tensor([0, 1, 2, 3, 4]), tensor([5, 6, 7, 8, 9]))
```

我們要使用這個架構來訓練一個語言模型了！

## 用 LSTM 訓練語言模型

我們使用與 LMModel5 一樣的網路，使用一個兩層的 LSTM。我們可以用較高的學習率來訓練它一小段時間，並取得更好的準確度：

```
class LMModel6(Module):
    def __init__(self, vocab_sz, n_hidden, n_layers):
        self.i_h = nn.Embedding(vocab_sz, n_hidden)
        self.rnn = nn.LSTM(n_hidden, n_hidden, n_layers, batch_first=True)
        self.h_o = nn.Linear(n_hidden, vocab_sz)
        self.h = [torch.zeros(n_layers, bs, n_hidden) for _ in range(2)]

    def forward(self, x):
        res,h = self.rnn(self.i_h(x), self.h)
        self.h = [h_.detach() for h_ in h]
        return self.h_o(res)

    def reset(self):
        for h in self.h: h.zero_()
```

```
learn = Learner(dls, LMModel6(len(vocab), 64, 2),
                loss_func=CrossEntropyLossFlat(),
                metrics=accuracy, cbs=ModelResetter)
learn.fit_one_cycle(15, 1e-2)
```

| epoch | train_loss | valid_loss | accuracy | time |
|---|---|---|---|---|
| 0 | 3.000821 | 2.663942 | 0.438314 | 00:02 |
| 1 | 2.139642 | 2.184780 | 0.240479 | 00:02 |
| 2 | 1.607275 | 1.812682 | 0.439779 | 00:02 |
| 3 | 1.347711 | 1.830982 | 0.497477 | 00:02 |
| 4 | 1.123113 | 1.937766 | 0.594401 | 00:02 |
| 5 | 0.852042 | 2.012127 | 0.631592 | 00:02 |
| 6 | 0.565494 | 1.312742 | 0.725749 | 00:02 |
| 7 | 0.347445 | 1.297934 | 0.711263 | 00:02 |
| 8 | 0.208191 | 1.441269 | 0.731201 | 00:02 |
| 9 | 0.126335 | 1.569952 | 0.737305 | 00:02 |
| 10 | 0.079761 | 1.427187 | 0.754150 | 00:02 |
| 11 | 0.052990 | 1.494990 | 0.745117 | 00:02 |
| 12 | 0.039008 | 1.393731 | 0.757894 | 00:02 |
| 13 | 0.031502 | 1.373210 | 0.758464 | 00:02 |
| 14 | 0.028068 | 1.368083 | 0.758464 | 00:02 |

它比多層 RNN 更好！我仍然可以看到一些過擬，但是，這意味著，採取正則化或許有幫助。

# 將 LSTM 正則化

一般來說，由於上述的觸發消失和梯度問題，遞迴神經網路很難訓練。使用 LSTM（或 GRU）cell 可讓訓練比陽春的 RNN 更容易，但它們仍然有容易過擬的問題。雖然使用資料擴增或許可以處理過擬，但這種技術在文本資料中不像在圖像資料中那麼常用，因為大部分的情況下，文本需要用另一個模型來產生隨機擴增（例如，藉著將文本翻譯成另一種語言，再翻譯回去原始語言）。整體來說，對文本資料進行資料擴增目前還沒有被充分開發。

然而，我們可以改用其他的正則化技術來降低過擬，Stephen Merity 等人所著的論文「Regularizing and Optimizing LSTM Language Models」（*https://oreil.ly/Rf-OG*）深入地研究如何讓 LSTM 使用這些技術。這篇論文展示有效地使用 dropout、activation regularization 與 temporal activation regularization 可讓 LSTM 打敗最先進的結果，且那些結果需要複雜許多的模型才能產生。作者將使用這些技術的 LSTM 稱為 *AWD-LSTM*。我們將依序介紹這些技術。

## dropout

*dropout* 是 Geoffrey Hinton 等人在「Improving Neural Networks by Preventing Co-Adaptation of Feature Detectors」（*https://oreil.ly/-_xie*）提出的正則化技術。它的基本概念是在訓練期隨機將一些觸發改成零。這可確保所有神經元都積極地朝著輸出的方向工作，如圖 12-10 所示（來自 Nitish Srivastava 等人所著的「Dropout: A Simple Way to Prevent Neural Networks from Overfitting」（*https://oreil.ly/pYNxF*））。

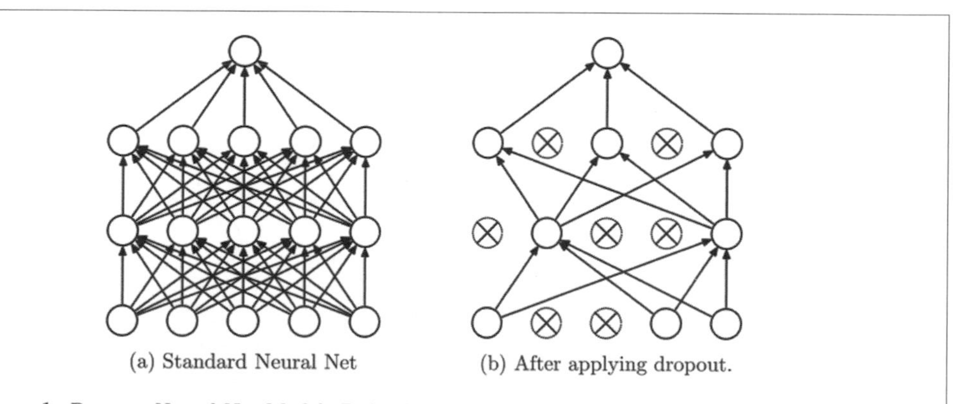


圖 12-10　在神經網路裡使用 dropout（Nitish Srivastava 等人提供）

Hinton 在一次關於 dropout 的靈感來源的採訪中，用了一個很棒的比喻解釋這種做法：

> 我去銀行的時候，發現出納員經常換人，我問其中一人為何如此，他說他不知道，但他們經常輪調。我想一定是因為若要成功地欺騙銀行必須依靠員工之間的合作，這讓我想到，在處理每一個案例時隨機移除不同的神經元組合，可以防止它們互相勾結，因而降低過擬。

在同一次採訪中，他也指出神經科學提供了另一個靈感：

> 我們不知道為什麼神經元會有尖峰。有一種理論是它們想要用雜訊來進行正則化，因為我們的參數數量比資料點還要多很多。dropout 的概念是，如果觸發是有雜訊的，你就可以使用大很多的模型。

這解釋了「dropout 有助於類推」背後的概念：首先，它可協助神經元更好地合作，其次，它可讓觸發有更多雜訊，因此讓模型更穩健。

然而，我們可以看到，如果我們只將這些觸發設為零，而不做任何其他事情，模型的訓練就有問題：如果我們將五個觸發的總和（全部都是正數，因為我們使用 ReLU）減為只有兩個，它們將沒有相同的比例（scale）。因此，如果進行 dropout 的機率是 `p`，我們就會改變所有觸發的比例，將它們除以 `1-p`（平均有 `p` 個會被設為零，所以還有 `1-p`），如圖 12-11 所示。

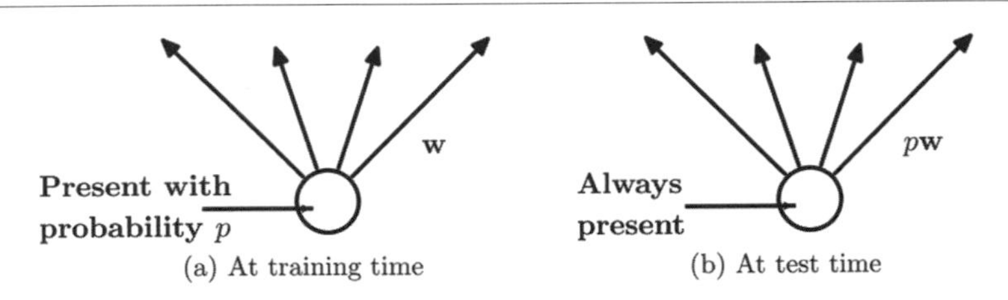


Figure 2: **Left**: A unit at training time that is present with probability $p$ and is connected to units in the next layer with weights **w**. **Right**: At test time, the unit is always present and the weights are multiplied by $p$. The output at test time is same as the expected output at training time.

圖 12-11　為什麼在使用 dropout 時要改變觸發的比例（Nitish Srivastava 等人提供）

這是用 PyTorch 來實作 dropout 層的完整程式（不過 PyTorch 的原始神經層其實是用 C 寫成的，不是 Python）：

```
class Dropout(Module):
    def __init__(self, p): self.p = p
    def forward(self, x):
        if not self.training: return x
        mask = x.new(*x.shape).bernoulli_(1-p)
        return x * mask.div_(1-p)
```

`bernoulli_` 方法會建立一個隨機出現零（機率為 `p`）與一（機率為 `1-p`）的張量，然後將它乘以輸入，再除以 `1-p`。注意我們使用 `training` 屬性，它在任何一個 PyTorch `nn.Module` 裡都可以使用，可讓我們知道，我們究竟在進行訓練，還是推理。

**自己做實驗**

本書的前幾章也應該加入這裡的 bernoulli_ 程式，來讓你知道它究竟如何工作，但是現在你已經知道如何做這件事了，我們幫你做的範例會越來越少，希望你可以自己做實驗，看看事情如何運作。就這個例子而言，本章結束的問題會要求你用 bernoulli_ 來做實驗，但不要等到我們要求才透過實驗設法理解我們正在學習的程式碼，現在就儘管去做吧！

在將 LSTM 的輸出傳給最終層之前使用 dropout 有助於降低過擬。許多其他模型也會使用 dropout ，包括 fastai.vision 預設使用的 CNN head，在 fastai.tabular 裡，你也可以藉著傳入 ps 參數來使用它（每個「p」會被傳給每個加入的 Dropout 層），第 15 章會展示它。

dropout 在訓練與驗證模式之中有不同的行為，我們在 Dropout 裡面使用 training 屬性來指定行為。對著 Module 呼叫 train 方法會將 training 設為 True（無論你對著哪個模組呼叫這個方法都會如此，模組所包含的每個模組也一樣），呼叫 eval 會將它設為 False。這件事會在呼叫 Learner 的方法時自動完成，但如果你不是使用那個類別，記得在必要時換成另一個。

## activation regularization 與 temporal activation regularization

*activation regularization*（AR）與 *temporal activation regularization*（TAR）是很像第 8 章介紹的權重衰減的正則化方法。在使用權重衰減時，我們會對損失加上少量的懲罰，來盡量縮小權重。在 AR 中，我們試著盡量縮小 LSTM 產生的最終觸發，而不是權重。

為了將最終的觸發正則化，我們必須將它們存在某處，再將它們的平方的平均值加到損失上（以及一個乘數 alpha，它就像權重衰減的 wd）：

```
loss += alpha * activations.pow(2).mean()
```

TAR 與「在句子中預測語義單元」有關，也就是說，當我們依序閱讀 LSTM 的輸出時，它們應該是有意義的。TAR 是為了鼓勵這種行為而設計的，它的做法是對損失施加懲罰，來讓兩個連續的觸發之間的差異盡可能地小：我們的觸發張量的 shape 是 bs x sl x n_hid，我們讀取序列長度（sequence length）軸（中間的維度）的連續觸發。因此，TAR 可以這樣表示：

```
loss += beta * (activations[:,1:] - activations[:,:-1]).pow(2).mean()
```

所以我們要調整的超參數是 alpha 與 beta。為此，我們要讓使用 dropout 的模型回傳三個東西：適當的輸出、在 dropout 之前的 LSTM 觸發，以及在 dropout 之後的 LSTM 觸發。AR 通常用於被 dropout 的觸發（為了不懲罰之後被我們轉為零的觸發），而 TAR 用於未被 dropout 的觸發（因為這些零會在兩個連續的時步之間產生很大的差異）。然後，RNNRegularizer callback 可為我們執行這個正則化。

## 訓練綁定權重的正則化 LSTM

我們可以結合 dropout（在進入輸出層之前套用）與 AR 和 TAR 來訓練之前的 LSTM。我們只要回傳三個東西，而不是一個：LSTM 的正常輸出、dropout 之後的觸發，以及 LSTM 輸出的觸發。RNNRegularization callback 會選擇最後兩項作為它對損失所做的貢獻。

我們還可以從 AWD-LSTM 論文（*https://oreil.ly/ETQ5X*）加入另一種實用的技巧，**權重綁定**（*weight tying*）。在語言模型裡，輸入 embedding 代表從英文單字對映到觸發的映射，輸出隱藏層代表從觸發到英文單字的映射。我們可能會直覺地認為，這些映射或許是相同的。我們可以在 PyTorch 裡面，為這些神經層指定相同的權重矩陣來表達這件事：

```
self.h_o.weight = self.i_h.weight
```

在 LMMModel7 裡面，我們加入這些最終的調整：

```
class LMModel7(Module):
    def __init__(self, vocab_sz, n_hidden, n_layers, p):
        self.i_h = nn.Embedding(vocab_sz, n_hidden)
        self.rnn = nn.LSTM(n_hidden, n_hidden, n_layers, batch_first=True)
        self.drop = nn.Dropout(p)
        self.h_o = nn.Linear(n_hidden, vocab_sz)
        self.h_o.weight = self.i_h.weight
        self.h = [torch.zeros(n_layers, bs, n_hidden) for _ in range(2)]

    def forward(self, x):
        raw,h = self.rnn(self.i_h(x), self.h)
        out = self.drop(raw)
        self.h = [h_.detach() for h_ in h]
        return self.h_o(out),raw,out

    def reset(self):
        for h in self.h: h.zero_()
```

我們可以用 RNNRegularizer callback 來製作正則化的 Learner：

```
learn = Learner(dls, LMModel7(len(vocab), 64, 2, 0.5),
                loss_func=CrossEntropyLossFlat(), metrics=accuracy,
                cbs=[ModelResetter, RNNRegularizer(alpha=2, beta=1)])
```

TextLearner 會自動為我們加入這兩個 callback（預設包含這些 alpha 與 beta 值），所以我們可以簡化上一行：

```
learn = TextLearner(dls, LMModel7(len(vocab), 64, 2, 0.4),
                    loss_func=CrossEntropyLossFlat(), metrics=accuracy)
```

然後我們可以訓練模型，並將權重衰減加到 0.1，來加入額外的正則化：

```
learn.fit_one_cycle(15, 1e-2, wd=0.1)
```

| epoch | train_loss | valid_loss | accuracy | time |
|---|---|---|---|---|
| 0 | 2.693885 | 2.013484 | 0.466634 | 00:02 |
| 1 | 1.685549 | 1.187310 | 0.629313 | 00:02 |
| 2 | 0.973307 | 0.791398 | 0.745605 | 00:02 |
| 3 | 0.555823 | 0.640412 | 0.794108 | 00:02 |
| 4 | 0.351802 | 0.557247 | 0.836100 | 00:02 |
| 5 | 0.244986 | 0.594977 | 0.807292 | 00:02 |
| 6 | 0.192231 | 0.511690 | 0.846761 | 00:02 |
| 7 | 0.162456 | 0.520370 | 0.858073 | 00:02 |
| 8 | 0.142664 | 0.525918 | 0.842285 | 00:02 |
| 9 | 0.128493 | 0.495029 | 0.858073 | 00:02 |
| 10 | 0.117589 | 0.464236 | 0.867188 | 00:02 |
| 11 | 0.109808 | 0.466550 | 0.869303 | 00:02 |
| 12 | 0.104216 | 0.455151 | 0.871826 | 00:02 |
| 13 | 0.100271 | 0.452659 | 0.873617 | 00:02 |
| 14 | 0.098121 | 0.458372 | 0.869385 | 00:02 |

它比之前的模型好多了！

# 結論

我們已經知道第 10 章用來進行文本分類的 AWD-LSTM 架構裡面的所有東西了。它在很多地方使用 dropout：

- embedding dropout（在 embedding 層裡面，隨機卸除幾行 embedding）
- 輸入 dropout（在 embedding 之後使用）
- 權重 dropout（在每一步訓練對 LSTM 的權重執行）
- 隱藏 dropout（在兩層之間對隱藏狀態執行）

這讓它更加正則化。因為微調這五個 dropout 值（包括在輸出層之前的 dropout）很複雜，我們已經找出很好的預設值，並且讓你可以用本章介紹過的 `drop_mult` 參數來調整 dropout 的整體程度（它會乘各個 dropout）。

另一種非常強大的架構是 Transformers 架構，尤其是在處理「序列到序列」問題時（在這種問題中，因變數本身是可變長度的序列，例如語言翻譯）。你可以在本書網站的紅利章節（*https://book.fast.ai*）找到它。

# 問題

1. 如果你的專案的資料組太大而且太複雜，以致於處理它需要花大量時間，該怎麼辦？
2. 為什麼在建立語言模型之前，要先將資料組內的文件串接起來？
3. 為了使用標準的全連接網站來用前三個單字預測第四個字，我們要對模型做哪兩項調整？
4. 如何在 PyTorch 裡的多個神經層之間共享權重矩陣？
5. 寫一個模組來根據句子的前兩個字預測第三個字，不要偷看。
6. 什麼是遞迴神經網路？
7. 什麼是隱藏狀態？
8. `LMModel1` 的隱藏狀態的等效物是什麼？
9. 為了維持 RNN 裡的狀態，為何依序傳遞文本給模型很重要？
10. RNN 的「展開」表示法是什麼？
11. 為何在 RNN 裡維持隱藏狀態可能導致記憶體和性能問題？如何修正這個問題？

12. 什麼是 BPTT？
13. 用程式來印出驗證組的前幾個批次，包括將語義單元 ID 轉換回去英文字串，如同第 10 章處理 IMDb 資料批次那樣。
14. `ModelResetter` callback 有什麼作用？為什麼需要它？
15. 只為每三個輸入單字預測一個輸出的缺點是什麼？
16. 為什麼我們要為 `LMModel4` 訂作損失函數？
17. 為什麼 `LMModel4` 訓練起來不穩定？
18. 在展開表示法裡，我們可以看到遞迴神經網路有很多層，那麼，為什麼我們要堆疊 RNN 來得到更好的結果？
19. 畫出堆疊（多層）RNN 的表示法。
20. 為什麼不要太常呼叫 `detach` 可在 RNN 中得到更好的結果？為什麼這種情況在簡單的 RNN 裡不會發生？
21. 為什麼深度神經網路可能產生非常大或非常小的觸發？為什麼這件事很嚴重？
22. 在電腦的浮點數表示法中，哪些數字最精確？
23. 為什麼梯度消失會阻礙訓練？
24. 為什麼在 LSTM 架構裡使用兩個隱藏狀態有益？它們的目的分別是什麼？
25. 這兩種狀態在 LSTM 中稱為什麼？
26. 什麼是 tanh？它與 sigmoid 有什麼關係？
27. 在 `LSTMCell` 裡的這段程式的目的是什麼：

```
h = torch.stack([h, input], dim=1)
```

28. PyTorch 的 `chunk` 有什麼功能？
29. 仔細研究重構版的 `LSTMCell`，以確保你了解它如何與為何與非重構版做同一件事。
30. 為什麼我們可以讓 `LMModel6` 使用更高的學習率？
31. AWD-LSTM 模型使用哪三種正則化技術？
32. 什麼是 dropout？

33. 為什麼我們要用 dropout 調整觸發？這種做法要在訓練期、推理期或這兩個階段中使用？

34. Dropout 的這一行的目的是什麼：

```
if not self.training: return x
```

35. 用 bernoulli_ 做實驗，來了解它如何工作。

36. 在 PyTorch，在訓練模式之下如何設定你的模型？在評估模式之下呢？

37. 寫出觸發正則化公式（用數學或程式，看你喜歡哪一種）。它與權重衰減有何不同？

38. 寫出 TAR 的公式（用數學或程式，看你喜歡哪一種）。為什麼不要用它來處理電腦視覺問題？

39. 在語言模型中，什麼是權重綁定？

## 後續研究

1. 在 LMModel2 裡，為什麼 forward 可以在一開始使用 h=0？為什麼我們不需要說 h=torch.zeros(...)？
2. 從零開始編寫 LSTM 程式（可參考圖 12-9）。
3. 在網路尋找 GRU 架構，並從零開始實作它，試著訓練模型，看看能不能做出類似本章所展示的結果。拿你的結果與 PyTorch 的內建 GRU 模組的結果相比。
4. 閱讀 fastai 裡面的 AWD-LSTM 的原始碼，試著比對每一行程式碼與本章展示的概念。

第十三章

# 摺積神經網路

在第 4 章，我們已經學會如何建立辨識圖像的神經網路了，我們可以在區分 3 與 7 時得到略大於 98% 的準確度——但我們也看到 fastai 的內建類別能夠接近 100%。我們要開始追上它。

在這一章，我們要先研究摺積是什麼，並且從零開始建立一個 CNN。然後我們要學習一系列改善訓練穩定性的技術，以及程式庫為了產生更好的結果，通常會幫我們做的調整。

## 神奇的摺積

**特徵工程**是機器學習從業者的強大工具之一。**特徵**就是從資料轉換過來的、讓模型更容易使用的東西。例如，我們在第 9 章進行表格資料組預先處理時使用的 `add_datepart` 函式會在 Bulldozers 資料組加入日期特徵。圖像可以做出哪些特徵？

術語：特徵工程

用新的方法轉換資料，來讓模型更容易使用它。

在圖像的背景之下，特徵是有視覺特色的屬性。例如，數字 7 的特徵是數字最上面的橫邊（edge），以及從它開始，由右上方到左下方的斜邊。另一方面，數字 3 的特徵是數字的左上方到右下方的同方向斜邊、左下方與右上方的反向斜邊、在中間、最上面與最下面的橫邊等。那麼，如果我們可以取得關於每張圖像的邊在哪裡的資訊，然後將這些資訊當成特徵，而不是原始像素，會怎麼樣呢？

事實上，在圖像裡面找出邊是一項非常常見的電腦視覺任務，而且非常簡單。我們會用**摺積**（*convolution*，或譯為**卷積**）來做這件事。摺積只會用到乘法與加法——它們也是在本書的每一個深度學習模型裡負責絕大多數工作的兩種運算！

摺積會對圖像使用一個 *kernel*。kernel 是一個小矩陣，例如圖 13-1 右上角的 3×3 矩陣。

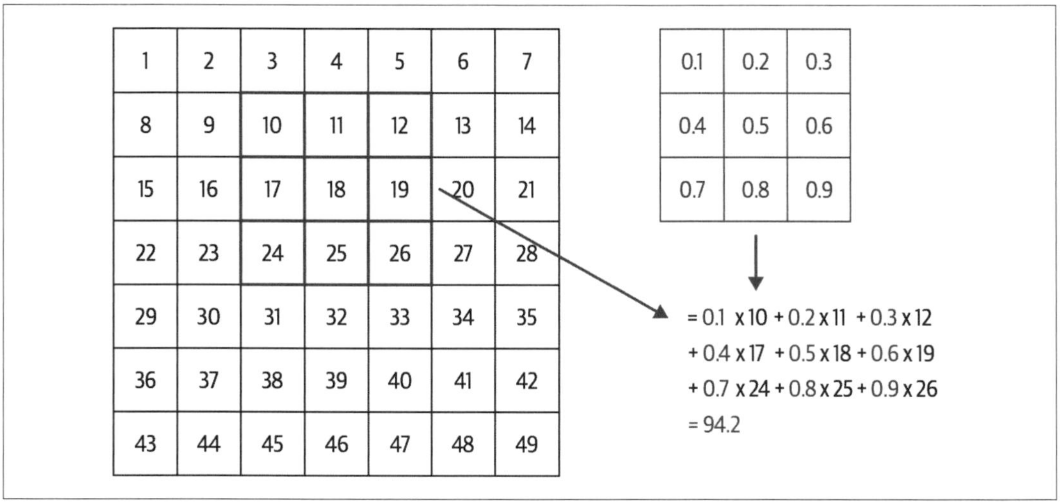

| | | | | | | |
|---|---|---|---|---|---|---|
| 1 | 2 | 3 | 4 | 5 | 6 | 7 |
| 8 | 9 | 10 | 11 | 12 | 13 | 14 |
| 15 | 16 | 17 | 18 | 19 | 20 | 21 |
| 22 | 23 | 24 | 25 | 26 | 27 | 28 |
| 29 | 30 | 31 | 32 | 33 | 34 | 35 |
| 36 | 37 | 38 | 39 | 40 | 41 | 42 |
| 43 | 44 | 45 | 46 | 47 | 48 | 49 |

| | | |
|---|---|---|
| 0.1 | 0.2 | 0.3 |
| 0.4 | 0.5 | 0.6 |
| 0.7 | 0.8 | 0.9 |

= 0.1 x 10 + 0.2 x 11 + 0.3 x 12
+ 0.4 x 17 + 0.5 x 18 + 0.6 x 19
+ 0.7 x 24 + 0.8 x 25 + 0.9 x 26
= 94.2

圖 13-1　在一個位置使用 kernel

左邊的 7×7 網格是我們將要在上面使用 kernel 的**圖像**，摺積操作會將 kernel 的每一個元素乘以這個圖像中的一塊 3×3 區域中的每一個元素，再將這些乘法運算的結果相加。圖 13-1 展示在圖中的一個位置使用 kernel 的例子，那個位置在 18 的周圍。

我們用程式來做這件事。我們先建立一個 3×3 的小矩陣：

```
top_edge = tensor([[-1,-1,-1],
                   [ 0, 0, 0],
                   [ 1, 1, 1]]).float()
```

我們將它稱為 kernel（因為浮誇的電腦視覺研究人員就是這樣稱呼它的）。當然，我們需要一張圖像：

```
path = untar_data(URLs.MNIST_SAMPLE)

im3 = Image.open(path/'train'/'3'/'12.png')
show_image(im3);
```

# 3

現在我們要取圖像的上方的 3×3 像素方形，並將裡面的每一個值乘以 kernel 的每一個項目，然後取它們的總和：

```
im3_t = tensor(im3)
im3_t[0:3,0:3] * top_edge
```

```
tensor([[-0., -0., -0.],
        [0., 0., 0.],
        [0., 0., 0.]])
```

```
(im3_t[0:3,0:3] * top_edge).sum()
```

```
tensor(0.)
```

到目前為止沒什麼特別的事情，在左上角的像素都是白色的。但我們來挑幾個比較有趣的地方：

```
df = pd.DataFrame(im3_t[:10,:20])
df.style.set_properties(**{'font-size':'6pt'}).background_gradient('Greys')
```

| | 0 | 1 | 2 | 3 | 4 | 5 | 6 | 7 | 8 | 9 | 10 | 11 | 12 | 13 | 14 | 15 | 16 | 17 | 18 | 19 |
|---|---|---|---|---|---|---|---|---|---|---|---|---|---|---|---|---|---|---|---|---|
| **0** | 0 | 0 | 0 | 0 | 0 | 0 | 0 | 0 | 0 | 0 | 0 | 0 | 0 | 0 | 0 | 0 | 0 | 0 | 0 | 0 |
| **1** | 0 | 0 | 0 | 0 | 0 | 0 | 0 | 0 | 0 | 0 | 0 | 0 | 0 | 0 | 0 | 0 | 0 | 0 | 0 | 0 |
| **2** | 0 | 0 | 0 | 0 | 0 | 0 | 0 | 0 | 0 | 0 | 0 | 0 | 0 | 0 | 0 | 0 | 0 | 0 | 0 | 0 |
| **3** | 0 | 0 | 0 | 0 | 0 | 0 | 0 | 0 | 0 | 0 | 0 | 0 | 0 | 0 | 0 | 0 | 0 | 0 | 0 | 0 |
| **4** | 0 | 0 | 0 | 0 | 0 | 0 | 0 | 0 | 0 | 0 | 0 | 0 | 0 | 0 | 0 | 0 | 0 | 0 | 0 | 0 |
| **5** | 0 | 0 | 0 | 12 | 99 | 91 | 142 | 155 | 246 | 182 | 155 | 155 | 155 | 155 | 131 | 52 | 0 | 0 | 0 | 0 |
| **6** | 0 | 0 | 0 | 138 | 254 | 254 | 254 | 254 | 254 | 254 | 254 | 254 | 254 | 254 | 254 | 252 | 210 | 122 | 33 | 0 |
| **7** | 0 | 0 | 0 | 220 | 254 | 254 | 254 | 235 | 189 | 189 | 189 | 189 | 150 | 189 | 205 | 254 | 254 | 254 | 75 | 0 |
| **8** | 0 | 0 | 0 | 35 | 74 | 35 | 35 | 25 | 0 | 0 | 0 | 0 | 0 | 0 | 13 | 224 | 254 | 254 | 153 | 0 |
| **9** | 0 | 0 | 0 | 0 | 0 | 0 | 0 | 0 | 0 | 0 | 0 | 0 | 0 | 0 | 90 | 254 | 254 | 247 | 53 | 0 |

在 5、7 格子裡有最上面的邊（top edge）。我們在那裡重新計算：

```
(im3_t[4:7,6:9] * top_edge).sum()
```

```
tensor(762.)
```

在 8、18 格子有右邊的邊。它會算出什麼？

```
(im3_t[7:10,17:20] * top_edge).sum()
```

```
tensor(-29.)
```

如你所見，當 3×3 正方形位於最上面的邊（也就是在正方形的上半部有低值，在它下半部立刻出現高值的地方）時，這個小計算會算出一個大數字，因為在這個例子中，kernel 裡的 `-1` 值的影響力很小，但 `1` 值很大。

我們來看一些數學。過濾器（filter）會在圖像中使用大小為 3×3 的窗口，如果我們將像素命名為

$$
\begin{matrix} a1 & a2 & a3 \\ a4 & a5 & a6 \\ a7 & a8 & a9 \end{matrix}
$$

它會回傳 $a1 + a2 + a3 - a7 - a8 - a9$。如果我們位於圖像中 $a1$、$a2$ 與 $a3$ 加起來等於 $a7$、$a8$ 與 $a9$ 的地方，它們會互相抵消，產生 0。然而，如果 $a1$ 大於 $a7$，$a2$ 大於 $a8$，$a3$ 大於 $a9$，我們會得到較大的數字。所以這個過濾器可以偵測橫邊——更精確地說，就是當我們從圖像上面較亮的部分走到下面較暗的部分時遇到的邊。

將過濾器改成最上面是一列 `1`，最下面是 `-1`，它就可以偵測從暗變亮的橫邊。將 `1` 與 `-1` 放在不同列的同一行，它就是偵測直邊的過濾器。每一組權重都會產生不同類型的結果。

我們來做一個函式為一個位置進行這個運算，並確認它符合之前的結果：

```
def apply_kernel(row, col, kernel):
    return (im3_t[row-1:row+2,col-1:col+2] * kernel).sum()
```

```
apply_kernel(5,7,top_edge)
```

```
tensor(762.)
```

但是注意，我們不能用它來處理角落（例如位置 0,0），因為那裡沒有完整的 3×3 方形。

## 套用摺積 kernel

我們可以將 apply_kernel() 套用至座標網格上，也就是說，我們會用 3×3 kernel 來處理圖像的每一個 3×3 區域。例如，圖 13-2 是將一個 3×3 kernel 用在一張 5×5 圖像的第一列上面的情況。

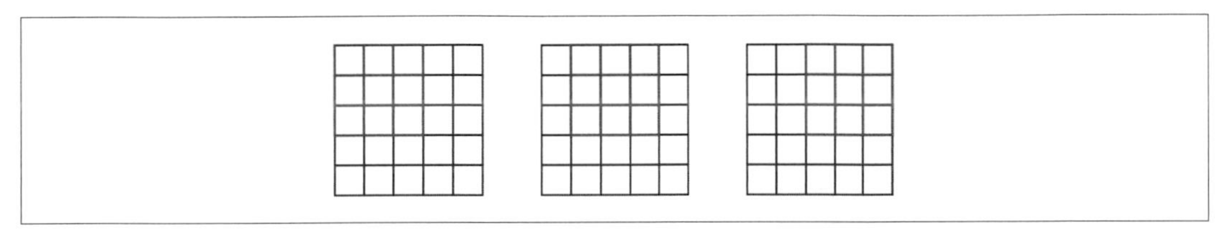

圖 13-2　在一個網格上使用 kernel

我們可以用**嵌套式串列生成式**（*nested list comprehension*）來取得座標網格，例如：

```
[[(i,j) for j in range(1,5)] for i in range(1,5)]
```

```
[[(1, 1), (1, 2), (1, 3), (1, 4)],
 [(2, 1), (2, 2), (2, 3), (2, 4)],
 [(3, 1), (3, 2), (3, 3), (3, 4)],
 [(4, 1), (4, 2), (4, 3), (4, 4)]]
```

**嵌套式串列生成式**

嵌套式串列生成式在 Python 中很常用，所以如果你沒有看過它們，請花幾分鐘來確保你了解它的動作，並且試著編寫你自己的嵌套式串列生成式。

這是在一個座標網格上使用 kernel 的結果：

```
rng = range(1,27)
top_edge3 = tensor([[apply_kernel(i,j,top_edge) for j in rng] for i in rng])

show_image(top_edge3);
```

看起來很好！我們的上邊是黑的，下邊是白的（因為它們與上邊相反）。我們的圖像也有負數，matplotlib 已經自動改變我們的顏色，讓白色是圖像中最小的數字，黑色是最大的，零是灰色。

試著對左邊（left edge）做同一件事：

```
left_edge = tensor([[-1,1,0],
                    [-1,1,0],
                    [-1,1,0]]).float()

left_edge3 = tensor([[apply_kernel(i,j,left_edge) for j in rng] for i in rng])

show_image(left_edge3);
```

如前所述，摺積就是在網格上使用這種 kernel 的操作。Vincent Dumoulin 與 Francesco Visin 的 論 文「A Guide to Convolution Arithmetic for Deep Learning」（*https://oreil.ly/les1R*）有許多很棒的圖片，展示如何使用圖像 kernel。圖 13-3 是來自這篇論文的範例，它展示對著（下面的）淡藍色的 4×4 圖像使用深藍色的 3×3 kernel 產生上面的 2×2 綠色觸發輸出。

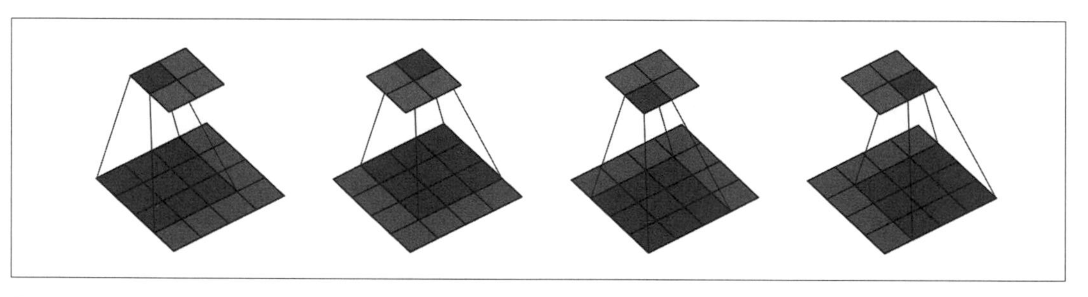

**圖 13-3　在 4×4 圖像上面使用 3×3 kernel 的結果（Vincent Dumoulin 與 Francesco Visin 提供）**

看一下結果的 shape。如果原始圖像的高是 h，寬是 w，我們可以找到幾個 3×3 窗口？從範例中可以看到，窗口有 h-2 乘以 w-2 個，所以我們得到的圖像的高是 h-2，寬是 w-2。

我們不會從零開始實作這個摺積函式，而是使用 PyTorch 的實作（它比我們用 Python 來做任何事情快多了）。

## PyTorch 的摺積

因為摺積是非常重要且廣泛使用的操作，所以 PyTorch 內建這項操作，它稱為 F.conv2d（前面說過，F 是從 torch.nn.functional 匯入的 fastai，PyTorch 建議這樣做）。PyTorch 文件說，它有這些參數：

input
: 輸入張量，外形為 (minibatch, in_channels, iH, iW)

weight
: 過濾器，外形為 (out_channels, in_channels, kH, kW)

在這裡，iH,iW 是圖像的高與寬（即 28,28），kH,kW 是 kernel 的高與寬（3,3）。但顯然 PyTorch 期望讓這兩個引數收到 rank-4 張量，但目前我們只有 rank-2 張量（即矩陣，或有兩軸的陣列）。

有這些額外的軸的原因是 PyTorch 會使用一些巧妙的技巧。第一個技巧是 PyTorch 可以同時對多張圖像執行摺積。這代表我們可以用它同時處理一個批次的每一個項目！

第二個技巧是 PyTorch 可以同時使用多個 kernel。所以我們來建立對角邊 kernel，然後把全部的四個邊 kernel 疊成一個張量：

```
diag1_edge = tensor([[ 0,-1, 1],
                     [-1, 1, 0],
                     [ 1, 0, 0]]).float()
diag2_edge = tensor([[ 1,-1, 0],
                     [ 0, 1,-1],
                     [ 0, 0, 1]]).float()

edge_kernels = torch.stack([left_edge, top_edge, diag1_edge, diag2_edge])
edge_kernels.shape
```

```
torch.Size([4, 3, 3])
```

為了測試它，我們需要 DataLoader 與小批次樣本。我們來使用 data block API：

```
mnist = DataBlock((ImageBlock(cls=PILImageBW), CategoryBlock),
                  get_items=get_image_files,
                  splitter=GrandparentSplitter(),
                  get_y=parent_label)

dls = mnist.dataloaders(path)
xb,yb = first(dls.valid)
```

```
xb.shape
```

```
torch.Size([64, 1, 28, 28])
```

在預設情況下，fastai 會在使用 data block 時，將資料放到 GPU。我們將它移到 CPU：

```
xb,yb = to_cpu(xb),to_cpu(yb)
```

一個批次有 64 張圖像，每一個有 1 個通道，有 28×28 像素。F.conv2d 也可以處理多通道（彩色）圖像。**通道**（*channel*）是圖像的基本顏色，常規的全彩圖像有三個通道，紅、綠和藍。PyTorch 用 rank-3 張量來表示圖像，使用這些維度：

[*channels*（通道）, *rows*（列）, *columns*（行）]

本章稍後會介紹如何處理超過一個通道。傳給 F.conv2d 的 kernel 必須是 rank-4 張量：

[*features_out, channels_in, rows, columns*]

edge_kernels 目前缺少其中一項：我們要告訴 PyTorch 在 kernel 裡面的輸入通道數量是一，我們可以在第一個位置插入一個大小為一的軸（稱為**單位軸**）來做這件事，PyTorch 文件指出那裡期望收到 in_channels。我們使用 unsqueeze 方法來將一個單位軸插入張量：

```
edge_kernels.shape,edge_kernels.unsqueeze(1).shape
```

```
(torch.Size([4, 3, 3]), torch.Size([4, 1, 3, 3]))
```

現在這是 edge_kernels 的正確外形了，我們將它們全部傳給 conv2d：

```
edge_kernels = edge_kernels.unsqueeze(1)
```

```
batch_features = F.conv2d(xb, edge_kernels)
batch_features.shape
```

```
torch.Size([64, 4, 26, 26])
```

輸出外形顯示小批次裡有 64 張圖像，4 kernel 與 26×26 個邊對映（最初是 28×28 圖像，但前面說過，每一側少了一個像素）。我們可以看到，這種做法得到的結果與之前親自做時一樣：

```
show_image(batch_features[0,0]);
```

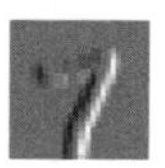

PyTorch 最重要的技術是，它可以使用 GPU 來平行做全部的工作，對多張圖像使用多個 kernel，跨越多個通道。平行地做大量的工作是讓 GPU 高效運作的關鍵，如果我們一次做一個操作，運行速度通常會慢幾百倍（而且如果我們使用上一節的手動摺積迴圈，運行速度甚至會慢幾百萬倍！）。因此，若要成為一位能力強大的深度學習從業者，你一定要練習怎麼用 GPU 一次做大量的工作。

我們不希望失去每一軸的兩個像素，為此，我們加入**填補**（*padding*），也就是在圖像外面加入額外的像素。通常會加入零的像素。

## 步幅與填補

藉著使用適當的填補，我們可以確保觸發圖的大小與原始圖像相同，可讓我們在建構架構時容易許多。圖 13-4 是加入填補後，我們可以在圖像的角落使用 kernel 的情況。

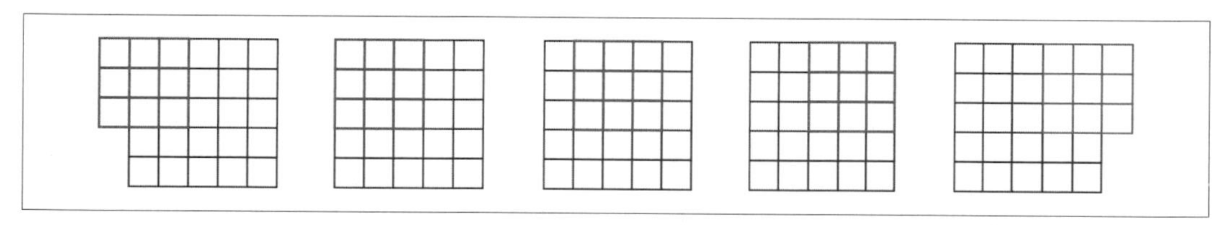

圖 13-4　使用填補的摺積

使用 5×5 輸入，4×4 kernel 與 2 像素的填補，我們得到 6×6 的觸發圖，如圖 13-5 所示。

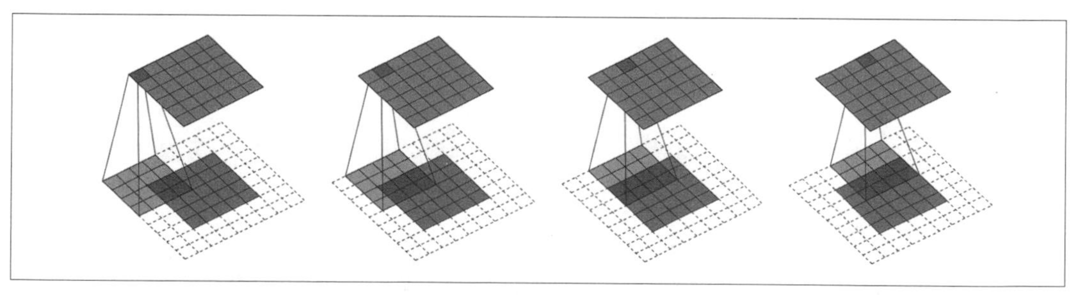

圖 13-5　用 4×4 kernel 來處理填補 2 像素的 5×5 輸入（Vincent Dumoulin 與 Francesco Visin 提供）

如果我們加入大小為 ks×ks 的 kernel（ks 是奇數），為了保持相同的 shape，每一側需要填補 ks//2。偶數的 ks 需要在上 / 下與左 / 右填補不同的數量，但是在實務上，我們幾乎不會使用偶數的過濾器大小。

到目前為止，當我們對網格使用 kernel 時，一次都移動它一個像素。但是我們可以跳更遠，例如，我們可以在每次使用 kernel 之後移動兩個像素，如圖 13-6 所示。這種做法稱為 *stride-2*（步幅 2）摺積。在實務上最常見的 kernel 大小是 3×3，最常見的填補是 1。你將看到，stride-2 摺積適合用來降低輸出的大小，而 stride-1 摺積適合在加入神經層且不改變輸出大小時使用。

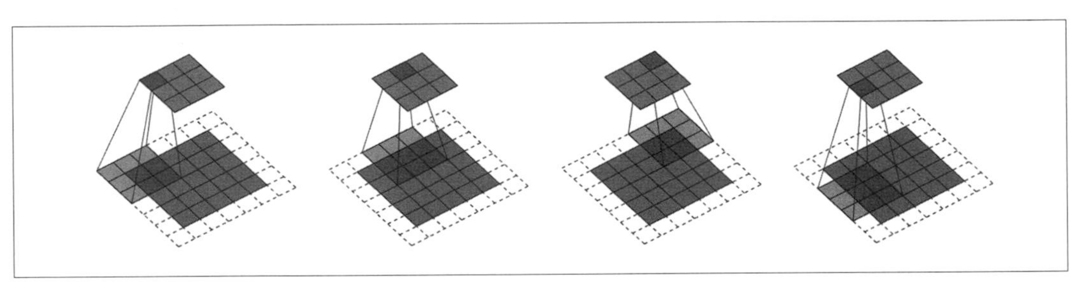

圖 13-6　在 5×5 輸入使用 1 像素填補，並使用 3×3 進行 stride-2 摺積（Vincent Dumoulin 與 Francesco Visin 提供）

在大小為 `h×w` 的圖像裡，使用填補 1 與步幅 2 會產生大小為 `(h+1)//2×(w+1)//2` 的結果。各維的通用公式是

```
(n + 2*pad - ks) // stride + 1
```

其中 `pad` 是填補，`ks` 是 kernel 大小，`stride` 是步幅。

我們來看一下摺積結果的像素值是怎麼算出來的。

## 了解摺積公式

為了解釋摺積背後的數學，fastai 學生 Matt Kleinsmith 想出一個聰明的做法，以不同的觀點展示 CNN（*https://oreil.ly/wZuBs*）。事實上，這種做法實在太聰明、太好用了，所以我們也要在這裡展示它！

這是 3×3 像素的圖像，每一個像素都用一個字母來表示：

| A | B | C |
|---|---|---|
| D | E | F |
| G | H | J |

這是我們的 kernel，每一個權重都用一個希臘字母來表示：

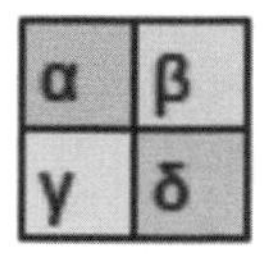


因為過濾器會對圖像套用四次，我們會得到四個結果：

圖 13-7 說明我們如何將 kernel 套用到圖像的每一個部分，並產生每一個結果。

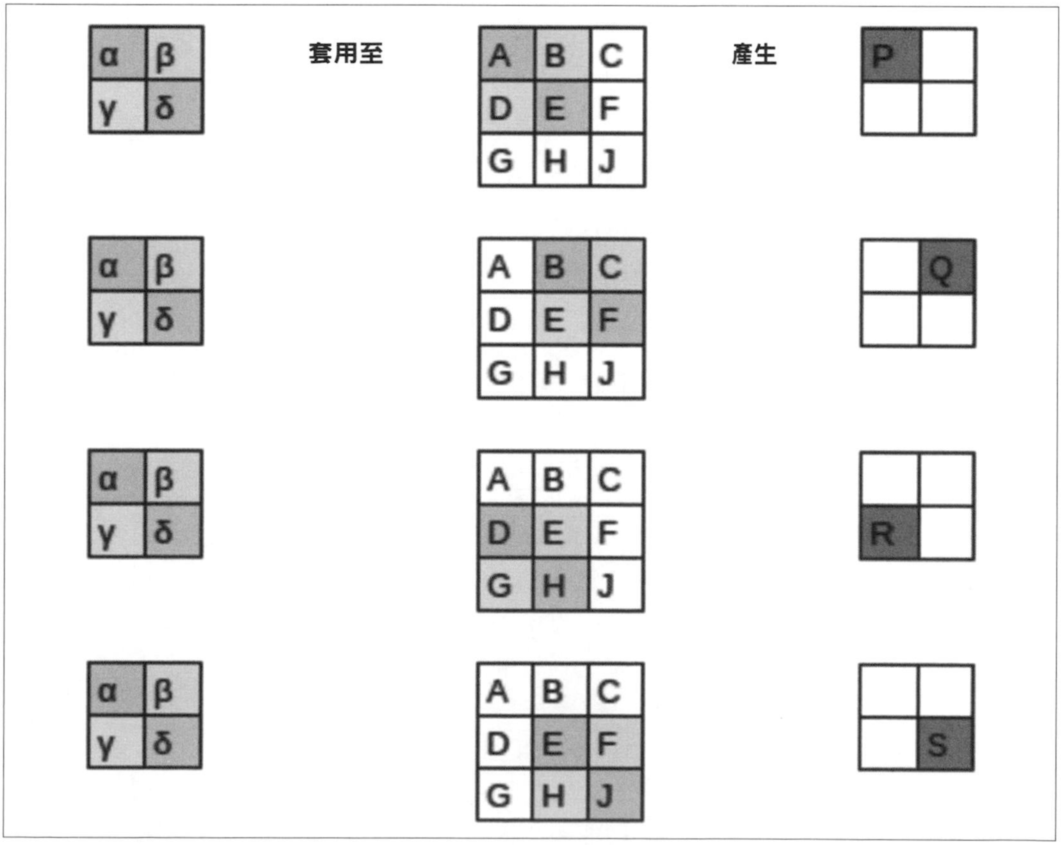

圖 13-7　套用 kernel

圖 13-8 是公式觀點。

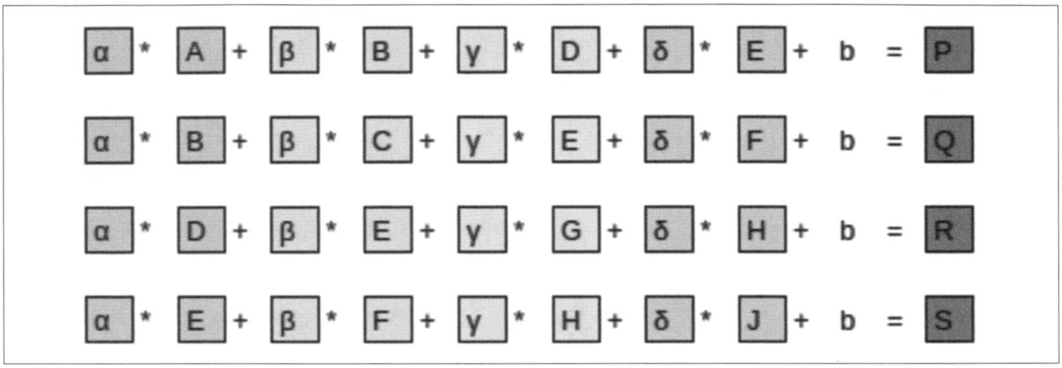

$$\alpha * A + \beta * B + \gamma * D + \delta * E + b = P$$

$$\alpha * B + \beta * C + \gamma * E + \delta * F + b = Q$$

$$\alpha * D + \beta * E + \gamma * G + \delta * H + b = R$$

$$\alpha * E + \beta * F + \gamma * H + \delta * J + b = S$$

圖 13-8　公式

注意，每一個圖像部分的偏差項 *b* 都是一樣的。你可以將偏差項視為過濾器的一部分，如同權重（α, β, γ, δ）是過濾器的一部分。

有趣的發現來了——摺積可以用特殊的矩陣乘法來表示，如圖 13-9 所示。權重矩陣就像傳統神經網路的那樣，但是，這個權重矩陣有兩個特殊的屬性：

1. 以灰色表示的零是不可訓練的。這代表它們在優化程序都會保持零。
2. 有些權重是相等的，雖然它們可訓練（也就是可改變），但它們必須保持相等。它們稱為**共享權重**。

零是過濾器無法接觸的像素。每一列權重矩陣都代表使用一次過濾器。

圖 13-9　用矩陣乘法來表示摺積

了解摺積是什麼之後，我們來用它建立神經網路。

# 我們的第一個摺積神經網路

我們沒有理由認為某些邊過濾器特別適合用來進行圖像辨識。而且，我們已經看過，在後面的神經層裡，摺積 kernel 會用複雜的方式轉換來自較低神經層的特徵，但我們不知道如何親自建構它們。

所以，用學習的方式來取得 kernel 的值是最好的做法。我們已經知道怎麼做了——使用 SGD！實際上，模型將學會適合用來分類的特徵。當我們使用摺積來取代常規的線性層時（或是同時使用它們），我們就創造**摺積神經網路**了（CNN）。

## 建立 CNN

我們回到第 4 章介紹的基本神經網路。它的定義是：

```
simple_net = nn.Sequential(
    nn.Linear(28*28,30),
    nn.ReLU(),
    nn.Linear(30,1)
)
```

我們可以觀察模型的定義：

```
simple_net
```

```
Sequential(
  (0): Linear(in_features=784, out_features=30, bias=True)
  (1): ReLU()
  (2): Linear(in_features=30, out_features=1, bias=True)
)
```

現在我們想要創造類似這個線性模型的架構，但使用摺積層來取代線性層。`nn.Conv2d` 是相當於 `F.conv2d` 的模組。在建立架構時，它比 `F.conv2d` 更方便，因為當我們將它實例化時，它會幫我們自動建立權重矩陣。

這是可能的架構：

```
broken_cnn = sequential(
    nn.Conv2d(1,30, kernel_size=3, padding=1),
    nn.ReLU(),
    nn.Conv2d(30,1, kernel_size=3, padding=1)
)
```

在這裡要注意的是，我們不需要指定輸入大小為 **28*28**，因為在線性層的權重矩陣裡的每個像素都必須有一個權重，所以它要知道有多少像素，但摺積會自動處理每一個像素。上一節說過，權重只與輸入和輸出通道的數量及 kernel 大小有關。

先想一下輸出的 shape 是什麼，然後揭曉答案：

```
broken_cnn(xb).shape
```

```
torch.Size([64, 1, 28, 28])
```

我們無法用它來進行分類，因為我們希望每張圖像有一個輸出觸發，不是一個 28×28 的觸發圖。為了處理這種情況，我們可以使用足夠的 stride-2 摺積，讓最後一層的大小是 1。在一次 stride-2 摺積之後，大小是 14×14，兩次之後，它是 7×7，然後是 4×4、2×2，最後是 1。

我們先定義一個函式，並使用將在每次摺積時使用的基本參數：

```
def conv(ni, nf, ks=3, act=True):
    res = nn.Conv2d(ni, nf, stride=2, kernel_size=ks, padding=ks//2)
    if act: res = nn.Sequential(res, nn.ReLU())
    return res
```

**重構**

像這樣重構神經網路的某些部分可以大大降低由於架構不一致而出錯的可能性，並且讓讀者更清楚實際發生變化的是哪些神經層。

當我們使用 stride-2 摺積時，我們通常會同時增加特徵的數量，因為我們將觸發圖裡的觸發數量減少 4 倍，我們不想要一次減少一層太多容量。

**術語：通道與特徵**

這兩個術語經常交換使用，它們指的是權重矩陣的第二軸的大小，它是在摺積之後，每個網格單位的觸發的數量。沒有人用特徵來代表輸入資料，但是通道可能代表輸入資料（通常通道是顏色）或網路內部的觸發。

這是建構簡單的 CNN 的方法：

```
simple_cnn = sequential(
    conv(1 ,4),            #14x14
    conv(4 ,8),            #7x7
    conv(8 ,16),           #4x4
```

```
    conv(16,32),           #2x2
    conv(32,2, act=False), #1x1
    Flatten(),
)
```

*Jeremy* 說

我們喜歡在每一個摺積後面加上這種註解，來展示每一層後面的觸發圖的大小。這些註解假設輸入大小是 28×28。

現在神經網路輸出兩個觸發，它們對映到我們的標籤的兩個可能級別：

```
simple_cnn(xb).shape
```

```
torch.Size([64, 2])
```

現在可以製作 Learner：

```
learn = Learner(dls, simple_cnn, loss_func=F.cross_entropy, metrics=accuracy)
```

我們可以用 summary 來了解模型裡面的情況：

```
learn.summary()
```

```
Sequential (Input shape: ['64 x 1 x 28 x 28'])
================================================================
Layer (type)         Output Shape         Param #    Trainable
================================================================
Conv2d               64 x 4 x 14 x 14     40         True
________________________________________________________________
ReLU                 64 x 4 x 14 x 14     0          False
________________________________________________________________
Conv2d               64 x 8 x 7 x 7       296        True
________________________________________________________________
ReLU                 64 x 8 x 7 x 7       0          False
________________________________________________________________
Conv2d               64 x 16 x 4 x 4      1,168      True
________________________________________________________________
ReLU                 64 x 16 x 4 x 4      0          False
________________________________________________________________
Conv2d               64 x 32 x 2 x 2      4,640      True
________________________________________________________________
ReLU                 64 x 32 x 2 x 2      0          False
________________________________________________________________
Conv2d               64 x 2 x 1 x 1       578        True
________________________________________________________________
Flatten              64 x 2               0          False
________________________________________________________________
```

```
Total params: 6,722
Total trainable params: 6,722
Total non-trainable params: 0

Optimizer used: <function Adam at 0x7fbc9c258cb0>
Loss function: <function cross_entropy at 0x7fbca9ba0170>

Callbacks:
  - TrainEvalCallback
  - Recorder
  - ProgressCallback
```

注意，最終的 Conv2d 層的輸出是 64x2x1x1。我們要移除額外的 1x1 軸，這就是 Flatten 做的事情。它基本上與 PyTorch 的 squeeze 方法一樣，但是它是個模組。

我們來看看它能否訓練！因為這個網路比我們之前從零製作的那一個更深，我們將使用較低的學習率與更多 epoch：

```
learn.fit_one_cycle(2, 0.01)
```

| epoch | train_loss | valid_loss | accuracy | time |
|---|---|---|---|---|
| 0 | 0.072684 | 0.045110 | 0.990186 | 00:05 |
| 1 | 0.022580 | 0.030775 | 0.990186 | 00:05 |

成功了！它更接近之前的 resnet18，雖然還有一段距離，而且它花更多 epoch，我們需要使用更低的學習率。我們還有很多技巧需要學習，不過我們離從零開始建立一個現代的 CNN 更近了。

## 了解摺積運算

我們可以從摘要看到，輸入的大小是 64x1x28x28，軸是 batch,channel,height,width，通常寫成 NCHW（N 代表批次大小）。另一方面，TensorFlow 使用的軸順序是 NHWC。這是第一層：

```
m = learn.model[0]
m

Sequential(
  (0): Conv2d(1, 4, kernel_size=(3, 3), stride=(2, 2), padding=(1, 1))
  (1): ReLU()
)
```

所以我們有 1 個輸入通道，4 個輸出通道，與一個 3×3 kernel。我們來確認第一個摺積的權重：

```
m[0].weight.shape
```

```
torch.Size([4, 1, 3, 3])
```

摘要顯示我們有 40 個參數，而 4*1*3*3 是 36，還有四個參數是什麼？我們來看偏差項裡面有什麼：

```
m[0].bias.shape
```

```
torch.Size([4])
```

現在我們可以使用這項資訊來澄清上一節說過的事情：「當我們使用 stride-2 摺積時，我們通常會增加特徵數量，這是因為我們將觸發圖裡的觸發數量減少 4 倍，我們不想要一次減少一層太多容量。」

每一個通道有一個偏差項。(當通道不是輸入通道時，有時它們稱為**特徵**或**過濾器**。) 輸出的 shape 是 64x4x14x14，因此它會變成下一層的輸入 shape。根據摘要，下一層有 296 個參數。為了保持簡單，我們忽略批次軸，因此，對於 14*14=196 個位置的每一個，我們乘以 296-8=288 個權重（為了簡化，忽略偏差項），所以在這一層有 196*288=56_448 個乘法。下一層有 7*7*(1168-16)=56_448 個乘法。

在這裡，我們的 stride-2 摺積將**網格大小**從 14x14 減半為 7x7，我們將**過濾器的數量**從 8 個加倍為 16 個，導致整體的計算數量不變。如果我們讓每一個 stride-2 層裡的通道數量都一樣，在網路裡的計算數量將會隨著深度越深而越少。但我們知道較深的神經層必須計算語義豐富的特徵（例如眼睛或毛皮），所以我們不認為做更少計算是合理的。

看待這件事的另一種方法是根據感受區。

# 感受區

**感受區**就是神經層的計算所涉及的圖像區域。本書的網站（*https://book.fast.ai*）有一個稱為 *conv-example.xlsx* 的 Excel 試算表，它使用 MNIST 數字來展示兩個 stride-2 摺積層的計算情況。每一層都有一個 kernel。圖 13-10 是當我們在 *conv2* 按下一個格子時看到的東西，它會顯示第二個摺積層的輸出，然後按下**追蹤前導參照**（*trace precedents*）。

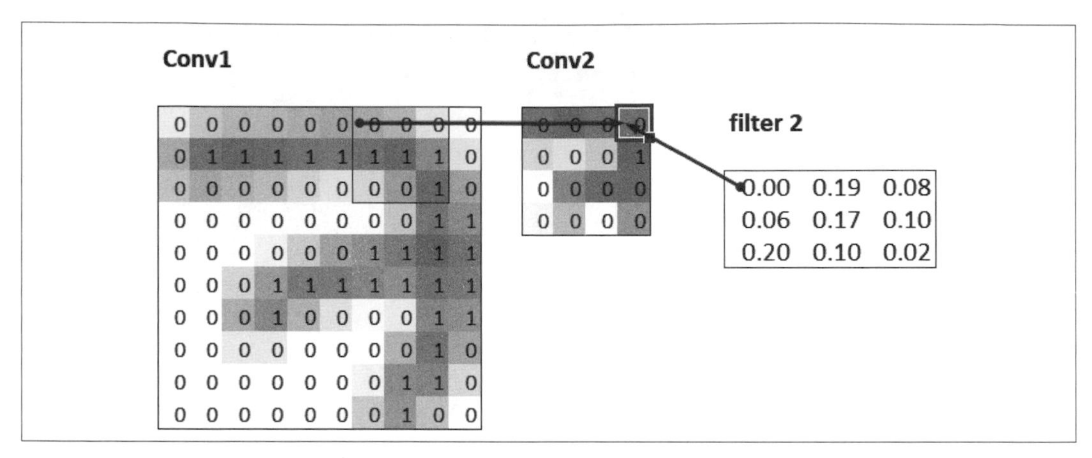


圖 13-10　Conv2 層的即時前導參照

在這裡，有綠色邊框的格子是我們按下去的格子，藍色的格子是它的**前導參照**（*precedents*）——用來計算它的值的格子。這些格子來自輸入層（左邊）的 3×3 區域，以及過濾器（右邊）的格子。我們再次按下**追蹤前導參照**來觀察哪些格子被用來計算這些輸入。圖 13-11 顯示事情的前因後果。

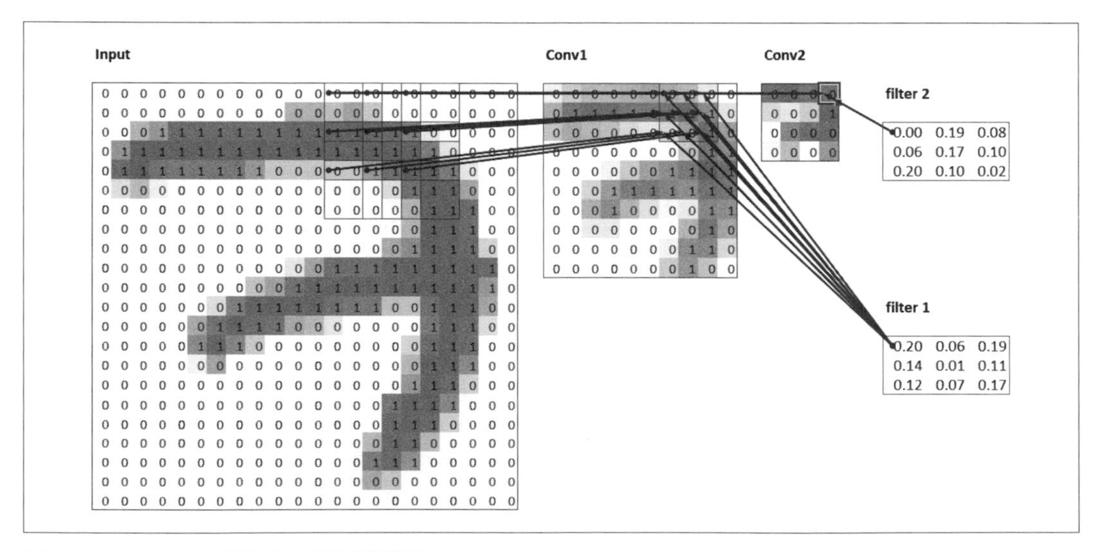


圖 13-11　Conv2 層的第二個前導參照

在這個範例中，我們只有兩個摺積層，每一個都是 stride 2，所以它回溯至輸入圖像。我們可以看到輸入層的 7×7 格子區域被用來計算 Conv2 層的一個綠色格子。這個 7×7 區域是 Conv2 中的綠色觸發的輸入中的感受區。我們也可以看到，現在需要第二個過濾器 kernel，因為我們有兩層。

從這個範例可以看到，在網路越深的地方（具體來說，在一層之前有越多 stride-2 convs），該層中的觸發的感受區就越大。大的感受區代表有大量的輸入圖像會被用來計算該層的每一個觸發。我們已經知道，在網站的深層，我們有語義豐富的特徵，對應更大的感受區。因此，我們希望讓每個特徵都使用更多的權重，來處理這個逐步增加的複雜性。這是我們在上一節提到的同一件事的另一種說法：當我們在網路中使用 stride-2 conv 時，我們也要增加通道的數量。

在寫這一章的時候，為了盡可能地向你解釋 CNN，我們有很多問題需要回答，信不信由你，我們在推特上找到大部分的答案。在繼續處理彩色圖像之前，我們先稍作休息，談談它們。

## 關於 Twitter 的注意事項

我們並不是社交媒體的大用戶，但是我們寫這本書的目的，是協助你成為最好的深度學習從業者，如果不說一下 Twitter 在我們自己的深度學習之旅中多麼重要，那就是我們的過失了。

在遠離川普和 Kardashians 的另一個 Twitter 世界，深度學習研究人員和從業者每天都在討論這個領域的事情。在我們寫這個部分的時候，Jeremy 想要再次確認我們所說的關於 stride-2 摺積的內容是否準確，所以他在 Twitter 上發問：

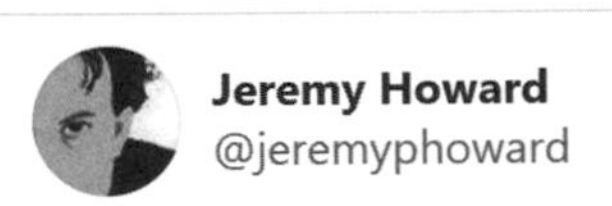


I forget: why did we move from stride 1 convs with maxpool to stride 2 convs? And why don't we use stride 1 convs with avgpool (or do some modern nets do that)? Is it just an empirical thing, or is there some deeper reason? Has someone done the ablation studies?

11:21 AM · Feb 23, 2020 · Twitter Web App

幾分鐘之後，答案出現了：

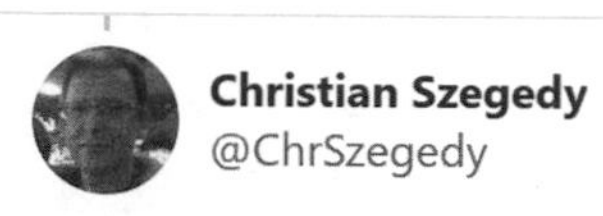


Replying to @jeremyphoward

This depends on a lot of factors: the overall network architecture, the accelerator (CPU vs GPU vs TPU) etc. Some Inception models used concatenation of (conv + max/avg/l2 pooling). The quality differences were marginal. Some pooling methods are more residual friendly.

11:39 AM · Feb 23, 2020 · Twitter Web App

Christian Szegedy 是 Inception（*https://oreil.ly/hGE_Y*）的第一作者，2014 ImageNet 挑戰賽贏家，以及現代神經網路的許多關鍵見解的來源。兩個小時之後出現這個：

Replying to @jeremyphoward

My original early 1989 NeurComp paper on ConvNet used stride 2, no pooling, simply because the computation was fast.
The 2nd paper (NIPS 1989) used stride +average pooling/tanh.
It worked better on zipcode digits. But it could have been due to many reasons.

1:35 PM · Feb 23, 2020 · Twitter for Android

認得那個名字嗎？在第 2 章，當我們討論圖靈獎贏家時，你曾經看過他，他建立了當今深度學習的基礎！

Jeremy 也在 Twitter 上請求協助檢查我們在第 7 章對於 label smoothing 的說明是否準確，Christian Szegedy 再次直接回應他（label smoothing 最初是在 Inception 論文中發表的）：

許多深度學習領域的頂尖人士都是 Twitter 的常客，而且非常樂於和更廣泛的社群互動。有一個很棒的起步方法就是看一下 Jeremy 最近的 Twitter「喜歡的內容」清單（*https://oreil.ly/sqOI7*），或 Sylvain 的（*https://oreil.ly/VWYHY*）。藉此，你可以看到一系列的 Twitter 用戶，他們都是我們覺得會講一些有趣且有用的事情的人。

Twitter 是我們了解有趣的新論文、新軟體和其他深度學習新聞的主要手段。為了與深度學習社群建立聯繫，我們建議你加入 fast.ai 論壇（*https://forums.fast.ai*）以及使用 Twitter。

我們回到本章的宗旨。到目前為止，我們只展示黑白的圖片範例，每個像素一個值。在實務上，大部分的彩色圖像的每個像素都用三個值來定義顏色。接下來，我們要研究如何處理彩色圖像。

# 彩色圖像

彩色圖像是 rank-3 張量：

```
im = image2tensor(Image.open('images/grizzly.jpg'))
im.shape
```

```
torch.Size([3, 1000, 846])
```

```
show_image(im);
```

第一軸裡面有紅、綠和藍通道（在此以對應的彩色圖來突顯）：

```
_,axs = subplots(1,3)
for bear,ax,color in zip(im,axs,('Reds','Greens','Blues')):
    show_image(255-bear, ax=ax, cmap=color)
```

我們已經知道在圖像的一個通道使用一個過濾器時，摺積是如何運作的（我們的例子是處理正方形）。摺積層會接收一張有某個通道數量的圖像（常規的 RGB 彩色圖像的第一層有三個），輸出一張有不同通道數量的圖像。正如隱藏層的大小代表在線性層裡的神經元數量，我們可以使用任意數量的過濾器，每一個過濾器都能夠專門（有些偵測橫邊，有些偵測直邊等）提供類似第 2 章的範例的東西。

在一個滑動窗口裡，我們有某個數量的通道，而且我們需要同樣多的過濾器（我們不會用同一個 kernel 來處理所有通道）。所以我們的 kernel 的大小不是 3×3，而是 `ch_in`（代表 channels in）×3×3。在每一個通道裡，我們將窗口的元素乘以對應過濾器的元素，然後將結果相加（與之前看過的一樣），並將所有過濾器相加。在圖 13-12 的例子裡，在那個窗口的摺積層的結果是紅 + 綠 + 藍。

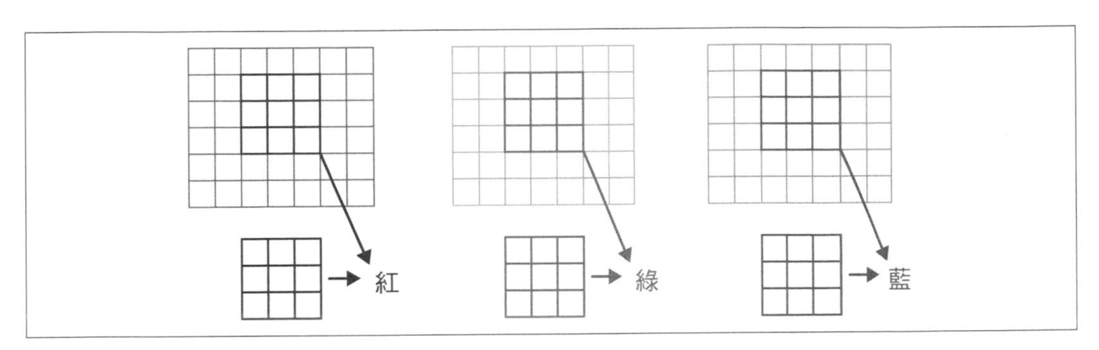


圖 13-12 在 RGB 圖像上進行摺積

因此，為了將摺積套用到顏色圖片，我們需要大小符合第一軸的 kernel 張量。在每一個位置，我們將 kernel 的對應部分和圖像區域相乘。

然後將它們全部相加，為每一個輸出特徵的每一個網格位置產生一個數字，如圖 13-13 所示。

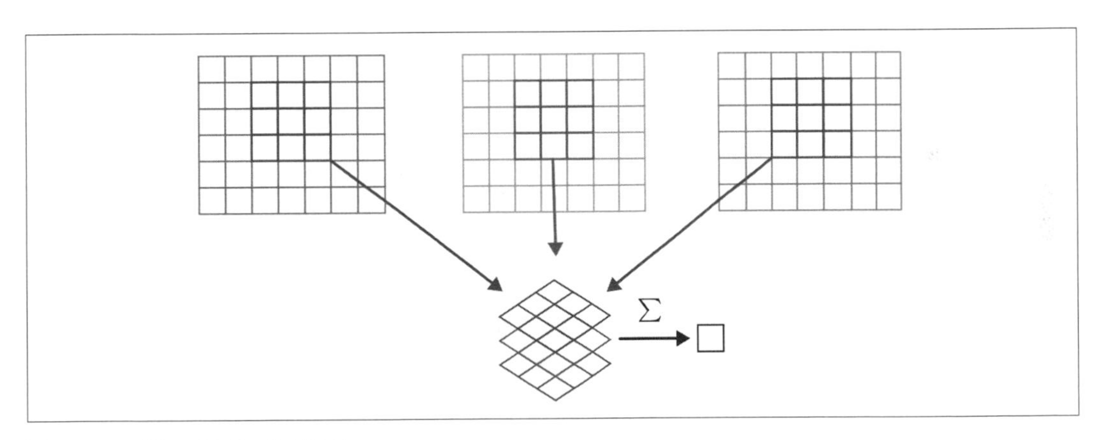


圖 13-13 將 RGB 過濾器相加

然後我們有 ch_out 個這種過濾器，所以最後，摺積層的結果將是一批有 ch_out 個通道，且高與寬是以上述的公式算出來的圖像。對一個四維的大張量來說，這會產生大小為 ch_in x ks x ks 的 ch_out 個張量。在 PyTorch，這些權重的維度順序是 ch_out x ch_in x ks x ks。

此外，我們可能想要讓每一個過濾器使用一個偏差項。在上述範例中，摺積層的最終結果是 $y_R + y_G + y_B + b$。如同線性層，偏差項的數量與 kernel 一樣，所以偏差項是大小為 ch_out 的向量。

當我們想要設置以彩色圖像來訓練的 CNN 時，不需要使用特殊的機制。只要確保第一層有三個輸入就可以了。

處理彩色圖像有很多種方法。例如，你可以將它們改成黑白，將 RGB 改成 HSV（色調、飽和度和值）顏色空間等。一般來說，實驗證明，改變顏色的編碼不會對模型的結果造成任何差異，只要你沒有在轉換時失去資訊。所以，轉換成黑白不是件好事，因為它會完全移除顏色資訊（而且可能很嚴重，例如，寵物品種可能有獨特的顏色），但是轉換成 HSV 通常不會造成任何差異。

現在你知道這些在第 1 章出現過的，說明「神經網路學到什麼」，來自 Zeiler 與 Fergus 的論文（*https://oreil.ly/Y6dzZ*）的照片代表什麼意思了！這是來自第一層的一些權重圖片。

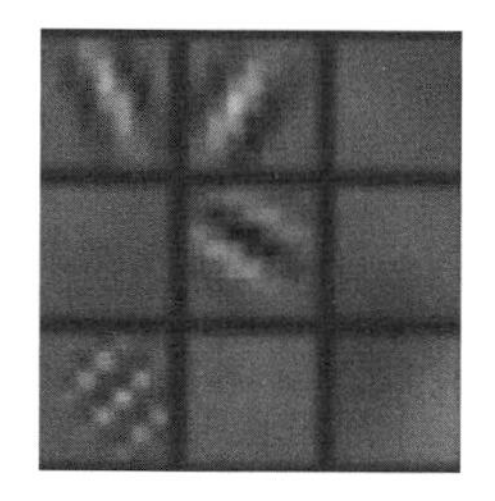

這是將摺積 kernel 的三個切片（slice）當成圖像來顯示，我們可以看到，即使神經網路的製作者從未明確地建立 kernel 來尋找邊，神經網路仍然可以透過 SGD 自動發現這些特徵。

現在我們來看看如何訓練這些 CNN，並告訴你 fastai 在底層為了高效地訓練所使用的全部技術。

# 改善訓練穩定度

因為我們都很擅長區分 3 與 7，我們來看比較難的東西——辨識全部的 10 個數字。這代表我們要使用 `MNIST`，而不是 `MNIST_SAMPLE`：

```
path = untar_data(URLs.MNIST)
```

```
path.ls()
```

```
(#2) [Path('testing'),Path('training')]
```

我們的資料位於 *training* 與 *testing* 這兩個資料夾裡，所以我們要告訴 GrandparentSplitter 這件事（它預設使用 train 與 valid），我們在 get_dls 函式裡做這件事，定義這個函式的目的，是為了在稍後可以輕鬆地改變批次的大小：

```
def get_dls(bs=64):
    return DataBlock(
        blocks=(ImageBlock(cls=PILImageBW), CategoryBlock),
        get_items=get_image_files,
        splitter=GrandparentSplitter('training','testing'),
        get_y=parent_label,
        batch_tfms=Normalize()
    ).dataloaders(path, bs=bs)

dls = get_dls()
```

切記，在使用資料之前先檢查它絕對錯不了：

```
dls.show_batch(max_n=9, figsize=(4,4))
```

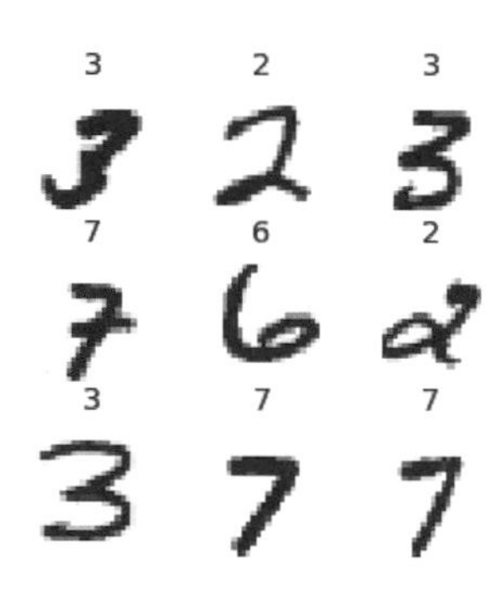


準備好資料之後，我們用它來訓練一個簡單的模型。

## 簡單的基準模型

在本章稍早，我們曾經用 conv 函式來建立一個模型：

```
def conv(ni, nf, ks=3, act=True):
    res = nn.Conv2d(ni, nf, stride=2, kernel_size=ks, padding=ks//2)
    if act: res = nn.Sequential(res, nn.ReLU())
    return res
```

我們要以一個基本的 CNN 作為基準。我們將使用與之前一樣的模型，不過會更改一個地方：我們將使用更多觸發。因為我們有更多數字需要區分，所以我們應該需要更多過濾器。

如前所述，我們通常在每有一個 stride-2 層時，就將過濾器的數量增加一倍。在整個網路中增加過濾器數量的方法是將第一層的觸發的數量加倍，接下來，在它之後的每一層都會是之前版本的兩倍。

但是這會產生一個微妙的問題。考慮套用到每一個像素的 kernel。在預設情況下，我們使用 3×3 像素的 kernel，因此，將那個 kernel 套用到每一個位置時，總共有 3 × 3 = 9 個像素。之前，我們的第一層有四個輸出過濾器，所以四個值是用每個位置的九個像素算出來的。想一下當我們將這個輸出加倍成八個過濾器時會怎樣，接下來，當我們套用 kernel 時，我們會用九個像素來計算八個數字，這意味著它根本沒有學到太多東西：輸出大小幾乎與輸入大小一樣。神經網路只會在被迫建立有用的特徵時，才會建立它們——也就是當一項操作的輸出的數量遠小於輸入的數量時。

為了修正這個問題，我們可以在第一層使用更大的 kernel。如果我們使用 5×5 像素的 kernel，在每次應用 kernel 時，都會用到 25 個像素。用它來建立八個過濾器代表神經網路必須找出一些實用的特徵：

```
def simple_cnn():
    return sequential(
        conv(1 ,8, ks=5),        #14x14
        conv(8 ,16),             #7x7
        conv(16,32),             #4x4
        conv(32,64),             #2x2
        conv(64,10, act=False),  #1x1
        Flatten(),
    )
```

你很快就會看到，我們可以在訓練模型時觀察它的內部，來試著找出把它們訓練得更好的方法。為此，我們使用 ActivationStats callback，它會記錄每一個可訓練層的觸發的平均值、標準差與直方圖（正如我們看過的，callback 的用途是在訓練迴圈裡加入行為，我們將在第 16 章探討它們如何工作）：

```
from fastai.callback.hook import *
```

我們希望訓練得快一點，這意味著用高學習率來訓練。看看使用 0.06 可以得到什麼結果：

```
def fit(epochs=1):
    learn = Learner(dls, simple_cnn(), loss_func=F.cross_entropy,
                    metrics=accuracy, cbs=ActivationStats(with_hist=True))
    learn.fit(epochs, 0.06)
    return learn

learn = fit()
```

| epoch | train_loss | valid_loss | accuracy | time |
|---|---|---|---|---|
| 0 | 2.307071 | 2.305865 | 0.113500 | 00:16 |

這根本就沒有訓練好！我們來找出原因。

傳給 `Learner` 的 callback 有一個很方便的功能在於它們是自動可用的，使用與 callback 類別一樣的名稱，只不過是以 `snake_case` 格式。所以，`ActivationStats` callback 可以用 `activation_stats` 來使用。我相信你還記得 `learn.recorder`…你可以猜到它是如何實作的嗎？是的！它是個稱為 `Recorder` 的 callback ！

`ActivationStats` 有一些方便的工具，可在訓練期間畫出觸發。`plot_layer_stats(`*idx*`)` 可畫出第 *idx* 層的觸發的平均值和標準差，以及接近零的觸發的百分比。以下是第一層的圖：

```
learn.activation_stats.plot_layer_stats(0)
```

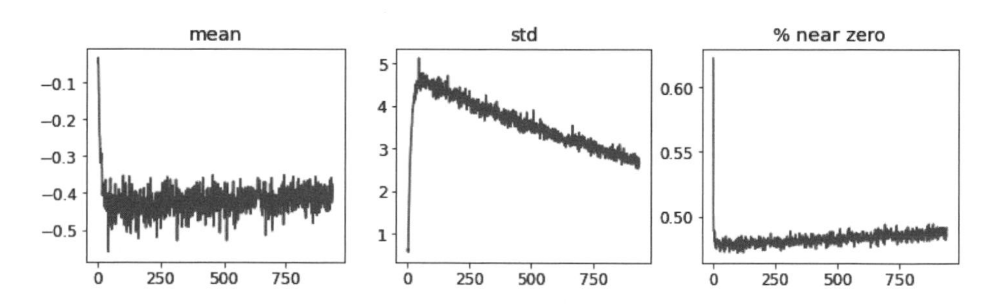


一般來說，我們的模型在訓練期間的神經層觸發應該有一致的（至少是平滑的）平均值和標準差。接近零的觸發特別有問題，因為它代表在模型裡面的計算根本不做任何事情（因為乘以零等於零）。當你在一層裡面有一些零時，它們通常會轉移到下一層…然後會創造更多零。這是我們的網路的倒數第二層：

```
learn.activation_stats.plot_layer_stats(-2)
```

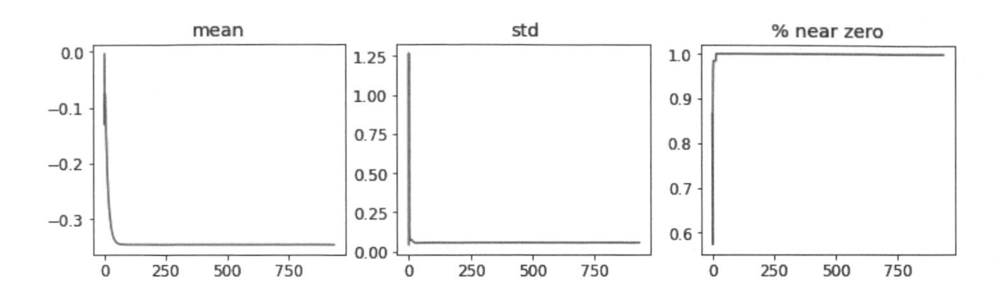


不出所料，這些問題在網路的結尾越來越糟，因為不穩定性和零觸發會在每一層加重。我們來看如何讓訓練更穩定。

## 增加批次大小

增加批次大小是讓訓練更穩定的方法之一。更大的批次有更準確的梯度，因為它們是用更多資料算出來的。但是，從反面看，更大的批次代表每個 epoch 有更少批次，這代表模型更新權重的機會更少。我們來看一下將批次大小設為 512 有沒有幫助：

```
dls = get_dls(512)
```

```
learn = fit()
```

| epoch | train_loss | valid_loss | accuracy | time |
|---|---|---|---|---|
| 0 | 2.309385 | 2.302744 | 0.113500 | 00:08 |

看一下倒數第二層如何：

```
learn.activation_stats.plot_layer_stats(-2)
```

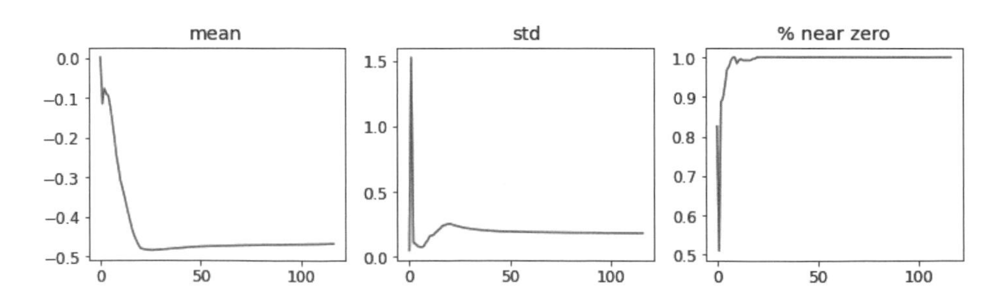


同樣的，我們有更多觸發接近零。我來看看還可以用什麼方法改善訓練穩定性。

## 1cycle training

我們的初始權重不適合現在的任務。因此，在開始訓練時使用高學習率是危險的舉動：我們很有可能讓訓練馬上發散，就像之前那樣。我們應該也不想要用高學習率結束訓練，如此一來，我們才不會跳過最小值。但是我們想要在其他的訓練週期用高學習率來訓練，因為這樣才可以訓練得更快。因此，我們應該在訓練期間改變學習率，從低到高，然後再回到低學習率。

Leslie Smith（是的，發明 learning rate finder 的那個人！）在他的文章「Super-Convergence: Very Fast Training of Neural Networks Using Large Learning Rates」（*https://oreil.ly/EB8NU*）裡提出一個概念，他為學習率設計了一個分為兩個階段的時間表：一個是學習率從最小值增加到最大值的（*warmup*（加熱）），一個是降回最小值的（*annealing*（退火））。Smith 將這組方法稱為 *1cycle training*。

1cycle training 可讓我們使用比其他的訓練類型高很多的最大學習率，這有兩項好處：

- 用高學習率來訓練可更快速地訓練——Smith 將這種現象稱為 *super-convergence*（超級收斂）。
- 藉著用更高的學習率來訓練，過擬的程度較小，因為我們會跳過急劇變化的局部最小值，最終到達更平順的損失部分（因此更能夠類推）。

第二點是有趣且微妙的一點，它是根據這樣的觀察：對類推能力很好的模型而言，稍微改變輸入不會讓它的損失有很大的變化。如果模型用高學習率訓練一段時間，並且找到好的損失，它一定也會找到能夠準確地進行類推的區域，因為它在批次到批次的過程中彈跳了很多次（這基本上是高學習率的定義）。問題在於，正如我們說過的，只跳到高學習率更有可能導致發散的損失，而不是看到損失的改善。所以我們不直接跳到高學習率，而是先從損失不會發散的低學習率開始，並且讓 optimizer 藉著漸漸使用越來越高的學習率，逐漸找到越來越平滑的參數區域。

然後，當我們發現參數的平滑區域之後，我們想要找到那個區域的最佳部分，這代表我們必須再度將學習率調低。這就是 1cycle training 逐漸加熱學習率，再逐漸降溫學習率的原因。很多研究人員發現這種做法在實務上可產生更準確的模型，而且訓練的速度更快。這就是 fastai 的 `fine_tune` 預設使用這種做法的原因。

在第 16 章，我們將徹底了解 SGD 的**動力**（*momentum*）。簡單地說，momentum 是一種技術，其中，optimizer 不僅朝著梯度的方向走出一步，也會朝著之前幾步的方向繼續前進。Leslie Smith 在「A Disciplined Approach to Neural Network Hyper-Parameters: Part 1」（*https://oreil.ly/oL7GT*）裡面介紹 *cyclical momentum*（週期性動力）的概念。它指出，動力的改變與學習率相反：在高學習率時使用較低的動力，在退火階段再次使用更高的動力。

我們可以在 fastai 裡面呼叫 `fit_one_cycle` 來使用 1cycle 訓練：

```
def fit(epochs=1, lr=0.06):
    learn = Learner(dls, simple_cnn(), loss_func=F.cross_entropy,
                    metrics=accuracy, cbs=ActivationStats(with_hist=True))
    learn.fit_one_cycle(epochs, lr)
    return learn
learn = fit()
```

| epoch | train_loss | valid_loss | accuracy | time |
|---|---|---|---|---|
| 0 | 0.210838 | 0.084827 | 0.974300 | 00:08 |

終於有進步了！它提供了合理的準確度。

我們可以在訓練期間呼叫 `learn.recorder` 的 `plot_sched` 來觀察學習率與動力。顧名思義，`learn.recorder` 會記錄在訓練期間發生的所有事情，包括損失、metric 與學習率和動力等超參數：

```
learn.recorder.plot_sched()
```

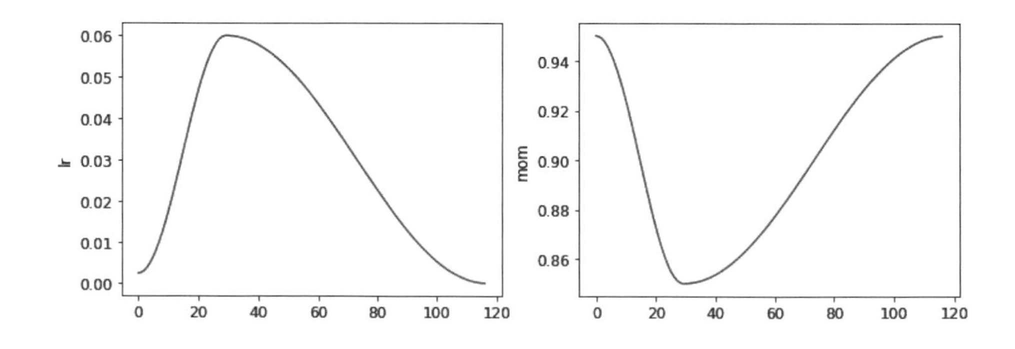

Smith 的 1cycle 原始論文使用一個線性加熱與一個線性退火。如你所見，我們在 fastai 裡面調整這種做法，將它與另一種流行的做法（餘弦退火）結合。`fit_one_cycle` 提供這些可調整的參數：

`lr_max`
: 將會使用的最高學習率（它們可以是讓每一組神經層使用的學習率串列，或包含第一個與最後一個神經層群組學習率的 Python `slice` 物件）

`div`
: 要將 `lr_max` 除以多少，來取得開始的學習率

`div_final`
: 要將 `lr_max` 除以多少，來取得結束的學習率

`pct_start`
: 用多少百分比的批次來加熱。

`moms`
: 它是一個 tuple (*mom1*,*mom2*,*mom3*)，其中的 *mom1* 是初始動力，*mom2* 是最小動力，*mom3* 是最終動力

我們再來看一下階層統計數據：

```
learn.activation_stats.plot_layer_stats(-2)
```

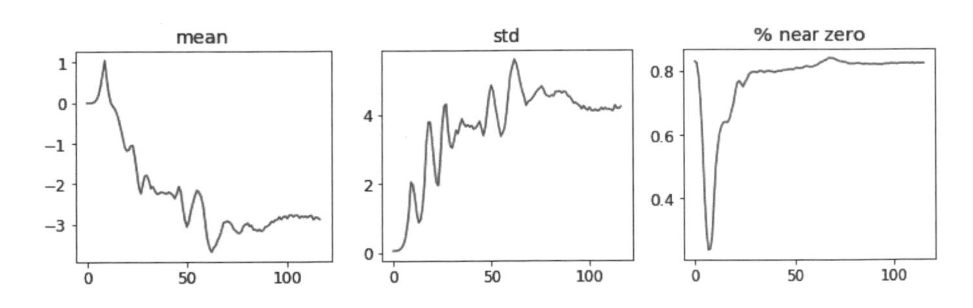


儘管接近零的權重的百分比仍然很高，但它越來越好了。我們可以在訓練時使用 `color_dim` 並傳入神經層索引，來進一步了解情況：

```
learn.activation_stats.color_dim(-2)
```

color_dim 是 fast.ai 和學生 Stefano Giomo 一起開發的。Giomo 將這個概念稱為**彩色維度**，他深入地解釋這個方法背後的歷史和細節（*https://oreil.ly/bPXGw*）。這個方法的基本概念就是建立一個神經層的觸發的直方圖，我們希望它符合常態分布之類的平滑形狀（圖 13-14）。

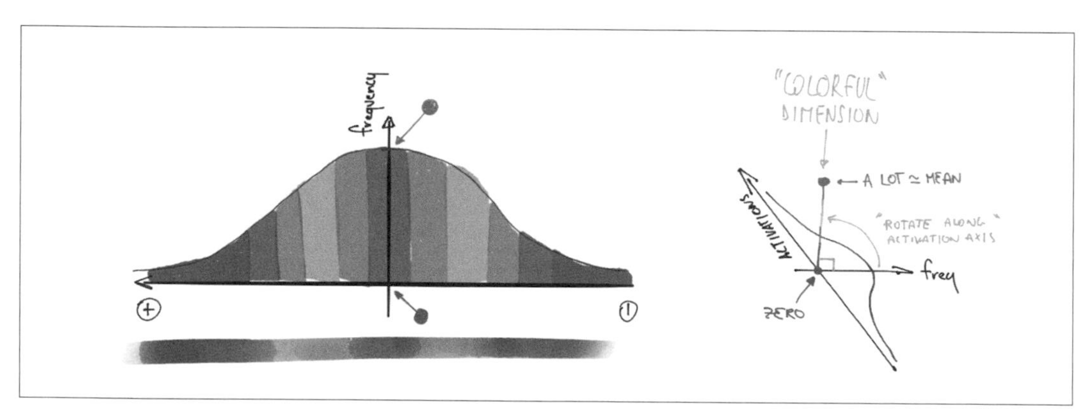


圖 13-14　彩色維度裡的直方圖（Stefano Giomo 提供）

為了建立 color_dim，我們要將左邊的直方圖轉換成下面的那個只有顏色的長條。然後我們將它翻成右圖，我們發現當我們取直方圖的值的對數時，分布會更明顯，Giomo 說道：

> 每一層的最終圖表，是沿著橫軸，將每一個批次的觸發直方圖疊起來做成的。因此，在圖中的每一個直向切片都代表一個批次的觸發的直方圖。顏色的密度代表直方圖的高，換句話說，就是在直方圖的每一根長條裡面的觸發數量。

圖 13-15 說明以上的概念。

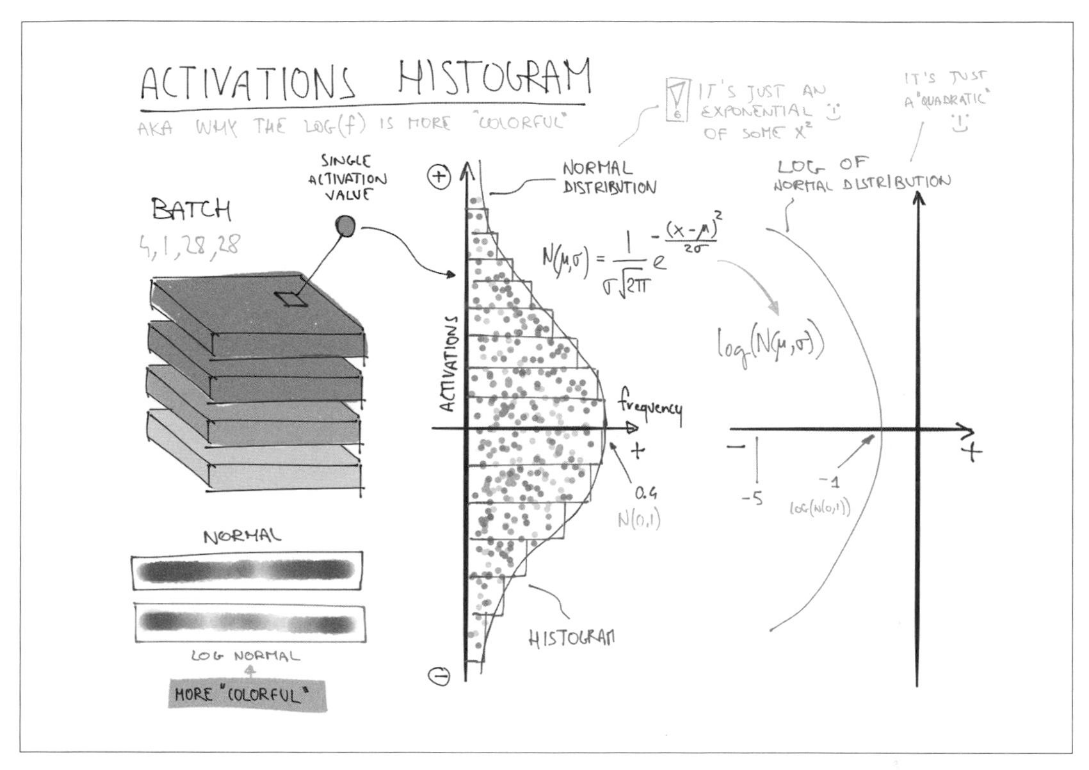


圖 13-15　彩色維度的摘要（Stefano Giomo 提供）

這張圖說明為何當 *f* 符合常態分布時，log(*f*) 比 *f* 更多顏色，因為取 log 會讓高斯曲線變成沒那麼窄的二次曲線。

知道這些事情之後，我們來看倒數第二層的結果：

```
learn.activation_stats.color_dim(-2)
```

這是一張典型的「糟糕的訓練」的圖。在一開始，幾乎所有觸發都是零，從最左邊可以看到這個情況，那裡全部都是深藍色的。最下面的淺黃色代表接近零的觸發。接著，在前幾個批次中，我們看到非零觸發的數量呈指數級成長。但是它走太遠並崩潰了！深藍色又出現了，而且下面又變成淺黃色。它看起來幾乎跟重新從頭開始訓練一樣。然後我們看到觸發再次增加，並且再次崩潰，經過幾次的重複之後，最後我們看到觸發擴散到整個範圍。

如果訓練從一開始就可以很平滑就太好了。指數級增加然後崩潰的週期往往會產生許多接近零的觸發，導致緩慢的訓練與不良的最終結果。解決這個問題的一種方法是使用批次標準化。

## 批次標準化

為了修正上一節的緩慢訓練和不良的最終結果，我們要修正最初的大百分比的非零觸發，然後在訓練期間試著維持好的觸發分布。

Sergey Ioffe 與 Christian Szegedy 在 2015 年的論文「Batch Normalization: Accelerating Deep Network Training by Reducing Internal Covariate Shift」（*https://oreil.ly/MTZJL*）提出這個問題的解決方案。他們在摘要裡描述了我們剛才看到的問題：

> 訓練深度神經網路非常複雜，因為在訓練過程中，各層的輸入的分布會隨著前面各層的參數變化而發生變化。因此我們要用更低的學習率，也要小心地進行參數初始化，所以會降低訓練速度…我們將這種現象稱為 internal covariate shift，將會藉著將神經層的輸入標準化來處理這個問題。

他們是這樣描述解決方案的：

> 將標準化變成模型架構的一部分，並且對每一個訓練小批次執行標準化。批次標準化可讓我們使用更高的學習率，而且不需要那麼小心地進行初始化。

這篇論文一發表就引起極大的反響，因為它用圖 13-16 這張圖表清楚地展示了批次標準化訓練出比當時最先進的成果（*Inception* 架構）更準確的模型，而且快大約 5 倍。

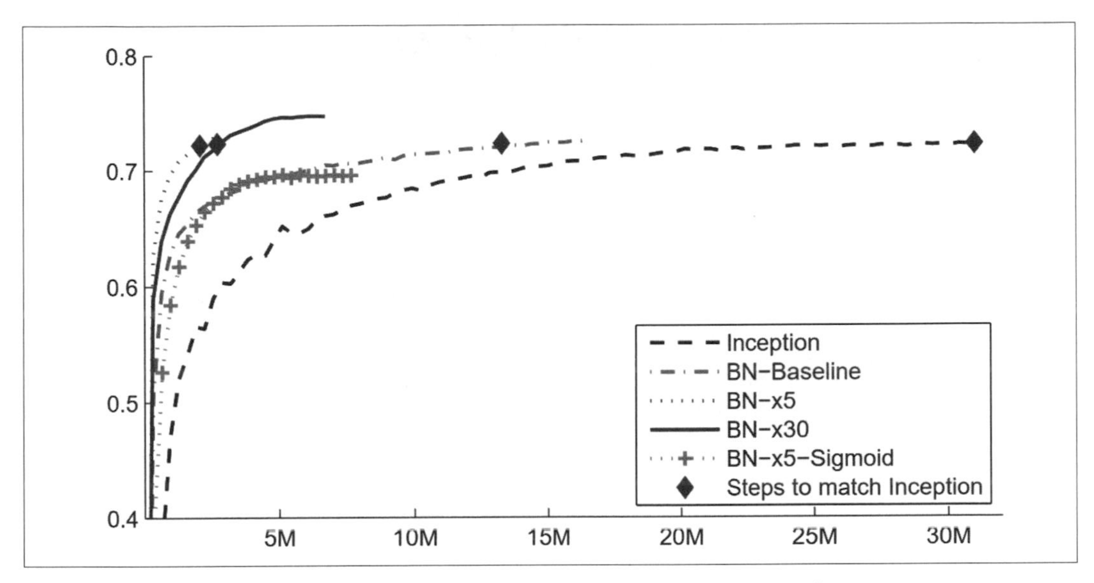


圖 13-16　批次標準化帶來的衝擊（Sergey Ioffe 與 Christian Szegedy 提供）

批次標準化（通常稱為 *batchnorm*）的做法是取一個神經層的觸發的平均值與標準差的平均數，再用它來將觸發標準化。但是，這可能會造成問題，因為網路可能需要一些很高的觸發才能做出準確的預測。所以它們也被加入兩個可學習的參數（代表它們會在 SGD 步驟裡更新），通常稱為 `gamma` 與 `beta`。在將觸發標準化以取得一些新觸發向量 `y` 之後，一個 batchnorm 層會回傳 `gamma*y + beta`。

這就是我們的觸發可以獨立於上一層的結果的平均值與標準差，擁有任何平均值或變異數的原因。這些統計數據是分別學習的，所以模型訓練起來更容易。在訓練期間與驗證期間的行為是不同的：在訓練期間，我們使用批次的平均值與標準差來將資料標準化，在驗證期間，我們改用訓練期間計算的統計數據的移動平均。

我們來在 `conv` 加入一個 batchnorm 層：

```
def conv(ni, nf, ks=3, act=True):
    layers = [nn.Conv2d(ni, nf, stride=2, kernel_size=ks, padding=ks//2)]
    layers.append(nn.BatchNorm2d(nf))
    if act: layers.append(nn.ReLU())
    return nn.Sequential(*layers)
```

並擬合模型：

```
learn = fit()
```

| epoch | train_loss | valid_loss | accuracy | time |
|---|---|---|---|---|
| 0 | 0.130036 | 0.055021 | 0.986400 | 00:10 |

這個結果很棒！我們來看 `color_dim`：

```
learn.activation_stats.color_dim(-4)
```

這正是我們想要看到的：平穩發展的觸發，沒有「崩潰」。batchnorm 在這裡確實兌現了它的承諾！事實上，batchnorm 真的太成功了，以致於我們可以在幾乎所有現代神經網路中看到它（或非常類似的東西）。

有一個有趣的觀察在於內含批次標準化層的模型的類推能力，往往比不含批次標準化層的模型更好。雖然我們還沒有看到有人嚴謹地分析為何如此，但大多數的研究人員都相信原因出在批次標準化在訓練過程中加入一些額外的隨機性。每一個小批次都有與其他小批次稍微不同的平均值與標準差。因此，每一次觸發都會用不同的值來標準化。為了做出準確的預測，模型必須學會抵抗這些變動。一般來說，在訓練過程加入額外的隨機性通常是有幫助的。

因為結果看起來很好，我們再來訓練幾個 epoch，看看會怎樣。事實上，我們要*增加*學習率，因為 batchnorm 論文的摘要聲稱，我們能夠「以高很多的學習率來訓練」：

```
learn = fit(5, lr=0.1)
```

| epoch | train_loss | valid_loss | accuracy | time |
|---|---|---|---|---|
| 0 | 0.191731 | 0.121738 | 0.960900 | 00:11 |
| 1 | 0.083739 | 0.055808 | 0.981800 | 00:10 |
| 2 | 0.053161 | 0.044485 | 0.987100 | 00:10 |
| 3 | 0.034433 | 0.030233 | 0.990200 | 00:10 |
| 4 | 0.017646 | 0.025407 | 0.991200 | 00:10 |

```
learn = fit(5, lr=0.1)
```

| epoch | train_loss | valid_loss | accuracy | time |
|---|---|---|---|---|
| 0 | 0.183244 | 0.084025 | 0.975800 | 00:13 |
| 1 | 0.080774 | 0.067060 | 0.978800 | 00:12 |
| 2 | 0.050215 | 0.062595 | 0.981300 | 00:12 |
| 3 | 0.030020 | 0.030315 | 0.990700 | 00:12 |
| 4 | 0.015131 | 0.025148 | 0.992100 | 00:12 |

此時我們可以說我們知道如何辨識數字了！是時候處理更難的問題了…

# 結論

我們知道，摺積只是一種矩陣乘法，權重矩陣有兩項限制：有些元素永遠是零，有些元素是綁定的（被迫永遠都有相同的值）。我們曾經在第 1 章看到 1986 年的 *Parallel Distributed Processing* 一書提到的八個需求，其中一種就是「單元之間的連接模式」。這些限制的作用正是如此：它們會實施某種連接模式。

這些限制可讓我們在模型中使用更少的參數，同時又不會犧牲表達複雜的視覺特徵的能力。這意味著我們可以更快速地訓練更深的模型，同時減少過擬。雖然通用近似定理說，全連接網路**應該可以**用一個隱藏層來表示任何東西，但我們已經知道，**實際上**，我們可以藉著精心設計網路架構來訓練好很多的模型。

到目前為止，摺積是我們在神經網路中最常見的連接模式（還有常規的線性層，我們稱之為**全連接**），但以後應該會有更多模式被發現。

我們也知道如何解讀網路的神經層的觸發，來檢查訓練是否順利進行，以及 batchnorm 如何將訓練正則化，讓它更順暢。在下一章，我們要使用這兩種神經層來建構最流行的電腦視覺架構：殘差網路。

# 問題

1. 什麼是特徵？
2. 寫出一個偵測上邊（top edge）的摺積 kernel 矩陣。
3. 編出 3×3 kernel 對圖像中的一個像素執行的數學運算。

4. 對一個 3×3 的零矩陣使用摺積 kernel 會產生什麼值？
5. 什麼是填補？
6. 什麼是步幅？
7. 建立一個嵌套式串列生成式來完成你選擇的任何一項工作。
8. PyTorch 的 2D 摺積的輸入與權重參數的 shape 是什麼？
9. 什麼是通道？
10. 摺積與矩陣乘法之間有什麼關係？
11. 摺積神經網路是什麼？
12. 重構部分的神經網路定義有什麼好處？
13. 什麼是 `Flatten`？它要放入 MNIST CNN 的哪裡？為什麼？
14. NCHW 是什麼？
15. 為什麼 MNIST CNN 的第三層有 `7*7*(1168-16)` 個乘法？
16. 什麼是感受區？
17. 在兩個 stride-2 摺積之後的觸發的感受區的大小為何？為什麼？
18. 自行執行 *conv-example.xlsx*，並且用**追蹤前導參照**來做實驗。
19. 看一下 Jeremy 或 Sylvain 最近的 Twitter「喜歡的內容」，看看能不能在那裡找到任何有趣的來源或想法。
20. 如何用張量來表示彩色圖像？
21. 摺積如何處理彩色輸入？
22. 我們可以用哪個方法來觀察 `DataLoaders` 裡面的資料？
23. 為什麼要在每一個 stride-2 conv 之後將過濾器的數量加倍？
24. 為什麼要在處理 MNIST 的第一個 conv 使用較大的 kernel（使用 `simple_cnn`）？
25. `ActivationStats` 會幫每一層儲存什麼資訊？
26. 我們如何在訓練之後使用 learner 的 callback？
27. `plot_layer_stats` 可以畫出哪三種統計數據？ x 軸代表什麼？

28. 為什麼接近零的觸發是有問題的？
29. 用較大的批次大小來訓練有什麼好處與壞處？
30. 為什麼在開始訓練時要避免使用高學習率？
31. 什麼是 1cycle 訓練？
32. 用高學習率來訓練有什麼好處？
33. 為什麼我們要在訓練結束時使用低學習率？
34. 什麼是 cyclical momentum？
35. 什麼 callback 可在訓練期間追蹤超參數值（以及其他資訊）？
36. 在 `color_dim` 圖裡的一行像素代表什麼？
37. 在 `color_dim` 裡，「糟糕的訓練」長怎樣？為什麼？
38. 批次標準化層有哪些可訓練的參數？
39. 在訓練期間，批次標準化使用哪些統計數據來進行標準化？在驗證期間呢？
40. 為什麼有批次標準化層的模型有較好的類推能力？

## 後續研究

1. 除了邊偵測器之外，還有哪些特徵被用於電腦視覺（尤其是在深度學習開始流行之前）？
2. PyTorch 還有其他的標準化層，嘗試它們，看看哪一種的表現最好。了解為何有人開發其他的標準化層，以及它們與批次標準化有何不同。
3. 試著在 `conv` 裡將觸發函數移到標準化層後面，這會造成任何不同嗎？看看能否找出推薦的順序，及其原因。

# 第十四章

# ResNets

這一章將以上一章介紹的 CNN 為基礎，解釋 ResNet（殘差網路）架構，它是 Kaiming He 等人在 2015 年發表的文章「Deep Residual Learning for Image Recognition」（*https://oreil.ly/b68K8*）之中提出的，到目前為止是最常用的模型架構。最近開發出來的圖像模型幾乎都會使用與殘差連結（residual connection）一樣的技術，而且在多數時候，它們只是稍微調整原始的 ResNet。

我們會先告訴你基本的 ResNet，因為它是最早被設計出來的，然後說明讓它更高效的現代調整法。但首先，我們要找一個比 MNIST 資料組更難一些的問題，因為我們已經用常規的 CNN 對它取得接近 100% 的準確度了。

## 回到 Imagenette

在上一章，我們處理 MNIST 得到那麼高的準確度之後，我們就很難判斷對於模型的任何改善是否有效了，所以我們要回到 Imagenette，處理更難的圖像分類問題。我們仍然會用小圖像來保持速度。

我們先來抓取資料——我們將使用已經調整大小的 160 px 版本來加快速度，並且會隨機裁剪至 128 px：

```
def get_data(url, presize, resize):
    path = untar_data(url)
    return DataBlock(
        blocks=(ImageBlock, CategoryBlock), get_items=get_image_files,
        splitter=GrandparentSplitter(valid_name='val'),
        get_y=parent_label, item_tfms=Resize(presize),
        batch_tfms=[*aug_transforms(min_scale=0.5, size=resize),
```

```
                 Normalize.from_stats(*imagenet_stats)],
    ).dataloaders(path, bs=128)

dls = get_data(URLs.IMAGENETTE_160, 160, 128)

dls.show_batch(max_n=4)
```

在處理 MNIST 時，我們處理的是 28×28 像素的圖像，但是在處理 Imagenette 時，我們要用 128×128 像素的圖像來訓練。稍後，我們希望能夠使用更大的圖像，至少達到 ImageNet 標準的 224×224 像素。你還記得我們如何用 MNIST 摺積神經網路為每張圖像產生一個觸發向量嗎？

我們當時的做法是確保有足夠的 stride-2 摺積，讓最終層的網格大小是 1。然後，我們只是壓平最後得到的單位軸，來為每張圖像取得一個向量（因此，它是一個小批次的觸發矩陣）。我們可以對 Imagenette 做同一件事，但是這會造成兩個問題：

- 我們要用許多 stride-2 層來讓最終的網格是 1×1——或許比我們原本選擇的更多。
- 這個模型無法處理尺寸和原本用來訓練的圖像的尺寸不一樣的圖像。

有一種處理第一個問題的方法是，不要以處理 1×1 網格大小的方式來壓平最終的摺積層。我們可以簡單地將矩陣壓成一個向量，將每一列放在前一列的後面，就像之前的做法。事實上，在 2013 年之前，摺積神經網路幾乎都採取這種做法。最著名的例子是 2013 ImageNet 贏家 VGG，現在有時還有人使用它。但是這種架構有另一個問題：它不僅無法處理尺寸與訓練組的圖像不同的圖像，也需要許多記憶體，因為壓平摺積層會導致許多觸發被傳給最終層。因此，最終層的權重矩陣非常巨大。

這個問題可以藉著建立全摺積網路來解決，在全摺積網路裡面的技巧是取橫跨摺積網格的觸發的平均值。換句話說，我們可以直接使用這個函式：

```
def avg_pool(x): return x.mean((2,3))
```

如你所見，它取 x 與 y 軸的平均值。這個函式始終會將觸發的網格轉換成每張圖像一個觸發。PyTorch 提供一個功能略多的模組，稱為 `nn.AdaptiveAvgPool2d`，它可以將觸發網格平均成你需要的任何大小（雖然我們幾乎都會使用 1）。

因此，全摺積網路有許多摺積層，其中的一些是 stride 2，它的後面是一個調整性平均池化（adaptive average pooling）層、一個移除單位軸的 flatten 層，最後是一個線性層。這是我們的第一個全摺積網路：

```
def block(ni, nf): return ConvLayer(ni, nf, stride=2)
def get_model():
    return nn.Sequential(
        block(3, 16),
        block(16, 32),
        block(32, 64),
        block(64, 128),
        block(128, 256),
        nn.AdaptiveAvgPool2d(1),
        Flatten(),
        nn.Linear(256, dls.c))
```

我們很快就會將網路中的 `block` 的實作換成其他的變體，這就是我們不再稱之為 `conv` 的原因。我們也藉著利用 fastai 的 `ConvLayer` 來節省一些時間，它已經提供上一章的 `conv` 的功能了（還有更多功能！）。

**停下來想一想**

想一下這個問題：這種做法對光學字元辨識（OCR）問題（例如 MNIST）有意義嗎？處理 OCR 與類似問題的從業者大都傾向使用全摺積網路，因為這是現在幾乎每個人都知道的做法，但是它其實沒有任何意義。例如，你不能藉著將數字 3 或 8 切成很多小片，把它們混在一起，再決定每一個平均起來是否長得像 3 或 8。但是這就是調整性平均池化實際上做的事情！全摺積網路只適合用來處理沒有正確的方向或大小的物體（例如大多數的自然照片）。

當我們完成摺積層之後，我們會得到大小為 bs x ch x h x w（批次大小、一定數量的通道、高與寬）的觸發。我們想要把它轉換成大小為 bs x ch 的張量，所以我們取最後兩個維度的平均值，再把最後面的 1×1 維壓平，就像我們在上一個模型做的那樣。

這種做法與常規的池化不同，因為這些神經層通常會取指定大小的窗口的平均值（平均池化）或最大值（最大池化）。例如，大小為 2 的最大池化層是舊的 CNN 很喜歡用的，它可以藉著取每一個 2×2 窗口的最大值（步幅為 2）來將圖像的每一維的大小減半。

與之前一樣，我們可以用自訂模型來定義 Learner，然後用之前抓到的資料來訓練它：

```
def get_learner(m):
    return Learner(dls, m, loss_func=nn.CrossEntropyLoss(), metrics=accuracy
                  ).to_fp16()

learn = get_learner(get_model())

learn.lr_find()

(0.47863011360168456, 3.981071710586548)
```

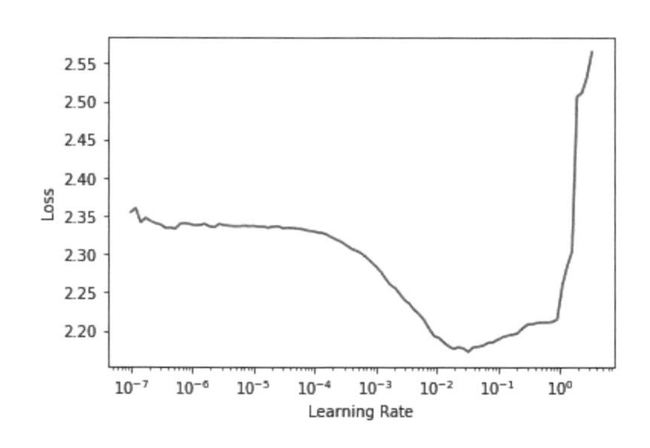


對 CNN 來說，3e-3 通常是個很好的學習率，在這裡似乎也是如此，所以我們來試一下：

```
learn.fit_one_cycle(5, 3e-3)
```

| epoch | train_loss | valid_loss | accuracy | time |
|---|---|---|---|---|
| 0 | 1.901582 | 2.155090 | 0.325350 | 00:07 |
| 1 | 1.559855 | 1.586795 | 0.507771 | 00:07 |
| 2 | 1.296350 | 1.295499 | 0.571720 | 00:07 |
| 3 | 1.144139 | 1.139257 | 0.639236 | 00:07 |
| 4 | 1.049770 | 1.092619 | 0.659108 | 00:07 |

這是很好的開始，尤其是我們必須從 10 個類別裡選擇正確的一個，而且我們只從零開始訓練 5 epoch！我們可以用更深的模型取得更好的結果，但只疊上新的神經層無法真正改善我們的結果（你可以自己試試看！）。為了解決這個問題，ResNets 加入**跳接**的概念。我們將在下一節探索 ResNets 的這些與其他層面。

# 建立現代 CNN：ResNet

現在我們已經有了所有必要零件，可以建構從本書的開始就一直在電腦視覺任務中使用的模型了：ResNets。我們將介紹它們背後的基本概念，並展示相較於之前的模型，它在處理 Imagenette 時如何改善準確度，然後用所有最近的調整建立一個版本。

## 跳接

在 2015 年，ResNet 論文的作者發現一些令他們感到好奇的事情，他們發現，即使使用了 batchnorm，層數多的網路的表現也不如層數少的網路——而且這些模型之間沒有其他的區別。最有趣的是，他們發現的差異不僅出現在驗證組，也出現在訓練組，所以這不僅僅是個類推問題，而是個訓練問題。論文這樣解釋：

> 出乎意料的是，這種退化不是過擬造成的，在深度適當的模型中加入更多層會導致更高的訓練誤差，正如 [ 之前的報告 ]，我們的實驗也充分確認了這件事。

圖 14-1 以圖表來說明這種現象，左邊是訓練誤差，右邊是測試誤差。

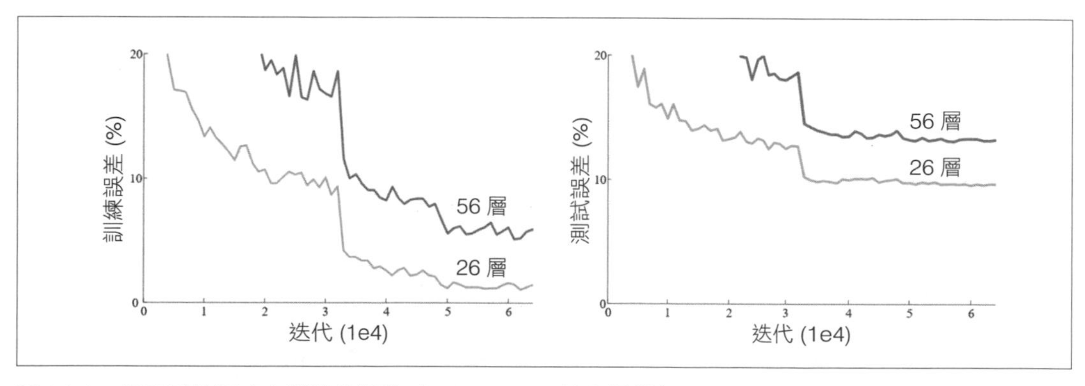


**圖 14-1　用不同的深度來訓練的網路（Kaiming He 等人提供）**

正如作者所述，他們不是第一個發現這件怪事的人。但他們是第一個跨出重要一步的人：

> 我們來考慮一個淺架構，以及在裡面加入其他的神經層產生的深架構，目前有一種解決方案是建構更深的模型：新增的神經層是恆等對映（identity mapping）的，其他的神經層是從以前訓練的淺模型複製來的。

因為這是一篇學術論文，這個過程是用非常艱澀的方式描述的，但它的概念其實非常簡單：先使用訓練得很好的 20 層神經網路，然後加入 36 層完全不做事的神經層（例如，它們可能是線性層，有等於 1 的權重，以及等於 0 的偏差項），這樣會產生 56 層的網路，這個網路做的事情與 20 層的網路一模一樣，證明一定有較深的網路至少和任何較淺的網路**一樣好**。但是出於一些原因，SGD 無法找到它們。

**術語：恆等對映**

回傳輸出，並且完全不改變它。這個程序是以**恆等函數**執行的。

事實上，我們也可以用另一種方式建立額外的 36 層，這種方式有趣多了。如果我們將每一個 `conv(x)` 換成 `x + conv(x)`，其中的 `conv` 是上一章加入第二個摺積的函式，然後加上一個 batchnorm 層，然後一個 Relu 會怎樣？此外，batchnorm 進行 `gamma*y + beta`，如果我們為每一個最終的 batchnorm 層將 `gamma` 的初始值設為零呢？因為 `beta` 已被初始化為零，如此一來，這些額外的 36 層的 `conv(x)` 永遠會等於零，這意味著 `x+conv(x)` 永遠等於 `x`。

這帶來什麼好處？關鍵在於這 36 個額外的神經層，就其本身而言，是**恆等對映**，但它們有**參數**，意思是它們是**可訓練的**。所以，我們可以從最好的 20 層模型開始，加入這 36 個最初完全不做任何事情的額外神經層，然後**調整全部的 *56* 層的模型**，讓額外 36 層可以學習讓它們更有用的參數！

ResNet 論文提出這種做法的變體，改成每遇到第二個摺積就「跳過」它，所以我們事實上得到 `x+conv2(conv1(x))`。圖 14-2 描述這種做法（來自論文）。

右邊的箭頭是 `x+conv2(conv1(x))` 的 `x` 部分，稱為**恆等分支**（*identity branch*）或**跳接**（*skip connection*）。左邊的路徑是 `conv2(conv1(x))` 部分。你可以將恆等路徑想成從輸入直達輸出的路徑。

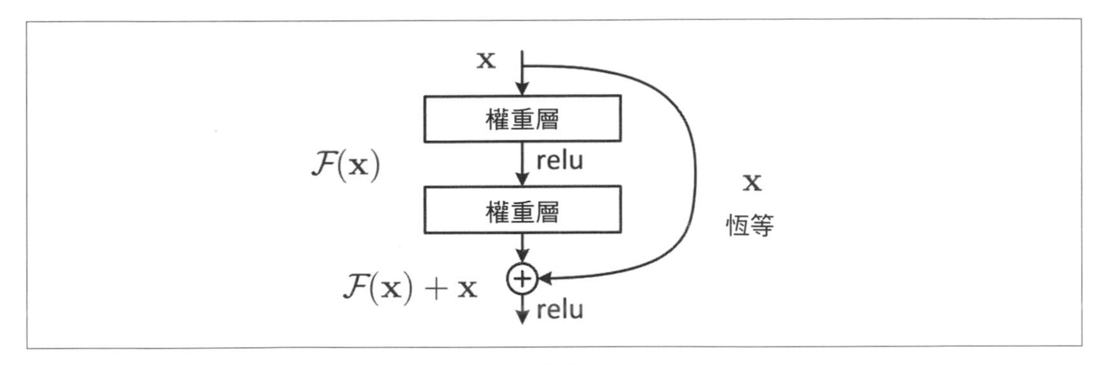


圖 14-2　簡單的 ResNet 區塊（Kaiming He 等人提供）

在 ResNet 裡，我們不會先訓練較少量的神經層，然後加入新層並進行微調。與之相反，我們在整個 CNN 使用像圖 14-2 那樣的 ResNet 區塊，以一般的方式從零開始初始化，並且以一般的方式用 SGD 來訓練。我們依靠跳接來讓網路更容易以 SGD 訓練。

我們可以用另一種方式（基本上是等效的）來看待這些 ResNet 區塊。論文是這樣描述它的：

> 我們不期待疊起來的神經層可以直接擬合底層對映，而是明確地讓這些神經層擬合一個殘差對映。以正式的表示法來說，底層的對映是 $H(x)$，我們讓疊起來的非線性層擬合另一個對映 $F(x) := \mathrm{H}(x)-x$。所以原始的對映是 $F(x)+x$。我們假設優化殘差對映比優化原始的、未參照的對映更容易。在極端的情況下，如果恆等對映是最好的，那麼讓殘差等於零，比用一疊非線性層擬合一個恆等對映更容易。

這同樣是非常艱澀的敘述，所以我們試著用白話來重述它！如果特定層的輸出是 `x`，而且我們使用的 ResNet 區塊回傳 `y = x + block(x)`，我們並非要求該區塊預測 `y`，而是要求它預測 `y` 與 `x` 的差。所以這些區塊的工作不是預測某個特徵，而是將 `x` 與 `y` 之間的誤差減到最小。因此，ResNet 擅長學習「什麼事都不做」與「穿越一個具有兩個摺積層的區塊（有可訓練的權重）」之間的細微差別。

這兩種思考 ResNets 的方式有一個共同的關鍵概念在於「容易訓練」。這是個重要的主題。通用近似定理說：夠大的網路可以學習任何東西，這個說法仍然成立，但事實上，「網路原則上**可以學到**什麼」和「它透過實際的資料和訓練方法**容易學到**什麼」之間有非常重大的差異。在過去十年裡，神經網路的許多進展都很像 ResNet 區塊：它們都是人們意識到如何做出實際可行的東西的成果。

### 真恆等路徑

原始的論文其實沒有讓每一個區塊的最後一個 batchnorm 層的 gamma 初始值使用零，那是幾年之後才出現的做法。所以，原始版的 ResNet 在開始訓練時，沒有使用穿越 ResNet 區塊的真恆等路徑，儘管如此，能夠用跳接來「導航」確實讓它訓練得更好。加入 batchnorm gamma 初始值也可讓模型用更高的學習率來訓練。

這是簡單的 ResNet 區塊的定義（因為有 norm_type=NormType.BatchZero，fastai 將最後的 batchnorm 層的 gamma 權重的初始值設為零）：

```
class ResBlock(Module):
    def __init__(self, ni, nf):
        self.convs = nn.Sequential(
            ConvLayer(ni,nf),
            ConvLayer(nf,nf, norm_type=NormType.BatchZero))

    def forward(self, x): return x + self.convs(x)
```

但是這有兩個問題：它無法處理不是 1 的步幅，而且必須讓 ni==nf。暫停一下，仔細想想為何如此。

問題在於，在其中的一個摺積使用步幅 2 時，輸出觸發的網格尺寸將會是輸入的每一軸的一半。如此一來，我們就不能在 forward 裡將它加回 x，因為 x 與輸出觸發有不同的維度。當 ni!=nf 時也有相同的基本問題：輸入與輸出的連結的 shape 不允許我們將它們相加。

為了修正這個問題，我們要改變 x 的 shape，來符合 self.convs 的結果。我們可以用一個步幅為 2 的平均池化層來將網格大小減半：也就是用一個從輸入接收 2×2 區域，再將它們換成其平均值的神經層。

我們可以用摺積來改變通道的數量。我們希望讓這個跳接盡量接近恆等對映，但是，這意味著要讓這個摺積盡量簡單。最簡單的摺積是 kernel 大小為 1 的，也就是 kernel 大小是 ni×nf×1×1,，所以它只是對每個輸入像素的通道執行內積——完全不是將像素結合起來。現代的 CNN 普遍使用這種 *1x1 摺積*，所以要花一點時間想想它是如何運作的。

### 術語：*1x1* 摺積

kernel 大小為 1 的摺積。

這是 ResBlock 使用這些技術來處理跳接的 shape 改變的做法：

```
def _conv_block(ni,nf,stride):
    return nn.Sequential(
        ConvLayer(ni, nf, stride=stride),
        ConvLayer(nf, nf, act_cls=None, norm_type=NormType.BatchZero))

class ResBlock(Module):
    def __init__(self, ni, nf, stride=1):
        self.convs = _conv_block(ni,nf,stride)
        self.idconv = noop if ni==nf else ConvLayer(ni, nf, 1, act_cls=None)
        self.pool = noop if stride==1 else nn.AvgPool2d(2, ceil_mode=True)

    def forward(self, x):
        return F.relu(self.convs(x) + self.idconv(self.pool(x)))
```

注意，我們在此使用 noop 函式，它只會按原樣回傳它的輸入（*noop* 是電腦科學術語，代表「no operation」）。在這個例子裡，當 nf==nf 時，idconv 完全不做事，當 stride==1 時，pool 不做任何事，這就是我們想用跳接做的事情。

此外，你可以看到，我們將 convs 的最後一個摺積裡面的 ReLU（act_cls=None）還有 idconv 裡面的 ReLU 移除，將它移到跳接**後面**。這種做法背後的想法是，整個 ResNet 區塊就像一個神經層，我們希望讓觸發在神經層後面。

我們將 block 換成 ResBlock，並試一下它：

```
def block(ni,nf): return ResBlock(ni, nf, stride=2)
learn = get_learner(get_model())

learn.fit_one_cycle(5, 3e-3)
```

| epoch | train_loss | valid_loss | accuracy | time |
|---|---|---|---|---|
| 0 | 1.973174 | 1.845491 | 0.373248 | 00:08 |
| 1 | 1.678627 | 1.778713 | 0.439236 | 00:08 |
| 2 | 1.386163 | 1.596503 | 0.507261 | 00:08 |
| 3 | 1.177839 | 1.102993 | 0.644841 | 00:09 |
| 4 | 1.052435 | 1.038013 | 0.667771 | 00:09 |

結果好不到哪裡去，但這些工作的重點是讓我們訓練更深的模型，而我們還沒有從它得到實際的好處。為了建立一個（假設）兩倍深的模型，我們要將 block 換成連續兩個 ResBlock：

```
def block(ni, nf):
    return nn.Sequential(ResBlock(ni, nf, stride=2), ResBlock(nf, nf))

learn = get_learner(get_model())
learn.fit_one_cycle(5, 3e-3)
```

| epoch | train_loss | valid_loss | accuracy | time |
|---|---|---|---|---|
| 0 | 1.964076 | 1.864578 | 0.355159 | 00:12 |
| 1 | 1.636880 | 1.596789 | 0.502675 | 00:12 |
| 2 | 1.335378 | 1.304472 | 0.588535 | 00:12 |
| 3 | 1.089160 | 1.065063 | 0.663185 | 00:12 |
| 4 | 0.942904 | 0.963589 | 0.692739 | 00:12 |

現在我們有很好的進展了！

ResNet 論文的作者群繼續贏得 2015 ImageNet 挑戰賽。當時，它是電腦視覺最重要的年度活動。我們曾經看過另一組 ImageNet 贏家：2013 年的 Zeiler 與 Fergus。有趣的是，這兩組贏家突破的起點都是透過實驗性的觀察：Zeiler 與 Fergus 觀察神經層實際學到什麼，而 ResNet 作者群觀察有哪些種類的網路可以訓練。這種設計周密實驗和進行分析的能力，或看到出乎意外的結果，說「嗯，這很有意思」的能力，還有，最重要的，不屈不撓地研究事情的來龍去脈的能力，是許多科學發現者的核心能力。深度學習與純數學不一樣，它是非常需要實驗的領域，所以成為頑強的實踐者非常重要，不要只是當一個理論家。

自從 ResNet 問世以來，它已經被許多領域廣泛地研究和使用。最有趣的一篇論文是在 2018 年由 Hao Li 等人發表的「Visualizing the Loss Landscape of Neural Nets」（*https://oreil.ly/C9cFi*）。它展示使用跳接可以讓損失函數更平滑，這會讓訓練更容易，因為它可避免掉進急劇變化的區域。圖 14-3 是來自論文的一張令人驚嘆的圖片，它展示了用 SGD 來優化一般的 CNN 時必須探索的崎嶇地形（左）與 ResNet 的平滑表面（右）。

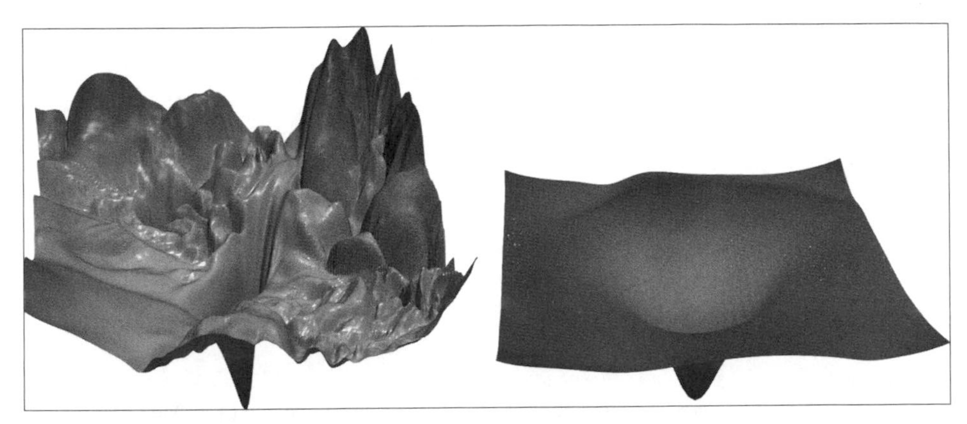

圖 14-3　ResNet 對損失地形的影響（Hao Li 等人提供）

我們的第一個模型已經很好了，但還有其他研究發現更多可讓它更好的技巧。接著我們來看看。

## 先進的 ResNet

Tong He 等人在「Bag of Tricks for Image Classification with Convolutional Neural Networks」（*https://oreil.ly/n-qhd*）裡研究了 ResNet 架構的各種變體，它們幾乎都不需要使用額外的參數或計算成本。藉著使用調整過的 ResNet-50 架構與 Mixup，他們對於 ImageNet 取得 94.6% 的 top-5 accuracy，相較之下，不使用 Mixup 的常規 ResNet-50 是 92.2%。這個結果比兩倍深的一般 ResNet 模型（而且兩倍慢、更有可能過擬）的結果更好。

術語：*top-5 accuracy*

檢驗模型預測出來的前 5 名裡面有預期的標籤的頻率的指標。它被 ImageNet 競賽使用的原因是許多圖像裡面有多個物體，或很容易混淆，甚至被錯誤地標成類似標籤的物體。這些情況不適合使用 top-1 accuracy，但是最近的 CNN 已經變得非常好，以致於它們的 top-5 accuracy 都接近 100%，所以現在有些研究人員也對 ImageNet 使用 top-1 accuracy 了。

我們會在擴展完整的 ResNet 時使用這個調整過的版本，因為它本質上更好。它與之前的實作有些不同，因為它不是在一開始直接使用 ResNet 區塊，而是先使用一些摺積層，再使用一個最大池化層。以下是網路的第一層，稱為網路的 *stem*（主幹）的樣子：

```
def _resnet_stem(*sizes):
    return [
        ConvLayer(sizes[i], sizes[i+1], 3, stride = 2 if i==0 else 1)
            for i in range(len(sizes)-1)
    ] + [nn.MaxPool2d(kernel_size=3, stride=2, padding=1)]
```

```
_resnet_stem(3,32,32,64)
```

```
[ConvLayer(
   (0): Conv2d(3, 32, kernel_size=(3, 3), stride=(2, 2), padding=(1, 1))
   (1): BatchNorm2d(32, eps=1e-05, momentum=0.1)
   (2): ReLU()
 ), ConvLayer(
   (0): Conv2d(32, 32, kernel_size=(3, 3), stride=(1, 1), padding=(1, 1))
   (1): BatchNorm2d(32, eps=1e-05, momentum=0.1)
   (2): ReLU()
 ), ConvLayer(
   (0): Conv2d(32, 64, kernel_size=(3, 3), stride=(1, 1), padding=(1, 1))
   (1): BatchNorm2d(64, eps=1e-05, momentum=0.1)
   (2): ReLU()
 ), MaxPool2d(kernel_size=3, stride=2, padding=1, ceil_mode=False)]
```

術語：*stem*（主幹）

CNN 的前幾層。一般來說，stem 的架構與 CNN 的主體不一樣。

使用一般摺積層主幹而不是 ResNet 區塊的原因，是來自一個關於所有深度摺積神經網路的重要見解：絕大多數的計算都發生在最前面的幾層。因此，我們要讓前面幾層盡量快速且簡單。

為了了解為什麼有這麼多計算出現在前面幾層，考慮處理 128 像素輸入圖像的第一個摺積。如果它是 stride-1 摺積，它會對著 128×128 像素的每一個像素使用 kernel。這是很大的工作量！但是在之後的神經層，網格的大小可能會小到 4×4 甚至 2×2，所以使用 kernel 的次數少很多。

另一方面，第一層摺積只有 3 個輸入特徵與 32 個輸出特徵。因為它是 3×3 kernel，所以權重有 3×32×3×3 = 864 個參數。但是最後一個摺積有 256 個輸入特徵與 512 個輸出特徵，產生 1,179,648 個權重！所以第一層有絕大多數的計算，但是最後一層有絕大多數的參數。

ResNet 區塊的計算次數比一般的摺積區塊更多，因為（就 stride-2 而言）ResNet 區塊有三個摺積與一個池化層。這就是我們想要在 ResNet 的最前面使用一般的摺積的原因。

現在我們可以展示包含許多「錦囊妙計」的現代 ResNet 的實作了。它使用四組 ResNet 區塊，有 64、128、256、512 個過濾器。每一組都先使用 stride-2 區塊，除了第一個之外，因為它在一個 MaxPooling 層後面：

```
class ResNet(nn.Sequential):
    def __init__(self, n_out, layers, expansion=1):
        stem = _resnet_stem(3,32,32,64)
        self.block_szs = [64, 64, 128, 256, 512]
        for i in range(1,5): self.block_szs[i] *= expansion
        blocks = [self._make_layer(*o) for o in enumerate(layers)]
        super().__init__(*stem, *blocks,
                         nn.AdaptiveAvgPool2d(1), Flatten(),
                         nn.Linear(self.block_szs[-1], n_out))

    def _make_layer(self, idx, n_layers):
        stride = 1 if idx==0 else 2
        ch_in,ch_out = self.block_szs[idx:idx+2]
        return nn.Sequential(*[
            ResBlock(ch_in if i==0 else ch_out, ch_out, stride if i==0 else 1)
            for i in range(n_layers)
        ])
```

_make_layer 函式的目的是為了建立一系列的 n_layers 區塊。第一個是從 ch_in 到 ch_out，使用所指定的 stride，所有其他的區塊都是使用 ch_out 到 ch_out 張量，步幅為 1。定義區塊之後，模型純粹是循序的，這就是我們將它定義成 nn.Sequential 的子類別的原因。（現在先忽略 expansion 參數，下一節會討論它，現在它是 1，所以它不做任何事情。）

模型的各種版本（ResNet-18、-34、-50 等）只有改變每一個群組裡的區塊數量。這是 ResNet-18 的定義：

```
rn = ResNet(dls.c, [2,2,2,2])
```

我們來稍微訓練它，看看它與之前的模型相比的表現如何：

```
learn = get_learner(rn)
learn.fit_one_cycle(5, 3e-3)
```

| epoch | train_loss | valid_loss | accuracy | time |
|---|---|---|---|---|
| 0 | 1.673882 | 1.828394 | 0.413758 | 00:13 |
| 1 | 1.331675 | 1.572685 | 0.518217 | 00:13 |
| 2 | 1.087224 | 1.086102 | 0.650701 | 00:13 |
| 3 | 0.900428 | 0.968219 | 0.684331 | 00:12 |
| 4 | 0.760280 | 0.782558 | 0.757197 | 00:12 |

雖然我們有更多通道（因此模型更準確），但我們的訓練與之前一樣快，這要歸功於優化的 stem。

為了讓模型更深且不執行太多計算或使用太多記憶體，我們可以使用 ResNet 論文介紹的另一種神經層：讓深度 50 以上的 ResNets 使用的瓶頸層。

## 瓶頸層

不同於堆疊兩個 kernel 大小為 3 的摺積層，瓶頸層使用三個摺積：兩個 1×1（在開始與結束）與一個 3×3，如圖 14-4 的右圖所示。

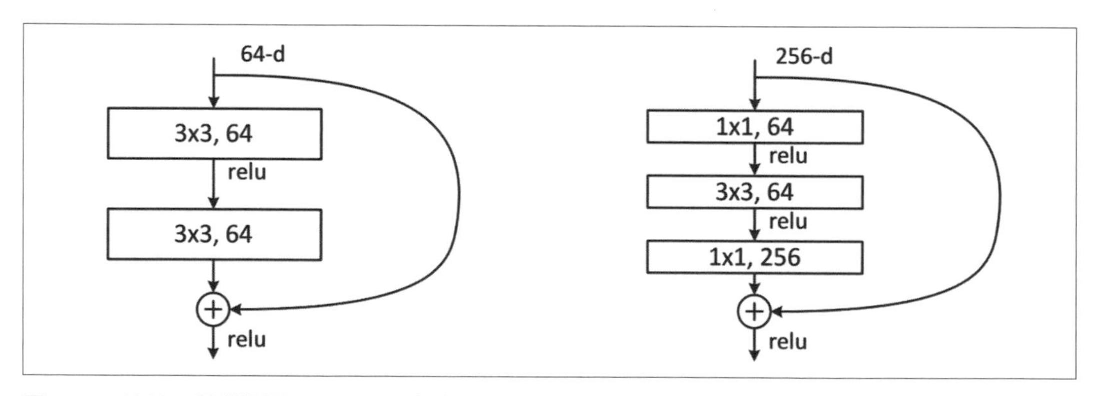


圖 14-4　比較一般與瓶頸 ResNet 區塊（Kaiming He 等人提供）

它為什麼有用？1×1 摺積快很多，所以即使這個設計看起來比較複雜，但這個區塊的執行速度比之前的第一個 ResNet 區塊更快。所以我們可以使用更多過濾器：正如我們在說明中看到的，入口與出口的過濾器的數量多四倍（256 而不是 64）。縮小的 1×1 convs 可以還原通道的數量（因此稱為**瓶頸**）。這種做法的整體影響就是我們可以在相同的時間量之內使用更多過濾器。

我們將 ResBlock 換成這個瓶頸設計：

```
def _conv_block(ni,nf,stride):
    return nn.Sequential(
        ConvLayer(ni, nf//4, 1),
        ConvLayer(nf//4, nf//4, stride=stride),
        ConvLayer(nf//4, nf, 1, act_cls=None, norm_type=NormType.BatchZero))
```

我們將用它來建立群組大小為 (3,4,6,3) 的 ResNet-50。現在我們要將 4 傳給 ResNet 的 expansion 參數，因為我們要在一開始少用四倍的通道，在最後使用多四倍的通道。

訓練這種深網路 5 epoch 通常不會有所改善，所以我們這一次跳到 20 epoch，來充分利用更大的模型。為了得到真的很棒的結果，我們也要使用更大的圖像：

```
dls = get_data(URLs.IMAGENETTE_320, presize=320, resize=224)
```

歸功於全摺積網路，我們不需要針對更大的 224 像素圖像做任何事情，它仍然可以運作。這也是我們可以在之前進行漸近尺寸調整的原因——我們所使用的模型是全摺積的，所以我們甚至可以微調用不同尺寸訓練的模型。我們來訓練模型，看一下效果如何：

```
rn = ResNet(dls.c, [3,4,6,3], 4)
```

```
learn = get_learner(rn)
learn.fit_one_cycle(20, 3e-3)
```

| epoch | train_loss | valid_loss | accuracy | time |
|---|---|---|---|---|
| 0 | 1.613448 | 1.473355 | 0.514140 | 00:31 |
| 1 | 1.359604 | 2.050794 | 0.397452 | 00:31 |
| 2 | 1.253112 | 4.511735 | 0.387006 | 00:31 |
| 3 | 1.133450 | 2.575221 | 0.396178 | 00:31 |
| 4 | 1.054752 | 1.264525 | 0.613758 | 00:32 |
| 5 | 0.927930 | 2.670484 | 0.422675 | 00:32 |
| 6 | 0.838268 | 1.724588 | 0.528662 | 00:32 |

| epoch | train_loss | valid_loss | accuracy | time |
|---|---|---|---|---|
| 7 | 0.748289 | 1.180668 | 0.666497 | 00:31 |
| 8 | 0.688637 | 1.245039 | 0.650446 | 00:32 |
| 9 | 0.645530 | 1.053691 | 0.674904 | 00:31 |
| 10 | 0.593401 | 1.180786 | 0.676433 | 00:32 |
| 11 | 0.536634 | 0.879937 | 0.713885 | 00:32 |
| 12 | 0.479208 | 0.798356 | 0.741656 | 00:32 |
| 13 | 0.440071 | 0.600644 | 0.806879 | 00:32 |
| 14 | 0.402952 | 0.450296 | 0.858599 | 00:32 |
| 15 | 0.359117 | 0.486126 | 0.846369 | 00:32 |
| 16 | 0.313642 | 0.442215 | 0.861911 | 00:32 |
| 17 | 0.294050 | 0.485967 | 0.853503 | 00:32 |
| 18 | 0.270583 | 0.408566 | 0.875924 | 00:32 |
| 19 | 0.266003 | 0.411752 | 0.872611 | 00:33 |

我們得到很棒的結果！試著加入 Mixup，然後趁著吃午餐時，訓練它 100 epoch。你會得到一個非常準確的圖像分類模型，它是從零開始訓練的。

這裡的瓶頸設計通常只會在 ResNet-50、-101 與 -152 模型裡面使用。ResNet-18 與 -34 模型通常使用上一節的無瓶頸設計。但是，我們發現即使在較淺的網路裡，瓶頸層通常也有比較好的表現。所以論文的小細節往往會被相信好幾年，即使它們不是最好的設計！質疑假設與「眾所周知」的事情永遠是好的，因為這個領域還很新，還有很多細節沒有被妥善處理。

# 結論

現在你已經知道我們從第 1 章就開始使用的電腦視覺模型是怎麼做出來的，以及如何使用跳接來訓練更深的模型了。雖然現在有很多人在研究更好的架構，但他們都使用這種技巧的某個版本來製作從網路的輸入到終點的直接路徑。在使用遷移學習時，ResNet 是預訓模型。在下一章，我們要來看最後一個細節：我們用過的模型是怎麼用它來建構的。

# 問題

1. 我們如何從之前的章節中處理 MNIST 的 CNN 裡取出一個觸發向量？為何它不適合 Imagenette？
2. 如何對 Imagenette 這樣做？
3. 什麼是調整性池化？
4. 什麼是平均池化？
5. 為什麼我們要在調整性平均池化層後面使用 `Flatten`？
6. 什麼是跳接？
7. 為什麼跳接可讓我們訓練更深的模型？
8. 圖 14-1 說明什麼概念？它如何導致跳接的概念？
9. 什麼是恆等對映？
10. ResNet 區塊的基本公式是什麼（忽略 batchnorm 與 ReLU 層）？
11. ResNets 與殘差有什麼關係？
12. 有 stride-2 摺積時，如何處理跳接？當過濾器的數量改變時呢？
13. 如何以向量內積來表示 1×1 摺積？
14. 用 `F.conv2d` 或 `nn.Conv2d` 建立一個 1×1 摺積，並且對一張圖像使用它。圖像的 shape 會怎樣？
15. `noop` 函式回傳什麼？
16. 解釋圖 14-3。
17. 何時使用 top-5 accuracy 比 top-1 accuracy 更好？
18. CNN 的「stem」是什麼？
19. 為什麼在 CNN stem 裡要使用一般的摺積，而不是 ResNet 區塊？
20. 瓶頸區塊與一般 ResNet 區塊有何不同？
21. 為何瓶頸區塊比較快？
22. 全摺積層（以及有調整性池化的網路）如何允許漸近尺寸調整？

## 後續研究

1. 試著用調整性平均池化來建立全摺積網路以處理 MNIST（注意，你需要較少 stride-2 層）。它與沒有這種池化層的網路相較之下如何？

2. 我們會在第 17 章介紹**愛因斯坦求和約定**。先翻到那裡看看它是如何工作的，然後使用 `torch.einsum` 來寫一個 1×1 摺積操作。拿它與使用 `torch.conv2d` 的同一個操作相比。

3. 使用一般的 PyTorch 或一般的 Python 寫出 top-5 accuracy 函式。

4. 用 Imagenette 訓練一個模型多個 epoch，使用和不使用 label smoothing。看一下你與 Imagenette 排行榜上面的最佳結果之間的距離。閱讀領先方法的連結網頁。

第十五章

# 應用架構

我們正處於一個令人興奮的高度——我們已經可以完全理解一直以來使用的電腦視覺、自然語言處理和表格分析頂尖模型的架構了。這一章要將填補所有的缺漏之處——fastai 的應用模型如何工作，並告訴你如何建構它們。

我們也要回到第 11 章介紹過的 Siamese 網路的自訂資料預先處理流程，告訴你如何使用 fastai 程式庫的元件來為新任務建構自訂的預訓模型。

我們從電腦視覺看起。

## 電腦視覺

在處理電腦視覺應用時，我們使用函式 `cnn_learner` 與 `unet_learner` 來建構模型，依任務而定。在這一節，我們將探討如何建構我們在本書的第 1 部分和第 2 部分使用過的 `Learner` 物件。

### cnn_learner

我們來看一下當我們使用 `cnn_learner` 函式時會發生什麼事。首先，我們將一個讓網路的 *body* 使用的架構傳給這個函式。多數情況下，我們會使用 ResNet，你已經知道如何建立它了，所以我們不需要進一步探討它。預訓權重會視需要被下載並載入 ResNet。

然後，為了進行遷移學習，我們必須切開網路，也就是切掉最後一層，它只負責處理 ImageNet 專屬的類別。事實上，我們並不是只切掉這一層而已，而是從調整性平均池化層之後的每一層。你很快就會知道這樣做的原因。因為不同的架構可能使用不同類型的池化層，甚至完全不同的 *head*，我們不會只是搜尋調整性池化層來決定要在哪裡切割預訓模型。與之相反，我們有一個資訊字典，可用來確定每一個模型的 body 在哪裡結果，以及 head 在哪裡開始。我們稱之為 `model_meta`，下面的程式是 `resnet50` 的：

```
model_meta[resnet50]
```

```
{'cut': -2,
 'split': <function fastai.vision.learner._resnet_split(m)>,
 'stats': ([0.485, 0.456, 0.406], [0.229, 0.224, 0.225])}
```

術語：*body* 與 *head*

神經網路的 head 是專門用來處理特定任務的部分。對 CNN 而言，它通常是在調整性平均池化層後面的部分。body 是所有其他的東西，包括 stem（第 14 章介紹過）。

如果我們留下切割點 `-2` 之前的所有神經層，我們就會得到 fastai 幫遷移學習保留的部分。接下來，我們放上新的 head。我們用 `create_head` 函式來建立它：

```
create_head(20,2)
```

```
Sequential(
  (0): AdaptiveConcatPool2d(
    (ap): AdaptiveAvgPool2d(output_size=1)
    (mp): AdaptiveMaxPool2d(output_size=1)
  )
  (1): Flatten()
  (2): BatchNorm1d(20, eps=1e-05, momentum=0.1, affine=True)
  (3): Dropout(p=0.25, inplace=False)
  (4): Linear(in_features=20, out_features=512, bias=False)
  (5): ReLU(inplace=True)
  (6): BatchNorm1d(512, eps=1e-05, momentum=0.1, affine=True)
  (7): Dropout(p=0.5, inplace=False)
  (8): Linear(in_features=512, out_features=2, bias=False)
)
```

使用這個函式時，你可以選擇要在結尾加上多少額外的線性層、在每一個後面要使用多少 dropout，以及要使用哪一種池化。在預設情況下，fastai 會使用平均池化與最大池化，並且會將兩者接在一起（這是 `AdaptiveConcatPool2d` 層）。這種做法不常見，但它是 fastai 和其他實驗室近年來獨立開發的，比起只使用平均池化，它通常可以稍微改善效果。

fastai 與多數其他程式庫有些不同，在預設情況下，它會在 CNN head 加入兩個線性層，而不是一個。理由是，我們知道，即使是將模型遷移到極為不同的領域，遷移學習仍然很好用，但是，在這些情況下，只使用一個線性層應該不夠，我們發現使用兩個線性層往往可讓我們更快速且更容易使用遷移學習。

**最後一個 *batchnorm***

`create_head` 有一個值得一看的參數：`bn_final`。將它設成 `True` 會讓 batchnorm 層成為你的最終層。這可以幫助模型視觸發輸出的情況而妥善地擴展。我們還沒有看到任何人發表這種做法，但我們發現，在我們使用它時，它的實際效果都很好。

我們來看一下 `unet_learner` 在第 1 章的分割問題裡面做了什麼事。

## unet_learner

我們在第 1 章的分割案例中使用的架構是最有趣的深度學習架構之一，分割是一項有挑戰性的任務，因為所需的輸出實際上是一張圖像，或像素網格，裡面有幫每一個像素預測的標籤。其他的任務也有類似的基本設計，例如提升圖像的解析度（*super-resolution*）、為黑白圖像上色（*colorization*），或是將照片變成畫作（*style transfer*）——本書的網路章節有介紹這些任務（*https://book.fast.ai*），務必在看完這一章之後，上網閱讀它。在每一種情況下，我們都從一張圖像開始，將它轉換成另一張有相同維度或長寬比的圖像，但是也會以某種方式更改像素。我們將它們稱為**視覺生成模型**（*generative vision model*）。

我們做這件事的方法是先採取與上一節一樣的方法來開發一個 CNN head。例如，我們從一個 ResNet 開始，切掉調整性池化層和它後面的所有東西，然後將這幾層換成我們自訂的 head，這些 head 將進行生成任務。

很多人對最後一句話舉手發問！我們到底如何做出可生成圖像的 CNN head？假如我們一開始有一張 224 像素的輸入圖像，在 ResNet body 的結尾，我們有一個 7×7 網格的摺積觸發，我們如何將它轉成 224 像素的分割遮罩？

當然，我們使用神經網路！所以我們要用某種可在 CNN 裡增加網格大小的神經層。有一種簡單的做法是將 7×7 網格裡的每一個像素換成 2×2 正方形裡面的四個像素。這四個像素都有相同的值，這種做法稱為**最近鄰插值**（*nearest neighbor interpolation*）。PyTorch 有一個神經層可以幫我們做這件事，有一個選擇是建立一個包含 stride-1 摺積層的 head（與之前一樣，以及 batchnorm 和 ReLU 層），並穿插 2×2 最近鄰插值層。事實上，你現在就可以做這件事！看看你能不能自己做出像這種設計的 head，並且在 CamVid 分割任務中嘗試它。你應該可以得到某些合理的結果，雖然它們不會像第 1 章的結果那麼好。

另一種做法是將最近鄰與摺積的組合換成**換位摺積**，也就是**半步幅摺積**（*stride half convolution*）。它與一般的摺積一模一樣，但是第一個零填補會在輸入的所有像素之間插入。這種做法用圖片最容易了解——圖 15-1 來自我們在第 13 章說過的傑出摺積運算論文（*https://oreil.ly/hu06c*），展示在一張 3×3 圖像上使用一個 3×3 換位摺積的情況。

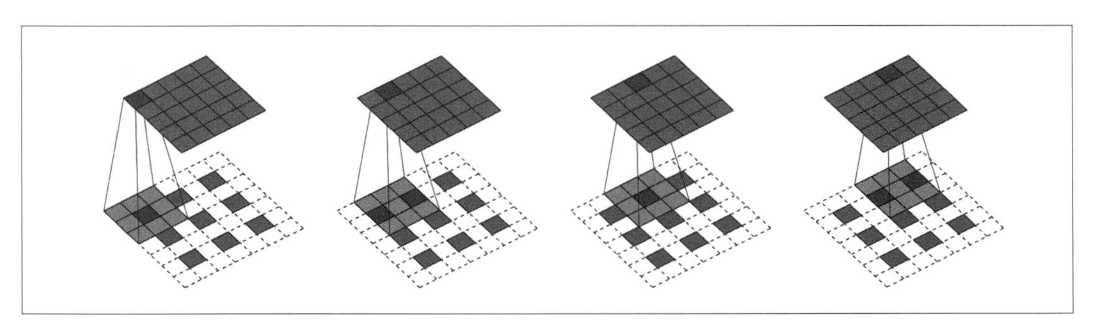

圖 15-1　換位摺積（Vincent Dumoulin 與 Francesco Visin 提供）

如你所見，結果會增加輸入的大小，你現在就可以使用 fastai 的 `ConvLayer` 類別來嘗試它，在你的自訂 head 傳入參數 `transpose=True`，而不是一般的那一個來建立換位摺積。

但是，這些做法的效果都不太好，問題在於我們的 7×7 網格沒有足夠的資訊可建立 224×224 像素的輸出。每一個網格都需要大量的觸發，才能有足夠的資訊，完全重新生成輸出中的每一個像素。

解決方案是使用 ResNet 那種**跳接**，但是是從 ResNet 的 body 裡的觸發跳到架構另一側的換位摺積的觸發。這種做法如圖 15-2 所示，是由 Olaf Ronneberger 等人在 2015 年的論文「U-Net: Convolutional Networks for Biomedical Image Segmentation」（*https://oreil.ly/6ely4*）裡研發的。雖然那邊論文的主題是醫學應用，但 U-Net 已經徹底改變了各種視覺生成模型。

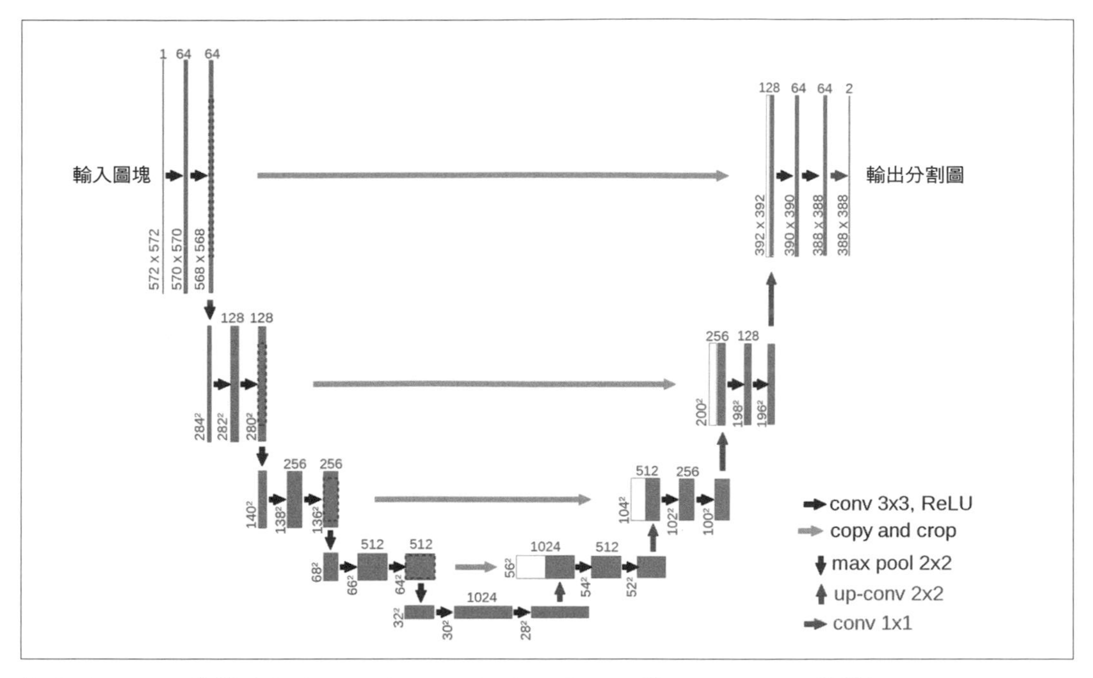


圖 15-2　U-Net 架構（Olaf Ronneberger、Philipp Fischer 與 Thomas Brox 提供）

這張圖的左邊是 CNN body（在此，它是一般 CNN，不是 ResNet，而且它們使用 2×2 最大池化，而不是 stride-2 摺積，因為這篇論文是在 ResNets 出現之前寫的），右邊是換位摺積（「up-conv」）層。額外的跳接是從左到右的灰色箭頭（它們有時稱為 *cross connection*）。你可以看到它為何稱為 *U-Net*！

使用這種架構時，換位摺積的輸入不僅是前一層裡的低解析度網格，也是在 ResNet head 裡的高解析度網格。這可讓 U-Net 根據需要使用原始圖像的所有資訊。使用 U-Net 有一項挑戰在於確切的架構取決於圖像的大小。fastai 有個獨特的 `DynamicUnet` 類別，可以根據你提供的資料，自動產生正確大小的架構。

我們接著來看一個例子，在裡面，我們要利用 fastai 程式庫來寫一個自訂的模型。

## Siamese 網路

我們回到在第 11 章為 Siamese 網路設置的輸入 pipeline。你應該還記得，它由一對圖像組成，那兩個圖像被標為 `True` 或 `False`，取決於它們是不是屬於同一個類別。

我們來使用剛才學到的知識，為這個任務建構一個自訂模型並訓練它。怎麼做？我們將使用預訓架構，並將兩張圖像傳給它，然後我們可以串接結果，將它們送到一個自訂的 head，用那個 head 回傳兩個預測。使用模組，它長這樣：

```
class SiameseModel(Module):
    def __init__(self, encoder, head):
        self.encoder,self.head = encoder,head

    def forward(self, x1, x2):
        ftrs = torch.cat([self.encoder(x1), self.encoder(x2)], dim=1)
        return self.head(ftrs)
```

正如之前的說明，我們只要取得一個預訓模型並切割它，就可以建立 encoder 了。函式 `create_body` 可以幫我們做這件事，我們只要將想要切割的地方傳給它就好了。前面說過，根據預訓模型的參考資訊字典，ResNet 的 cut 值是 -2：

```
encoder = create_body(resnet34, cut=-2)
```

然後建立 head，看一下 encoder 可知道最後一層有 512 個特徵，所以這個 head 需要接收 `512*4` 。為什麼有 4 ？因為我們有兩張圖像，所以要先乘以 2，然後因為使用串接池化技巧，我們要再乘以 2。所以我們建立這種 head：

```
head = create_head(512*4, 2, ps=0.5)
```

有了 encoder 與 head 之後，我們可以建立模型：

```
model = SiameseModel(encoder, head)
```

在使用 `Learner` 之前，我們還有兩個東西要定義。首先，我們必須定義想要使用的損失函數。它是常規的交叉熵，但是因為我們的目標是布林，我們必須將它們轉換成整數，否則 PyTorch 會丟出錯誤：

```
def loss_func(out, targ):
    return nn.CrossEntropyLoss()(out, targ.long())
```

更重要的是，為了獲得遷移學習的所有好處，我們必須定義自訂的 *splitter*。splitter 是告訴 fastai 程式庫如何將模型拆成參數群組的函數。當我們進行遷移學習時，會在幕後用它們來訓練模型的 head。

在這裡，我們想要兩個參數群組：一個是 encoder 的，一個是 head 的。因此我們可以定義這個 splitter（`params` 只是個回傳指定模組的所有參數的函式）：

```
def siamese_splitter(model):
    return [params(model.encoder), params(model.head)]
```

然後，我們可以傳遞資料、模型、損失函數、splitter 以及我們想使用的任何 metric 來定義 `Learner`。因為我們不是使用 fastai 的方便函式來做遷移學習（例如 `cnn_learner`），我們必須親自呼叫 `learn.freeze`。它會確保只訓練最後一個參數群組（在這裡是 head）：

```
learn = Learner(dls, model, loss_func=loss_func,
                splitter=siamese_splitter, metrics=accuracy)
learn.freeze()
```

然後我們可以用一般的方法直接訓練模型：

```
learn.fit_one_cycle(4, 3e-3)
```

| epoch | train_loss | valid_loss | accuracy | time |
|---|---|---|---|---|
| 0 | 0.367015 | 0.281242 | 0.885656 | 00:26 |
| 1 | 0.307688 | 0.214721 | 0.915426 | 00:26 |
| 2 | 0.275221 | 0.170615 | 0.936401 | 00:26 |
| 3 | 0.223771 | 0.159633 | 0.943843 | 00:26 |

現在我們使用不同的學習率（也就是讓 body 使用較低的學習率，讓 head 使用較高的）來解凍並微調整個模型：

```
learn.unfreeze()
learn.fit_one_cycle(4, slice(1e-6,1e-4))
```

| epoch | train_loss | valid_loss | accuracy | time |
|---|---|---|---|---|
| 0 | 0.212744 | 0.159033 | 0.944520 | 00:35 |
| 1 | 0.201893 | 0.159615 | 0.942490 | 00:35 |
| 2 | 0.204606 | 0.152338 | 0.945196 | 00:36 |
| 3 | 0.213203 | 0.148346 | 0.947903 | 00:36 |

相較於之前以同樣的方式（不使用資料擴增）來訓練分類模型有 7% 的誤差，94.8% 是非常好的成果。

知道如何建立完整且先進的電腦視覺模型之後，我們來看 NLP。

# 自然語言處理

就像我們在第 10 章做過的，將 AWD-LSTM 語言模型轉換成遷移學習分類模型的程序，很像本章第一節使用 cnn_learner 時那樣。在這個例子裡，我們不需要「meta」字典，因為我們在這個 body 裡面沒有各式各樣的架構要支援。我們要做的只是為語言模型裡的 encoder 選擇堆疊的 RNN，它是一個 PyTorch 模組。這個 encoder 會幫輸入的每一個單字提供一個觸發，因為語言模型必須輸出下一個單字的預測。

為了建立分類模型，我們使用 ULMFiT 論文（*https://oreil.ly/3hdSj*）所描述的方法「BPTT for Text Classification（BPT3C）」：

> 我們將文件分成大小為 *b* 的固定長度批次，在每一個批次開頭，用上一個批次的最終狀態來將模型初始化，我們追蹤平均與最大池化的隱藏狀態；將梯度反向傳播給「將隱藏狀態貢獻給最終預測的批次」。在實務上，我們使用可變長度反向傳播序列。

換句話說，分類模型裡面有一個 for 迴圈，它會遍歷序列的每一個批次。我們會跨批次保留狀態，並儲存每一個批次的觸發。在最後，我們使用與電腦視覺模型一樣的平均和最大串接池化技巧——但是這一次，我們不是對 CNN 網格執行池化，而是對 RNN 序列。

對於這個 for 迴圈，我們要成批收集資料，但是要分別對待每一個文本，因為它們分別有自己的標籤。但是，這些文字很有可能不會一樣長，這代表我們將無法像處理語言模型那樣，將它們都放入同一個陣列。

此時就是使用「填補」的時機：在抓取一推文本時，我們要找出最長的那一個，然後用特殊單元 xxpad 來填補比較短的。為了避免在同一批次裡面有 2,000 個單元的文本與 10 個單元的文本這種極端案例（這樣就要做很多填補，也浪費很多計算），我們改變隨機性，將大小相當的文本放在一起。訓練組的文本仍然需要某種程度的隨機順序（對於驗證組，我們可以直接用長度來排序它們），但也不必完全如此。

當我們建立 DataLoaders 時，fastai 會在幕後自動完成這件事。

# 表格

最後，我們來看 fastai.tabular 模型。（我們不需要分別討論協同過濾，因為我們已經知道，這些模型只是表格模型，或是使用內積法，而我們之前已經從零開始實作它了。）

這是 TabularModel 的 forward 方法：

```
if self.n_emb != 0:
    x = [e(x_cat[:,i]) for i,e in enumerate(self.embeds)]
    x = torch.cat(x, 1)
    x = self.emb_drop(x)
if self.n_cont != 0:
    x_cont = self.bn_cont(x_cont)
    x = torch.cat([x, x_cont], 1) if self.n_emb != 0 else x_cont
return self.layers(x)
```

我們在這裡沒有展示 __init__，因為它不怎麼有趣，但是接下來會依序說明每一行程式。第一行程式測試有沒有任何 embedding 需要處理——如果我們只有連續變數，我們可以跳過這一段：

```
if self.n_emb != 0:
```

self.embeds 裡面有 embedding 矩陣，所以這段程式會取得每一個的觸發

```
    x = [e(x_cat[:,i]) for i,e in enumerate(self.embeds)]
```

並且將它們串成一個張量：

```
    x = torch.cat(x, 1)
```

執行 dropout，你可以將 embed_p 傳給 __init__ 來改變這個值：

```
    x = self.emb_drop(x)
```

接著我們測試有沒有任何連續變數需要處理：

```
if self.n_cont != 0:
```

用 batchnorm 層來傳遞它們

```
    x_cont = self.bn_cont(x_cont)
```

並且與 embedding 觸發連接，如果有的話：

```
    x = torch.cat([x, x_cont], 1) if self.n_emb != 0 else x_cont
```

最後，將它傳給線性層（每一個都包含 batchnorm，如果 use_bn 是 True，與 dropout，如果 ps 被設為某個值或一串值）：

```
return self.layers(x)
```

恭喜！現在你已經知道 fastai 程式庫使用的架構的每一個元素了！

# 結論

如你所見，你不需要害怕深度學習架構的細節，你可以研究 fastai 與 PyTorch 的程式碼，看看事情的來龍去脈。更重要的是，試著了解**為何**如此。請研讀程式中提到的論文，試著比對程式碼與論文描述的演算法。

研究模型的所有部分和傳給它的資料之後，我們可以想一下它們對實際的深度學習有什麼意義。如果你有無限多的資料、無限多的記憶體與無限多的時間，我們的建議很簡單：用所有資料和很長的時間訓練一個龐大的模型。但是深度學習之所以沒那麼簡單，是因為你的資料、記憶體和時間通常是有限的。如果你沒有多餘的記憶體或時間，解決辦法就是訓練比較小的模型。如果你沒有因為訓練太久而過擬，你就沒有充分利用模型的能力。

所以，第一步是先做到可以過擬，下一個問題是如何降低那個過擬。圖 15-3 是我們建議從那裡開始的步驟順序。

當很多從業者看到過擬的模型時，會從錯誤的方向開始做起，他們的起手式是使用更小的模型，或做更多正則化。使用更小的模型必定是最終手段，除非訓練模型需要太多時間或記憶體。降低模型的大小會降低模型學習資料裡的細微關係的能力。

與之相反，你的第一步應該要設法*創造更多資料*，這項工作包括為既有的資料加入更多標籤、尋找你的模型可以解決的其他任務（或是以另一種方式看待它、識別你可以建模的不同類型的標籤），或使用更多或不同的資料擴增技術來建立額外的合成資料。歸功於 Mixup 與類似方法的研發，現在幾乎各種資料都有高效的資料擴增方法可用了。

當你取得自認為能夠合理取得的足夠資料，並且能夠利用你可以找到的所有標籤來有效地使用它，以及進行所有合理的擴增之後，如果你仍然過擬，你應該設法使用更容易類推的架構。例如，加入批次標準化或許可以改善類推。

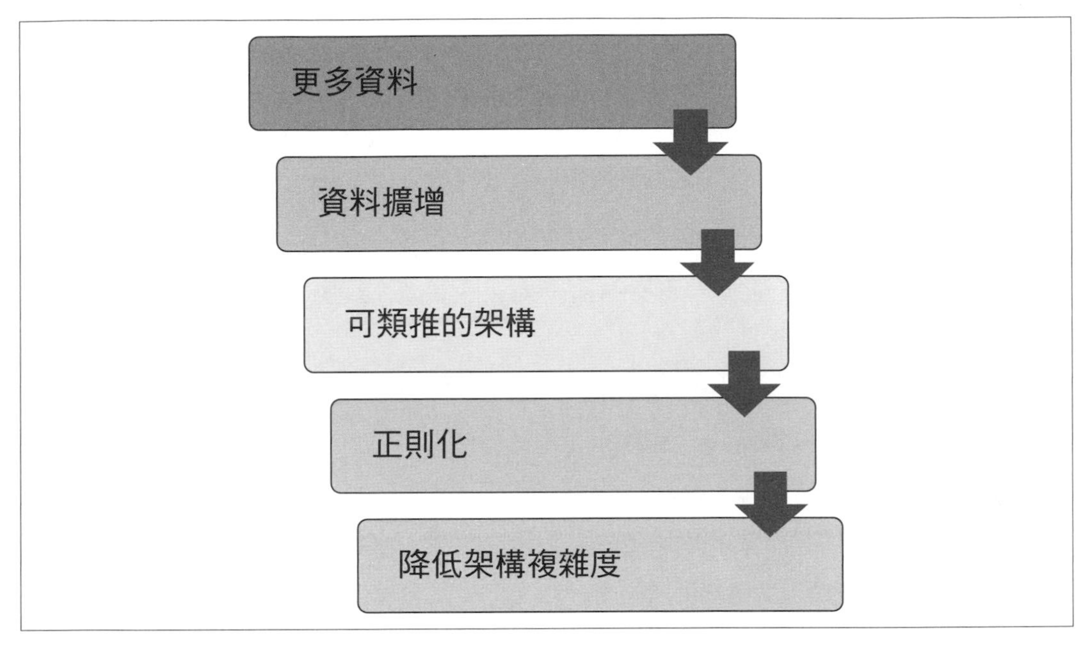


圖 15-3　降低過擬的步驟

如果你已經盡量使用資料並且調整架構了，卻仍然過擬，你可以進行正則化。一般來說，在最後一兩層加入 dropout 可以將模型很好地正則化。然而，正如我們從開發 AWD-LSTM 的故事學到的那樣，在模型加入各式各樣的 dropout 通常會更好。一般來說，正則化程度越高的模型越靈活，因此會比正則化程度較低的較小模型更準確。

除非你已經考慮以上的選項了，否則不建議你嘗試使用更小版本的架構。

# 問題

1. 神經網路的頭（head）是什麼？
2. 神經網路的體（body）是什麼？
3. 「切割」神經網路是什麼意思？在做遷移學習時，為什麼要做這件事？
4. 什麼是 `model_meta`？試著將它印出來，看看裡面有什麼。
5. 研讀 `create_head` 的原始碼，確保你了解每一行的作用。
6. 研讀 `create_head` 的輸出，確保你了解為什麼每一層會在那裡，以及 `create_head` 原始碼如何建立它。

7. 找出如何改變 dropout、神經層大小、`create_cnn` 建立的層數，看看能不能找出可讓寵物辨識模型更準確的值。
8. `AdaptiveConcatPool2d` 有什麼作用？
9. 最近鄰插值是什麼？如何用它來將摺積觸發升採樣（upsample）？
10. 什麼是換位摺積？它的另一個名稱是什麼？
11. 用 `transpose=True` 來建立一個摺積層，並且用它來處理一張圖像。檢查輸出的 shape。
12. 畫出 U-Net 加構。
13. BPTT for Text Classification（BPT3C）是什麼？
14. 如何在 BPT3C 處理序列長度不同的情況？
15. 試著在 notebook 裡分別執行 `TabularModel.forward` 的每一行，每個 cell 一行，並觀察每一個步驟的輸入與輸出的 shape。
16. `TabularModel` 如何定義 `self.layers`？
17. 說出防止過擬的五個步驟。
18. 為什麼在嘗試防止過擬的其他方法之前，不應該降低架構的複雜度？

## 後續研究

1. 寫出自訂的 head，並試著用它來訓練寵物辨識模型。看看能不能得到比 fastai 的預設模型更好的結果。
2. 在 CNN 的 head 裡輪流使用 `AdaptiveConcatPool2d` 與 `AdaptiveAvgPool2d`，看看它的結果有什麼不同。
3. 寫出你自己的 splitter 來為每一個 ResNet 區塊建立獨立的參數群組，並且為 stem 建立獨立的群組。試著用它來訓練，看看它能不能改善寵物辨識模型。
4. 閱讀介紹圖像生成模型的網路章節，建立你自己的 colorizer、super-resolution 模型或 style transfer 模型。
5. 使用最近鄰插值來自製 head，並用它來對 CamVid 進行分割。

第十六章

# 訓練程序

你已經知道如何建立先進的電腦視覺、自然圖像處理、表格分析與協同過濾架構，也知道如何快速地訓練它們了，所以工作完成了，是嗎？還沒有。我們還要繼續探索訓練程序。

我們已經在第 4 章解釋隨機梯度下降的基本概念了：傳遞一個小批次給模型，使用損失函數來拿它與目標相比，然後計算這個損失函數相對於各個權重的梯度，再用這個公式更新權重：

```
new_weight = weight - lr * weight.grad
```

我們在訓練迴圈裡從零開始實作它，並且知道 PyTorch 提供一個簡單的 nn.SGD 類別可以為我們計算各個參數。在這一章，我們要建立一些更快的 optimizer，使用靈活的基礎。但是除此之外，我們也要改變訓練程序的其他地方，為了對訓練迴圈進行任何調整，我們必須能夠在 SGD 的基礎之上加入一些程式碼。fastai 程式庫有個 callback 系統可以做件事，我們會教你怎麼使用它。

我們先用標準 SGD 來做出基準模型，然後加入最常用的 optimizer。

## 建立基準

我們先用一般的 SGD 來建立基準，並且拿它與 fastai 的預設 optimizer 相比。我們先用第 14 章用過的 get_data 來抓取 Imagenette：

```
dls = get_data(URLs.IMAGENETTE_160, 160, 128)
```

我們將建立一個未預先訓練的 ResNet-34，並傳遞任何收到的引數：

```
def get_learner(**kwargs):
    return cnn_learner(dls, resnet34, pretrained=False,
                       metrics=accuracy, **kwargs).to_fp16()
```

這是預設的 fastai optimizer，使用一般的 3e-3 學習率：

```
learn = get_learner()
learn.fit_one_cycle(3, 0.003)
```

| epoch | train_loss | valid_loss | accuracy | time |
|---|---|---|---|---|
| 0 | 2.571932 | 2.685040 | 0.322548 | 00:11 |
| 1 | 1.904674 | 1.852589 | 0.437452 | 00:11 |
| 2 | 1.586909 | 1.374908 | 0.594904 | 00:11 |

我們來嘗試一般的 SGD。我們可以將 `opt_func`（optimization function，優化函式）傳給 `cnn_learner` 來讓 fastai 使用任何 optimizer：

```
learn = get_learner(opt_func=SGD)
```

第一個要看的東西是 `lr_find`：

```
learn.lr_find()
```

```
(0.017378008365631102, 3.019951861915615e-07)
```

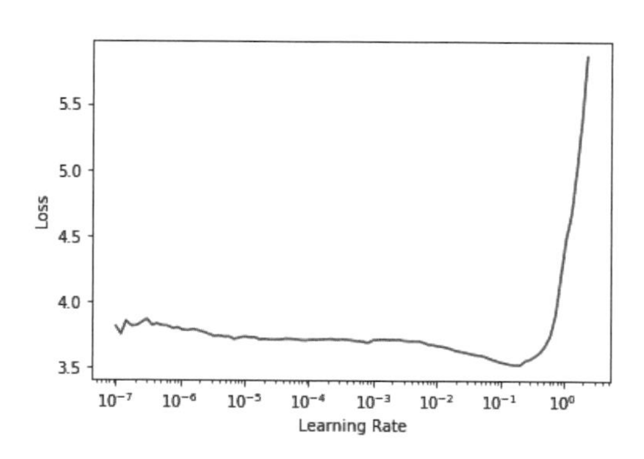


看起來我們必須使用比平常更高的學習率：

```
learn.fit_one_cycle(3, 0.03, moms=(0,0,0))
```

| epoch | train_loss | valid_loss | accuracy | time |
|---|---|---|---|---|
| 0 | 2.969412 | 2.214596 | 0.242038 | 00:09 |
| 1 | 2.442730 | 1.845950 | 0.362548 | 00:09 |
| 2 | 2.157159 | 1.741143 | 0.408917 | 00:09 |

因為用動力來加速 SGD 是很棒的想法，所以 fastai 在 `fit_one_cycle` 裡面預設採取這種做法，所以我們用 `moms=(0,0,0)` 來將它關閉。我們很快就會討論動力。

顯然地，一般的 SGD 訓練起來沒有我們想要的那麼快。所以我們來學習一些加快訓練速度的技巧！

# 通用 optimizer

為了建構 SGD 加速技術，我們要先做出一個靈活的 optimizer 基礎。在 fastai 之前沒有程式庫提供這種基礎，但是在開發 fastai 期間，我們發現，在學術論文裡可以看到的所有 optimizer 改善都可以用 *optimizer callback* 來處理，它們是我們可以在 optimizer 裡面組裝、混合與匹配的一小段程式，可用來建構 optimizer 步驟，它們會被 fastai 的輕量級 `Optimizer` 類別呼叫。下面是 `Optimizer` 裡面的兩個關鍵方法的定義，我們用過它們：

```
def zero_grad(self):
    for p,*_ in self.all_params():
        p.grad.detach_()
        p.grad.zero_()

def step(self):
    for p,pg,state,hyper in self.all_params():
        for cb in self.cbs:
            state = _update(state, cb(p, **{**state, **hyper}))
        self.state[p] = state
```

正如我們在從零開始訓練 MNIST 模型時看到的，`zero_grad` 會遍歷模型的參數，並且將梯度設成零。它也會呼叫 `detach_`，該函式會移除計算梯度的所有紀錄，因為它們在執行 `zero_grad` 之後就用不到了。

`step` 是比較有趣的方法，它會遍歷 callback（`cbs`），並且呼叫它們來更新參數（`_update` 函式只會在 `cb` 回傳東西時呼叫 `state.update`）。如你所見，`Optimizer` 本身沒有執行任何 SGD 步驟。我們來看如何將 SGD 加入 `Optimizer`。

這是執行一個 SGD 步驟的 optimizer callback，將 `-lr` 乘以梯度，再將它加到參數（當 PyTorch 的 `Tensor.add_` 收到兩個參數時，會先將它們相乘，再相加）：

```
def sgd_cb(p, lr, **kwargs): p.data.add_(-lr, p.grad.data)
```

我們可以使用 `cbs` 參數將它們傳給 `Optimizer`；我們需要使用 `partial`，因為 `Learner` 稍後會呼叫這個函式來建立我們的 optimizer：

```
opt_func = partial(Optimizer, cbs=[sgd_cb])
```

看一下它是否能夠訓練：

```
learn = get_learner(opt_func=opt_func)
learn.fit(3, 0.03)
```

| epoch | train_loss | valid_loss | accuracy | time |
|---|---|---|---|---|
| 0 | 2.730918 | 2.009971 | 0.332739 | 00:09 |
| 1 | 2.204893 | 1.747202 | 0.441529 | 00:09 |
| 2 | 1.875621 | 1.684515 | 0.445350 | 00:09 |

可以！這就是在 fastai 裡從零開始建立 SGD 的方法。接著來看「動力」是什麼。

# 動力

正如第 4 章所述，SGD 可以視為站在山頂上，在每個時間點沿著最陡的下坡處走下一步來下山。但如果我們把球往山下滾呢？它不會在每一點完全按照梯度的方向，而且它會有**動力**。動力越大的球（例如比較重的球）會跳過小顛簸與小洞，比較有可能到達一座崎嶇的山的山腳。另一方面，桌球會卡在每一個小縫隙裡。

我們如何在 SGD 使用這個概念？我們可以使用移動平均來走下一步，而不是只使用當前的梯度：

```
weight.avg = beta * weight.avg + (1-beta) * weight.grad
new_weight = weight - lr * weight.avg
```

這裡的 `beta` 是我們選擇的數字，定義要使用多少動力。如果 `beta` 是 0，第一個公式就變成 `weight.avg = weight.grad`，所以得到一般的 SGD。但如果數字接近 1，主要的方向就是之前幾步的平均值。（如果你會統計，你應該會發現第一個公式裡有**指數加權移動平均**，它經常被用來移除資料雜訊，以取得潛在的趨勢。）

請注意，我們寫成 `weight.avg` 來強調我們要為模型的每一個參數儲存移動平均的事實（它們都有自己的移動平均）。

圖 16-1 是有一個參數且有雜訊的資料，紅色是動力曲線，藍色是參數梯度。梯度會先增加然後減少，動力可以很好地追隨整體的趨勢，不會被雜訊影響太多。

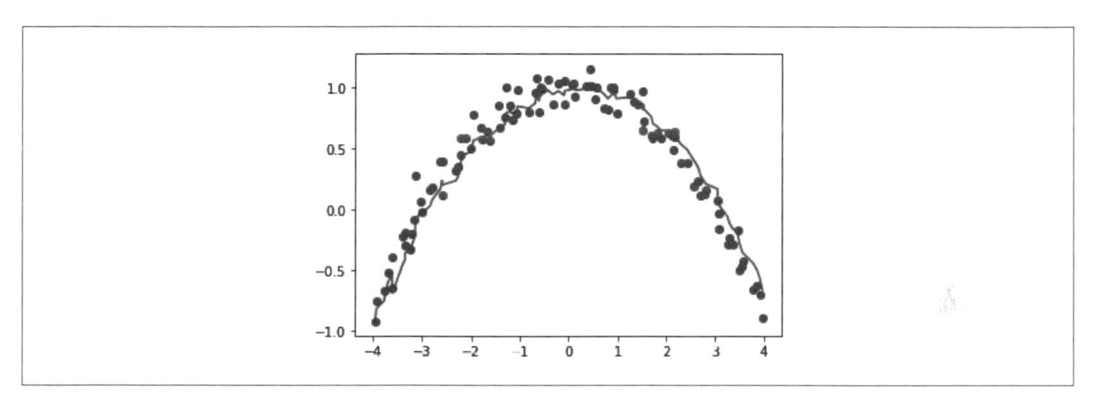


**圖 16-1　動力範例**

如果損失函數有需要導正的峽谷，動力的表現特別好：陽春的 SGD 會讓我們從一邊彈到另一邊，而使用動力的 SGD 會將它們平均起來，往一側平順地滾下去。參數 `beta` 決定我們所使用的動力的強度，使用小 `beta` 時，我們會保持接近實際的梯度值，使用大 `beta` 時，我們主要沿著梯度的平均值的方向，梯度的任何變動需要一段時間才會移動趨勢。

使用大的 `beta` 時，我們可能會錯過梯度改變方向的地方，滾過一個局部極小值。這是我們希望得到的副作用：直覺上說，當我們讓模型看到一個新輸入時，它會長得像訓練組裡面的某個東西，但是不會與它一模一樣。它會對應到損失函數裡面的一個點，那個點接近我們在訓練結束時得到的最小值，但不是那個最小值。所以我們寧可在結束時有一個寬的最小值（wide minimum），讓附近的點都有幾乎一樣的損失（或是說，附近的損失盡可能地平坦的一個點）。圖 16-2 是圖 16-1 隨著我們改變 `beta` 而變化的情況。

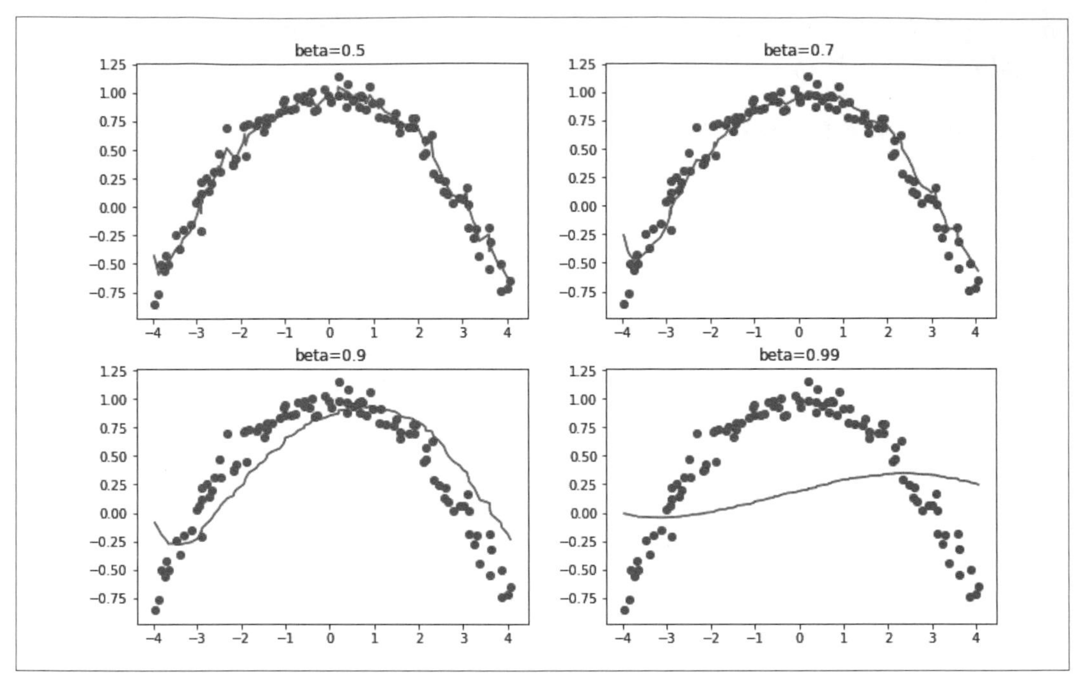


圖 16-2　使用不同 beta 值的動力

我們可以在這些例子中看到，太高的 beta 會導致梯度的整體改變被忽略。在有動力的 SGD 中，常用的 beta 值是 0.9。

在預設情況下，fit_one_cycle 一開始的 beta 是 0.95，然後逐漸調整成 0.85，再逐漸調回訓練結束時的 0.95。我們來看一下將動力加入一般的 SGD 時的訓練情況。

要將動力加入 optimizer，我們要先追蹤移動平均梯度，這可以用另一個 callback 來做。當 optimizer callback 回傳字典時，我們用它來更新 optimizer 的狀態，並且在下一步傳回去給 optimizer。所以這個 callback 會在 grad_avg 參數內追蹤梯度的平均值：

```
def average_grad(p, mom, grad_avg=None, **kwargs):
    if grad_avg is None: grad_avg = torch.zeros_like(p.grad.data)
    return {'grad_avg': grad_avg*mom + p.grad.data}
```

在使用它時，我們只要將步進（step）函式裡的 p.grad.data 換成 grad_avg 即可：

```
def momentum_step(p, lr, grad_avg, **kwargs): p.data.add_(-lr, grad_avg)

opt_func = partial(Optimizer, cbs=[average_grad,momentum_step], mom=0.9)
```

Learner 會自動安排 mom 與 lr，所以 fit_one_cycle 也可以和自訂的 Optimizer 搭配：

```
learn = get_learner(opt_func=opt_func)
learn.fit_one_cycle(3, 0.03)
```

| epoch | train_loss | valid_loss | accuracy | time |
|---|---|---|---|---|
| 0 | 2.856000 | 2.493429 | 0.246115 | 00:10 |
| 1 | 2.504205 | 2.463813 | 0.348280 | 00:10 |
| 2 | 2.187387 | 1.755670 | 0.418853 | 00:10 |

```
learn.recorder.plot_sched()
```

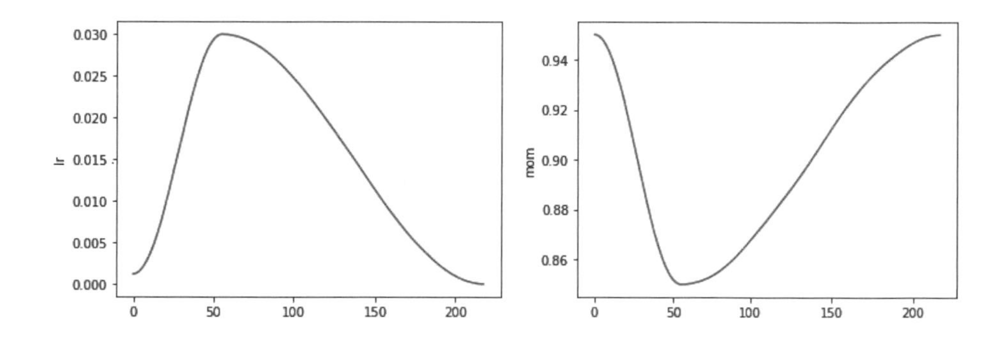


我們還沒有得到最好的結果，所以來看一下還可以做什麼。

# RMSProp

RMSProp 是 Geoffrey Hinton 在他的 Coursera 課程「Neural Networks for Machine Learning」（*https://oreil.ly/FVcIE*）的第 6e 節課中介紹的另一種 SGD 變體。它與 SGD 主要的差異在於它使用調整性學習率：不是讓每一個參數使用同樣的學習率，而是讓每一個參數都有自己的學習率，那些學習率是用一個全域的學習率來控制的。如此一來，我們可以讓需要大幅度改變的權重使用較高學習率，讓已經夠好的權重使用較低的學習率，藉以提高訓練速度。

我們該如何確定哪些參數應該使用高學習率，哪些不應該？我們可以觀察梯度來得知，如果參數的梯度已經接近零一段時間了，那個參數就需要較高的學習率，因為損失變平了。另一方面，如果梯度到處都有，我們可能要很小心，並挑選低學習率，以避免發散。我們不能直接取梯度的平均值來觀察它們是否改變很多，因為一個大正數與一個大負數的平均值接近零。與之相反，我們可以使用常用的手法，取絕對值，或是平方值（然後在取平均值之後取平方根）。

同樣地，我們使用移動平均來確認雜訊背後的整體趨勢，其實就是取梯度平方的移動平均。然後使用當前梯度（為了取得方向）除以移動平均的平方根來更新相應的權重（如此一來，如果它很低，有效的學習率將比較高，如果它很高，有效的學習率將比較低）：

```
w.square_avg = alpha * w.square_avg + (1-alpha) * (w.grad ** 2)
new_w = w - lr * w.grad / math.sqrt(w.square_avg + eps)
```

加入 eps（*epsilon*）是為了讓數字穩定（通常設為 1e-8），alpha 的預設值通常是 0.99。

我們可以像處理 avg_grad 那樣，將它加至 Optimizer，但使用額外的 **2：

```
def average_sqr_grad(p, sqr_mom, sqr_avg=None, **kwargs):
    if sqr_avg is None: sqr_avg = torch.zeros_like(p.grad.data)
    return {'sqr_avg': sqr_avg*sqr_mom + p.grad.data**2}
```

我們也可以定義步進函式與 optimizer：

```
def rms_prop_step(p, lr, sqr_avg, eps, grad_avg=None, **kwargs):
    denom = sqr_avg.sqrt().add_(eps)
    p.data.addcdiv_(-lr, p.grad, denom)

opt_func = partial(Optimizer, cbs=[average_sqr_grad,rms_prop_step],
                   sqr_mom=0.99, eps=1e-7)
```

我們來試一下：

```
learn = get_learner(opt_func=opt_func)
learn.fit_one_cycle(3, 0.003)
```

| epoch | train_loss | valid_loss | accuracy | time |
|---|---|---|---|---|
| 0 | 2.766912 | 1.845900 | 0.402548 | 00:11 |
| 1 | 2.194586 | 1.510269 | 0.504459 | 00:11 |
| 2 | 1.869099 | 1.447939 | 0.544968 | 00:11 |

好多了！我們只要將這些概念整合起來即可，我們可以使用 Adam，它是 fastai 的預設 optimizer。

## Adam

Adam 將 SGD 的概念與動力和 RMSProp 混在一起：它使用梯度的移動平均當成方向，並除以梯度平方的移動平均的平方根來取得各個參數的調整性學習率。

另一個差異是 Adam 計算移動平均的方法，它取**無偏**（*unbiased*）移動平均，即

```
w.avg = beta * w.avg + (1-beta) * w.grad
unbias_avg = w.avg / (1 - (beta**(i+1)))
```

如果我們是第 `i` 次迭代（從 0 開始，跟 Python 一樣）。除數 `1 - (beta**(i+1))` 可以確保無偏平均值看起來比較像一開始的梯度（因為 `beta < 1`，分母會非常快速地接近 1）。

把所有東西整合起來，我們的更新步驟是：

```
w.avg = beta1 * w.avg + (1-beta1) * w.grad
unbias_avg = w.avg / (1 - (beta1**(i+1)))
w.sqr_avg = beta2 * w.sqr_avg + (1-beta2) * (w.grad ** 2)
new_w = w - lr * unbias_avg / sqrt(w.sqr_avg + eps)
```

如同 RMSProp，`eps` 通常設成 1e-8，文獻建議 `(beta1,beta2)` 的預設值是 `(0.9,0.999)`。

在 fastai 裡，Adam 是我們的預設 optimizer，因為它可讓訓練速度更快，但我們發現 `beta2=0.99` 比較適合我們所使用的安排類型。`beta1` 是動力參數，我們在呼叫 `fit_one_cycle` 時，用引數 `moms` 來指定它。fastai 的 `eps` 預設值是 1e-5。`eps` 不僅可以穩定數值，較高的 `eps` 也可以限制調整過的學習率的最大值。舉個極端的例子，如果 `eps` 是 1，那麼調整過的學習率永遠不會比基礎學習率更高。

我們不打算在書中展示所有的程式碼，希望你在 fastai 的 *https://oreil.ly/24_O* [GitHub版本庫] 裡觀看 optimizer notebook（前往 *_nbs* 資料夾，並搜尋名為 *optimizer* 的 notebook）。你將看到截至目前為止展示的程式碼，以及 Adam 和其他 optimizer，還有許多範例和測試。

當我們從 SGD 改用 Adam 時，我們使用權重衰減的方式也會改變，它會產生重要的後果。

## 脫鉤的權重衰減

第 8 章介紹過的權重衰減相當於（就陽春版的 SGD 而言）用這種方式更新參數：

```
new_weight = weight - lr*weight.grad - lr*wd*weight
```

這個公式的最後一個部分解釋了這項技術的名稱：每一個權重都會以 `lr * wd` 的倍數衰減。

權重衰減也稱為 *L2* **正則化**，它將所有權重平方的總和加上損失（乘以權重衰減）。如第 8 章所述，它可以用梯度來表示：

```
weight.grad += wd*weight
```

對 SGD 而言，這兩個公式是相等的。但是，這個相等性只有在標準 SGD 中成立，因為我們已經知道，動力、RMSProp 或是 Adam 會用一些與梯度有關的公式來更新。

大部分的程式庫都使用第二個公式，但 Ilya Loshchilov 與 Frank Hutter 在「Decoupled Weight Decay Regularization」（*https://oreil.ly/w37Ac*）裡指出，使用 Adam optimizer 或動力時，只有第一個是正確的方法，這就是 fastai 把它當成預設做法的原因。

現在你已經知道隱藏在 `learn.fit_one_cycle` 這一行背後的所有東西了！

然而，optimizer 只是訓練程序的一部分，當你要用 fastai 改變訓練迴圈時，你無法直接修改程式庫裡面的程式碼。所以，我們設計了一個 callback 系統，來讓你可以在獨立的段落編寫任何調整，然後可將它混合和匹配。

## callback

有時你需要稍微改變事情的運作方式，事實上，我們已經看過幾個例子了：Mixup、fp16 訓練、在訓練 RNN 的每一個 epoch 之後重設模型等。我們該如何對訓練程序進行這類的調整？

我們已經看過基本的訓練迴圈了，在 `Optimizer` 類別的幫助之下，訓練一個 epoch 是這樣：

```
for xb,yb in dl:
    loss = loss_func(model(xb), yb)
    loss.backward()
    opt.step()
    opt.zero_grad()
```

圖 16-3 是這個流程的圖示。

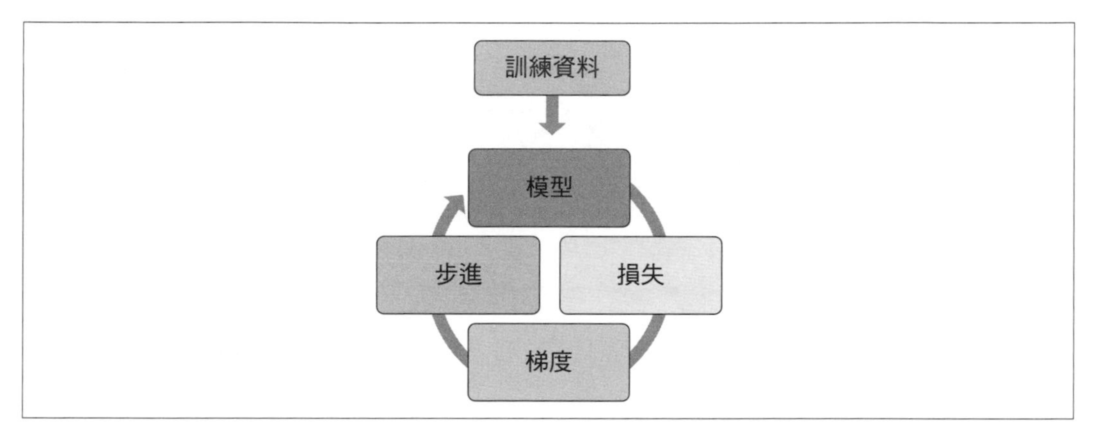


圖 16-3　基本的訓練迴圈

深度學習從業者自訂訓練迴圈的做法通常是複製既有的訓練迴圈，然後在裡面插入進行修改所需的程式碼。這就是你在網路上找到的大多數程式碼的樣貌。但是它有一個嚴重的問題。

調整過的訓練迴圈可能不符合你的需求，訓練迴圈可能被修改了上百次，這意味著會有數十億種可能的排列方式。你不能從一個訓練迴圈裡複製一項調整，從另一個訓練迴圈複製另一項調整，期望它們都可以互相配合。每一個調整都根據它們所處環境的各種假設、使用不同的命名方式、期望處理不同格式的資料。

我們要設法讓用戶能夠在訓練迴圈的任何部分插入他們自己的程式，而且要用一致且定義良好的方式。電腦科學家們已經想出一種優雅的解決方案了：callback。*callback* 是一段你自己寫的，並且插入另一段程式裡面的預先定義的地方的程式。事實上，callback 與深度學習訓練迴圈已經一起使用很多年了。問題是，在之前的程式庫中，你只能在少數幾個必要的地方插入程式碼——而且更重要的，callback 無法做它們需要做的所有事情。

為了能夠像手動複製並貼上一個訓練迴圈，然後直接在裡面插入程式那樣靈活，callback 必須能夠讀取訓練迴圈裡可取得的每一項資訊、視需要修改它們，並且完全控制整個批次、epoch，甚至整個訓練迴圈應該在何時終止。fastai 是第一個提供以上所有功能的程式庫。它修改了訓練迴圈，讓它變成圖 16-4 那樣。

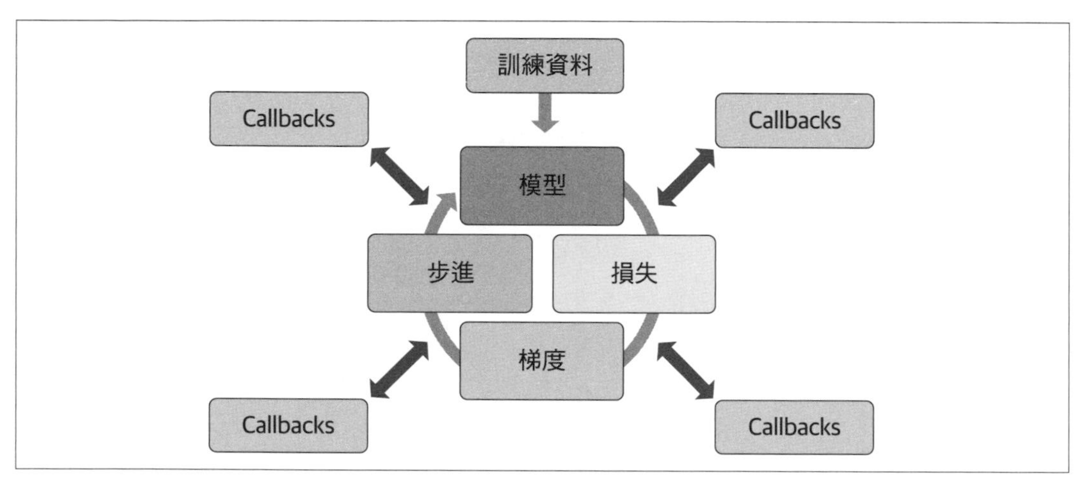


圖 16-4　有 callback 的訓練迴圈

這種做法的有效性在過去幾年來已經獲得證實——藉著使用 fastai callback 系統，我們能夠實作我們試過的每一篇新論文，並且滿足每一位用戶修改訓練迴圈的要求。訓練迴圈本身不需要修改。從圖 16-5 可以看到，你只要加入一些 callback 即可。

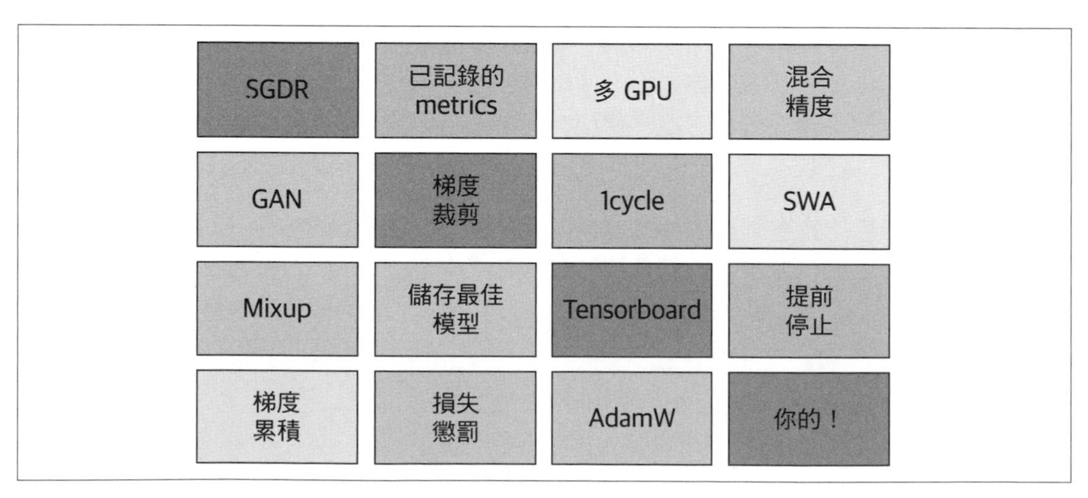


圖 16-5　一些 fastai callback

這一點很重要，因為這意味著無論我們冒出什麼想法，我們都能夠實現它。我們不需要深挖 PyTorch 或 fastai 的原始碼，再 hack 一個一次性的系統，來嘗試我們的想法。而且當我們編寫自己的 callback 來開發自己的想法時，我們知道它們將會和 fastai 提供的所有其他功能合作，因此我們可以使用進度條、混合精度訓練、超參數退火等功能。

另一個優點是，使用 callback 可讓你輕鬆地逐漸移除或添加功能，並執行消融研究（ablation study）。你只要調整你傳給擬合函式的 callback 即可。

舉個例子，這是一段 fastai 原始碼，訓練迴圈的每一個批次都會執行它：

```
try:
    self._split(b);                                  self('begin_batch')
    self.pred = self.model(*self.xb);                self('after_pred')
    self.loss = self.loss_func(self.pred, *self.yb); self('after_loss')
    if not self.training: return
    self.loss.backward();                            self('after_backward')
    self.opt.step();                                 self('after_step')
    self.opt.zero_grad()
except CancelBatchException:                         self('after_cancel_batch')
finally:                                             self('after_batch')
```

`self('...')` 這種形式的呼叫式就是呼叫 callback 的地方，你可以看到，每一步的後面都有這種呼叫式。callback 會接收整個訓練狀態，也可以修改它。例如，輸入資料與目標標籤分別在 `self.xb` 與 `self.yb` 裡，callback 可以修改它們，來修改訓練迴圈看到的資料。它也可以修改 `self.loss`，甚至梯度。

我們來寫一個 callback，看看它的實際動作。

## 建立 callback

這些是你可以在編寫自己的 callback 時使用的所有事件：

`begin_fit`
: 在做任何事情之前呼叫，很適合做初始設定。

`begin_epoch`
: 在每一個 epoch 開始時呼叫，適合需要在每一個 epoch 重設的任何行為。

`begin_train`
: 在 epoch 的訓練部分的開始時呼叫。

begin_batch

在每一個批次開始時呼叫，在拉出所指的批次之後。可用來做批次所需的任何設定（例如超參數排程），或是在輸入 / 目標進入模型之前改變它們（例如，使用 Mixup）。

after_pred

在計算模型處理批次的輸出之後呼叫。在輸出被傳給損失函數之前改變它。

after_loss

在計算損失之後，但是在反向傳遞之前呼叫。可用來加入針對損失的懲罰（例如 RNN 訓練裡的 AR 或 TAR）。

after_backward

在反向傳遞之後，但是在更新參數之前呼叫。可在更新前用來修改梯度（例如透過梯度裁剪）。

after_step

在步進之後、梯度歸零之前呼叫。

after_batch

在批次結束時呼叫，在下一個批次之前執行任何清理。

after_train

在一個 epoch 的訓練階段結束時呼叫。

begin_validate

在一個 epoch 的驗證階段開始時呼叫，適用於任何專門用來驗證的設定。

after_validate

在 epoch 的驗證部分結束時呼叫。

after_epoch

在 epoch 結束時呼叫，用來在下一個 epoch 之前進行清理。

after_fit

在訓練結束時呼叫，以進行最終清理。

這個清單的元素可以透過特殊變數 `event` 的屬性來使用，所以你可以在 notebook 輸入 `event.` 並按下 Tab 來看所有選項。

我們來看一個例子。還記得在第 12 章裡，我們需要確保特殊的 `reset` 會在每一個 epoch 的訓練與驗證開始時被呼叫嗎？我們使用 fastai 提供的 `ModelResetter` callback 來做這件事。但是它究竟是如何工作的？以下是該類別的原始碼：

```
class ModelResetter(Callback):
    def begin_train(self):    self.model.reset()
    def begin_validate(self): self.model.reset()
```

沒錯，真的只有這樣！它只是做了我們在上一段說的事情：在完成一個 epoch 的訓練或驗證之後，呼叫 `reset` 方法。

callback 通常都會如此「精簡」。我們再來看一個，這是 fastai 加入 RNN 正則化（AR 與 TAR）的 callback 的原始碼：

```
class RNNRegularizer(Callback):
    def __init__(self, alpha=0., beta=0.): self.alpha,self.beta = alpha,beta

    def after_pred(self):
        self.raw_out,self.out = self.pred[1],self.pred[2]
        self.learn.pred = self.pred[0]

    def after_loss(self):
        if not self.training: return
        if self.alpha != 0.:
            self.learn.loss += self.alpha * self.out[-1].float().pow(2).mean()
        if self.beta != 0.:
            h = self.raw_out[-1]
            if len(h)>1:
                self.learn.loss += self.beta * (h[:,1:] - h[:,:-1]
                                               ).float().pow(2).mean()
```

**自己寫程式**

回去重讀第 395 頁的「activation regularization 與 temporal activation regularization」，然後再看一次這裡的程式，確保你了解它在做什麼以及為何如此。

在這兩個例子中，注意我們可以藉著直接檢查 self.model 或 self.pred 來讀取訓練迴圈的屬性。這是因為 Callback 總會試著在與它有關聯的 Learner 裡面取得它沒有的屬性。它們兩個是 self.learn.model 和 self.learn.pred 的簡寫。注意，它們的用途是讀取屬性，不是寫入它們，這就是當 RNNRegularizer 改變損失或預測時，你會看到 self.learn.loss = 或 self.learn.pred = 的原因。

在編寫 callback 時，你可以使用 Learner 的這些屬性：

model
: 用來訓練 / 驗證的模型

data
: 底層的 DataLoaders。

loss_func
: 所使用的損失函數。

opt
: 用來更新模型參數的 optimizer。

opt_func
: 用來建立 optimizer 的函式。

cbs
: 存有所有 Callback 的串列。

dl
: 當前用來迭代的 DataLoader。

x/xb
: 從 self.dl 取得的上一個輸入（可能被 callback 修改）。xb 一定是 tuple（可能有一個元素），x 是解 tuple 化的（detuplified）。你只能對 xb 賦值。

y/yb
: 從 self.dl 取得的上一個目標（可能被 callback 修改）。yb 一定是 tuple（可能有一個元素），y 是解 tuple 化的。你只能對 yb 賦值。

`pred`
: `self.model` 的最後一個預測（可能被 callback 修改）。

`loss`
: 最後一次計算的損失（可能被 callback 修改）。

`n_epoch`
: 在這次訓練裡的 epoch 數。

`n_iter`
: 在目前的 `self.dl` 裡的迭代數。

`epoch`
: 目前的 epoch 索引（從 0 到 `n_epoch-1`）。

`iter`
: 在 `self.dl` 裡的目前迭代索引（從 0 到 `n_iter-1`）。

下面的屬性是 `TrainEvalCallback` 加入的，除非你刻意刪除這個 callback，否則應該是可用的：

`train_iter`
: 從這次訓練開始以來完成的訓練迭代數

`pct_train`
: 完成的訓練迭代的百分比（從 0 到 1）

`training`
: 代表是否正在訓練模型的旗標

下面的屬性是 `Recorder` 加入的，除非你刻意刪除這個 callback，否則應該是可用的：

`smooth_loss`
: 指數平均版本的訓練損失

callback 也可以使用例外系統來中斷訓練迴圈的任何部分。

## callback 順序與例外

有時 callback 必須告訴 fastai 跳過一個批次或一個 epoch，或完全停止訓練。例如，考慮 `TerminateOnNaNCallback`。這個方便的 callback 會在損失變成無窮大或 NaN（*not a number*）時自動停止訓練，下面是這個 callback 的 fastai 原始碼：

```
class TerminateOnNaNCallback(Callback):
    run_before=Recorder
    def after_batch(self):
        if torch.isinf(self.loss) or torch.isnan(self.loss):
            raise CancelFitException
```

`raise CancelFitException` 告訴訓練迴圈在這個地方中斷訓練。訓練迴圈會抓到這個例外，而且不會執行任何後續的訓練或驗證。callback 控制流程例外有：

`CancelBatchException`
: 跳過這個批次其餘的部分，並前往 `after_batch`

`CancelEpochException`
: 跳過 epoch 剩下的訓練部分，並前往 `after_train`。

`CancelTrainException`
: 跳過 epoch 剩下的驗證部分，並前往 `after_validate`。

`CancelValidException`
: 跳過這個 epoch 其餘的部分，並前往 `after_epoch`。

`CancelFitException`
: 中斷訓練，並前往 `after_fit`。

你可以偵測這些例外有沒有出現，並使用下列的事件，在出現例外之後執行：

`after_cancel_batch`
: 在 `CancelBatchException` 之後，在前往 `after_batch` 之前

`after_cancel_train`
: 在 `CancelTrainException` 之後，在前往 `after_epoch` 之前

`after_cancel_valid`

　在 `CancelValidException` 之後，在前往 `after_epoch` 之前

`after_cancel_epoch`

　在 `CancelEpochException` 之後，在前往 `after_epoch` 之前

`after_cancel_fit`

　在 `CancelFitException` 之後，在前往 `after_fit` 之前

有時 callback 必須按照特定順序呼叫。例如，在使用 `TerminateOnNaNCallback` 時，為了避免註冊 NaN 損失，你一定要在這個 callback 之後讓 `Recorder` 執行它的 `after_batch`。你可以在 callback 裡指定 `run_before`（這個 callback 必須在…之前執行）或 `run_after`（這個 callback 必須在…之後執行），以確保順序如你所願。

# 結論

我們在本章仔細研究訓練迴圈，探索 SGD 的變體，以及為何它們能夠更強大。在寫到這裡時，開發新 optimizer 是門活躍的研究領域，所以當你看到這一章時，本書的網站（*https://book.fast.ai*）可能有個附錄介紹新的變體。務必看看我們的通用 optimizer 框架如何協助你快速實作新的 optimizer。

我們也學習了強大的 callback 系統，它可讓你檢查與修改每一步之間的任何參數，從而自訂訓練迴圈的每一個部分。

# 問題

1. SGD 的一步的公式是什麼？使用數學或程式來描述。
2. 我們要傳什麼給 `cnn_learner`，來使用非預設的 optimizer？
3. 什麼是 optimizer callback？
4. `zero_grad` 在 optimizer 裡有什麼作用？
5. `step` 在 optimizer 裡有什麼作用？它在通用 optimizer 裡如何實作？
6. 重寫 `sgd_cb` 來使用 `+=` 運算子，而不是 `add_`。
7. 什麼是動力？寫出公式。

8. 動力的物理比喻是什麼？如何將它應用在模型訓練環境中？
9. 較大的動力值對梯度有何影響？
10. 1cycle 訓練的動力預設值是？
11. 什麼是 RMSProp？寫出公式。
12. 梯度的平方值代表什麼？
13. Adam 與動力和 RMSProp 有何不同？
14. 寫出 Adam 的公式。
15. 計算幾個批次的虛擬值（dummy value）的 `unbias_avg` 與 `w.avg` 值。
16. 在 Adam 中使用高 `eps` 有什麼影響？
17. 研讀 fastai 版本庫的 optimizer notebook 並執行它。
18. 像 Adam 這種動態學習率方法在什麼情況下會改變權重衰減的行為？
19. 說出訓練迴圈的四個步驟。
20. 為什麼使用 callback 比在每次調整時寫新的訓練迴圈更好？
21. fastai 的 callback 系統有哪些特性讓它像複製和貼上程式碼一樣靈活？
22. 在編寫 callback 時，如何取得可用的事件清單？
23. 寫出 `ModelResetter` callback（不要偷看）。
24. 如何在 callback 裡讀取訓練迴圈的屬性？何時可以使用或不能使用它們的簡寫？
25. callback 如何影響訓練迴圈的控制流程？
26. 寫出 `TerminateOnNaN` callback（盡量不要偷看）。
27. 如何確保你的 callback 在另一個 callback 之前或之後執行？

## 後續研究

1. 研讀「Rectified Adam」論文，並使用 optimizer 框架來實作它和試用它。搜尋其他最近實際效果不錯的 optimizer，並選一個來實作。
2. 在文件裡閱讀 mixed-precision callback（*https://docs.fast.ai*）。試著了解每一個事件與每一行程式在做什麼。

3. 從零開始製作你自己的 learning rate finder 版本。拿它與 fastai 的版本相比。
4. 看一下 fastai 的 callback 的原始碼。看看你能不能找到和你想做的事情類似的程式，以獲得一些靈感。

# 深度學習基礎：總結

恭喜你——你已經到了「深度學習基礎」這個部分的結尾了。現在你已經了解如何建構 fastai 的所有應用和最重要的架構，以及訓練它們的建議方法——你已經知道從零開始建構這些應用所需的所有資訊了。雖然你可能不需要製作自己的訓練迴圈或 batchnorm 層，但是了解幕後的事情對除錯、分析和部署解決方案都很有幫助。

既然你已經了解 fastai 應用的基礎了，務必花一些時間研究 notebook，並執行和實驗其中的部分，這會讓你更了解 fastai 的所有內容是怎麼開發的。

在下一節，我們將進一步研究幕後的事情，我們將探索神經網路的前向傳遞和反向傳遞是如何完成的，並且學習可以用哪些工具來取得更好的性能。然後，我們會繼續進行一個專案，將書中的所有概念整合起來，建構一個解釋摺積神經網路的工具。最後，但也很重要的是，我們將從頭建構 fastai 的 `Learner` 類別。

第四部分

# 從零開始深度學習

# 第十七章

# 神經網路基礎

本章將開始一個旅程，在這個旅程中，我們將探索前面幾章用過的模型的內在。我們會討論許多之前看過的事情，但是這次我們會更仔細地研究實作的細節，比較不那麼密切地討論為什麼會有那些東西。

我們將從零開始建構所有東西，只使用基本的張量檢索。我們會從頭開始寫一個神經網路，然後親自實作反向傳播，讓你知道當你呼叫 `loss.backward` 時，在 PyTorch 裡面究竟發生什麼事。我們也會使用自訂的 *autograd* 函式來擴展 PyTorch，它可以讓我們指定自己的順向和反向計算。

## 從零開始建立神經網路層

我們先來複習一下基本神經網路如何使用矩陣乘法。因為接下來的一切都是從頭開始建構的，所以我們在一開始只使用普通 Python（除了檢索 PyTorch 張量之外），了解如何建立它們之後，我們會將普通 Python 換成 PyTorch 功能。

### 建立神經元模型

神經元會接收特定數量的輸入，在它裡面，每一個輸入都有一個權重。它會將這些加權後的輸入全部相加，產生一個輸出，並加上一個內部的偏差項。用數學來表示，這個機制可寫成

$$out = \sum_{i=1}^{n} x_i w_i + b$$

如果我們將輸入稱為（$x_1, \cdots, x_n$），將權重稱為（$w_1, \cdots, w_n$），將偏差項稱為 $b$。我們可以將它寫成程式如下：

```
output = sum([x*w for x,w in zip(inputs,weights)]) + bias
```

然後將這個輸出傳給一個非線性函數，稱為**觸發函數**，再將它傳給另一個神經元。在深度學習裡，最常見的觸發函數是**整流線性單位**，或 *ReLU*，前面說過，它是這件事的花俏說法：

```
def relu(x): return x if x >= 0 else 0
```

深度學習模型就是藉著將許多這些神經元一層一層疊起來製作出來的。我們可以建立包含一些神經元（稱為**隱藏大小**（*hidden size*））的第一層，並將所有的輸入都接到每一個神經元。這種神經層通常稱為**全連接層**或**稠密層**（對緊密相連的而言），或**線性層**。

你需要為每一個輸入與每一個有權重的神經元計算內積：

```
sum([x*w for x,w in zip(input,weight)])
```

如果你學過線性代數，你應該記得，當你做**矩陣乘法**時，會出現許多這種內積。更準確地說，如果輸入在矩陣 `x` 裡，那個矩陣的尺寸是 `batch_size`×`n_inputs`，而且如果我們把神經元的權重組成矩陣 `x`，它的尺寸是 `n_neurons`×`n_inputs`（每一個神經元的權重數量一定與它的輸入數量一樣），而且所有偏差項都在大小為 `n_neurons` 的向量 `b` 裡，那麼這個全連接層的輸出是

```
y = x @ w.t() + b
```

其中的 `@` 代表矩陣乘法，`w.t()` 是 `w` 的轉置矩陣。輸出 `y` 的尺寸是 `batch_size`×`n_neurons`，而且在位置 `(i,j)` 裡，我們會有（寫給外面搞數學的人看的）：

$$y_{i,j} = \sum_{k=1}^{n} x_{i,k} w_{k,j} + b_j$$

或是以程式的形式：

```
y[i,j] = sum([a * b for a,b in zip(x[i,:],w[j,:])]) + b[j]
```

轉置是必要的操作，因為在矩陣乘法 `m @ n` 的數學定義裡，係數 `(i,j)` 是：

```
sum([a * b for a,b in zip(m[i,:],n[:,j])])
```

所以最基本的運算是矩陣乘法，因為它就是隱藏在神經網路核心的東西。

## 從零開始進行矩陣乘法

我們寫一個函式來計算兩個張量的矩陣乘法，再使用它的 PyTorch 版本。我們只會使用 PyTorch 張量的索引：

```
import torch
from torch import tensor
```

我們需要三個嵌套的 for 迴圈：一個處理列索引，一個行索引，一個做內部總和。ac 與 ar 的名字代表 a 的行（column）數與 a 的列（row）數（b 也使用相同的命名方式），我們藉著確認 a 的行數與 b 的列數一樣多來確定可以做矩陣乘法：

```
def matmul(a,b):
    ar,ac = a.shape # n_rows * n_cols
    br,bc = b.shape
    assert ac==br
    c = torch.zeros(ar, bc)
    for i in range(ar):
        for j in range(bc):
            for k in range(ac): c[i,j] += a[i,k] * b[k,j]
    return c
```

為了加以測試，我們假裝（使用隨機矩陣）我們在使用一個包含 5 張 MNIST 圖像的小批次，壓平為 28*28 向量，並使用一個線性模型來將它們轉成 10 個觸發：

```
m1 = torch.randn(5,28*28)
m2 = torch.randn(784,10)
```

我們使用 Jupyter 的「魔術」指令 %time 來對函式計時：

```
%time t1=matmul(m1, m2)
```

```
CPU times: user 1.15 s, sys: 4.09 ms, total: 1.15 s
Wall time: 1.15 s
```

看看它與 PyTorch 內建的 @ 相較之下如何？

```
%timeit -n 20 t2=m1@m2
```

```
14 µs ± 8.95 µs per loop (mean ± std. dev. of 7 runs, 20 loops each)
```

我們看到，使用三個嵌套的 Python 迴圈糟透了！ Python 是緩慢的語言，這樣做的效率不高。我們看到，PyTorch 大約比 Python 快 100,000 倍——何況我們還沒有使用 GPU ！

它們的差異在哪裡？PyTorch 不是用 Python 來撰寫它的矩陣乘法的，而是用 C++ 來讓它跑得飛快。一般來說，當我們對著張量進行計算時，我們要將它們**向量化**，以便利用 PyTorch 的速度，通常藉著使用兩項技術：逐元素算術與廣播。

## 逐元素算術

所有的基本運算（`+`、`-`、`*`、`/`、`>`、`<`、`==`）都可以逐元素應用。意思是說，當我們為兩個有相同 shape 的張量 `a` 與 `b` 編寫 `a+b` 時，我們會得到一個由 `a` 與 `b` 的元素的和組成的數量：

```
a = tensor([10., 6, -4])
b = tensor([2., 8, 7])
a + b

tensor([12., 14., 3.])
```

布林運算子會回傳布林陣列：

```
a < b

tensor([False, True, True])
```

如果我們想要知道 `a` 的每一個元素是否小於 `b` 裡面的對應元素，或如果兩個張量是否相等，我們就要用 `torch.all` 來結合這些逐元素運算：

```
(a < b).all(), (a==b).all()

(tensor(False), tensor(False))
```

`all`、`sum` 與 `mean` 這類的簡化操作會回傳只有一個元素的張量，稱為 *rank-0* **張量**。如果你想要將它轉換成一般的 Python 布林或數字，你要呼叫 `.item`：

```
(a + b).mean().item()

9.666666984558105
```

逐元素操作可處理任何 rank 的張量，只要它們有相同的 shape 即可：

```
m = tensor([[1., 2, 3], [4,5,6], [7,8,9]])
m*m

tensor([[ 1.,  4.,  9.],
        [16., 25., 36.],
        [49., 64., 81.]])
```

但是，你不能對沒有相同 shape 的張量執行逐元素操作（除非它們是可廣播的（broadcastable），下一節會討論）：

```
n = tensor([[1., 2, 3], [4,5,6]])
m*n
```

```
RuntimeError: The size of tensor a (3) must match the size of tensor b (2) at
dimension 0
```

使用逐元素運算時，我們可以移除三個嵌套迴圈中的一個：我們可以先將 a 的第 i 列與 b 的第 j 行的張量相乘，再計算所有元素的總和，這有加速的效果，因為現在內部迴圈是用 C 速度的 PyTorch 來執行的。

我們可以直接用 a[i,:] 或 b[:,j] 來讀取一行或一列。: 代表取得該維度的所有東西。我們可以藉著傳遞一個範圍，例如 1:5，而不是只有 : 來限制它，取出該維度的一個切片（slice）。使用 1:5 時，我們會取得第 1 至 4 行的元素（不包含第二個數字）。

我們可以省略結束的冒號來簡化寫法，所以 a[i,:] 可以縮寫成 a[i]。知道這些事項之後，我們可以寫新版的矩陣乘法了：

```
def matmul(a,b):
    ar,ac = a.shape
    br,bc = b.shape
    assert ac==br
    c = torch.zeros(ar, bc)
    for i in range(ar):
        for j in range(bc): c[i,j] = (a[i] * b[:,j]).sum()
    return c
```

```
%timeit -n 20 t3 = matmul(m1,m2)
```

```
1.7 ms ± 88.1 µs per loop (mean ± std. dev. of 7 runs, 20 loops each)
```

只要移除內部的 for 迴圈，我們就加快 ~700 倍了！而且這只是個開始，使用廣播可以移除另一個迴圈，並且獲得更重要的加速。

## 廣播

第 4 章說過，**廣播**是 NumPy Library（*https://oreil.ly/nlV7Q*）提出的術語，用來描述在算術運算期間如何處理不同 rank 的張量。例如，顯然你無法將 3×3 矩陣與 4×5 矩陣相加，但如果你想要將一個純量（可以用 1×1 張量來表示）與一個矩陣相加呢？或是將大小為 3 的向量與 3×4 矩陣相加呢？我們來理解這兩種情況之下的運算。

廣播有一些具體的規則在你嘗試做逐元素操作時會確認 shape 是否相容，以及如何擴展 shape 較小的張量，來與 shape 較大的張量匹配。如果你想要寫出執行速度飛快的程式碼，你一定要掌握這些規則。在這一節，我們將擴展之前對於廣播的處理，來理解這些規則。

## 廣播純量

廣播純量是最簡單的廣播類型。當我們有一個張量與一個純量時，我們只要想像有一個相同 shape 的張量，裡面填滿那個純量，並執行運算即可：

```
a = tensor([10., 6, -4])
a > 0

tensor([ True, True, False])
```

為何我們可以做這個比較？因為 `0` 會被**廣播**成具備與 `a` 一樣的維度。注意，進行這項運算時，我們不會在記憶體裡面建立一個填滿零的張量（這是沒有效率的做法）。

如果你想要將資料組標準化，所以要將整個資料組（一個矩陣）減去一個平均值（一個純量）再除以標準差（另一個純量）時，廣播非常好用：

```
m = tensor([[1., 2, 3], [4,5,6], [7,8,9]])
(m - 5) / 2.73

tensor([[-1.4652, -1.0989, -0.7326],
        [-0.3663,  0.0000,  0.3663],
        [ 0.7326,  1.0989,  1.4652]])
```

如果矩陣的每一列都有不同的平均值呢？此時，你要將向量廣播至矩陣。

## 將向量廣播為矩陣

我們可以這樣將向量廣播為矩陣：

```
c = tensor([10.,20,30])
m = tensor([[1., 2, 3], [4,5,6], [7,8,9]])
m.shape,c.shape

(torch.Size([3, 3]), torch.Size([3]))

m + c

tensor([[11., 22., 33.],
        [14., 25., 36.],
        [17., 28., 39.]])
```

我們擴展 c 的元素來做出匹配的三列，讓運算可以進行。PyTorch 同樣不會在記憶體建立三個 c 的副本。這是在幕後由 expand_as 方法完成的：

```
c.expand_as(m)
```

```
tensor([[10., 20., 30.],
        [10., 20., 30.],
        [10., 20., 30.]])
```

當我們觀察對應的張量時，我們可以讀取它的 storage 屬性（它會顯示該張量使用的記憶體的內容）來看看有沒有儲存沒有用的資料：

```
t = c.expand_as(m)
t.storage()
```

```
 10.0
 20.0
 30.0
[torch.FloatStorage of size 3]
```

雖然這個張量表面上有九個元素，但是在記憶體裡面只有三個純量。之所以可以如此，要歸功於一個聰明的技巧：在那個維度提供**步幅 0**（意思是當 PyTorch 藉著加上步幅來尋找下一列時，它不會移動）：

```
t.stride(), t.shape
```

```
((0, 1), torch.Size([3, 3]))
```

因為 m 的大小是 3×3，所以廣播的方法有兩種。用最後一維來進行廣播是因為廣播的規則是這樣規定的，與張量的順序沒有關係。如果改成這樣做，我們會得到相同的結果：

```
c + m
```

```
tensor([[11., 22., 33.],
        [14., 25., 36.],
        [17., 28., 39.]])
```

事實上，當矩陣的尺寸是 m×n 時，我們只能廣播大小為 n 的向量：

```
c = tensor([10.,20,30])
m = tensor([[1., 2, 3], [4,5,6]])
c+m
tensor([[11., 22., 33.],
        [14., 25., 36.]])
```

這樣沒辦法動作：

```
c = tensor([10.,20])
m = tensor([[1., 2, 3], [4,5,6]])
c+m
```

```
 RuntimeError: The size of tensor a (2) must match the size of tensor b (3) at
 dimension 1
```

如果我們想要在另一維進行廣播，我們必須改變向量的 shape，把它變成 3×1 矩陣。這要使用 PyTorch 的 `unsqueeze` 方法：

```
c = tensor([10.,20,30])
m = tensor([[1., 2, 3], [4,5,6], [7,8,9]])
c = c.unsqueeze(1)
m.shape,c.shape
```

```
(torch.Size([3, 3]), torch.Size([3, 1]))
```

這一次，`c` 是沿著行的方向擴展的：

```
c+m
```

```
tensor([[11., 12., 13.],
        [24., 25., 26.],
        [37., 38., 39.]])
```

與之前一樣，記憶體裡面只有三個純量：

```
t = c.expand_as(m)
t.storage()
```

```
 10.0
 20.0
 30.0
[torch.FloatStorage of size 3]
```

而且擴展的張量有正確的 shape，因為行維度的步幅是 0：

```
t.stride(), t.shape
```

```
((1, 0), torch.Size([3, 3]))
```

使用廣播時，如果我們需要增加維數，它們在預設情況下會被加在開頭。當我們之前廣播時，PyTorch 在幕後執行 `c.unsqueeze(0)`：

```
c = tensor([10.,20,30])
c.shape, c.unsqueeze(0).shape,c.unsqueeze(1).shape
```

```
(torch.Size([3]), torch.Size([1, 3]), torch.Size([3, 1]))
```

unsqueeze 指令可以換成 None 索引：

```
c.shape, c[None,:].shape,c[:,None].shape
```

```
(torch.Size([3]), torch.Size([1, 3]), torch.Size([3, 1]))
```

你隨時可以省略結束的冒號，且 ... 代表所有之前的維度：

```
c[None].shape,c[...,None].shape
```

```
(torch.Size([1, 3]), torch.Size([3, 1]))
```

藉此，我們可以在矩陣乘法函式裡移除另一個 for 迴圈。現在，我們不用將 a[i] 乘以 b[:,j]，而是使用廣播將 a[i] 乘以整個矩陣 b，然後將結果總和：

```
def matmul(a,b):
    ar,ac = a.shape
    br,bc = b.shape
    assert ac==br
    c = torch.zeros(ar, bc)
    for i in range(ar):
#       c[i,j] = (a[i,:]          * b[:,j]).sum() # 之前的程式
        c[i]   = (a[i  ].unsqueeze(-1) * b).sum(dim=0)
    return c
```

```
%timeit -n 20 t4 = matmul(m1,m2)
```

```
357 µs ± 7.2 µs per loop (mean ± std. dev. of 7 runs, 20 loops each)
```

我們比第一種做法快 3,700 倍了！在繼續看下去之前，我們要更仔細地討論廣播的規則。

## 廣播規則

在處理兩個張量時，PyTorch 會逐元素比對它們的 shape，它會從**最後一個維度**開始往前比對，在遇到空維度時加上 1。如果以下兩條規則之一成立，代表那兩個的維度是**相容**的：

- 它們一樣。
- 其中一個是 1，此時會廣播那個維度，來讓它看起來與另一個一樣。

不同的陣列不需要有相同的維數。例如，如果你有個 256×256×3 的 RGB 值陣列，你想要將圖像的每一種顏色縮放成不同的值，可以將圖像乘以一個有三個值的一維陣列。根據廣播規則，比對這些陣列的最後一軸的大小可以看出它們是相容的：

```
Image  (3d tensor): 256 x 256 x 3
Scale  (1d tensor):  (1)   (1)  3
Result (3d tensor): 256 x 256 x 3
```

但是，大小為 256×256 的 2D 張量與我們的圖像不相容：

```
Image  (3d tensor): 256 x 256 x   3
Scale  (2d tensor):  (1)  256 x 256
Error
```

在稍早的 3×3 矩陣與大小為 3 的向量的例子裡，廣播是以「列」進行的：

```
Matrix (2d tensor):   3 x 3
Vector (1d tensor): (1)   3
Result (2d tensor):   3 x 3
```

給你一個習題：當你要用一個包含三個元素的向量（一個代表均值，一個代表標準差）對一組大小為 64×3×256×256 的圖像進行標準化時，應該加入哪些維度（以及在哪裡）。

簡化張量操作的另一種方法是使用愛因斯坦求和約定。

## 愛因斯坦求和

在使用 `@` 或 `torch.matmul` PyTorch 操作之前，我們還可以用最後一種方式來實作矩陣乘法：*愛因斯坦求和*（`einsum`）。它可以用廣義且簡潔的方式來表達積與和的結合。我們可以這樣寫出公式：

```
ik,kj -> ij
```

左邊代表操作維度，以逗號分隔，這裡有兩個張量，每一個都有兩個維度（`i,k` 與 `k,j`）。右邊代表結果維度，那裡有一個具有 `i,j` 二維的張量。

愛因斯坦求和標記法的規則如下：

1. 在左邊重複的索引如果沒有在右邊出現，將它們隱性地求和。
2. 每一個索引最多可以在左邊出現兩次。
3. 在左邊不重複的索引必須出現在右邊。

所以在我們的例子中，因為 `k` 是重複的，所以我們可以加總那個索引。事後來看，這個公式所表示的，就是當我們將第一個張量裡的所有係數（`i,k`）乘以第二個張量裡的係數（`k,j`）的總和放入（`i,j`）…這正是矩陣乘法！

以下是用 PyTorch 來寫這個表示法的做法：

```
def matmul(a,b): return torch.einsum('ik,kj->ij', a, b)
```

愛因斯坦求和非常適合用來表達涉及「索引」和「積之和」的操作。注意，你可以在左邊使用一個成員。例如，

```
torch.einsum('ij->ji', a)
```

會回傳矩陣 a 的轉置。你也可以使用三個以上的成員：

```
torch.einsum('bi,ij,bj->b', x, y, z)
```

這會回傳一個大小為 b 的向量，其中，第 k 座標是 a[k,i] b[i,j] c[k,j] 的總和。如果你因為使用批次而有較多維度時，這種標記法特別方便。例如，如果你有兩批矩陣，而且想要計算每一批的矩陣乘法，你可以這樣：

```
torch.einsum('bik,bkj->b', x, y)
```

我們回去新的 matmul 實作，使用 einsum，看看它的速度如何：

```
%timeit -n 20 t5 = matmul(m1,m2)
```

```
68.7 µs ± 4.06 µs per loop (mean ± std. dev. of 7 runs, 20 loops each)
```

你可以看到，它不僅實用，速度也很快。einsum 通常是在 PyTorch 裡面做自訂的操作時最快的方法，在不使用 C++ 與 CUDA 的情況下。（但是它通常無法與仔細優化的 CUDA 程式一樣快，正如你從第 497 頁的「從零開始進行矩陣乘法」看到的結果。）

知道如何從零開始實作矩陣乘法之後，我們就可以只藉著使用矩陣乘法來建構神經網路了（具體來說，它的前向和反向傳遞）。

# 前向和反向傳遞

第 4 章介紹過，為了訓練模型，我們要算出特定損失對它的參數的所有梯度，這個程序稱為**反向傳遞**（*backward pass*）。在**前向傳遞**中，我們是用矩陣乘法來計算模型處理特定輸入的輸出。當我們定義第一個神經網路時，我們也會研究如何妥善地初始化權重，這對適當地開始訓練而言非常重要。

## 定義神經層並對其初始化

我們先來看一個雙層神經網路範例。我們已經知道，一個神經層可以表示成 y = x @ w + b，其中的 x 是我們的輸入，y 是我們的輸出，w 是神經層的權重（它的尺寸是輸入的數量 × 神經元的數量，如果沒有像之前一樣轉置的話），b 是偏差向量：

```
def lin(x, w, b): return x @ w + b
```

我們可以將第二層疊在第一層上面，但是因為在數學上，兩個線性運算的組合就是另一個線性運算，所以在中間放入某種非線性的東西時，這樣做才有意義，那個非線性就稱為觸發函數。正如本章開頭所述，在深度學習應用中，最常使用的觸發函數是 ReLU，它會回傳 `x` 與 `0` 的最大值。

本章不實際訓練模型，所以我們將隨機張量當成輸入與目標。假如輸入是 200 個大小為 100 的向量，我們將它們組成一個批次，而目標是 200 個隨機浮點數：

```
x = torch.randn(200, 100)
y = torch.randn(200)
```

我們的雙層模型需要兩個權重矩陣與兩個偏差向量。假如隱藏大小是 50，且輸出大小是 1（在這個玩具範例中，對於其中一個輸入，對應的輸出是一個浮點數）。我們將權重的初始值設為隨機值，將偏差值設為零：

```
w1 = torch.randn(100,50)
b1 = torch.zeros(50)
w2 = torch.randn(50,1)
b2 = torch.zeros(1)
```

然後，第一層的結果是：

```
l1 = lin(x, w1, b1)
l1.shape

torch.Size([200, 50])
```

注意，這種寫法適用於我們的輸入批次，它會回傳一個隱藏狀態批次：`l1` 是尺寸為 200（批次大小）× 50（隱藏大小）的矩陣

但是我們的模型的初始化方式有個問題，為了了解它，我們先來看 `l1` 的平均值與標準差（std）：

```
l1.mean(), l1.std()

(tensor(0.0019), tensor(10.1058))
```

平均值接近零，這是可以理解的，因為輸入與權重矩陣的平均值都接近零。但是代表觸發離平均值多遠的標準差是從 1 變成 10，這是個很大的問題，因為現在只有一層，現代的神經網路可能有上百層，所以它們每一個都會將觸發規模乘以 10，最後一層結束時，我們將會得到電腦無法表示的數字。

事實上，如果我們將 `x` 與尺寸為 100×100 的隨機矩陣相乘 50 次，我們會得到：

```
x = torch.randn(200, 100)
for i in range(50): x = x @ torch.randn(100,100)
x[0:5,0:5]
```

```
tensor([[nan, nan, nan, nan, nan],
        [nan, nan, nan, nan, nan],
        [nan, nan, nan, nan, nan],
        [nan, nan, nan, nan, nan],
        [nan, nan, nan, nan, nan]])
```

結果是到處都是 nan。會不會是矩陣的尺度太大了，而且我們必須使用較小的權重？但如果使用太小的權重，我們將遇到相反的問題——觸發的大小會從 1 變成 0.1，經過 50 層之後，到處都是零：

```
x = torch.randn(200, 100)
for i in range(50): x = x @ (torch.randn(100,100) * 0.01)
x[0:5,0:5]
```

```
tensor([[0., 0., 0., 0., 0.],
        [0., 0., 0., 0., 0.],
        [0., 0., 0., 0., 0.],
        [0., 0., 0., 0., 0.],
        [0., 0., 0., 0., 0.]])
```

所以，我們必須精確地縮放權重矩陣，讓觸發的標準差保持在 1。我們可以使用數學來計算精確的值，Xavier Glorot 與 Yoshua Bengio 在「Understanding the Difficulty of Training Deep Feedforward Neural Networks」（*https://oreil.ly/9tiTC*）裡介紹這種做法。特定神經層的正確比例是$1/\sqrt{n_{in}}$，其中，$n_{in}$ 代表輸入的數量。

在我們的例子裡，如果我們有 100 個輸入，我們就要將權重矩陣乘以 0.1：

```
x = torch.randn(200, 100)
for i in range(50): x = x @ (torch.randn(100,100) * 0.1)
x[0:5,0:5]
```

```
tensor([[ 0.7554,  0.6167, -0.1757, -1.5662,  0.5644],
        [-0.1987,  0.6292,  0.3283, -1.1538,  0.5416],
        [ 0.6106,  0.2556, -0.0618, -0.9463,  0.4445],
        [ 0.4484,  0.7144,  0.1164, -0.8626,  0.4413],
        [ 0.3463,  0.5930,  0.3375, -0.9486,  0.5643]])
```

終於出現既不是零也不是 nan 的數字了！看看我們的觸發的範圍有多麼穩定，即使在經過 50 個這種偽造的神經層之後：

```
x.std()
```

```
tensor(0.7042)
```

如果你稍微調整一下縮放值，你會發現即使對 0.1 稍做改變，你也會得到非常小或非常大的數字，所以正確地設定權重的初始值非常重要。

我們回去神經網路。因為我們的輸入有點混亂，我們要重新定義它們：

```
x = torch.randn(200, 100)
y = torch.randn(200)
```

對於權重，我們將使用正確的比例，它稱為 *Xavier* **初始化**（或 *Glorot* **初始化**）：

```
from math import sqrt
w1 = torch.randn(100,50) / sqrt(100)
b1 = torch.zeros(50)
w2 = torch.randn(50,1) / sqrt(50)
b2 = torch.zeros(1)
```

現在當我們計算第一層的結果時，我們可以確認平均值與標準差都在控制之下：

```
l1 = lin(x, w1, b1)
l1.mean(),l1.std()
```

```
(tensor(-0.0050), tensor(1.0000))
```

很好。現在我們要經過一個 ReLU，所以我們來定義一個。ReLU 會移除負數並將它們換成零，也就是說，它把張量 clamp（限制）在零：

```
def relu(x): return x.clamp_min(0.)
```

我們將觸發傳過它：

```
l2 = relu(l1)
l2.mean(),l2.std()
```

```
(tensor(0.3961), tensor(0.5783))
```

然後我們又回到起點了：觸發的平均值變成 0.4（這是可以理解的，因為我們移除負數了），且 `std` 掉到 0.58。所以與之前一樣，經過幾層之後，我們可能會以零作收：

```
x = torch.randn(200, 100)
for i in range(50): x = relu(x @ (torch.randn(100,100) * 0.1))
x[0:5,0:5]
```

```
tensor([[0.0000e+00, 1.9689e-08, 4.2820e-08, 0.0000e+00, 0.0000e+00],
        [0.0000e+00, 1.6701e-08, 4.3501e-08, 0.0000e+00, 0.0000e+00],
        [0.0000e+00, 1.0976e-08, 3.0411e-08, 0.0000e+00, 0.0000e+00],
        [0.0000e+00, 1.8457e-08, 4.9469e-08, 0.0000e+00, 0.0000e+00],
        [0.0000e+00, 1.9949e-08, 4.1643e-08, 0.0000e+00, 0.0000e+00]])
```

這代表我們的初始化不正確。為什麼？當 Glorot 與 Bengio 撰寫他們的論文時，神經網路最流行的觸發是雙曲正切（tanh，這也是他們使用的），那個初始化沒有考慮到我們的 ReLU。幸運的是，有人已經為我們算出正確的比例供我們使用了。Kaiming He 等人在「Delving Deep into Rectifiers: Surpassing Human-Level Performance」（*https://oreil.ly/-_quA*）（這篇文章在之前沒有出現過——它是介紹 ResNet 的文章）裡指出我們應該改用這個比例：$\sqrt{2/n_{in}}$，其中 $n_{in}$ 是模型的輸入數量。我們來看它給我們什麼：

```
x = torch.randn(200, 100)
for i in range(50): x = relu(x @ (torch.randn(100,100) * sqrt(2/100)))
x[0:5,0:5]
```

```
tensor([[0.2871, 0.0000, 0.0000, 0.0000, 0.0026],
        [0.4546, 0.0000, 0.0000, 0.0000, 0.0015],
        [0.6178, 0.0000, 0.0000, 0.0180, 0.0079],
        [0.3333, 0.0000, 0.0000, 0.0545, 0.0000],
        [0.1940, 0.0000, 0.0000, 0.0000, 0.0096]])
```

比較好了，這次數字不是全部都是零了。我們回到神經網路的定義，並且使用這個初始化（稱為 *Kaiming 初始化*或 *He 初始化*）：

```
x = torch.randn(200, 100)
y = torch.randn(200)

w1 = torch.randn(100,50) * sqrt(2 / 100)
b1 = torch.zeros(50)
w2 = torch.randn(50,1) * sqrt(2 / 50)
b2 = torch.zeros(1)
```

看一下觸發經過第一個線性層與 ReLU 之後的大小：

```
l1 = lin(x, w1, b1)
l2 = relu(l1)
l2.mean(), l2.std()
```

```
(tensor(0.5661), tensor(0.8339))
```

好多了！適當地初始化權重之後，我們可以定義整個模型了：

```
def model(x):
    l1 = lin(x, w1, b1)
    l2 = relu(l1)
    l3 = lin(l2, w2, b2)
    return l3
```

這就是前向傳遞。剩餘的工作是使用損失函數，拿輸出與我們的標籤比較（在這個例子中是隨機數字）。在這個例子，我們將使用均方誤差。（這是個玩具問題，而且這是最簡單的損失函數，用來做接下來的工作，計算梯度。）

唯一的細節在於輸出與目標的 shape 不是完全相同的——在經過模型之後，我們得到這樣的輸出：

```
out = model(x)
out.shape

torch.Size([200, 1])
```

我們使用 `squeeze` 函式來擺脫結尾的 1 維：

```
def mse(output, targ): return (output.squeeze(-1) - targ).pow(2).mean()
```

現在我們可以計算損失了：

```
loss = mse(out, y)
```

以上就是前向傳遞，接著我們來看梯度。

## 梯度與反向傳遞

我們已經知道，PyTorch 可以藉著呼叫神奇的 `loss.backward` 來計算我們需要的所有梯度，現在我們要來研究幕後發生什麼事情。

接下來，我們要計算損失對模型的所有權重的梯度了，所以要使用 `w1`、`b1`、`w2` 與 `b2` 的所有浮點數。對此，我們要用一些數學——具體來說，就是**連鎖律**。這是一條微積分的規則，告訴我們如何計算複合函數的導數：

$$(g \circ f)'(x) = g'(f(x))f'(x)$$

*Jeremy* 說

我不太懂這種表示法，所以我喜歡這樣想：當 `y = g(u)` 且 `u=f(x)`，則 `dy/dx = dy/du * du/dx`。這兩個公式說的是同一件事，你可以選擇你喜歡的。

我們的損失是不同函數的巨型複合體：均方誤差（它又是均值與平方的複合體）第二個線性層、ReLU 以及第一個線性層。例如，如果我們想要計算損失對 b2 的梯度，則損失的定義是：

```
loss = mse(out,y) = mse(lin(l2, w2, b2), y)
```

連鎖律說：

$$\frac{\mathrm{d}loss}{\mathrm{d}b_2} = \frac{\mathrm{d}loss}{\mathrm{d}out} \times \frac{\mathrm{d}out}{\mathrm{d}b_2} = \frac{\mathrm{d}}{\mathrm{d}out}mse(out, y) \times \frac{\mathrm{d}}{\mathrm{d}b_2}lin(l_2, w_2, b_2)$$

若要計算損失相對於 $b_2$ 的梯度，我們要先算出損失對輸出 *out* 的梯度，如果我們想要計算損失對 $w_2$ 的梯度也一樣。接下來，為了算出損失相對於 $b_1$ 或 $w_1$ 的梯度，我們要算出損失相對於 $l_1$ 的梯度，然後需要損失相對於 $l_2$ 的梯度，後者需要損失對 *out* 的梯度。

所以為了算出我們需要更新的所有梯度，我們要從模型的輸出開始處理，一層接著一層**反向**進行，這就是這個步驟稱為**反向傳播**的原因。我們可以藉著讓每一個函式（relu、mse、lin）提供它的反向步驟來將它自動化：也就是說，如何用損失對輸出的梯度求出損失對輸入（們）的梯度。

在這裡，我們將這些梯度填入各個張量的一個屬性，有點像 PyTorch 使用 .grad 的做法。

第一個是損失對模型輸出（它是損失函數的輸入）的梯度。我們取消曾經在 mse 裡面做的 squeeze，然後使用 $x^2$ 的導數：$2x$。平均值的導數是 $1/n$，其中 $n$ 是輸入裡的元素數量：

```
def mse_grad(inp, targ):
    # 損失對上一層的輸出的梯度
    inp.g = 2. * (inp.squeeze() - targ).unsqueeze(-1) / inp.shape[0]
```

至於 ReLU 與線性層的梯度，我們使用損失對輸出的梯度（在 out.g 裡面），並使用連鎖律來計算損失對輸入的梯度（在 inp.g 裡面）。連鎖律告訴我們 inp.g = relu'(inp) * out.g。relu 的導數不是 0（當輸入是負數時）就是 1（當輸入是正數時），所以我們得到：

```
def relu_grad(inp, out):
    # relu 對輸入導數的梯度
    inp.g = (inp>0).float() * out.g
```

在線性層裡面的損失對輸入、權重與偏差項的梯度的計算方法也一樣：

```
def lin_grad(inp, out, w, b):
    # matmul 對輸入的梯度
    inp.g = out.g @ w.t()
    w.g = inp.t() @ out.g
    b.g = out.g.sum(0)
```

我們不想花太多時間在定義它們的數學公式上，因為它們對我們的目的而言並不重要，但如果你對這個主題有興趣，可閱讀 Khan Academy 很棒的微積分課程。

### SymPy

SymPy 是符號計算（symbolic computation）程式庫，非常適合用來處理微積分。據文件說（*https://oreil.ly/i1lK9*）：

> 符號計算是以符號的方式處理數學物件的計算。這意味著數學物件會被精確地表示，而不是近似地表示，且帶有未求值變數的數學運算式會維持符號形式。

在進行符號計算時，我們要定義一個符號，然後進行計算，就像：

```
from sympy import symbols,diff
sx,sy = symbols('sx sy')
diff(sx**2, sx)
```

```
2*sx
```

在此，SymPy 為我們取 `x**2` 的導數！它可以取複雜的複合計算式的導數、簡化與分解計算式等等。現在對任何人而言，真的沒有什麼親自計算微積分的理由了，若要計算梯度，PyTorch 可以幫我們處理，若要顯示公式，SymPy 也可以幫我們做！

定義這些函式之後，我們可以用它們來寫反向傳遞。因為各個梯度都被自動填入正確的張量，所以我們不需要到處儲存這些 `_grad` 函式的結果——我們只要按照順向傳遞的相反方向執行它們，來確保在每一個函式裡都有 `out.g` 即可：

```
def forward_and_backward(inp, targ):
    # 順向傳遞：
    l1 = inp @ w1 + b1
    l2 = relu(l1)
    out = l2 @ w2 + b2
```

```
# 我們其實不需要反向的損失！
loss = mse(out, targ)

# 反向傳遞：
mse_grad(out, targ)
lin_grad(l2, out, w2, b2)
relu_grad(l1, l2)
lin_grad(inp, l1, w1, b1)
```

現在我們可以從 w1.g、b1.g、w2.g 與 b2.g 讀取模型參數的梯度了。我們已經成功定義模型了，接下來我們來讓它更像 PyTorch 模組。

## 重構模型

我們剛才使用的三個函式有兩個功能：順向傳遞與反向傳遞。與其將它們分開來寫，我們可以建立一個類別來將它們包在一起。那個類別也會儲存反向傳遞的輸入與輸出。藉此，我們只需要呼叫 backward 即可：

```
class Relu():
    def __call__(self, inp):
        self.inp = inp
        self.out = inp.clamp_min(0.)
        return self.out

    def backward(self): self.inp.g = (self.inp>0).float() * self.out.g
```

__call__ 是 Python 的一種魔術名稱（magic name），可將類別變成 callable（可呼叫）。它就是輸入 y = Relu()(x) 時執行的東西。我們可以對線性層與 MSE 損失做同一件事：

```
class Lin():
    def __init__(self, w, b): self.w,self.b = w,b

    def __call__(self, inp):
        self.inp = inp
        self.out = inp@self.w + self.b
        return self.out

    def backward(self):
        self.inp.g = self.out.g @ self.w.t()
        self.w.g = self.inp.t() @ self.out.g
        self.b.g = self.out.g.sum(0)

class Mse():
    def __call__(self, inp, targ):
        self.inp = inp
```

```
        self.targ = targ
        self.out = (inp.squeeze() - targ).pow(2).mean()
        return self.out

    def backward(self):
        x = (self.inp.squeeze()-self.targ).unsqueeze(-1)
        self.inp.g = 2.*x/self.targ.shape[0]
```

接著我們可以把所有的東西放入一個用張量 `w1`、`b1`、`w2` 與 `b2` 初始化的 model 裡：

```
class Model():
    def __init__(self, w1, b1, w2, b2):
        self.layers = [Lin(w1,b1), Relu(), Lin(w2,b2)]
        self.loss = Mse()

    def __call__(self, x, targ):
        for l in self.layers: x = l(x)
        return self.loss(x, targ)

    def backward(self):
        self.loss.backward()
        for l in reversed(self.layers): l.backward()
```

這個重構以及把東西註冊成模型的神經層很棒的地方是，現在順向和反向傳遞都很容易編寫了。當我們想要將模型實例化時，只要這樣寫就好了：

```
model = Model(w1, b1, w2, b2)
```

然後前向傳遞可以這樣執行：

```
loss = model(x, y)
```

反向傳遞是：

```
model.backward()
```

## 邁向 PyTorch

我們寫的 `Lin`、`Mse` 與 `Relu` 類別有很多共同之處，所以我們要讓它們都繼承同一個基礎類別：

```
class LayerFunction():
    def __call__(self, *args):
        self.args = args
        self.out = self.forward(*args)
        return self.out
```

```
    def forward(self):  raise Exception('not implemented')
    def bwd(self):      raise Exception('not implemented')
    def backward(self): self.bwd(self.out, *self.args)
```

接下來，我們只要在各個子類別裡實作 forward 與 bwd 即可：

```
class Relu(LayerFunction):
    def forward(self, inp): return inp.clamp_min(0.)
    def bwd(self, out, inp): inp.g = (inp>0).float() * out.g

class Lin(LayerFunction):
    def __init__(self, w, b): self.w,self.b = w,b

    def forward(self, inp): return inp@self.w + self.b

    def bwd(self, out, inp):
        inp.g = out.g @ self.w.t()
        self.w.g = self.inp.t() @ self.out.g
        self.b.g = out.g.sum(0)

class Mse(LayerFunction):
    def forward (self, inp, targ): return (inp.squeeze() - targ).pow(2).mean()
    def bwd(self, out, inp, targ):
        inp.g = 2*(inp.squeeze()-targ).unsqueeze(-1) / targ.shape[0]
```

模型的其餘部分可以和之前一樣，它已經越來越接近 PyTorch 所做的事情了。需要微分的每一個基本函數都被寫成一個 torch.autograd.Function 物件，它有 forward 與 backward 方法。然後 PyTorch 會追蹤我們所做的任何計算，以正確地執行反向傳遞，除非我們將張量的 requires_grad 屬性設成 False。

編寫它們（幾乎）與編寫原始的類別一樣簡單。不同之處在於我們選擇要儲存什麼，以及要將什麼放入背景變數（所以我們不會儲存任何不需要的東西），以及我們在 backward 傳遞中回傳梯度。你幾乎不需要編寫自己的 Function，但如果你需要一些異國情調，或是想要弄亂常規函數的梯度，你可以這樣寫：

```
from torch.autograd import Function

class MyRelu(Function):
    @staticmethod
    def forward(ctx, i):
        result = i.clamp_min(0.)
        ctx.save_for_backward(i)
        return result

    @staticmethod
    def backward(ctx, grad_output):
```

```
        i, = ctx.saved_tensors
        return grad_output * (i>0).float()
```

torch.nn.Module 的用途是建構比較複雜的模型，以利用這些 Function 的架構。它是所有模型的基礎架構，你看過的所有神經網路都來自那個類別。它能提供的最大幫助就是註冊所有可訓練的參數，我們已經知道，它可以在訓練迴圈中使用。

你只要做這些事就可以實作 nn.Module 了：

1. 當你進行初始化時，務必先呼叫超類別的 __init__。
2. 用 nn.Parameter 將模型的任何參數都定義成屬性。
3. 定義一個 forward 函式來回傳模型的輸出。

舉個例子，這是從零開始製作的線性層：

```
import torch.nn as nn

class LinearLayer(nn.Module):
    def __init__(self, n_in, n_out):
        super().__init__()
        self.weight = nn.Parameter(torch.randn(n_out, n_in) * sqrt(2/n_in))
        self.bias = nn.Parameter(torch.zeros(n_out))

    def forward(self, x): return x @ self.weight.t() + self.bias
```

你可以看到，這個類別會自動追蹤已經定義的參數：

```
lin = LinearLayer(10,2)
p1,p2 = lin.parameters()
p1.shape,p2.shape
```

```
(torch.Size([2, 10]), torch.Size([2]))
```

由於這個 nn.Module 功能，我們可以只寫 opt.step，讓 optimizer 遍歷參數並且更新每一個。

注意，在 PyTorch 裡，權重被存成 n_out x n_in 矩陣，這就是我們在前向傳遞裡有轉置的原因。

藉著使用 PyTorch 的線性層（它也使用 Kaiming 初始化），我們在這一章建構好的模型可以寫成：

```
class Model(nn.Module):
    def __init__(self, n_in, nh, n_out):
```

```
        super().__init__()
        self.layers = nn.Sequential(
            nn.Linear(n_in,nh), nn.ReLU(), nn.Linear(nh,n_out))
        self.loss = mse

    def forward(self, x, targ): return self.loss(self.layers(x).squeeze(), targ)
```

fastai 提供它自己的 Module 變體，它與 nn.Module 一模一樣，但是可讓你不必呼叫 super().__init__()（它會自動幫你做）：

```
class Model(Module):
    def __init__(self, n_in, nh, n_out):
        self.layers = nn.Sequential(
            nn.Linear(n_in,nh), nn.ReLU(), nn.Linear(nh,n_out))
        self.loss = mse

    def forward(self, x, targ): return self.loss(self.layers(x).squeeze(), targ)
```

在第 19 章，我們將從這個模型開始做起，看看如何從零開始建構一個訓練迴圈，並且將它重構成之前章節所使用的那樣。

# 結論

在這一章，我們探索了深度學習的基礎，從矩陣乘法開始談起，然後從零開始實作神經網路的前向和反向傳遞。接著，我們重構程式碼，展示 PyTorch 在幕後如何運作。

以下是必須記住的幾件事：

- 神經網路基本上是一堆矩陣乘法，在它們之間夾著非線性。
- Python 很慢，所以為了寫出快速的程式，我們必須將它向量化，並且利用逐元素算術和廣播之類的技術。
- 如果兩個張量的維度從後面往前是相符的（維度一樣，或其中一個是 1），它們就是可廣播的。為了讓張量是可廣播的，我們可能要用 unsqueeze 來加入大小為 1 的維度，或 None 索引。
- 正確地將神經網路初始化是讓訓練得以開始進行的重要步驟。當我們使用 ReLU 非線性時，應使用 Kaiming 初始化。
- 反向傳遞就是多次使用連鎖律，從模型的輸出開始計算梯度，而後反向計算，一次一層。

- 在繼承 nn.Module（如果不是使用 fastai 的 Module）時，我們必須在 __init__ 方法裡呼叫超類別的 __init__，而且必須定義一個 forward 函式，讓它接收一個輸入，並回傳想要的輸出。

# 問題

1. 用 Python 寫出一個神經元。
2. 用 Python 寫出 ReLU。
3. 用 Python 以矩陣乘法寫出一個稠密層。
4. 用一般的 Python 寫出稠密層（也就是使用串列生成式和 Python 內建的功能）。
5. 什麼是一個神經層的「隱藏大小」？
6. PyTorch 的 t 方法有何功用？
7. 為什麼用一般 Python 寫出來的矩陣乘法很慢？
8. 在 matmul 中，為何 ac==br？
9. 在 Jupyter Notebook 裡，如何測量一個 cell 執行的時間？
10. 什麼是逐元素算術？
11. 寫出 PyTorch 程式碼來測試 a 的每一個元素是否大於 b 的對應元素。
12. 什麼是 rank-0 張量？如何將它轉換成一般的 Python 資料型態？
13. 這段程式會回傳什麼？為何如此？

    ```
    tensor([1,2]) + tensor([1])
    ```

14. 這段程式會回傳什麼？為何如此？

    ```
    tensor([1,2]) + tensor([1,2,3])
    ```

15. 逐元素算術如何協助我們加快 matmul 的速度？
16. 什麼是廣播規則？
17. 什麼是 expand_as？用一個例子來說明如何用它來比對廣播的結果。
18. unsqueeze 如何協助我們解決一些廣播問題？
19. 如何使用索引來做與 unsqueeze 一樣的操作？

20. 如何顯示張量實際使用的記憶體內容？
21. 將大小為 3 的向量與大小為 3×3 的矩陣相加時，向量的元素會加到矩陣的每一列還是每一行？（在 notebook 裡執行這段程式來檢查你的答案。）
22. 廣播與 `expand_as` 會導致記憶體使用量的增加嗎？為什麼可以？或為什麼不行？
23. 使用愛因斯坦求和來實作 `matmul`。
24. 在 `einsum` 的左邊的重複的索引字母代表什麼？
25. 愛因斯坦求和標記法的規則有哪三條？為什麼？
26. 神經網路的前向傳遞與反向傳遞是什麼？
27. 為什麼要儲存在前向傳遞時為中間層計算的觸發？
28. 觸發的標準差離 1 太遠有什麼壞處？
29. 為何權重初始化有助於避免這個問題？
30. 將權重初始化，讓一般線性層以及讓 ReLU 後面的線性層的標準差是 1 的公式是什麼？
31. 為什麼我們有時必須在損失函數裡使用 `squeeze` 方法？
32. 傳給 `squeeze` 引數有什麼作用？為何使用這個引數很重要，即使 PyTorch 不需要它？
33. 什麼是連鎖律？用本章展示的兩種形式之一來展示這個公式。
34. 使用連鎖律來計算 `mse(lin(l2, w2, b2), y)` 的梯度。
35. 什麼是 ReLU 的梯度？用數學或程式來展示它。（你不需要將它提交到記憶體——試著用關於函式的 shape 的知識來回答它。）
36. 在反向傳遞中，我們要按照什麼順序呼叫 `*_grad` 函式？為什麼？
37. 什麼是 `__call__`？
38. 在編寫 `torch.autograd.Function` 時，我們必須實作什麼方法？
39. 從零開始撰寫 `nn.Linear`，並且確認它可以執行。
40. `nn.Module` 與 fastai 的 `Module` 有什麼不同？

## 後續研究

1. 將 ReLU 寫成 `torch.autograd.Function`，並且用它來訓練模型。
2. 如果你傾向使用數學，用數學代號算出線性層的梯度。把它對映至本章的實作。
3. 研究 PyTorch 的 `unfold` 方法，並且使用它以及矩陣乘法來實作你自己的 2D 摺積函數。然後用它來訓練 CNN。
4. 以 NumPy 取代 PyTorch 來實作本章的所有東西。

第十八章

# 用 CAM 來做 CNN 解釋

現在我們已經知道如何從零開始建構幾乎所有東西了，接著我們要使用那些知識來創作全新（而且非常實用）的功能：*class activation map*。它可以讓我們稍微了解為何 CNN 做出那樣的預測。

在過程中，我們將學習一種之前沒有看過的 PyTorch 功能，*hook*，我們也會應用本書其餘的部分介紹的許多概念。如果你真的想要測試一下你對書中的教材的理解程度，在你完成這一章之後，試著把它放在一旁，再自己從零開始重新建立這些概念（不要偷看！）。

## CAM 與 hook

*class activation map*（CAM）是 Bolei Zhou 等人在「Learning Deep Features for Discriminative Localization」（*https://oreil.ly/5hik3*）裡提出的。它使用最後一個摺積層的輸出（在平均池化層之前）與預測，來提供為何模型做出一項決策的視覺化熱圖。它是很好用的解釋工具。

更準確地說，在最終摺積層的每一個位置裡，我們擁有的過濾器的數量與在最後一個線性層裡面的一樣多。因此我們可以計算這些觸發與最終權重的內積來（為特徵圖（feature map）的每一個位置）取得用來做出一項預測的特徵的分數。

我們必須設法在訓練模型時，取得它裡面的觸發。在 PyTorch 裡，我們可以用 *hook* 來做這件事。PyTorch 的 hook 相當於 fastai 的 callback。但是，hook 不像 fastai Learner callback 那樣讓你將程式碼注入訓練迴圈，而是讓你將程式碼注入前向和後向計算本身。我們可以將 hook 接到模型的任何一層，它會在計算輸出（前向 hook）與反向傳播期間（反向 hook）時執行。前向 hook 是接收三個東西的函式（模組、它的輸入與它的輸出），可以執行你想要的任何行為。（fastai 也提供我們沒有介紹的 HookCallback，你可以查閱 fastai 文件，它可讓你更容易使用 hook 一些。）

為了說明，我們將使用第 1 章訓練過的那個貓狗模型：

```
path = untar_data(URLs.PETS)/'images'
def is_cat(x): return x[0].isupper()
dls = ImageDataLoaders.from_name_func(
    path, get_image_files(path), valid_pct=0.2, seed=21,
    label_func=is_cat, item_tfms=Resize(224))
learn = cnn_learner(dls, resnet34, metrics=error_rate)
learn.fine_tune(1)
```

| epoch | train_loss | valid_loss | error_rate | time |
|---|---|---|---|---|
| 0 | 0.141987 | 0.018823 | 0.007442 | 00:16 |

| epoch | train_loss | valid_loss | error_rate | time |
|---|---|---|---|---|
| 0 | 0.050934 | 0.015366 | 0.006766 | 00:21 |

在一開始，我們抓取一張貓照片與一個資料批次：

```
img = PILImage.create('images/chapter1_cat_example.jpg')
x, = first(dls.test_dl([img]))
```

我們要為 CAM 儲存最後一個摺積層的觸發。我們將 hook 函式放入一個類別，讓它擁有我們之後可以存取的狀態，以及儲存輸出的副本：

```
class Hook():
    def hook_func(self, m, i, o): self.stored = o.detach().clone()
```

接下來，我們可以實例化一個 Hook，並且將它接到我們想要的神經層，它是 CNN body 的最後一層：

```
hook_output = Hook()
hook = learn.model[0].register_forward_hook(hook_output.hook_func)
```

接下我們可以抓取一個批次，並將它傳給模型：

```
with torch.no_grad(): output = learn.model.eval()(x)
```

我們可以讀取儲存起來的觸發：

```
act = hook_output.stored[0]
```

我們也再次檢查我們的預測：

```
F.softmax(output, dim=-1)
```

```
tensor([[7.3566e-07, 1.0000e+00]], device='cuda:0')
```

我們知道 `0`（代表 `False`）是「狗」，因為在 fastai 裡，類別會被自動儲存，但我們仍然可以查看 `dls.vocab` 來再次確認：

```
dls.vocab
```

```
(#2) [False,True]
```

因此，我們的模型很肯定這是一張貓的照片。

為了執行權重矩陣（2 × 觸發數量）與觸發（批次大小 × 觸發 × 列 × 行）的內積，我們使用自訂的 `einsum`：

```
x.shape
```

```
torch.Size([1, 3, 224, 224])
```

```
cam_map = torch.einsum('ck,kij->cij', learn.model[1][-1].weight, act)
cam_map.shape
```

```
torch.Size([2, 7, 7])
```

我們可以為批次內的每張圖像，以及每一個類別，取得一個 7×7 的特徵圖，從中知道哪裡的觸發比較高，哪裡比較低。它可以讓我們看到照片的哪些區域影響了模型的決策。

例如，我們可以看到哪些區域讓模型預測這隻動物是一隻貓（注意，我們要 `decode` 輸入 `x`，因為它已經被 `DataLoader` 標準化了，我們也要轉型成 `TensorImage`，因此在寫這本書時，PyTorch 在檢索時沒有保持型態——當你讀到這裡時，這個問題應該會被修正）：

```
x_dec = TensorImage(dls.train.decode((x,))[0][0])
_,ax = plt.subplots()
x_dec.show(ctx=ax)
ax.imshow(cam_map[1].detach().cpu(), alpha=0.6, extent=(0,224,224,0),
              interpolation='bilinear', cmap='magma');
```

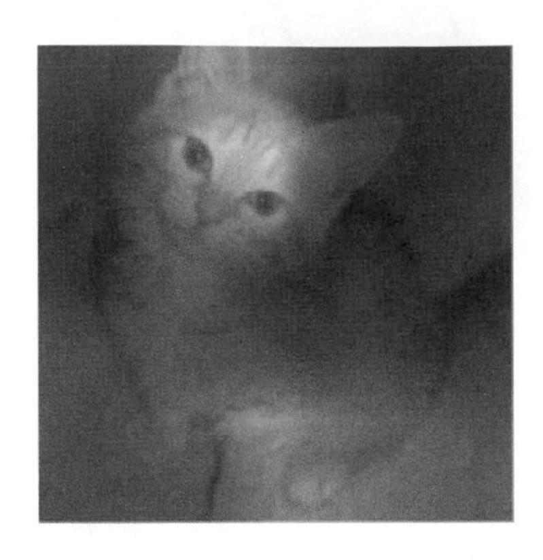

在這個例子裡，淡黃色的區域是高觸發區，紫色區域是低觸發區。我們可以看到頭部和前爪是讓模型認為它是貓的兩個主要區域。

用完 hook 之後要移除它，否則它可能會洩漏一些記憶體：

```
hook.remove()
```

這就是為什麼最好將 Hook 類別寫成 *context manager*，在你進入 hook 時註冊它，在離開時移除它。context manager 是一種 Python 架構，它會在使用 `with` 敘句建立物件時呼叫 `__enter__`，在 `with` 敘句結束時呼叫 `__exit__`。例如，這就是 Python 處理 `with open(...) as f:` 架構的方法，這個架構很常見，它可以打開檔案，而且你不需要在結束時特地呼叫 `close(f)`。

當我們這樣定義 Hook 時

```
class Hook():
    def __init__(self, m):
        self.hook = m.register_forward_hook(self.hook_func)
    def hook_func(self, m, i, o): self.stored = o.detach().clone()
    def __enter__(self, *args): return self
    def __exit__(self, *args): self.hook.remove()
```

我們可以這樣安全地使用它：

```
with Hook(learn.model[0]) as hook:
    with torch.no_grad(): output = learn.model.eval()(x.cuda())
    act = hook.stored
```

fastai 提供 Hook 類別讓你使用，以及一些其他的方便類別，來讓 hook 使用起來更容易。

這個方法很實用，但只適用於最後一層。**梯度** ***CAM*** 是處理這個問題的變體。

# 梯度 CAM

我們剛才看到的方法只能計算最後的觸發的熱圖，因為一旦我們擁有特徵時，我們就必須將它們乘以最後的權重矩陣。它無法處理網路的內部層。Ramprasaath R. Selvaraju 等人在 2016 年的論文「Grad-CAM: Why Did You Say That?」（*https://oreil.ly/4krXE*）裡面發表的變體使用最終觸發的梯度來取得想要的類別。如果你還記得反向傳遞，最後一層的輸出對該層輸入的梯度等於神經層權重，因為它是線性層。

我們想要取得更深層的梯度，但是它們不再等於權重了，我們要計算它們。PyTorch 會在反向傳遞期間為我們計算每一層的梯度，但不會將它們存起來（除了 `requires_grad` 為 `True` 的張量之外）。但是，我們可以對反向傳遞註冊 hook，PyTorch 會用參數將梯度傳給它，讓我們可以儲存它們。為此，我們將使用 `HookBwd` 類別，它的行為很像 `Hook`，但是會攔截和儲存梯度，而不是觸發：

```
class HookBwd():
    def __init__(self, m):
        self.hook = m.register_backward_hook(self.hook_func)
    def hook_func(self, m, gi, go): self.stored = go[0].detach().clone()
    def __enter__(self, *args): return self
    def __exit__(self, *args): self.hook.remove()
```

接著對於類別索引 `1`（代表 `True`，它是「貓」），我們與之前一樣攔截最後的摺積層的特徵，並計算類別的輸出觸發的梯度。我們不能直接呼叫 `output.backward`，因為梯度只有相對於一個純量才有意義（通常純量是我們的損失），但輸出是 rank-2 張量。但是如果我們選擇一張照片（我們將使用 `0`）與一個類別（我們將使用 `1`），我們可以計算任何權重或觸發對於那一個值的梯度，使用 `output[0,cls].backward`。我們的 hook 會攔截我們將會當成權重來使用的梯度：

```
cls = 1
with HookBwd(learn.model[0]) as hookg:
    with Hook(learn.model[0]) as hook:
        output = learn.model.eval()(x.cuda())
        act = hook.stored
    output[0,cls].backward()
    grad = hookg.stored
```

Grad-CAM 的權重是用特徵圖的梯度的平均值來計算的。它與之前一模一樣：

```
w = grad[0].mean(dim=[1,2], keepdim=True)
cam_map = (w * act[0]).sum(0)

_,ax = plt.subplots()
x_dec.show(ctx=ax)
```

```
ax.imshow(cam_map.detach().cpu(), alpha=0.6, extent=(0,224,224,0),
              interpolation='bilinear', cmap='magma');
```

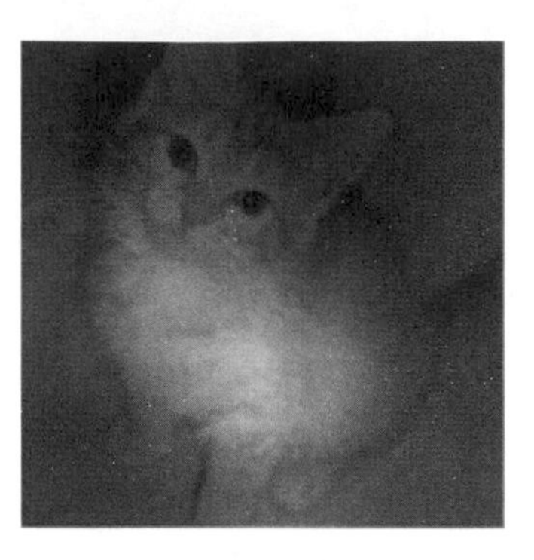

Grad-CAM 的新奇之處在於我們可以在任何一層使用它。例如，我們對 ResNet 群的倒數第二個的輸出使用它：

```
with HookBwd(learn.model[0][-2]) as hookg:
    with Hook(learn.model[0][-2]) as hook:
        output = learn.model.eval()(x.cuda())
        act = hook.stored
    output[0,cls].backward()
    grad = hookg.stored

w = grad[0].mean(dim=[1,2], keepdim=True)
cam_map = (w * act[0]).sum(0)
```

我們可以觀察這一層的觸發圖：

```
_,ax = plt.subplots()
x_dec.show(ctx=ax)
ax.imshow(cam_map.detach().cpu(), alpha=0.6, extent=(0,224,224,0),
              interpolation='bilinear', cmap='magma');
```

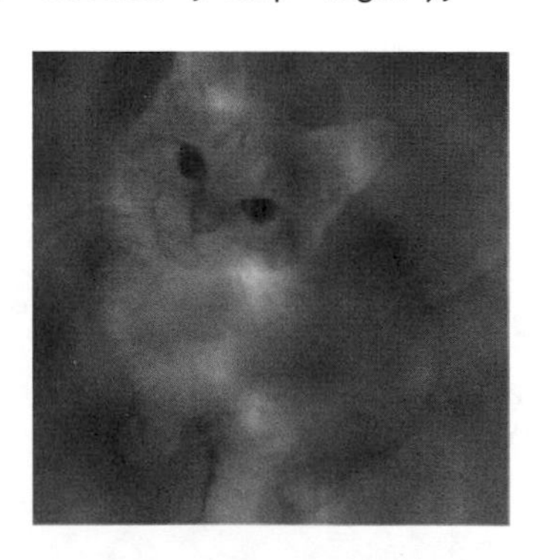

# 結論

模型解釋是一門活躍的研究領域，這個簡短的章節只是稍微介紹有哪些可能性。類別觸發圖可以藉著顯示最需要對特定的預測負責的圖像區域，讓我們深入了解為什麼模型預測某個結果。它可以協助我們分析偽陽性，以及找出我們的訓練還需要哪些種類的資料才能避免它們。

# 問題

1. PyTorch 的 hook 是什麼？
2. CAM 使用哪一層的輸出？
3. 為什麼 CAM 需要 hook？
4. 看一下 `ActivationStats` 類別的原始碼如何使用 hook。
5. 寫出一個可以儲存模型特定層的觸發的 hook（盡量不要偷看）。
6. 為什麼要在取得觸發之前呼叫 `eval`？為什麼我們要使用 `no_grad`？
7. 使用 `torch.einsum` 來計算模型的 body 的最後一個觸發裡面的各個位置的「狗」或「貓」分數。
8. 如何檢查類別的順序（也就是索引→類別的關係）？
9. 為什麼要在顯示輸入圖像時使用 `decode`？
10. 什麼是 context manager？建立它需要定義哪些特殊方法？
11. 為什麼我們不能在網路的內部層使用一般的 CAM？
12. 為什麼要對反向傳遞註冊 hook 才能做 Grad-CAM？
13. 為什麼當 `output` 是類別圖像的 rank-2 輸出觸發張量時，我們不能呼叫 `output.backward`？

# 後續研究

1. 試著移除 `keepdim` 看看會怎樣。在 PyTorch 文件中查詢這個參數。為什麼在這個 notebook 裡需要它？
2. 建立與這一個 notebook 很像的 notebook，但處理 NLP，並且用它來找出在影評裡的哪些單字在評估影評情緒時最重要。

第十九章

# 從零開始打造 fastai Learner

最後一章（不含結語和網路章節）要來看稍微不同的東西。與前幾章相比，這一章有更多程式碼和更少文字。我們將介紹新的 Python 關鍵字與程式庫，但不詳細討論它們。本章希望成為你的重要研究專案的起點。我們即將從頭開始實作 fastai 與 PyTorch API 的許多關鍵元件，只在第 17 章開發的元件的基礎上打造！本章的目標是做出你自己的 `Learner` 類別與一些 callback，讓你足以用 Imagenette 訓練模型，建構我們學過的各種關鍵技術的範例。在建構 `Learner` 的過程中，我們將製作自己的 `Module`、`Parameter` 與平行 `DataLoader` 版本，以充分了解這些 PyTorch 類別的作用。

章末的問題對本章來說特別重要。我們將在那裡指出許多有趣的方向，讓你使用本章的知識開始前進。我們建議你在電腦上跟著操作這一章，做大量的實驗、網路搜尋，以及任何其他可以幫助你了解來龍去脈的手段。你已經具備技術和專業能力，可以進行本章的其餘部分了，所以我相信你可以做得很好！

我們先來收集（親手）一些資料。

## 資料

看一下 `untar_data` 的原始碼，看看它是如何工作的。我們將使用它來讀取 160 像素版本的 Imagenette，在本章中使用：

```
path = untar_data(URLs.IMAGENETTE_160)
```

我們可以用 get_image_files 來讀取圖像檔：

```
t = get_image_files(path)
t[0]
```

```
Path('/home/jhoward/.fastai/data/imagenette2-160/val/n03417042/n03417042_3752.JP
 > EG')
```

也可以只用 Python 的標準程式庫 glob 來做同一件事：

```
from glob import glob
files = L(glob(f'{path}/**/*.JPEG', recursive=True)).map(Path)
files[0]
```

```
Path('/home/jhoward/.fastai/data/imagenette2-160/val/n03417042/n03417042_3752.JP
 > EG')
```

看一下 get_image_files 的原始碼，你將看到它使用 Python 的 os.walk；它比 glob 更快且更靈活，所以務必試用看看。

我們可以用 Python Imaging Library 的 Image 類別來打開一張圖像：

```
im = Image.open(files[0])
im
```

```
im_t = tensor(im)
im_t.shape
```

```
torch.Size([160, 213, 3])
```

這就是自變數的基礎。至於因變數，我們可以使用 pathlib 的 Path.parent。首先，我們需要 vocab

```
lbls = files.map(Self.parent.name()).unique(); lbls
```

```
(#10) ['n03417042','n03445777','n03888257','n03394916','n02979186','n03000684','
 > n03425413','n01440764','n03028079','n02102040']
```

與反向對映，使用 L.val2idx：

```
v2i = lbls.val2idx(); v2i
```

```
{'n03417042': 0,
 'n03445777': 1,
 'n03888257': 2,
 'n03394916': 3,
 'n02979186': 4
 'n03000684': 5,
 'n03425413': 6,
 'n01440764': 7,
 'n03028079': 8,
 'n02102040': 9}
```

以上就是我們需要在 Dataset 裡面組合的所有元件。

## Dataset

在 PyTorch 裡，任何提供檢索（__getitem__）與 len 的東西都可以成為 Dataset：

```
class Dataset:
    def __init__(self, fns): self.fns=fns
    def __len__(self): return len(self.fns)
    def __getitem__(self, i):
        im = Image.open(self.fns[i]).resize((64,64)).convert('RGB')
        y = v2i[self.fns[i].parent.name]
        return tensor(im).float()/255, tensor(y)
```

我們需要一系列的訓練與驗證檔名來傳給 Dataset.__init__：

```
train_filt = L(o.parent.parent.name=='train' for o in files)
train,valid = files[train_filt],files[~train_filt]
len(train),len(valid)
```

```
(9469, 3925)
```

我們來試一下它：

```
train_ds,valid_ds = Dataset(train),Dataset(valid)
x,y = train_ds[0]
x.shape,y
```

```
(torch.Size([64, 64, 3]), tensor(0))
```

```
show_image(x, title=lbls[y]);
```

n03417042

如你所見，資料組以 tuple 回傳自變數與因變數，這就是我們要的效果。我們要將它們整理成小批次，這個工作通常用 torch.stack 來完成，我們在這裡也使用它：

```
def collate(idxs, ds):
    xb,yb = zip(*[ds[i] for i in idxs])
    return torch.stack(xb),torch.stack(yb)
```

這是有兩個項目的小批次，用來測試我們的 collate：

```
x,y = collate([1,2], train_ds)
x.shape,y
```

```
(torch.Size([2, 64, 64, 3]), tensor([0, 0]))
```

有了資料組與一個整理函式之後，我們就可以建立 DataLoader 了。我們要再加入兩個東西：選用的 shuffle，讓訓練組使用，以及 ProcessPoolExecutor，來平行進行預先處理。平行資料載入非常重要，因為打開與解碼 JPEG 圖像是很慢的程序。一顆 CPU 核心解碼圖像的速度比不上 GPU 的工作速度。這是我們的 DataLoader 類別：

```
class DataLoader:
    def __init__(self, ds, bs=128, shuffle=False, n_workers=1):
        self.ds,self.bs,self.shuffle,self.n_workers = ds,bs,shuffle,n_workers

    def __len__(self): return (len(self.ds)-1)//self.bs+1

    def __iter__(self):
        idxs = L.range(self.ds)
        if self.shuffle: idxs = idxs.shuffle()
        chunks = [idxs[n:n+self.bs] for n in range(0, len(self.ds), self.bs)]
        with ProcessPoolExecutor(self.n_workers) as ex:
            yield from ex.map(collate, chunks, ds=self.ds)
```

我們先用訓練與驗證組來嘗試它：

```
n_workers = min(16, defaults.cpus)
train_dl = DataLoader(train_ds, bs=128, shuffle=True, n_workers=n_workers)
valid_dl = DataLoader(valid_ds, bs=256, shuffle=False, n_workers=n_workers)
xb,yb = first(train_dl)
xb.shape,yb.shape,len(train_dl)
```

```
(torch.Size([128, 64, 64, 3]), torch.Size([128]), 74)
```

這個資料載入程式不會比 PyTorch 的慢很多，但是它簡單多了。所以如果你要修正複雜的資料載入程序，儘可試著親自做一些事，來看清楚事情的來龍去脈。

我們需要圖像的統計數據來進行標準化。一般來說，用一個訓練小批次來計算它們是沒問題的，因為此時精確度不是重點：

```
stats = [xb.mean((0,1,2)),xb.std((0,1,2))]
stats
```

```
[tensor([0.4544, 0.4453, 0.4141]), tensor([0.2812, 0.2766, 0.2981])]
```

我們的 `Normalize` 類別只需要儲存這些數據並使用它們（如果你想知道為何需要 `to_device`，你可以將它改成注釋，稍後用這個 notebook 看看會怎樣）：

```
class Normalize:
    def __init__(self, stats): self.stats=stats
    def __call__(self, x):
        if x.device != self.stats[0].device:
            self.stats = to_device(self.stats, x.device)
        return (x-self.stats[0])/self.stats[1]
```

我們一向喜歡在 notebook 裡測試我們寫好的每一個東西，在寫好它之後立刻做：

```
norm = Normalize(stats)
def tfm_x(x): return norm(x).permute((0,3,1,2))
```

```
t = tfm_x(x)
t.mean((0,2,3)),t.std((0,2,3))
```

```
(tensor([0.3732, 0.4907, 0.5633]), tensor([1.0212, 1.0311, 1.0131]))
```

`tfm_x` 除了執行 `Normalize` 之外，也會將軸的順序從 `NHWC` 調整成 `NCHW`（如果你忘記這些代號代表什麼，可回去看第 13 章）。PIL 使用 `HWC` 軸順序，我們無法在 PyTorch 裡面使用它，因此需要調整順序。

以上就是處理模型的資料的所有程式。我們現在需要模型本身！

# 模組與參數

建立模型需要使用 Module，建立 Module 則需要 Parameter，所以我們從這裡開始做起。我們在第 8 章說過，Parameter 類別「不加入任何功能（而不是自動幫我們呼叫 requires_grad_）。它只是一個「記號」，用來顯示要在參數裡面加入什麼。」以下是這項功能的定義：

```
class Parameter(Tensor):
    def __new__(self, x): return Tensor._make_subclass(Parameter, x, True)
    def __init__(self, *args, **kwargs): self.requires_grad_()
```

這段程式有點彆扭：我們必須定義特殊的 __new__ Python 方法，並使用內部的 PyTorch 方法 _make_subclass，因為在寫這本書時，PyTorch 只能用這種子類別化正確地工作，而且不提供官方支援的 API 來做這件事。當你讀到這裡時，這個問題或許已經被修正了，請到本書的網站看看有沒有更新資訊。

一如所願，Parameter 的行為就像個張量：

```
Parameter(tensor(3.))
```

```
tensor(3., requires_grad=True)
```

有了它之後，我們可以定義 Module：

```
class Module:
    def __init__(self):
        self.hook,self.params,self.children,self._training = None,[],[],False

    def register_parameters(self, *ps): self.params += ps
    def register_modules   (self, *ms): self.children += ms

    @property
    def training(self): return self._training
    @training.setter
    def training(self,v):
        self._training = v
        for m in self.children: m.training=v

    def parameters(self):
        return self.params + sum([m.parameters() for m in self.children], [])

    def __setattr__(self,k,v):
        super().__setattr__(k,v)
        if isinstance(v,Parameter): self.register_parameters(v)
        if isinstance(v,Module):    self.register_modules(v)
```

```
    def __call__(self, *args, **kwargs):
        res = self.forward(*args, **kwargs)
        if self.hook is not None: self.hook(res, args)
        return res

    def cuda(self):
        for p in self.parameters(): p.data = p.data.cuda()
```

關鍵的功能位於 `parameters` 的定義：

```
self.params + sum([m.parameters() for m in self.children], [])
```

這代表我們可以詢問任何 `Module` 它的參數有哪些，它會回傳它們，包括它的所有子模組的參數（遞迴地）。但我們怎麼知道它的參數是什麼？因為有 Python 的特殊方法 `__setattr__`，每當 Python 設定類別屬性時，它就會自動幫我們呼叫它。我們的程式包含這一行：

```
if isinstance(v,Parameter): self.register_parameters(v)
```

如你所見，這就是將新的 `Parameter` 當成「記號」來使用的地方——這個類別的任何東西都會被加入我們的 `params`。

Python 的 `__call__` 可讓我們定義當物件被當成函式來使用時會發生什麼事，我們只是呼叫 `forward`（它在此不存在，所以它將由子類別加入）。我們將呼叫 hook，如果它有定義的話。現在你可以看到 PyTorch hook 並未做任何奇特的事情，它們只是呼叫已註冊的 hook。

除了這些功能之外，我們的 `Module` 也提供 `cuda` 與 `training` 屬性，我們很快就會使用它。

現在我們可以建立第一個 `Module`，它是 `ConvLayer`：

```
class ConvLayer(Module):
    def __init__(self, ni, nf, stride=1, bias=True, act=True):
        super().__init__()
        self.w = Parameter(torch.zeros(nf,ni,3,3))
        self.b = Parameter(torch.zeros(nf)) if bias else None
        self.act,self.stride = act,stride
        init = nn.init.kaiming_normal_ if act else nn.init.xavier_normal_
        init(self.w)

    def forward(self, x):
        x = F.conv2d(x, self.w, self.b, stride=self.stride, padding=1)
        if self.act: x = F.relu(x)
        return x
```

我們不是從零開始製作 F.conv2d 的，因為你應該已經在第 17 章的問題裡寫好它了（使用 unfold）。我們只是建立一個將它和偏差項與權重初始化包在一起的小類別。我們用 Module.parameters 來確認它可以正確動作：

```
l = ConvLayer(3, 4)
len(l.parameters())
```

```
2
```

我們也可以呼叫它（它會導致 forward 被呼叫）：

```
xbt = tfm_x(xb)
r = l(xbt)
r.shape
```

```
torch.Size([128, 4, 64, 64])
```

我們按照同樣的方式實作 Linear：

```
class Linear(Module):
    def __init__(self, ni, nf):
        super().__init__()
        self.w = Parameter(torch.zeros(nf,ni))
        self.b = Parameter(torch.zeros(nf))
        nn.init.xavier_normal_(self.w)

    def forward(self, x): return x@self.w.t() + self.b
```

並且測試它可以正確動作：

```
l = Linear(4,2)
r = l(torch.ones(3,4))
r.shape
```

```
torch.Size([3, 2])
```

我們也建立一個測試模型，來檢查我們是否將多個參數加入成為屬性，並且正確地註冊它們：

```
class T(Module):
    def __init__(self):
        super().__init__()
        self.c,self.l = ConvLayer(3,4),Linear(4,2)
```

因為我們有一個摺積層與一個線性層，每一個都有很多權重與偏差項，我們預期總共有四個參數：

```
t = T()
len(t.parameters())
```

```
4
```

對這個類別呼叫 cuda 會將所有參數放到 GPU：

```
t.cuda()
t.l.w.device
```

```
device(type='cuda', index=5)
```

現在可以用這些組件來建立 CNN 了。

## 簡單的 CNN

正如我們所看到的，Sequential 類別可讓許多架構更容易製作，所以我們來做一個：

```
class Sequential(Module):
    def __init__(self, *layers):
        super().__init__()
        self.layers = layers
        self.register_modules(*layers)

    def forward(self, x):
        for l in self.layers: x = l(x)
        return x
```

這裡的 forward 方法會依序呼叫每一層。注意，我們必須使用在 Module 裡面定義的 register_modules 方法，否則 layers 的內容不會出現在 parameters 裡。

### 所有的程式碼在這裡

我們在這裡沒有用 PyTorch 的任何功能來製作模組，而是自行定義所有東西。所以如果你不確定 register_modules 的作用是什麼，或為什麼需要它，你可以看一下 Module 來了解我們寫了什麼！

我們可以建立一個簡化的 AdaptivePool，讓它只池化為 1×1 輸出，並且壓平它，藉著僅使用 mean：

```
class AdaptivePool(Module):
    def forward(self, x): return x.mean((2,3))
```

這就足以讓我們建立 CNN 了！

```
def simple_cnn():
    return Sequential(
        ConvLayer(3 ,16 ,stride=2), #32
        ConvLayer(16,32 ,stride=2), #16
        ConvLayer(32,64 ,stride=2), # 8
        ConvLayer(64,128,stride=2), # 4
        AdaptivePool(),
        Linear(128, 10)
    )
```

我們來看看參數是不是都被正確註冊了：

```
m = simple_cnn()
len(m.parameters())
```

```
10
```

現在我們可以試著加入一個 hook。我們在 Module 裡只保留一個 hook 的位置，你可以將它寫成串列，或使用 Pipeline 之類的東西來以一個函式執行多個：

```
def print_stats(outp, inp): print (outp.mean().item(),outp.std().item())
for i in range(4): m.layers[i].hook = print_stats

r = m(xbt)
r.shape
```

```
0.5239089727401733 0.8776043057441711
0.43470510840415955 0.8347987532615662
0.4357188045978546 0.7621666193008423
0.46562111377716064 0.7416611313819885
torch.Size([128, 10])
```

我們已經有資料與模型了。接下來需要一個損失函數。

# 損失

我們已經看過如何定義「negative log likelihood（負對數概似）」了：

```
def nll(input, target): return -input[range(target.shape[0]), target].mean()
```

好吧，其實這裡沒有 log，因為我們使用與 PyTorch 一樣的定義。這代表我們要將 log 與 softmax 放在一起：

```
def log_softmax(x): return (x.exp()/(x.exp().sum(-1,keepdim=True))).log()
```

```
sm = log_softmax(r); sm[0][0]
```

```
tensor(-1.2790, grad_fn=<SelectBackward>)
```

結合它們可以產生交叉熵損失：

```
loss = nll(sm, yb)
loss
```

```
tensor(2.5666, grad_fn=<NegBackward>)
```

注意，公式

$$\log\left(\frac{a}{b}\right) = \log(a) - \log(b)$$

在計算 log softmax 時可以提供簡化，它之前的定義是 `(x.exp()/(x.exp().sum(-1))).log()`：

```
def log_softmax(x): return x - x.exp().sum(-1,keepdim=True).log()
sm = log_softmax(r); sm[0][0]
```

```
tensor(-1.2790, grad_fn=<SelectBackward>)
```

接下來，有一種比較穩定的方式可以計算指數總和的對數，稱為 *LogSumExp*（*https://oreil.ly/9UB0b*），它使用下列公式

$$\log\left(\sum_{j=1}^{n} e^{x_j}\right) = \log\left(e^a \sum_{j=1}^{n} e^{x_j - a}\right) = a + \log\left(\sum_{j=1}^{n} e^{x_j - a}\right)$$

其中 $a$ 是 $x_j$ 的最大值。

這是用程式寫出來的同一個東西：

```
x = torch.rand(5)
a = x.max()
x.exp().sum().log() == a + (x-a).exp().sum().log()
```

```
tensor(True)
```

我們將它放入一個函式

```
def logsumexp(x):
    m = x.max(-1)[0]
    return m + (x-m[:,None]).exp().sum(-1).log()

logsumexp(r)[0]

tensor(3.9784, grad_fn=<SelectBackward>)
```

如此一來，我們可以在 `log_softmax` 函式裡使用它：

```
def log_softmax(x): return x - x.logsumexp(-1,keepdim=True)
```

它提供與之前一樣的結果：

```
sm = log_softmax(r); sm[0][0]

tensor(-1.2790, grad_fn=<SelectBackward>)
```

我們可以用它們來建立 `cross_entropy`：

```
def cross_entropy(preds, yb): return nll(log_softmax(preds), yb).mean()
```

我們結合這些組件來建立一個 `Learner`。

## Learner

我們有資料、模型與損失函數了，只剩下一個東西就可以擬合模型了，那就是 optimizer！這是 SGD：

```
class SGD:
    def __init__(self, params, lr, wd=0.): store_attr(self, 'params,lr,wd')
    def step(self):
        for p in self.params:
            p.data -= (p.grad.data + p.data*self.wd) * self.lr
            p.grad.data.zero_()
```

正如我們在這本書中看過的，使用 `Learner` 可以輕鬆很多。`Learner` 需要知道我們的訓練與驗證組，這意味著我們要用 `DataLoaders` 來儲存它們。我們不需要任何其他的功能，只需要一個可以儲存和讀取它們的位置即可：

```
class DataLoaders:
    def __init__(self, *dls): self.train,self.valid = dls

dls = DataLoaders(train_dl,valid_dl)
```

現在可以製作 Learner 類別了：

```
class Learner:
    def __init__(self, model, dls, loss_func, lr, cbs, opt_func=SGD):
        store_attr(self, 'model,dls,loss_func,lr,cbs,opt_func')
        for cb in cbs: cb.learner = self

    def one_batch(self):
        self('before_batch')
        xb,yb = self.batch
        self.preds = self.model(xb)
        self.loss = self.loss_func(self.preds, yb)
        if self.model.training:
            self.loss.backward()
            self.opt.step()
        self('after_batch')

    def one_epoch(self, train):
        self.model.training = train
        self('before_epoch')
        dl = self.dls.train if train else self.dls.valid
        for self.num,self.batch in enumerate(progress_bar(dl, leave=False)):
            self.one_batch()
        self('after_epoch')

    def fit(self, n_epochs):
        self('before_fit')
        self.opt = self.opt_func(self.model.parameters(), self.lr)
        self.n_epochs = n_epochs
        try:
            for self.epoch in range(n_epochs):
                self.one_epoch(True)
                self.one_epoch(False)
        except CancelFitException: pass
        self('after_fit')

    def __call__(self,name):
        for cb in self.cbs: getattr(cb,name,noop)()
```

這是我們在這本書裡做出來的最大類別，但是每一個方法都很小，因此依序閱讀應該很容易理解。

我們會呼叫的方法主要是 `fit`，它有這個迴圈

```
for self.epoch in range(n_epochs)
```

並且在每一個 epoch 先使用 train=True 呼叫 self.one_epoch，再使用 train=False 呼叫它。接著 self.one_epoch 會幫 dls.train 或 dls.valid 裡的每一個批次呼叫 self.one_batch，視情況而定（在將 DataLoader 包在 fastprogress.progress_bar 裡之後）。最後，self.one_batch 按照一般的步驟來擬合一個小批次，就像我們在這本書中一直看到的那樣。

在每一步之前與之後，Learner 會呼叫 self，後者會呼叫 __call__（這是標準的 Python 功能）。__call__ 會對 self.cbs 裡的每個 callback 使用 getattr(cb,name)，後者是個 Python 內建函式，會回傳所請求的名稱的屬性（在這個例子是個方法）。所以，舉例來說，self('before_fit') 會幫每個定義 cb.before_fit() 方法的 callback 呼叫它。

如你所見，Learner 其實只是使用我們的標準訓練迴圈，不過它也會在適當的時間呼叫 callback。所以我們來定義一些 callback ！

## callback

在 Learner.__init__ 裡，有

```
for cb in cbs: cb.learner = self
```

換句話說，每一個 callback 都知道它在哪個 learner 裡面被使用。這一點很重要，否則 callback 就無法從 learner 取得資訊，或改變 learner 裡面的東西。因為從 learner 取得資訊如此常見，我們藉著將 Callback 定義成 GetAttr 的子類別，並使用預設屬性 learner 來簡化這項工作：

```
class Callback(GetAttr): _default='learner'
```

GetAttr 是一個為你實作 Python 的標準方法 __getattr__ 與 __dir__ 的 fastai 類別，所以每當你試著存取不存在的屬性時，它就會將請求傳給 _default 定義的東西。

例如，我們想要在 fit 開始時，自動將所有的模型參數移到 GPU。雖然我們可以將 before_fit 定義成 self.learner.model.cuda，但是因為 learner 是預設屬性，而且我們讓 SetupLearnerCB 繼承 Callback（後者繼承 GetAttr），所以我們可以移除 .learner，直接呼叫 self.model.cuda：

```
class SetupLearnerCB(Callback):
    def before_batch(self):
        xb,yb = to_device(self.batch)
        self.learner.batch = tfm_x(xb),yb

    def before_fit(self): self.model.cuda()
```

在 SetupLearnerCB 裡，我們也可以將各個小批次移到 GPU，藉著呼叫 to_device(self.batch)（我們也可以使用更長的 to_device(self.learner.batch)）。但是，注意，在 self.learner.batch = tfm_x(xb),yb 這一行裡，我們不能移除 .learner，因為我們正在設定屬性，不是正在取得它。

在嘗試 Learner 之前，我們先建立一個 callback 來追蹤和印出進度。否則，我們就無法知道它是否正確工作：

```
class TrackResults(Callback):
    def before_epoch(self): self.accs,self.losses,self.ns = [],[],[]

    def after_epoch(self):
        n = sum(self.ns)
        print(self.epoch, self.model.training,
              sum(self.losses).item()/n, sum(self.accs).item()/n)

    def after_batch(self):
        xb,yb = self.batch
        acc = (self.preds.argmax(dim=1)==yb).float().sum()
        self.accs.append(acc)
        n = len(xb)
        self.losses.append(self.loss*n)
        self.ns.append(n)
```

現在我們可以第一次使用 Learner 了！

```
cbs = [SetupLearnerCB(),TrackResults()]
learn = Learner(simple_cnn(), dls, cross_entropy, lr=0.1, cbs=cbs)
learn.fit(1)
```

```
0 True 2.1275552130636814 0.2314922378287042

0 False 1.9942575636942674 0.2991082802547771
```

用這麼少的程式就可以實作 fastai 的主要概念真的很神奇！我們接著來加入一些學習率排程。

## 排程學習率

如果我們想要得到好的結果，我們就要使用 LR finder 與 1cycle 訓練。它們都是**退火**（*annealing*）callback，也就是說，它們會在我們訓練時逐漸改變超參數。這是 LRFinder：

```
class LRFinder(Callback):
    def before_fit(self):
        self.losses,self.lrs = [],[]
        self.learner.lr = 1e-6

    def before_batch(self):
        if not self.model.training: return
        self.opt.lr *= 1.2

    def after_batch(self):
        if not self.model.training: return
        if self.opt.lr>10 or torch.isnan(self.loss): raise CancelFitException
        self.losses.append(self.loss.item())
        self.lrs.append(self.opt.lr)
```

這說明如何使用 `CancelFitException`，它本身是個空類別，僅用來表示例外的類型。你可以在 `Learner` 裡面看到這個例外被抓到了。（你應該自行加入並測試 `CancelBatchException`、`CancelEpochException` 等）我們來嘗試一下，將它加入我們的 callback 串列：

```
lrfind = LRFinder()
learn = Learner(simple_cnn(), dls, cross_entropy, lr=0.1, cbs=cbs+[lrfind])
learn.fit(2)
```

```
0 True 2.6336045582954903 0.11014890695955222

0 False 2.230653363853503 0.18318471337579617
```

並且看一下結果：

```
plt.plot(lrfind.lrs[:-2],lrfind.losses[:-2])
plt.xscale('log')
```

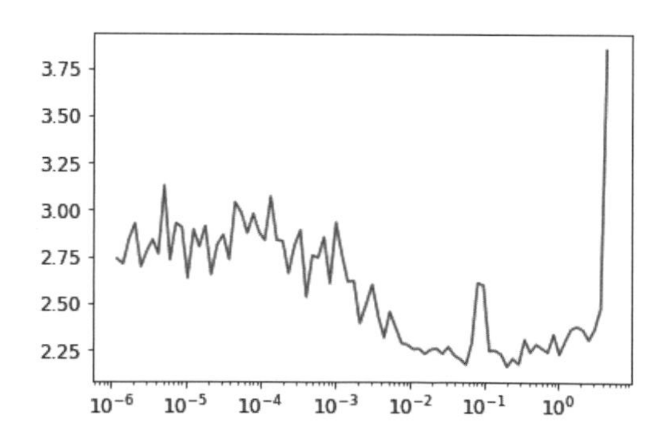

現在我們可以定義 `OneCycle` 訓練 callback：

```
class OneCycle(Callback):
    def __init__(self, base_lr): self.base_lr = base_lr
    def before_fit(self): self.lrs = []

    def before_batch(self):
        if not self.model.training: return
        n = len(self.dls.train)
        bn = self.epoch*n + self.num
        mn = self.n_epochs*n
        pct = bn/mn
        pct_start,div_start = 0.25,10
        if pct<pct_start:
            pct /= pct_start
            lr = (1-pct)*self.base_lr/div_start + pct*self.base_lr
        else:
            pct = (pct-pct_start)/(1-pct_start)
            lr = (1-pct)*self.base_lr
        self.opt.lr = lr
        self.lrs.append(lr)
```

我們將嘗試 LR 0.1：

```
onecyc = OneCycle(0.1)
learn = Learner(simple_cnn(), dls, cross_entropy, lr=0.1, cbs=cbs+[onecyc])
```

我們來擬合一段時間，看看它長怎樣（本書不會顯示所有輸出，請在 notebook 嘗試它來觀察結果）：

```
learn.fit(8)
```

最後，確認學習率遵循我們定義的排程（如你所見，我們在此不使用餘弦退火）：

```
plt.plot(onecyc.lrs);
```

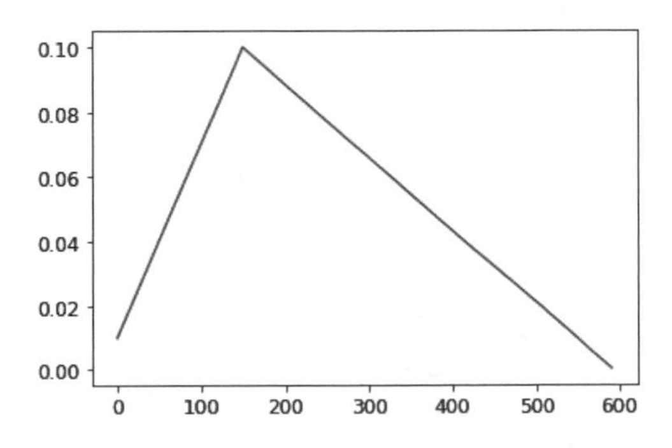

# 結論

我們在本章藉著重新實作 fastai 程式庫的關鍵概念來探索如何實作它。因此本章大部分都是程式碼，你一定要在本書網站的對應 notebook 試著用它來做實驗。現在你已經知道它如何建構了，下一步一定要看看 fastai 文件中的中階和進階教學，以學習如何自訂程式庫的每一個細節。

# 問題

**實驗**

當接下來的問題要求你解釋某個函式或類別是什麼時，你也要完成你自己的程式實驗。

1. 什麼是 `glob`？
2. 如何使用 Python imaging 程式庫來打開圖像？
3. `L.map` 有什麼作用？
4. `Self` 有什麼作用？
5. 什麼是 `L.val2idx`？
6. 為了建立你自己的 `Dataset`，你需要實作哪些方法？
7. 為什麼當我們打開 Imagenette 的圖像時，需要呼叫 `convert`？
8. `~` 有什麼作用？如何用它來拆開訓練與驗證組？
9. `~` 可以和 `L` 或 `Tensor` 類別一起使用嗎？NumPy 陣列、Python 串列或 Pandas DataFrame 呢？
10. 什麼是 `ProcessPoolExecutor`？
11. `L.range(self.ds)` 如何運作？
12. 什麼是 `__iter__`？
13. 什麼是 `first`？
14. 什麼是 `permute`？為什麼需要這種技術？

15. 什麼是遞迴函式？它如何協助我們定義 parameters 方法？
16. 寫一個遞迴函式來回傳 Fibonacci 序列的前 20 個項目。
17. 什麼是 super？
18. 為什麼 Module 的子類別必須覆寫 forward 而不是定義 __call__？
19. 在 ConvLayer 裡，為何 init 依靠 act？
20. 為什麼 Sequential 需要呼叫 register_modules？
21. 寫一個 hook 來印出每一層的觸發的 shape。
22. 什麼是 LogSumExp？
23. 為什麼 log_softmax 很方便？
24. 什麼是 GetAttr？它對 callback 有什麼幫助？
25. 重新實作本章的 callback 之一，且不繼承 Callback 或 GetAttr。
26. Learner.__call__ 有什麼作用？
27. 什麼是 getattr？（注意它的大小寫與 GetAttr 不同！）
28. 為什麼在 fit 裡有 try 區塊？
29. 為什麼我們要在 one_batch 裡檢查 model.training？
30. 什麼是 store_attr？
31. TrackResults.before_epoch 的目的是什麼？
32. model.cuda 有什麼作用？它如何工作？
33. 為什麼我們要在 LRFinder 與 OneCycle 裡檢查 model.training？
34. 在 OneCycle 裡使用餘弦退火。

## 後續研究

1. 從零開始編寫 resnet18（視需要參考第 14 章），並且用本章的 Learner 訓練它。
2. 從零開始實作 batchnorm 層，並且在你的 resnet18 裡使用它。
3. 寫一個本章使用的 Mixup callback。
4. 在 SGD 裡加入動力。

5. 從 fastai（或任何其他程式庫）選一些你感興趣的特徵，並且用本章製作的物件來實作它。

6. 選一篇 fastai 或 PyTorch 還沒有實作的研究論文，並且用本章製作的物件來實作它。然後：

   - 將論文移植至 fastai。
   - 送出 pull request 給 fastai，或建立你自己的擴展模組並發表它。

   提示：使用 nbdev（*https://nbdev.fast.ai*）來建立和部署程式包應該會很方便。

第二十章

# 思想總結

恭喜！你做到了！如果你一路操作所有的 notebook 直到現在，你就已經加入一個雖然還很小，卻不斷成長的群體，這個群體的成員能夠利用深度學習的力量來解決真正的問題。你可能沒有這種感覺。我們一而再、再而三地看到，完成 fast.ai 課程的學生嚴重低估了他們扮演深度學習實踐者的能力。我們也發現，這些人經常被擁有典型學術背景的人低估。所以，如果你想要超越自己和他人的期望，那麼，你在看完這本書之後的下一步要做什麼，比你做過的事情更重要。

最重要的事情是保持動力。事實上，在學習 optimizer 時，你已經知道動力是可以在它自己的基礎之上建立的！所以想想你現在可以做什麼，來維持和加快你的深度學習之旅。圖 20-1 是一些建議。

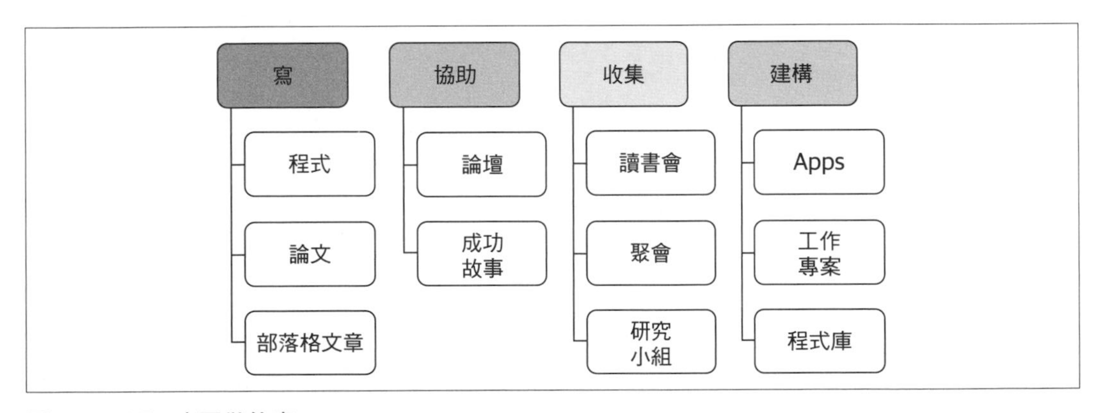


圖 20-1　下一步要做什麼

我們在本書談了很多撰寫的價值，無論是寫程式還是文章。但也許到目前為止，你的寫作量還沒達到你的期望。這是 OK 的！現在是扭轉局面的好機會，這個時候你有很多想說的，或許你已經用一個資料組嘗試一些實驗，但別人好像還沒有用相同的方式來處理那個資料組，請讓外界知道這件事！或許你想要嘗試一些在閱讀時冒出來的想法，現在是把這些想法化為程式碼的好時機。

如果你想要分享你的想法，低調的 fast.ai 論壇很適合做這件事（*https://forums.fast.ai*）。你會發現那裡的社群非常樂於提供支持和協助，所以務必來訪，並讓我們知道你最近在做什麼。或者，看看你能不能回答比你更早開始這趟旅程的人提出的問題。

如果你在深度學習旅程中已經獲得一些成功，無論是大是小，務必讓我們知道！將它們貼到論壇特別有幫助，因為看到別的學生的成功是非常激勵人心的事情。

也許對很多人來說，為了維持學習之旅，最重要的方法是在周圍建立一個社群。例如，你可以試著在你的社區舉辦一個小型的深度學習聚會，或是研究小組，甚至主動在當地的聚會上，跟大家介紹你目前學到的東西，或是你感興趣的某個層面。就算你還不是頂尖的專家也沒關係——最重要的事情是記住你已經知道很多人不知道的東西，所以他們很有可能會欣賞你的觀點。

另一個很多人覺得有用的社群活動是定期的讀書會或論文閱讀會。你可能已經在你家附近找到了一些，如果沒有，你可以試著舉辦一個。就算只有一個人一起參與，你也可以得到支持與鼓勵。

如果你住的地方不容易和志同道合的人在一起，你可以去論壇，因為隨時都有人在建立虛擬學習小組。這種小組通常有很多人每週用視訊開會一次，討論一個深度學習的主題。

希望到目前為止，你們已經完成了一些小專案和實驗了，我們建議你接下來選擇其中一項，盡量把它做得更好，把它淬鍊成你能做到的最佳作品——一個你真正引以為豪的作品。這會強迫你深入一門主題，測試你的理解能力，並且讓你有機會看看當你全心投入時，你會有什麼成就。

另外，你也應該看一下涵蓋了本書教材的免費 fast.ai 網路課程（*https://course.fast.ai*）。有時用兩種角度看同一份教材可以協助你鞏固想法。事實上，人類學習研究員已經發現，學習教材最好的方法之一，就是從不同的角度、用不同的方式來描述同一件事情。

你的最後一個任務，如果你願意接受，就是把這本書交給你認識的人——讓別人開始他自己的深度學習之旅！

附錄 A

# 建立部落格

在第 2 章，我們建議你可以藉著寫部落格來消化你在閱讀和練習的資訊。但是如果你還沒有部落格呢？你該使用哪個平台？不幸的是，談到寫部落格，你可能不得不做出一個艱難的決定：要嘛使用簡單的平台，但是你和讀者都會被廣告、付費牆（paywall）和收費干擾，要嘛花幾個小時建立自己的代管服務，並且花幾個星期學習各種複雜的細節。也許 DIY 的最大好處是你可以真正擁有自己的文章，而不是被服務供應商玩弄於股掌之間，任由他們決定以後如何把你的心血當成搖錢樹。

但是，事實上，你可以兩全其美！

## 使用 GitHub Pages 來架設部落格

有一個很棒的解決方案就是把部落格架設在 GitHub Pages 平台上（*https://pages.github.com*），它是免費的，沒有廣告或付費牆，而且提供標準的方式來讓你取得你的資料，如此一來，你就可以隨時將部落格移到別的平台。但是為了使用 GitHub Pages，我們所知道的各種做法都必須熟悉命令列，以及可能只有軟體工程師才懂的神秘工具。例如，GitHub 介紹如何設定部落格的官方文件（*https://oreil.ly/xemwJ*）有一長串指令，包括安裝 Ruby 程式語言、使用 `git` 命令列工具、複製版本號碼及其他，整整有 17 步之多！

為了減少麻煩，我們創造出一種簡單的方法，可讓你**完全使用瀏覽器介面**來處理所有的部落格架設需求，你只要花大約五分鐘就可以讓新部落格上線運作了，你不需要為它付出任何代價，而且可以視情況輕鬆地加入自訂網域，本節將解釋怎麼做，在過程中使用我們建立的 `fast_template` 模板。（特別注意：務必到本書的網站（*https://book.fast.ai*）看看有沒有推薦新的部落格，因為新工具總是不斷出現。）

## 建立 repository

你必須有個 GitHub 帳號，所以如果你還沒有，現在就去那裡建立一個。通常 GitHub 是讓軟體開發者編寫程式用的，他們會用複雜的命令列工具來操作它，但我們會告訴你完全不必使用命令列的方法！

首先，用瀏覽器前往 *https://github.com/fastai/fast_template/generate*（要先登入），它可以讓你建立一個儲存部落格的地方，稱為 *repository*（版本庫）。你會看到圖 A-1 的畫面，注意，你**必須**使用它提示的格式來輸入你的 repository 名稱，也就是在你的 GitHub 帳戶名稱後面接上 `.github.io`。

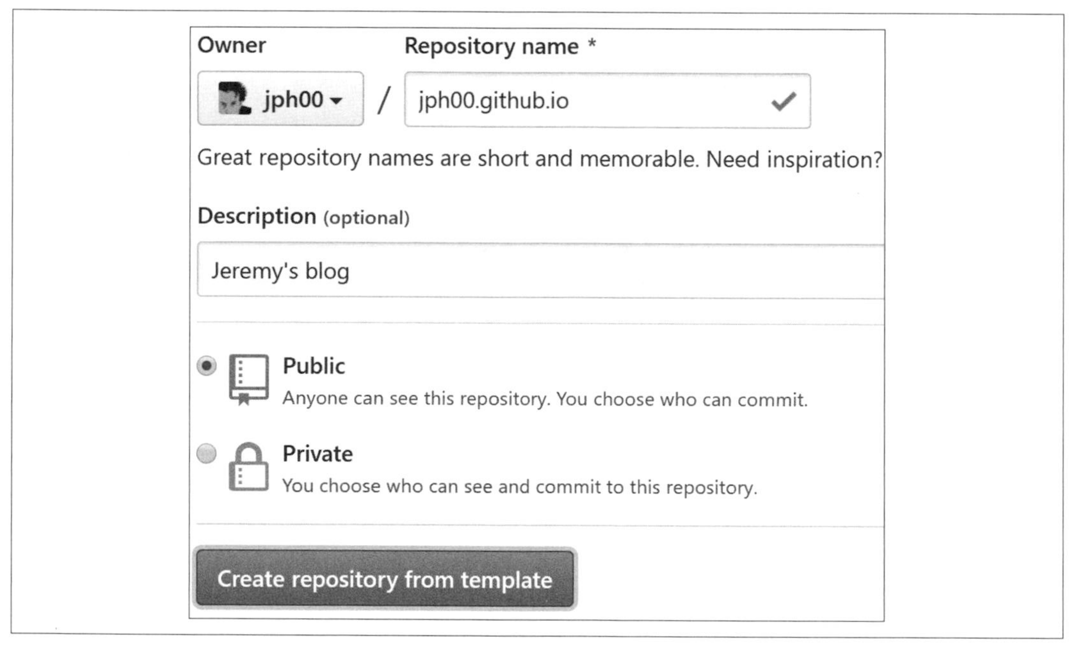


圖 A-1　建立你自己的 repository

輸入它和你喜歡的敘述（description）之後，按下「Create repository from template」。你可以選擇將 repository 設為「private（私用的）」，但是因為你要建立一個讓別人閱讀的部落格，希望公開底層的檔案對你來說不成問題。

接下來，我們要設定首頁！

# 設定你的首頁

當讀者到達你的部落格時，他們看到的第一個東西就是 *index.md* 這個檔案的內容。它是個 Markdown（*https://oreil.ly/aVOhs*）檔，Markdown 是建立格式化文字的方式，它既強大又簡單，格式化文字包括 bullet point（項目符號小黑圓點）、斜體、超連結等。它被廣泛地使用，包括用來做 Jupyter notebook 的所有格式化，在 GitHub 網站的幾乎每一個部分，以及整個網際網路的許多其他地方都有人使用。你只要輸入一般的英文，再加入一些特殊的字元來添加特殊行為，即可建立 Markdown 文字。例如，當你在一個單字或子句的前面和後面輸入一個 * 字元時，它會變成**斜體**，試試看。

在 GitHub 裡按下那個檔案的檔名即可打開它。按下畫面最右邊的鉛筆圖示就可以編輯它，如圖 A-2 所示。

圖 A-2　編輯這個檔案

你可以加入、編輯或改變你看到的文字。按下「Preview changes」按鈕（圖 A-3）即可觀察你的 Markdown 在部落格裡面長怎樣。你加入或更改的那幾行的左邊會顯示綠色的直線。

圖 A-3　預覽修改，以找出錯誤

儲存修改的方式是捲到網頁的最下面，按下「Commit changes」，如圖 A-4 所示。在 GitHub 上面 *commit* 一樣東西代表將它存到 GitHub 伺服器。

圖 A-4　commit 你的修改來儲存它們

接下來要設置部落格，按下 *_config.yml* 檔案，再按下 edit 按鈕，就像處理 index 檔時那樣。更改 title、description 與 GitHub username 值（見圖 A-5），不要修改冒號前面的名稱，請在每一行的冒號（與一個空格）後面輸入你的新值。你也可以加入你的 email 地址與 Twitter 帳號，但請注意，如果你將它們寫在這裡，它們會出現在公開的部落格上面。

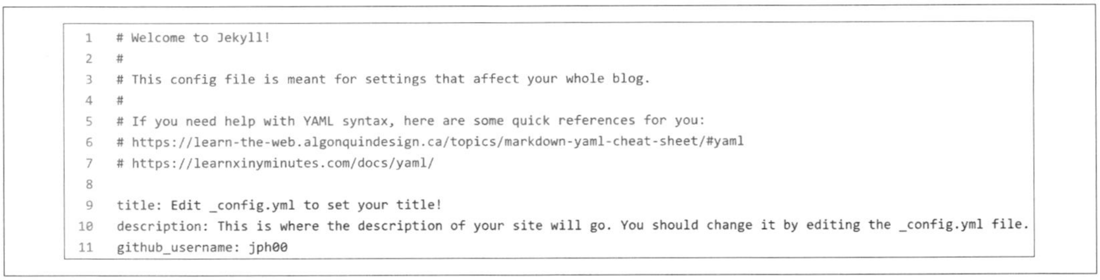

```
1   # Welcome to Jekyll!
2   #
3   # This config file is meant for settings that affect your whole blog.
4   #
5   # If you need help with YAML syntax, here are some quick references for you:
6   # https://learn-the-web.algonquindesign.ca/topics/markdown-yaml-cheat-sheet/#yaml
7   # https://learnxinyminutes.com/docs/yaml/
8
9   title: Edit _config.yml to set your title!
10  description: This is where the description of your site will go. You should change it by editing the _config.yml file.
11  github_username: jph00
```

圖 A-5　填寫 config 檔

完成之後，像處理 index 檔那樣 commit 你的修改，等待一分鐘左右，讓 GitHub 處理你的新部落格。用網頁瀏覽器前往 < **帳號** >*.github.io*（將 < **帳號** > 換成你的 GitHub 帳號）。你應該可以看到你的部落格，它長得像圖 A-6 那樣。

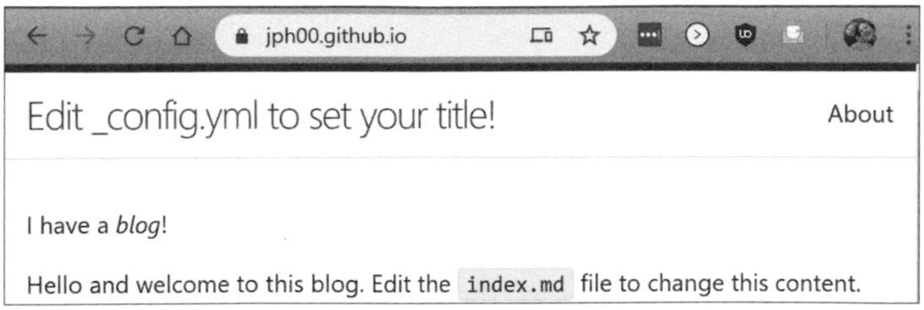

圖 A-6　你的部落格上線了！

## 建立文章

現在你可以建立你的第一篇文章了。你的文章都會被放在 *_posts* 資料夾裡面。按下它，然後按下「Create file」按鈕。務必小心地使用這個格式 *<year>-<month>-<day>-<name>.md* 來為檔案命名，如圖 A-7 所示，其中 *<year>* 是四位數，*<month>* 與 *<day>* 是兩位數，*<name>* 是幫助你記得那篇文章在講什麼的任何東西。*.md* 副檔名代表 Markdown 文件。

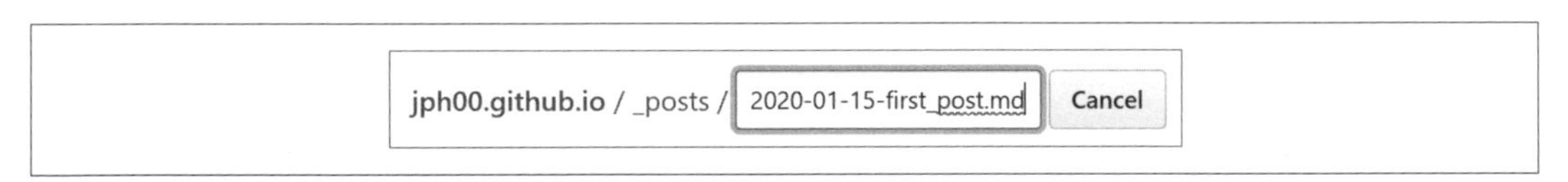


圖 A-7　為文章命名

接下來，你就可以輸入第一篇文章的內容了。唯一的規則就是文章的第一行必須使用 Markdown 標題。建立它的方法是在一行字的開頭使用 #，如圖 A-8 所示（這會創造第一級標題，它應該只能在文件的開頭使用一次，你可以用 ## 建立第二級標題，用 ### 建立第三級，以此類推）。

圖 A-8　Markdown 標題語法

與之前一樣，你可以按下 Preview 按鈕來檢查 Markdown 格式的樣子（圖 A-9）。

圖 A-9　之前的 Markdown 語法在你的部落格的樣子

你也要按下「Commit new file」按鈕來將它存到 GitHub，如圖 A-10 所示。

圖 A-10　commit 你的修改來儲存它們

再次看一下你的部落格首頁，你可以看到這一篇文章出現了，圖 A-11 是我們剛才加入的樣本文章的結果。切記，你必須等待大約一分鐘左右來讓 GitHub 處理請求，檔案才會出現。

圖 A-11　你的第一個部落格上線了！

或許你有看到我們提供了一個部落格文章樣本，你現在就可以刪除它。與之前一樣，前往 *_posts* 資料夾，按下 *2020-01-14-welcome.md*。然後按下最右邊的垃圾桶圖示，如圖 A-12 所示。

圖 A-12　刪除部落格文章樣本

在 GitHub 上，任何事情在你 commit 之後才會發生，包括刪除檔案！所以，在你按下垃圾桶圖示之後，把網頁捲到最下面，commit 你的修改。

你可以藉著加入一行這種 Markdown，在文章中加入圖片：

```
![Image description](images/filename.jpg)
```

你要將圖片放到 *images* 資料夾裡面才能讓它生效。為此，按下 *images* 資料夾，然後按下「Upload files」按鈕（圖 A-13）。

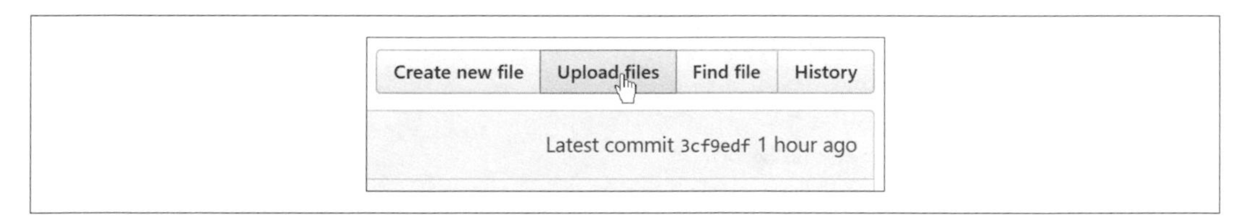


圖 A-13　將檔案上傳到電腦

接下來，我們來看如何在你的電腦上直接做以上所有事情。

## 讓 GitHub 與你的電腦保持同步

你可能會因為許多原因，想要將 GitHub 上面的部落格內容複製到你的電腦上，你可能想要離線閱讀與編輯文章，或想要進行備份，以防 GitHub repository 出了什麼意外。

GitHub 不只可以讓你將 repository 複製到電腦，也可以讓它與電腦保持**同步**。也就是說，當你在 GitHub 進行修改之後，它們會被複製到你的電腦，你也可以在電腦進行修改，它們會被複製到 GitHub。你甚至可以讓別人進入並修改你的部落格，他們的修改與你的修改會在你下一次同步時自動合併。

為此，你必須在電腦安裝 GitHub Desktop 應用程式（*https://desktop.github.com*）。它可以在 Mac、Windows 與 Linux 上運行。按照指示安裝它，然後當你執行時，它會要求你登入 GitHub，並選擇要同步的 repository。按下「Clone a repository from the Internet」，如圖 A-14 所示。

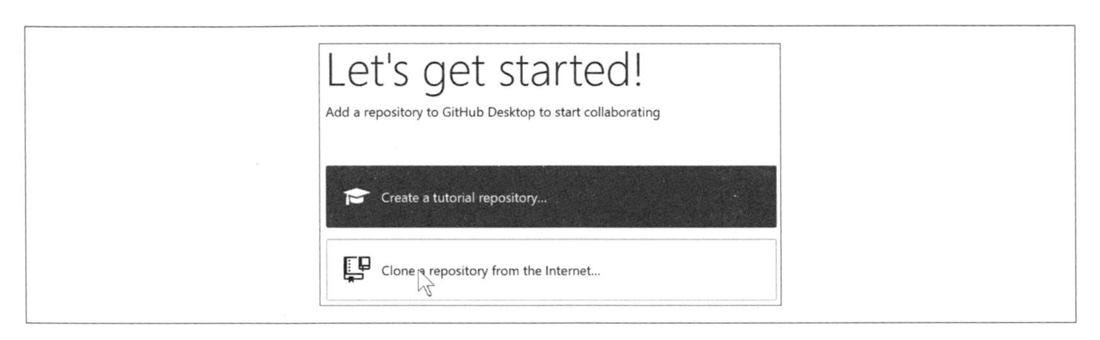


圖 A-14　在 GitHub Desktop 複製你的 repository

當 GitHub 與你的 repository 完成同步之後，按下「View the files of your repository in Explorer」（或 Finder），如圖 A-15 所示，你就可以看到部落格的本地端副本了！試著在你的電腦上編輯檔案，然後回到 GitHub Desktop，你將看到 Sync 按鈕正等待你按下它。當你按下它之後，你的修改就會被複製到 GitHub，你將看到它們被反映到網站上。

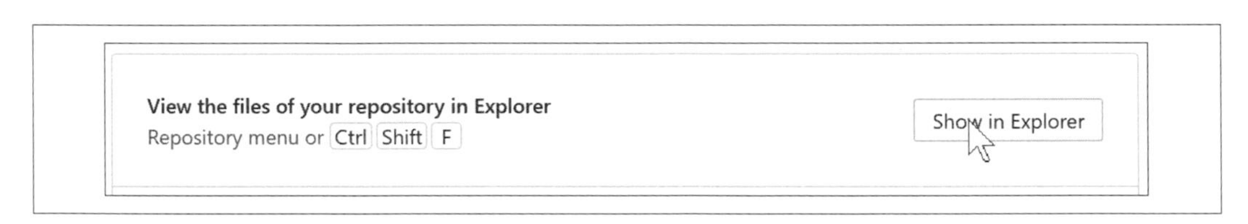


圖 A-15　在本地端查看你的檔案

如果你沒有用過 `git`，GitHub Desktop 是很好的起點。你會發現，它是大多數的資料科學家的基本工具。我們希望你已經喜歡的另一種工具是 Jupyter Notebook——你也可以直接用它來寫部落格！

## 用 Jupyter 來寫部落格

你也可以用 Jupyter notebook 來寫部落格文章。你的 Markdown cell、程式碼 cell，以及所有輸出都會出現在你匯出的部落格文章裡。做這件事的最佳做法在你閱讀至此時可能已經不一樣了，所以請到本書的網站（*https://book.fast.ai*）取得最新資訊。當我們寫到這裡時，用 notebook 寫部落格最簡單的方法是使用 `fastpages`（*http://fastpages.fast.ai*），它是更進階版的 `fast_template`。

若要用 notebook 來寫部落格，你只要將它 pop 到部落格 repository 的 *_notebooks* 資料夾裡面，它就會出現在你的部落格文章清單裡面了。你可以在編寫 notebook 時，寫下你想要讓讀者看到的東西。因為大部分的寫作平台都很難加入程式碼和輸出，所以很多人都盡量不加入原本該加入的範例。使用 notebook 可以協助養成在寫作時加入範例的好習慣。

通常你會希望隱藏 import 陳述式之類的樣本程式碼。你可以在任何一個 cell 的最上面加入 `#hide` 來防止它顯示在輸出中。Jupyter 會顯示 cell 的最後一行的結果，所以不需要使用 `print`。（加入沒必要的程式碼會妨礙讀者理解，所以不要加入其實沒必要的程式碼！）

附錄 B

# 資料專案檢查表

訓練準確的模型不是只需要建立實用的資料專案就可以了！當 Jeremy 擔任顧問時，他總是試著根據以下的考慮因素來了解組織開發資料專案的背景，圖 B-1 是摘要：

**策略**

組織想要做什麼（目標），以及它可以怎樣改變來做得更好（槓桿）？

**資料**

組織是否取得必要的資料，並且讓它可用？

**分析**

對組織來說，有哪些有益的見解？

**實作**

組織有哪些能力可用？

**維護**

有哪些系統可以追蹤運維環境內的變更？

**限制**

在上述的每一個領域裡，有哪些需要考慮的限制？

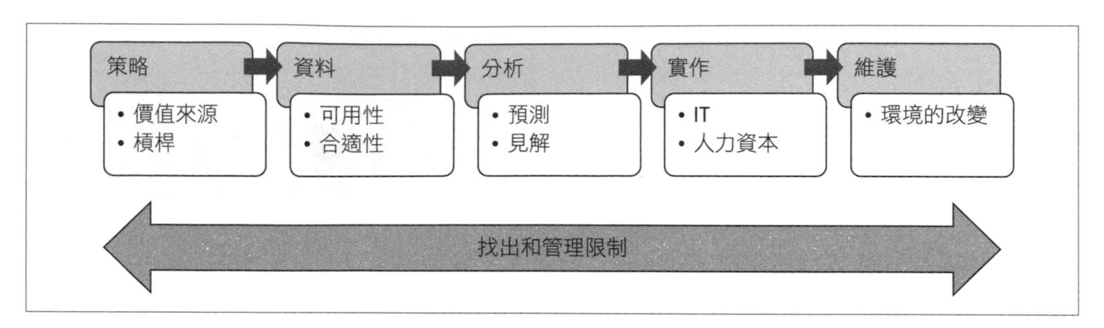


圖 B-1　分析價值鏈

他設計了一份問卷，讓顧客在專案開始前填寫，然後在整個專案過程中，他會協助顧客改進他們的回答。這份問卷是根據幾十年以來橫跨許多產業的專案設計的，包括農業、礦業、銀行、釀造、電信、零售等。

在進入分析價值鏈之前，問卷的第一部分與資料專案中最重要的員工有關：資料科學家。

# 資料科學家

資料科學家應該有一條明確的升遷管道，可以成為高階主管，也應該有合適的招聘計劃，讓資料專家直接擔任高階主管。在資料驅動組織中，資料科學家應該屬於收入最高的員工。組織應該具備可讓整個組織的資料科學家都能夠互相合作和學習的系統。

- 組織目前有哪些資料科學技能？
- 資料科學家是怎麼招募的？
- 如何在組織裡找出具備資料科學技能的人員？
- 組織尋求哪些技能？如何評斷它們？為什麼這些技能重要？
- 目前使用哪一種資料科學諮詢？資料科學在什麼情況下會被外包？這項工作是如何轉移到組織的？
- 資料科學家的薪水是多少？他們向誰報告？他們如何維持最新的技能？
- 資料科學家的職涯路徑是什麼？
- 有多少高階主管擁有強大的資料分析知識？
- 如何選擇與分配資料科學家的工作？
- 資料科學家可以使用哪些軟體和硬體？

# 策略

任何資料專案都是為了解決戰略性的重大問題，因此，我們必須先了解商業戰略。

- 當今組織最重要的五個戰略問題是什麼？
- 有哪些資料可以協助處理這些問題？
- 是否用資料驅動方法來解決這些問題？資料科學家有在處理它們嗎？
- 哪些利潤驅動因素是組織最能夠影響的？（見圖 B-2）

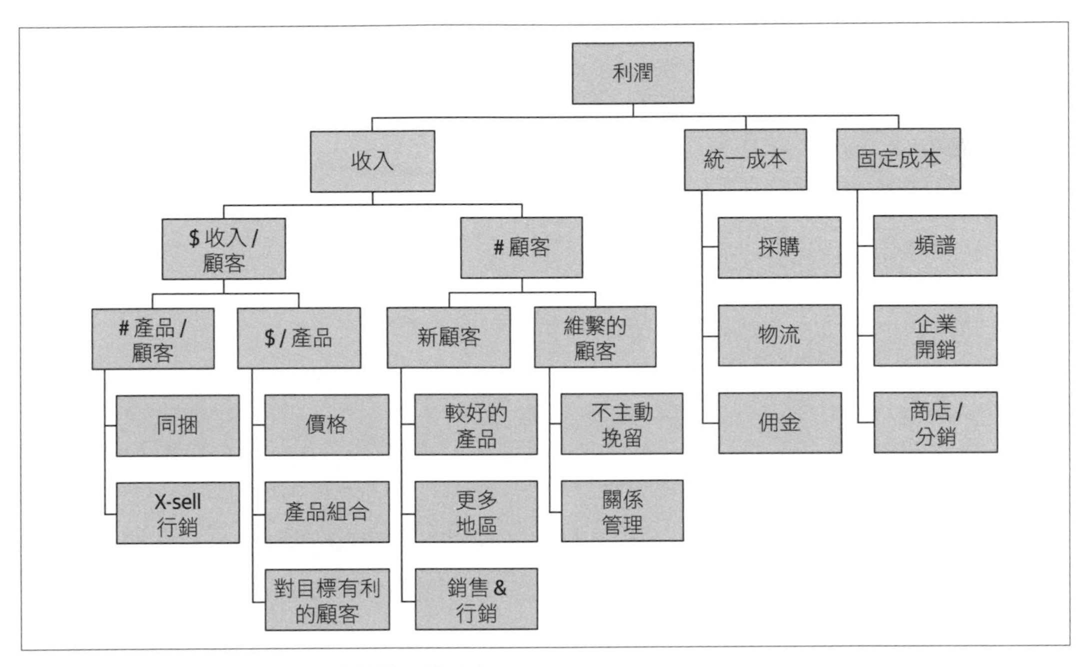


圖 B-2　對組織而言可能重要的利潤驅動因素

- 針對每一個已發現的關鍵利潤驅動因素，組織可以採取哪些具體行動和決定來影響該驅動因素，包括運維行動（例如，聯絡顧客）和戰略決策（例如，發表新產品）？
- 對於每一個最重要的行動和決策，有哪些資料（無論是在組織內部的，還是來自供應商，或將來可以收集的資料）可能有助於優化結果？
- 根據前面的分析，在組織裡面，哪裡最有機會進行資料驅動分析？

- 對於各個機會：
  - 設計了哪些價值驅動因素來影響它們？
  - 它會驅動哪些具體的行動或決策？
  - 這些行動和決策與專案的結果有什麼關係？
  - 專案的 ROI 估計是多少？
  - 如果有時間限制或最後期限的話，它如何影響它？

# 資料

如果沒有資料，我們就無法訓練模型！資料也必須可供使用、整合和驗證。

- 組織有什麼資料平台？平台可能有資料市集、OLAP cube、資料倉庫、Hadoop 叢集、OLTP 系統、部分試算表等。
- 提供任何整理好的資訊，摘要說明資料在組織內的可用性、目前建構資料平台的工作情況和未來的計劃。
- 有什麼工具和程序可以在不同的系統與格式之間移動資料？
- 不同的用戶和管理權限群組如何訪問資料源？
- 有哪些資料存取工具（例如資料庫用戶端、OLAP 用戶端、內部軟體、SAS）可讓組織的資料科學家和系統管理員使用？有多少人使用各項工具，以及他們在組織內的職位是什麼？
- 如何告知用戶有新系統、系統有所改變、有新的或改變過的資料元素等？舉例說明。
- 如何制定關於資料訪問限制的決策？如何管理訪問安全保護資料的請求？由誰管理？根據哪些標準？平均回應時間多久？有多少比率的請求被接受？如何追蹤它們？
- 組織如何決定何時收集額外的資料，或購買外部資料？舉例說明。
- 最近用過哪些資料來分析資料驅動專案？你們發現最有用的是哪些？最沒用的是哪些？如何評斷？
- 有哪些額外的內部資料可以為專案的資料驅動決策提供有用的見解？外部資料呢？
- 在訪問和納入這些資料時，可能有哪些限制或挑戰？
- 在過去兩年裡，關於資料的收集、編碼、整合等發生了哪些變化，可能影響收集到的資料的解釋性或可用性？

# 分析

資料科學家必須能夠使用適合他們的特殊需求的最新工具。你應該定期評估新工具，看看它們會不會比既有的方法好很多。

- 組織使用哪些分析工具？誰在使用它們？如何選擇、設置與維護它們？
- 在用戶端電腦上設定額外的分析工具的程序是什麼？完成這項工作平均需要多久？有多少比率的請求被接受？
- 如何將外部顧問建立的分析系統遷移至組織內？你們是否限制外部承包商所使用的系統，以確保結果符合內部基礎設施？
- 什麼時候會使用雲端處理？使用雲端的計畫是什麼？
- 什麼時候會讓外部專家進行專業分析？如何管理？如何鑑定和挑選專家？
- 最近的專案嘗試了哪些分析工具？
- 哪些有用？哪些沒有用？為什麼？
- 提供這些專案到目前為止完成的所有可用輸出。
- 如何判斷分析的結果？用哪些指標？與哪些基準比較？如何知道模型是否「夠好了」？
- 組織在什麼情況下會使用視覺化 vs. 表格報告 vs. 預測建模（與類似的機器學習工具）？在使用比較進階的建模方法時，如何校準和測試模型？舉例說明。

# 實作

IT 的限制通常是資料專案失敗的原因。請提前考慮它們！

- 提供一些以前的資料驅動專案成功和不成功的例子，並且提供 IT 整合與人力資本挑戰，以及如何面對那些挑戰的詳細資訊。
- 如何在實作之前確認分析模型的有效性？如何評測它們？
- 如何定義分析專案實作的性能需求（關於速度和準確性方面）？
- 對於被提出來的專案，提供以下資訊：
  - 用哪些 IT 系統來支援資料驅動決策與行動
  - 如何完成 IT 整合
  - 有哪些需要較少 IT 整合的替代方案
  - 資料驅動方法會影響哪些工作

— 如何訓練、監視和支援員工
— 可能出現哪些實作挑戰
— 需要哪些利益關係人來確保實作的成功，以及他們如何看待這些專案，還有它們對他們的潛在影響

## 維護

如果你沒有仔細地追蹤你的模型，你就會發現它們將你帶往一場災難。

- 如何維護第三方建構的分析系統？它們什麼時候會被遷移至內部團隊？
- 如何追蹤模型的有效性？組織何時決定重建模型？
- 如何在內部溝通資料的更改、如何管理它們？
- 資料科學家如何與軟體工程師合作，以確保演算法被正確地實作？
- 何時開發測試案例？如何維護它們？
- 什麼時候重構程式碼？如何在重構期間維護模型的正確性和性能，以及驗證它們？
- 如何維護和支援被記錄的需求？這些紀錄會怎樣使用？

## 限制

為每一個正在考慮的專案，列舉可能影響專案是否成功的潛在限制。

- IT 系統是否需要修改或開發，以使用專案的結果？有沒有比較簡單的實作可以避免實質性的 IT 變動？如果有，如何使用簡化的實作來大幅減少影響？
- 對於資料的收集、分析或實作，有哪些法規限制？最近有沒有確認相關的立法或判例？可能有哪些解決方法？
- 有哪些組織限制？包括文化、技能或結構？
- 有哪些管理限制？
- 有沒有以前的分析專案可能影響組織對於資料驅動方法的看法？

# 索引

※ 提醒您：由於翻譯書排版的關係，部分索引名詞的對應頁碼會和實際頁碼有一頁之差。

## A

## B

## C

## D

## E

# F

## G

## H



## I

## L

## M

## N

# O

## P

## R

## S

## T

## U



## V



## W

## Z

# 關於作者

**Jeremy Howard** 是位創業家、商務策劃師、開發者和教育家，他是 fast.ai 的創始研究員（fast.ai 是一家致力於讓深度學習更平易近人的研究機構）。他也是舊金山大學的傑出研究科學家（Distinguished Research Scientist），和世界經濟論壇的全球青年領袖（Young Global Leader）。

Jeremy 最近創辦的公司是 Enlitic，它是第一家在醫學應用深度學習的公司，並在 2015 年和 2016 年被麻省理工學院科技評論（MIT Tech Review）評選為全球最聰明的 50 家公司之一。Jeremy 曾經擔任資料科學平台 Kaggle 的總裁和首席科學家，在那裡，他曾經連續兩年在國際機器學習比賽中名列前茅。他是兩家成功的澳州初創企業的創始人和首席執行官（FastMail 和 Optimal Decisions Group，已被 Lexis-Nexis 收購）。在此之前，他在 McKinsey & Co 和 Kearney 做過 8 年管理顧問。Jeremy 投資、指導和建議了許多初創公司，並為許多開源專案做出貢獻。

他除了經常參加澳州收視率最高的早餐新聞節目外，也在 TED.com 上辦了一場受歡迎的演講，並製作大量資料科學和網路開發課程和討論。

**Sylvain Gugger** 是 HuggingFace 的研究工程師。他以前是 fast.ai 的研究員，該公司專門透過設計和改進技術，讓模型能夠在有限的資源上快速訓練，進而讓深度學習更容易使用。

在此之前，他在法國的 CPGE 計畫中教授了 7 年的計算機科學和數學。CPGE 是讓精心挑選的學生在高中畢業之後參加的選修課，目的是為他們做好準備，備戰該國競爭激烈的頂級工程和商業學校的入學考試。Sylvain 也寫了幾本書，涵蓋了他所教授的全部課程，由 Éditions Dunod 出版。

Sylvain 是巴黎高等師範學院的校友，他曾經在那裡學習數學，並在巴黎第十一大學取得數學碩士學位。

# 致謝

我們特別想要表揚 Alexis Gallagher 和 Rachel Thomas 的傑出工作。Alexis 遠不只是一位技術編輯，他的影響遍及每一章，在這本書裡，他寫了許多見解最深刻、最有說服力的解釋。他也對 fastai 程式庫的設計提供了深刻的見解，尤其是資料塊 API。Rachel 提供了第 3 章大部分的教材，也在整本書裡提供了關於倫理問題的建議。

感謝 fast.ai 社群，包括 3 萬位 *forums.fast.ai* 會員，500 位 fastai 程式庫貢獻者，以及成千上萬的 *course.fast.ai* 學生。特別感謝 fastai 的貢獻者，他們付出了超乎期望的心力，包括 Zachary Muller、Radek Osmulski、Andrew Shaw、Stas Bekman、Lucas Vasquez 與 Boris Dayma。我也要感謝利用 fastai 進行開創性研究的研究人員，例如 Sebastian Ruder、Piotr Czapla、Marcin Kardas、Julian Eisenschlos、Nils Strodthoff、Patrick Wagner、Markus Wenzel、Wojciech Samek、Paul Maragakis、Hunter Nisonoff、Brian Cole 與 David E. Shaw。還有 Hamel Hussain，感謝你和 fastai 一起創造了一些最鼓舞人心的專案，你也是 `fastpages` 部落格平台的推手。非常感謝 Chris Lattner，是他給我們帶來了源自 Swift 的想法，和他在程式語言設計方面的豐富知識，這極大地影響了 fastai 的設計。

感謝 O'Reilly 的所有工作人員，他們讓這本書比我們想像的要好得多，包括 Rebecca Novak，她確保了這本書的所有 notebook 都是免費提供的，並確保本書全彩出版；Rachel Head 的評論改善本書的每一部分；還有 Melissa Potter 確保了這個過程的持續進行。

感謝所有的技術校閱——他們都非常傑出，給了我們深刻且周到的回饋：Aurélien Géron 是我們所讀過的最棒的機器學習書籍之一的作者，他非常慷慨地幫助我們把書寫得更好；PyTorch 產品經理 Joe Spisak；Miguel De Icaza，Gnome 框架、Xamarian 公司背後的傳奇人物；Ross Wightman，我們最喜歡的 PyTorch 模型動物園的創造者；Radek Osmulski，我們有幸認識的 fast.ai 頂尖傑出校友之一；Dmytro Mishkin，Kornia 專案的聯合創始人，和我們喜歡的一些深度學習論文的作者；幫助我們完成了很多專案的 Fred Monroe；還有 Andrew Shaw，WAMRI 的主管和令人讚嘆的 *musicautobot.com* 的創造者。

特別感謝 Soumith Chintala 和 Adam Paszke 創造了 PyTorch，以及整個 PyTorch 團隊讓它用起來如此令人愉快。當然，還要感謝我們的家人，感謝他們在這個大專案的過程中的支持和耐心。

# 出版記事

本書封面的動物是方鯛（Capros aper），牠是該屬目前唯一已被發現的成員。這種魚主要生活在東大西洋，從挪威一路往南直到塞內加爾海域，包括愛琴海和地中海都有牠的蹤跡。方鯛生活在 130 ～ 1,968 英尺深的遠洋帶，遠洋帶是地球最大的水生棲息地，既不靠近海床，也不靠近海岸。

方鯛的體型很小，呈橙紅色，有大眼睛和突出的嘴巴。牠的身體緊實且高，呈菱形，寬度與高度等長。方鯛通常有 5 英寸長，但作為有性繁殖物種，雌性方鯛的體型更大，最長的紀錄是 11 英寸。雖然方鯛因為尺寸而成為容易到手的獵物，但牠們會群體行動，以提升防禦能力，以及方便交配和尋找食物。與牠最接近的親戚是短棘菱鯛（*Antigonia combatia*），這種魚原產於熱帶和亞熱帶水域，還有高菱鯛（*Antigonia capros*），生活在鄰近的西大西洋水域。

雖然方鯛的保育狀態是「無危物種」，但許多 O'Reilly 封面動物都是瀕危的，牠們對這個世界而言都很重要。

封面插圖由 Karen Montgomery 繪製，以 *Johnson* 的 *Natural History* 的黑白版畫為基礎。

# 寫給程式設計師的深度學習｜使用 fastai 和 PyTorch

作　　者：Jeremy Howard, Sylvain Gugger
譯　　者：賴屹民
企劃編輯：蔡彤孟
文字編輯：王雅雯
設計裝幀：陶相騰
發 行 人：廖文良

發 行 所：碁峰資訊股份有限公司
地　　址：台北市南港區三重路 66 號 7 樓之 6
電　　話：(02)2788-2408
傳　　真：(02)8192-4433
網　　站：www.gotop.com.tw
書　　號：A645
版　　次：2021 年 03 月初版
建議售價：NT$980

商標聲明：本書所引用之國內外公司各商標、商品名稱、網站畫面，其權利分屬合法註冊公司所有，絕無侵權之意，特此聲明。

版權聲明：本著作物內容僅授權合法持有本書之讀者學習所用，非經本書作者或碁峰資訊股份有限公司正式授權，不得以任何形式複製、抄襲、轉載或透過網路散佈其內容。
版權所有 ● 翻印必究

國家圖書館出版品預行編目資料

寫給程式設計師的深度學習：使用 fastai 和 PyTorch / Jeremy Howard, Sylvain Gugger 原著；賴屹民譯. -- 初版. -- 臺北市：碁峰資訊, 2021.03
面；　公分
譯自：Deep Learning for Coders with fastai and PyTorch
ISBN 978-986-502-736-0(平裝)
1.機器學習
312.831　　110001450

讀者服務

- 感謝您購買碁峰圖書，如果您對本書的內容或表達上有不清楚的地方或其他建議，請至碁峰網站：「聯絡我們」\「圖書問題」留下您所購買之書籍及問題。（請註明購買書籍之書號及書名，以及問題頁數，以便能儘快為您處理）
http://www.gotop.com.tw
- 售後服務僅限書籍本身內容，若是軟、硬體問題，請您直接與軟體廠商聯絡。
- 若於購買書籍後發現有破損、缺頁、裝訂錯誤之問題，請直接將書寄回更換，並註明您的姓名、連絡電話及地址，將有專人與您連絡補寄商品。